# MIKROSKOPISCHE ANATOMIE DER WIRBELTIERE

IN EINZELDARSTELLUNGEN

Von

RUDOLF KRAUSE

A. O. PROFESSOR DER ANATOMIE AN DER UNIVERSITÄT BERLIN

IV.

## TELEOSTIER, PLAGIOSTOMEN, ZYKLOSTOMEN UND LEPTOKARDIER

MIT 206 ORIGINALABBILDUNGEN IM TEXT

BERLIN UND LEIPZIG 1923

WALTER DE GRUYTER & CO.

VORMALS G. J. GÖSCHEN'SCHE VERLAGSHANDLUNG :: J. GUTTENTAG, VERLAGSBUCHHANDLUNG :: GEORG REIMER :: KARL J. TRÜBNER :: VEIT & COMP.

Druck von Metzger & Wittig in Leipzig.

# Inhaltsangabe.


Seite

**Fische** . . . 609

II. Ordnung: Teleostier . . . 609

Esox lucius . . . 609

1. Die Haut . . . 610
2. Die Sinnesorgane . . . 614
   a) Das Auge . . . 614
   b) Das Gehörorgan . . . 619
   c) Das Geruchsorgan . . . 623
   d) Die Hautsinnesorgane . . . 625
3. Das Nervensystem . . . 627
   a) Das Rückenmark . . . 627
   b) Das Gehirn . . . 629
   c) Die Hüllen des zentralen Nervensystems . . . 646
   d) Das periphere Nervensystem . . . 647
4. Die Muskulatur . . . 647
5. Die Stützorgane . . . 650
6. Die Verdauungsorgane . . . 652
   a) Die Mundhöhle und der Pharynx . . . 652
   b) Der Schlund . . . 654
   c) Der Magen . . . 655
   d) Der Mittel- und der Enddarm . . . 658
   e) Die Leber . . . 661
   f) Das Pankreas . . . 662
7. Die Atmungsorgane . . . 664
   a) Die Kiemen . . . 664
   b) Die Pseudobranchie . . . 668
   c) Die Schwimmblase . . . 669
8. Die Harnorgane . . . 670
9. Die Interrenalorgane und Adrenalorgane . . . 674
10. Die männlichen Geschlechtsorgane . . . 675
11. Die weiblichen Geschlechtsorgane . . . 676
12. Die Zirkulationsorgane . . . 678
    a) Das Blut . . . 678
    b) Das Herz . . . 678
    c) Die Blutgefäße . . . 679
    d) Die Milz . . . 680
13. Die Schilddrüse . . . 681
14. Der Thymus . . . 681

**Fische** . . . 683

I. Ordnung: Plagiostomen . . . 683

Torpedo ocellata . . . 683

1. Die Haut . . . 684
   Anhang: Die Plakoidschuppen . . . 687

Seite
2. Die Sinnesorgane . . . . . 688
a) Das Auge . . . . . 688
b) Das Gehörorgan . . . . . 693
c) Das Geruchsorgan . . . . . 694
d) Die Hautsinnesorgane . . . . . 696
3. Das Nervensystem . . . . . 701
a) Das Rückenmark . . . . . 701
b) Das Gehirn . . . . . 706
c) Die Hüllen des Rückenmarks und des Gehirns . . . . . 722
d) Das periphere Nervensystem . . . . . 724
4. Die Muskulatur . . . . . 725
Das elektrische Organ . . . . . 725
5. Die Stützorgane . . . . . 729
6. Die Verdauungsorgane . . . . . 729
a) Die Mund- und Schlundhöhle . . . . . 730
b) Der Magen . . . . . 732
c) Der Mitteldarm . . . . . 733
d) Der Spiraldarm . . . . . 734
e) Der Enddarm und die Kloake . . . . . 736
f) Die Leber . . . . . 736
g) Das Pankreas . . . . . 738
h) Die Rektaldrüse . . . . . 740
7. Die Atmungsorgane . . . . . 741
8. Die Harnorgane . . . . . 744
9. Die Adrenalorgane und das Interrenalorgan . . . . . 753
10. Die männlichen Geschlechtsorgane . . . . . 754
11. Die weiblichen Geschlechtsorgane . . . . . 756
12. Die Zirkulationsorgane . . . . . 759
a) Das Herz . . . . . 759
b) Die Blutgefäße . . . . . 760
c) Die Milz . . . . . 760
13. Der Thymus . . . . . 761
14. Die Schilddrüse . . . . . 763

**Zyklostomen** . . . . . 764
II. Ordnung: Petromyzonten . . . . . 764
Petromyzon fluviatilis . . . . . 764
1. Die Haut . . . . . 765
2. Die Sinnesorgane . . . . . 769
a) Das Auge . . . . . 769
b) Das Gehörorgan . . . . . 775
c) Das Geruchsorgan . . . . . 784
d) Die Hautsinnesorgane . . . . . 787
3. Das Nervensystem . . . . . 788
a) Das Rückenmark . . . . . 790
b) Das Gehirn . . . . . 796
c) Das periphere Nervensystem . . . . . 814
d) Das sympathische Nervensystem . . . . . 818
4. Die Stützorgane . . . . . 818
5. Die Muskulatur . . . . . 821
6. Die Verdauungsorgane . . . . . 825
a) Die Mundhöhle . . . . . 826
b) Der Pharynx und der Schlund . . . . . 828
c) Der Mitteldarm und seine Anhangsdrüsen . . . . . 832
d) Der Enddarm . . . . . 836
7. Die Atmungsorgane . . . . . 837

Seite
8. Die Exkretionsorgane . . . . . 843
a) Die Niere . . . . . 843
b) Die Vorniere . . . . . 847
9. Die Geschlechtsorgane . . . . . 848
a) Die männliche Keimdrüse . . . . . 849
b) Die weibliche Keimdrüse . . . . . 850
10. Die Zirkulationsorgane . . . . . 852
a) Das Blut . . . . . 852
b) Das Herz . . . . . 852
c) Die Blutgefäße . . . . . 857
11. Die Schilddrüse . . . . . 858
12. Interrenal- und Adrenalorgane . . . . . 858

**Leptokardier** . . . . . 859

Amphioxus lanceolatus . . . . . 859
Allgemeine Übersicht über die Organisation des Tieres . . . . . 860
1. Die Haut . . . . . 871
2. Das Nervensystem . . . . . 873
a) Das Gehirn . . . . . 874
b) Das Rückenmark . . . . . 875
c) Das periphere Nervensystem . . . . . 877
3. Das Stützsystem . . . . . 878
4. Die Muskulatur . . . . . 881
5. Die Atmungs- und die Verdauungsorgane . . . . . 882
a) Die Mundhöhle . . . . . 882
b) Der Kiemendarm . . . . . 883
c) Der Mitteldarm . . . . . 890
d) Der Enddarm . . . . . 892
6. Die Exkretionsorgane . . . . . 892
7. Die Geschlechtsorgane . . . . . 894
a) Die männlichen Gonaden . . . . . 894
b) Die weiblichen Gonaden . . . . . 897
Alphabetisches Inhaltsverzeichnis . . . . . 899

# Fische.

## II. Ordnung: **Teleostier.**

Wasser bewohnende Tiere mit spindligem, seitlich mehr oder weniger zusammengedrücktem Körper und wohlentwickelten paarigen und unpaaren Flossen, davon die Schwanzflosse meist homozerk. Das knorplig angelegte Achsenskelet erfährt späterhin weitgehende Verknöcherung und wird vervollständigt durch das Hinzutreten zahlreicher Belegknochen. Die amphizölen Wirbel tragen wohlausgebildete Rippen. In den Myosepten der dorsalen und des Schwanzteils der ventralen Rumpfmuskulatur treten häufig die knorplig nicht vorgebildeten, knöchernen Gräten auf. Flossenstrahlen knöchern. Die Mundöffnung wird umrahmt von dem knöchernen Maxillare, Prämaxillare und Mandibulare. Das mit dem letzteren artikulierende Quadratum wird mit der Schädelbasis durch das Symplektikum und das Hyomandibulare und letzteres wieder durch das Interhyale mit dem Hyoid verbunden. Von dem Hyomandibulare entspringen die knöchernen Operkula, von dem Hyoid die Radii branchiostegi, welche beide das knöcherne Gerüst des Kiemendeckels bilden. Nur die vier ersten Kiemenbogen tragen Kiemen, der fünfte ist rudimentär. Die Haut wird mit Ausnahme des Kopfes durch die Schuppen, dünne, in der Kutis gelegene Knochenplättchen, gestützt und enthält Sinnesgruben und eine Seitenlinie. Paarige, auf der Dorsalfläche des Kopfes gelegene Riechgruben. Im Gehörorgan ist die dorsale mit der ventralen Abteilung durch einen oft sehr langen Gang verbunden. Das Auge enthält einen besonderen Linsenmuskel. Das Gehirn zeichnet sich durch starke Entwicklung von Mittelhirn und Kleinhirn aus. Das Dach des Vorderhirns ist epithelial. Rostrum fehlt. Mundöffnung endständiger Querspalt. Darm stets ohne Spiralfalte. Pankreas, wenn auch in reduzierter Form, immer nachweisbar. Die kammförmigen Kiemen sitzen auf den vier ersten Kiemenbogen in doppelter Reihe. Die Kiemenhöhle bzw. ihr äußerer Vorraum wird durch den beweglichen Kiemendeckel geschlossen. Die nicht stets vorhandene Schwimmblase kann sich durch einen Ductus pneumaticus in den Schlund öffnen. Als Niere funktioniert die Urniere, als Harnleiter der WOLFFsche Gang. Die Geschlechtsorgane werden durch Pori abdominales abgeführt. Das aus Kammer und Vorkammer bestehende Herz hat keinen Conus arteriosus.

## Esox lucius.

Als Vertreter der Knochenfische soll hier der Hecht, Esox lucius, behandelt werden, der in Exemplaren jeder Größe stets lebend auf unseren Fischmärkten zu haben ist. Wir wählen, schon in Rücksicht auf den Preis, zumeist kleinere,

30—50 cm lange Exemplare. Man kann die Tiere in einem nicht zu weiten Zylinder, Kopf nach unten, in Ätherwasser betäuben oder sie, wo der spezielle Zweck es erlaubt, durch Abtrennen des Kopfes mit einem starken Messer töten. Will man die Tiere in toto konservieren, so injiziere man die Fixationslösung vom Bulbus arteriosus aus. Ein Längsschnitt in der ventralen Mittellinie, ungefähr fingerbreit vor der Ansatzstelle der Brustflossen beginnend, legt ihn ohne weiteres frei. Wird die Kanüle von passender Stärke gewählt, so ist ein Einbinden nicht nötig, das immer etwas Vorsicht erfordert, da der Bulbus sehr leicht abreißt. Vom Bulbus aus lassen sich natürlich auch leicht Vitalinjektionen mit Methylenblau und Blutgefäßinjektionen mit Berlinerblau ausführen. Es empfiehlt sich dabei, das Tier an ein schmales Brett durch Bindentouren zu befestigen. Als Lösungen für die Totalfixation kommen in Betracht Formalin, Formalin-Bichromat, ZENKERsche und BOUINsche Flüssigkeit. Vielfach wird man natürlich bei der Größe des Tieres von einer Totalfixation Abstand nehmen. Bei der Bearbeitung macht die Anwesenheit der knöchernen Schuppen in der Haut, der knöchernen Gräten und Rippen und der knöchernen Wirbelsäule häufig eine Entkalkung nötig. Als Entkalkungsmittel für beliebig fixierte Präparate empfiehlt sich die 5%ige Salpetersäure mit mehrtägiger Nachbehandlung in 3%igem Kaliumbichromat. Für entkalkte Präparate ist die Zelloidineinbettung der Paraffineinbettung vorzuziehen.

## 1. Die Haut.

Den charakteristischen Bestandteil der Haut bilden die nur am Kopf fehlenden Schuppen. Um sie rein zu erhalten, legen wir ein Stückchen der beschuppten Haut

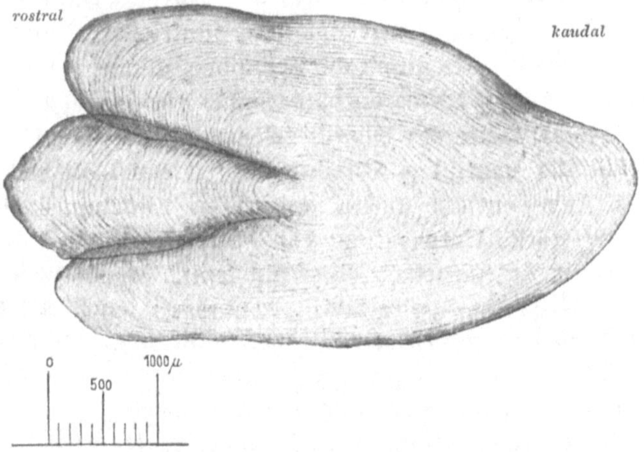


Fig. 300. Hecht. Schuppe.

über Nacht in 3%ige Natronlauge, waschen die nun isolierten Schuppen durch mehrmaliges Aufgießen von Wasser gut aus, färben in dünner Eosinlösung und schließen dann in Lävulose ein.

Die Hechtschuppe (Fig. 300) ist ein dünnes Knochenplättchen, ungefähr doppelt so lang als breit und etwas gewölbt. Das etwas verjüngte Hinterende ist abgerundet, das breite, von der Schuppe der vorhergehenden Reihe verdeckte Vorderende läuft in drei Lappen aus. Auf der Schuppenaußenfläche verläuft ein System konzentrischer, dem Schuppenrand paralleler Leisten (Zykloidschuppe). Die glatte Schuppeninnenfläche ist bedeckt mit einer dünnen Schicht von Guaninkalk in kleinsten Kristallen. Er bedingt den Perlmutterglanz der Schuppe.

Die Schuppen stehen in Längs- und Querreihen. Beim Hecht zählt man entlang der Seitenlinie ungefähr 120 Querreihen, dorsalwärts von ihr 14, ventralwärts 20 Längsreihen. Jede vordere Schuppe deckt dachziegelartig den größten Teil der folgenden, so daß man bei einem Querschnitt durch die Haut immer mehrere Schuppenschnitte übereinander erhält.

Gute Querschnitte durch die beschuppte Haut des erwachsenen Tieres anzufertigen, ist nicht ganz leicht. Man benutzt zur Fixation am besten eine Flüssigkeit, die gleichzeitig entkalkt, z. B. die FLEMMINGsche Flüssigkeit. Nicht zu kleine Hautstücke mitsamt einem Teil der unterliegenden Muskulatur bleiben darin, bei einmaligem Wechsel der Flüssigkeit 5—7 Tage. Einbettung in Zelloidin ist der in Paraffin vorzuziehen. Die Bearbeitung der unbeschuppten Kopfhaut bietet keinerlei Schwierigkeiten.

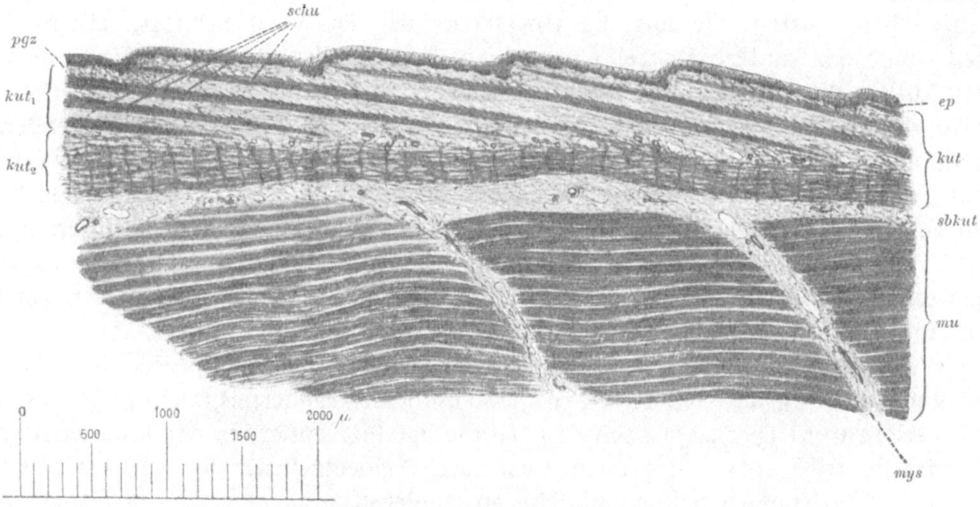


Fig. 301. Hecht. Haut. (Schnitt parallel zur Seitenlinie.)
*ep* Epidermis, *pgz* subepidermoidale Pigmentschicht, *kut* Kutis, $kut_1$ lockere, $kut_2$ straffe Kutis, *schu* Schuppen, *sbkut* Subkutis, *mu* Muskulatur, *mys* Myosepten.

Wir wollen nun zunächst einen Querschnitt durch die beschuppte Haut betrachten, der parallel zur Seitenlinie geführt ist (Fig. 301). Wie bei allen Wirbeltieren, so können wir auch hier an der Haut Epidermis, Kutis und subkutanes Gewebe unterscheiden. Die Epidermis (*ep*) hat eine durchschnittliche Dicke von 100—150 μ und besteht aus zahlreichen Zellschichten. Die tiefste Schicht enthält lange, schmale Zylinderzellen. Der Kern liegt im distalen Zellende, so daß eine basale, protoplasmatische Schicht sich durch das ganze Epithel hindurchzieht. Die beiden folgenden Lagen setzen sich aus spindligen Zellen zusammen, deren Längsachse, wie die der Zylinderzellen senkrecht zur Epitheloberfläche steht. Gegen die Epithelmitte werden die Zellen unregelmäßig polygonal, um sich distalwärts immer mehr abzuplatten, so daß jetzt ihre Längsachse parallel zur Epitheloberfläche steht. Die distalste Zellschicht, die Deckschicht, besteht aus ganz platten, polygonalen Zellen mit sehr dünnem, scheibenförmigem Kern.

Zwischen die distalen Zellen sind nun in großer Zahl Becherzellen eingelassen, kuglige Zellen, mit Schleimkörnchen vollgepfropft und frei auf der Epitheloberfläche mündend. Der ganz flache Kern liegt an der proximalen Zellperipherie.

Alle Zellen der Epidermis werden durch schmale Interzellularlücken voneinander getrennt und enthalten in ihrem Ektoplasma Epithelfasern, die, jene Lücken durchsetzend, von einer Zelle in die andere übertreten. Pigmentzellen enthält die Epidermis beim Hecht nicht.

Die Kutis (*kut*) hat eine Dicke von mindestens 500 $\mu$ und läßt zwei Abschnitte, einen lockeren und einen straffen, erkennen. Die lockere Kutis (*kut*$_1$) ist ein an elastischen Fasern armes, lockeres Bindegewebe, in welches die Schuppen (*schu*) eingelagert sind. Sie verlaufen in ganz spitzem Winkel zur Hautoberfläche und ziehen von der straffen Kutis bis zum Epithel. Anfang und Ende einer jeden Schuppe sind spitz ausgezogen, der distale Rand ist fein gezähnt. Diese Zähnchen sind nichts anderes als die Querschnitte jener konzentrischen Leisten, die uns die Oberfläche der isolierten Schuppe erkennen ließ. Nur das hintere Drittel einer jeden Schuppe liegt unter der Epidermis, von dieser durch einen schmalen Kutisstreifen getrennt, das mittlere Drittel wird durch die folgende und das vordere Drittel durch die beiden folgenden Schuppen gedeckt. Am freien Schuppenrand bildet die Epidermis eine Einbuchtung, eine Art Widerlager. Dadurch erscheint die ganze Hautoberfläche im Schnitt regelmäßig gegliedert. Die Länge dieser Glieder ist natürlich am größten, wenn der Schnitt die Schuppenmitte trifft. Jede Schuppe besteht aus echter, zellenfreier Knochensubstanz und läßt eine sehr deutliche Längsstreifung erkennen. Es wechseln immer hellere und dunklere Streifen ab.

Die lockere Kutis enthält Pigmentzellen in wechselnder Zahl. Konstant ist nur eine einfache Lage derselben dicht unter der Epidermis, subepidermoidales Pigment (*pgz*). Je nach dem Grade der Pigmentierung der untersuchten Hautstelle trifft man dann auch zerstreute Pigmentzellen, die sich vor allem gerne der proximalen Schuppenfläche anschmiegen.

Die straffe Kutis (*kut*$_2$) ist dünner als die vorige und baut sich aus welligen, parallel zur Oberfläche der Haut verlaufenden, dicken Bindegewebsbündeln auf, die außerordentlich dicht aneinander schließen. Außerdem werden sie von senkrechten Bündelchen oft in ganz regelmäßigen Abständen durchsetzt. Die letzteren biegen rechtwinklig aus der tiefsten Lage der straffen Kutis, fasern sich distalwärts auf und verlieren sich in der lockeren Kutis.

Das subkutane Gewebe (*sbkut*) ist locker, stark blutgefäß- und fetthaltig. Es verbindet die Kutis mit der Muskulatur (*mu*) und geht kontinuierlich in die die Myomeren trennenden Myosepten (*mys*) über.

Vergleichen wir nun damit einen Schnitt durch die Haut der Dorsalfläche des Kopfes, so finden wir hier, wenigstens hinsichtlich der Kutis, andere Verhältnisse. Mit dem Verschwinden der Schuppen fehlt auch die ganze lockere Kutislage, und unter der Epidermis stoßen wir direkt auf die straffe Kutis, deren Faserbündel aber nicht mehr so regelmäßig parallel verlaufen, sondern sich in allen Richtungen durchkreuzen. Die senkrechten Bündel der straffen Kutis fehlen ebenfalls. Der Pigmentgehalt ist am Kopf bedeutend größer, als an der Seitenfläche des Körpers. Außer der subepidermoidalen Lage treffen wir noch zahlreiche tiefere Pigmentzellen, meistens in mehreren Schichten übereinander gelegen.

Um die Form dieser interessanten Zellen näher kennenzulernen, empfiehlt sich die Anfertigung von Flachschnitten parallel zur Hautoberfläche. Am geeignetsten sind dicke Gefrierschnitte von Formalinmaterial, gefärbt mit Hämalaun und Pikrofuchsin oder nach der Bielschowskymethode behandelt.

Ein solcher Schnitt (Fig. 302) zeigt uns das Gewirr der dicken, sich vielfach teilenden und durchflechtenden Bindegewebsbündel (*kolf*). Zwischen und auf den Bündeln liegen zahlreiche sternförmige Bindegewebszellen, Fibroblasten (*fibl*). Ihre Ausläufer begleiten die Faserbündel auf weite Strecken.

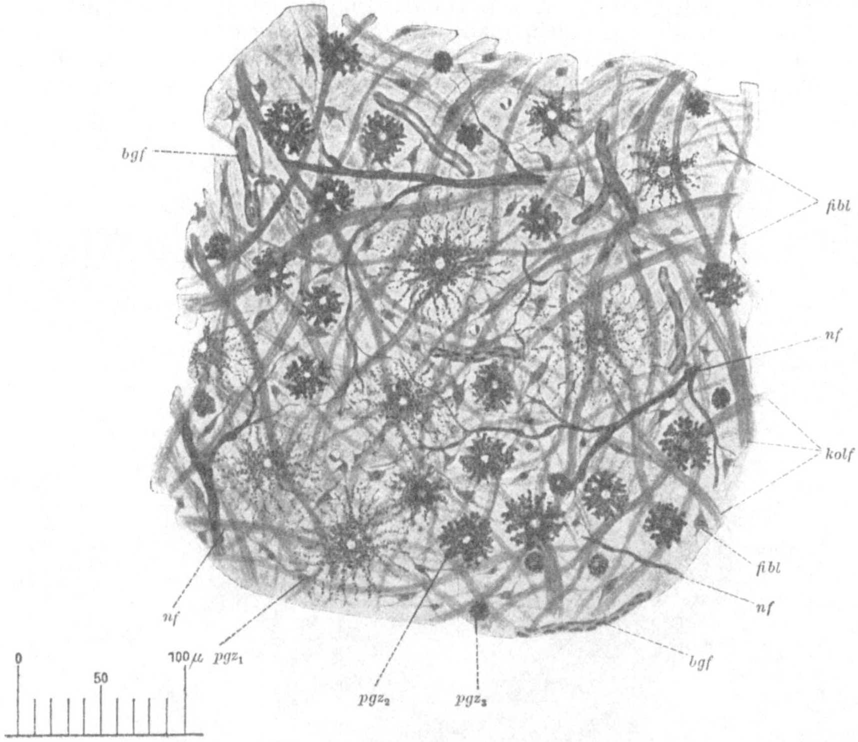


Fig. 302. Hecht. Kopfhaut. Flachschnitt.

*kolf* Bindegewebsbündel, *fibl* Bindegewebszellen, $pgz_1$ Pigmentzellen der subepidermoidalen Pigmentschicht, $pgz_2$, $pgz_3$ Pigmentzellen der tieferen Kutisschichten, *nf* Nervenstämmchen, *bgf* Blutkapillaren.

Die Pigmentzellen erreichen eine ganz bedeutende Größe. Wir können drei verschiedene Formen unterscheiden. Am augenfälligsten sind die mächtigen, weitverzweigten Zellen mit zahllosen feinen, anastomosierenden, weite Strecken durchsetzenden Ausläufern ($pgz_1$). Sie gehören sämtlich der subepidermoidalen Lage an. Wesentlich dunkler sind die mittelgroßen Zellen ($pgz_2$) mit kurzen, lappigen Fortsätzen. Während wir bei den ersteren die feinen Pigmentkörnchen noch deutlich voneinander trennen können, liegen sie bei den letzteren so dicht, daß sie scheinbar miteinander verschmelzen. Schließlich sind noch kleine, kuglige Pigmentzellen vorhanden ($pgz_3$), bei denen sich das Pigment aus den Zellfortsätzen vollkommen auf den Zellkörper zurückgezogen hat. Die beiden letzten Zellarten finden wir immer nur in den tieferen Kutislagen.

Sehr schön treten in unseren mit Hämalaun gefärbten Gefrierschnitten auch die Nerven hervor. Zahlreiche Stämmchen markhaltiger Nervenfasern (*nf*) verästeln sich in der Kutis und bilden mit ihren Zweigen einen weitmaschigen Plexus, von dem aus die Fasern nach Verlust ihrer Markscheide in die Epidermis steigen, um sich zwischen ihren Zellen zu verästeln und frei zu enden.

## 2. Die Sinnesorgane.

### a) Das Auge.

Über die technische Bearbeitung des Auges gilt im allgemeinen das in den früheren Abteilungen Gesagte. Das enukleierte Auge wird auch hier stets in toto fixiert. Um gute Totalschnitte zu erhalten, empfiehlt sich vor der Enukleation die Anbringung von Marken für die spätere Eröffnung, indem man mit einer krummen Nadel am dorsalen Pol einen einfachen, am ventralen Pol einen doppelten Faden dicht an der Hornhaut durch die Konjunktiva legt und verknotet. Zur Fixation kann 7,5%ige Salpetersäure

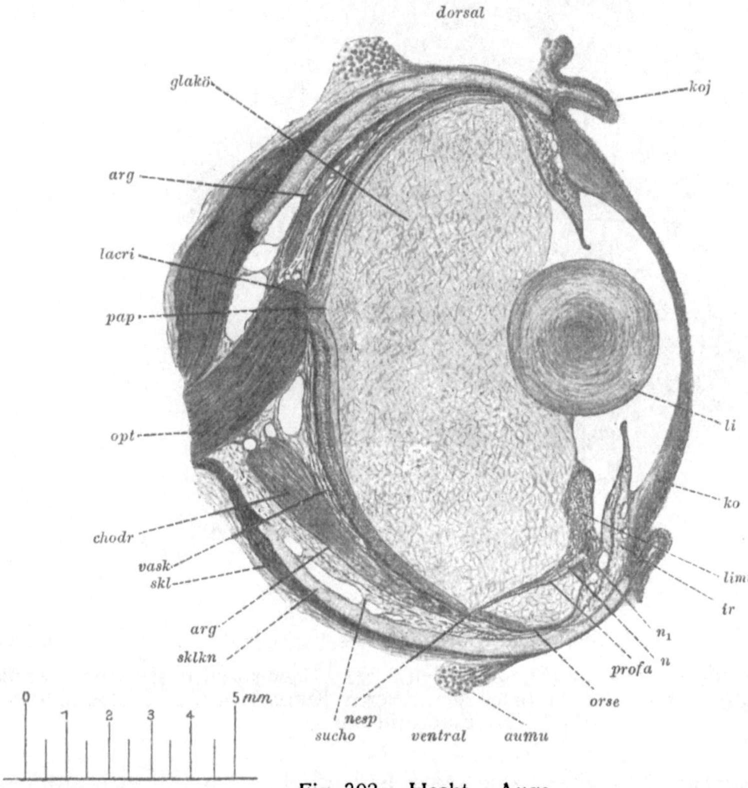


Fig. 303. Hecht. Auge.

*koj* Konjunktiva, *li* Linse, *ko* Kornea, *limu* Linsenmuskel, *ir* Iris, *n* und $n_1$ Nerven des Linsenmuskels, *profa* Processus falciformis, *orse* Ora serrata, *aumu* Augenmuskel, *nesp* Netzhautspalt, *sucho* Suprachorioidea, *sklkn* knorplige Sklera, *arg* Argentea, *skl* bindegewebige Sklera, *vask* Vaskulosa, *chodr* Chorioidealdrüse, *opt* Sehnerv, *pap* Sehnervenpapille, *lacri* Lamina cribrosa, *glakö* Glaskörper.

oder Bouinsche Flüssigkeit dienen. Vorzügliches leistet ein Gemisch von 1 Teil 3%igem Bichromat und 4 Teilen Formalin. In ihm bleibt das Organ 24 Stunden und wird dann für mehrere Tage in reine 3%ige Bichromatlösung übertragen. Es ist dann so hart, daß es ohne Schaden eröffnet werden kann. Man schneide vorn und hinten durch zwei parallele Rasiermesserschnitte je eine Kuppe ab und zwar so, daß die Ebene der Schnitte mit der durch die beiden Fäden markierten Medianebene einen nach vorn offenen Winkel von ungefähr 30° bildet. Das die Linse enthaltende Mittelstück wird dann für mehrere

Tage in öfter gewechselten $70^0/_0$igen Alkohol gebracht, in gewöhnlicher Weise entwässert und in Zelloidin eingebettet. Färbung der Schnitte in Eisenhämatoxylin und Pikrofuchsin.

Einen solchen Totalschnitt durch die Eintrittsstelle des Sehnerven stellt unsere Fig. 303 dar. Der Bulbus wird gestützt durch eine knorplige Sklera (*sklkn*), eine dünne Schale von Hyalinknorpel, die hinten eine breite Öffnung für den Eintritt des Sehnerven besitzt. Außen liegt ihr noch eine proximal sehr dicke, distal sich stark verjüngende, an elastischen Fasern außerordentlich reiche bindegewebige Sklera (*skl*) auf. Sie bildet gleichsam das äußere Perichondrium des Skleralknorpels, setzt sich proximalwärts auf den Sehnerven (*opt*) fort, dessen Scheide bildend, und geht distalwärts kontinuierlich in die Grundsubstanz der Hornhaut über. Die Hornhaut (*ko*) ist an ihrer Peripherie von ansehnlicher Dicke, verdünnt sich aber nach dem Scheitel zu mehr und mehr. Ihre Grundsubstanz besteht aus zahlreichen parallelen bindegewebigen Lamellen mit dazwischen gelegenen verzweigten und anastomosierenden Hornhautkörperchen. Die distale Begrenzung der Hornhaut bildet das vordere Hornhautepithel mit 6—8 Zellschichten, deren beide distalste ganz platt sind. An der Hornhautperipherie geht dieses Epithel in das Epithel der Konjunktiva (*koj*) über, welche einen die Hornhautperipherie umkreisenden, ringförmigen Wulst bildet. Das Konjunktivalepithel ist wesentlich dicker als das Hornhautepithel, hat doppelt soviel Zellschichten und führt im Gegensatz zu jenem Becherzellen. Zwischen vorderes Epithel und Grundsubstanz schiebt sich eine dicke homogene Bowmansche Membran; an der Hornhautperipherie geht sie unter starker Verdünnung in die Basalmembran des Konjunktivalepithels über. Eine Descemetsche Membran fehlt. Die proximale Begrenzung der Hornhaut gegen die vordere Kammer hin bildet das aus ganz flachen Zellen bestehende, einschichtige hintere Hornhautepithel.

Die Chorioidea besitzt zunächst distalwärts von der Sklera eine besonders im hinteren Bulbusabschnitt außerordentlich mächtige, bindegewebige und gefäßreiche Suprachorioidea (*sucho*). Auf sie folgt die in den einzelnen Abschnitten des Bulbus sehr ungleich ausgebildete, an vielen Stellen auch ganz fehlende, dünne Argentea (*arg*), bestehend aus flachen, platten Zellen, deren Kern nur sehr schwer zu erkennen ist. Die Zellen liegen in mehreren Schichten übereinander und enthalten feinste, nadelförmige Kristalle, welche der Argentea einen eigentümlichen matten Glanz verleihen. An die Argentea schließt sich das gewöhnlich als Chorioidealdrüse bezeichnete Corpus chorioideale (*chodr*), eine Bildung, welche wir, abgesehen von einigen Ganoiden, nur bei den Knochenfischen treffen. Es beginnt mit einer vielfach recht starken Verdickung in der Umgebung des Sehnerven und verdünnt sich distalwärts mehr und mehr. In der rostralen Bulbushälfte ist es bedeutend stärker, als in der kaudalen, in der Mitte der Ventralfläche fehlt es, so daß es einen schalenförmigen Körper mit hufeisenförmigem Querschnitt darstellt. Mit einer Drüse hat das Organ nichts zu tun, sondern ist ein Blutgefäßkonvolut. Aus den in der Umgebung des Sehnerven zutretenden Arterien entwickeln sich sofort enge Kapillaren, welche eine dicht neben der anderen in parallelem Verlaufe distalwärts streben und sich hier zu größeren Venen sammeln. Zwischen den Kapillaren trifft man nur geringes Bindegewebe und vereinzelte Pigmentzellen. Auf die Chorioidealdrüse folgt nach innen die Vaskulosa (*vask*) und die Choriokapillaris. Die erstere enthält neben den gröberen Blutgefäßen zahlreiche Pigmentzellen und Zellen mit irisierenden Kristallnädelchen, die letztere führt die aus den Gefäßen hervorgehenden Kapillaren. Gegen die Netzhaut wird die Choriokapillaris durch eine dicke strukturlose Glashaut abgeschlossen.

Distalwärts verdünnt sich die Chorioidea mehr und mehr, um jenseits der Ora serrata (*orse*) in die Iriswurzel überzugehen. Die Iris (Fig. 304) bildet eine dünne, scheibenförmige, vor der Linse ausgespannte Blende. Die Blendenöffnung, die Pupille, ist längsoval, es ist also die Iris ventral und dorsal breiter als kaudal und rostral. Nach hinten zu wird sie bekleidet von der später näher

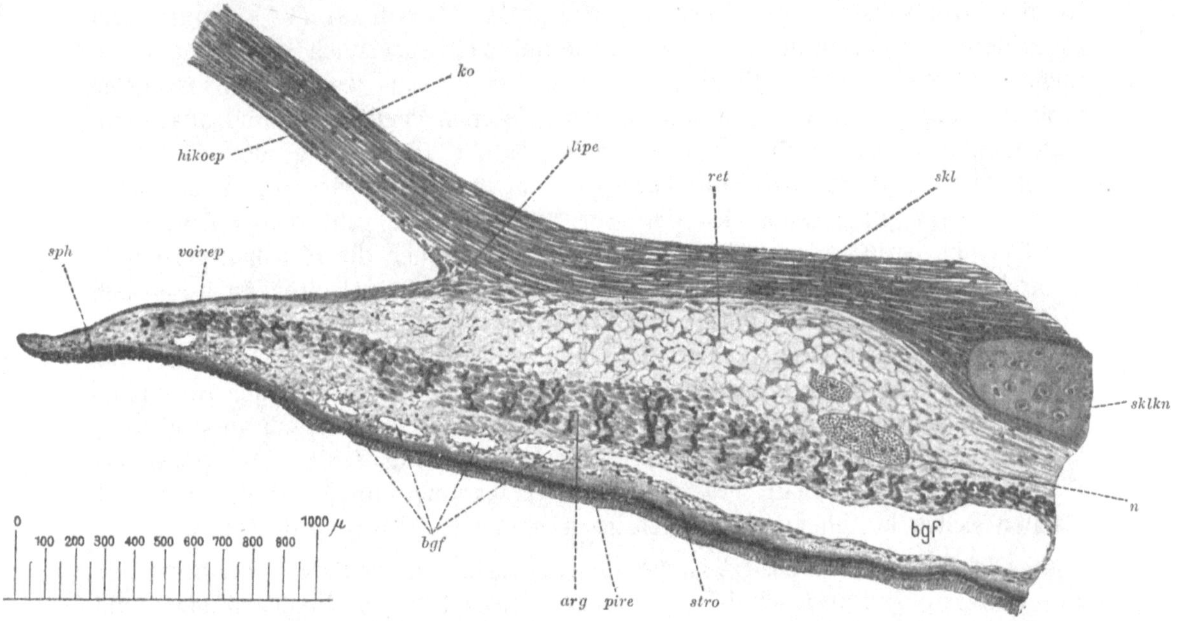


Fig. 304. Hecht. Iris.

*ko* Hornhaut, *hikoep* hinteres Hornhautepithel, *lipe* Ligamentum pectinatum, *ret* Retikulum, *skl* Sklera, *sklkn* Skleralknorpel, *n* Nervenstämmchen mit Ganglienzellen, *bgf* Blutgefäße, *stro* Grundsubstanz der Iris, *pire* Pars iridica retinae, *arg* Argentea, *sph* Sphincter iridis, *voirep* vorderes Irisepithel.

zu behandelnden Pars iridica retinae (*pire*), dann folgt die Grundsubstanz (*stro*). In der nächsten Nachbarschaft des Epithels ist sie vollkommen zellfrei, weiter nach vorn enthält sie verzweigte, anastomosierende Zellen. In sie eingelagert sind zahlreiche Blutgefäße (*bgf*). Die Mitte der Irisdicke wird eingenommen von der Argentea (*arg*), der direkten Fortsetzung der Argentea der Chorioidea, bestehend aus dichtgedrängten, länglichen, mit feinsten Kristallnädelchen gefüllten Zellen und großen, baumförmigen Pigmentzellen. Weiter nach vorn schließt sich an die Argentea ein retikuliertes Gewebe (*ret*). Seine verästelten, anastomosierenden Zellen sind zum Teile sehr groß und lassen weite Maschen zwischen sich. In dem Retikulum treffen wir neben Blutgefäßen zahlreiche Nerven (*n*) mit überwiegend feinen marklosen, spärlichen dicken markhaltigen Nervenfasern und zahlreichen sympathischen Nervenzellen. Die Verbindung der Iris mit der Hornhaut (*ko*) wird vermittelt durch das Ligamentum pectinatum oder anulare (*lipe*). Es ist das eine rein zellige Bildung. Die Zellen sind länglich oder dreieckig und füllen den Winkel zwischen Iris und Hornhaut, den sogen. Iriswinkel aus. In unserem Eisenhämatoxylinpräparat heben sie sich recht scharf durch ihre dunklere Färbung von den Retikulumzellen ab. Sie schieben sich sowohl eine Strecke weit auf die hintere Hornhautfläche, als auch auf die vordere Irisfläche vor, wo sie einerseits durch das hintere Kornealepithel (*hikoep*), andererseits durch das vordere Irisepithel (*voirep*) überlagert werden. Beide Epithelien gehen im Iriswinkel ineinander über.

Wenn wir den in der früher geschilderten Weise aufgeschnittenen Bulbus unter Wasser mit der Lupe untersuchen, so sehen wir, wie sich in einiger Entfernung von der Sehnervenpapille her aus der Netzhaut eine stark pigmentierte, anfangs niedere, allmählich höher werdende Falte erhebt und in leichtem Bogen gegen den Linsenäquator ansteigt. Das ist der Processus falciformis. Mit seinem Ende ist ein kolbiges Gebilde verwachsen, das sich durch seinen geringen Pigmentgehalt sehr gut von seiner Umgebung abhebt. Es wird als Campanula Halleri bezeichnet und stellt den Linsenmuskel, den Akkommodationsapparat des Hechtauges, dar. In rudimentärer Form findet sich eine ähnliche Einrichtung übrigens auch schon bei Torpedo. Der Muskel entspringt sehnig von der hinteren Irisfläche und zieht schräg ventralwärts zur Linse. In den hinteren Teil ihrer Kapsel strahlen die sehnigen Enden der Muskelfasern in Form einer flächenhaft ausgebreiteten Sehne ein.

In unserem Schnitt durch das Hechtauge (Fig. 303) finden wir deshalb die Muskelfasern (*limu*) quergetroffen. Es handelt sich um glatte Muskelfasern. Äußerlich ist die Muskelmasse von gefäßführendem schwach pigmentierten Bindegewebe überzogen. Der Processus falciformis (*profa*) erscheint, da er, wie erwähnt, nicht gerade, sondern im Bogen verläuft, in unserem Schnitt als eine Brücke zwischen Linsenmuskel und Netzhaut oder eigentlich Chorioidea, deren chorioideale Insertion in kaudaleren Schnitten sich immer mehr der Gegend der Sehnervenpapille nähert. An der Insertionsstelle erscheint die Netzhaut gespalten, der Fortsatz erhebt sich aus der Chorioidea und besteht aus pigmentiertem, gefäßhaltigem Bindegewebe. Es findet sich also entsprechend dieser Insertion in der Netzhaut ein Spalt, der Rest der fetalen Augenspalte. Außer den Gefäßen führt der Processus falciformis dem Linsenmuskel auch Nerven (*n*) zu, der im übrigen auch von der Iris her einen starken Nerven ($n_1$), den Akkommodationsnerven, erhält.

Über die kuglige Linse (*li*) und den feinfaserigen Glaskörper (*glakö*) ist nichts Besonderes zu berichten.

Auch über die Netzhaut können wir uns kurz fassen, da sie im großen und ganzen der später näher zu beschreibenden Plagiostomennetzhaut ähnelt. Nur einiges sei hervorgehoben (Fig. 305). Die Stäbchen (*stz*) sind sehr lang, bis zu 100 $\mu$, die sehr zahlreichen Zapfen (*zz*) zeigen in ihrer Länge sehr bedeutende Schwankungen. Auffallend ist das außerordentlich dünne Innenglied der Stäbchen gegenüber dem kurzen plumpen Innenglied der Zapfen. In beiden tritt das Ellipsoid sehr deutlich hervor. Die Zapfenkerne liegen dicht unter der Limitans externa (*lie*), häufig ragen sie über dieselbe hervor. Die Zapfenfaser ist dick und endet in einem breiten Fuß. Die Stäbchenfaser ist wieder sehr dünn und läuft in ein Körnchen aus. Ein außerordentlich hervorstechendes Element der Teleostierretina bilden die Horizontalzellen (*hoz*) in der äußeren plexiformen Schicht (*äupl*). Sie liegen in 2—3 Reihen. Die inneren kleineren Zellen senden ihre Fortsätze nach beiden Seiten, die äußeren größeren besitzen nur einen seitlichen Fortsatz, außerdem aber mehrere kurze, äußere Fortsätze, welche mit den Zapfenfüßen und Stäbchenkörnchen in Verbindung treten. Die Stäbchenbipolaren (*bipst*) liegen mit ihren Körpern noch in der äußeren plexiformen Schicht, die langen, dünnen Zapfenbipolaren (*bipz*) dagegen

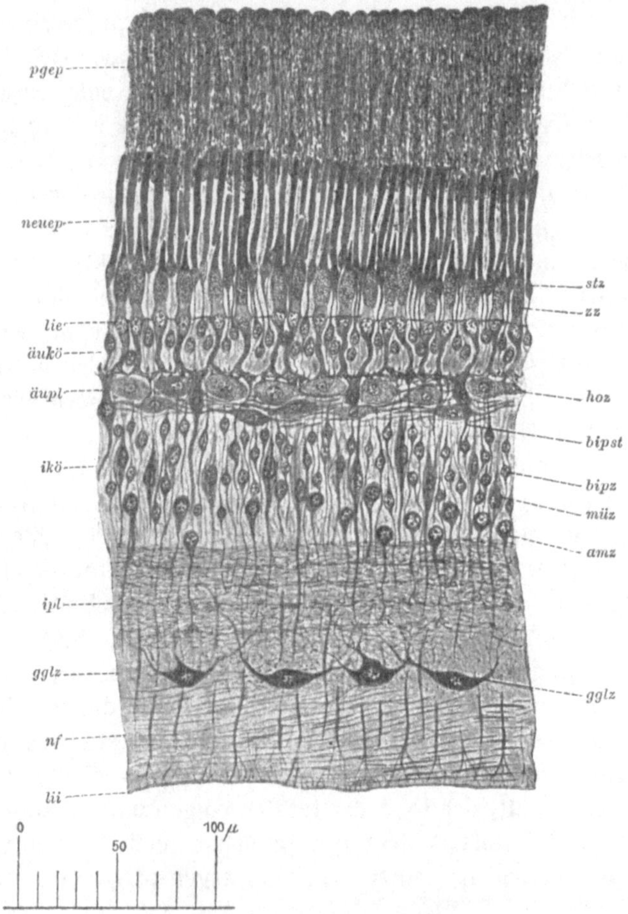


Fig. 305. Hecht. Netzhaut.
*pgep* Pigmentepithel, *neuep* Neuroepithel, *lie* Limitans externa, *äukö* äußere Körnerschicht, *äupl* äußere plexiforme Schicht, *ikö* innere Körnerschicht, *ipl* innere plexiforme Schicht, *gglz* Ganglienzellenschicht, *nf* Nervenfaserschicht, *lii* Limitans interna, *stz* Stäbchensehzellen, *zz* Zapfensehzellen, *hoz* Horizontalzellen, *bipst* Stäbchenbipolaren, *bipz* Zapfenbipolaren. *müz* Müllersche Zellen, *amz* amakrine Zellen, *gglz* Ganglienzellen.

in der inneren Körnerschicht (*ikö*). Von den Elementen dieser letzteren Schicht treten die MÜLLERschen Zellen (*müz*) und die Amakrinen (*amz*) besonders gut hervor. Die Endausbreitungen der letzteren bilden zusammen mit den Ganglienzellendendriten 4—5 Unterschichten in der inneren plexiformen Schicht (*ipl*). Die aus den Ganglienzellen (*gglz*) hervortretenden Nervenfasern (*nf*) vereinigen sich zu einer mächtigen Schicht markloser Nervenfasern, die in der Papille (Fig. 303 *pap*) die Netzhaut verlassen und, indem sie sich mit einer Markscheide umgeben, den Sehnerven (Fig. 303 *opt*) zusammensetzen. Die Grenze zwischen markloser und markhaltiger Faserstrecke tritt sehr deutlich hervor. An dieser Stelle wird der Nerv von der queren bindegewebigen Siebplatte, Lamina cribrosa (Fig. 303 *lacri*), durchsetzt.

An der Ora serrata (Fig. 303 *orse*) verdünnt sich die Netzhaut sehr stark und setzt sich als Pars iridica retinae auf die Hinterfläche der Iris fort (Fig. 304 *pire*). Sie ist zweischichtig. Die vordere Schicht bildet das Pigmentepithel, in dem die Pigmentkörnchen so dicht liegen, daß man einzelne Zellen nicht mehr erkennen kann. Die hintere Schicht setzt sich aus schmalen pigmentfreien Zellen zusammen. Nach dem Pupillarrand zu werden sie immer niedriger und nehmen schließlich ebenfalls Pigment auf. Am Pupillarrand endet die Pars iridica retinae, indem beide Epithelschichten ineinander übergehen. Hier trifft man auch der vorderen Epithelschicht aufgelagert muskulöse Elemente, die in ihrer Gesamtheit den M. sphincter iridis (Fig. 304 *sph*) darstellen. Er ist nicht an allen Stellen des Pupillarrandes gleich gut entwickelt, aber immer gut zu erkennen. Die Fasern verlaufen zirkulär und sind zum Teil pigmenthaltig.

## b) Das Gehörorgan.

Das Gehörorgan wird bei den Teleostiern ebenso wie bei allen anderen Fischen ausschließlich durch das häutige Labyrinth repräsentiert. Es liegt zu beiden Seiten des Gehirns in einer Ausbuchtung der Schädelkapsel. Da der weitaus größte Teil der diese Ohrkapsel bildenden Skeletteile noch nicht verknöchert ist, so läßt sich das Organ unschwer in seiner ganzen Ausdehnung freilegen.

Zu diesem Zweck wird der Kopf des eben getöteten Tieres durch einen medianen Sägelängsschnitt halbiert. Nach vorsichtiger Entfernung der beiden Hirnhälften hat man dann sofort die mediane Fläche des Organs mit seinen großen, durchschimmernden Otolithen vor sich. Das Präparat wird entweder in einer Mischung von gleichen Teilen konzentrierter Sublimatlösung und Flemmingscher Flüssigkeit oder in Formalin-Bichromat fixiert, und man kann dann nach entsprechender Nachbehandlung das Organ unter Wasser oder Alkohol durch Abtragen der deckenden Knorpel- und Knochenmasse freilegen. Zur histologischen Untersuchung muß entweder entkalkt werden oder man muß Sakkulus und Utrikulus aufschneiden und die Otolithen entfernen.

Das häutige Labyrinth erreicht bei den Knochenfischen eine Größe, wie bei keiner anderen Wirbeltierordnung und zeigt gegenüber dem Plagiostomenlabyrinth insofern einen wichtigen Fortschritt, als Pars dorsalis und ventralis scharf voneinander getrennt sind. Die erstere wird repräsentiert durch den Utrikulus mit den drei halbzirkelförmigen Kanälen, die letztere durch den Sakkulus. Die Verbindung zwischen beiden vermittelt ein ganz kurzes Kanälchen, der Ductus utriculosaccularis, der bei anderen Arten zu einem langen Rohr ausgezogen sein kann.

Der Utrikulus (Fig. 306 *ut*) ist ein bis über 10 mm langes, seitlich etwas komprimiertes Rohr, an dem wir das rostrale, bläschenförmige Anfangsstück als Recessus utriculi (*rez*), die Mitte als Utriculus proprius (*ut*) und das kaudale, schmale Endstück als Sinus posterior (*sip*) unterscheiden. Ventral von letzterem buchtet sich aus dem Utrikulus die Appendix (*ap*) hervor. An den Rezessus schließt sich dorsal, mit einer großen, ovalen Öffnung in ihn mündend, die rostrale Ampulle (*roa*), der sich kaudalwärts die äußere Ampulle (*äua*) anschließt. Aus dem Utriculus proprius erhebt sich der breite Sinus superior (*sisup*) und geht ohne scharfe Grenze in den gemeinsamen Schenkel der beiden vertikalen Bogengänge über, aus dem sich wieder der rostrale und der kaudale Bogengang (*rog* und *kaug*) abspalten. Der Sinus posterior vermittelt die Verbindung zwischen dem Utrikulus und der kaudalen Ampulle (*kaua*). Der nicht ampulläre Schenkel des äußeren Bogenganges (*äug*) mündet in die kaudale Wand des Sinus superior ein.

Der die Pars ventralis ausmachende Sakkulus (*sak*) läßt sich in seiner Form am besten einer Mandel mit rostralwärts sehender Spitze vergleichen. Wie diese ist er seitlich stark komprimiert und lagert sich mit seiner Dorsalperipherie dem Boden des Utrikulus dicht an. Der beide verbindende, sehr kurze Canalis utriculosaccularis ist nur von medial her sichtbar. Dicht

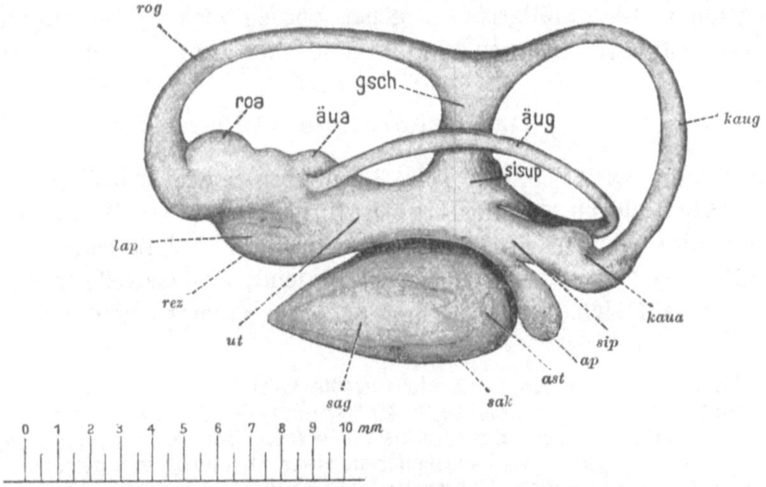


Fig. 306. Hecht. Linkes häutiges Labyrinth von lateral.
*rog* rostraler Bogengang, *roa* rostrale Ampulle, *äua* äußere Ampulle, *gsch* gemeinsamer Schenkel der vertikalen Bogengänge, *äug* äußerer Bogengang, *sisup* Sinus superior, *kaug* kaudaler Bogengang, *kaua* kaudale Ampulle, *sip* Sinus posterior, *ap* Appendix, *ast* Asteriskus, *sak* Sakkulus, *sag* Sagitta, *ut* Utriculus proprius, *rez* Recessus utriculi, *lap* Lapillus.

neben ihm stülpt sich aus der medialen Sakkuluswand der enge Ductus endolymphaticus aus, legt sich der medialen Wand des Utriculus proprius und des Sinus superior dicht an und endet sehr bald blind.

Schon bei Betrachtung mit bloßem Auge erkennt man im häutigen Labyrinth des Hechtes drei kreideweiße Körper, die Otolithen. Der größte derselben, die Sagitta (*sag*), füllt den größten Teil des Sakkulus aus. Der kaudalen Wand der letzteren liegt der kleine Asteriskus (*ast*) an und der dritte, mittelgroße Otolith, der Lapillus (*lap*), liegt im Rezessus des Utrikulus.

Zum Studium der Nervenversorgung fixiert man am besten in reinem 10%igem Formalin und behandelt das herauspräparierte Labyrinth mehrere Stunden mit 1/4%iger Osmiumsäure. Die geschwärzten Nerven treten dann außerordentlich schön hervor.

Der N. acusticus teilt sich in einen schwächeren rostralen und einen stärkeren kaudalen Ast. Vom ersteren gehen drei Zweige aus und zwar die Ramuli ampullae anterioris und externae für die rostrale und äußere

Ampulle und der Ramulus utricularis zum Boden des Rezessus. Der kaudale Ast entsendet vier Zweige, einen Ramulus ampullae posterioris zur kaudalen Ampulle, einen Ramulus saccularis zur medialen Sakkuluswand, einen Ramulus lagenaris zur kaudalen Sakkuluswand und schließlich den Ramulus neglectus zum Boden des Utrikulus dicht neben der Abgangsstelle des Ductus utriculosaccularis.

Dieser Nervenausbreitung entsprechen sieben Nervenendstellen, je eine Crista acustica in der rostralen, äußeren und kaudalen Ampulle, je eine Macula acustica am Boden des Recessus utriculi, an der Abgangsstelle des Ductus utriculosaccularis (Macula neglecta) und an der medialen Sakkuluswand und schließlich eine Papilla lagenae in der kaudalen Sakkuluswand.

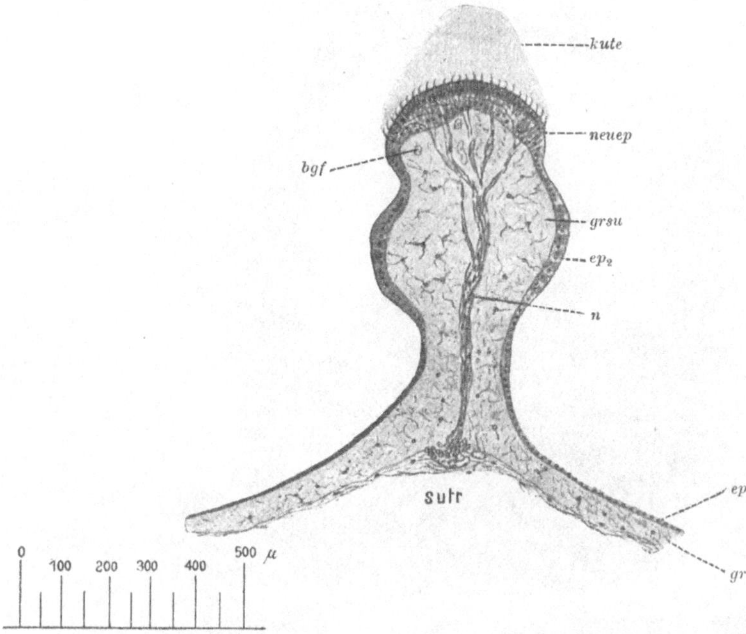


Fig. 307. Hecht. Crista acustica der kaudalen Ampulle. Längsschnitt.
*sutr* Sulcus transversus, *grsu* Grundsubstanz, $ep_1$ Labyrinthepithel, $ep_2$ Epithel der Seitenfläche der Krista, *neuep* Neuroepithel, *kute* Cupula terminalis, *bgf* Blutgefäße, *n* Nervenfasern.

Die Kristen, deren Form man bei Lupenvergrößerung sehr gut erkennen kann, verlaufen quer zur Längsachse der Ampulle. Äußerlich entspricht ihnen am Ampullenboden der Sulcus transversus, dem sie wie ein Sattel aufliegen. Von hier greifen sie auch auf die Seitenwände der Ampulle über, umgeben von den halbringförmigen Plana semilunata, so daß das Ganze von oben gesehen einem Türkensattel täuschend ähnlich sieht. In der Mitte ist die Krista am höchsten, seitlich fällt sie ab. Auf ihr ruht, ebenfalls bei Lupenvergrößerung an osmierten Präparaten sehr gut sichtbar, die sargdeckelförmige Cupula terminalis. Die Maculae acusticae treten bei Lupenvergrößerung nur als flache Verdickungen der Labyrinthwand hervor.

Was nun den feineren Bau der Labyrinthwand anlangt, so bildet seine Grundlage eine Grundsubstanz oder Membrana propria (Fig. 307 und 308 *grsu*), die an den indifferenten Stellen von Sakkulus und Utrikulus nur

15—30 $\mu$ dick ist, in den Bogengängen dagegen bis auf 150 $\mu$ steigt, weshalb dieselben sich bei der Präparation viel widerstandsfähiger als jene erweisen. An allen Nervenendstellen ist die Grundsubstanz ebenfalls stark verdickt. Sie gleicht in ihrem Bau der Grundsubstanz der Iris, ist wie diese strukturlos und Farbstoffgemischen gegenüber schwach basophil. In sie eingelagert sind zahlreiche weitverzweigte, anastomosierende Zellen, für die besondere Kanäle in der Grundsubstanz ausgespart sind.

Der Grundsubstanz liegt nach innen eine einfache Schicht platter polygonaler Zellen, das Labyrinthepithel (Fig. 307 *ep*), auf, das, abgesehen von dem eigentlichen Neuroepithel der Nervenendstellen, mancherlei Modifikationen

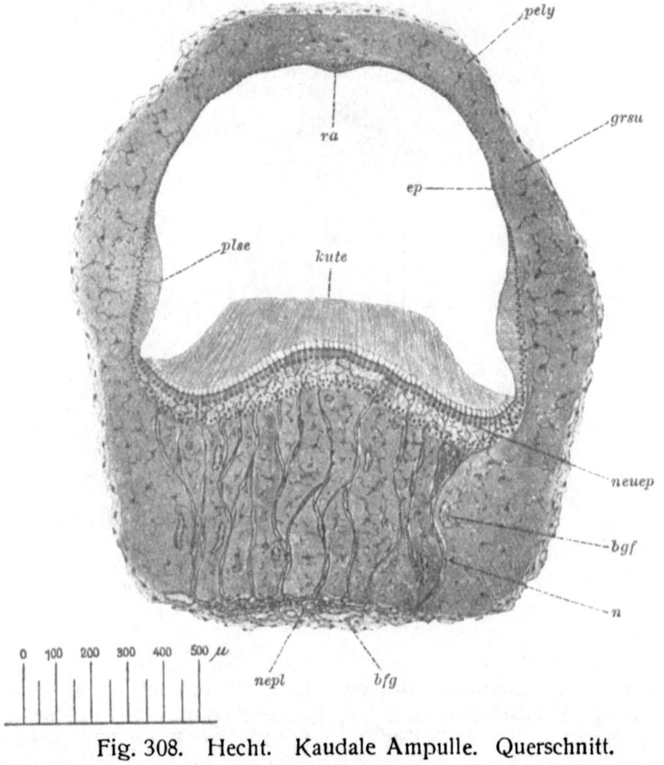


Fig. 308. Hecht. Kaudale Ampulle. Querschnitt.

*pely* perilymphatisches Gewebe, *grsu* Grundsubstanz, *ra* Raphe, *ep* Labyrinthepithel, *plse* Planum semilunatum, *kute* Cupula terminalis, *neuep* Neuroepithel, *bgf* Blutgefäße, *n* die zum Neuroepithel aufsteigenden Nervenfasern, *nepl* Nervenplexus des Sulcus transversus.

erfährt. So verläuft ein schmaler Streifen von Zylinderepithel, die sogen. Raphe, im Ampullendach längs (Fig. 308 *ra*) und setzt sich von hier auf die konkave Fläche der Bogengänge fort. Auch die Plana semilunata (Fig. 308 *plse*) besitzen hohes Zylinderepithel. In der Nähe aller Nervenendstellen werden die platten Epithelzellen kubisch und alternieren mit großen, immer sehr dunkel gefärbten, unregelmäßigen Zellen (Fig. 307 $ep_2$).

Von den Nervenendstellen wollen wir zunächst die Kristen betrachten. Auf dem Ampullenlängsschnitt (Fig. 307) stellt jede dann also im Querschnitt getroffene Krista einen 600—800 $\mu$ langen Zapfen dar, an dem wir einen schmaleren Fuß, ein bauchiges Mittelstück und einen durch eine halsartige Einschnürung abgesetzten Kopf unterscheiden können. Der Fuß ist an seinem Grund ausgehöhlt durch den quergetroffenen Sulcus transversus (*sutr*). Der ganze Zapfen besteht aus Grundsubstanz (*grsu*) und ist auf seiner ampullären Oberfläche von Epithel überzogen. Auf dem Fuß ist es das platte Labyrinthepithel ($ep_1$). Auf dem Mittelstück wird es hoch kubisch und zeigt hier die Einlagerung der früher erwähnten großen, unregelmäßigen, dunklen Zellen ($ep_2$). Die Oberfläche des Kopfes ist mit Neuroepithel (*neuep*) überzogen, dem wie eine Mütze die Cupula terminalis (*ku*) aufsitzt. Fig. 308 zeigt in Ergänzung des vorigen Präparates einen Querschnitt durch die Ampulle, der also die Krista längs trifft. Sie nimmt den ganzen Ampullenboden ein, schlägt sich auch noch auf die Seitenwände und geht hier in die Plana semilunata über (*plse*). Auf der Krista ruht die sargdeckelförmige Cupula terminalis (*kute*). Am Ampullendach erscheint die Raphe (*ra*), in deren Gebiet die Grundsubstanz immer zahlreiche Spalten aufweist.

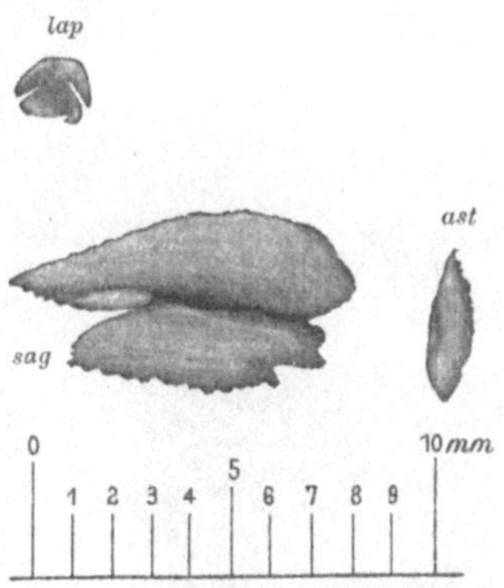

Fig. 309. Hecht. Otolithen.
*sag* Sagitta, *ast* Asteriskus, *lap* Lapillus.

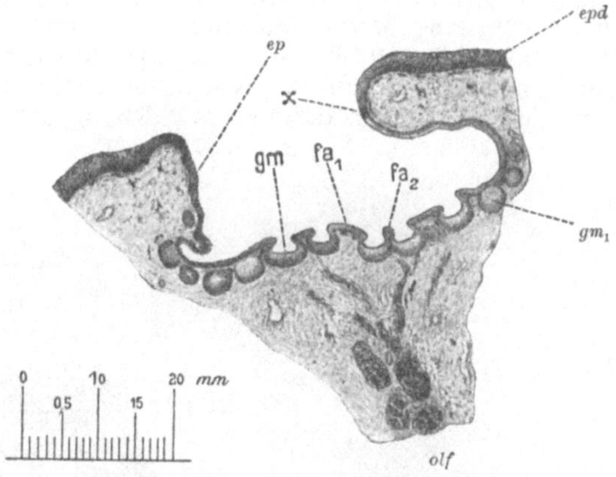

Fig. 310. Hecht. Riechgrube.
*epd* Epidermis, *ep* Schleimhautepithel, × Grenze zwischen beiden, $fa_1$ Hauptfalten, $fa_2$ Nebenfalte der Schleimhaut, *gm* Riechgrübchen, $gm_1$ ein solches angeschnitten, *olf* Riechnerv.

Bezüglich des feineren Baues des Neuroepithels sei auf das bei Petromyzon Gesagte verwiesen. Haarzellen und Stützellen zeigen ganz den gleichen Bau wie dort und die Endigung der Nervenfasern an ersteren ist auch die gleiche. Das Epithel der Maculae und der Papilla lagenae unterscheidet sich kaum von dem der Kristen. Die Stelle der Kupula nehmen hier die Otolithen ein, deren größte, die Sagitta, eine Länge von 10 mm erreicht. Ihre Form, die auch systematische Verwendung gefunden hat, zeigt Fig. 309. Es sind Kalkkonkremente, in denen nach Behandlung mit Mineralsäuren ein fädiges, organisches Gerüst übrigbleibt. Dasselbe bildet auch eine sackartige Hülle um den Otolithen herum, mit der die Haare der Haarzellen fest verbunden sind, so daß der Otolith Ortsveränderungen nur in sehr beschränktem Maße zugänglich ist.

## c) Das Geruchsorgan.

Das Geruchsorgan des Hechtes wird gebildet von den paarigen längsovalen, blind geschlossenen Nasengruben, welche dicht vor den Augen auf der Dorsalfläche des Kopfes gelegen sind. Jede Grube wird überbrückt von einer Hautfalte, welche rostral und kaudal je einen Eingang zum Grubeninnern freiläßt.

Schneidet man die Hautbrücke weg, so erscheint der helle Grund der Grube durchzogen von Schleimhautfalten, welche radiär nach einem exzentrisch gelegenen Punkte des Grubengrundes konvergieren. Die Falten sind, wie Lupenvergrößerung erkennen läßt, am Grubenrand breit und verschmälern sich nach dem Zentrum zu. Sie geben dabei fortwährend miteinander anastomosierende Seitenfalten ab. Es entsteht so ein System flacher Grübchen, deren Grund unpigmentiert ist, während die Firsten der Falten Pigment enthalten. Ventral liegt der Nasengrube die Ausbreitung des Riechnerven an.

Zur histologischen Untersuchung trennt man dem eben getöteten Tier den die Nasengruben enthaltenden Vorderteil des Kopfes durch einen queren Sägeschnitt ab und fixiert in CARNOYscher oder ZENKERscher Flüssigkeit. An dem in absolutem Alkohol befindlichen Präparat werden dann die Gruben vom Knochen losgelöst und in Paraffin eingebettet. Färbung der Schnitte in Eisenhämatoxylin oder Biondi. Auch die vitale Methylenblaufärbung (Injektion der Farblösung vom Bulbus arteriosus aus) gibt vorzügliche Resultate. Sehr schön tritt dann an dem Epithel der abgelösten Gruben bei schwacher Vergrößerung die Färbung der Riechzellen und die Flimmerung hervor.

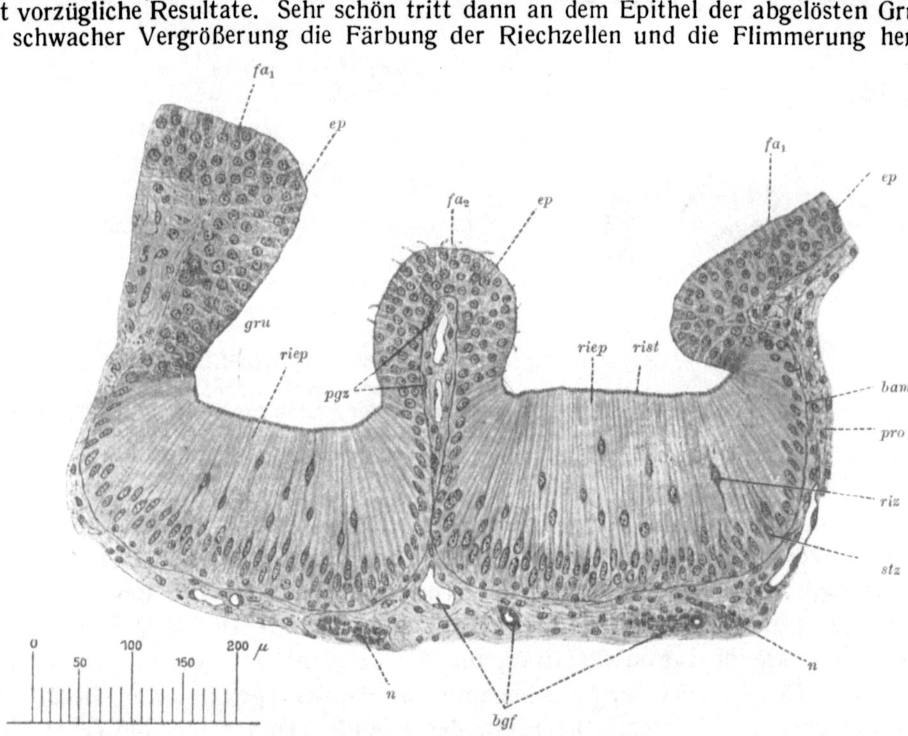


Fig. 311. Hecht. Riechgrübchen.
*gru* Riechgrübchen, $fa_1$ Hauptfalten, $fa_2$ Nebenfalte, *ep* flimmerndes Schleimhautepithel, *riep* Riechepithel, *stz* Stützzellen, *riz* Riechzellen, *rist* Riechstiftchen, *bame* Basalmembran, *pro* Propria, *bgf* Blutgefäße, *n* Riechnervenfasern.

Fig. 310 stellt einen Schnitt durch den kaudalen Teil einer Nasengrube dar. Die von zahlreichen Becherzellen durchsetzte Epidermis der Kopfhaut (*epd*) geht am Grubenrand unter beträchtlicher Verdünnung in das Schleimhautepithel (*ep*) über. Die grubigen Vertiefungen des Nasengrundes (*grm*) werden umrahmt teils von den breiten Haupt- ($fa_1$), teils von den schmalen Nebenfalten ($fa_2$). Zum Teil sind die Gruben nur seitlich angeschnitten ($grm_1$). Von ventral her tritt der Riechnerv (*olf*) mit seinen Zweigen zur Schleimhaut.

Das Schleimhautepithel der Nasengruben ist, wie stärkere Vergrößerungen zeigen, ein geschichtetes Zylinderepithel am Grubenrand. Es schließt sich hier ganz unvermittelt an die Epidermis an. Den gleichen Charakter zeigt das Epithel auch auf den Haupt- und Nebenfalten (Fig. 311 *ep*), nur tragen auf den Nebenfalten die oberflächlichen Zylinderzellen kurze Flimmern. Dieselben scheinen sehr hinfällig zu sein, da sie streckenweise ganz fehlen. Der Grund der Grübchen wird dagegen ausgekleidet von einem typischen Riechepithel (*riep*). Die Stützzellen (*stz*) reichen als schmale Zylinderzellen durch die ganze Epitheldicke. Ihr Körper ist mit zahlreichen Dellen und Rillen besetzt, welche die Körper der benachbarten Riechzellen in sie eindrücken. Der Kern liegt weit proximal im Grunde des Epithels. Das proximale Zellende läuft in zwei fußartige Verbreiterungen aus, das distale freie Ende in eine kleine helle Kuppe. Die Riechzellen (*riz*) sind in ihrem distalen Abschnitt den vorigen ähnlich, nur trägt das freie Ende mehrere kurze Riechstiftchen (*rist*). Der Kern kann in verschiedenen Höhen des Epithels liegen. Proximalwärts läuft die Zelle in eine feine, variköse Faser aus, welche als marklose Riechnervenfaser das Epithel verläßt.

Besser als am Schnittpräparat treten die beschriebenen Unterschiede an Mazerationspräparaten hervor. Zu ihrer Herstellung bringt man die losgelöste Riechgrubenschleimhaut für mehrere Tage in $^1/_{10}\,^0/_0$ige Osmiumsäure. Kleine, mit der Starnadel entnommene Partikelchen werden dann auf dem Objektträger zerzupft und in Wasser untersucht.

Das Epithel sitzt auf einer dicken bindegewebigen Propria (*pro*), von ihr durch eine feine Basalmembran (*bame*) getrennt. Unter der letzteren liegen auf der Faltenfirste zerstreute Pigmentzellen (*pgz*). Die Propria bildet den Grundstock der Falten und geht am Grubenrand in die Kutis über. Sie enthält zahlreiche Blutgefäße (*bgf*) und die Bündel des Riechnerven, bestehend aus marklosen mit SCHWANNscher Scheide umgebenen Fasern.

### d) Die Hautsinnesorgane.

Von Hautsinnesorganen besitzt unser Tier einmal isolierte Sinnesknospen, wie wir sie ähnlich in der Haut von Petromyzon kennenlernen werden, und zweitens das System der Seitenlinie.

Die Sinnesknospen finden sich zerstreut über die gesamte Körperoberfläche, am dichtesten stehen sie aber immer in der Haut des Kopfes, vor allem in der Umgebung des Auges und der Riechgruben. Flache Hautstücke von einem in toto in Flemmingsublimat fixierten Kopf werden in Paraffin eingebettet und am besten in Serie in höchstens 10 $\mu$ dicke Schnitte zerlegt. Legt man bei der Einbettung mehrere Hautstücke flach aufeinander, so wird man sehr bald in dem einen oder anderen Schnitt auf eine Knospe stoßen.

Jede Sinnesknospe bildet einen in der Epidermis gelegenen und gegen die Kutis etwas vorspringenden Epithelkegel, in dessen Spitze eine kleine, höchstens 10—20 $\mu$ breite und doppelt so tiefe Grube, die Sinnesgrube, eingelassen ist (Fig. 312 *sigru*). Die Knospe wird gebildet aus langen, zylindrischen Stützzellen (*stz*). Jede derselben sitzt breit der Knospenbasis auf und reicht allmählich sich verschmälernd bis zum Boden der Sinnesgrube. Der Kern liegt in der Zellbasis, der Körper läßt eine deutliche Längsfibrillierung erkennen. Zwischen den Stützzellen finden sich spärliche Sinneszellen (*siz*), schmale, spindlige Zellen mit etwas verdickter Kernstelle. Der proximale Teil des Zellkörpers endet mit feiner Spitze zwischen den Basen der Stützzellen, der distale verläuft zum Boden der Sinnesgrube und trägt auf seiner Oberfläche ein konisches, frei in die Sinnesgrube ragendes Stiftchen. Zu jeder Sinnesknospe tritt ein Nerv (*n*), dessen Fasern nach Verlust ihrer Markscheide in die Knospe eindringen und die Sinneszellen umflechten.

Diese intragemmalen Fasern lassen sich besonders schön durch vitale Methylenblauinjektion darstellen. Nach der Injektion werden die flach abgeschnittenen Hautstückchen ungefähr 1 Stunde lang in der feuchten Kammer der Luft ausgesetzt, dann in Ammoniummolybdat fixiert und in Paraffin eingebettet.

Die Seitenlinie verläuft in der Schwanzgegend ungefähr in der Mitte der Seitenfläche des Körpers, wendet sich dann immer weiter dorsalwärts und gelangt schließlich zum dorsalen Rand des Operkulums. Sie ist beim Hecht diskontinuierlich und besteht aus neben- und hintereinander angeordneten kurzen, flachen Rinnen, welche die Schuppen teils nur einbuchten, teils durchsetzen.

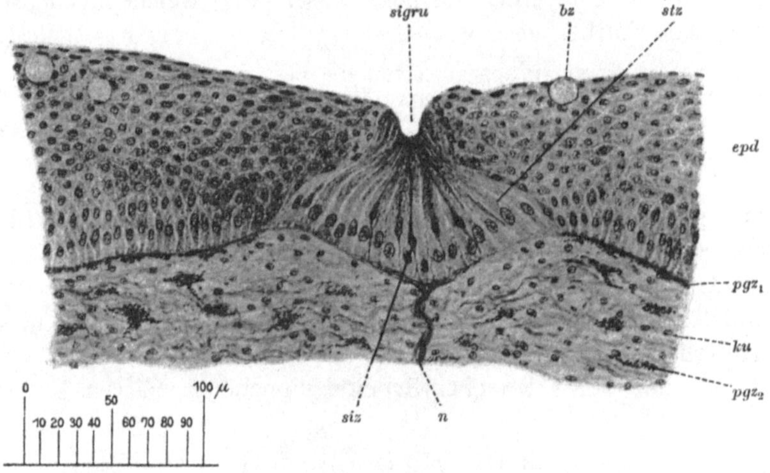


Fig. 312. Hecht. Sinnesknospe aus der Kopfhaut.

*sigru* Sinnesgrube, *bz* Becherzelle der Epidermis (*epd*), *stz* Stützzellen der Sinnesknospe, *siz* Sinneszellen, $pgz_1$ subepidermoidale Pigmentzellenlage, *ku* Kutis, $pgz_2$ kutane Pigmentzellen, *n* Nervenstämmchen.

Am Operkulum geht sie über in eine kontinuierliche Rinne, welche am dorsalen Operkularrand rostralwärts verläuft und sich in vier Äste spaltet. Der erste biegt rechtwinklig ab und verläuft in Form einer zackigen Rinne auf der Grenze zwischen beschuppter und schuppenfreier Haut auf die Mittellinie zu, um sich hier zu verlieren. Der zweite und der dritte Ast umkreisen die Augenhöhle dorsal- bzw. ventralwärts und fließen rostralwärts zusammen. Der vierte Ast schließlich läuft am Oberkieferrand rostralwärts. Während der erste Ast eine offene Rinne darstellt, sind die drei übrigen als Kanäle in die Deckknochen des Kopfes eingesenkt und stehen durch zahlreiche ziemlich weite Querkanäle mit der Körperoberfläche in Verbindung. An seinem rostralen Ende läuft auch der vierte Ast wieder in eine Rinne aus.

Ausgekleidet sind die Kanäle von einem zweischichtigen Epithel. Die tiefe Lage besteht aus kubischen, die oberflächliche entweder aus kubischen oder aus zylindrischen Zellen mit zahlreichen eingestreuten Becherzellen. Umgeben ist das Epithel von einer Blutgefäße und Nerven führenden Propria.

Das Epithel der Rinnen unterscheidet sich von der Epidermis nur durch seine geringere Dicke und kleinere Schichtenzahl. In dem Epithel der Rinnen sowohl als der Kanäle sitzen Sinnesknospen, die die gleichen Bauverhältnisse wie die isolierten Sinnesknospen der Haut zeigen.

## 3. Das Nervensystem.

Für die technische Bearbeitung des zentralen Nervensystems des Hechtes gelten die allgemeinen Vorschriften. Es empfiehlt sich die Anfertigung zweier Parallelserien durch Gehirn und Rückenmark: die eine demonstriert uns den gröberen Bau und unterrichtet uns über die topographischen Verhältnisse, an der Hand der anderen untersuchen wir die feineren Bauverhältnisse. Bei der einen bleiben die Organe in ihrer natürlichen Umgebung, bei der zweiten werden sie völlig freigelegt. Die Freilegung von Gehirn und Rückenmark gelingt beim Hecht sehr leicht durch vorsichtige Eröffnung der Schädelhöhle von dorsal mittels eines kräftigen Skalpells. Man trägt dann dorsal und lateral die knöchernen, knorpligen und muskulösen Teile ab, läßt aber das Organ mit seiner Unterlage in Verbindung und fixiert das ganze Präparat in 10- bis 20%igem Formalin. Nach 3—5 Tagen haben Rückenmark und Gehirn die nötige Konsistenz erreicht, um nun auch von der Unterlage losgelöst und durch quere Rasiermesserschnitte in entsprechend große Stücke zerlegt werden zu können. Diese werden entweder in toto nach der Bielschowskymethode behandelt und dann in Paraffin eingebettet oder mittels des Gefriermikrotoms in ungefähr 50 $\mu$ dicke Schnitte zerlegt und dann erst der obigen Methode unterworfen. Die letztere Art des Vorgehens ergibt immer bessere Resultate und hat außerdem den Vorteil, daß man einen Teil der Schnitte nach der Markscheidemethode behandeln kann.

Für die Anfertigung einer topographischen Serie wähle man möglichst kleine Tiere ($^1/_4$—$^1/_2$pfündig). Nach Eröffnung der Bauchhöhle und Entfernung der Eingeweide wird das Tier mittels eines kräftigen Messers in mehrere Querstücke zerlegt. Der erste Schnitt trennt dicht vor den Augen den Vorderkopf, der zweite am vorderen Kehldeckelrand den Kopf vom Körper. Aus dem letzteren werden dann noch fingerdicke, das Rückenmark enthaltende Stücke herausgeschnitten. Von dem das Gehirn enthaltenden zweiten Stück wird der Unterkiefer entfernt und dann können sämtliche Stücke in einem größeren Quantum Formalin-Bichromat fixiert werden. Nach 24 Stunden werden sie in 3%ige Bichromatlösung für 5 Tage übertragen und dann 2 Tage in 5%iger Salpetersäure entkalkt. Aus der Säure kommen sie nochmals für 3 bis 5 Tage in Bichromatlösung, dann wird 24 Stunden gewässert und durch die Alkoholreihe in Zelloidin eingebettet. Das Gehirnstück wird vorher (im 95%igen Alkohol) in drei gleich dicke Segmente zerlegt, um der Einbettungsmasse leichteren Eingang zu verschaffen. Die Schnitte werden mit Hämalaun oder Eisenhämatoxylin gefärbt.

### a) Das Rückenmark.

Über das Rückenmark können wir uns kurz fassen. Es ist ein zylindrischer, sich kaudalwärts ganz allmählich verjüngender Strang von nahezu kreisförmigem Querschnitt (Fig. 313). Der Zentralkanal (*zk*) nimmt die Querschnittsmitte ein. Er ist umgeben von den zylindrischen Ependymzellen, in seinem Lumen erscheint der Querschnitt des Reissnerschen Fadens. Die beiden weißen Rückenmarkshälften werden ventral durch die enge Ventralfissur (*vefu*), dorsal durch das dorsale Längsseptum (*dose*) getrennt. Die graue Substanz bietet ein sehr zierliches Bild. Ventralhörner (*veho*) und Lateralhörner (*laho*) fließen ineinander über und sind mit der Peripherie durch zahlreiche anastomosierende Septen verbunden. Dorsal vom Zentralkanal verjüngt sich die graue Substanz und sendet die kleinen Dorsalhörner (*doho*) aus. Zwischen den beiden Ventralhörnern spannt sich, ungefähr in der Mitte zwischen Zentralkanal und ventraler Peripherie, die schmale Ventralkommissur (*veko*) aus. Der Abgang der Wurzeln ist unregelmäßig, so daß man nur selten in demselben

Schnitt zwei Wurzeln trifft. In unserem Schnitt ist gerade eine starke Ventralwurzel (*vewu*) linkerseits getroffen.

Bezüglich der die graue Substanz beherbergenden Nervenzellen finden wir ganz analoge Verhältnisse, wie bei Torpedo. Im Ventralhorn liegen große, multipolare Wurzelzellen, ihren Neuriten in die gleiche Ventralwurzel sendend, außerdem Kommissurenzellen, deren Neurit durch die Ventralkommissur in

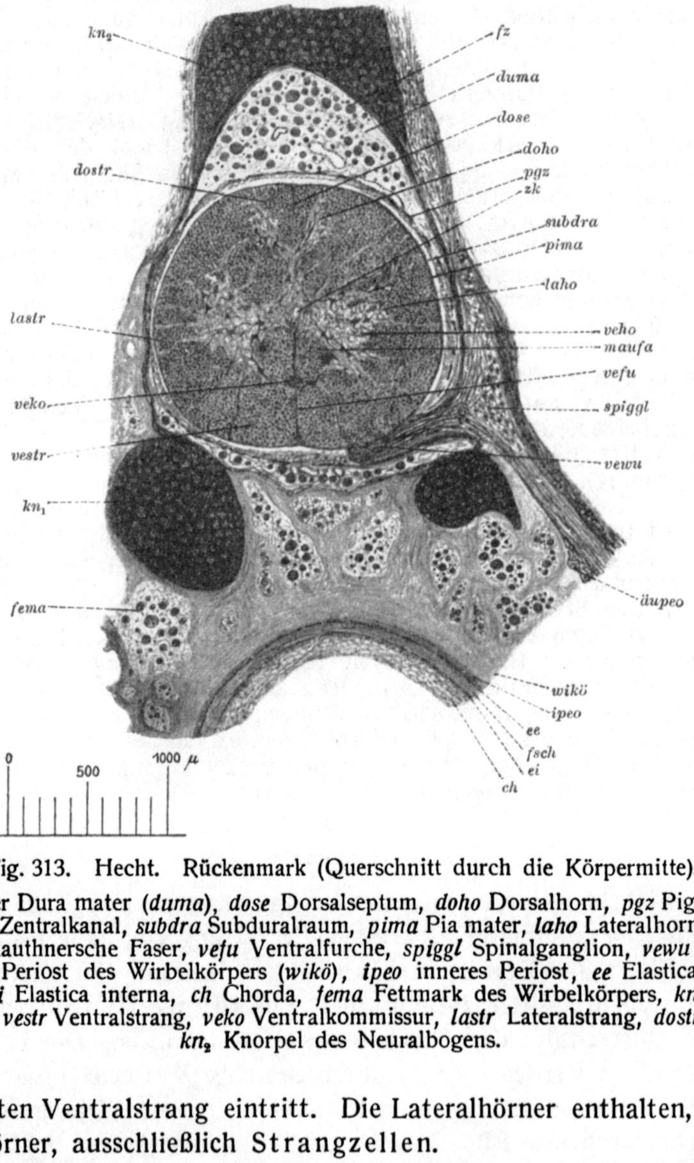


Fig. 313. Hecht. Rückenmark (Querschnitt durch die Körpermitte).

*fz* Fettzellen der Dura mater (*duma*), *dose* Dorsalseptum, *doho* Dorsalhorn, *pgz* Pigmentzellen der Dura mater, *zk* Zentralkanal, *subdra* Subduralraum, *pima* Pia mater, *laho* Lateralhorn, *veho* Ventralhorn, *maufa* Mauthnersche Faser, *vefu* Ventralfurche, *spiggl* Spinalganglion, *vewu* Ventralwurzel, *äupeo* äußeres Periost des Wirbelkörpers (*wikö*), *ipeo* inneres Periost, *ee* Elastica externa, *fsch* Faserscheide, *ei* Elastica interna, *ch* Chorda, *fema* Fettmark des Wirbelkörpers, $kn_1$ Knorpel des Wirbelkörpers, *vestr* Ventralstrang, *veko* Ventralkommissur, *lastr* Lateralstrang, *dostr* Dorsalstrang, $kn_2$ Knorpel des Neuralbogens.

den gekreuzten Ventralstrang eintritt. Die Lateralhörner enthalten, ebenso wie die Dorsalhörner, ausschließlich Strangzellen.

Die Ventralstränge (*vestr*) der weißen Substanz führen durchschnittlich stärkere Nervenfasern, als die Lateralstränge (*lastr*) und die Dorsalstränge (*dostr*). Unter ihnen findet sich immer jederseits eine Riesenfaser, die als MAUTHNERsche Faser (*maufa*) bekannt, zwischen Zentralkanal und Ventralkommissur gelegen ist und dem Tractus vestibulospinalis angehört. Wir werden ihn bei Petromyzon näher kennenlernen, wo die Fasern jedoch bedeutend stärker sind.

## b) Das Gehirn.

Zur Orientierung über die makroskopischen Verhältnisse des Gehirns, die im übrigen als bekannt vorausgesetzt werden, mag unsere Fig. 314 dienen. Sie stellt das Organ im Zusammenhang mit dem häutigen Labyrinth dar. Verglichen mit dem Froschgehirn fällt uns vor allem die mächtige Entwicklung des Kleinhirns (*klh*) und des Mittelhirns (*mesenz*) auf. Rostralwärts schließt sich an das letztere das außerordentlich schmächtige Vorderhirn (*proenz*) an. Seine beiden Lappen werden überlagert von dem epithelialen Vorderhirndach, auf dem die aus dem Zwischenhirn dorsal- und rostralwärts aufsteigende Epiphysenaus-

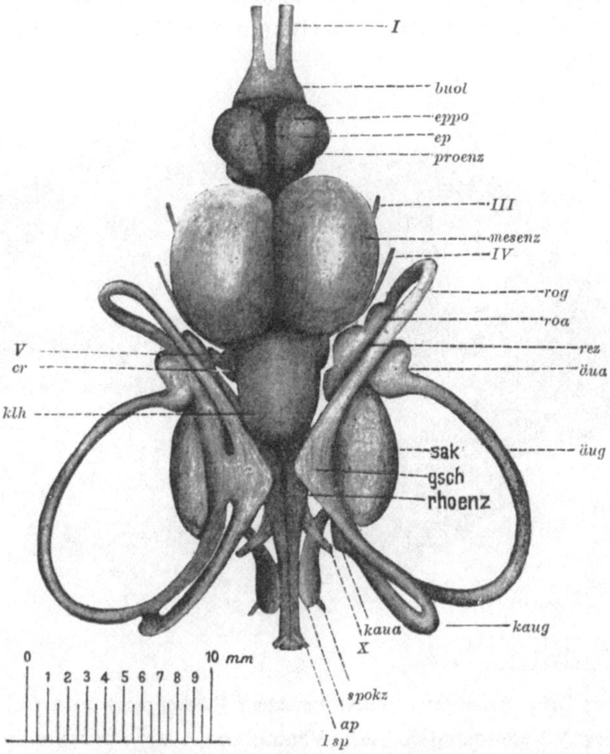


Fig. 314. Hecht. Gehirn und häutiges Labyrinth in dorsaler Ansicht.

*I* N. olfactorius, *buol* Bulbus olfactorius, *eppo* Epiphysenpolster, *ep* Epiphyse, *proenz* Vorderhirn, *III* N. oculomotorius, *mesenz* Mittelhirn, *IV* N. trochlearis, *rog* rostraler Bogengang, *roa* rostrale Ampulle, *rez* Recessus utriculi, *äua* äußere Ampulle, *äug* äußerer Bogengang, *sak* Sakkulus, *gsch* gemeinsamer Schenkel der vertikalen Bogengänge, *rhoenz* Rhombenzephalon, *kaug* kaudaler Bogengang, *kaua* kaudale Ampulle, *X* N. vagus, *spokz* Spinookzipitalnerv, *ap* Apex, *I sp* erster Spinalnerv, *klh* Kleinhirn, *cr* Corpus restiforme, *V* N. trigeminus.

stülpung (*ep*) ruht, die hier einen weit größeren Umfang erreicht, als beim Frosch. Den rostralen Abschluß des Gehirns bilden die Bulbi olfactorii (*buol*), aus denen die langen Riechnerven (*I*) hervortreten.

Wir beginnen die Betrachtung unserer Schnittserie in der Höhe des ersten Spinalnerven. Gehen wir von hier rostralwärts vor, so kommen wir in das Übergangsgebiet zwischen Rückenmark und Gehirn, das Ursprungsgebiet der Spinookzipitalnerven, von denen der Hecht nur einen einzigen besitzt. Die Querschnittsform erleidet hier gegenüber dem Rückenmark insofern eine

Veränderung, als jetzt der Sagittaldurchmesser mehr und mehr über den Querdurchmesser überwiegt und außerdem der Querschnitt sich dorsal verjüngt, so daß er Kegelform annimmt, wobei sich die stumpfe Kegelspitze durch eine seichte Furche, die Lateralfurche, gegen die Basis absetzt (Fig. 315). Auf jeder Seite liegt dem Mark der dickwandige Apex (*ap*) des häutigen Gehörorgans an.

Bezüglich der Textur hat sich wenig gegenüber dem Rückenmark geändert. Die Form der grauen Substanz ist ungefähr die gleiche geblieben, nur hat sie an Masse gegenüber der weißen Substanz zugenommen. Die Vergrößerung erstreckt sich vor allem auf die Dorsalhörner (*doho*). Sie sind plump und kolbig, nehmen fast die ganze Spitze des Querschnitts ein und sind nur noch von einer schmalen Zone weißer Substanz, den ehemaligen Dorsalsträngen, umgeben. Sie

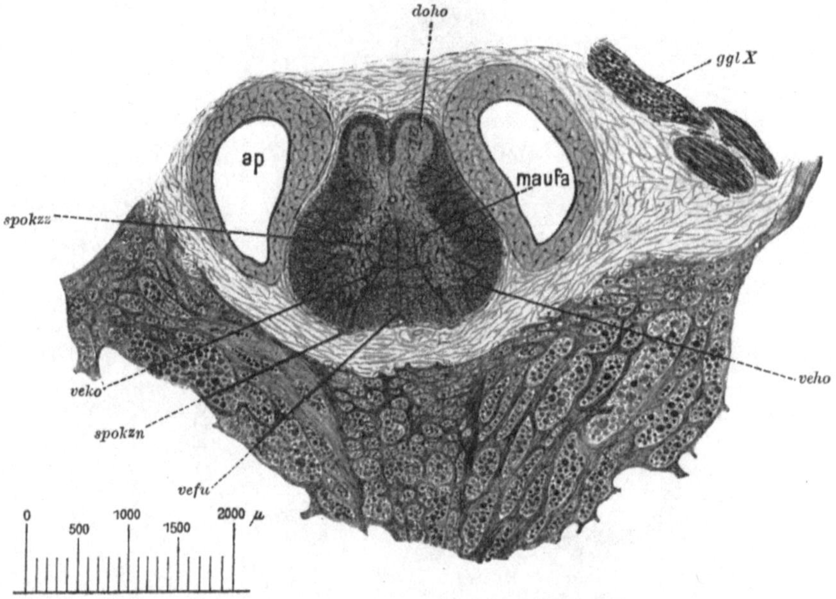


Fig. 315. Übergangsgebiet zwischen Rückenmark und Gehirn.
*doho* Dorsalhorn, *ggl X* Vagusganglion, *veho* Ventralhorn, *vefu* Ventralfurche, *spokzn* Wurzel des Spinookzipitalnerven, *spokzz* deren Ursprungszellen, *veko* Ventralkommissur, *ap* Apex, *maufa* Mauthnersche Fasern.

enthalten zahlreiche, mittelgroße, multipolare Nervenzellen, an denen sich die Dorsalstrangfasern mit ihren Endverzweigungen aufsplittern. Auch die graue Substanz um den Zentralkanal herum hat an Mächtigkeit zugenommen und beherbergt jederseits eine Gruppe von Nervenzellen. Die ventrale Kommissur (*veko*) ist noch deutlich erkennbar, ventral von ihr liegen die beiden MAUTHNERschen Fasern (*maufa*). Die Ventralstränge erstrecken sich weit dorsalwärts und mit ihnen ist auch der Zentralkanal weiter dorsal gerückt. An Stelle des Dorsalseptums ist ein enger Spalt getreten. Die Ventralhörner enthalten zahlreiche große, multipolare Nervenzellen (*spokzz*). Aus ihnen treten die Neuriten. in medial und ventral gerichtetem Bogen aus und sammeln sich an der Ventralfläche in den Wurzeln des Spinookzipitalnerven (*spokzn*), der ebenso wie bei Torpedo keine Dorsalwurzeln besitzt.

Weiter rostralwärts verbreitert sich mit der allmählichen Verkleinerung der Apices der dorsale Abschnitt des Markes, die Lateralfurche tritt dadurch schärfer hervor und trennt dorsalen und ventralen Abschnitt. Gleichzeitig erweitert sich der Zentralkanal und öffnet sich in den Ventrikel des Rhombenzephalons. Etwas rostral vor diese Stelle ist der Schnitt der Fig. 316 gefallen. Er führt uns also in das Rhombenzephalon, die Medulla oblongata und gleichzeitig in die mittlere Partie des häutigen Labyrinths, von dem wir den Sakkulus (*sak*) mit seiner Makula (*ma*) und den Utrikulus (*ut*) mit Sinus superior (*sisup*) und gemeinsamem Schenkel der vertikalen Bogengänge (*gsch*)

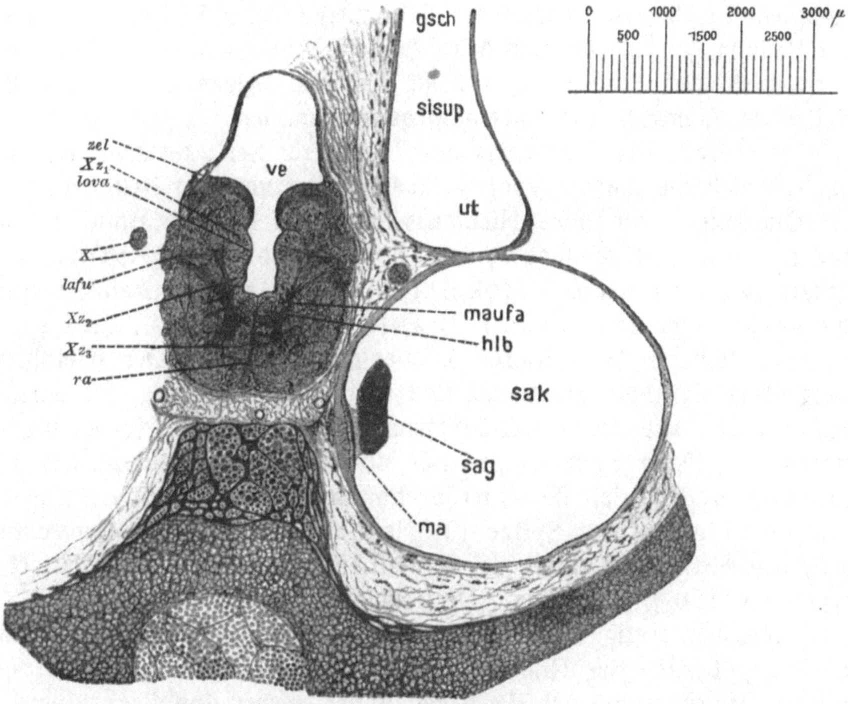


**Fig. 316. Hecht. Medulla oblongata.**
*ve* Ventrikel des Rhombenzephalons, *gsch* gemeinsamer Schenkel der vertikalen Bogengänge, *sisup* Sinus superior, *ut* Utriculus proprius, *maufa* Mauthnersche Fasern, *hlb* hinteres Längsbündel, *sak* Sakkulus, *sag* Sagitta, *ma* Macula sacculi, *ra* Raphe, $Xz_3$ ventraler Vaguskern, $Xz_2$ mittlerer Vaguskern, *lafu* Lateralfurche, *X* Vaguswurzeln, *lova* Lobus vagi, $Xz_1$ dorsaler Vaguskern, *zel* Zerebellarleiste.

dem Gehirn dicht angelagert finden. Der breite, tiefe Ventrikel des Rhombenzephalons (*ve*) buchtet sich dorsalwärts hutartig vor. Sein Dach ist epithelial und wird vom Ependym gebildet; ventralwärts geht vom Ventrikelboden die Raphe (*ra*) aus, beide Hirnhälften trennend. Die dorsale, in den Ventrikel hineinragende Kuppe einer jeden Hirnhälfte ist von der Zerebellarleiste (*zel*) überzogen. Ventral von ihr springt der Lobus vagi (*lova*) in den Ventrikel medianwärts vor. Ihm entspricht an der Lateralfläche die Lateralfurche (*lafu*), die aber nur wenig deutlich hervortritt, da sie von mehreren starken Nervenbündeln, den Wurzelbündeln des N. vagus (*X*), ausgefüllt ist. Dieselben lassen sich zu den verschiedenen Teilen unseres Schnittes verfolgen. Einmal enden sie an den kleinen multipolaren Zellen des Lobus vagi, dorsaler

Vaguskern ($X z_1$), zweitens strahlen sie zu etwas weiter ventral gelegenen Zellen, mittlerer Vaguskern ($X z_2$), und schließlich kommt ein mächtiges Faserbündel von einer Gruppe großer multipolarer Zellen her, die weit ventral vom Ventrikelboden gelegen die direkte rostrale Fortsetzung der Ursprungszellen des Spinookzipitalnerven bilden, ventraler Vaguskern ($X z_3$). Die aus den beiden letzten Kernen kommenden Fasern sind motorisch, Neuriten der Kernzellen, sie treten teils in die gleichseitige Wurzel, teils durch die Raphe hindurch in die gekreuzte Vaguswurzel ein. Die in den dorsalen Vaguskern eintretenden Fasern sind dagegen sensibel oder sensorisch, sie enden an den Zellen des Lobus vagi und sind die Neuriten der bipolaren Zellen der Vagusganglien, welche wir in früheren Schnitten (Fig. 315 *X ggl*) etwas entfernt von der Medulla, lateral von dem Apex fanden. Außerdem treten in die Vaguswurzeln noch zahlreiche Fasern ein, welche aus dem Rückenmark aufsteigen und von Zellen des Ventral- und Lateralhorns herkommen.

Je weiter rostralwärts wir nun in unserer Serie fortschreiten, um so weiter buchtet sich die dorsale Ventrikelausstülpung vor und bald lagert sich ihr eine im Querschnitt rundliche Hirnmasse auf, das kaudale Ende des Kleinhirns. Ihr Zentrum wird gebildet von der dunklen Körnersubstanz, die breite Peripherie von der helleren Molekularsubstanz; an der Grenze beider erscheinen die großen, charakteristischen PURKINJEschen Zellen, ganz so, wie wir das bei den höheren Wirbeltieren kennengelernt haben. Der Kleinhirnquerschnitt vergrößert sich bald zusehends und wird halbkreisförmig mit dorsal gerichteter Konvexität. Die die Querschnittsmitte einnehmende Körnersubstanz hat zunächst die Form einer Ellipse mit dorsoventral gestelltem Längsdurchmesser. Dann verbreitert sich ihr Querdurchmesser und es resultiert eine Dreiecksform mit dorsal gerichteter Spitze. In dem zunächst soliden Querschnitt erscheint sehr bald ein enges Lumen, der Kleinhirnventrikel. Er erweitert sich rostralwärts nur mäßig und nimmt Dreiecksform an.

Mit dem stetigen Wachstum des Kleinhirnquerschnitts geht Hand in Hand die Vergrößerung des Rhombenzephalons, die hauptsächlich im queren Durchmesser erfolgt, wobei der Ventrikel immer breiter und flacher wird. Schließlich ziehen sich die ventralen Ecken des Kleinhirnquerschnittes ganz plötzlich ventralwärts herunter und verschmelzen mit der Zerebellarleiste des Rhombenzephalons, so daß wir jetzt einen allseitig von Hirnsubstanz umschlossenen Ventrikel vor uns haben. Sein Dach bildet das Kleinhirn, seinen Boden das Rhombenzephalon. Seine Seitenwände setzen sich zusammen aus der Zerebellarleiste innen dorsal, aus einer grauen Kernmasse, der Fortsetzung des Lobus vagi, innen ventral und lateralwärts aus Fasermassen, welche vom Rhombenzephalon ins Kleinhirn einstrahlen, dem sog. Corpus rectiforme.

Das eben durchwanderte Gebiet der Medulla oblongata umfaßt die Ursprungsgebiete der Nervi lateralis, glossopharyngeus, acusticus, facialis und abducens.

Die Fasern des sich dem Vagus rostralwärts eng anschmiegenden Lateralis biegen in die Medulla eingetreten rostralwärts um und gelangen bis in die Höhe des Akustikuskernes, wo sie in dessen medialer Portion ihr Ende finden. Sie entspringen aus den Zellen der Lateralisganglien.

Als Glossopharyngeus bezeichnet man bei den Knochenfischen die rostralste Vaguswurzel. Sie führt ausschließlich sensible Fasern, die in der

Fortsetzung des dorsalen Vaguskernes sich aufsplittern. Sowohl aus dem Endgebiet des Glossopharyngeus, als auch aus dem des Vagus selbst wenden sich starke Faserzüge rostral- und etwas dorsalwärts und gelangen zu einem an der Kleinhirnbasis gelegenen Kern, dem Rindenknoten, von dessen Zellen sich wiederum Neuriten zu dem Lobus inferior des Zwischenhirns verfolgen lassen.

Die beiden Äste des Akustikus, welche wir bei der Besprechung des Gehörorgans kennengelernt hatten, vereinigen sich hirnwärts zu einem breiten, platten Nervenstamm, in den zahlreiche bipolare Nervenzellen eingelagert sind. Ihre peripheren Ausläufer sind eben die Akustikusfasern, ihre zentralen Ausläufer bilden in ihrer Gesamtheit die Akustikuswurzel und dringen etwas rostral und dorsal vom Glossopharyngeus direkt ventral von der Zerebellarleiste in die Medulla ein und zwar in die als Tuberculum acusticum bezeichnete Kernmasse. Sie bildet die rostrale Fortsetzung des dorsalen Vaguskerns und geht medial in den Lateralisendkern über. Die Fasern biegen im Kern in die Längsrichtung um und enden an seinen Zellen, kleinen bis mittelgroßen, multipolaren Nervenzellen. Die Neuriten der letzteren dringen teils ins Kleinhirn ein, teils wenden sie sich als sekundäre Akustikusbahn bogenförmig ventral und median, durchsetzen die Raphe und treten in der gegenseitigen Hirnhälfte rostralwärts umbiegend in das Mittelhirn ein.

In enger Verbindung mit dem akustischen System tritt dann der sog. Tractus vestibulospinalis auf, Achsenzylinder riesiger im Rhombenzephalon und Mesenzephalon gelegener Zellen, die ausgezeichnet durch ihr starkes Kaliber in das Rückenmark hinabsteigen und wahrscheinlich den Tonus der Muskulatur beherrschen. Während wir bei Torpedo solche Kolossalfasern vermissen, begegnen wir ihnen als MAUTHNERschen Fasern wieder beim Hecht. Wir finden in jedem Ventralstrang des Rückenmarks je eine solche Faser (Fig. 313 und 315 *maufa*). Verfolgen wir die Fasern rostralwärts, so schieben sie sich immer weiter dorsalwärts und gelangen schließlich in der Höhe des kaudalen Kleinhirnendes dicht nebeneinander, durch die Raphe getrennt, in die Nähe des Ventrikelbodens. Sie verlaufen auf dieser ganzen Strecke innerhalb eines Faserbündels, das uns als hinteres Längsbündel bekannt ist (Fig. 316 *hlb*). Wenn dann die Verbindung zwischen Kleinhirn und Rhombenzephalon sich anbahnt, schieben sich die Fasern zuerst übereinander, dann kreuzen sie und gehen in je eine große Nervenzelle über, die ungefähr in der Höhe des Akustikuseintrittes gelegen ist und in Form und Größe den bei Petromyzon zu beschreibenden Zellen gleicht. Außer der MAUTHNERschen Faser sendet jede dieser Zellen noch einen zweiten Neuriten aus. Er wendet sich rostralwärts und gibt ebenso Seitenzweige, Kollateralen zu den Ursprungszellen der Augenmuskelnerven, wie die MAUTHNERsche Faser Kollateralen zu allen motorischen Kernen des Rhombenzephalons und des Rückenmarkes abgibt.

Der Fazialis entspringt mit zwei Wurzeln, die kaudale legt sich dem Akustikus, die rostrale dem Trigeminus an. In den aus der Vereinigung der beiden Wurzeln entstehenden Nervenstamm ist ein dreieckiges Ganglion eingelagert mit bipolaren Nervenzellen, die einen Ausläufer peripher, einen zweiten durch die Wurzeln ins Gehirn entsenden und zwar hauptsächlich durch die kaudale Wurzel. Hier ziehen sie bündelweise rostralwärts und enden an Zellen, welche die rostrale Fortsetzung des mittleren Vaguskernes bilden. Die rostrale

Wurzel enthält neben den sensorischen auch motorische Fasern. Sie kommen von verschiedenen Orten her. Einmal aus einer Anhäufung großer multipolarer Zellen, welche lateral von der Raphe gelegen sind als Fortsetzung des ventralen Vaguskernes. Die Fasern laufen zunächst dorsal und median fast bis zum Ventrikelboden neben dem hinteren Längsbündel, biegen dann im rechten Winkel rostralwärts um, um in der Höhe des Fazialiseintritts wieder lateral abzubiegen. Ein anderer Teil der aus jenem Kern kommenden Fasern tritt zunächst durch die Raphe auf die andere Seite, um dort in ähnlicher Weise umzubiegen. Ein zweiter motorischer Fazialiskern liegt lateral vom hinteren Längsbündel am Ventrikelboden.

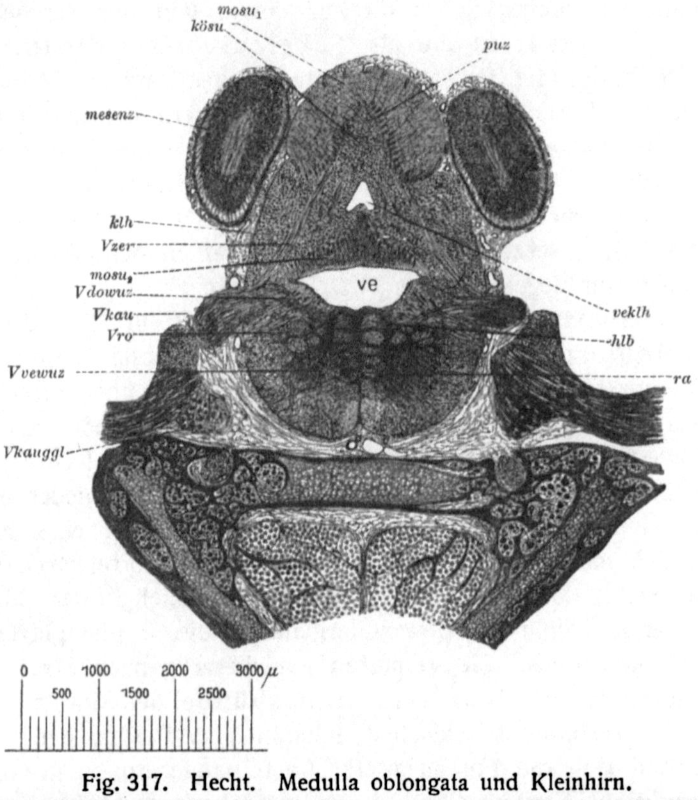


Fig. 317. Hecht. Medulla oblongata und Kleinhirn.
*mesenz* Mesenzephalon, *klh* Kleinhirn, *kösu* Körnersubstanz, *puz* Purkinjesche Zellen, $mosu_1$ und $mosu_2$ Molekularsubstanz, *veklh* Kleinhirnventrikel, *ve* Ventrikel des Rhombenzephalons, *hlb* hinteres Längsbündel, *ra* Raphe, *Vkauggl* kaudales Trigeminusganglion, *Vvewuz* ventraler Trigeminuskern, *Vro* rostrale Trigeminuswurzel, *Vkau* kaudale Trigeminuswurzel, *Vdowuz* dorsaler Trigeminuskern, *Vzer* zerebrale Trigeminuswurzel.

Die Ursprungszellen des Abduzens, mittelgroße, multipolare Nervenzellen, schließen sich in Form zweier getrennter Kerne direkt an den ventralen Fazialiskern rostralwärts an. Die aus ihnen austretenden Fasern ziehen ventral und etwas lateral, vereinigen sich noch innerhalb des Gehirns zu einer kompakten Wurzel und treten ganz nach Art einer spinalen Ventralwurzel aus.

Damit gelangen wir schließlich in das Austrittsgebiet des Trigeminus, in welches uns der Schnitt der Fig. 317 führt. Der Ventrikel des Rhombenzephalons (*ve*) wird hier überlagert von der im Querschnitt ungefähr dreieckigen Masse des Kleinhirns (*klh*), dessen Mitte der Ventrikel des Kleinhirns (*veklh*) einnimmt. Er ist umgeben von einer breiten Masse von Körnersubstanz (*kösu*). Dorsalwärts lagert sich ihr eine Kappe von Molekularsubstanz ($mosu_1$) auf. Eine zweite Schicht Molekularsubstanz bildet das Dach des Ventrikels des Rhombenzephalons ($mosu_2$). An der Grenze von Molekular- und Körnersubstanz treten die großen PURKINJEschen Zellen deutlich hervor (*puz*). Die seitlichen Teile des Kleinhirns gehen kontinuierlich in die jetzt als Hirnstamm bezeichnete rostrale Fortsetzung des Rhombenzephalons über, die Grenze beider bildet die eintretende kaudale Trigeminuswurzel (*V kau*). Im Hirnstamm treten sehr deutlich zwei Kerne auf, der eine liegt ventral von der Stelle des früheren Ventralhorns (*V vewuz*), der andere dorsal dicht unter dem Ventrikelboden (*V dowuz*). Beides sind Ursprungsstätten von Trigeminusfasern. Dieser beim Hecht außerordentlich kräftige Nerv verläßt den Hirnstamm mit zwei getrennten Wurzeln, einer kaudalen und einer rostralen. Die kaudale Wurzel (*V kau*) ist die stärkere und schwillt bald nach ihrem Austritt zu einem größeren Ganglion, dem kaudalen Ganglion, Ganglion maxillomandibulare, an (*V kauggl*). Die rostrale, schwächere Wurzel (*V ro*) bildet ein ähnliches kleineres Ganglion, das rostrale Ganglion, Ganglion ophthalmicum. Beide Ganglien sind durch zahlreiche Nervenbündel miteinander verbunden. Aus der rostralen Wurzel und ihrem Ganglion tritt hervor der sensible Fasern für die Kopfhaut führende N. ophthalmicus profundus. Aus der kaudalen Wurzel und dem kaudalen Ganglion entspringen der Hauptsache nach der N. ophthalmicus superficialis, der N. maxillaris und der N. mandibularis. Sie führen sensible Fasern für die Haut der Augen und Kiemengegend und motorische Fasern für die Kiemenmuskulatur.

Verfolgen wir nun die kaudale Wurzel auf ihrem Verlauf durch das Gehirn, so sehen wir, daß sie ihre Fasern aus ganz verschiedenen Gebieten bezieht. Ein erster Teil stammt aus der ventralen Zellgruppe (*V vewuz*). Die Neuriten der multipolaren Zellen wenden sich bogenförmig dorsalwärts, um entweder direkt in die Wurzel einzubiegen oder dorsalwärts das hintere Längsbündel (*hlb*) zu umziehen und durch die Raphe auf die Gegenseite überzutreten. Ein zweiter Faseranteil stammt aus der dorsalen Zellgruppe (*V dowuz*) als Neuriten ihrer Zellen. Diese beiden Faserteile sind motorischer Natur. Ein dritter Teil der kaudalen Trigeminusfasern läßt sich in das Kleinhirn verfolgen (*V zer*), wo sie in der Mittellinie kreuzen. Es handelt sich hier zum Teil um zentrale Ausläufer der Trigeminusganglienzellen, die in der Molekularschicht des Kleinhirns enden, also afferente Fasern, zum Teil sind es aber auch die Neuriten von PURKINJEschen Zellen, die in den Nervenstamm eintreten, also efferente Fasern. Ein letzter Teil der kaudalen Wurzelfasern endlich tritt in den Hirnstamm ein, um entweder ungekreuzt oder gekreuzt in den Längsbahnen rostralwärts aufzusteigen.

Die rostrale Trigeminuswurzel enthält zum weitaus überwiegenden Teil sensible Fasern als zentrale Ausläufer der bipolaren Zellen des Ganglion ophthalmicum. Im Hirnstamm angekommen biegen sie in stumpfem Winkel kaudalwärts um und bilden nun die spinale Trigeminuswurzel (*V ro*). Sie läßt sich auch hier als geschlossener Faserzug bis tief ins Rückenmark hinunter verfolgen. Daneben enthält die rostrale Wurzel auch spärliche motorische Fasern aus der dorsalen Zellgruppe und Kleinhirnfasern.

In unserem Schnitt liegt jederseits lateral vom Kleinhirn mit diesem durch die Pia mater verbunden eine im Querschnitt ovale Gehirnmasse (*mesenz*). Sie stellt das kaudale Ende des Mesenzephalons dar. Gehen wir weiter in unserer Serie rostral, so vergrößern sich die Ovale rasch und erhalten je eine zentrale Lichtung. Parallel damit geht eine Verkleinerung des Kleinhirns, dessen dorsale Peripherie immer weiter ventral rückt. So kommt es zunächst zu einer Annäherung beider Mittelhirnhemisphären und dann zu einer Vereinigung ihrer medialen Wandung und ventral von dieser Vereinigungsstelle zu einer Kommunikation der beiden Hälften des Mittelhirnventrikels.

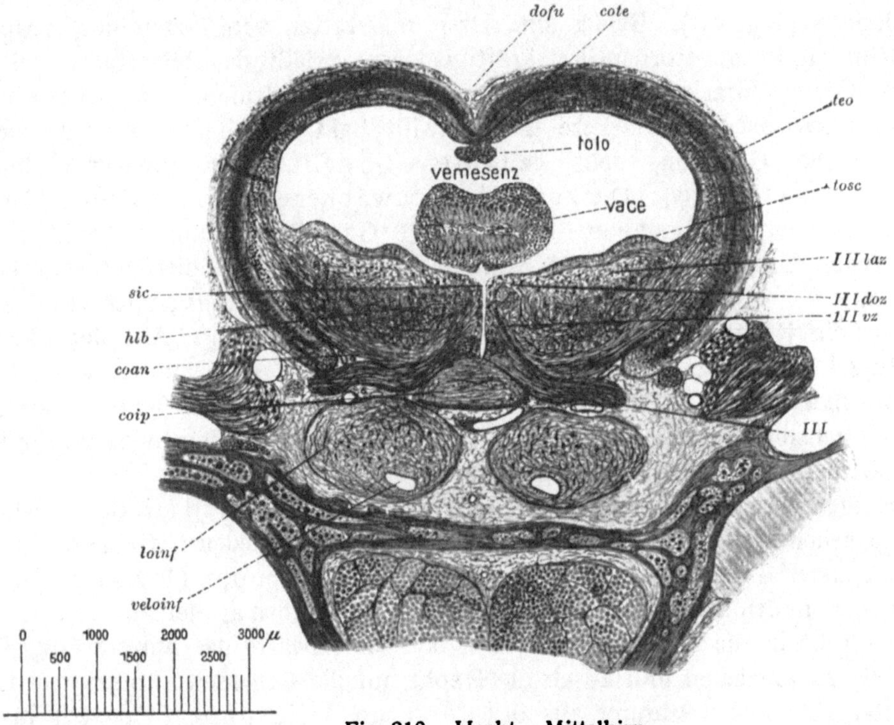


Fig. 318. Hecht. Mittelhirn.
*dofu* dorsale Hirnfurche, *cote* Commissura tecti, *teo* Tectum opticum, *tosc* Torus semicircularis, *III laz* lateraler Okulomotoriuskern, *III doz* dorsaler Okulomotoriuskern, *III vz* ventraler Okulomotoriuskern, *III* N. oculomotorius, *loinf* Lobus inferior, *veloinf* dessen Ventrikel, *coip* Corpus interpedunculare, *coan* Commissura ansulata, *hlb* hinteres Längsbündel, *sic* Sulcus intercephalicus, *vemesenz* Ventrikel des Mesenzephalons, *tolo* Torus longitudinalis, *vace* Valvula cerebelli.

Unser nächster Schnitt (Fig. 318) fällt ungefähr in die Mitte des Mittelhirns. Sein Dach, das Tectum opticum (*teo*), wölbt sich in Form zweier Bogen über den weiten Ventrikel (*vemesenz*). Die Bogen vereinigen sich dorsalwärts, über der Vereinigungsstelle verläuft die seichte dorsale Hirnfurche (*dofu*), ventral hängt an ihr ein kleiner zweilappiger Körper in den Ventrikel hinein, der Torus longitudinalis (*tolo*). Das Tectum opticum geht ventralwärts jederseits in die Mittelhirnbasis über, deren beide Hälften durch eine tief einschneidende mediane Furche, den Sulcus intercephalicus (*sic*), unvollständig getrennt werden. Neben ihr verläßt ventralwärts der mächtige N. oculomotorius (*III*) die Hirnbasis. Zwischen die beiderseitigen Nerven schiebt sich das Corpus interpedunculare (*coip*) und noch weiter ventral sind bereits

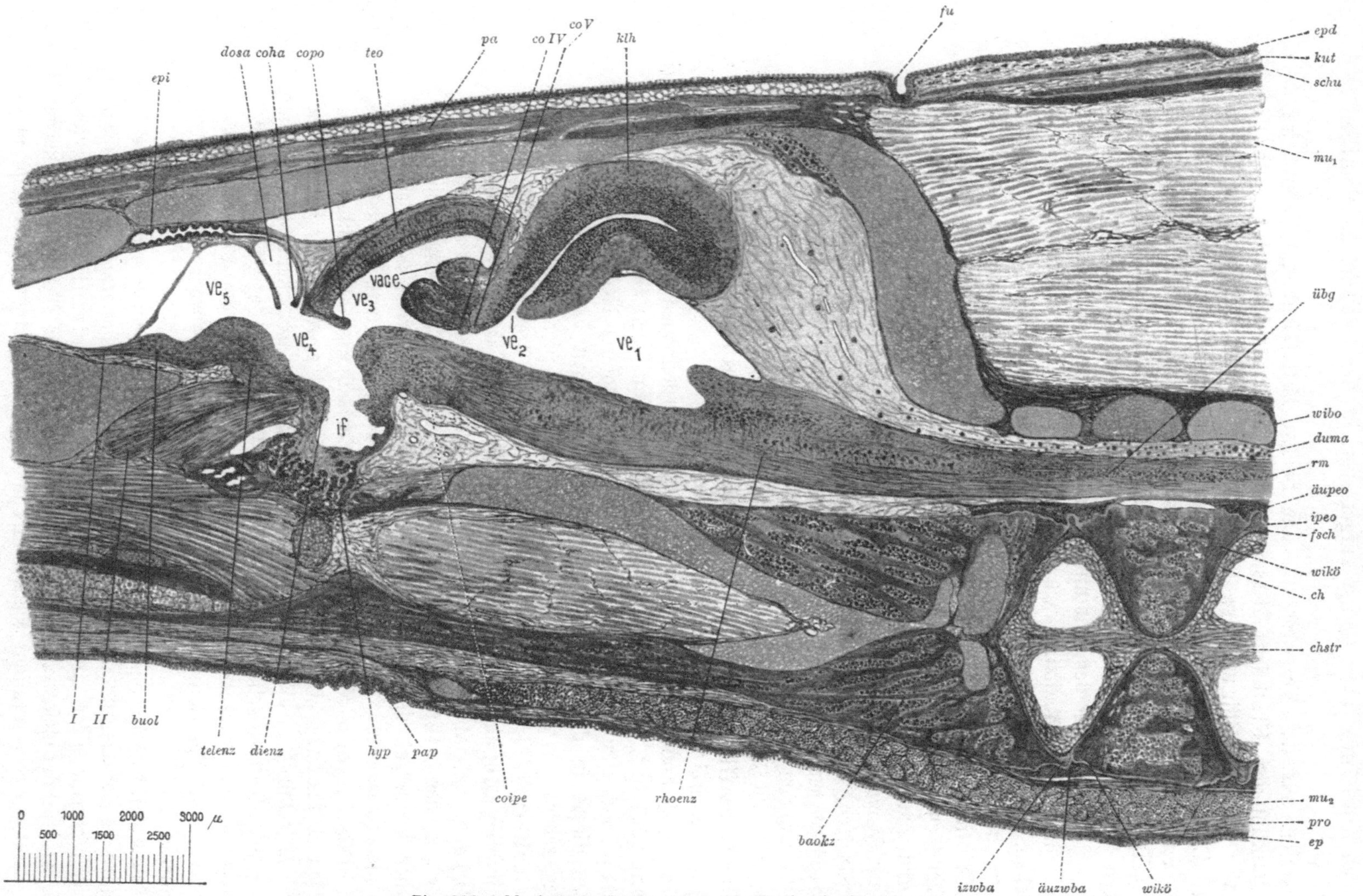


Fig. 319. Hecht. Sagittaler Längsschnitt durch den Kopf.

*epi* Epiphyse, *dosa* Dorsalsack, *coha* Commissura habenularis, *copo* Commissura posterior, *teo* Tectum opticum, *pa* Parietale, *co IV* Trochleariskommissur, *co V* Trigeminuskommissur, *klh* Kleinhirn, *fu* Dorsalfurche der Seitenlinie mit Sinnesknospe, *epd* Epidermis, *kut* Kutis, *schu* Schuppe, $mu_1$ Muskulatur des Rückens, *übg* Übergangsgebiet zwischen Rückenmark und Gehirn, *wibo* Knorpel des Neuralbogens, *duma* Dura mater, *rm* Rückenmark, *äupeo* äußeres, *ipeo* inneres Periost der Wirbel, *fsch* Faserscheide, *wikö* Wirbelkörper, *ch* Chorda, *chstr* Chordastrang, $mu_2$ Pharynxmuskulatur, *pro* Propria, *ep* Epithel der Pharynxschleimhaut, *äuzwba* äußeres, *izwba* inneres Zwischenband, *baokz* Basiokzipitale, *rhoenz* Rhombenzephalon, *coipe* Corpus interpedunculare, *pap* Papillen des Mundhöhlendaches, *hyp* Hypophyse, *dienz* Dienzephalon, *telenz* Telenzephalon, *buol* Bulbus olfactorius, *II* N. opticus, *I* N. olfactorius, $ve_1$ Ventrikel des Rhombenzephalons, $ve_2$ Kleinhirnventrikel, *vace* Valvula cerebelli, $ve_3$ Ventrikel des Mesenzephalons, $ve_4$ Ventrikel des Dienzephalons, *if* Infundibulum, $ve_5$ Ventrikel des Telenzephalons.

die beiden Lobi inferiores (*loinf*) aufgetreten, in deren jedem der Ventrikel sichtbar wird.

Parallel mit der Vergrößerung der beiden Mittelhirnhemisphären ging eine Reduktion des Kleinhirns, dessen rostrales Ende als Valvula cerebelli (*vace*) von dem Mittelhirn überwölbt schließlich in den Ventrikel zu liegen kommt. Einen klaren Einblick in die Form und Lagebeziehungen des Kleinhirns liefern uns aber erst sagittale Längsschnitte durch das Hechtgehirn. Ein solcher (Fig. 319) zeigt uns, daß das Kleinhirn (*klh*) einen außerordentlich dickwandigen Sack mit engem Lumen ($ve_2$) darstellt. Dieser Sack liegt der Länge nach auf dem Ventrikel des Rhombenzephalons ($ve_1$) auf. Sein kaudales Ende ist abgeknickt. Der Mediziner würde ihn mit einem retroflektierten Uterus vergleichen. Die Sacklichtung, der Kleinhirnventrikel mündet in die rostrale Abteilung des Ventrikels des Rhombenzephalons. Die dorsale Kleinhirnwand ist beträchtlich länger als die ventrale. Sie schiebt sich rostralwärts unter das Mittelhirndach, legt sich hier in eine größere ventrale und eine kleinere dorsale Falte und geht in das Tectum opticum (*teo*) über. Beide Falten zusammen bilden die Valvula cerebelli. Unser Querschnitt (Fig. 317) hat nur die ventrale Falte getroffen, kaudalere Querschnitte zeigen die Querschnitte beider Falten übereinanderliegend.

Wir wenden uns nun wieder zurück zu unserem Mittelhirnquerschnitt (Fig. 318) und beginnen seine Besprechung mit einer Schilderung der Ursprungsverhältnisse des Okulomotorius (*III*). Die Fasern des dicken Nervenstammes lassen sich zu drei verschiedenen Kernen verfolgen. Lateral vom Sulcus intercephalicus (*sic*) stoßen wir etwas ventral vom Ventrikelboden auf das hintere Längsbündel (*hlb*) und lateral und ventral von ihm, den Sulcus beiderseits flankierend, auf eine Anhäufung mittelgroßer, multipolarer Nervenzellen, deren Neuriten direkt in die Okulomotoriuswurzel einstrahlen und zwar sowohl in die gleichseitige, als auch in die gekreuzte. Das ist der ventrale Okulomotoriuskern (*III vz*). Ähnliche Zellen liegen am Ventrikelboden, dorsal vom hinteren Längsbündel und machen den dorsalen Okulomotoriuskern (*III doz*) aus. Lateral von ihm breitet sich am Ventrikelboden ein ausgedehntes Zellager aus, der laterale Okulomotoriuskern (*III laz*). Seine Zellen sind wesentlich kleiner als die vorigen und sie schicken ihre Neuriten zum Teil direkt in die gleichseitige, zum Teil als Bogenfasern in die gekreuzte Okulomotoriuswurzel. Dieser Kern bildet die direkte rostrale Fortsetzung des Trochleariskerns.

Den N. trochlearis treffen wir in unserer Serie etwas weiter kaudal, da wo die Mittelhirnhemisphären sich zur Vereinigung anschicken. Der dünne Nervenstamm liegt zwischen ihnen und dem Kleinhirn, wendet sich rostral und median und gelangt ventral von der Valvula cerebelli in die Ventrikeldecke. Hier kreuzen die Fasern und verlaufen bogenförmig ventralwärts zu dem Kern der anderen Seite.

Außer den motorischen führt der Okulomotorius aber auch sensible Fasern. Sie enden in der Gegend dorsolateral vom lateralen Okulomotoriuskern, da wo sich der Ventrikelboden in der Form des Torus semicircularis (*tosc*) vorbuchtet an mittelgroßen, birnförmigen Nervenzellen. In die Okulomotoriuskerne hinein senken sich vor allem Fasern aus dem hinteren Längsbündel (*hlb*) und verästeln sich um die motorischen Wurzelzellen herum.

Das Corpus interpedunculare (*coip*) schließt sich an das ventrale Ende des Sulcus intercephalicus (*sic*) an und ist zwischen die beiderseitigen Okulomotoriuswurzeln eingeschaltet. Rostralwärts grenzt es an den Saccus vasculosus. Es besteht aus zahlreichen sich kreuzenden Nervenfasern. Sie stammen zum größten Teil aus dem Ganglion habenulae, Tractus habenulo-peduncularis, und treten mit kleinen Zellen in Verbindung, welche innerhalb des Corpus interpedunculare zwischen die Fasern eingestreut sind.

Die Lobi inferiores (*loinf*) bilden die Hauptmasse des Hypothalamus und sollen späterhin in Zusammenhang mit diesem abgehandelt werden.

Nun zum Tectum opticum, zum Mittelhirndach, diesem bei den Knochenfischen so außerordentlich stark entwickelten Hirnteil. Wie unser Längsschnitt (Fig. 319) zeigt, biegt es vor der rostralen Kleinhirnfläche ventralwärts um und endet an der dorsalen Zirkumferenz der Valvula. Das Ependym schlägt sich dabei von der Innenfläche des Tektums auf die Valvula über, den Ventrikel abschließend. Rostral setzt sich die Tektumfaserung in die Wurzel des Sehnerven fort und lateral strahlen mächtige Faserzüge aus ihm in die Hirnbasis ein. Sein Ventrikel ($ve_3$) öffnet sich kaudalwärts unter der Valvula (*vace*) und den Kommissuren des Trochlearis (*co IV*) und des Trigeminus (*co V*) in den Ventrikel des Rhombenzephalons ($ve_1$), rostral unter der Commissura posterior (*copo*) in den Ventrikel des Dienzephalons ($ve_4$).

Auch beim Hecht zeigt das Tectum opticum das typische streifige Aussehen wie wir es von den höheren Wirbeltieren her kennen. Sein feinerer Bau tritt in unseren Bielschowskypräparaten in vorzüglicher Klarheit hervor (Fig. 320). Folgende Schichten können wir an ihm unterscheiden. Gegen den Ventrikel zu wird es abgeschlossen durch das Ependym (*1*), bestehend aus langen Zylinderzellen, die mit breiter Basis ventrikelwärts aneinander stoßen, sich dann distalwärts verjüngen und in zahlreiche feine Zweige aufsplittern. Auf ihrer freien Fläche tragen die Zellen kurze Flimmern. Auf das Ependym folgt distalwärts die Körnerschicht (*2*), bestehend aus mehr oder weniger zahlreichen Lagen senkrecht zur Oberfläche gestellter langer Zellen. Der proximale Fortsatz verliert sich in dem Fasergewirr der Ependymzellen, der distale Fortsatz läßt sich vielfach durch die ganze Dicke des Daches hindurch verfolgen. Diese distalen Fortsätze der Körnerzellen legen sich zu dickeren Bündeln zusammen und bewirken so die besonders in den folgenden Schichten deutlich hervortretende radiäre Streifung des Tektums. Die dritte Schicht (*3*) besteht überwiegend aus markhaltigen Nervenfasern, in zwei Streifen angeordnet. In dem proximalen Streifen verlaufen die Fasern transversal, erscheinen also in unserem Querschnitt längs getroffen. In dem distalen Streifen verlaufen die Fasern längs, erscheinen als quer oder schräg getroffen und werden durch die Bündel der sie durchsetzenden Körnerzellenfortsätze in zahlreiche nebeneinander gelegene Bündel getrennt. In der Mittellinie kreuzen die Fasern dieser Schicht mit denen der Gegenseite dorsal vom Torus longitudinalis und bilden so die dorsale Tektumkommissur (Fig. 318 *cote*). Zwischen den Fasern treten auch mittelgroße, multipolare Nervenzellen auf. Die vierte Schicht (*4*) ist die mächtigste des Daches und macht so ziemlich die Hälfte seiner Dicke aus. Sie enthält zahlreiche Nervenzellen von spindliger oder pyramidenförmiger Gestalt, deren Längsachse immer senkrecht zur Hirnoberfläche steht. Von den beiden Zellpolen gehen je ein oder zwei Dendriten aus. Die proximalen verästeln sich in der Schicht selbst, die distalen dringen zum Teil bis unter die Hirnoberfläche vor. Jede Zelle entsendet seitlich einen Neuriten, er umgibt sich mit Mark und

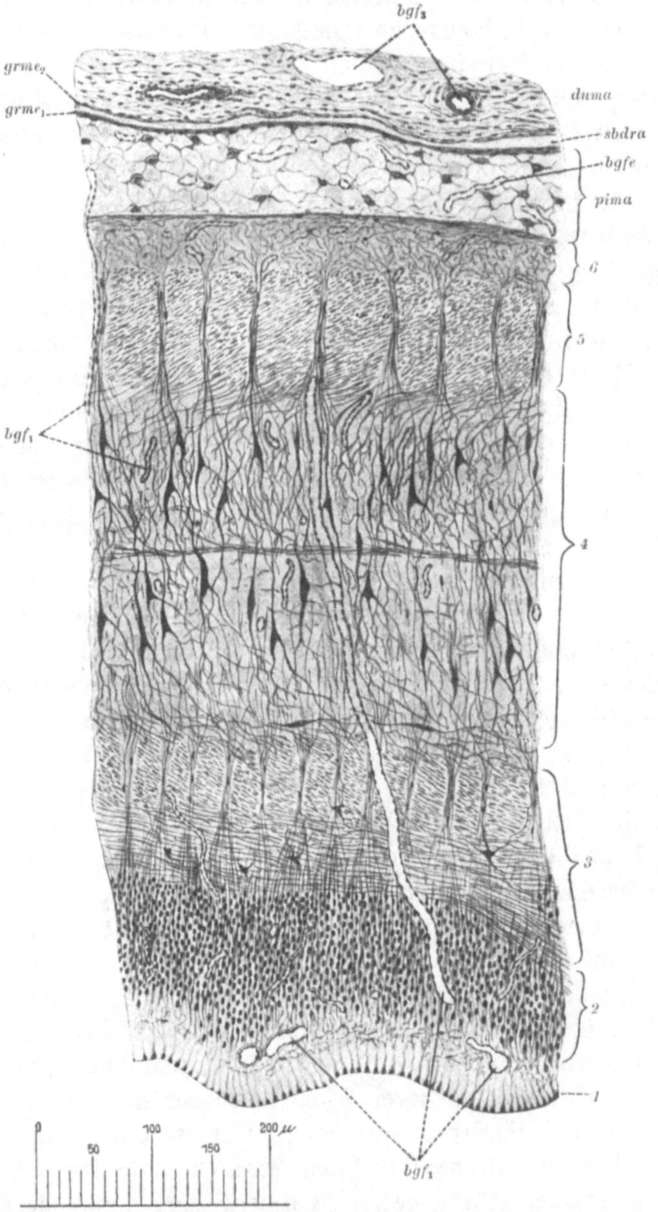


Fig. 320. Hecht. Tectum opticum (Querschnitt durch das Mittelhirn).
*1—6* die sechs Schichten des Tektums, *pima* Pia mater, $bgf_2$ Blutgefäße derselben, *sbdra* Subduralraum, *duma* Dura mater, $bgf_3$ deren Blutgefäße, $grme_2$ innere Grenzmembran der Dura, $grme_1$ Grenzmembran der Pia, $bgf_1$ Blutgefäße des Tektums.

wird zu einer Faser der dritten Schicht. Ein kleiner Teil dieser Neuriten verläuft auch in der vierten Schicht selbst und bildet hier ein schmales mittleres Längsband. Die fünfte Schicht (*5*) ist die der Optikusfasern. Sie verlaufen vorwiegend in der Längsrichtung, erscheinen also in unserem Schnitt quer getroffen. Sie biegen dann im stumpfen Winkel ab, treten in die vierte Schicht ein, verlieren ihre Markscheide und zerfallen pinselartig in zahlreiche Reiserchen, die mit den spindligen Zellen und ihren Dendriten in enge Verbindung treten. Die sechste und letzte Schicht (*6*) endlich enthält neben kleinen multipolaren Nervenzellen die letzte Ausbreitung der distalen Dendriten der Spindelzellen

Nach dieser kurzen Schilderung der Struktur des Tectum opticum wollen wir noch seiner wichtigsten Faserverbindungen gedenken. Von rostral und ventral her treten in das Mittelhirndach allseitig auseinanderweichend die Fasern des Sehnerven ein, nachdem sie im Chiasma gekreuzt haben. Von kaudal und ventral gelangen ins Tektum starke Faserzüge aus dem Kleinhirn, Tractus cerebellotectalis, aus dem Rückenmark, Tractus spinotectalis, und aus den Kernen des Akustikus und Trigeminus, Tractus bulbotectalis. Aus dem Tektum heraus treten im wesentlichen als Neuriten der Spindelzellen der vierten Schicht Faserzüge rostralwärts zu den Kernen des Thalamus, Tractus tectothalamicus, und kaudalwärts zu den Kernen der Hirnnerven und zum Rückenmark, Tractus tectobulbaris und tectospinalis. Die Fasern der letzteren verlaufen zum kleinen Teil ungekreuzt, zum größeren Teil kreuzen sie in der rostral vom Okulomotoriusaustritt gelegenen Commissura ansulata (Fig. 318 *coan*).

Wir wenden uns nun zur rostralen Hälfte des Mesenzephalons in unserer Querschnittsserie. Ungefähr in der Mitte verschwindet die Valvula cerebelli, weiter rostralwärts flacht sich das Tektum immer mehr ab und sinkt mit dem Torus longitudinalis immer tiefer in den Ventrikel hinein. Der tiefe Sulcus intercephalicus wird dabei immer flacher und weiter und wird schließlich durch das breite Faserband der Commissura posterior gegen den Ventrikel des Mesenzephalons abgeschlossen. Mit der Kommissur verbindet sich der Torus longitudinalis und wir haben nun wieder den Ventrikel in eine rechte und linke Hälfte gespalten, welche bald blind enden.

In der ventralen Hälfte unserer Schnitte haben sich unterdessen ebenfalls wichtige Veränderungen eingestellt. Hier lagen die Lobi inferiores, jeder mit seinem Ventrikel und durch den austretenden Okulomotorius vom Hirnstamm getrennt. Sobald jener Nerv verschwunden ist, verschmelzen die Lobi mit dem Hirnstamm und zwischen ihnen tritt an Stelle des Corpus interpedunculare der Saccus vasculosus in Form einer medianen und mehrerer seitlicher mit Epithel ausgekleideter und von Hirnmasse umgebener Öffnungen auf. Weiter rostral verschmelzen die lateralen Öffnungen miteinander und öffnen sich schließlich in die mediane.

Bald nachdem der Saccus vasculosus aufgetreten ist, erscheint ventral von ihm in einiger Entfernung von der Hirnbasis der Querschnitt der Hypophyse. Er vergrößert sich, nähert sich der Hirnbasis und verschmilzt mit ihrem Lobus impar, in dem als langer Spalt das Infundibulum erscheint. In das letztere münden die Ventrikel der Lobi inferiores und der mediane Kanal des Saccus vasculosus. Dann schickt es sein etwas kaudal gerichtetes blindes Ende bis in die Mitte der Hypophyse hinein. Wir sind nun schon im Zwischenhirn angelangt. Die Commissura posterior ist verschwunden und an ihrer Stelle stülpt sich aus dem Ventrikel des Zwischenhirns zunächst die Epiphyse (Fig. 319 *epi*) und dann der Saccus dorsalis, das Epiphysenpolster (*dosa*), aus. Zu beiden Seiten wird der Ventrikel von dem Thalamus umgeben, der ventral und kaudal in den Hypothalamus, bestehend aus den Lobi inferiores und dem Lobus impar, übergeht.

Wir wollen uns nun kurz diesem letzteren Hirnteil zuwenden, der bei den Teleostiern eine so mächtige Ausdehnung erreicht, wie sonst nirgends bei den Wirbeltieren. Bei der Betrachtung des Hechtgehirnes von der Ventralfläche her erscheint der zwischen dem Okulomotoriusursprung und der Sehnervenkreuzung gelegene Hypothalamus in drei Teile gegliedert, den rostralen Ab-

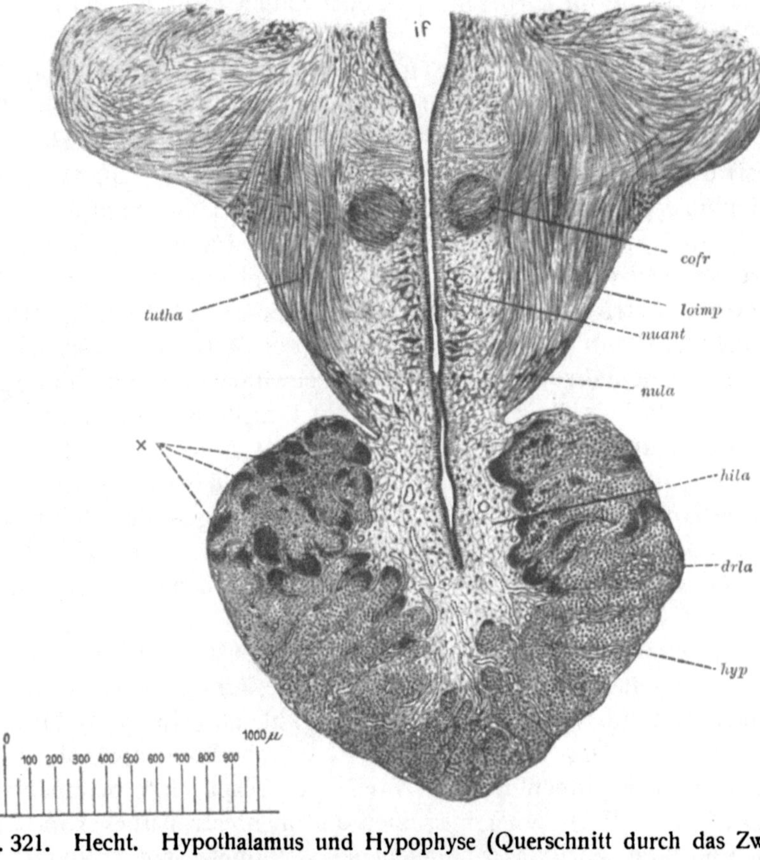


Fig. 321. Hecht. Hypothalamus und Hypophyse (Querschnitt durch das Zwischenhirn). *if* Infundibulum, *cofr* Commissura Fritsch, *loimp* Lobus impar, *nuant* Nucleus anterior, *nula* Nucleus lateralis, *hyp* Hypophyse, *hila* Hirnlappen, *drla* Drüsenlappen, × Zellbalken mit oxyphilen Granulationen, *tutha* Tractus tuberothalamicus.

schnitt bildet der unpaare Lobus impar. Er wird durchsetzt von dem Infundibulum als Fortsetzung des Zwischenhirnventrikels und ihm auf liegt die Hypophyse. Lateral und kaudal wird er umfaßt von den Lobi inferiores oder laterales, zwischen denen kaudalwärts der Saccus vasculosus liegt. In allen Teilen des Hypothalamus stoßen wir auf zahlreiche Nervenzellen, zu mehreren Kernen zusammengelagert. Sie bilden wichtige Endstätten für Nervenbahnen, vor allem für den schon beim Kleinhirn erwähnten Tractus cerebellohypothalamicus.

Unser Schnitt Fig. 321 zeigt uns den Hypothalamus des Hechtes in seinem rostralen Abschnitt. Die Mittellinie nimmt das Infundibulum (*if*) ein, umgeben von dem Lobus impar (*loimp*) und sich ventralwärts in die Hypophyse (*hyp*) einsenkend. Es ist in seinem mittleren Abschnitt umgeben von Nervenzellen, die mit ihrer Längsachse senkrecht auf die Infundibularwand stehend den Nucleus anterior hypothalami (*nuant*) bilden. Ventral und lateral schließt sich der großzellige Nucleus lateralis an (*nula*). An diesen Zellen enden außer dem früher genannten Tractus cerebellohypothalamicus noch Fasern aus dem Vorderhirn, Tractus striothalamicus, und aus dem an der Kleinhirnbasis gelegenen Ganglion isthmi, Tractus isthmohypothalamicus. Die aus den Kernen austretenden Fasern sehen wir in unserem Schnitt in mächtigen Zügen in den Thalamus einstrahlen, Tractus tuberothalamicus (*tutha*). Dorsal vom Nucleus anterior liegt zu beiden Seiten des Infundibulums ein starkes Bündel quer geschnittener Nervenfasern. Seine Fasern stammen aus dem Tractus cerebellotectalis und kreuzen rostral vom Infundibulum. Es wird als Commissura Fritsch (*cofr*) bezeichnet.

Von dem Aufbau der Hypophyse (*hyp*) gibt unser Schnitt ein anschauliches Bild. Zwei durch ihre Struktur leicht trennbare Teile lassen sich unterscheiden. Vom Hypothalamus senkt sich die Hirnsubstanz in das Organ ein und bildet seine Zentralmasse, seinen Hirnlappen (*hila*). Er wird mantelartig umgeben von dem aus dem Epithel der Mundbucht abstammenden Drüsenlappen (*drla*). Der Hirnlappen besteht, wie unser Bielschowskypräparat sehr gut erkennen läßt, aus Neuroglia und enthält zahlreiche Gliazellen und Gliafasern. Daneben finden sich auch bindegewebige Elemente, die in Begleitung der Blutgefäße eindringen, und Nervenfasern, aus den Ganglien des Hypothalamus stammend. Nervenzellen dagegen enthält der Hirnlappen der Hypophyse nicht. Der Drüsenlappen (*drla*) setzt sich aus verzweigten, vielfach miteinander anastomosierenden Zellbalken zusammen. Die Zellen haben die verschiedenste Form; bald sind sie unregelmäßig polyedrisch, bald spindlig. Sie liegen zu mehreren in der Dicke eines jeden Balkens nebeneinander und enthalten sämtlich außer dem Kern feinste Granulationen, die an den verschiedenen Stellen verschiedene Reaktion geben. Während die große Masse dieser Körnchen sich in unserem Bielschowskypräparat gar nicht hervorhebt und nur mit starker Vergrößerung erkannt werden kann, zeigen an anderen Stellen die Körnchen eine so intensive Schwärzung, daß sie sich schon bei schwacher Vergrößerung deutlich aus dem Gesamtbild herausheben (×). Ein Vergleich mit einem nach Biondi gefärbten Schnitt einer in Carnoy fixierten Hypophyse belehrt uns darüber, daß hier die Körner intensiv oxyphil sind, während sie sich an den übrigen Stellen schwach basophil oder amphophil verhalten. Unser Schnitt zeigt uns ferner, daß die Hypophyse ziemlich reich an Blutgefäßen ist. Sie treten vom Hirnlappen her in den Drüsenlappen ein und umspinnen die Zellbalken mit ihren Kapillaren.

Der nächste Schnitt (Fig. 322) fällt ungefähr in die Mitte des Zwischenhirns. Der Hypothalamus ist verschwunden. Ventral in einiger Entfernung von der Hirnbasis erscheint das rostrale Ende der Hypophyse (*hyp*). Lateralwärts liegen dem Zwischenhirn noch die Reste des Tectum opticum (*teo*) an, in welches nun von ventral her die Massen der Sehnervenfasern (*II*) einstrahlen. Lateral erscheint in dem Winkel zwischen Tektum und Optikuseinstrahlung das Corpus geniculatum laterale (*cogela*).

Der Ventrikel des Dienzephalons (*ve*) buchtet sich dorsalwärts als Dorsalsack oder Epiphysenpolster (*dosa*) aus, nachdem er kurz vorher die Epiphysenausstülpung dorsalwärts vorgetrieben hatte, die nun als kleiner Querschnitt auf dem Dorsalsack ruht (*epi*). Die Wand des Ventrikels bildet ventralwärts der Thalamus (*tha*), in dessen Grau ein großzelliger Kern sichtbar wird, der Nucleus anterior thalami. Außerdem enthält der Thalamus noch mehrere andere Kerne, wie den Nucleus dorsalis und ventralis. In diesen Kernen enden Fasern aus dem Kleinhirn, der Medulla oblongata und dem

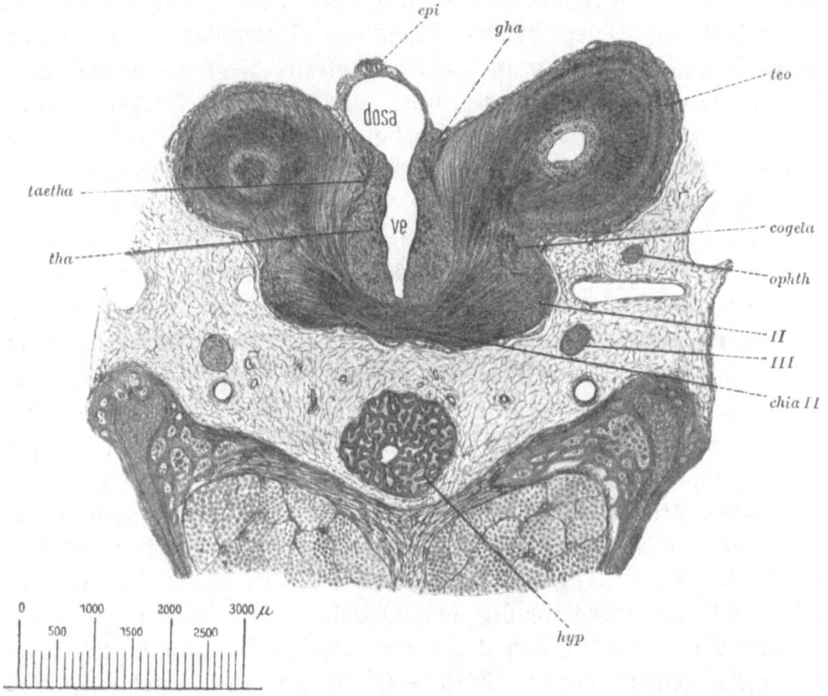


Fig. 322. Hecht. Zwischenhirn.
*epi* Epiphyse, *dosa* Dorsalsack, *ve* Ventrikel des Dienzephalons, *gha* Ganglion habenulae, *teo* Tectum opticum, *cogela* Corpus geniculatum laterale, *ophth* N. ophthalmicus profundus, *II* N. opticus, *III* N. oculomotorius, *chia II* Sehnervenkreuzung, *hyp* Hypophyse, *tha* Thalamus opticus, *taetha* Taenia thalami.

Rückenmark, Tractus cerebellothalamicus, bulbothalamicus und spinothalamicus, und aus ihnen heraus treten wieder Züge zum Vorderhirn und zum Hypothalamus.

Dorsal vom Thalamus springen die uns vertrauten Ganglia habenulae (*gha*), aber hier nur ganz unbedeutend in den Ventrikel vor. Sie sind etwas weiter kaudal durch die Commissura habenularis verbunden, welche sich zwischen die Ausstülpungen der Epiphyse und des Dorsalsackes einschiebt. Ganz wie beim Frosch tritt in die lateroventrale Ecke eines jeden Ganglions ein Faserzug, die Taenia thalami (*taetha*), aus der Basis des Vorderhirns hervorkommend.

Der Boden des Ventrikels wird nur von einer dünnen Schicht grauer Substanz bekleidet, ventral folgt dann direkt die Fasermasse der Sehnervenkreuzung (*chia II*).

Der letzte der zu besprechenden Schnitte (Fig. 323) führt uns in das Vorderhirn, dessen Ventrikel (*ve*) sich als weite Blase dorsalwärts vorwölbt. Das Vorderhirndach ist also hier, wie bei allen Knochenfischen, eine dünne, epitheliale Membran. Ihr liegt dorsal, in unserem Schnitt etwas seitlich verschoben, zunächst der Dorsalsack (*dosa*) und dann die Epiphyse (*epi*) auf. Der enge Epiphysenstiel, wie ihn unser voriger Schnitt zeigte, hat sich zu einer breiten, niedrigen, von oben gesehen etwa dreieckigen, rostral blind endigenden Tasche erweitert.

Die Wand des Dorsalsackes ist in unserem Schnitt dünn und faltenlos und besteht aus niedrigen, kubischen Zellen. Weiter kaudalwärts schlägt die Wand niedrige, von hohem Zylinderepithel bedeckte Falten. Der kuglige

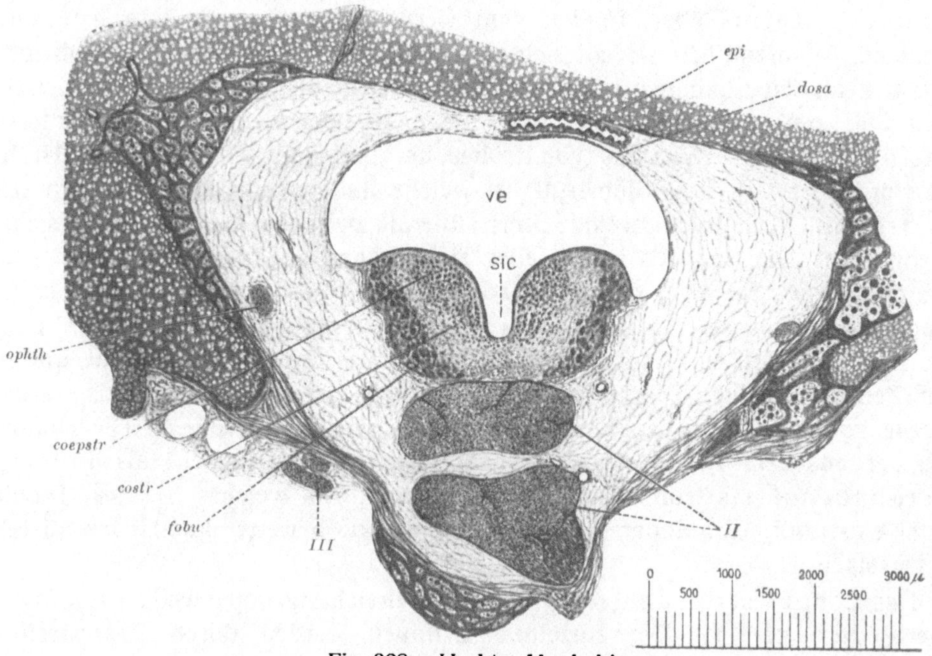


Fig. 323. Hecht. Vorderhirn.
*epi* Epiphyse, *dosa* Dorsalsack, *ve* Ventrikel des Telenzephalons, *sic* Sulcus intercephalicus, *II* N. opticus, *III* N. oculomotorius, *fobu* Formatio bulbaris, *costr* Corpus striatum, *coepstr* Corpus epistriatum, *ophth* N. ophthalmicus profundus.

Kern liegt in der Basis der Zylinderzellen, die distale Zellhälfte ist von feinen Körnchen erfüllt, was auf eine sekretorische Funktion des Epithels schließen läßt.

Die Wand des Epiphysenschlauches läßt sowohl im Stiel als im Sackteil starke Faltenbildung erkennen. Die längsverlaufenden Falten bestehen aus einer Propria und einem einfachen Zylinderepithel, dessen Zellen zwei verschiedene Formen erkennen lassen. Die Hauptmasse der Zellen ist einfach zylindrisch mit basal gelegenem, kugligem Kern. Die Zelle schließt nach dem Lumen mit glattem Saum ab und färbt sich nur ganz schwach. Zwischen diesen Zellen fallen dunkel gefärbte Elemente auf. Ihr proximales Ende ist spitz ausgezogen und verliert sich nach der Propria zu. Mit dem distalen, freien Ende ragen die Zellen mehr oder weniger weit in das Lumen hinein. Zu dem Epithel der Epiphyse lassen sich Nervenfasern verfolgen, welche aus der Commissura posterior stammen und im Epiphysenstiel aufsteigen. Sowohl in der Wand der Epiphysenausstülpung als auch in der des Dorsalsackes findet sich ein reicher Plexus von Blutgefäßen, die in den Falten bis dicht unter das Epithel vordringen.

Ventralwärts senkt sich der Ventrikel (*ve*) als Sulcus intercephalicus (*sic*) zwischen die beiden Hälften des Vorderhirns ein. Jede derselben läßt undeutlich eine Dreiteilung erkennen. Am weitesten dorsal und medial liegt eine rundliche Zellanhäufung, das Corpus epistriatum (*coepstr*). Ventral folgt das durch die streifige Anordnung seiner Zellen kenntliche Corpus striatum (*costr*). Die laterale Fläche einer jeden Vorderhirnhälfte nimmt die Formatio bulbaris (*fobu*) mit ihren kugligen Glomeruli olfactorii ein. Kaudalwärts setzt sich die letztere als Lobus olfactorius fort, rostralwärts geht sie in den Bulbus olfactorius über, in den vom Geruchsorgan her die Riechnerven einstrahlen. Während beim Hecht sich die Bulbi olfactorii nur wenig vom übrigen Vorderhirn absetzen, können sie bei anderen Knochenfischen weiter rostralwärts rücken und sind dann mit ihm durch die mehr oder weniger langen Tractus olfactorii verbunden. Wie uns von früher her bekannt ist, enden die Riechnerven pinselartig in den Glomeruli, in welche andererseits die Dendriten der Mitralzellen, auch in unserem Schnitt überall zwischen den Glomeruli sichtbar, eintreten. Die Neuriten jener Zellen ziehen dann als Tractus olfactorii zum Lobus olfactorius, entweder dem gleichseitigen oder, die Commissura anterior durchquerend, zum gegenseitigen. Ein Teil der Traktusfasern tritt aber nicht in die Lobi olfactorii ein, sondern begibt sich in das Corpus epistriatum, um an dessen Zellen zu enden. Die Neuriten der letzteren lassen sich wieder als starker Faserzug kaudalwärts zu den Kernen des Hypothalamus verfolgen. Die Hauptmasse der aus dem Lobus olfactorius austretenden Fasern zieht als Tractus olfactohabenularis zum Ganglion habenulae, in welches sie als Taenia thalami einstrahlt. Ein anderes Bündel läßt sich noch weiter kaudal ins Mittelhirn verfolgen.

Das Corpus striatum (*costr*) enthält zahlreiche, gruppenweise zusammengelagerte Nervenzellen. Die einzelnen Gruppen werden durch Faserstreifen getrennt. Die letzteren führen die von den Zellen kommenden Neuriten; sie sammeln sich und ziehen als Tractus striohypothalamicus zu den Kernen des Hypothalamus.

Ventral vom Vorderhirn erscheinen schließlich noch die beiden mächtigen Sehnerven (*II*), deren rechter sich gerade anschickt, die Schädelhöhle zu verlassen.

### c) Die Hüllen des Zentralnervensystems.

Der von Gehirn und Rückenmark freigelassene Raum der Schädelhöhle bzw. des Neuralkanals ist oft, besonders an der Dorsalfläche des Rhombenzephalons ziemlich ausgedehnt und wird ausgefüllt durch die Hüllen. Der Hirn- und Rückenmarksoberfläche liegt zunächst die Pia mater auf. Sie ist am Rückenmark sehr dünn (Fig. 313 *pima*), am Gehirn vielfach wesentlich dicker (Fig. 320 *pima*) und besteht aus einem Netzwerk verzweigter Zellen mit spärlichen Bindegewebsfasern und Blutgefäßen (Fig. 320 $bgf_2$), die von hier aus in das Zentralorgan eintreten. Nach außen wird sie abgeschlossen durch eine bindegewebige Grenzmembran mit zahlreichen Zellen und einem Netzwerk elastischer Fäserchen (Fig. 320 *grme*). Der ganze übrige Raum wird von der bindegewebigen Dura mater ausgefüllt (Fig. 313, 319, 320 *duma*). Man kann an ihr eine äußere und innere Grenzmembran unterscheiden. Die erstere liegt dem Knochen bzw. dem Knorpel dicht an und bildet sein inneres Periost bzw. Perichondrium (Fig. 319 *äupeo*), die letztere (Fig. 320 $grme_2$) wird von der Pia mater durch einen engeren oder weiteren Spaltraum, den Subduralraum, getrennt (Fig. 313 und 320 *sbdra*). Neben den Elementen des Bindegewebes enthält die Dura zahlreiche Blutgefäße (Fig. 320 $bgf_3$), wechselnde Mengen von Fett (Fig. 313 *fz*) und Pigmentzellen, die sich besonders in der Dura des Rückenmarks unter der inneren Grenzmembran in fast kontinuierlicher Schicht ausbreiten (Fig. 313 *pgz*).

### d) Das periphere Nervensystem.

Von den peripheren Ganglien liegen die Spinalganglien der Vereinigungsstelle der austretenden Wurzeln zum Spinalnerven eng an. Diese Stelle liegt immer in der Austrittshöhe der Ventralwurzel (Fig. 313 *spiggl*), so daß die etwas weiter kaudal abgehende Dorsalwurzel in schräg rostroventralem Lauf zu ihrem Ganglion gelangt. Die die Ganglien zusammensetzenden Zellen sind bipolar und von einer Kapsel umgeben. Der zentrale Ausläufer wird zu einer Dorsalwurzelfaser, der periphere gelangt als sensible Nervenfaser entweder im Ramus dorsalis oder im Ramus ventralis des Spinalnerven zur Peripherie. Diese Rami verlaufen in den Myosepten, sind durch Längsanastomosen miteinander verbunden und führen motorische und sensible Fasern.

Das sympathische Nervensystem des Hechtes läßt einen Kopf-, Rumpf- und Schwanzteil erkennen. Die kleinen Ganglien des Kopfteils finden sich immer dicht neben den Ganglien der Hirnnerven und anastomosieren mit ihnen. Als Fortsetzung des Kopfteils entwickelt sich der Rumpfteil in Form zweier dicht neben der Mittellinie in der Bauchhöhle verlaufender Stränge, der Grenzstränge. Entsprechend jedem Spinalnerven schwillt jeder Grenzstrang zu einem sympathischen Ganglion an, das einen Ramus communicans um den Wirbelkörper herum zum Ramus ventralis des Spinalnerven schickt. In dem Kaudalteil erscheinen die beiden Grenzstränge mit ihren Ganglien in den Hämalbogen eingeschlossen (Fig. 324 *sy*).

## 4. Die Muskulatur.

Die Rumpfmuskulatur des Hechtes zerfällt jederseits durch ein in der Höhe der Seitenlinie von der Haut zur Wirbelsäule verlaufendes Horizontalseptum (Fig. 324 *hose*) in eine dorsale und eine ventrale Hälfte. Die die Myomeren (*myme*) trennenden Myosepten (*myse*) erfahren nun sowohl im Verlaufe dieses Septums, als auch noch einmal in der dorsalen und ventralen Abteilung eine kaudalwärts gerichtete Einstülpung, so daß die Myomeren die Form von Hohlkegeln mit kaudalwärts gerichteter Spitze annehmen.

Die Myomeren setzen sich aus den Muskelfasern zusammen. Da die Myosepten sämtlich schräg zur Körperachse, die Muskelfasern aber parallel zu ihr verlaufen, so sind die Fasern durchschnittlich etwas länger, als die Myomeren dick sind. Die im Querschnitt runden oder ovalen Muskelfasern erscheinen in unseren Präparaten durch gegenseitigen Druck polygonal. Ihre Dicke unterliegt starken Schwankungen. Zumeist sind die Fasern 100—200 $\mu$ dick. Dazwischen finden sich aber auch zahlreiche Fasern von nur 10—20 $\mu$ Dicke. Die Fasern werden äußerlich von einem deutlichen Sarkolemma umhüllt und

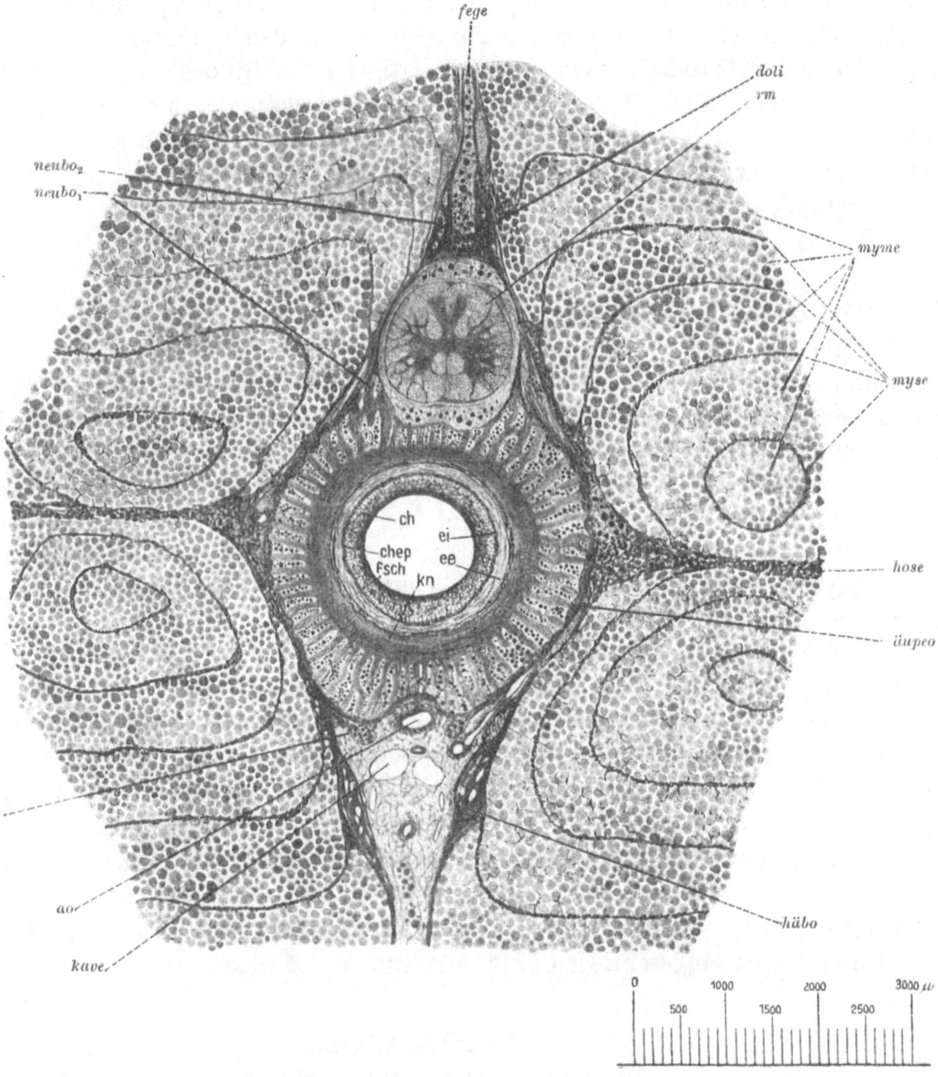


Fig. 324. Hecht. Schwanzwirbelsäule.

*fege* Fettgewebe im Dornfortsatz, *doli* Dorsalligament, *rm* Rückenmark, *myme* Myomeren, *myse* Myosepten, *hose* Horizontalseptum, *äupeo* äußeres Periost der Wirbelsäule, *häbo* Hämalbogen, *kave* Kardinalvene, *ao* Aorta, *sy* ympathischer Grenzstrang mit Ganglien, *neubo*$_1$ Basis des Neuralbogens, *neubo*$_2$ Übergang des vorhergehenden Neuralbogens in den Dornfortsatz, *kn* Knochen des Wirbelkörpers, *ee* Elastica externa, *fsch* Faserscheide, *ei* Elastica interna, *chep* Chordaepithel, *ch* Chorda.

sind sarkoplasmaarm. Die dünnen Myofibrillen liegen sehr dicht und gleichmäßig durch die ganze Faserdicke. Die wenig zahlreichen Kerne liegen fast ausschließlich unter dem Sarkolemma, nur selten trifft man einen von ihnen zwischen den Myofibrillen in dem Faserinnern. Auf dem Längsschnitt lassen die Fibrillen eine deutliche Querstreifung erkennen.

Jede Faser wird durch spärliches Bindegewebe von ihrem Nachbar getrennt. Die Blutgefäße verlaufen zunächst in den Myosepten, dringen dann in die Myomeren ein und umspinnen die Muskelfasern mit langen Kapillarmaschen.

Um das Verhalten der Nerven zu den Muskelfasern zu studieren, kann man dicke Gefrierschnitte von Formalinmaterial mit dünner Osmiumsäure nachbehandeln. Die geschwärzten Nerven treten dann sehr gut hervor. Zum Studium der Nervenendigung an den Muskelfasern bedient man sich am besten der vitalen Methylenblaufärbung. Man injiziert in den Arterienbulbus des durch Ätherwasser betäubten Tieres 20—50 ccm einer 1%igen Methylenblaulösung. Eine Stunde nach der Injektion werden flache Scheiben der Muskulatur in der feuchten Kammer der Luft ausgesetzt, bis die Bläuung erfolgt ist.

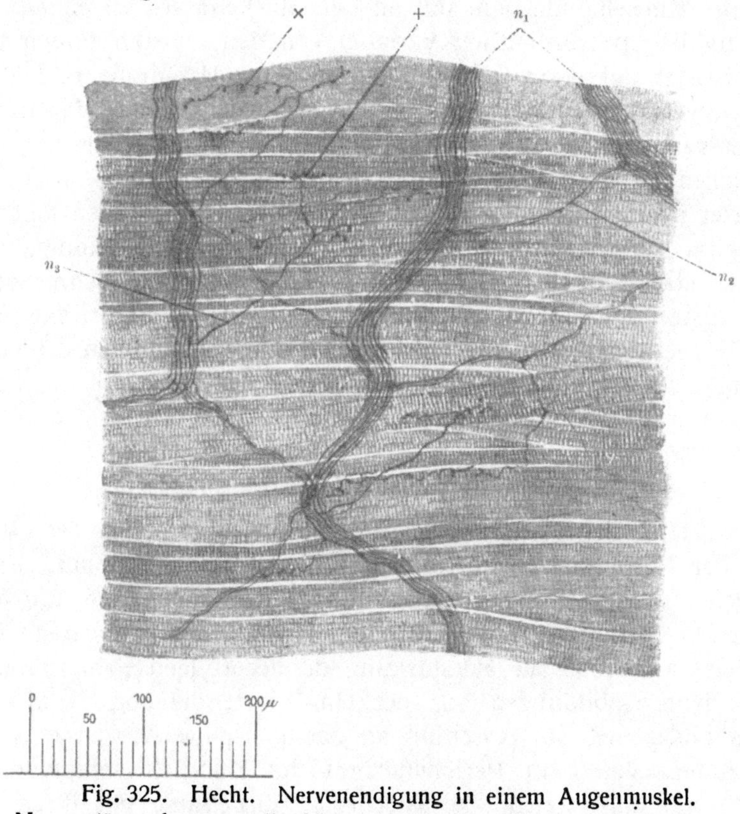


Fig. 325. Hecht. Nervenendigung in einem Augenmuskel.
$n_1$ gröbere Nervenstämmchen, $n_2$ die feinen Verbindungsäste, $n_3$ Endfasern, × rankenartige Endigung, + plattenartige Endigung.

Viel schönere Präparate als die Rumpfmuskulatur liefern die Augenmuskeln. Man nimmt nach der Injektion den Bulbus im Zusammenhang mit seinen weit hinten abgetrennten Muskeln heraus, präpariert jeden Muskel frei und setzt ihn auf einem Objektträger in der feuchten Kammer der Luft aus. Nach 1—2 Stunden färben sich dann die Nerven in großer Vollständigkeit. Um Schrumpfungen und Verzerrungen zu vermeiden, werden die Muskelchen vor der Fixation mit Igelstacheln auf Wachsplatten aufgespannt.

Unsere Fig. 325 demonstriert einen Teil eines solchen Totalpräparats. Die Augenmuskeln werden wie alle Muskeln des Kopfes durch längsverlaufende bindegewebige Septen in dickere und dünnere Muskelbündel zerlegt. Jedes Bündel setzt sich wieder aus den die ganze Muskellänge durchlaufenden Muskelfasern zusammen. Diese letzteren unterschieden sich von den Fasern der Rumpfmuskulatur nur durch ihr Kaliber. Sie sind nämlich beträchtlich dünner als jene. Zwischen gröberen Fasern von durchschnittlich 50 $\mu$ Dicke findet man zahlreiche dünnere Fasern. Die peripheren Muskelschichten bestehen fast ausschließlich aus dünnen Fasern.

Der Nerv tritt immer seitlich an den Muskel heran und zerfällt sofort in zahlreiche die Muskeloberfläche überziehende und innerhalb der bindegewebigen Septen den Muskel durchsetzende gröbere Äste ($n_1$). Von jedem gröberen Ast spalten sich zahlreiche feinere Äste ($n_2$) ab und treten in benachbarte Äste ein, so daß ein weitmaschiges Nervengeflecht zustande kommt. Aus diesem Netz dringen nun die markhaltigen Fasern teils einzeln, teils zu kleinen Bündelchen vereinigt in die Muskelbündel ein, um an den Muskelfasern zu enden. Die Art der Endigung ist außerordentlich variabel. In den meisten Fällen teilt sich die Faser entweder auf einmal oder kurz nacheinander in mehrere Teilfasern, welche sich entweder zu derselben oder zu verschiedenen Muskelfasern begeben. Jede Teilfaser verliert ihre Markscheide und geht in ein rankenartiges, mit zahlreichen seitlichen Knöpfchen oder Plättchen besetztes Gebilde über, das sich der Muskelfaser innig anschmiegend auf weite Strecken verfolgen läßt (×). In anderen, aber im ganzen seltneren Fällen ist die Endigung eine kompaktere (+), die Knöpfchen stehen dicht zusammen und es kommt eine mehr geschlossene Endplatte zustande, wie wir sie ähnlich als typische motorische Endigung bei höheren Wirbeltieren kennengelernt haben. Diese Knöpfchen dringen immer durch das Sarkolemma hindurch in die Substanz der Faser ein und liegen hier in einer Anhäufung von Sarkoplasma.

## 5. Die Stützorgane.

Bei den Teleostiern tritt neben Chorda und Knorpel in der Wirbeltierreihe zuerst der Knochen als drittes, wichtigstes Stützorgan auf. Es kommt bei den Knochenfischen einmal zur Ausbildung eines knöchernen, durch die uns schon bekannten Schuppen repräsentierten Hautskelets, zweitens treten in ähnlicher Weise am Kopf zur Verstärkung des knorpligen Primordialkraniums umfangreiche Knochenbildungen aus der Haut auf, die sog. Deckknochen, und drittens bilden sich im Anschluß an das knorplige Achsenskelet und das Primordialkranium von dem Perichondrium des Knorpels sekundär die sog. Knorpelknochen aus, welche die knöcherne Wirbelsäule mit ihren Anhangsgebilden, das Gliedmaßenskelet und einen Teil des knöchernen Schädels ausmachen.

Wir wollen uns bei der Besprechung des Knochenbaues an die knöcherne Wirbelsäule halten und zunächst einen Querschnitt durch dieselbe aus der Schwanzregion untersuchen. Zur Anfertigung solcher Querschnitte können natürlich nur entkalkte Präparate dienen. Man fixiert frische, ungefähr zentimeterdicke Querscheiben der Schwanzgegend 24 Stunden in einer Mischung von 1 Teil 3%iger Bichromatlösung und 3 Teilen Formalin und behandelt sie weiter in der S. 610 beschriebenen Weise. Die möglichst dünnen Zelloidinschnitte werden entweder in Hämalaun-Pikrofuchsin oder mit Eisenhämatoxylin oder mit Resorzinfuchsin gefärbt.

Einen solchen Schnitt stellt unsere Fig. 324 dar. Wir finden hier ventral vom Rückenmark (*rm*) die knöcherne Wirbelsäule mit dem sie umgebenden periaxialen Bindegewebe, von dem beiderseits das Horizontalseptum (*hose*) und die Myosepten (*myse*) sich in die Masse der Rumpfmuskulatur einsenken. Unser

Schnitt hat das vordere oder hintere Drittel eines Wirbelkörpers getroffen, in dessen Mitte eine große rundliche Höhle erscheint. Sie ist ausgekleidet durch einen Ring von Chordagewebe (*ch*). Als äußerste Lage erscheint das Chordaepithel (*chep*), dann folgen die blasigen Chordazellen. Je weiter wir gegen die Höhlung vordringen, um so dickwandiger werden die Zellen, ihr flüssiger Inhalt ist auf mehrere Vakuolen reduziert. In der Zellwand verlaufen zahlreiche Fibrillen, die von Zelle zu Zelle durchtreten, so daß die isolierten Zellen den Charakter der Stachelzellen zeigen. In den die Höhlung direkt umgebenden Schichten sind die Zellen schließlich zu länglichen, plumpen Fasern ausgezogen. Auf das Chordaepithel folgt nach außen die Elastica interna (*ei*), ein feines Netzwerk elastischer Fasern, und dann die Faserscheide der Chorda (*fsch*), eine zellenfreie, aus feinsten Bindegewebsfäserchen zusammengesetzte Membran. Sie wird nach außen wieder durch ein dünnes, elastisches Fasernetz, die Elastica externa (*ee*), abgeschlossen, welche letztere von dem Knochen (*kn*) getrennt wird durch eine dünne Bindegewebsschicht, das innere Periost des Wirbelkörpers.

Der Knochen des Wirbelkörpers stellt in unserem Schnitt einen Ring dar, von dem radiär verzweigte und anastomosierende Knochenbälkchen ausstrahlen. Er besitzt ebensowenig wie die Schuppen zellige Elemente und setzt sich aus verkalkten, zu Bündeln vereinigten, kollagenen Fasern zusammen, welche teils zirkulär, teils längs verlaufen. Nach außen werden die Knochenbälkchen und die zwischen ihnen gelegenen Hohlräume abgegrenzt durch das äußere Periost (*äupeo*), ein zellenreiches und gefäßhaltiges Bindegewebe, dessen Fasern innen längs, außen zirkulär verlaufen. Zwischen den kollagenen Fasern treten zahlreiche elastische Fasern auf. Sie dringen als SHARPEYsche Fasern auch in die Knochensubstanz ein und durchsetzen sie in radiärer Richtung.

Die Hohlräume zwischen den Knochenbälkchen werden ausgefüllt von gefäßhaltigem, fettreichem Bindegewebe.

Dorsalwärts sitzt dem Wirbelkörper der das Rückenmark umschließende Neuralbogen (*neubo*) auf. Er verläuft schräg kaudalwärts, so daß in unseren Schnitten meistens zwei Neuralbogen, am Wirbelkörper die Basis des folgenden, über dem Rückenmark das Ende des vorhergehenden, getroffen erscheinen, die beide natürlich keine knöcherne Verbindung besitzen. Weiter dorsalwärts setzt sich der Neuralbogen in den Dornfortsatz fort, zwischen dessen beiden ventralen Schenkeln das aus longitudinalen Bindegewebsbündeln sich zusammensetzende dorsale Wirbelligament (*doli*) verläuft.

Ventralwärts setzt sich in der Schwanzregion der Wirbelkörper in ganz ähnlicher Weise in den Hämalbogen (*häbo*) fort. Er umschließt die Aorta (*ao*), die beiden Kardinalvenen (*kave*) und die beiden sympathischen Grenzstränge (*sy*), umhüllt von fetthaltigem Bindegewebe.

Weit anschaulichere Bilder vom Bau der Wirbelsäule liefern aber sagittale Längsschnitte. Wir wollen für unsere Besprechung den früheren Längsschnitt durch den Kopf des Tieres benutzen, obwohl hier in gewisser Beziehung die Verhältnisse etwas anders liegen als in der Schwanzgegend (Fig. 319). In unserem Schnitt ist gerade noch der erste Wirbel getroffen. Er läßt sehr schön die amphizöle Form des Fischwirbels erkennen. Der Wirbelkörper (*wikö*) zeigt im Sagittalschnitt zwei mit ihrer Spitze gegeneinander gestellte Dreiecke, zwischen denen ein schmaler Kanal, der Achsenkanal, frei bleibt. Der bikonvexe, linsenförmige Raum zwischen je zwei Wirbelkörpern wird von der Chorda (*ch*) ausgefüllt, die auch hier wieder von außen nach innen Chordaepithel, blasige Zellen, Stachelzellen und Faserzellen erkennen läßt. Innerhalb der Chorda tritt eine große ringförmige Höhle auf, in deren Achse der Chordastrang (*chstr*) durch den Achsenkanal ununterbrochen von Wirbel zu Wirbel läuft. Er besteht nur aus Faserzellen.

In den kaudalen Teilen der Wirbelsäule ändern sich diese Verhältnisse insofern, als hier die Chorda zwischen je zwei Wirbeln eine flache, bikonkave Scheibe, eine Art Zwischenwirbelseptum darstellt, aus dessen Mitte rostral und kaudal je ein kurzer Zapfen hervorsteht, der Chordastrang, der also hier keinen kontinuierlichen Achsenstrang mehr bildet.

Die Chordascheiden sind im übrigen die gleichen, wie wir sie in unserem Querschnitt kennengelernt haben. Zwischen den Basen der Wirbelkörper ragt die Faserscheide knopfförmig als inneres Zwischenwirbelband (*izwba*) hervor. Vom Knochen wird sie getrennt durch die Elastica externa und das innere Periost (*ipeo*), das kontinuierlich die innere Oberfläche des Wirbelkörpers auskleidet. Das äußere Periost (*äupeo*) verdickt sich zwischen je zwei Wirbeln zu dem äußeren Zwischenwirbelband (*äuzwba*). Es trägt auf seiner inneren Oberfläche eine dichte Osteoblastenlage, von der die äußerste, unverkalkte Schicht des Wirbelkörpers sich als scharfer, heller Grenzsaum abhebt.

## 6. Die Verdauungsorgane.

Die Verdauungsorgane des Hechtes zeigen gegenüber denen des Frosches nur geringe Unterschiede, im Vergleich mit denen von Torpedo aber einen wesentlichen Unterschied: dem Hecht fehlt, wie allen höheren Wirbeltieren, ein Spiraldarm. Wir können am Verdauungstraktus des Hechtes von rostral nach kaudal fortschreitend unterscheiden: a) die Mundhöhle mit dem Pharynx, b) den Schlund, c) den Magen, d) den Mittel- und Enddarm. Dazu kommen noch als Anhangsdrüsen: e) die Leber und f) das Pankreas.

Die technische Bearbeitung der Verdauungsorgane bietet keinerlei Schwierigkeiten. Am besten fixiert man sie bei möglichst kleinen Tieren in situ. Zu diesem Zweck wird dem eben getöteten Tier durch einen medianen Längsschnitt, der fingerbreit vor dem Ansatz der Brustflossen an den Kiemenstrahlen beginnt und kurz vor dem After endet, die Bauchhöhle eröffnet und von hier aus bogenförmig die eine Seitenwand des Körpers bis zur Seitenlinie abgetragen. Das ganze Präparat wird dann in BOUINsche oder ZENKERsche Flüssigkeit übertragen. Im 95%igen Alkohol angelangt durchtrennt man rostral von der Leber den Schlund, umschneidet den After mit der Geschlechtsöffnung und isoliert durch Ablösung des Mesenteriums von der Schwimmblase den Verdauungstrakt. Durch quere Rasiermesserschnitte in einzelne Segmente zerlegt, kann derselbe dann in Paraffin eingebettet werden.

### a) Die Mundhöhle und der Pharynx.

In der Mundhöhle interessieren uns vor allem die Zähne, mit denen zahlreiche, die Mundhöhle begrenzende Knochen besetzt sind, so das Dentale, das Prämaxillare, der Vomer, das Palatinum, die Kopula des Zungenbeins und die Kiemenbogen. Sie sind hackenförmig nach hinten gekrümmt, laufen spitz aus und erreichen bei alten Tieren eine ganz beträchtliche Größe.

Über den Bau eines solchen Zahns orientiert uns am besten ein Längsschliff. Aus dem gut mazerierten und getrockneten Dentale wird ein einen großen Zahn haltendes Stück herausgesägt, in eine passend hergestellte Höhlung eines Holzblockes mit Krönigschem Lack so eingekittet, daß die eine Hälfte des Zahns frei hervorragt, und diese dann mit einer mittelfeinen Uhrmacherfeile abgetragen. Dann löst man durch Einlegen in warmes Xylol die restierende Zahnhälfte ab, schleift die Feilfläche auf einem Schleifstein oder mit einer ganz feinen Feile glatt, trocknet und kittet das Präparat mit dieser glatten Fläche auf einen Objektträger. Nun wird mit der Feile die andere Hälfte so weit abgetragen, bis der Schliff unter dem Mikroskop vollständig durchsichtig erscheint. Nachdem er poliert, abgelöst und getrocknet ist, wird er in geschmolzenen, vorher zur Glashärte eingedampften Kanadabalsam eingebettet.

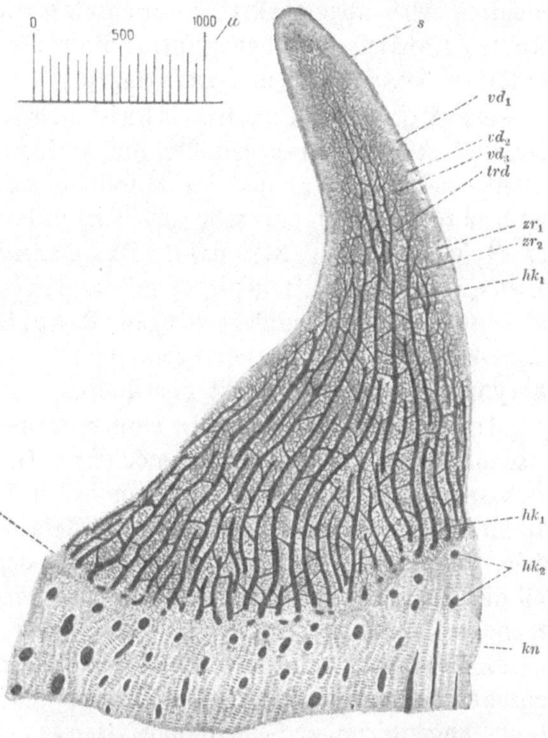


Fig. 326. Zahn des Hechtes im Längsschliff. *s* Schmelz, $vd_{1-3}$ Vitrodentin, *trd* Trabekulardentin, $zr_1$ u. $zr_2$ Zahnbeinröhrchen, $hk_1$ Haverssche Kanälchen des Zahns, *kn* knöcherner Zahnsockel, $hk_2$ Haverssche Kanälchen desselben, *X* Grenze zwischen Sockel und Zahn.

Die frei aus der Mundschleimhaut hervorragende Spitze des Zahns ist überzogen von einer dünnen Schmelzschicht (Fig. 326 *s*). Sie wird nach der Zahnbasis zu immer dünner, um sich schließlich ganz zu verlieren. Die übrige Masse des Zahns besteht aus Zahnbein, Dentin. Es ist eine direkte Fortsetzung des knöchernen Zahnsockels und setzt sich wie dieser aus verkalkten, zu Bündeln vereinigten Bindegewebsfasern zusammen, deren Verlaufsrichtung im wesentlichen parallel zur Zahnoberfläche geht. Die äußerste Dentinschicht, die also direkt unter dem Schmelz liegt, ist kompakt ($vd_1$). Etwas weiter nach innen zu ($vd_2$) wird das Dentin durchsetzt von senkrecht zur Zahnoberfläche verlaufenden, verästelten Kanälchen, den Zahnbeinröhrchen ($zr_1$), die sich weiter nach innen zu ($vd_3$) zu einem längsmaschigen Netzwerk vereinigen ($zr_2$). Diese drei äußeren Zahnbeinschichten bezeichnet man als Vitrodentin im Gegensatz zu dem den Kern und damit die Hauptmasse des Zahns bildenden Trabekulardentin (*trd*). Es wird der Länge nach durchzogen von zahlreichen, durch quere Anastomosen verbundenen Kanälen, den Haversschen Kanälen ($hk_1$), die sich wieder aus den Haversschen Kanälen des knöchernen Zahnsockels ($hk_2$) entwickeln und wie diese die die Zahnbeinsubstanz ernährenden Blutgefäße beherbergen. Das ganze Trabekulardentin wird von einem Netzwerk feinster, aus den Haversschen Kanälen hervorgehender Röhrchen durchsetzt. Aus den feinsten, peripheren Kanälen entwickeln sich dann die Zahnbeinröhrchen. Sie enthalten keine Blutgefäße mehr, sondern die Zahnbeinbildungszellen, die

Odontoblasten, mit ihren protoplasmatischen Ausläufern, den Zahnbeinfasern.

Bei großen Zähnen alter Tiere verschmelzen die großen, axialen HAVERSschen Kanäle des Zahns zu einer länglichen Höhlung, der Pulpahöhle. Sie ist ausgefüllt mit Blutgefäßen und Bindegewebe.

Die Substanz des Zahns geht kontinuierlich in die des darunter gelegenen Knochens über, so daß das Trabekulardentin die direkte Fortsetzung der Knochensubstanz bildet. Um die HAVERSschen Kanäle des Knochens ($hk_2$) ist die Knochensubstanz in deutlichen Lamellen angeordnet. Sie ist auch hier zellenfrei, wird aber senkrecht durchsetzt von zahlreichen feinen, hier mit Luft gefüllten Kanälchen, in denen intra vitam die unverkalkten, durch die Mazeration zerstörten SHARPEYschen Fasern lagen.

Die Mundhöhlenschleimhaut geht am Kieferrand in die äußere Haut über und zeigt dieser gegenüber nur geringe Unterschiede. Ihre Oberfläche ist im allgemeinen glatt, nur im Mundhöhlendach bildet sie flache Längsfalten. Papillen finden sich nur sehr spärlich, z. B. am Mundhöhlendach in der Höhe der Hypophyse (Fig. 319 *pap*). Das Mundhöhlenepithel (Fig. 319 *ep*) ist ein geschichtetes Plattenepithel mit äußerst zahlreichen Becherzellen. Es sitzt auf einer straffen, bindegewebigen Propria (Fig. 319 *pro*). Eine besondere Submukosa ist nicht abzugrenzen. Die Muskularis ($mu_2$) tritt erst gegen den Pharynx zu auf und besteht aus quergestreiften Muskelfasern.

Die den Mundhöhlenboden einnehmende Zunge ist nur in ihrem rostralsten Abschnitt frei. Ihre knorplig-knöcherne Grundlage wird von den Kopularien des Viszeralskelets gebildet. In dem freien Teil wird der Knorpel ersetzt durch ein äußerst zellreiches Bindegewebe, dessen Bündel parallel zur Zungenoberfläche verlaufen. Die Schleimhaut ist die der übrigen Mundhöhle. Der kaudale Teil der Zunge ist mit zahlreichen, nur wenig aus der Schleimhaut hervorragenden Zähnchen besetzt.

Kaudalwärts setzt sich die Mundhöhle in den seitlich von den Kiemenbogen begrenzten Pharynx fort. Die Grenze markiert sich am Dach ziemlich scharf durch bogenförmige Schleimhautfalten, welche sich zwischen den rostralen Enden der ersten Kiemenspalte ausspannen. In dem Verhalten der Schleimhaut und ihres Epithels tritt im übrigen keine Veränderung ein.

## b) Der Schlund.

Kaudalwärts verengert sich der Pharynx ungefähr in der Höhe der Herzspitze und geht in den Schlund über, einen bei mittelgroßen Tieren ungefähr bleistiftdicken, starkwandigen Schlauch, der hinter der Leber in einer rinnenförmigen Vertiefung der letzteren in der Bauchhöhle kaudalwärts zieht. Er liegt dabei vor dem rostralen Ende der Schwimmblase. Schneiden wir das Organ der Länge nach auf, so treten auf der Innenfläche 10—15 Längsfalten hervor, die sich dicht aneinander legen, so daß das Lumen im leeren Zustand nur ganz eng ist. Querschnitte durch das Organ zeigen eine Zusammensetzung aus Schleimhaut, Muskularis und Serosa. Jede der ins Lumen vorspringenden Falten ist besetzt mit zahlreichen Sekundärfalten, und diese wieder mit niedrigen Tertiärfalten.

Das die Schleimhaut bedeckende Epithel ist geschichtet, wie das der Mundhöhle und des Pharynx, ist aber dicker und enthält fast ausschließlich Schleimzellen. Nur die tiefste Zellschicht ist schleimfrei und besteht teils aus zylindrischen, teils aus kubischen Zellen. Darüber liegen mehrere Schichten Schleimzellen und gegen das Lumen wird das Epithel abgeschlossen durch einen diskontinuierlichen Belag platter, schleimfreier Deckzellen. Das zeigt uns, daß wir es auch hier mit einem echten, geschichteten Plattenepithel zu tun haben.

Das Epithel sitzt direkt auf der Propria auf, eine Basalmembran ist nicht vorhanden. Die Propria bildet den Grundstock sämtlicher Falten, erreicht eine ganz bedeutende Mächtigkeit und besteht aus dicken Bindegewebsbündeln, welche unter dem Epithel vorwiegend zirkulär verlaufen, weiter nach außen sich nach allen Richtungen durchflechten. Eine Submukosa ist nicht abzugrenzen, die Propria geht kontinuierlich in das intermuskuläre Bindegewebe über.

Die Muskularis setzt sich in dem weitaus größten Teile des Schlundes aus dicken, quergestreiften Muskelfasern zusammen und läßt eine äußere Ring- und eine innere Längsmuskulatur erkennen. Die Muskelfasern sind zu Bündeln vereinigt. Das die letzteren trennende intermuskuläre Bindegewebe wird um so stärker, je weiter wir nach innen vordringen, womit auch eine Verkleinerung der Muskelbündel Hand in Hand geht. Die Längsmuskulatur dringt mit ihrer inneren Schicht tief in die primären Falten ein, die sekundären und tertiären Falten dagegen sind immer frei von ihr. Erst in der Nähe des Magens tritt an Stelle der quergestreiften glatte Muskulatur und zwar von innen nach außen fortschreitend.

An die Muskularis schließt sich außen die bindegewebige Subserosa und die Serosa der Bauchhöhle an.

### c) Der Magen.

Der Magen stellt im ungefüllten Zustand eine schwache spindlige Auftreibung des Verdauungskanals dar, die sich äußerlich gegen den Schlund in keiner Weise abgrenzt. Öffnet man jedoch das Organ, so tritt die Grenze besonders an den mit Formalin-Bichromat fixierten Präparaten sehr gut hervor. Die tief gelb gefärbte Magenschleimhaut setzt sich dann scharf gegen die graue oder blaßgelbe Schlundschleimhaut ab. Die Grenze entspricht fast immer genau dem kaudalen Leberende, so daß der Magen in seiner ganzen Ausdehnung direkt unter der Bauchdecke gelegen ist. Am kaudalen Magenende biegt der Verdauungsschlauch **U**-förmig rostralwärts um und geht in den Mitteldarm über. Diese Umbiegungsstelle entspricht äußerlich ungefähr der Ansatzstelle der Bauchflossen.

Der aufgeschnittene Magen zeigt, daß das kaudale Magenende ein stark verengtes Lumen und eine erheblich verdickte Wandung besitzt. Die Innenfläche des Magens liegt in Längsfalten, welche die direkte Fortsetzung der Schleimhautfalten des Schlundes bilden. Während aber hier die Falten ungeteilt und parallel nebeneinander verlaufen, spalten sie sich im Magen und anastomosieren miteinander zu einem längsmaschigen Faltennetz.

Den feineren Bau wollen wir an einem Querschnitt durch den Magen untersuchen. Unsere Fig. 327 zeigt ein Stück eines solchen. Es ist eine der breiten Falten in ihrer ganzen Höhe dargestellt. Die Wand läßt ohne weiteres Schleimhaut, Submukosa, Muskularis und Serosa erkennen.

Die Schleimhaut (*schlh*) senkt sich überall in die Tiefe in Form der Magengrübchen (*magr*), in die wieder die Magendrüsen (*madr*) einmünden. Untersuchen wir zunächst das Oberflächenepithel mit stärkerer Vergrößerung, so finden wir (Fig. 328 *ep*) eine einfache Schicht schmaler, ungefähr 50 $\mu$ langer Zylinderzellen. Der längliche Kern liegt in der Zellmitte. Das distale Drittel des Zellkörpers setzt sich bei Eisenhämatoxylinfärbung durch seine dunkle Färbung sehr präzis gegen den übrigen Zellkörper ab. An der Grenze trifft man stets ein oder zwei tiefschwarze Körperchen. Dieser distale dunkle Teil ist verschleimt, aber es handelt sich hier um einen Schleim, der nicht wie sonst basophil, sondern oxyphil ist und deutliche Muzigenkörner nur selten erkennen läßt. Der proximale, den Kern umschließende Teil des Zellkörpers enthält ein undeutlich körniges Protoplasma. Die freien Kuppen der Zellen werden von Schlußleistennetzen umgeben.

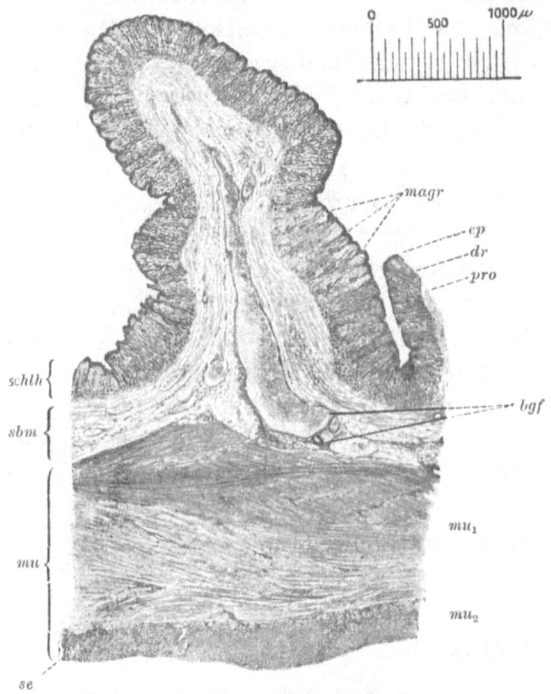


Fig. 327. Hecht. Magen.
*schlh* Schleimhaut, *sbm* Submukosa, *mu* Muskularis, *se* Serosa, *magr* Magengrübchen, *ep* Oberflächenepithel, *dr* Drüsen, *pro* Propria, *bgf* Blutgefäße, $mu_1$ Zirkulärmuskulatur, $mu_2$ Längsmuskulatur.

Beim Eintritt in die Magengrübchen (Fig. 328 $magr_1$) werden die Epithelzellen niedriger und breiter, der Kern wird kuglig und rückt an die Basis, die typische Dunkelfärbung des distalen Zellabschnitts verwischt sich mehr und mehr und das Grubenepithel geht schließlich in das Drüsenepithel über. Jedes Magengrübchen teilt sich in mehrere sekundäre Magengrübchen ($magr_2$), in deren jedes wieder mindestens zwei Magendrüsen (*madr*) einmünden. Dieselben erreichen eine Länge von 300—500 $\mu$ und einen Durchmesser von 25—30 $\mu$. Sie verlaufen mehr oder weniger gerade, gestreckt und liegen außerordentlich dicht, nur durch wenig Zwischengewebe und durch Blutkapillaren getrennt. Umhüllt werden sie von einer Membrana propria, welche sich am Drüsenhals (*drh*) in die Basalmembran (*bame*) des Oberflächenepithels fortsetzt. Das das enge Lumen auskleidende Drüsenepithel besteht aus kubischen, kuppenförmig ins Lumen vorspringenden Zellen. Der kuglige Kern liegt in der Zellmitte, der Zellkörper ist erfüllt von zahlreichen feinen, azidophilen Körnchen.

Die Propria des Hechtmagens (*pro*) ist außerordentlich zellreich. An ihrem Aufbau beteiligt sich sowohl retikuliertes Gewebe, als auch faseriges Bindegewebe. Zwischen den Drüsen und unter dem Oberflächenepithel tritt das letztere gegenüber dem ersteren völlig in den Hintergrund, unterhalb der Drüsen herrscht das umgekehrte Verhältnis. Hier wird die Propria gebildet von welligen Bindegewebsbündeln. Zwischen den letzteren liegen zahlreiche große Zellen (*maz*). Ihr Körper enthält ein netzmaschiges Protoplasma. In den Maschen liegen Körnchen, welche durch das Eisenhämatoxylin tief schwarz gefärbt erscheinen, durch Biondilösung färben sie sich rotviolett. Am schönsten

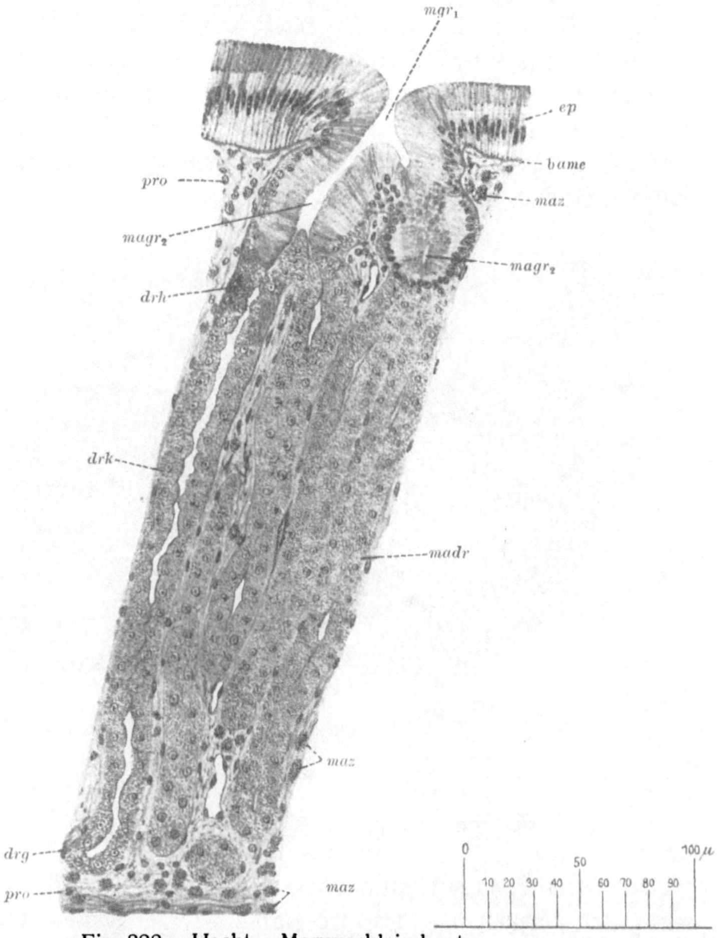


Fig. 328. Hecht. Magenschleimhaut.
*magr*$_1$ primäre, *magr*$_2$ sekundäre Magengrübchen, *ep* Oberflächenepithel, *bame* Basalmembran, *maz* Mastzellen, *madr* Magendrüsen, *pro* Propria, *drh* Drüsenhals, *drk* Drüsenkörper, *drg* Drüsengrund.

aber treten diese Zellen an Gefrierschnitten von Formalin-Bichromatmaterial hervor, gefärbt mit einer dünnen Kresylviolettlösung. In solchen Präparaten treten Bindegewebe und Muskulatur stark zurück und die ganze Propria erscheint nun mit diesen Zellen durchsetzt und ihren leuchtend rot gefärbten Körnchen. Wir haben es hier mit Mastzellen zu tun, wie wir sie auch im Bindegewebe und Blut höherer Tiere vielfach kennengelernt haben. Die Knochenfische bilden die tiefststehende Ordnung der Wirbeltiere, bei der diese

Zellen noch zu finden sind. Sie dringen mit der Propria bis unter das Oberflächenepithel und liegen unter den Drüsen manchmal so massenhaft zusammengedrängt, daß sie den Eindruck von Lymphfollikeln hervorrufen.

Obgleich eine die Propria von der Submukosa (Fig. 327 *sbm*) trennende Muscularis mucosae fehlt, so setzt sich die letztere von der ersteren durch ihren weit lichteren Bau doch scharf ab. In der Submukosa verlaufen die großen Blutgefäße (*bgf*) und sie dringt mit ihnen auch tief in die Schleimhautfalten ein.

Die Muskularis (Fig. 327 *mu*) erreicht im Magen eine Dicke von fast 2 mm und scheidet sich in eine innere Ring- und eine äußere Längsmuskulatur ($mu_1$ und $mu_2$). Sie besteht ausschließlich aus glatten Muskelfasern. An Längsschnitten der Magenwand kann man sehr schön erkennen, daß von der inneren Ringmuskulatur sich zahlreiche feine Bündelchen abspalten, in die Submukosa und mit ihr auch in die Falten eindringen. Sie bilden in der Submukosa ein längsmaschiges, bis zur Propriagrenze vordringendes Netzwerk und ersetzen die fehlende Muscularis mucosae.

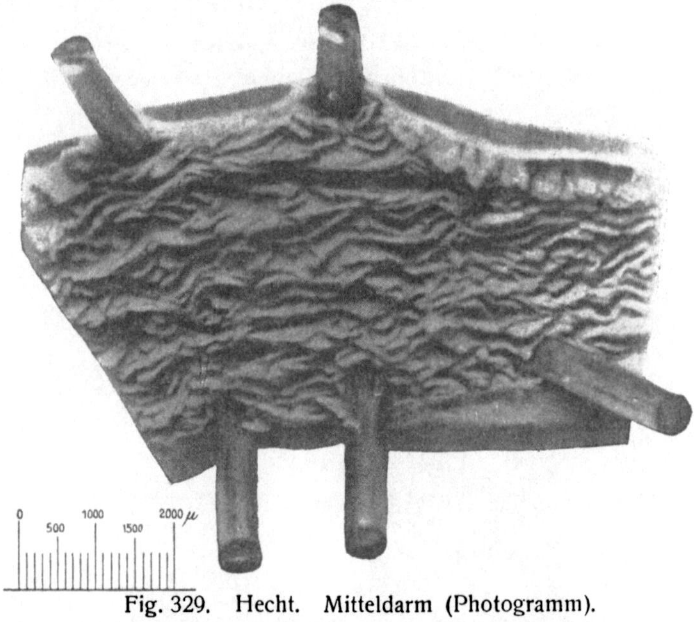


Fig. 329. Hecht. Mitteldarm (Photogramm).

Je weiter wir im Magen kaudal vorrücken, um so mehr rücken die Drüsen auseinander unter Vermehrung des interglandulären Gewebes. Die Drüsen werden dabei dicker und länger und die azidophilen Drüsenzellen werden vom Drüsenhals aus nach und nach von den Zellen der Magengrübchen verdrängt. An der Umbiegungsstelle des Magens, wo sich, wie wir früher sahen, die Muskularis zu einer Art von Sphinkter verdickt, finden sich azidophile Zellen überhaupt nicht mehr. Jenseits dieser Stelle geht der Magen unter erheblicher Erweiterung und Verdickung in den Mitteldarm über.

## d) Der Mittel- und Enddarm.

Die beiden Abteilungen des Darms lassen sich weder makroskopisch noch mikroskopisch scharf gegeneinander abgrenzen, sondern gehen allmählich ineinander über. Der Umbiegungsstelle des Magens, d. i. dem Anfang des Mitteldarms, der kaudalwärts die Milz ansitzt, entspricht, wie wir sahen, äußerlich die Ansatzstelle der Bauchflossen. Der gegenüber dem verengten Magenende nicht unbeträchtlich erweiterte Mitteldarm verläuft nun neben dem Magen wiedèr rostralwärts bis zur Gallenblase, die äußerlich ungefähr der Mitte der Brustflossen entspricht. Auf diesem Wege liegt er zunächst unter der Bauchdecke, tritt dann unter den rechten Leberrand, der rostralwärts so eingebuchtet ist, daß das rostrale Ende des Darms wieder von der Leber frei bleibt. Dann wendet sich der Darm wieder kaudalwärts. Er bildet dabei eine ∩-förmige Schlinge, deren Scheitel an die Gallenblase stößt. Der nun folgende absteigende Darmschenkel liegt so in der rechten Bauchhälfte ventral von der Schwimmblase und dicht unter der Bauchdecke und zieht nun unter allmählicher Verengerung kaudalwärts. Dabei wendet er sich immer mehr nach links, kommt allmählich unter den Anfangsteil des Mitteldarms zu liegen und geht dann,

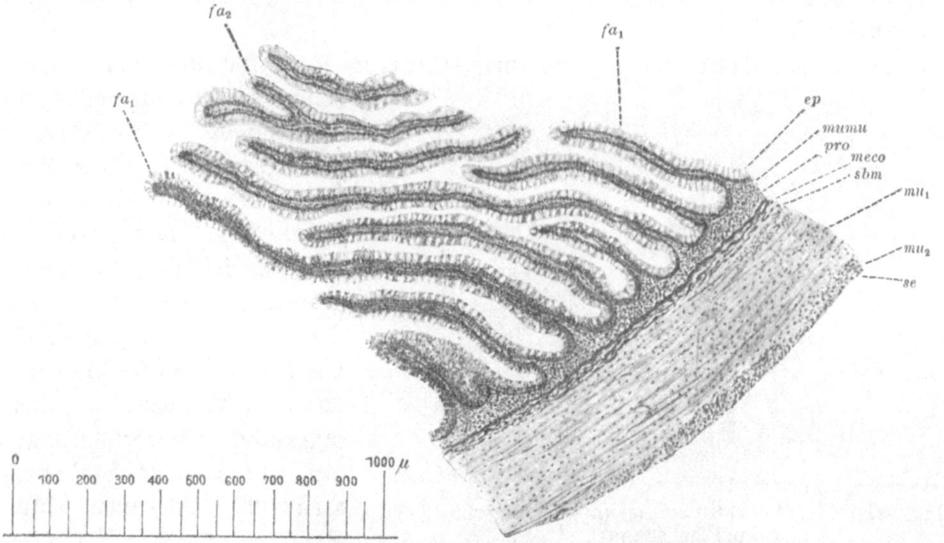


Fig. 330. Hecht. Mitteldarm (Querschnitt).
$fa_1$ primäre, $fa_2$ sekundäre Darmfalten, *ep* Darmepithel, *mumu* Muscularis mucosae, *pro* Propria, *meco* Membrana compacta, *sbm* Submukosa, $mu_1$ zirkuläre, $mu_2$ longitudinale Schicht der Muskularis, *se* Serosa.

unter dem Magenende und rechts von der Milz hervordringend, in den genau der Mittellinie folgenden Enddarm über. Er mündet nach außen in dem kreisförmigen After, der etwas rostral von der Afterflosse liegt. Zwischen After und Afterflosse schiebt sich der quere Spalt der Urogenitalöffnung.

Mitteldarm und Magen sind verbunden durch das Mesenterium, eine Bauchfellduplikatur, die sich von der Ventralwand der Schwimmblase auf den Magen und Darm überschlägt. Heben wir Magen und Darm auf, so spannt sich das Mesenterium in Form einer die beiden Bauchhälften dorsalwärts scheidenden Membran. Sie ist stark mit Fettzellen infiltriert. Dieses Mesenterialfett füllt die beiden Furchen zwischen Magen und aufsteigendem Darmschenkel und auf- und absteigendem Darmschenkel aus und bedeckt auch den Enddarm bis zum After hin.

Um uns nun zunächst über die Oberflächengestaltung des Mitteldarms zu orientieren, wird der frische oder fixierte Darm der Länge nach aufgeschnitten und unter Wasser mit Nadeln aufgesteckt.

Bei Lupenvergrößerung zeigt sich dann eine sehr komplizierte Faltenbildung (Fig. 329). Die dicken Längsfalten der Magenschleimhaut erfahren beim Übertritt in den Darm eine weitgehende Spaltung in zahlreiche hohe und schmale Längsfalten, die sich wiederum vielfach teilen und miteinander anastomosieren. Sehr bald aber kommt es zu einer Aufteilung dieser Falten, sie werden diskontinuierlich, wodurch die ursprüngliche Längsfaltung sich mehr und mehr verwischt. Die Faltenstücke stehen nur noch an ihrer Basis miteinander in Verbindung und ragen im übrigen als blattartige Bildungen frei ins Darmlumen.

Wir wollen dann einen Querschnitt durch den Mitteldarm untersuchen (Fig. 330). Die Schleimhautfalten (*$fa_1$*) erscheinen hier, je nachdem sie am Anfang oder in der Mitte ihres Verlaufs vom Schnitt getroffen sind, als kürzere oder längere Fortsätze. Sie sind recht schmal und an ihrem freien Ende leicht verdickt. Gar nicht selten zweigen sich von der primären Falte sekundäre (*$fa_2$*) ab. Jede Falte erhebt sich aus der Propria (*pro*) und ist bekleidet mit dem Darmepithel (*ep*).

Das Darmepithel zeigt sich bei stärkerer Vergrößerung aus langen, schmalen Zylinderzellen zusammengesetzt (Fig. 331 *epz*). Der Kern liegt in der Zellmitte oder auch etwas mehr basalwärts. Das proximale Zellende ist meist etwas zugespitzt, auf dem freien, distalen Ende trägt die Zelle einen schmalen Kutikularsaum (*sa*), der bei allerstärksten Vergrößerungen eine undeutliche Stäbchenstruktur erkennen läßt. Zwischen den Zellenden liegen die Schlußleisten (*schl*). Da, wo das Epithel flach getroffen ist (Fig. 331 *b*), treten sie sehr schön als interzelluläres Netzwerk hervor. Zwischen den Zylinderzellen liegen zahlreiche Becherzellen (*bz*).

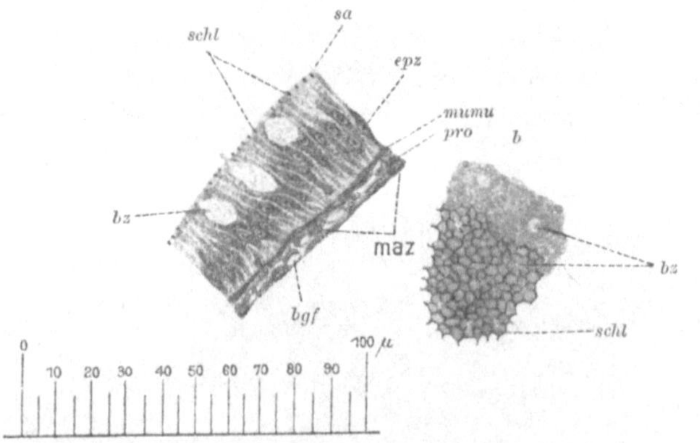

Fig. 331. Hecht. Darmepithel (*a* im Querschnitt, *b* im Flachschnitt).
*bz* Becherzellen, *schl* Schlußleisten, *sa* Stäbchensaum, *epz* Epithelzellen, *mumu* Muscularis mucosae, *pro* Propria, *bgf* Blutgefäße, *maz* Mastzellen.

Auf das Epithel folgt proximalwärts eine dünne, längsstreifige Lage mit länglichen, der Oberfläche parallel laufenden Kernen (Fig. 330 und 331 *mumu*). Sie imponiert zunächst als Basalmembran, starke Vergrößerungen lassen aber in ihr feine, dicht gedrängte, mit Eisenhämatoxylin sich intensiv schwärzende Fibrillen erkennen. Da sie sich mit Pikrofuchsin gelb, mit Kresylviolett blau färben, so haben wir es zweifellos mit kontraktilen Fibrillen zu tun und haben hier eine unmittelbar subepithelial gelegene Muscularis mucosae vor uns.

Die Propria (Fig. 330 und 331 *pro*) verläuft in der Mitte einer jeden Falte und bildet proximalwärts eine dünne Schicht unter den Falten. Sie besteht ausschließlich aus retikuliertem Gewebe, durchsetzt von zahlreichen Mastzellen (Fig. 331 *maz*) und Blutgefäßen (*bgf*).

Die Submukosa (Fig. 330 *sbm*) setzt sich dagegen aus faserigem Bindegewebe zusammen, dessen Bündel teils zirkulär, teils längs verlaufen. Sie ist nur wenig mächtig und grenzt sich gegen die Propria durch eine oft recht dicke zirkuläre Bindegewebslage mit sehr spärlichen Zellen ab, die als Membrana compacta (*meco*) bezeichnet wird.

Die Muskularis besteht ausschließlich aus glatten Muskelfasern, während andere Knochenfische, wie Schlei und Schlammpeitzger, hier auch quergestreifte Fasern besitzen. Eine breite, innere zirkuläre ($mu_1$) und eine schmale, äußere longitudinale Muskelschicht ($mu_2$) tritt deutlich hervor. Zwischen den beiden Muskelschichten liegt ein Geflecht sympathischer Nerven mit zahlreichen eingeschalteten Ganglien. Im aufsteigenden Darmschenkel ist von diesem Plexus myentericus wenig zu erkennen, ungleich deutlicher tritt er im absteigenden Schenkel, vor allem im Enddarm in die Erscheinung.

Nach außen schließt sich an die Muskularis noch die Serosa (*se*) an.

Die beschriebene Struktur zeigt das Darmrohr in seiner ganzen Länge. Gegen den Enddarm werden die Falten immer niedriger und rücken weiter auseinander. Sie ziehen sich auch bis in die rundliche Öffnung des Afters hinein. der vollkommen mit Darmepithel ausgekleidet ist und eine zirkuläre, glatte Muskulatur besitzt. Am äußeren Afterrand geht das Darmepithel ganz unvermittelt in die Epidermis über.

### e) Die Leber.

Die Leber des Hechts ist ein langgestrecktes Organ, das nach Wegnahme der Bauchdecke einem menschlichen Fuß von der Plantarseite aus gesehen nicht unähnlich ist. Mit ihrem dicken rostralen, der Ferse entsprechenden Abschnitt füllt sie den rostralsten Abschnitt der Bauchhöhle fast völlig aus und grenzt an den Herzbeutel. Der rechte Leberrand ist wie der innere Fußrand stark eingebuchtet und nimmt die Gallenblase und die ∩-förmige Umbiegungsstelle des Mitteldarms auf. Der linke Leberrand dagegen verläuft in leicht konvexer Biegung. Kaudalwärts verdünnt sich die Leber mehr und mehr und läuft in einem etwas spitzigen Bogen aus. Das kaudale Leberende entspricht ungefähr der Mitte zwischen dem Ende der Brust- und dem Anfang der Bauchflosse. Die ventrale Oberfläche wiederholt die Wölbung der Bauchfläche des Tieres. Die dorsale Oberfläche zeigt eine rechte und eine linke flache Längsrinne, getrennt durch eine mittlere Längskante, so daß der Querschnitt des Organs die Form eines sphärischen Dreiecks annimmt. Diese Längskante legt sich zwischen Schlund und Magen linkerseits und aufsteigenden Darmschenkel andererseits.

Die Gallenblase liegt auf der rechten Leberseite. Zum Teil wird sie von der Leber verdeckt, zum Teil liegt sie in der Ausbuchtung des rechten Leberrandes rostral von der Umbiegungsstelle des aufsteigenden Darmschenkels in den absteigenden frei unter der Bauchdecke. Sie ist ein umfangreiches Organ, aus dem nach links und kaudal der Gallenblasengang hervortritt. Er vereinigt sich bald mit dem erheblich kleineren Hauptlebergang zum Gallengang. Der letztere läuft dann zwischen der dorsalen Leberkante und dem aufsteigenden Darmschenkel kaudalwärts, nimmt aus der ersteren noch 2—3 kleinere Lebergänge auf und mündet in den letzteren ungefähr einen Finger breit über dem Magenende. Auf diesem Wege liegt der Gang in einer Bauchfellduplikatur, die sich vom Darm auf die dorsale Leberfläche überschlägt, zusammen mit der Darmarterie, der Portalvene und dem Pankreas. Das letztere liegt ihm zunächst nur dorsal an, allmählich aber umgibt es ihn, so daß der Gang schließlich vollkommen in die Drüsenmasse des Pankreas eingebettet ist.

Die Wand der Gallenblase besteht aus Schleimhaut, Muskularis und Adventitia. Das die Schleimhaut überziehende Epithel ist ein einfaches Zylinderepithel. Die Zellen sind ungefähr drei- bis viermal so lang als breit. Der Kern liegt basal. Das freie Ende der Zelle trägt einen hellen, homogenen Kutikularsaum. Das Protoplasma des Zellkörpers ist fein granuliert. Zwischen die Zylinderzellen sind zahlreiche Becherzellen eingelagert. Mit der Muskularis wird das Epithel durch eine bindegewebige Propria verbunden. Die glatten Muskelfasern der ersteren verlaufen ausschließlich zirkulär. Nach außen folgt auf die Muskularis noch eine bindegewebige Adventitia. Da wo die Gallenblase der Leber anliegt, geht sie in die bindegewebige Leberkapsel über, da wo die Blase freiliegt, sitzt ihr die Serosa auf. Der Gallenblasengang, der Gallengang, der Lebergang und seine gröberen in der Lebersubstanz verlaufenden Äste zeigen ganz den gleichen Bau (Fig. 332 *ducho*). Die Muskularis verliert sich erst in den feineren Zweigen, die Becherzellen werden schon in den gröberen Zweigen vermißt.

Bezüglich des feineren Baues gleicht die Leber vom Hecht ganz der von Torpedo, so daß auf das dort Auszuführende verwiesen werden kann. Auch hier enthalten die Leberzellen immer ganz beträchtliche Mengen von Fett in Form gröberer und feinerer Tropfen. Die Leberzellbalken liegen außerordentlich dicht nebeneinander. Die Gallenkapillaren sind sehr eng. Ihr Übergang in die feinsten Lebergänge ist nur sehr schwer zu erkennen. In dem die gröberen Gänge und Blutgefäße umgebenden, zellreichen Bindegewebe trifft man immer zahlreiche Mastzellen.

### f) Das Pankreas.

Das Pankreas des Hechtes ist ein recht unansehnliches Organ. Es begleitet den Gallengang in seinem ganzen Verlauf. Zuerst liegt es ihm nur auf seiner dem aufsteigenden Darmschenkel zugewendeten Seite an, etwas weiter kaudalwärts umhüllt es ihn dann vollständig, so daß der Gang ganz in die Drüsenmasse eingeschlossen ist. Wenn der Gallengang in den Darm einmündet, setzt sich das Organ zwischen Magen und Darm noch weiter fort bis zur Magendarmgrenze. Der Ductus pancreaticus, der Bauchspeichelgang, mündet dicht neben dem Gallengang in den Darm ein. Innerhalb der Drüse verläuft er dicht neben dem Gallengang rostralwärts und gibt fortwährend Seitenzweige ab. Er wird ausgekleidet von einem einfachen, niedrig zylindrischen Epithel mit deutlichem Kutikularsaum. Auch er besitzt wie der Gallengang eine Muskularis aus zirkulär verlaufenden glatten Muskelfasern.

Das Pankreas des Hechtes ist eine zusammengesetzte, verzweigte alveoläre Drüse. Die Alveolen sind länglich und besitzen ein außerordentlich enges Lumen, das auch hier eine Auskleidung mit zentroazinären Zellen erkennen läßt. Die sezernierenden Zellen sind zylindrisch oder kegelförmig. Der Kern liegt basal in einer Zone verdichteten Protoplasmas, der ganze übrige Zelleib ist bis zum Lumen erfüllt mit groben Sekretkörnchen. Da sie sich mit Eisenhämatoxylin nur sehr schwach färben, so erscheint der größte Teil der Zelle hell, blaß gefärbt.

Ein Blick auf unsere Fig. 332, die dem mittleren Abschnitt des Pankreas entstammt, läßt uns innerhalb des Pankreasparenchyms mehrere Zellkomplexe, darunter einen größeren (*lai*), erkennen, die, scharf gegen das übrige Parenchym abgesetzt, sich von diesem durch Bau und Färbung gut abheben. Das sind die LANGERHANSschen Inseln. Sie nehmen rostralwärts an Zahl und Größe bedeutend zu, so daß sie das übrige Parenchym stark verdrängen, kaudalwärts werden sie kleiner und seltner. Die Inseln bestehen aus einem Netzwerk solider

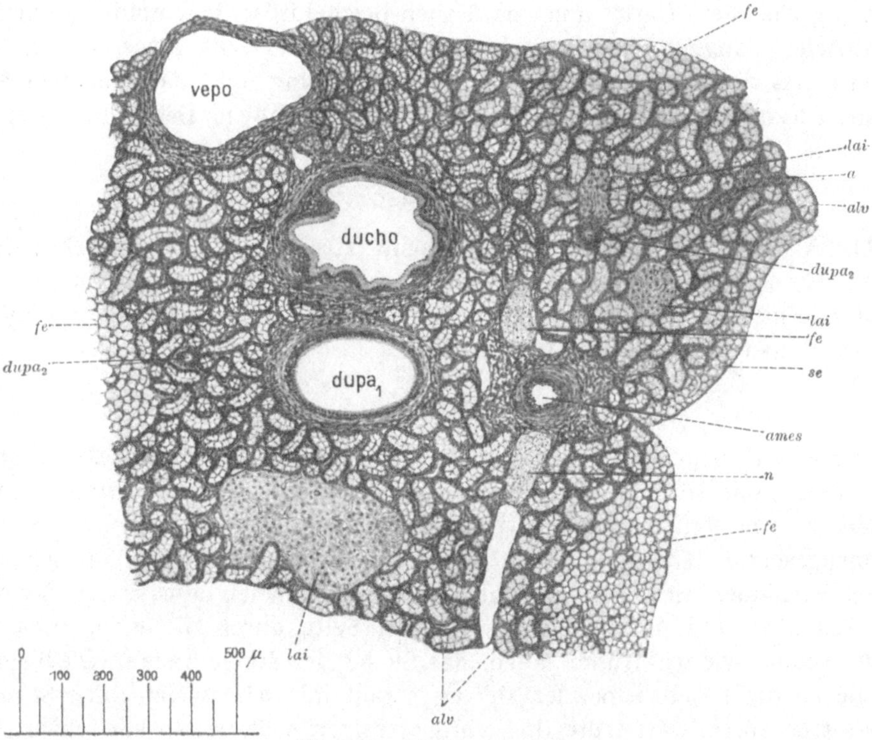


Fig. 332. Hecht. Pankreas.

*fe* Fettgewebe, *lai* LANGERHANSsche Inseln, *a* Arterie, *alv* Alveolen, *dupa₂* kleinere Ausführungsgänge, *se* Serosa, *ames* Darmarterie, *n* Nerv, *dupa₁* Ductus pancreaticus, *ducho* Ductus choledochus, *vepo* V. portae.

Zellbalken, zwischen denen außerordentlich zahlreiche Blutkapillaren verlaufen. Die Zellen zeigen die verschiedensten Formen, sie sind bald spindlig, bald polygonal. Von den sezernierenden Zellen der Alveolen unterscheiden sie sich ganz scharf dadurch, daß sie keine groben Sekretkörner besitzen. Ihr Protoplasma ist hell und licht und in wechselndem Grade von feinsten Körnchen durchsetzt. Färben wir mit Kresylviolett, so nehmen die dicken Sekretkörner der Alveolenzellen eine tiefblaue Farbe an, sie sind stark azidophil; die feinen Körnchen der Inselzellen dagegen erscheinen lichtrot, sie sind schwach basophil. Die ersteren färben sich mit Eisenhämatoxylin fast gar nicht, die letzteren recht intensiv. Die Kerne der Inselzellen sind ungefähr von gleicher Größe wie die der Alveolenzellen, aber viel lichter, chromatinärmer. Diese LANGERHANSschen Inseln, die wir als konstanten Bestandteil des Pankreas aller höheren Wirbeltiere kennengelernt haben, treten in der Wirbeltierreihe zum erstenmal bei den Knochenfischen auf, bei den Plagiostomen und Zyklostomen fehlen sie. Wahrscheinlich kommt ihnen eine große Bedeutung für den Kohlehydratstoffwechsel des Tierkörpers zu. Ihr Sekret wird durch den Blutstrom abgeführt, sie stellen also eine Drüse mit innerer Sekretion innerhalb des Pankreas dar, dessen Sekret ja durch den Bauchspeichelgang in den Darm gelangt.

Unser Schnitt zeigt außer dem Bauchspeichelgang (*dupa*$_1$) noch den Querschnitt des Gallengangs (*ducho*), ferner die Portalvene (*vepo*) und die Darmarterie (*ames*). Mit der letzteren zusammen verlaufen immer starke, marklose Nerven (*n*), für den Darm und die Bauchspeicheldrüse bestimmt. Zahlreiche sympathische Ganglienzellen finden sich in ihren Verlauf eingeschaltet. Die Peripherie des Schnittes wird gebildet von dem Bauchfell, das von dem Pankreasparenchym an den meisten Stellen durch erhebliche Fettmassen (*fe*) getrennt wird.

## 7. Die Atmungsorgane.

Als Atmungsorgane funktionieren beim Hecht die Kiemen, bestehend aus den auf den Kiemenbogen sitzenden Kiemenblättern. Dazu kommt noch die eine rudimentäre Kieme darstellende Pseudobranchie und die als hydrostatisches Organ wirkende Schwimmblase.

### a) Die Kiemen.

Wie alle Knochenfische besitzt der Hecht fünf Kiemenbogen, deren letzter jedoch rudimentär ist und keine Kiemenblätter trägt. Die vier ersten kiementragenden Bogen stellen schleifenartige aus je vier oder drei einzelnen Stücken zusammengesetzte Knochenspangen dar. Die Enden der dorsalen Schleifenschenkel verbinden sich mit den oberen Gaumenknochen, die Enden der ventralen Schenkel sind mit denen der anderen Seite durch die Kopularien verbunden, welche, wie wir früher sahen, das Skelet der Zunge bilden. Die Kiemenbogen liegen dicht nebeneinander, der erste ragt mit seinem ventralen Schenkel am weitesten rostralwärts, die drei übrigen setzen sich weiter kaudalwärts an. Sie sind mit Schleimhaut überzogen und bilden mit ihrem ventralen Schenkel in Verbindung mit der Zunge den Boden der Mundhöhle und des Pharynx.

Zwischen den Kiemenbogen liegen die fünf Kiemenspalten, welche vom Pharynx in den von dem Kiemendeckel bedeckten Kiemenvorraum führen. Der durch die knöchernen Operkularplatten und die vom Hyoid ausgehenden knöchernen Kiemenstrahlen gestützte Kiemendeckel wird von drei Muskeln, dem Levator, Adductor und Dilatator operculi, bewegt, so daß der zwischen seinem freien Rand und der Haut bleibende Kiemendeckelspalt für den Durchtritt des Wassers geöffnet und geschlossen werden kann. Der Wasserstrom geht also von der Mundhöhle durch die Kiemenspalten in den Kiemenvorraum und von hier durch den Kiemendeckelspalt nach außen.

Jeder Kiemenbogen ist auf seiner konvexen Fläche mit zwei Reihen von Kiemenblättern besetzt, die wie die Zinken eines zweireihigen Kammes alternierend nebeneinander stehen, so daß die Basen der äußeren Reihe zwischen denen der inneren Reihe liegen, während die freien Enden auseinander weichen.

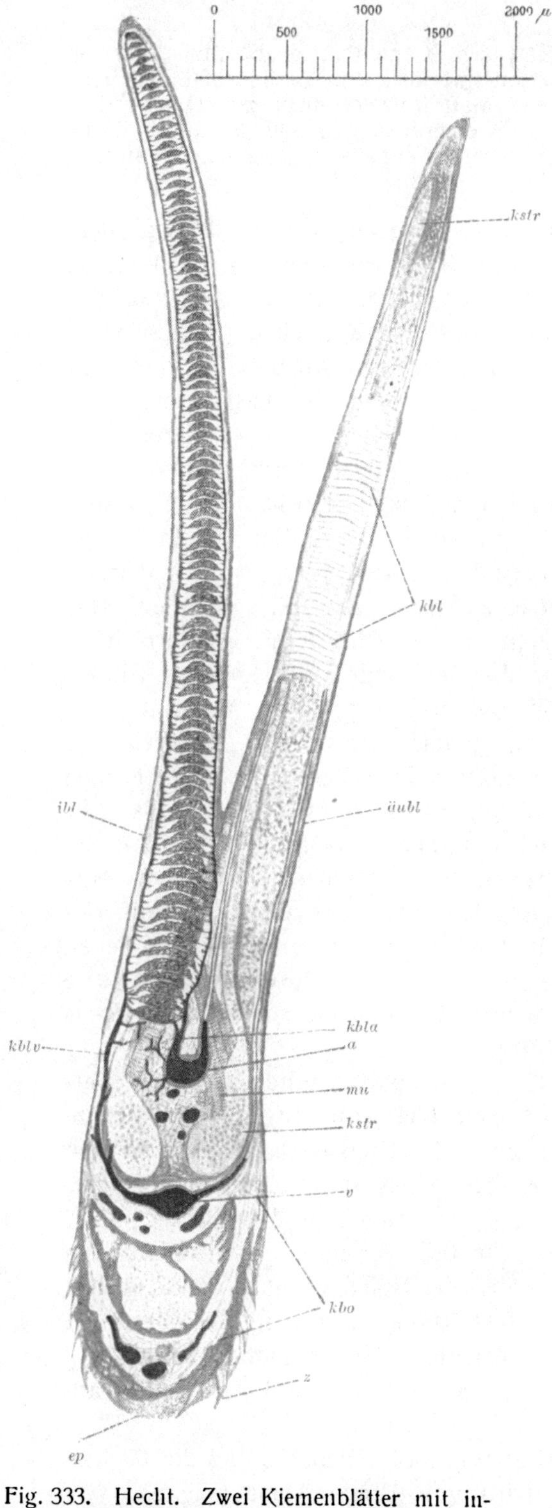


Fig. 333. Hecht. Zwei Kiemenblätter mit injizierten Blutgefäßen (am äußeren Blatt sind die Blutgefäße nicht eingezeichnet und die Kiemenblättchen zum Teil weggeschnitten).

*ibl* Inneres Kiemenblatt, *äubl* äußeres Kiemenblatt, *kbl* Kiemenblättchen, *kstr* knorpliger Kiemenstrahl, *kbla* Kiemenblattarterie, *kblv* Kiemenblattvene, *a* Kiemenbogenarterie, *v* Kiemenbogenvene, *mu* Muskulatur der Kiemenblätter, *kbo* Kiemenbogen, *ep* dessen Epithel, *z* Zähnchen des Kiemenbogens.

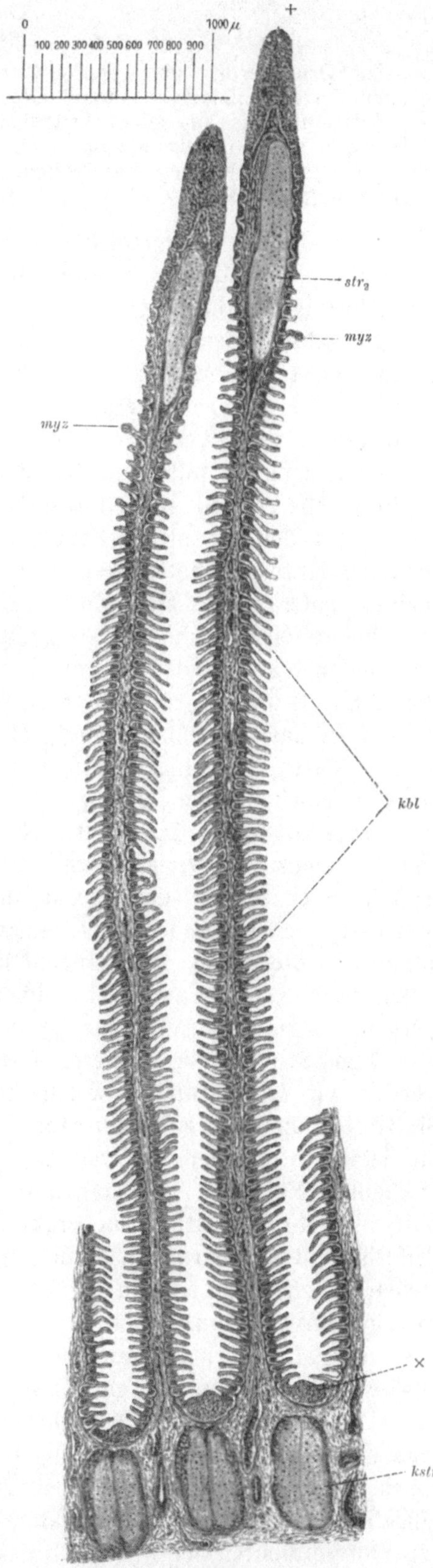


Fig. 334. Hecht. Kiemenblätter (Längsschnitt, parallel zum Kiemenbogen).

*$kstr_1$* Basis des knorpligen Kiemenstrahls, *$kstr_2$* dessen verdicktes Ende, *kbl* Kiemenblättchen, + Epithel der Kiemenblattspitze, × Epithel zwischen den Kiemenblättern, *myz* Myxosporidienzysten in den Kiemenblättchen.

Zur Orientierung über den gröberen Bau der Kiemenblätter benutzt man am zweckmäßigsten injizierte Kiemen. Die Injektion mit löslichem Berlinerblau läßt sich vom Arterienbulbus aus leicht bewerkstelligen. Man injiziere nicht zu stark, fixiere in Formalin und entkalke die ausgeschnittenen Kiemenbogen in Salpetersäure. Dicke Rasiermesserschnitte quer zum Kiemenbogen werden entwässert, aufgehellt und in Balsam eingeschlossen.

Fig. 333 stellt ein solches Präparat dar mit zwei Kiemenblättern, dem äußeren (*äubl*) und dem inneren Kiemenblatt (*ibl*). Es sind bis 1 cm lange, lanzettförmige Gebilde von schmal ovalem Querschnitt. Am Grunde erscheint der Querschnitt des auf seinem konkaven Rand mit Zähnchen (*z*) besetzten, knöchernen Kiemenbogens (*kbo*). In der rinnenförmigen Aushöhlung der konvexen Fläche liegen die verdickten Basen der knorpligen Kiemenstrahlen (*kstr*), die distalwärts sich verjüngend die Stütze eines jeden Kiemenblattes bilden. An jedem Kiemenblatt unterscheiden wir eine vordere und eine hintere Fläche, die in einer äußeren und inneren Kante zusammenstoßen. Die beiden Flächen sind besetzt mit den Kiemenblättchen (*kbl*), niedrigen Querfalten, die senkrecht zur Längsachse des Blattes stehen. Sie werden distalwärts niedriger und natürlich auch schmäler. Das distale Ende des Blattes ist meist ganz frei von ihnen. Der knorplige Kiemenstrahl (*kstr*) verläuft nicht in der Blattachse, sondern nahe der inneren Kante und erscheint an seinem distalen Ende leicht kolbig verdickt. Von der Innenfläche seiner Basis entspringt ein quergestreifter Muskel (*mu*), er tritt in das gegenüberliegende Blatt ein, so daß sich also die Muskeln der beiden Blattreihen eines jeden Bogens kreuzen. Zwischen den beiderseitigen Muskeln erscheint der Querschnitt der Kiemenbogenarterie (*a*). Sie gibt in jedes Blatt einen Zweig, die Kiemenblattarterie (*kbla*), die nach innen vom Kiemenstrahl verläuft und ein Ästchen in jedes Kiemenblättchen entsendet. Hier zerfällt dasselbe in ein Kapillarnetz, aus dem sich auf der Außenseite eine kleine Vene entwickelt. Sämtliche Kiemenblättchenvenen münden in die an der äußeren Blattkante entlang laufende Kiemenblattvene (*kblv*), welche wiederum in die in der Rinne des knöchernen Kiemenbogens gelegene Kiemenbogenvene (*v*) sich ergießt.

Zum Studium des feineren Baues der Kiemenblätter und -blättchen verwenden wir Längsschnitte, welche parallel zum Kiemenbogen geführt werden. Sie treffen die Kiemenblätter längs, die Kiemenblättchen dagegen quer, so daß die letzteren an den ersteren wie die Zinken eines doppelseitigen Kammes erscheinen (Fig. 334). Sie stehen sehr dicht nebeneinander und erreichen in der Mitte des Kiemenblattes eine größte Höhe von 0,2—0,3 mm. Je mehr wir uns der Blattspitze nähern, um so niedriger werden die Blättchen und um so weiter stehen sie auseinander. Da die Blattachse fast immer säbelartig gekrümmt ist, so trifft unser Schnitt auch nie den Kiemenstrahl in seiner ganzen Länge. In unserem Falle erscheint nur die verbreiterte Basis ($kstr_1$) und das kolbig angeschwollene Ende ($kstr_2$) getroffen.

Die Untersuchung mit starker Vergrößerung läßt erkennen, daß die Grundlage eines jeden Kiemenblattes gebildet wird von Bindegewebe (Fig. 335 *bg*), welches den knorpligen Kiemenstrahl umhüllt und in welches die Blutgefäße eingebettet sind. Es enthält zahlreiche sternförmige, anastomosierende Zellen ($z_1$) und verdichtet sich unterhalb des Epithels zu einer mehr homogenen Basalmembran ($bame_1$). Die letztere setzt sich auch in die Kiemenblättchen fort (*bame*$_2$) und führt hier große, platte Zellen mit scheibenförmigem Kern ($z_2$). Zwischen den beiden, in der freien Kante ineinander übergehenden Basalmembranen eines jeden Kiemenblättchens liegt der im Mittel nur 10 $\mu$ breite Kapillarraum. Er wird durch besondere kubische Stützzellen (*stz*) klaffend erhalten. In ihn treten die Arterienzweige ein und aus ihm entwickeln sich die abführenden Venen.

Behandelt man die Schnitte nach der WEIGERTschen Resorzinfuchsinmethode, so zeigt es sich, daß echtes elastisches Gewebe nur in der Wand der Kiemenblattarterie vorkommt. Das Bindegewebe ist ganz frei von ihm, jedoch nimmt die Basalmembran einen tiefblauen Farbenton an, nähert sich also darin dem elastischen Gewebe. Der Grund für dieses Verhalten darf wohl in der starken Verdichtung des Bindegewebes gesucht werden.

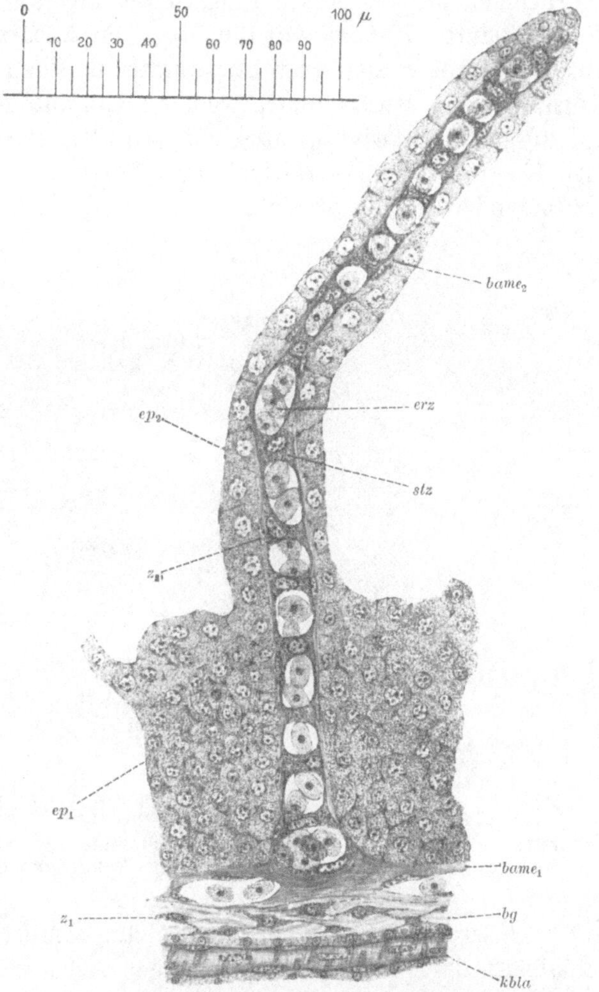


Fig. 335. Hecht. Kiemenblättchen (Längsschnitt durch ein Kiemenblatt, parallel zum Kiemenbogen). *bame*$_2$ Basalmembran des Kiemenblättchens, *erz* Erythrozyten im Kapillarraum, *stz* Stützzellen des letzteren, $z_2$ Zellen der Basalmembran, *ep*$_2$ respiratorisches Epithel des Kiemenblättchens, *ep*$_1$ Epithel des Kiemenblattes, *bame*$_1$ Basalmembran des letzteren, *bg* Bindegewebe des Kiemenblattes, $z_1$ dessen Zellen, *kbla* Kiemenblattarterie.

Der Basalmembran liegt im Kiemenblättchen nach außen das respiratorische Epithel (*ep*$_2$) auf, eine einfache Lage kubischer Zellen mit hellem, chromatinarmem, bläschenförmigem Kern, körnigem Protoplasma und sehr schön hervortretenden Schlußleisten. Zwischen den Kiemenblättchen, also auf der Basalmembran des Kiemenblattes liegen die Epithelzellen (*ep*$_1$) in vielen Schichten übereinander. Zwischen den Kiemenblättern, also auf den Kiemenbogen bildet das Epithel dicke vielschichtige Polster (Fig. 334 ×). Hier treffen wir ebenso wie an der Spitze eines jeden Kiemenblattes (Fig. 334 +) zwischen den kubischen Epithelzellen auch Becherzellen.

Zwischen den Kiemenblättchen wird man niemals ektoparasitische Schmarotzer vermissen, vor allem das zu den Peritrichen gehörige Infusorium Cyclochaeta. Nicht selten begegnen wir auch den schon makroskopisch durch ihre weißliche Farbe auffallenden Zysten der Myxosporidien (Fig. 334 *myz*).

## b) Die Pseudobranchie.

Die Pseudobranchie liegt an der Schädelbasis und zwar an der Übergangsstelle der Mundhöhle in den Pharynx. Um ihrer ansichtig zu werden, spalte man die sie deckende Mundhöhlenschleimhaut in der Mittellinie und präpariere sie beiderseits ab. Dann tritt das Organ als ein paariges längliches Körperchen hervor, dessen Längsachse ungefähr im Winkel von 45° zur Mittellinie verläuft. Kaudal von ihm liegt die Ansatzstelle des ersten Kiemenbogens, rostral schiebt es sich noch etwas unter den kaudalen Rand des queren Gaumenmuskels. Aus seiner bindegewebigen Umhüllung herauspräpariert zeigt es sich als aus vielfach winklig abgeknickten Blättern zusammengesetzt, welche einen den Kiemenblättern vergleichbaren Bau besitzen. Wie diese sind sie mit querverlaufenden Falten besetzt.

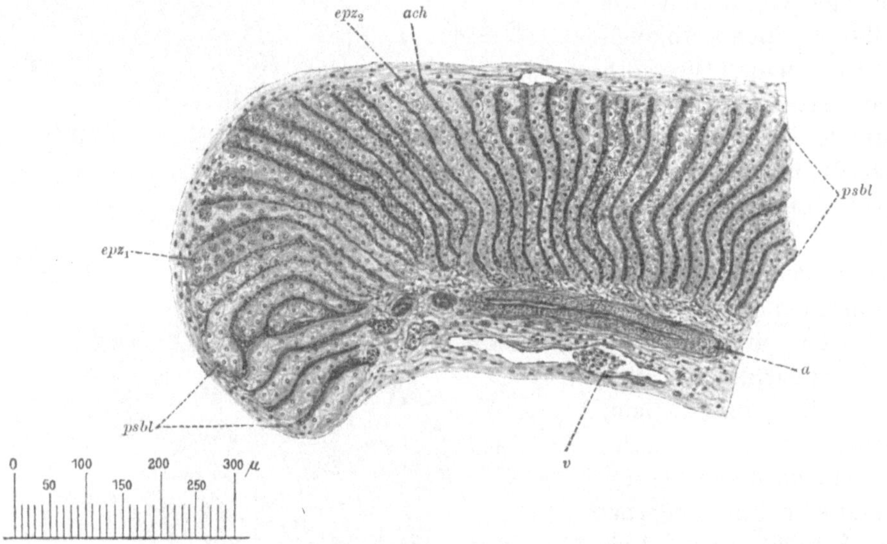


Fig. 336. Hecht. Pseudobranchialblatt.

*a* Arterie, *v* Vene, *psbl* Pseudobranchialblättchen, *epz*$_1$ körnerhaltige Epithelzellen, *epz*$_2$ körnerfreie Epithelzellen, *ach* Achse eines Pseudobranchialblättchens mit Kapillarnetz.

Unsere Fig. 336 stellt einen Längsschnitt durch ein solches Pseudobranchialblatt dar. In der bindegewebigen Achse desselben verläuft eine Arterie (*a*) und eine Vene (*v*). Sie schicken ihre Zweige in die außerordentlich eng aneinander gedrängten Pseudobranchialblättchen (*psbl*). Jedes derselben hat wie die Kiemenblättchen in seiner Achse ein dichtes Netz von Blutkapillaren, welches von der Arterie aus gespeist wird und in die Vene abfließt. Auf dem Kapillarnetz liegt zunächst eine Basalmembran und dann das Epithel. Das letztere ist durchaus einschichtig und besteht aus kubischen Zellen, die an verschiedenen Stellen verschiedenes Aussehen darbieten. Der proximale Teil der Zelle enthält immer ein dichtes dunkles, der distale kuppenförmige Teil dagegen ein helles weitmaschiges Protoplasma. Die Maschen sind entweder leer oder mit zahlreichen, stark azidophilen Körnchen erfüllt. Der große, helle, bläschenförmige Kern der Epithelzellen enthält stets einen dicken Nukleolus und liegt meist auf der Grenze zwischen heller und dunkler Zone.

Eine respiratorische Funktion kann die Pseudobranchie nicht haben, da sie schon arterialisiertes Blut aus dem Circulus cephalicus erhält, dagegen spricht der Bau ihrer Epithelzellen für eine sekretorische Funktion des Organs.

### c) Die Schwimmblase.

Die Schwimmblase ist das hydrostatische Organ des Fischkörpers. Sie soll das Steigen und Sinken im Wasser erleichtern. Bekanntlich fehlt sie vielen Knochenfischen, vor allem den meisten Grundfischen, und bietet da, wo sie vorhanden ist, mannigfache Variationen. Als Divertikel des Schlundes bleibt sie bei den Physostomen durch einen Ductus pneumaticus in dauernd offener Verbindung mit jenem, während sich bei den Physoklisten diese Verbindung im Laufe der Entwicklung wieder verliert.

Beim Hecht stellt die Schwimmblase einen langen, zylindrischen Sack dar, erstreckt sich durch die ganze Bauchhöhle bis zum After und öffnet sich rostralwärts durch den Ductus pneumaticus, den Schwimmblasengang, in die Dorsalwand des Schlundes. Sie liegt retroperitoneal. Dorsalwärts bedeckt sie die Nieren, auf ihrer Ventralfläche ruhen die Geschlechtsorgane, der Darm, die Leber und die Milz.

Zur Anfertigung von Schnitten steckt man größere Stücke des lospräparierten Organs auf Wachsplatten auf und fixiert in BOUINscher Flüssigkeit. Die Blutgefäße der Schwimmblase lassen sich leicht vom Arterienbulbus aus mit Berlinerblau füllen.

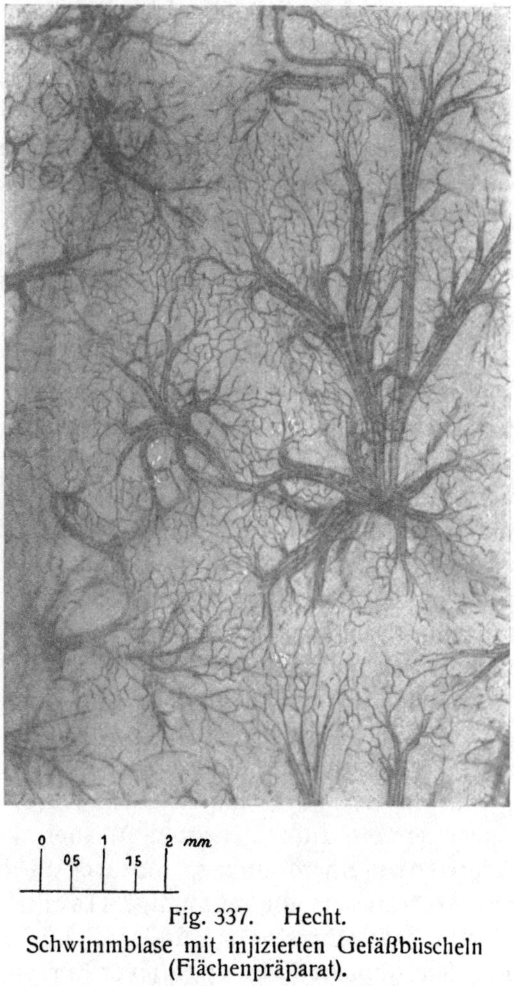

Fig. 337. Hecht.
Schwimmblase mit injizierten Gefäßbüscheln (Flächenpräparat).

Die Schwimmblase ist ausgekleidet mit einer einfachen Schicht ganz platter Epithelzellen, welche ihrer geringen Dicke wegen sehr leicht der Beobachtung entgehen.

Von ihrer Existenz kann man sich sehr leicht durch Versilberung der Präparate überzeugen. Ein Stück der frischen Blasenwand wird mit der Innenfläche nach oben auf eine Wachsplatte aufgespannt und einige Sekunden lang mit 1%iger Höllensteinlösung berieselt. Wird das in destilliertem Wasser abgespülte Präparat dann kurze Zeit direktem Sonnenlicht ausgesetzt, so treten die Kittlinien des Epithels als ein zierliches Netzwerk hervor. Die Zellen sind ziemlich regelmäßige fünf- oder sechseckige Plättchen mit ganz plattem, rundem Kern.

Das Epithel sitzt auf einer fast homogen erscheinenden, bindegewebigen, zellhaltigen Propria. Nach außen folgt eine lockere bindegewebige Submukosa, welche die Blutgefäßausbreitung enthält. Den weitaus größten Teil der Wand aber macht die folgende Schicht aus. Sie erreicht bei mittelgroßen Exemplaren eine Dicke von 200—300 $\mu$ und imponiert bei oberflächlicher Betrachtung als Muskularis. In ihrer Substanz wechseln dicke zirkuläre und längsverlaufende Faserbündel miteinander ab, die sich mit Pikrofuchsin leuchtend rot färben. Wir haben es also mit einer rein bindegewebigen Membran zu tun, muskuläre Elemente enthält die Schwimmblase des Hechtes überhaupt nicht. Nach außen ist diese Tunica externa, wie man sie auch genannt hat, umgeben von einer lockeren bindegewebigen Adventitia.

Interessant ist noch das Verhalten der Blutgefäße. Zur Untersuchung breiten wir ein Stückchen der injizierten Blasenwand flach auf dem Objektträger aus und schließen in Lävulose ein. Schon makroskopisch fällt die exquisit wirtelförmige Ausbreitung auf. Die Gefäße bilden zunächst einen weitmaschigen Plexus in der Tunica externa. Von ihm aus durchsetzen dicke Stämme in schrägem Verlauf die Submukosa und zerfallen in mehrere nach allen Seiten auseinanderfahrende Äste. Jeder Ast teilt sich in mehrere parallel und dicht nebeneinander verlaufende Zweige, die durch zahlreiche Queranastomosen miteinander verbunden sind. Nach längerem oder kürzerem Verlauf löst sich dann das Bündel in seine Zweige auf, wie ein auf den Boden fest aufgedrückter Reiserbesen. Die feinsten Zweige liefern schließlich das direkt unter dem Epithel gelegene Kapillarnetz (Fig. 337).

## 8. Die Harnorgane.

Die Nieren des Hechtes, Urnieren wie die des Frosches, kommen zum Vorschein, wenn die Schwimmblase in ihrer ganzen Länge entfernt wird. Dorsalwärts liegen sie der Wirbelsäule an, ventralwärts werden sie von der Schwimmblase bedeckt. Sie beginnen in der Höhe des zweiten Wirbels als hufeisenförmige, die Wirbelsäule überquerende Masse. Diesen ersten, rostralsten Abschnitt bezeichnen wir als Kopfniere, er reicht bis zum sechsten Wirbel und geht hier über in die Bauchniere, die in Form zweier flacher Streifen beiderseits der Mittellinie herabzieht. Kaudalwärts verdicken sich die Streifen allmählich, nähern sich und verschmelzen zu der unpaaren Schwanzniere, die sich langsam verschmälernd und verdickend kurz vor dem After endet.

Als Harnleiter dient der Wolffsche Gang, der Urnierengang. Er ist in seiner ganzen Länge in die Nierensubstanz eingebettet und verläuft ungefähr in der Mitte einer jeden Niere, dicht an ihrer Ventralfläche. Rostral reicht er bis zum siebenten Wirbel, kaudalwärts vereinigen sich die beiden Ureteren zu einem kurzen, unpaaren Stück. Von der Vereinigungsstelle erstreckt sich rostralwärts die geräumige Harnblase, die auf der linken Seite zwischen Hoden bzw. Eierstock, Enddarm und Schwimmblase liegt. Sie vereinigt sich mit dem unpaaren Ureter zu einer kurzen, in der kaudalen Wand der Geschlechtsöffnung mündenden Harnröhre.

Die Arterien der Kopfniere stammen aus der ihre Substanz durchbohrenden A. coeliaca, die der Bauch- und Schwanzniere aus der in der Mittellinie zwischen beiden Nieren verlaufenden Aorta. Die Arterien sind kurz und eng und speisen die Glomeruli. Das Nierenblut wird abgeführt durch die zu beiden Seiten der Aorta gelegenen Kardinalvenen. Die rechte ist immer stärker als die linke und bildet die Fortsetzung der Kaudalvene.

Wenn wir uns über den Bau der Niere durch Betrachtung von Quer- und Längsschnitten zu orientieren versuchen, so begegnen wir großen Schwierigkeiten. Das die Harnkanälchen trennende Zwischengewebe ist nämlich außerordentlich dicht und zellreich und enthält außerdem so viel Pigment, daß dicke Schnitte, die zur Verfolgung der Harnkanälchen über größere Strecken ja unumgänglich nötig sind, nicht mehr hinreichend durchsichtig werden. Wir müssen deshalb unsere Zuflucht zur Injektion der Kanälchen nehmen. Dieselbe ist nicht ganz leicht auszuführen, gelingt jedoch bei einiger Geschicklichkeit meistens und liefert außerordentlich klare Bilder. Dem durch Dekapitation getöteten Tier wird der Bauch in der Mittellinie eröffnet und beide Seitenflächen bis zur Seitenlinie abgetragen. Man schneidet den Enddarm kurz vor dem After ab, ebenso die Geschlechtsdrüsen und löst nun vorsichtig die Schwimmblase zunächst seitlich, dann kaudal los unter Schonung der Harnblase. Die ganzen Eingeweide werden dann rostralwärts fortschreitend herausgenommen, so daß nun die

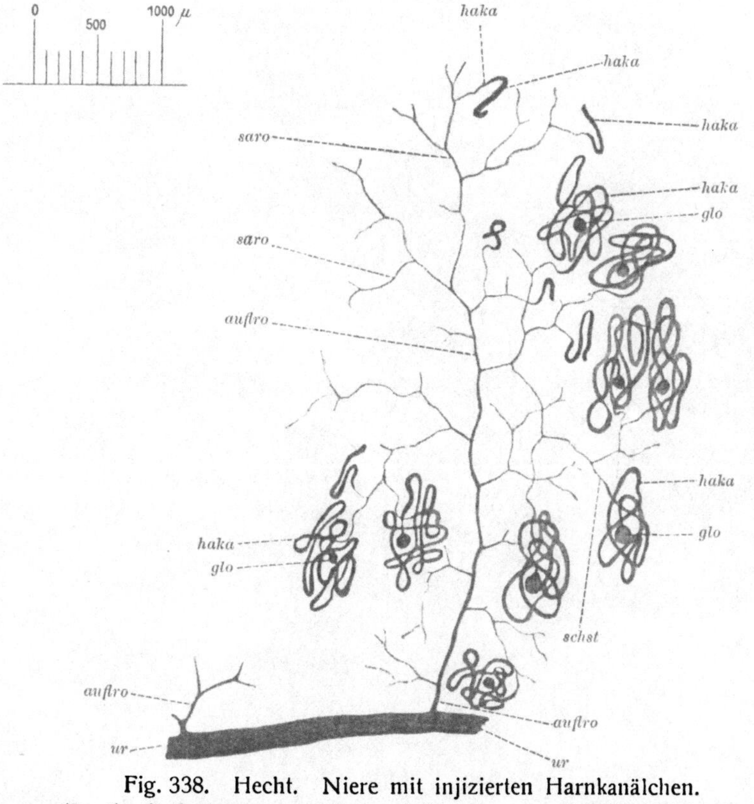


Fig. 338. Hecht. Niere mit injizierten Harnkanälchen.
*ur* Ureter, *auflro* Ausflußröhren, *saro* Sammelröhren, *schst* Schaltstücke, *haka* Konvolute der Harnkanälchen, *glo* Malpighische Körperchen.

Nieren in ihrer ganzen Ausdehnung freiliegen. Das dabei zum Vorschein kommende unpaare Endstück der Ureteren wird geschlitzt und von ihm aus die Injektion vorgenommen. Man bedient sich dazu eines ungefähr 5 mm weiten, nicht zu dünnwandigen Glasrohrs. Das eine Ende wird unter stumpfem Winkel kapillar ausgezogen und die nicht zu kurze Spitze an einer kleinen Gasflamme geglättet. Das andere Ende des Rohres trägt einen passenden Gummischlauch mit Mundstück. Man saugt dann die sorgfältig filtrierte Berlinerblaulösung in das Glasrohr ein, führt die Spitze in den Ureterschlitz und bläst die Lösung in das Organ ein. Sehr bald füllt sich der Ureter der betreffenden Seite und die Masse dringt in Form zierlicher Bäumchen in das Parenchym ein. Nach beendeter Injektion wird das ganze Präparat in 10$^0/_0$iges Formalin verbracht. Am nächsten Tag kann man dann die ganze Niere herauslösen, entwässern und in Xylol aufhellen. Die schönsten Bilder geben die mittleren Partien der Bauchniere, wo das Organ am dünnsten ist. Quer abgetrennte Stücke werden eventuell noch mit dem Rasiermesser verdünnt und in toto in Kanadabalsam eingeschlossen.

Ein solches Präparat (Fig. 338) zeigt nun, wie von dem dicken, längs verlaufenden Ureter (*ur*) beiderseits unter rechtem oder spitzem Winkel die Ausflußröhren (*auflro*) in verschiedenem Abstand abgehen. Sie dringen unter allmählicher Verjüngung bis zur Nierenperipherie, geben dabei zahlreiche seitliche Sammelröhren (*saro*) ab und lösen sich schließlich selbst in solche auf. Die Sammelröhren teilen sich noch mehrfach und gehen durch ein kurzes, enges Schaltstück (*schst*) in je ein Harnkanälchen (*haka*) über. Jedes Harn-

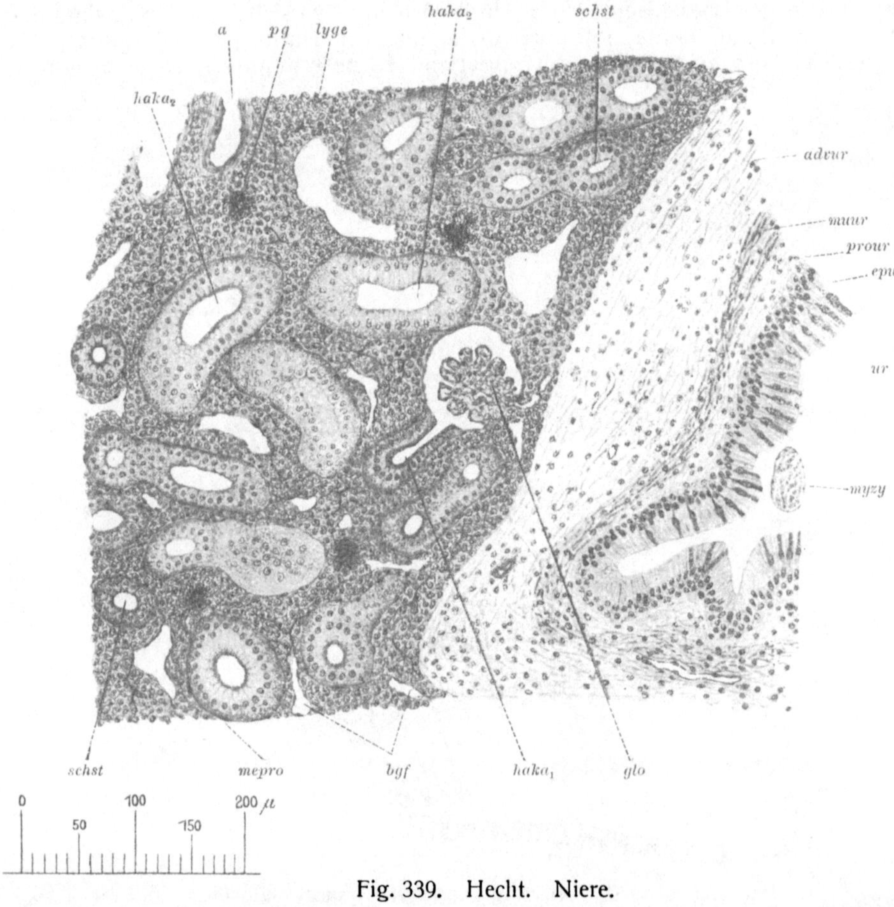


Fig. 339. Hecht. Niere.

*ur* Ureter, *epur* Ureterepithel, *prour* Propria des Ureters, *muur* Muskularis des Ureters, *advur* Adventitia des Ureters, *glo* Glomerulus des Malpighischen Körperchens, $haka_1$ Anfangsstück des Harnkanälchens, $haka_2$ Harnkanälchen des Konvoluts, *mepro* dessen Membrana propria, *schst* Schaltstücke, *lyge* lymphoides Gewebe, *pg* Pigment, *a* Arterie, *bgf* Blutkapillaren, *myzy* Myxosporidienzyste im Lumen des Ureters.

kanälchen legt sich in zahlreiche dicht nebeneinander laufende Schlingen, es bildet ein Konvolut, in dem immer ein MALPIGHIsches Körperchen (*glo*) verborgen ist. In ihm endet das Kanälchen bzw. von ihm nimmt es seinen Ausgang. Das Lumen des Harnkanälchens ist immer beträchtlich weiter, als das des Sammelrohres und seiner Zweige. Bei seinem Übergang in das MALPIGHIsche Körperchen zeigt es wieder eine halsartige Einschnürung.

Zur Untersuchung des feineren Baues des Nierenparenchyms fixiert man kleinere Stücke aus den verschiedenen Abschnitten des Organs in CARNOYscher oder BOUINscher Flüssigkeit.

Unsere Fig. 339 stellt ein Stück eines Nierenquerschnittes dar. Rechts ist der Ureter (*ur*) getroffen, ausgekleidet von einem geschichteten Zylinderepithel (*epur*). Unter den Zylinderzellen haben wir zwei Formen zu unterscheiden. Die große Masse der Zellen ist lang und schmal mit basal gelegenem Kern und hellem Protoplasma. Zwischen ihnen liegen zahlreiche dunkle Zellen, die proximalwärts fein ausgezogen sind. Der Kern liegt in der Zellmitte innerhalb einer bauchigen Erweiterung des Zellkörpers. Der etwas verschmälerte distale Teil der Zelle ist bis zum Lumen erfüllt mit feinen, stark azidophilen Körnchen. Zwischen diesen Körnchenzellen und den gewöhnlichen Zylinderzellen finden sich alle möglichen Übergangsformen. Proximalwärts folgt auf die Zylinderzellen eine einfache Lage kubischer Zellen. Das Epithel sitzt auf einer bindegewebigen Propria (*prour*), auf die nach außen eine aus zirkulär verlaufenden glatten Muskelfasern aufgebaute Muskularis (*muur*) folgt. Außerordentlich stark tritt dann noch die lockere bindegewebige Adventitia (*advur*) des Ureters hervor.

Weiter nach links erscheint ein MALPIGHIsches Körperchen (*glo*) mit seinem Gefäßknäuel. Von rechts her treten in es die Blutgefäße ein, links tritt aus ihm das Harnkanälchen (*haka*$_1$) hervor. Das Körperchen ist umgeben von einer sehr dünnen Kapsel und ist ausgekleidet mit platten Zellen, die auch die Schlingen des Gefäßknäuels überziehen. Die platten Epithelzellen gehen unvermittelt über in das kubische Epithel des Harnkanälchens. Um das Körperchen herum erscheinen die quer oder schräg getroffenen Schlingen des Konvoluts (*haka*$_2$). Hier ist das Lumen des Harnkanälchens wesentlich weiter, als im Anfangsstück (*haka*$_1$). Der proximale Teil der auskleidenden Zellen ist dunkel und läßt bei starker Vergrößerung eine radiäre Streifung erkennen, die HEIDENHAINschen Stäbchen. Der größere, distale Zellabschnitt erscheint hell und ist erfüllt von blassen, feinen Körnchen. Der Kern liegt auf der Grenze beider Abschnitte. Auf der freien Fläche trägt jede Zelle einen Saum feiner Stäbchen von wechselnder Höhe, den Bürstensaum. Umhüllt wird das Kanälchen von einer zelligen Membrana propria (*mepro*).

Dem engen Schaltstück (*schst*) fehlen der Bürstensaum und die Stäbchen. Die in unserer Figur nicht dargestellten Sammelröhren haben zunächst den gleichen Bau wie die Schaltstücke. In den größeren Sammelröhren treten die beim Ureter beschriebenen Körnerzellen auf. In den Ausflußröhren wird das Epithel geschichtet und es zeigen sich die ersten Ansätze zur Bildung einer Muskularis.

Zwischen den Harnkanälchen finden wir dann allerorts in der Niere ein außerordentlich zellreiches Gewebe, das gewöhnlich als lymphoides Gewebe (*lyge*) bezeichnet wird. Sein Gerüstwerk wird gebildet von weitverzweigten, anastomosierenden Zellen, welche besonders klar bei Biondifärbung hervortreten. Sie umspinnen die zahlreichen Blutkapillaren und bilden einen wesentlichen Bestandteil der Venenwand. Die Maschen des Netzwerks sind vollgepfropft mit kleinen Zellen, die ganz den Charakter von Lymphzellen besitzen.

Das lymphoide Gewebe ist in der Schwanzniere am spärlichsten und nimmt rostralwärts immer mehr zu. Es drängt dabei die Harnkanälchen weiter auseinander, so daß die Niere rostralwärts immer mehr an ihren sekretorischen Elementen verödet. In der Höhe des fünften oder sechsten Wirbels verschwinden schließlich die Harnkanälchen vollständig, die Kopfniere enthält sie nicht mehr. Über ihren Bau soll später gehandelt werden.

Im lymphoiden Gewebe der Niere finden sich schließlich allenthalben noch größere Pigmentmassen (*pg*).

Die sehr dünnwandige Harnblase ist ausgekleidet von einem niedrigen, zweischichtigen kubischen Epithel. Auf die dünne, bindegewebige Propria folgen nach außen noch spärliche glatte Muskelfasern und eine bindegewebige Adventitia.

## 9. Die Interrenalorgane und die Adrenalorgane.

Als Interrenalorgane werden bei den Teleostiern gewöhnlich die sog. Stanniusschen Körperchen aufgefaßt. Sie liegen beim Hecht in die Ventralfläche der Nieren eingebettet und sind im frischen Zustand nur schwer sichtbar, treten jedoch nach Fixation in Formalin-Bichromat sehr scharf hervor. Es sind hirsekorn- bis kleinerbsengroße Knötchen, welche sich durch ihre grauweiße Farbe gut von der dunklen Nierensubstanz abheben. Ihr Sitz ist immer nur die Bauchniere, in der Kopf- und Schwanzniere fehlen sie. Ihre Zahl ist wechselnd.

Ein Schnitt zeigt uns, daß das Körperchen durch eine kräftige Bindegewebskapsel allseitig gegen das Nierenparenchym abgeschlossen ist. Die Kapsel schickt in das Innere des Körperchens zahlreiche miteinander anastomosierende Septen, in deren Maschen das Parenchym gelegen ist. Es besteht aus kleinen, länglichen Zellen mit rundlichem Kern. Die Zellen füllen die Maschen nicht völlig aus. Sie sitzen mit ihren Schmalseiten den Septen epithelartig, aber nur locker gereiht auf und ragen frei in das Innere der Maschen, so daß eine Art von unregelmäßig begrenztem Lumen zustande kommt. Irgendwelche charakteristische Eigenschaften besitzen die Zellen nicht.

Wie gesagt, finden sich diese Stanniusschen Körperchen nur in der Bauchniere. Untersuchen wir nun die Kopfniere auf Schnitten, so besteht ihre Hauptmasse aus lymphoidem Gewebe, das sich von dem der Bauch- und Schwanzniere aber in mancher Hinsicht unterscheidet. Einmal ist es außerordentlich reich vaskularisiert und dann zeigen die Zellen eine nicht immer sehr deutliche, aber doch unverkennbare Zusammenlagerung zu netzförmig miteinander verbundenen Strängen.

In diesem mit Eisenhämatoxylin außerordentlich dunkel gefärbten Gewebe treten nun zahlreiche größere und kleinere Inseln von heller Färbung auf. Sie setzen sich gegen das lymphoide Gewebe ganz scharf ab, besitzen jedoch keine bindegewebige Kapsel, wie die Stanniusschen Körperchen. Diese Inseln zeigen nun die netzförmige Anordnung der Zellbalken außerordentlich deutlich und an vielen Stellen läßt sich der Übergang ihrer Balken in die des lymphoiden Gewebes konstatieren. Die Netzmaschen werden ausgefüllt durch weite Blutkapillaren. Die Zellbalken der Inseln bestehen aus ziemlich großen, dicht aneinander gereihten, prismatischen Zellen mit kugligem Kern. Der Zellkörper erscheint dicht und fein granuliert. Behandeln wir Gefrierschnitte von Formalinmaterial nachträglich mit Osmiumsäure, so bräunen sich die Zellen der Inseln stark, während die Zellen des lymphoiden Gewebes hell bleiben. Distinkte Lipoidkörnchen, wie die Interrenalzellen von Torpedo, enthalten sie jedoch nicht.

Können wir somit diese Inseln der Kopfniere mit einiger Sicherheit als Interrenalgewebe ansprechen, so fällt die Untersuchung auf Adrenalgewebe beim Hecht völlig negativ aus. Es lassen sich auch in der Venenwand keine Zellen nachweisen, welche die für dieses Gewebe charakteristische Chromreaktion geben.

## 10. Die männlichen Geschlechtsorgane.

Die Hoden des Hechtes stellen zwei langgestreckte, spindlige Körper von dreieckigem Querschnitt dar, von denen je einer jederseits in der Bauchhöhle auf der Ventralfläche der Schwimmblase liegt. Jeder Hode beginnt mit fein ausgezogener Spitze unter der Leber, verdickt sich allmählich und läuft sich wieder verdünnend neben dem Enddarm zur Gegend des Afters hin. Hier vereinigen sich beide Hoden zu einem kurzen, unpaaren Stück, das in der hinter dem After gelegenen Geschlechtsöffnung mündet.

Auf dem Querschnitt ist das Organ dreieckig. Die dorsale Seite ist die breiteste, sie stößt mit der etwas kürzeren ventralen Seite in einem der lateralen Kante des Organs entsprechenden spitzen Winkel zusammen. Die mediale Seite ist die weitaus schmälste, sie bildet mit der dorsalen Seite einen spitzen Winkel, entsprechend der medialen Kante, mit der ventralen Seite einen stumpfen Winkel, entsprechend der ventralen Kante des Organs.

Der Hode wird in seiner ganzen Ausdehnung vom Bauchfell überzogen, das sich von der ventralen Schwimmblasenwand auf die mediale Kante überschlägt und dabei ein Aufhängeband des Hoden, ein Mesorchium, bildet. In dieser medialen Kante verlaufen die zum Hoden hinzutretenden Blutgefäße und in ihr liegt der Ausführungsgang des Hoden, der Ductus deferens, der während der Laichzeit als prall gefüllter Strang hervortritt, sonst aber mit unbewaffnetem Auge nur schwer zu erkennen ist.

Wir wählen zur Untersuchung ein Tier aus der zweiten Hälfte des Winters. Der Querschnitt durch das Organ zeigt uns dann zunächst außen eine vom Peritonealepithel bekleidete, dünne, bindegewebige Kapsel. Sie schickt Septen in das Innere, welche das Parenchym in eine Art Kavernensystem zerlegen. Es entstehen schmälere und breitere, sich vielfach teilende und konfluierende Hohlräume, prall gefüllt mit den noch nicht ganz ausgereiften Spermien. In den bindegewebigen Septen verlaufen die Blutgefäße. Die Kavernen sind ausgekleidet von einer einfachen Lage großer Zellen mit auffallend großem, hellem Kern. Es sind die Samenmutterzellen. Färben wir Schnitte von in CARNOYscher Flüssigkeit fixiertem Material mit Biondilösung, so erscheint ihr Protoplasma stark vakuolisiert. Der Kern enthält immer ein großes, leuchtend rotes Kernkörperchen und neben ihm tritt im Zellprotoplasma ein tiefroter, ovaler Körper auf, das Idiozom. Es enthält die Mitochondrien und die Zentralkörperchen. Untersuchen wir dagegen Material, das in FLEMMINGscher Flüssigkeit fixiert war, so sind die Zellen über und über beladen mit Fettröpfchen, welche die Plasmavakuolen ausfüllen.

Die Spermien des Hechtes sind nur 40—45 $\mu$ lang. Der 2 $\mu$ im Durchmesser haltende Kopf ist kuglig. Auf ihn folgt ein kurzes, breites Zwischenstück. Der in eine feine Spitze auslaufende Schwanz ist in seinem Hauptstück von einer schmalen Membran eingesäumt.

Nach der medialen Kante zu öffnen sich die Kavernen in einen Längskanal, den **Ductus deferens**. Sein Lumen besitzt zahlreiche Ausbuchtungen und ist ausgekleidet mit einem kubischen Epithel. Kaudalwärts erweitert sich der Gang und vereinigt sich mit dem der anderen Seite zu einem kurzen unpaaren Endstück, das in dem weiten, dicht hinter dem After gelegenen **Geschlechtsporus** nach außen mündet.

## 11. Die weiblichen Geschlechtsorgane.

Die weiblichen Geschlechtsdrüsen, die **Ovarien**, haben die gleiche Lage wie die Hoden. Sie stellen beim geschlechtsreifen Tier zwei langgestreckte,

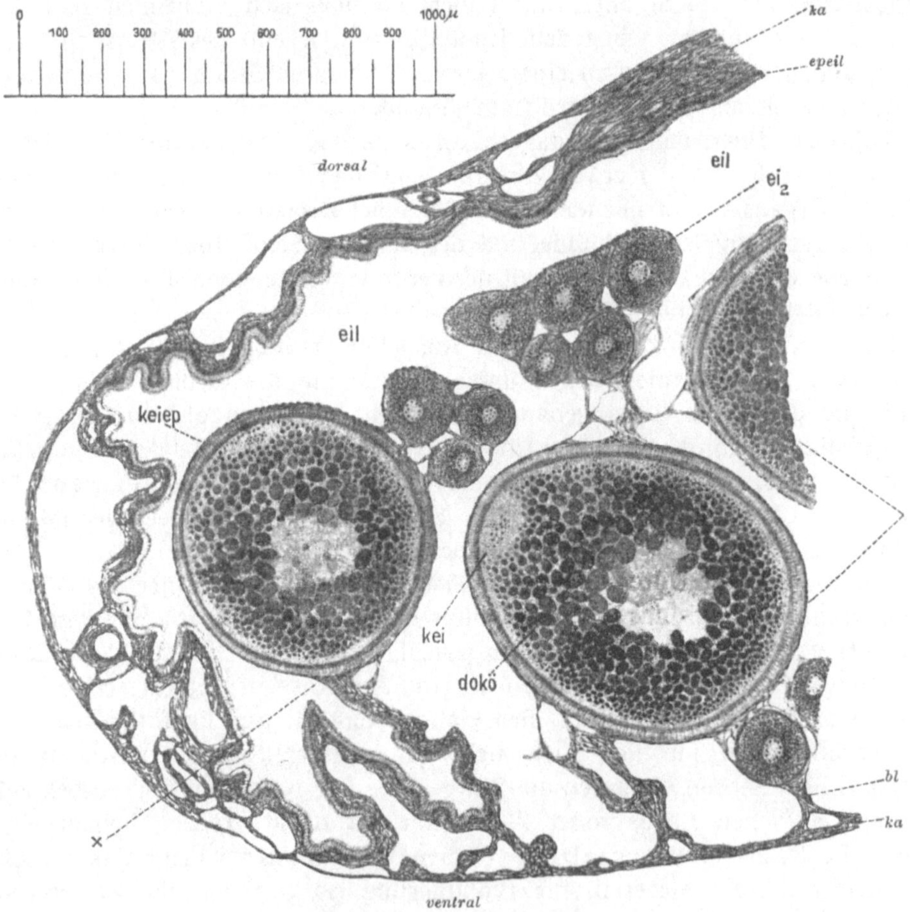


Fig. 340. Hecht. Eierstock.

*ka* Kapsel, *eil* Eileiter, *epeil* Epithel des letzteren, *keiep* Keimepithel, × Übergang des letzteren in das Eileiterepithel, *bl* bindegewebige Blätter des Eierstockstromas, $ei_1$ reife Eier mit Keimbläschen (*kei*) und Dotterkörnern (*dokö*), $ei_2$ junge Eier.

voluminöse Säcke dar. Lösen wir sie von der Schwimmblase ab, so erscheint der dorsale der Schwimmblase anliegende Teil des Sackes hohl. Er bildet den **Eileiter**, den **Ovidukt**. Schlitzen wir ihn der Länge nach, so wird die zum Eierstock umgewandelte ventrale Abteilung des Sackes freigelegt. Die Eier sind zu blätterigen Massen miteinander vereinigt, die an der Dorsalwand des Sackes festsitzen.

Unsere Abbildung (Fig. 340) stellt einen Schnitt durch den Eierstock des geschlechtsreifen Tieres aus dem Monat Februar dar und zwar ist die mediale Kante des Organs getroffen. Von der ventralen Wand erheben sich die bindegewebigen Blätter (*bl*), in welche die Eier eingeschlossen sind. Die reifen Eier ($ei_1$) liegen am meisten ventral, die unreifen Eier ($ei_2$) ragen zu Ballen vereinigt in die Eileiterhöhle (*eil*) hinein. Die letztere nimmt den dorsalen Teil des Schnittes ein und ist ausgekleidet von einer einfachen Schicht flimmernder Zylinderzellen (*epeil*). An der medialen und lateralen Kante schlägt sich dieses Epithel auf die Blätter des Eierstockstromas über (×) und bekleidet sie auf ihrer freien Fläche. Die Zellen verlieren dabei die Flimmern und werden niedrig kubisch. Sie bilden das Keimepithel (*keiep*), durch dessen Wucherung der Prozeß der Eibildung eingeleitet wird.

Die ältesten Eier, die wir in unserem Präparat antreffen ($ei_1$), haben einen Durchmesser von 1—1,5 mm und sind von kugliger oder ovoider Form. Das Ei wird äußerlich umgeben von der bindegewebigen Theka (Fig. 341 *th*). Dann folgt das einschichtige Follikelepithel (*foep*). Es sind das Zylinderzellen, welche proximalwärts in zahlreiche protoplasmatische Fäden auslaufen. Die Zellen schließen in der Mitte ihres Verlaufs nicht dicht aneinander, sondern sind durch breite Zwischenräume getrennt. Durch die letzteren spannen sich von Zelle zu Zelle plasmatische Verbindungsfäden. Der Kern liegt im distalen Zellende. Proximalwärts vom Follikelepithel wird dann der Eikörper umgeben von der bis 50 $\mu$ dicken Zona radiata (*zora*). Sie ist ein Ausscheidungsprodukt jenes Epithels und wird von dicht nebeneinander verlaufenden, geschlängelten Kanälchen durchsetzt, die der Membran ein charakteristisches radiärstreifiges Aussehen verleihen. Außerdem besitzt jedes Ei noch eine größere Öffnung in der Zona radiata, die Mikropyle, die an unsern feinen Schnitten durch die großen Eier natürlich nur verhältnismäßig selten zur Beobachtung kommt. Leichter ist sie bei Lupenvergrößerung als feine Delle an isolierten Reifeiern zu sehen.

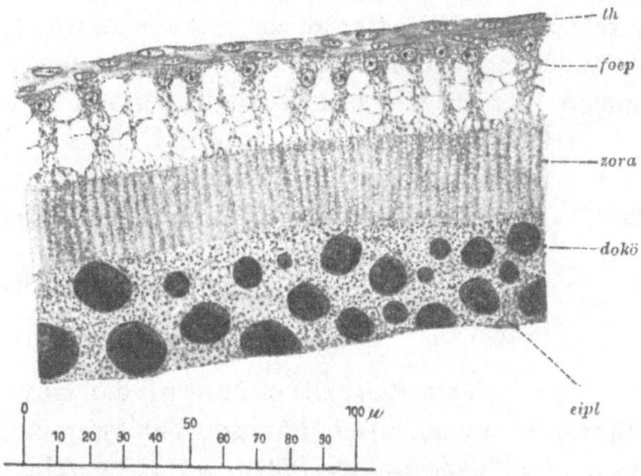


Fig. 341. Hecht. Eierstocksei.
*th* bindegewebige Theka, *foep* Follikelepithel, *zora* Zona radiata, *dokö* Dotterkörner, *eipl* Eiplasma.

Der Eikörper wird durchsetzt von Dotterkörnern (*dokö*), die sich mit Eisenhämatoxylin tief schwärzen und durch Biondilösung leuchtend orangerot gefärbt werden. An der Eiperipherie sind sie am kleinsten, weiter nach innen werden sie größer, sind von ovoider Form und erreichen einen Durchmesser von 100 $\mu$. In der Eimitte fließen sie zusammen und büßen damit ihre Färbbarkeit ein. Die äußerste Randschicht des Eikörpers ist ganz frei von Dotterkörnern. Hier liegt das Eiprotoplasma (*eipl*), das auch überall im Eiinnern zwischen den Dotterkörnern sich als fein granulierte Masse durchzieht.

Das Keimbläschen oder der Keim des Hechteies findet sich immer in reifen oder nahezu reifen Eiern ganz oberflächlich unter der Zona radiata (Fig. 340 *kei*). Es ist gegen das Ooplasma nicht abgegrenzt, stets frei von Dotterkörnern und zeigt eine feine Granulierung. Das Chromatin liegt in seinem Innern als ein Haufen feiner, durch Eisenhämatoxylin tief geschwärzter Körner. Sie färben sich mit Biondilösung rot oder blaurot, sind also oxyphil oder amphophil.

Die zu Haufen zusammengelegenen jungen Eier ($ei_2$) sind für die übernächste Laichperiode bestimmt. Ihnen fehlt die Zona radiata und das charakteristische Follikelepithel. Der außerordentlich dunkle, stark granulierte Eikörper enthält auch noch keine ausgebildeten Dotterkörner. In seinem Innern erscheint das helle, ungefähr zentral gelegene Keimbläschen, durch eine deutliche Kernmembran gegen den Eikörper abgegrenzt. Das Chromatin bildet in dem Keimbläschen einen dicht unter der Kernmembran gelegenen Kranz dunkler Körner.

Nach dem Ablaichen bleibt immer noch ein großer Teil reifer Eier im Ovarium zurück. In den Sommermonaten finden wir sie von großen Vakuolen durchsetzt. Die Dotterkörner sind verschwunden und die Eier machen regressive Veränderungen durch, die zu ihrer Auflösung führen, während gleichzeitig die jungen Eier für die nächste Laichperiode heranreifen.

Ganz wie beim Hoden die Ductus deferentes, so vereinigen sich auch beim weiblichen Tier die Ovidukte kaudalwärts zu einem unpaaren Endstück, welches im Geschlechtsporus hinter dem After nach außen mündet.

## 12. Die Zirkulationsorgane.

### a) Das Blut.

Die roten Blutkörperchen, die Erythrozyten des Hechtes sind von ellipsoider Form. Der Längsdurchmesser beträgt 12 $\mu$, der Querdurchmesser 7,5 $\mu$, die Dicke in der Mitte des Körperchens 5 $\mu$. Jedes Körperchen enthält einen zentral gelegenen, ellipsoiden Kern. Der Leib erscheint zumeist völlig homogen, seltner mehr oder weniger vakuolisiert. Er ist intensiv eosinophil, während der Kern stark basophil ist.

Unter den farblosen Körperchen überwiegen die kleinen Lymphozyten. Sie liegen immer in kleinen Haufen zusammen und haben einen Durchmesser von 5 $\mu$. Der ebenfalls kuglige Kern füllt fast die ganze Zelle aus und läßt nur einen schmalen, ungranulierten Protoplasmasaum übrig. Daneben finden sich in beschränkter Zahl größere, immer einzeln gelegene Formen von 10—12 $\mu$ Durchmesser. Unter ihnen lassen sich zwei Arten unterscheiden: große Lymphozyten mit großem kugligen Kern und schmalem ungranulierten Protoplasmasaum und mononukleäre Leukozyten mit kleinerem, exzentrisch gelegenem eingebuchfeten Kern und feinen Granulationen im Zellkörper, die sich bald als rein basophil, bald als neutrophil erweisen. Eosinophile Leukozyten enthält das Hechtblut nicht.

### b) Das Herz.

Das Herz besteht aus der ventral gelegenen mächtigen Kammer und der dorsal gelegenen und etwas weiter rostral reichenden Vorkammer. Beide stehen durch das mit Klappen versehene Ostium atrioventriculare in Kommunikation. Wie bei allen Kiemenatmern führt auch das Hechtherz ausschließlich venöses Blut. Der wesentlichste Unterschied gegenüber dem Herzen des Zitterrochens besteht in der Reduktion des Conus arteriosus. Er ist auf einen schmalen, nur eine einzige Klappenreihe tragenden Ring beschränkt und setzt sich rostralwärts in den mächtigen, klappenlosen Bulbus arteriosus fort, aus dem sich der Truncus arteriosus entwickelt.

Zur Untersuchung wählen wir am besten sagittale, Kammer und Vorkammer gleichzeitig treffende Schnitte. Um das Zusammenfallen der letzteren zu verhindern, wird bei dem in Ätherwasser betäubten Tier der Sinus venosus und der Truncus arteriosus abgebunden und das herausgeschnittene Organ in Formalin oder Bouinscher Flüssigkeit fixiert. Zur Färbung der Schnitte dient Eisenhämatoxylin mit Nachfärbung in Pikrofuchsin und dann die Weigertsche Resorzinfuchsinfärbung, die man ebenfalls vorteilhaft mit einer Nachfärbung in Pikrofuchsin kombinieren kann. Die Behandlung des ganzen, in Formalin fixierten Herzens nach der Bielschowskymethode ergibt vorzügliche Bilder von der Muskelstruktur und der Bindegewebsverteilung.

Äußerlich wird das Herz umgeben vom Epikard. An der Ventralfläche der Kammer und am Vorhof nur sehr dünn, erreicht es an der Dorsalfläche der ersteren eine ganz beträchtliche Dicke und besteht aus einem retikulierten Gewebe mit spärlichen kollagenen und feinen elastischen Fasern. Außen liegt ihm das Epikardialepithel in einfacher Schicht auf. Die Zellen sind auf der Vorkammer und der Ventralfläche der Kammer ganz platt, auf der Dorsalfläche der letzteren werden sie hoch kubisch.

Das Myokard, die Muskelmasse des Herzens, bildet in der Kammer eine äußere kompakte Rindenschicht, in welcher zunächst die Muskelbündel längs, dann zirkulär verlaufen. Aus der Zirkulärschicht erheben sich nach innen zu die Muskelbalken und bilden sich verzweigend und anastomosierend ein den größten Teil der Ventrikelwand ausmachendes Netzwerk. Im Vorhof ist die kompakte Außenschicht nur ganz minimal, das Balkenwerk dagegen sehr stark, aber weitmaschiger als im Ventrikel.

Die Herzmuskulatur besteht aus quergestreiften, verzweigten Muskelfasern, welche sich zu einem Netzwerk verbinden. Die Myofibrillen füllen den ganzen Innenraum der Faser aus, die walzenförmigen Kerne liegen in der Faserachse und sind von geringen Sarkoplasmamassen umgeben. Jede Faser und jedes aus mehreren Fasern zusammengesetzte Muskelbündel wird umsponnen von einem Netzwerk vielfach verzweigter und verästelter Bindegewebsfasern, die nur vermittels der Bielschowskymethode gut zur Anschauung gebracht werden können.

Kammer und Vorkammer sind ausgekleidet vom Endokard, einer einfachen Lage ganz platter Zellen, die auf einem Netzwerk feinster elastischer Fäserchen aufliegt.

Die Atrioventrikularklappen sind einfache Duplikaturen des Endokards mit einer bindegewebigen Achse. Sie stehen bei geöffnetem Ostium weit in die Kammerhöhle hinein. An ihrem Grunde steht die Muskulatur der Kammer mit der der Vorkammer durch einen schmalen Muskelstreifen in Verbindung.

## c) Die Blutgefäße.

Der aus der Herzbasis hervortretende Bulbus arteriosus hat eine sehr starke Wandung. Sie wird außen noch bekleidet vom Epikard. Dann folgt eine bindegewebige, gefäßhaltige Adventitia mit zahlreichen verzweigten, anastomosierenden Zellen. Den Hauptteil der Wand macht die Media aus, deren glatte Muskelfasern teils längs, teils zirkulär, teils spiralig verlaufen. Zwischen den Fasern liegen Netze elastischer Fasern, die hier so massenhaft auftreten, daß der mit Resorzinfuchsin gefärbte Bulbusquerschnitt vollkommen schwarz erscheint. Die Intima ist in der Nähe des Herzens ziemlich dick und besteht aus retikuliertem Gewebe, spärlichen kollagenen und elastischen Fäserchen und dem platten Gefäßepithel. Nach dem Truncus arteriosus zu wird sie rasch dünner durch den Schwund des retikulierten Gewebes.

Die Arterien zeigen sämtlich die gleiche Dreiteilung ihrer Wand in Intima, Media und Adventitia. Die Media enthält zirkuläre glatte Muskelfasern und reichliche elastische Fasernetze. Sie wird gegen die Intima stets durch eine halskrausenartige Elastica interna abgegrenzt. In der Venenwand ist die Dreiteilung nie scharf zu erkennen. Elastische Fasern ziehen sich hier durch die ganze Dicke der Wand hindurch. Muskelfasern lassen sich mit Sicherheit nur in der Wand der allergrößten Venen nachweisen.

### d) Die Milz.

Die Milz ist beim erwachsenen Hecht ein ziemlich umfängliches Organ von dunkelbrauner Farbe und spatenförmiger Gestalt. Mit der geraden flachen Basis schließt sie sich unmittelbar an das Magenende, d. h. die Umbiegungsstelle des Magens in den aufsteigenden Darmschenkel an, mit dem sie durch den Bauchfellüberzug fest verbunden ist. Ihre konkave Dorsalfläche ruht auf der Schwimmblase, ihr bogiges Ende liegt links vom Enddarm.

Ein Schnitt durch die Milz zeigt uns, daß das Organ umgeben wird von einer dünnen, bindegewebigen Kapsel, die außen vom Bauchfell überzogen ist. Das Innere der Milz, das Milzparenchym, wird gebildet von der Milzpulpa, einem retikulierten Gewebe, das sich aus der Milzkapsel entwickelt. In der Peripherie ist dieses Retikulum sehr dicht, seine Maschen sind sehr eng. Weiter nach innen umschließen die Zellen langgestreckte, anastomosierende Hohlräume, die Milzsinus. Sie sind immer mit roten Blutkörperchen vollgepfropft.

Die große, muskelstarke Milzarterie kommt aus der Magenarterie und tritt zusammen mit der Milzvene auf der Dorsalfläche im sog. Hilus in das Organ ein. Beide Gefäße sind von einer gemeinsamen dicken zellreichen Scheide umschlossen, einer Fortsetzung der Milzkapsel. In den Arterienästen lockert sich die Scheide auf und in die so entstehenden Maschen lagern sich Lymphozyten ein. Wir finden so allenthalben auf dem Milzquerschnitt Inseln von Lymphozyten, die mehrere Arterienquerschnitte und stets einen großen Pigmenthaufen umschließen. Wenn sich aus den kleineren Arterien die Kapillaren entwickeln, verliert sich die Lymphscheide und die Kapillarwand ist nach außen von einer dicken, bindegewebigen Scheide, der Kapillarhülse, umgeben. Die Kapillaren öffnen sich in die Milzsinus, aus denen wiederum die Wurzeln der Milzvenen entstehen.

In der Milz des Hechtes findet eine Auflösung von roten Blutkörperchen statt. Diesen Prozeß kann man sehr schön an Material verfolgen, das mit ZENKERscher Flüssigkeit fixiert ist. Behandelt man die Schnitte mit Eisenhämatoxylin, so färben sich die normalen Erythrozyten tiefschwarz. Man findet nun in den Milzsinus zahlreiche Körperchen, deren Leib nicht mehr schwarz, sondern gelbgrün erscheint. Ihre Trümmer werden von Lymphozyten aufgenommen, die man vor allem in der unmittelbaren Umgebung der Kapillarhülsen zu ganzen Haufen vereinigt findet. Von hier wird das allmählich in Pigment umgewandelte Hämoglobin zu den Pigmenthaufen in der Lymphozytenscheide transportiert.

## 13. Die Schilddrüse.

Die Schilddrüse des Hechtes ist ein sehr unscheinbares Organ, eingebettet in das den rostralsten Abschnitt des Truncus arteriosus umgebende Bindegewebe. Gewöhnlich findet man einen Lappen rechts und einen links vom Arterienstamm, kurz bevor er sich in das erste Paar der Kiemenarterien gabelt.

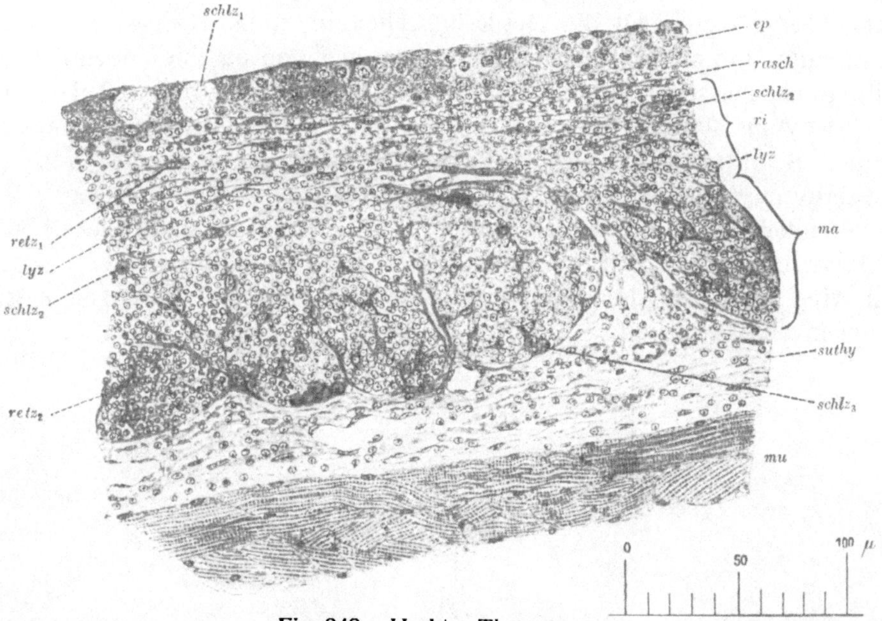


Fig. 342. Hecht. Thymus.

*ep* Epithel des Kiemenvorraums, *rasch* Randschicht, *ri* Thymusrinde, *ma* Thymusmark, *suthy* subthymisches Bindegewebe, *mu* Muskulatur, $schlz_1$ Schleimzellen des Epithels, $schlz_2$ Schleimzellen der Rinde, $schlz_3$ Schleimzellen des Markes, $retz_1$ Retikulumzellen der Rinde, $retz_2$ Retikulumzellen des Markes, *lyz* Thymuslymphozyten.

Zur Untersuchung nimmt man am besten den ganzen Trunkus mit dem umgebenden Bindegewebe heraus, fixiert in ZENKERscher oder FLEMMINGscher Flüssigkeit und schneidet ihn später der Länge nach.

Jeder Lappen besteht aus zahlreichen länglichen, bis zu 300 μ im größten Durchmesser haltenden Schilddrüsenfollikeln, eingebettet in ein dichtes Bindegewebe und allseitig ausgekleidet von einer einfachen Schicht kubischer Zellen. Die Follikelhöhle ist ausgefüllt von einer homogenen, stark azidophilen Masse, dem Kolloid. Es hat sich zumeist mit zackigen Rändern vom Epithel zurückgezogen. Zwischen den Follikeln verlaufen zahlreiche Blutkapillaren.

## 14. Der Thymus.

Der Thymus kommt beim Hecht zum Vorschein, wenn man den hinteren oberen Rand des Kiemendeckels ablöst, und stellt eine ungefähr dreieckige Verdickung der medialen Wand des Kiemenvorhofs dar, da wo dieselbe in den Kiemendeckel umbiegt.

Auf seiner freien Fläche wird das Organ bedeckt von dem Epithel des Kiemenvorhofs (Fig. 342 *ep*), das zahlreiche große Schleimzellen enthält (*schlz*$_1$). Es geht ohne deutliche Grenze in die schmale, aus wenigen Lagen kleiner Epithelzellen bestehende Randschicht (*rasch*) über. Dann folgt die breite Rindenschicht (*ri*) und das kaum von ihr zu trennende Mark (*ma*), das gegen das subthymische Bindegewebe (*suthy*) in Form rundlicher Lappen vorspringt. Die Grundlage von Rinde und Mark bildet das Thymusretikulum, ein Netzwerk verzweigter, anastomosierender Zellen, in dessen Maschen die Thymuslymphozyten eingelagert sind. In der Rinde sind die Retikulumzellen klein, das Netzwerk ist weitmaschig, im Mark werden die Zellen größer und die Maschen enger. Hier zeigen auch die Retikulumzellen in ihrem Körper eine deutliche Fibrillierung, und an den Fibrillen kann man hier und da eine undeutliche Querstreifung nachweisen. Am deutlichsten treten diese myoiden Zellen immer in dem Thymus älterer Tiere auf. Sowohl in der Rinde als auch im Mark finden sich stets Schleimzellen (*schlz*$_2$ und *schlz*$_3$), die besonders an der Grenze gegen das subthymische Bindegewebe oft in ganzen Ballen zusammenliegen.

Wie bei den höheren Vertebraten, so kommt es auch bei den Knochenfischen zu einer Altersinvolution des Thymus. Sie wird in der Hauptsache durch eine Abnahme des Lymphozytengehaltes und das Auftreten zystischer Bildungen charakterisiert.

# Fische.

## I. Ordnung: **Plagiostomen.**

Tiere mit entweder seitlich schwach oder dorsoventral stark zusammengedrücktem Körper und wohlentwickelten paarigen und unpaaren Flossen. Die Schwanzflosse ist heterozerk. Das knorplige Skelet zeigt niemals Verknöcherung. Schädel und Wirbelsäule teils fest, teils gelenkig verbunden. Die amphizölen Wirbel haben durch Zwischenstücke verbundene Neuralbogen und rudimentäre Rippen. Der Mundeingang wird vom Mandibulare und Palatoquadratum gebildet, welche beide mit Zähnen besetzt sind. Die Zahl der Kiemenbogen beträgt fünf bis sieben. Die Haut ist entweder nackt oder von Plakoidschuppen durchsetzt. Mund bauchständiger Querspalt. Nasenöffnung paarig und ebenfalls bauchständig. In dem stark differenzierten Hirn zeichnet sich das Vorderhirn durch besondere Mächtigkeit aus. Auge und Ohr wohlentwickelt, letzteres mit drei halbzirkelförmigen Kanälen. Der Magen setzt sich deutlich von Schlund und Darm ab, der letztere besitzt eine Spiralfalte. Unter den Baucheingeweiden tritt zum erstenmal in der Wirbeltierreihe die Milz auf. Die 5—7 Kiemensäcke münden spaltenförmig frei auf der Lateral- oder Ventralseite, nur bei den Holozephalen macht sich die Andeutung eines Operkularapparats bemerkbar. Dazu kommt noch ein paariges, auf der Dorsalseite dicht hinter dem Auge sich öffnendes Spritzloch. Ein besonderer Wassergang fehlt, die inneren Kiemenlöcher münden in den Schlund. Das aus Kammer und Vorkammer bestehende Herz verlängert sich rostralwärts in einen klappenführenden Conus arteriosus. Die Tiere sind getrennt geschlechtlich. Als Niere funktioniert der kaudale Abschnitt der Urniere, deren rostraler Teil sich beim männlichen Geschlecht mit der Keimdrüse verbindet und zum Nebenhoden wird, so daß der WOLFFsche Gang als Samenleiter dient. Als Ausführungsgang der Eier dienen die mit gemeinsamer trichterförmiger Öffnung in den rostralen Teil der Bauchhöhle mündenden MÜLLERschen Gänge.

### Torpedo ocellata.

Als Vertreter der Plagiostomen wählen wir den zur Unterordnung der Rochen, Rajiden, gehörigen Zitterrochen, Torpedo ocellata. Er lebt an den Küsten des Atlantischen Ozeans, ist im Mittelmeer gemein und kann z. B. von der Zoologischen Station zu Neapel jederzeit bezogen werden. Am vorteilhaftesten für die meisten unserer Zwecke sind jüngere, handgroße Exemplare, die man nach Eröffnung der Bauchhöhle sehr wohl in toto fixieren kann; besser ist es jedoch, sie mit der Fixationslösung vom Herzen aus zu injizieren. Das mit Ätherwasser narkotisierte Tier wird zu diesem Zweck auf den Rücken gelegt und das Herz durch einen Medianschnitt freigelegt. Die Herzbasis liegt ungefähr in der Höhe des dritten äußeren Kiemenloches. Zieht man nach Eröffnung des Herzbeutels die Wundränder kräftig auseinander, so erscheint sofort der kräftige

Conus arteriosus, der dicht an der Herzbasis geschlitzt wird und von dem aus die Injektion vorgenommen wird.

Als souveränes Fixationsmittel empfiehlt sich eine 10—20%ige Lösung von Formalin in Seewasser oder die BOUINsche Flüssigkeit. In ersterer bleiben die Tiere 3—5 Tage, in letzterer 24 Stunden, um dann in beiden Fällen in 5%igem Formalin konserviert zu werden. Einzelne Organe oder Organstückchen erwachsener Exemplare können auch in ZENKERscher oder FLEMMINGscher Flüssigkeit fixiert werden. Das Formalinmaterial gestattet die ausgedehnteste Verwendung. Man kann es versilbern oder vergolden und, das ist vor allem für das Nervensystem und die elektrischen Organe von Bedeutung, auch mit Osmiumsäure nachbehandeln. Um es in Paraffin einzubetten, wäscht man die herausgeschnittenen Teile zunächst über Nacht in fließendem Wasser und überträgt sie für 8—10 Tage in mehrmals gewechselte MÜLLERsche Flüssigkeit. Nach weiterer 24stündiger Wässerung können sie dann durch die Alkoholreihe hindurch in Xylol übertragen und in Paraffin eingebettet werden. Um Übersichtsschnitte durch ganze, kleinere Exemplare anzufertigen, bette man entweder in Zelloidin ein oder lasse die Stücke über Nacht im Paraffin.

## 1. Die Haut.

Die Haut der meisten Rochen unterscheidet sich von der der übrigen Plagiostomen dadurch, daß sie auf dem weitaus größten Teil des Körpers nackt und nicht mit Plakoidschuppen oder Hautzähnen besetzt ist. Ihre technische Bearbeitung erfordert keine besonderen Maßnahmen, Paraffin- oder Gefrierschnitte können beliebig gefärbt werden.

Wie bei allen auf dem Meeresgrunde in nicht allzu großer Tiefe lebenden Plattfischen ist auch bei unserem Tier die dem Lichte zugekehrte Rückenseite dunkler, pigmentreicher, als die Bauchseite, der in großer Ausdehnung das Pigment vollständig fehlt. Beide Hautseiten unterscheiden sich aber auch, wie wir gleich sehen werden, noch in anderer Richtung. Betrachten wir zunächst einen Schnitt durch die Dorsalseite der Kopfhaut (Fig. 343). Die äußere Oberfläche erscheint nicht glatt, sondern ist mit zahlreichen, bald mehr spitzen Buckeln, bald mehr flachen beetartigen Erhebungen besetzt. Wir können, wie bei allen Vertebraten, an der Haut Epidermis, Kutis und subkutanes Gewebe unterscheiden.

Die Epidermis (*epd*) hat eine durchschnittliche Dicke von 100 $\mu$ und besteht aus zahlreichen, mindestens 6—8 Lagen übereinander geschichteter Zellen. Die proximalste Lage setzt sich aus ziemlich niedrigen Zylinderzellen, die darauffolgenden aus unregelmäßigen, polyedrischen Zellen zusammen mit kleinem Zellkörper und relativ großem Kern. Die distalste Lage ist wieder regelmäßiger, niedrig zylindrisch. Die Zellen enthalten Epithelfasern, die wir mittels der WEIGERTschen Fibrinfärbung leicht nachweisen können.

Zwischen den kleinen Epithelzellen finden sich allerorts größere Elemente eingesprengt, teils mitten im Epithel gelegen, teils mit schmalem oder breiterem Stiel zur Oberfläche vordringend (*bz*). Ihr Körper ist von Körnern erfüllt, die sich mit Hämalaun tiefblau, mit Biondilösung blaugrün, mit Kresylviolett oder Muzikarmin rot färben, kurz alle färberischen Reaktionen des Schleims geben. Wir haben also hier echte Schleimzellen, sog. Becherzellen vor uns. Ihre Zahl ist nicht überall gleich groß, auf große Strecken hin fehlen sie ganz. Der Kern ist klein, durch den Druck des Zellinhalts deformiert und schmiegt sich dem Becherboden eng an.

Außerdem finden sich zwischen den Epidermiszellen hier spärlicher, dort reichlicher, am dichtesten im Bereich der Ozellen, jener beiden großen tiefblauen Flecke, außerordentlich reich verästelte Pigmentzellen (*pgz*), deren Ausläufer überall zwischen den Epidermiszellen vordringen.

Die auffallendste Erscheinung in der Epidermis bilden aber bis zu 0,5 mm

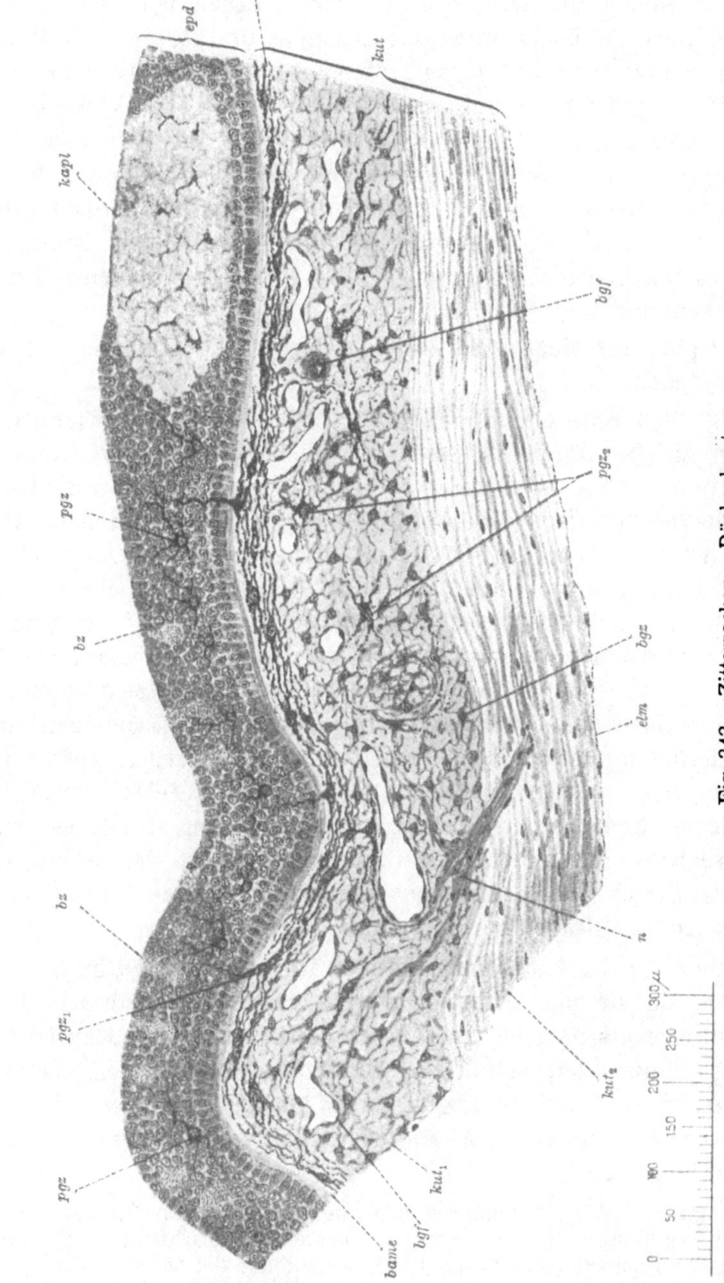


Fig. 343. Zitterrochen. Rückenhaut.

*epd* Epidermis, *kut* Kutis, *bz* Becherzellen, *pgz* Pigmentzellen der Epidermis, *kapl* Kalkplatte, *bame* Basalmembran, $pgz_1$ schichtenbildende Pigmentzellen der Kutis, $kut_1$ lockere Kutis, $kut_2$ straffe Kutis, *bgf* Blutgefäße der lockeren Kutis, *n* Nervenstämmchen, $pgz_2$ diffuse Pigmentzellen der lockeren Kutis, *bgz* Bindegewebszellen der lockeren Kutis, *elm* elastische Grenzmembran.

große, plattenförmige Einlagerungen, die sich z. B. bei Hämalaunfärbung ganz ungefärbt von der blaugefärbten Zellmasse abheben (*kapl*). Sie dringen verschieden weit in die Tiefe vor, stets aber ist die proximale Zylinderzellschicht unter ihnen noch erhalten. In der Platte können wir zunächst nur spärliche Pigmentreste in einer undeutlichen, zellige Elemente nicht umschließenden Masse erkennen. Blenden wir jedoch stark ab, so erscheint diese Masse aus kugligen, kristalldrusenartigen Gebilden mit deutlich strahligem Bau zusammengesetzt. Setzen wir einem ungefärbten Schnitt einen Tropfen verdünnter Salzsäure zu, so verschwinden die Drusen fast sofort. Legen wir den Schnitt in einem Tropfen 40%igen Alkohols unter das Deckglas und lassen vom Rand her etwas 5%ige Schwefelsäure zufließen, so treten sehr bald an Stelle der Drusen rhombische, nadelförmige Kristalle auf, wie sie für den Gips charakteristisch sind. Das alles beweist, daß wir es hier mit Kalkplatten zu tun haben, die, in die Epidermis eingelagert, der Haut ihre Rauhigkeit verleihen und bei der Haut alter Tiere auch dem Mikrotommesser verhängnisvoll werden können, insofern das Präparat vorher nicht mit kalklösenden Mitteln behandelt wurde. Man kann diese Kalkplatten in der Epidermis in allen ihren verschiedenen Entwicklungsstadien beobachten.

Unter der Epidermis liegt eine dünne, streifige, überall sehr deutliche Basalmembran (*bame*).

Die nun folgenden Kutis (*kut*) läßt zwei differente Lagen erkennen. Der distale, direkt an die Basalmembran sich anschließende Teil der Kutis ($kut_1$) ist locker gebaut und zeichnet sich durch seinen Pigmentreichtum aus. Das Pigment ist in Form von braunen und schwarzen Körnchen enthalten in weitverzweigten Pigmentzellen ($pgz_1$). Ihre Ausläufer sind außerordentlich lang. Dicht unter der Basalmembran bilden sie zunächst eine aus mehreren Reihen bestehende geschlossene Schicht, deren Zellausläufer parallel mit der Oberfläche verlaufen. Weiter proximalwärts durchsetzen die Zellen die lockere Kutis unregelmäßig ($pgz_2$). Unter den distalen Pigmentzellen finden sich immer zahlreiche Exemplare, welche einen starken Fortsatz durch die Basalmembran hindurch in die Epidermis hineinschicken. Neben den Pigmentzellen stoßen wir auf zahlreiche sternförmige, nichtpigmentierte Bindegewebszellen (*bgz*), deren Ausläufer mit denen benachbarter Zellen anastomosieren. Bindegewebsfasern enthält die lockere Kutis nur in sehr beschränktem Maße, so daß sie im wesentlichen als ein retikuliertes Bindegewebe zu bezeichnen ist. Die lockere Kutis ist außerordentlich reich an Blutgefäßen (*bgf*) und Nerven (*n*).

Die proximale Lage der Kutis ($kut_2$) können wir nach ihrem Bau als straffe Kutis bezeichnen, da sie aus dicht gelagerten Bindegewebsbündeln besteht. Die Bündel verlaufen stets parallel zur Körperoberfläche. Nur selten trifft man Stellen, wo längs- und quergeschnittene Bindegewebsbündel in regelmäßiger Folge abwechseln. Den Bündeln liegen sternförmige Bindegewebszellen an. Gegen das subkutane Gewebe wird die straffe Kutis abgegrenzt durch eine elastische Grenzmembran (*elm*).

Zum ersten Male im Wirbeltierkörper begegnen wir bei den Plagiostomen dem elastischen Gewebe, zu dessen Nachweis wir am besten die Paraffinschnitte mit dem WEIGERTschen Resorzinfuchsin färben. Es heben sich dann die schwarzblau gefärbten elastischen Fasern sehr wirksam von dem nur ganz blaßblau gefärbten kollagenen Gewebe ab.

Die Fäserchen dieser elastischen Grenzmembran sind sehr fein und verlaufen sämtlich in der Längsrichtung des Körpers, was man besonders schön an Schnitten durch den Schwanz erkennen kann. Sie verflechten sich gegenseitig und bilden ein dünnes, flächenhaft ausgebreitetes Netzwerk.

Das subkutane Gewebe zeigt an den verschiedenen Körperstellen eine sehr verschiedene Ausbildung. Da, wo es die Haut mit der Muskulatur oder mit dem elektrischen Organ verbindet, ist es ein lockeres, fettarmes Bindegewebe. An anderen Stellen, wo es vorwiegend als Füllmasse dient, wie z. B. am Rostrum, ist es der Hauptsache nach retikuliert und enthält in seinen Maschen eine schleimige Flüssigkeit. Wir haben also dann das vor uns, was man als Gallertgewebe bezeichnet. Bei der Paraffineinbettung schrumpft dieses Gallertgewebe gewöhnlich sehr stark, die besten Präparate liefert das Gefriermikrotom.

## Anhang: **Die Plakoidschuppen.**

Die nackte Haut, wie wir sie hier kennengelernt haben, stellt bei den Plagiostomen kein regelmäßiges Vorkommnis dar, sondern meistens, so z. B. bei allen Squaliden, finden sich in der Haut mehr oder weniger dicht stehende, zahnartige Bildungen, die sog. Plakoidschuppen, deren phylogenetische Bedeutung es rechtfertigen mag, daß wir ausnahmsweise noch ein zweites Tier zur Untersuchung heranziehen, den in allen europäischen Meeren gemeinen Katzenhai, Scyllium canicula.

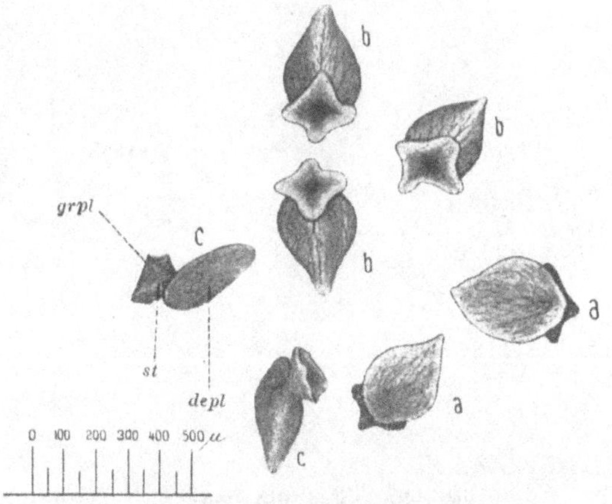


Fig. 344. Scyllium canicula. Isolierte Plakoidschuppen.
*grpl* Grundplatte, *st* Stiel, *depl* Deckplatte.

Einem in toto in Formalin konservierten Exemplar entnehmen wir kleine Hautscheiben, übertragen sie für 2—3 Wochen in öfters gewechselte MÜLLERsche Flüssigkeit und betten sie in gewohnter Weise in Zelloidin ein. Ein anderes Hautstückchen wird über Nacht in 3%ige Natronlauge verbracht. Nach dieser Zeit ist das Stück völlig zerfallen. Die überstehende Lauge wird von dem Bodensatz abgegossen und der letztere wiederholt mit Wasser gewaschen und absetzen gelassen. Hat man dadurch die Lauge völlig entfernt, so bringt man mit der Pipette einen Tropfen des Bodensatzes auf den Objektträger, läßt die Flüssigkeit im Wärmeschrank verdunsten, legt ein Deckglas auf und umrahmt es mit KRÖNIGschem Lack.

Ein solches Präparat zeigt uns nun bei schwacher Vergrößerung die vollkommen isolierten Plakoidschuppen (Fig. 344). Sie lassen sich in ihrer Form am besten mit den bekannten zur Befestigung des Hemdkragens dienenden Kragenknöpfen vergleichen und bestehen aus einer viereckigen, oft außerordentlich regelmäßigen Grundplatte (*grpl*). Aus ihr erhebt sich ein kurzer, gedrungener Stiel (*st*), der sich in die schräg angesetzte Deckplatte (*depl*) verbreitert. Sie präsentiert sich von oben gesehen (*a*) als ein blattartiger Köprer. Von unten gesehen (*b*) erweist sich die Grundplatte als ein flacher Trichter, dessen kurzer, ziemlich weiter Kanal in dem Stiel blind endet. Untersuchen wir die Deckplatte mit mittelstarker Vergrößerung, so erscheinen in ihr verzweigte Rippen, die die Ähnlichkeit mit einem Blatt noch größer machen. Diese Rippen sind mit Luft gefüllte Kanälchen, welche, in die Substanz der Platte eingelassen, nach dem Stiel zu zusammenfließen und in die Trichterhöhle münden.

Nun zu unserem Schnitt, der am besten mit Hämalaun vor- und mit Pikrofuchsin nachgefärbt wird (Fig. 345). Fällt die Schnittrichtung mit der Körperlängsachse zusammen, so erscheinen die Deckplatten der Plakoidschuppen (*plsch*) auch längs getroffen und zwar so, daß die Plattenspitze kaudalwärts sieht. Die Grundplatte ragt bis in die distalsten Schichten der Kutis (*kut*) hinein, der Stiel durchsetzt die Epidermis (*epd*) und die Deckplatte ragt frei aus der Haut hervor. Der Trichter oder die Pulpahöhle (*puh*) ist ausgefüllt mit einer stark vaskularisierten Bindegewebsmasse, der Pulpa, die mit ihren Gefäßen auch noch in die stärkeren Kanälchen (*deka*$_1$) eindringt. Die Oberfläche der Pulpa wird in etwas unregelmäßiger Weise von einer Zellschicht abgeschlossen, den Odontoblasten, von deren distaler Oberfläche protoplasmatische Ausläufer in die

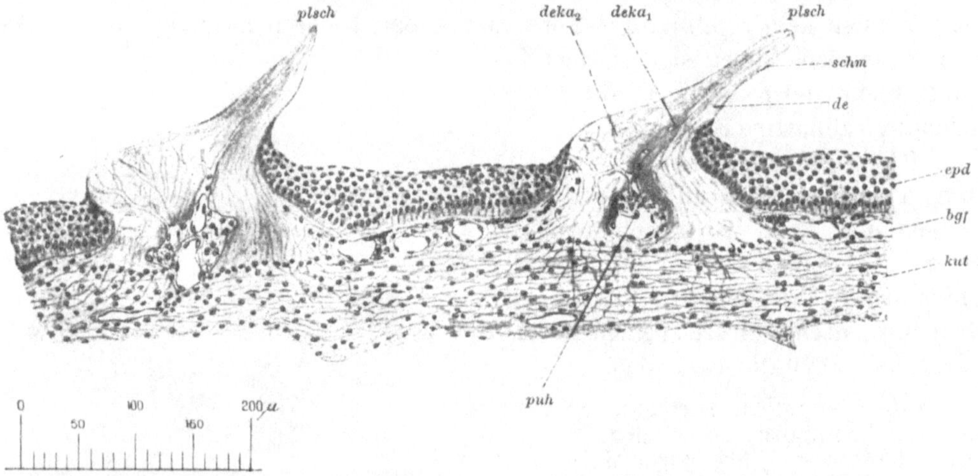


Fig. 345. Scyllium canicula. Haut (Querschnitt, parallel zur Körperachse). *epd* Epidermis, *kut* Kutis, *plsch* Plakoidschuppen, *schm* Schmelz, *de* Dentin, *deka*$_1$ gröbere, *deka*$_2$ feinere Dentinkanälchen, *puh* Pulpahöhle, *bgf* Blutgefäße.

Kanälchen eindringen. Die Substanz der Plakoidschuppe ist homogen, verkalkt und, wie die Entwicklung lehrt, ein Bildungsprodukt jener Odontoblasten. Wir bezeichnen sie als Dentin (*de*). Die freie Oberfläche wird überzogen von einer sehr dünnen Schmelzschicht (*schm*), die im Gegensatz zu dem Dentin ein Umbildungsprodukt der tiefsten Lage der Epidermiszellen darstellt.

## 2. Die Sinnesorgane.

### a) Das Auge.

Bezüglich der technischen Bearbeitung kann auf das früher Gesagte verwiesen werden. Auch hier muß das Organ auf jeden Fall vor der Einbettung angeschnitten werden. Die Zelloidineinbettung ist der Paraffineinbettung vorzuziehen.

Das Auge von Torpedo hat die Form einer in mediolateraler Richtung etwas zusammengedrückten Kugel, so daß die äquatoriale Achse — im Mittel beträgt sie 5—6 mm — etwas größer ist als die meridionale (Fig. 346).

Die äußere Augenhaut, die Sklera (*skl*), ist bei allen Plagiostomen knorplig, eine dünne, becherartige Schale von Hyalinknorpel, deren Boden in der

Gegend des Sehnervendurchtrittes wesentlich verdickt ist. Mit dieser Verdickung ist ein zweiter, in unserer Abbildung nicht sichtbarer Knorpel medianwärts gelenkig verbunden. Der Skleralknorpel ist außen von einem dicken, innen von einem dünnen, bindegewebig-elastischen Perichondrium überzogen. Sein verdickter Boden wird von dem Sehnerven (*II*) durchbohrt. Am lateralen Rand der Knorpelschale setzt sich das Perichondrium in die Grundsubstanz der Hornhaut fort. Es ist also hier die Sklera auf eine kleine Strecke bindegewebig ($skl_1$).

Lateralwärts schließt sich an die Sklera die Hornhaut (*ko*), die als äußerste Schicht das vordere Epithel als direkte Fortsetzung der Epidermis erkennen läßt. Kornealepithel und Epidermis unterscheiden sich einmal dadurch, daß

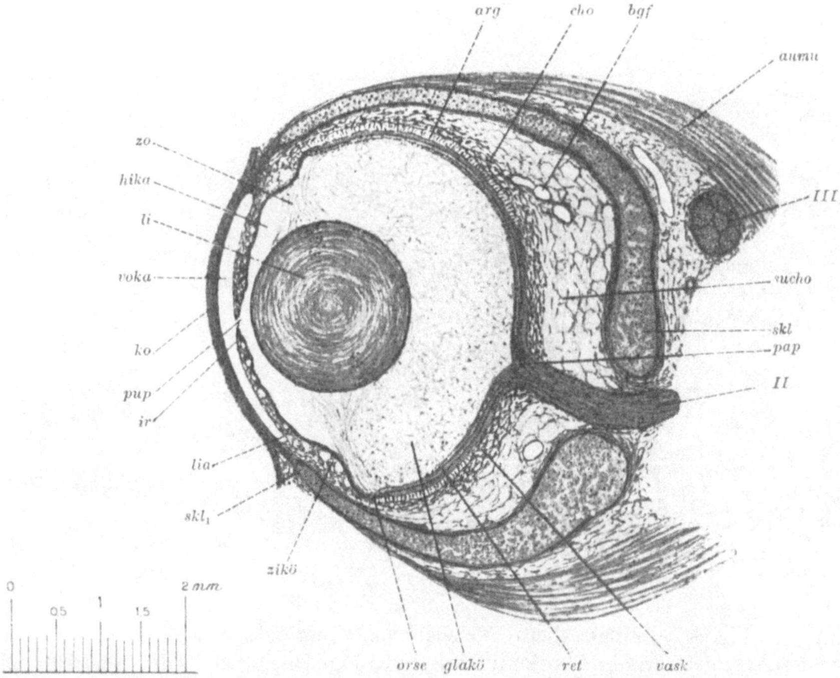


Fig. 346. Zitterrochen. Auge. Vertikalschnitt.
*aumu* Augenmuskeln, *III* N. oculomotorius, *skl* knorplige Sklera, $skl_1$ vorderer bindegewebiger Teil der Sklera, *ko* Kornea, *sucho* Suprachorioidea, *cho* Chorioidea, *vask* Vaskulosa, *arg* Argentea, *orse* Ora serrata, *zikö* Ziliarkörper, *ir* Iris, *lia* Lig. anulare, *ret* Netzhaut, *pap* Papilla n. optici, *II* Optikus, *glakö* Glaskörper, *li* Linse, *zo* Zonula ciliaris, *bgf* Blutgefäße, *pup* Pupille, *voka* vordere, *hika* hintere Kammer.

in ersterem die Zellen niedriger sind und daß in ihm Pigmentzellen, Becherzellen und Kalkplatten vollkommen fehlen. Auch die Basalmembran der Epidermis treffen wir hier in sehr guter Ausbildung an unter dem Namen der BOWMANschen Membran. Proximalwärts folgt auf sie die Grundsubstanz der Hornhaut, eine direkte Fortsetzung der bindegewebigen Sklera. Sie ist nur wenig mächtig und besteht aus mehreren übereinander geschichteten, bindegewebigen Lamellen, deren Faserbündel parallel zur Hornhautoberfläche verlaufen. Zwischen den Lamellen liegen spärliche, verästelte Hornhautkörperchen. Eine DESCEMETsche Membran fehlt. Gegen die vordere Kammer ist die Hornhaut durch eine einfache Lage platter Zellen, das hintere Hornhautepithel, abgeschlossen.

Die mittlere Augenhaut, die Chorioidea (*cho*), beansprucht von allen Augenhäuten den größten Raum. Zu äußerst schließt sich an das innere Perichondrium der Sklera ein sehr lockeres, vor allem in den proximalsten Bulbusabschnitten sehr stark entfaltetes Bindegewebe, die Suprachorioidea (*sucho*). Es ist pigmentfrei oder doch sehr pigmentarm und hebt sich dadurch sehr gut von der nun folgenden, stark pigmentierten Vaskulosa (*vask*) ab, die ihren Namen dem Reichtum an Gefäßen verdankt. Noch weiter distalwärts schicken die Pigmentzellen radiäre Fortsätze in ziemlich regelmäßigen Abständen aus und bilden so eine sehr auffällige, als Argentea (*arg*) bezeichnete Schicht. Die Zwischenräume zwischen den Pigmentsäulen sind ausgefüllt mit Zellen, welche

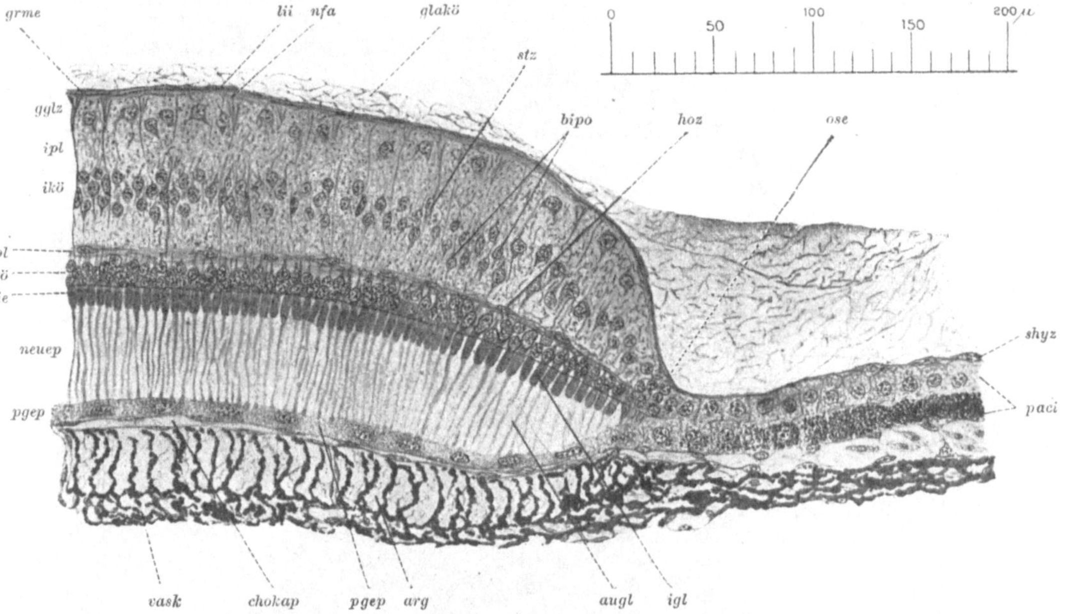


Fig. 347. Zitterrochen. Netzhaut und Chorioidea.
*vask* Vaskulosa, *arg* Argentea, *chokap* Choriokapillaris, *pgep* Pigmentepithel, *neuep* Neuroepithel, *augl* Außenglieder, *igl* Innenglieder der Stäbchen, *lie* Limitans externa, *äukö* äußere Körnerschicht, *äupl* äußere plexiforme Schicht, *hoz* Horizontalzellen, *ikö* innere Körnerschicht, *bipo* Bipolaren, *stz* Müllersche Stützzellen, *ipl* innere plexiforme Schicht, *gglz* Ganglienzellen, *nfa* Nervenfaserschicht, *lii* Limitans interna, *grme* Grenzmembran, *paci* Pars ciliaris retinae, *shyz* subhyaloideale Zellen, *ose* Ora serrata.

nadelförmige Guaninkristalle enthalten, in unseren Präparaten leider aber nur selten erhalten sind. Der Kristallgehalt verleiht dieser Schicht im auffallenden Licht einen starken Glanz. Die Argentea wird durchsetzt von den feinsten Gefäßen der Vaskulosa, die zwischen ihr und der Netzhaut eine letzte Schicht, die Choriokapillaris, formieren (Fig. 347 *chokap*), ein dünnes Netz von Blutkapillaren, dem die Ernährung der proximalsten Netzhautschichten zufällt.

Wenn sich auch die Chorioidea im allgemeinen distalwärts mehr und mehr verdünnt, so zeigt sie doch in der Gegend des distalen Knorpelendes wieder eine deutliche Verdickung, welche man als Ziliarkörper (*zikö*) bezeichnen kann. Ihre Struktur ändert sich dabei insofern, als hier die Argentea und mit ihr die Choriokapillaris verschwinden und so die größeren Blutgefäße an die innere Oberfläche der Chorioidea gelangen. Betrachtet man die vordere Bulbushälfte von hinten her, so wird das Gebiet des Ziliarkörpers von ganz niederen, meridional verlaufenden Falten, den Ziliarfortsätzen, durchzogen, die natürlich in unserem Meridionalschnitt nicht zu erkennen sind.

Weiter distalwärts geht der Ziliarkörper in die Iris (*ir*) über, sie schiebt sich vor der Linse her und trennt vordere und hintere Kammer (*voka* und *hika*). Die dem Eintritt der Lichtstrahlen dienende Pupille (*pup*) stellt einen Horizontalspalt dar. Ihre Mitte wird dadurch stark eingeengt, daß die dorsale Hälfte der Iris, bogenförmig ventralwärts sich vorbuchtend, eine Art Klappe bildet, das Operculum pupillare, welches bei grellem Lichte vor-, bei Dämmerung zurückgeschlagen werden kann. Das Irisstroma, der wesentlichste Teil des Organs, besteht aus pigmentierten und pigmentfreien, verästelten Bindegewebszellen mit spärlichen Bindegewebsfäserchen und zahlreichen eingelagerten Blutgefäßen. Distalwärts wird das Stroma überlagert von einer einfachen Schicht ganz platter Bindegewebszellen, dem sog. vorderen Epithel der Iris. Mit dem distalsten bindegewebigen Abschnitt der Sklera und der Korneoskleralgrenze ist die Iris durch ein zellreiches, dichtes Bindegewebe verbunden, welches gewöhnlich als Ligamentum anulare (*lia*) bezeichnet wird. Es wird nach der vorderen Kammer zu von den Zellen des vorderen Irisepithels überzogen, die sich kontinuierlich in das hintere Hornhautepithel fortsetzen. Die proximale Irisfläche wird von einem stark pigmentierten Epithel bedeckt, dem hinteren Epithel oder der Pars iridica retinae, das bei der Besprechung der Netzhaut näher betrachtet werden soll.

Die Netzhaut (*ret*), die innerste der Augenhäute, enthält ungefähr die gleichen Schichten wie beim Hecht. Ein senkrecht zur Oberfläche geführter Schnitt (Fig. 347) zeigt uns das äußere Netzhautblatt, das Pigmentepithel (*pgep*), als eine einfache Schicht niedrig kubischer Zellen, die sich hier aber wesentlich durch ihren Mangel an Pigment auszeichnen. Auch die charakteristischen distalen Fortsätze, die wir bei allen übrigen Wirbeltieren kennen lernten, fehlen hier. Das Neuroepithel (*neuep*) besteht aus lauter gleichmäßigen Elementen, die wir ihrer Form nach als Stäbchen bezeichnen wollen, 40—50 $\mu$ langen Gebilden mit sehr deutlich abgesetztem Innen- und Außenglied. Das erstere ist 2—3 $\mu$ dick und 10 $\mu$ lang, das letztere ist drei- bis viermal so lang, aber außerordentlich dünn, fadenförmig mit leicht verdicktem freien Ende. Im Innenglied erkennen wir deutlich das hellere Myoid und das dunklere Ellipsoid. Die Limitans externa (*lie*) tritt gut hervor. Die äußere Körnerschicht (*äukö*) ist schmal und enthält nur zwei Reihen von Kernen, die sämtlich den Stäbchensehzellen angehören. Der distale Fortsatz der letzteren ist immer gut sichtbar, er endet mit einer kleinen fußartigen Verbreiterung in der folgenden, der äußeren plexiformen Schicht (*äupl*). In ihr bzw. an der Grenze gegen die innere Körnerschicht stoßen wir auf zahlreiche sich flächenhaft ausbreitende Zellen, die Horizontalzellen (*hoz*). Ihre Ausläufer bilden vielfach ein sehr dichtes Geflecht, welches mit den Füßen der Stäbchensehzellen in Verbindung tritt. Die innere Körnerschicht (*ikö*) zeigt bei Torpedo eine auffallend lockere Lagerung ihrer zelligen Elemente, unter denen wir unschwer die Stäbchenbipolaren (*bipo*) heraus erkennen. Ihr proximaler Ausläufer endet in der Nähe der Stäbchenfüße in der äußeren plexiformen Schicht, der distale läßt sich bis in die innere plexiforme Schicht und zu den Ganglienzellen verfolgen. Auch die Stützzellen oder Radiärfasern (*stz*) treten gut hervor, von der Limitans externa bis zur Limitans interna reichend. Von den übrigen Elementen der inneren Körnerschicht geben unsere nicht spezifisch gefärbten Präparate nur eine ungenügende Vorstellung. Sie gehören zu den Amakrinen, Zellen mit einem oder mehreren Ausläufern, die sich in der inneren plexiformen Schicht (*ipl*) verzweigen. Auf die letztere folgt die Ganglienzellenschicht (*gglz*), eine einfache Lage größerer multipolarer Zellen, deren Dendritenverzweigungen die Hauptmasse der inneren plexiformen Schicht ausmachen. Jede Zelle entsendet einen Neuriten als Nervenfaser in die Nervenfaserschicht (*nfa*), die ebenso wie bei allen höheren Vertebraten, aber umgekehrt, wie wir das bei Petromyzon sehen werden, distalwärts von der Ganglienzellschicht gelegen ist. Gegen den Glaskörper wird die Netzhaut schließlich durch die Limitans interna (*lii*) abgeschlossen.

Je weiter man vom distalen Netzhautrand proximalwärts vordringt, um so dichter rücken die zunächst nur sehr zerstreuten Ganglienzellen und um so dicker wird die zunächst kaum wahrnehmbare Nervenfaserschicht. In der Sehnervenpapille (Fig. 346 *pap*), die wir als ein Loch in der Netzhaut auffassen können, senken sich dann sämtliche Nervenfasern in den Sehnerven ein. Die Papille zeigt demgemäß in ihrer Mitte eine trichterförmige Einsenkung. Bevor der Nerv durch eine weite Öffnung die Knorpelkapsel durchsetzt, umgeben sich seine Fasern mit Markscheiden, der Sehnerv wird zu einem markhaltigen Nerven. Auf dem Querschnitt hat er ungefähr Kreisform und wird von dicken, bindegewebigen Scheiden umgeben, die sich an einer Stelle in Form eines gegabelten Längsseptums in den Nervenstamm einsenken und ihn unvollständig in drei ungleich dicke Bündel zerlegen. Jedes Bündel setzt sich aus Markfasern und zwischen ihnen gelegenen Gliazellen zusammen.

Gehen wir von der Sehnervenpapille im Bulbus distalwärts vor, so sinkt die Netzhautdicke ganz allmählich, um dann ganz unvermittelt von 150 $\mu$ auf 30 $\mu$ abzufallen. Wir sind im Gebiet der Ora serrata, die Pars optica retinae geht in die Pars ciliaris retinae über und wird zu einem Epithel des Ziliarkörpers (*paci*). Dabei werden die Zellen des Pigmentepithels zwei- bis dreimal so hoch als früher und füllen sich allmählich mit Pigmentkörnchen. Nach innen von ihnen liegt eine zweite, ungefähr gleich hohe, aber pigmentfreie Zellschicht, die nun das ganze innere Netzhautblatt darstellt. Je weiter man distalwärts vordringt, um so mehr sieht man zwischen diesen Zellen Fasern hervordringen und sich zur Linse wenden. In dieser Form überzieht die Pars ciliaris den Ziliarkörper und setzt sich an der Iriswurzel auch auf die proximale Irisfläche fort als Pars iridica retinae oder hinteres Irisepithel. An der Iriswurzel nehmen dabei auch noch die Zellen des inneren Blattes Pigment auf, am freien Pupillarrand werden sie spindlig und ordnen sich mit ihrer Längsachse parallel zum Pupillarrand an. Man hat sie deshalb als pigmentierte Muskelzellen angesprochen und das ganze Gebilde als M. sphincter iridis bezeichnet. Zum Studium dieser Verhältnisse muß man Paraffinschnitte durch abwechselnde Einwirkung von Kaliumpermanganat und schwefliger Säure zunächst depigmentieren, denn die kolossale Pigmentmenge verdeckt das Strukturbild völlig.

Die Linse (Fig. 346 *li*) ist ziemlich regelmäßig kuglig und hat einen Durchmesser von 2 mm. In ihrer Struktur gleicht sie ganz der Linse des Hechtes.

Sie wird fixiert durch die in unseren Präparaten sehr gut hervortretende Zonula ciliaris (Fig. 346 *zo*). Die Zonulafasern entspringen zwischen den Zellen des Ziliarepithels und wenden sich teils gerade zum Linsenäquator, teils mehr bogig zur vorderen und hinteren Linsenfläche. Einen Linsenmuskel, wie wir ihn vom Hecht her kennen, besitzt Torpedo nur in rudimentärer Form.

Der Glaskörper (Fig. 346 und 347 *glakö*) füllt den Raum zwischen Linse und Netzhaut aus und besteht auch beim Zitterrochen aus einem dichten Flechtwerk feinster Fäserchen, das nach außen durch eine Grenzmembran (*grme*) abgeschlossen ist. Ihr liegen stellenweise flache, verästelte Zellen, sog. subhyaloideale Zellen auf, die man besonders gut im Gebiet der Ora serrata erkennen kann (Fig. 347 *shyz*).

## b) Das Gehörorgan.

Um einen hinreichenden Einblick in die Formverhältnisse des Gehörorgans zu gewinnen, empfiehlt es sich, bei einem größeren, in Formalin konservierten Exemplar das Organ vollständig aus seiner knorpligen Kapsel herauszupräparieren. Man entfernt zunächst die Haut, legt die dorsale Oberfläche des Gehirns frei und trägt nun mit einem Skalpell unter Wasser und unter dem Präpariermikroskop den Knorpel stückweise vorsichtig ab. Hat man die Formverhältnisse des freigelegten Labyrinths studiert und gezeichnet, so kann man das Präparat noch für einige Tage mit FLEMMINGscher Flüssigkeit nachbehandeln, in Paraffin einbetten und in Schnitte zerlegen. Bei kleinen, durch Injektion fixierten Exemplaren läßt sich auch das Gehörorgan in Verbindung mit dem Gehirn in toto einbetten und schneiden. Man trennt dann das Präparat, wenn es in absolutem Alkohol liegt, durch einen Querschnitt in eine rostrale und eine kaudale Hälfte, um der Einbettungsmasse besseren Eintritt in die Hohlräume des Organs zu verschaffen.

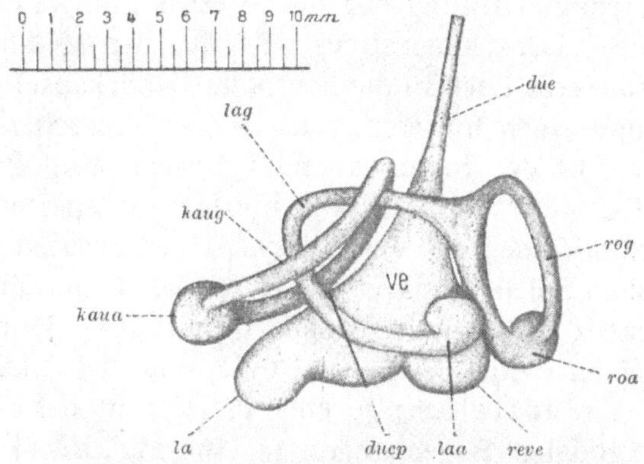


Fig. 348. Zitterrochen. Häutiges Labyrinth. *ve* Vestibulum, *reve* Recessus vestibuli, *la* Lagena, *due* Ductus endolymphaticus, *rog* rostraler Bogengang, *roa* rostrale Ampulle, *kaug* kaudaler Bogengang, *ducp* Ductus canalis posterioris, *kaua* kaudale Ampulle, *lag* äußerer Bogengang, *laa* äußere Ampulle.

Das Gehörorgan der Plagiostomen zeigt gegenüber dem der Teleostier unverkennbare Anklänge an das Zyklostomenlabyrinth, bietet gegenüber diesem aber insofern einen wesentlichen Fortschritt, als alle drei Bogengänge wohlentwickelt sind (Fig. 348). Den Grundstock des Organs bildet auch hier das Vestibulum (*ve*), ein ungefähr dreiseitiges Säckchen, welches dorsalwärts in einen langen Gang, den Ductus endolymphaticus (*due*), ausgezogen ist. Er durchbricht die dorsale Wand der Ohrkapsel, schwillt unter der Rückenhaut zu einem kleinen Saccus endolymphaticus an, wendet sich dann etwas kaudalwärts und mündet frei auf der Haut. Es steht also, ein Unikum unter den Wirbeltieren, das häutige Gehörorgan der Plagiostomen in offener Verbindung mit der Außenwelt, was sich auch dadurch dokumentiert, daß wir im Vestibulum immer zahlreiche Sandkörnchen und ähnliche Fremdkörper finden.

Die breite Basis des Vestibulums trägt zwei ventrale Ausstülpungen, eine längliche kaudale und eine mehr rundliche rostrale. Die erstere bezeichnen wir als Lagena (*la*), die letztere als Recessus vestibuli (*reve*). Mit dem Vestibulum sind die drei halbzirkelförmigen Kanäle verbunden, von welchen wir einen rostralen (*rog*), einen kaudalen (*kaug*) und einen lateralen (*lag*) unterscheiden. Die beiden ersteren bilden ziemlich regelmäßige Ovale, der letztere hat die Form einer Schleife, welche mit ihrem Scheitel durch die Öffnung des kaudalen Ganges hindurchsieht. Die Ebenen aller drei Gänge bilden Winkel miteinander, ungefähr den drei Ebenen des Raums entsprechend. Jeder Bogengang besitzt eine starke, kuglige Ampulle. Die kaudale Ampulle (*kaua*) liegt als kaudalster Teil des ganzen Organs dorsal von der Lagena, rostrale und laterale Ampulle (*roa* und *laa*) finden sich dicht nebeneinander in der Gegend des Recessus vestibuli. Jede Ampulle hat auf ihrer Ventralfläche eine senkrecht zur Längsachse des Kanals verlaufende Furche, den Sulcus transversus. Die Verbindung des kaudalen Ganges mit dem Vestibulum wird vermittelt durch ein kurzes, enges Rohr, den Ductus canalis posterioris (*ducp*), während der rostrale Gang und die ihm dicht anliegende laterale Ampulle durch eine schlitzförmige Öffnung mit dem Vestibulum kommunizieren.

Der N. acusticus tritt aus der Medulla oblongata aus und durch ein besonderes Loch in die knorplige Gehörkapsel ein und spaltet sich in einen vorderen und einen hinteren Ast. Der erstere schickt je einen Zweig zum Sulcus transversus der rostralen und lateralen Ampulle und einen dritten zum Boden des Recessus vestibuli. Der hintere Ast spaltet sich in vier Zweige und zwar einen zum Boden des Vestibulums, einen zweiten zum Boden der Lagena, einen dritten zum Sulcus transversus der kaudalen Ampulle und einen letzten zur Einmündungsstelle des Ductus canalis posterioris. Jeder dieser Zweige versorgt mit seinen Fasern eine Nervenendstelle und wir unterscheiden demgemäß sieben Nervenendstellen: je eine Krista in der Ampulle des rostralen, lateralen und kaudalen Bogenganges, je eine Makula im Recessus vestibuli, am Boden des Vestibulums und an der Einmündung des Ductus canalis posterioris (Macula neglecta) und eine Papille in der Lagena.

Bezüglich der feineren Bauverhältnisse sind die Unterschiede zwischen dem Labyrinth der Plagiostomen und dem der Teleostier so geringfügig, daß hier auf die Schilderung des Hechtlabyrinthes verwiesen sei, das uns jederzeit lebend frisch und für spezifische Methoden geeigneter zur Verfügung steht.

### c) Das Geruchsorgan.

Das Geruchsorgan wird bei den Plagiostomen repräsentiert durch die paarigen Riechgruben. Sie liegen, jederseits eine, auf der Ventralfläche des Körpers, dicht rostral und etwas lateral von der queren Mundöffnung und werden durch besondere, mit dem Knorpelschädel verschmolzene Nasenkapseln gestützt. Der Eingang zur Riechgrube ist birnförmig. Hebt man die Oberlippe etwas hoch, so präsentiert sie sich als längliche Grube, die sich mit einer seichten Rinne in den Mundwinkel fortsetzt. Die Längsachse der Grube bildet mit der Mundöffnung einen stumpfen Winkel. Der Grubengrund ist mit parallelen, hohen Falten besetzt, welche senkrecht zur Längsachse des Organs stehen und durch eine mediane Längsfalte miteinander verbunden sind. Dorsal- und kaudalwärts schmiegt sich an die Riechgrube der Bulbus olfactorius des Gehirns an.

Zur mikroskopischen Untersuchung schneiden wir die ganze Riechkapsel heraus und betten sie in Paraffin ein. Die Schnitte werden möglichst parallel zur Längsachse geführt. Färbung der Schnitte mit Eisenhämatoxylin.

Unsere Abbildung (Fig. 349) zeigt uns das Organ etwas schräg zur Längsachse getroffen, umgeben von seiner in einzelne Stücke zerspaltenen Knorpelkapsel (*knka*). Dorsal und medial stoßen wir auf die Bündel des kurzen Riechnerven (*olf*). Die im Querschnitt getroffenen Falten (*fa*) verlaufen parallel, stehen ziemlich dicht und sind schmal, mit ganz schwach verjüngtem freien Rand. Sie erheben sich aus der gefäßreichen, bindegewebigen Propria (*pro*), die auch den Grundstock einer jeden Falte bildet, und erreichen eine maximale Höhe von 2—3 mm. Die ja fast ganz pigmentfreie Haut der Ventralfläche des

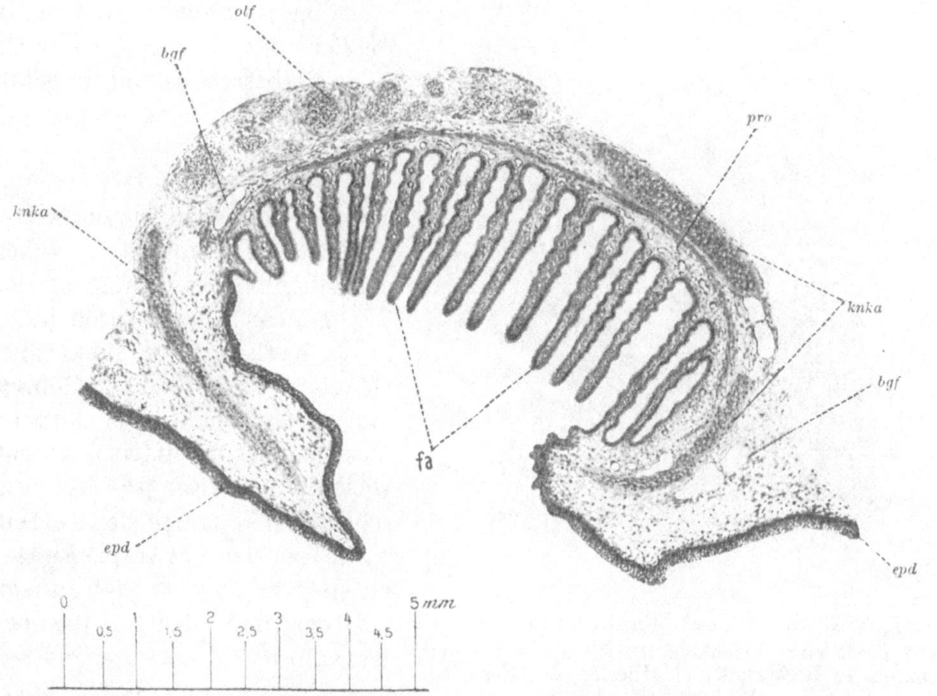


Fig. 349. Zitterrochen. Riechgrube.
*fa* Schleimhautfalten quergetroffen, *pro* Propria, *knka* knorplige Riechkapsel, *bgf* Blutgefäße, *olf* Riechnervenbündel, *epd* Epidermis.

Körpers schlägt sich am Eingang zur Riechgrube auf die Wand der letzteren über und setzt sich in die Riechschleimhaut fort.

Untersuchen wir die letztere mit stärkerer Vergrößerung, so finden wir die Riechfalten überzogen von einem mehrzeiligen Epithel (Fig. 350). Die distalsten, die freie Oberfläche begrenzenden Zellen sind mäßig breite Zylinderzellen mit Flimmerbesatz und sehr feinen Basalkörperchen (*flz*). Die außerordentlich zarten Flimmerhaare lassen sich als Flimmerwurzeln weit in den Zellkörper hinein verfolgen. Der längliche, oft walzenförmige Kern liegt im proximalen Zellabschnitt. Auf die Flimmerzellen folgen proximalwärts mehrere Lagen anderer Zellen. Der Zellkörper ist rundlich und läuft sowohl distal- als proximalwärts in eine Spitze aus (*riz*). Diese Zellen stellen ohne Zweifel die Riechzellen dar, wie wir sie in der Riechschleimhaut aller Wirbeltiere gefunden haben. Der Nachweis der beiden Zellausläufer ist hier schwieriger, gelingt aber z. B. mit der Bielschowskymethode. Der distale Ausläufer ist außerordentlich schmal und zart. Er endet an der freien Oberfläche des Epithels. Der proximale, ebenfalls sehr dünne Ausläufer verläßt das Epithel und wird zu einer Riechnervenfaser. Die tiefste, das Epithel gegen die Propria abschließende Zellage scheint aus indifferenten Epithelzellen zu bestehen. Auf der freien Firste der Riechfalten (*fi*) geht dieses Epithel in ein geschichtetes Epithel über, bestehend aus 3—4 Lagen kubischer bis platter Zellen, deren distalste auf ihrer freien Fläche einen homogenen Kutikularsaum trägt. Der Übergang des Riechepithels in die Epidermis findet an der Innenwand der Grube statt, die Grubenränder sind noch von Epidermis bedeckt (Fig. 349).

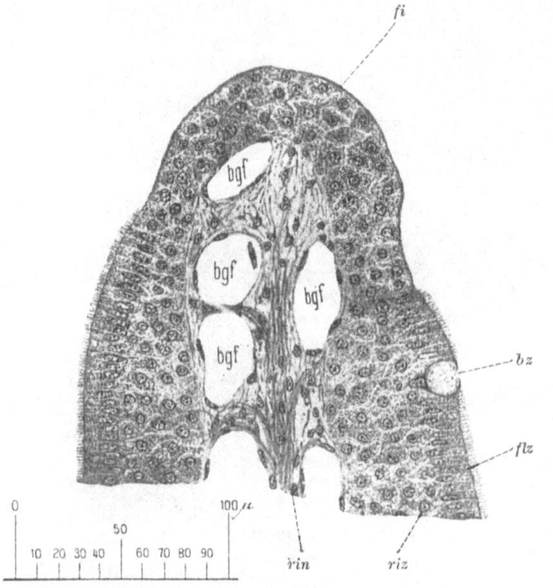


Fig. 350. Zitterrochen. Riechschleimhaut.
*fi* freie Firste einer Riechfalte, *flz* Flimmerzellen, *riz* Riechzelle, *bz* Becherzelle, *rin* Riechnervenfasern, *bgf* Blutgefäße.

Eine Basalmembran fehlt im Bereich des Riechepithels. Die Propria besteht aus einem gefäß- und zellreichen Bindegewebe.

d) Die Hautsinnesorgane.

Die Hautsinnesorgane treten bei den Plagiostomen in außerordentlich reicher Entfaltung auf. Sie erscheinen bei Torpedo in ein in der Kutis oder im subkutanen Gewebe verlaufendes Röhrensystem eingesenkt und sind bei unserem Tier besonders reich entwickelt und zwar in drei verschiedenen Systemen, den Seitenkanälen, den Schleimkanälen mit den Lorenzinischen Ampullen und den Savischen Bläschen.

Die Seitenkanäle bilden ein System längs verlaufender Kanäle, welches jederseits das elektrische Organ umkreist und sich kaudalwärts jederseits als einfaches Rohr bis zum Anfang der Schwanzflosse fortsetzt. Die Kanäle liegen in dem subkutanen Gewebe der Rückenhaut und schicken von Strecke zu Strecke kürzere oder längere Querkanälchen zur Hautoberfläche, deren Mündungen schon mit bloßem Auge auf der Rückenfläche des Tieres sichtbar werden.

Wird die Rückenhaut des Tieres vorsichtig abpräpariert, so bleiben die Kanäle an ihr hängen und können so in ihrem Verlauf gut verfolgt werden. Legt man die so abgezogene Haut (Formalinobjekte) dann in $^1/_4$ %ige Osmiumsäure, so treten sehr gut geschwärzt die jedesmal an der Abgangsstelle eines Querkanälchens herantretenden Nervenstämmchen hervor. Zum Studium des feineren Baues schneiden wir entsprechende Hautstücke mitsamt der unterliegenden Muskulatur heraus und betten sie in Paraffin ein. Auch Querschnitte durch die ganze Dicke des Schwanzes geben sehr gute Bilder.

Einen Ausschnitt aus einem solchen Schwanzquerschnitt stellt unsere Fig. 351 dar. Das Kanälchen hat hier einen ungefähren Durchmesser von

100 : 200 $\mu$ und liegt im subkutanen Gewebe dicht unter der straffen Kutis. Es wird allseitig umgeben von einer festen stützenden Platte (*stpl*), bestehend aus einem außerordentlich dichten Filz von Bindegewebsfasern mit eingestreuten sternförmigen Bindegewebszellen. Diese Stützplatte umkleidet das Kanälchen auf seiner ganzen Länge und hat eine Dicke von 150—200 $\mu$ und eine Breite von 500—600 $\mu$. An ihrem medialen Rande wird sie in unserem Schnitt von einem Kanälchen durchbohrt, durch welches ein dünnes markhaltiges Nervenstämmchen (*n*) zu dem Kanälchen hinzutritt. Die Wand des letzteren besteht zunächst aus der strukturlosen Basalmembran (*bame*) und dann aus dem ihr innen aufsitzenden Epithel (*ep*). Zwischen Basalmembran und Stützplatte findet sich immer ein wohl durch Schrumpfung entstandener Spaltraum. Das Epithel ist zweischichtig und setzt sich an den Mündungsstellen direkt in die

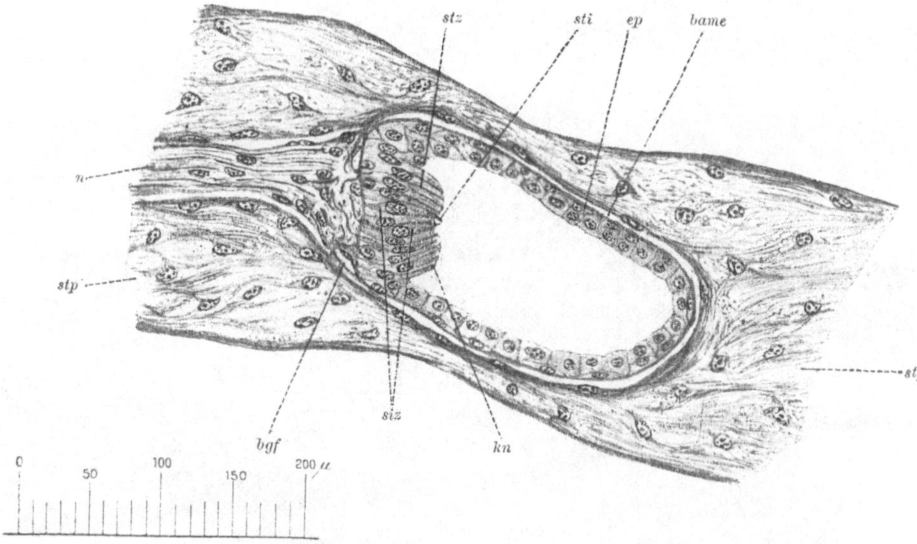


Fig. 351. Zitterrochen. Seitenkanal (Querschnitt durch den Schwanz).
*stpl* Stützplatte, *bame* Basalmembran, *ep* Epithel, *kn* Sinnesknospe, *siz* Sinneszellen, *stz* Stützzellen, *sti* Stiftchen der Sinneszellen, *bgf* Blutgefäße, *n* Nervenstämmchen.

Epidermis fort. Auf der Basalmembran liegt zunächst eine nicht überall vollständige Lage ganz platter Zellen, dann folgt eine einfache Lage kubischer Zellen. An der Stelle, wo der Nerv zum Kanälchen tritt, erhebt sich das Epithel zu einer Art Knospe (*kn*) mit zentraler Einsenkung. Die Zellen werden hier lang zylindrisch und lassen zwei differente Formen erkennen. Die große Masse der Zellen ist schmal und kann als Stützzellen (*stz*) bezeichnet werden. Dazwischen findet man aber in der Knospenachse etwas mehr bauchige Zellen (*siz*), die sich dadurch auszeichnen, daß ihrem freien Ende ein kurzer konischer Zapfen oder Stift (*sti*) aufsitzt, der sich durch Eisenhämatoxylin stärker schwärzt als der Zellkörper und frei aus der Knospendelle hervorragt. Das sind die Sinneszellen, deren sich in jeder Knospe nur wenige nachweisen lassen. Die markhaltigen Fasern des zutretenden Nervenstämmchens bilden an der Knospenbasis ein kleines Geflecht und treten dann unter Verlust ihrer Scheiden als nackte Achsenzylinder in die Knospe selbst ein. Ihr weiteres Verhalten zeigen uns am besten Bielschowskypräparate. Sie verzweigen sich und umspinnen die Sinneszellen bis zur Epitheloberfläche. Außer den Nervenfasern gelangen mit den Nervenstämmchen auch Blutgefäße (*bgf*) zur Knospenbasis. Die Stützplatte selbst ist frei von Gefäßen. Wie schon früher bemerkt, findet sich also eine solche Sinnesknospe immer nur an der Abgangsstelle eines Querkanälchens.

Die Schleimkanäle haben im großen und ganzen den gleichen Verlauf wie die Seitenkanäle, von denen sie nur einen selbständig gewordenen Abschnitt darstellen. Auch sie finden sich nur auf der Dorsalseite, liegen etwas medialer und etwas tiefer im subkutanen Gewebe. Sie umkreisen das elektrische Organ jederseits, verlängern sich aber nicht, wie die Seitenkanäle, in den Schwanz hinein. Der wichtigste, grob morphologische Unterschied jenen gegenüber liegt darin, daß jeder Kanal ein blindes, ampullenförmig erweitertes Anfangsstück besitzt, die Lorenzinische Ampulle. Sie finden sich in großer Anzahl im Rostrum.

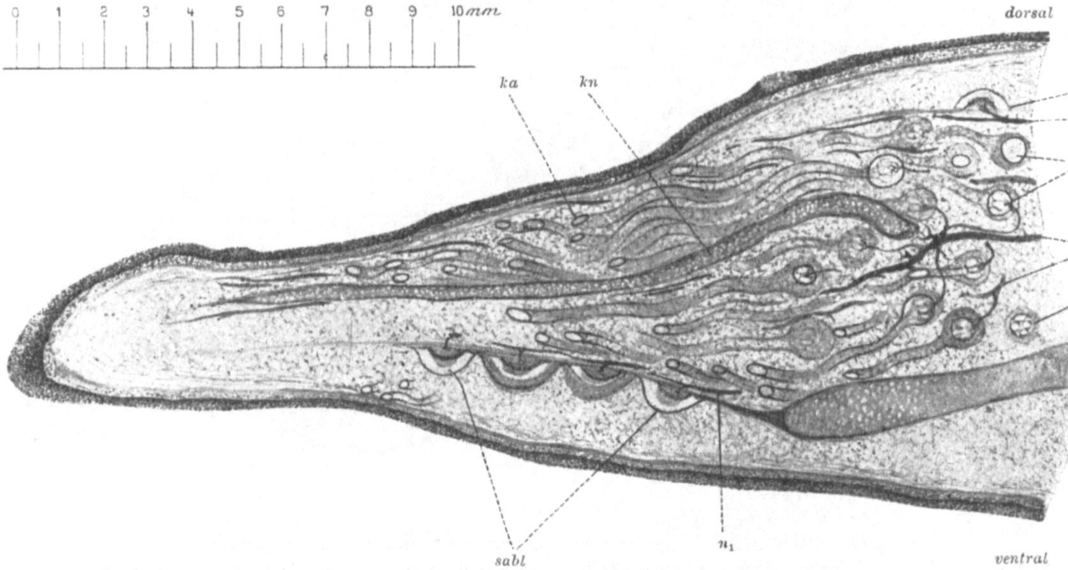


Fig. 352. Zitterrochen. Rostrum.
*kn* Rostralknorpel, *ka* Schleimkanäle, *loa* Lorenzinische Ampullen, $loa_1$ eine solche quergeschnitten, *n* Ampullennerven, *sabl* Savische Bläschen, $n_1$ Bläschennerven.

Um sie und ihren Zusammenhang mit den Schleimkanälen zu demonstrieren, schneidet man das ganze Rostrum als einen Keil heraus, dessen breite Basis die rostrale Zirkumferenz des Tieres bildet, dessen Spitze zwischen den Augen gelegen ist. Einbettung in Zelloidin oder noch besser Anfertigung von Gefrierschnitten, wobei jegliche Schrumpfung vermieden wird. Man schneide parallel zu den Seitenflächen des Keils. Man kann die Schnitte nach der Bielschowskymethode versilbern oder mit $^1/_4$%iger Osmiumsäure nachbehandeln oder mit Hämalaun färben. Sehr gut bewährt sich auch $^1/_4$—$^1/_2$stündiges Einlegen in $^1/_2$%ige Goldchloridlösung und nachfolgende Reduktion im Sonnenlicht in $^1/_2$%iger Essigsäure.

In einem derartigen Schnitt (Fig. 352) sehen wir die Kanäle (*ka*) in leicht geschlängeltem Verlauf medial und kaudal umbiegend in die Ampullen (*loa*) übergehen. Die letzteren erscheinen zum größten Teil längs- (*loa*), seltener quergetroffen ($loa_1$). Sie sind kuglig oder birnförmig und erreichen einen Durchmesser von 0,7—0,8 mm. Der Abgangsstelle des Schleimkanals gegenüber tritt zu jeder Ampulle ein kleines Nervenstämmchen (*n*) und ein Blutgefäß.

Zum Studium des feineren Baues eignen sich vor allem Bielschowskypräparate. Ein solches liefert uns bei mittelstarker Vergrößerung folgendes Bild (Fig. 353). Jedes Kanälchen (*ka*) besitzt eine aus feinen, vorwiegend längsverlaufenden Bindegewebsfasern zusammengesetzte Propria (*pro*), die sich auf die Ampulle (*loa*) fortsetzt und die Kapsel (*ka*) der letzteren bildet. Das Kanälchen ist ausgekleidet von einer einfachen Schicht platter, polygonaler Zellen (*epz*). Im Ampullenhals trennt sich dieser Epithelschlauch von der Kapsel und erweitert sich zu gewöhnlich vier großen Terminalzellen (*tez*), deren epitheliale Wände zu vier ins Ampullenlumen vorspringenden Septen verschmelzen. Wir erhalten so auf dem Querschnitt durch die Ampulle ein rosettenförmiges Lumen. An Stelle der vier Terminalzellen können sich auch drei oder

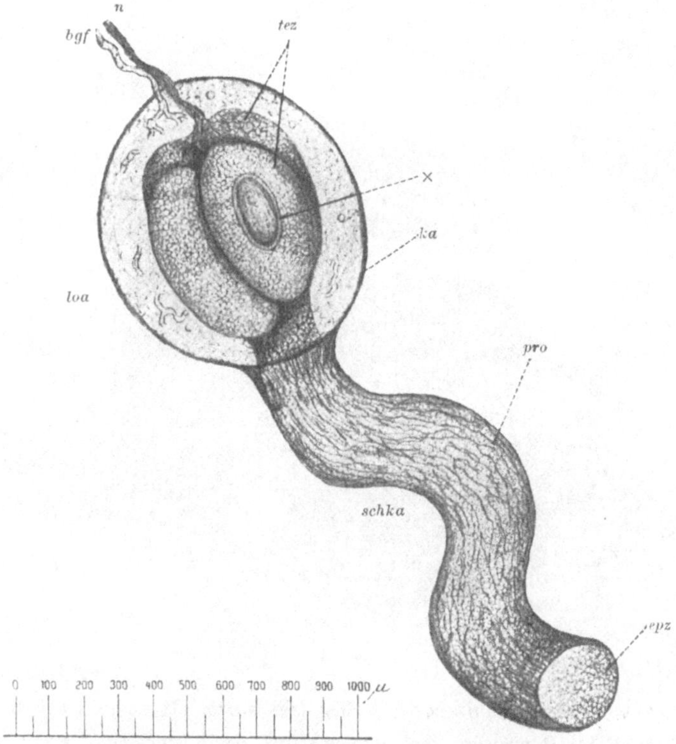


Fig. 353. Zitterrochen. Lorenzinische Ampulle.
*schka* Schleimkanal, *epz* dessen Epithel, *pro* Propria, *loa* Ampulle, *ka* deren Kapsel, *tez* Terminalzellen, bei × ist die Wand einer solchen angeschnitten, *n* Nerv, *bgf* Blutgefäß.

fünf finden, und diese können wieder mit kleinen sekundären Ausbauchungen besetzt sein. Jede Terminalzelle besteht aus einer einfachen Lage platter, polygonaler Zellen. Sie steht ziemlich weit von der Kapsel ab. Der Zwischenraum wird ausgefüllt von einem sehr lockeren, feinfaserigen Bindegewebe, dessen Maschen intra vitam wohl mit Flüssigkeit durchtränkt sind. Es enthält zahlreiche weitverzweigte Bindegewebszellen. Gegenüber der Eintrittsstelle des Schleimkanals wird die Kapsel durchbohrt von einem oder zwei Blutgefäßen (*bgf*) und einem Nervenstämmchen (*n*). Die ersteren verzweigen sich zwischen Kapsel und Epithel, das letztere zerfällt in seine Fasern, welche sich in die zwischen den Enden der Terminalzellen gebildete Vertiefung einsenken und von hier aus nach Verlust ihrer Markscheide die Terminalzellen mit einem feinen Nervenplexus umspinnen.

Ebenso wie die Seitenkanäle kommunizieren die Schleimkanäle durch Querkanälchen mit der Außenwelt. Ihr Inhalt soll eine schleimige Masse bilden.

Die letzte Komponente der Hautsinnesorgane bilden die Savischen Bläschen, welche sich nur bei den Torpedineen finden und sich von den Seiten- und Schleimkanälen vor allem dadurch unterscheiden, daß sie vollkommen abgeschlossene Bildungen darstellen, also nicht mit der Außenwelt in Verbindung stehen. Sie finden sich ebenfalls im Rostrum, nach außen von den Schleimkanälen, hauptsächlich auf der ventralen, seltner auf der dorsalen Seite in sagittalen Reihen hintereinander stehend, und dringen von hier aus an der rostralen Peri-

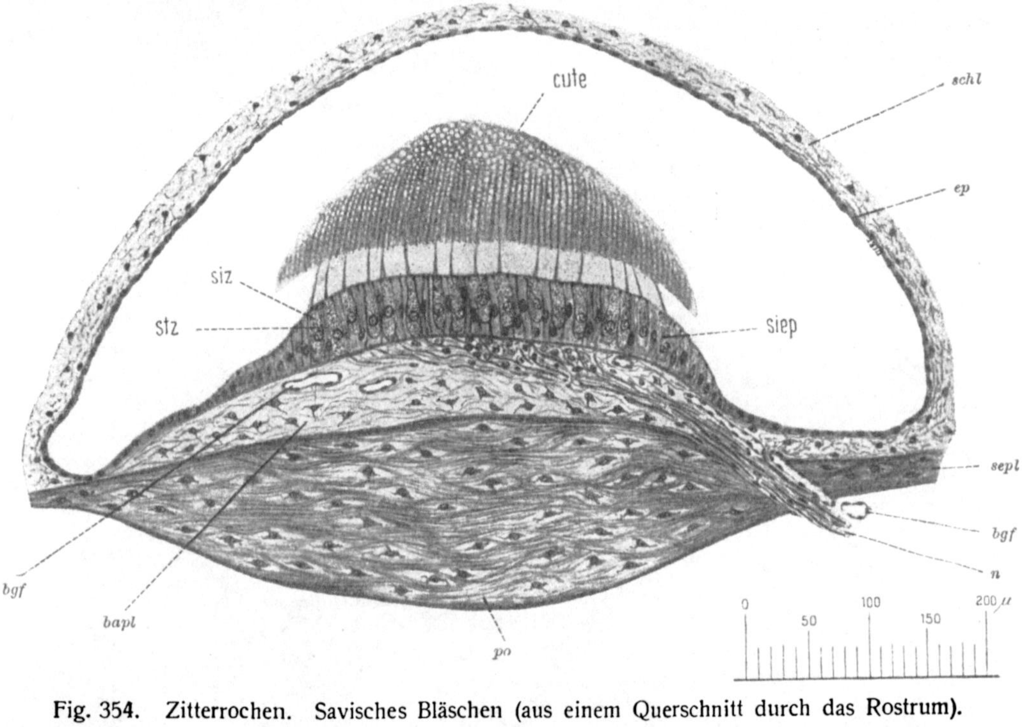


Fig. 354. Zitterrochen. Savisches Bläschen (aus einem Querschnitt durch das Rostrum). *schl* Schleimgewebe des Rostrums, *sepl* Sehnenplatte, *po* Polster, *bapl* Basalplatte, *n* Nerv, *bgf* Blutgefäße, *ep* Epithel des Bläschens, *siep* Sinnesepithel mit Sinneszellen (*siz*) und Stützzellen (*stz*), *cute* Cupula terminalis.

pherie des elektrischen Organs entlang. Ihre Form ist halbkuglig und zwar sieht die Basis dorsal-, die Wölbung ventralwärts (Fig. 352 *sabl*). Mit der ersteren liegen sie auf sehnigen Platten (Fig. 354 *sepl*) auf, welche sich über jedem Bläschen zu einem linsenförmigen Polster (*po*) verdicken, bestehend aus zahlreichen verästelten Bindegewebszellen in einer anscheinend hyalinen Grundsubstanz. Färbt man jedoch die Präparate mit Pikrofuchsin, so löst sich diese Grundsubstanz in einen außerordentlich dichten Filz feinster Bindegewebsfäserchen auf. Jedes Polster wird entweder in seiner Mitte oder mehr seitlich von einem kleinen Nervenstämmchen (*n*) durchbohrt. Jedes Bläschen ist ausgekleidet von einem ganz platten, einschichtigen Epithel (*ep*), welches über dem linsenförmigen Polster in ein echtes Sinnesepithel (*siep*) übergeht. Das

Sinnesepithel sitzt auf einer bindegewebigen Basalplatte (*bapl*) auf und bildet so einen in den Bläschenhohlraum vorspringenden Hügel. Es besteht aus flaschenförmigen Sinneszellen (*siz*) und dazwischenliegenden zylindrischen Stützzellen (*stz*). Aus jeder Sinneszelle ragt ein langes Sinneshaar hervor und tritt sehr bald in ein auf dem Schnitte sichelartiges, in Wirklichkeit mützenförmiges Gebilde, die Cupula terminalis (*cute*) ein. Die Cupula zeigt eine ausgesprochene Streifung parallel zur Verlaufsrichtung der Haare und ist von zahllosen Vakuolen durchsetzt, welche distalwärts regellos, proximalwärts reihenweise zwischen den Streifen angeordnet sind.

Der in das Bläschen eintretende markhaltige Nerv (*n*) zerfällt in der Basalplatte in seine Fasern, die unter Verlust ihrer Markscheide in das Sinnesepithel eintreten und die Sinneszellen mit ihren Fibrillen umspinnen. Mit dem Nerven zusammen verläuft ein Blutgefäß (*bgf*) zur Basalplatte und verzweigt sich in ihr. Intra vitam sind die Bläschen mit einer wäßrigen Flüssigkeit prall gefüllt.

## 3. Das Nervensystem.

Bei den Plagiostomen umgeben sich im Gegensatz zu den Zyklostomen die zerebrospinalen Nervenfasern mit Ausnahme des Riechnerven bald nach ihrem Ursprung aus der Nervenzelle mit einer besonderen Scheide aus Myelin, sie werden zu markhaltigen Nervenfasern. Die färberische Darstellung dieser Scheide ist für das Studium des Faserverlaufs in Rückenmark und Gehirn von allergrößter Bedeutung, deshalb sei an dieser Stelle etwas näher darauf eingegangen. Die klassische Methode der Markscheidenfärbung ist die WEIGERTsche. Wir bringen sie in folgender Weise zur Anwendung. Rückenmark und Gehirn des in Formalin konservierten Tieres werden mitsamt der knorpligen Schädelkapsel bzw. der Wirbelsäule herausgeschnitten, in 5—10 mm dicke Scheiben zerlegt und diese dann für mindestens 14 Tage in öfter gewechselte MÜLLERsche Flüssigkeit eingelegt. Man überträgt dann die durch angehängte Kartonplättchen numerierten Stücke in 80%igen Alkohol in dunkler Flasche und wechselt den letzteren täglich so lange, als er sich noch trübt. Nun färbt man die Stücke 3—5 Tage lang in einer 1%igen Lösung von kristallisiertem Hämatoxylin durch und bettet sie in Paraffin ein. Die auf den Objektträger aufgeklebten, tiefschwarzen Schnitte müssen dann durch abwechselnde Behandlung mit einer 0,1%igen Lösung von Kaliumpermanganat und einer dünnen Lösung von schwefliger Säure, die man sich durch Mischen gleicher Teile ½%iger Lösungen von schwefligsaurem Kalium und Oxalsäure herstellt, so lange differenziert werden, bis die fast farblose graue Substanz sich deutlich von der blauschwarz gefärbten weißen Substanz abhebt.

Steht ein Gefriermikrotom zur Verfügung, so vereinfacht und verkürzt sich dieses etwas langwierige Verfahren ganz bedeutend. Die herausgeschnittenen Scheiben von Gehirn und Rückenmark werden dann aus dem Formalin direkt auf das Gefriermikrotom gebracht und in 50 $\mu$ dicke Schnitte zerlegt. Die eine Hälfte der Schnitte wird zu anderweitiger Verwendung zurückgestellt, die andere Hälfte über Nacht in MÜLLERscher Flüssigkeit in den Brutschrank verbracht, um dann in gleicher Weise wie oben gefärbt und differenziert zu werden. Noch einfacher kommt man zum Ziel, wenn man die Schnitte direkt ½—1 Stunde lang mit ¼%iger Osmiumsäure nachbehandelt, bis die Markscheiden geschwärzt sind.

Der Rest der Schnitte wird dann nach der Bielschowskymethode verarbeitet, die an solchen Gefrierschnitten unübertreffliche Bilder von Zellen und Fasern liefert. Auch Färbungen mit Hämalaun oder Kresylviolett sind sehr empfehlenswert. Sie können natürlich auch an Paraffinschnitten ausgeführt werden.

### a) Das Rückenmark.

Wir wollen nun zunächst zur Untersuchung eines Markscheidenpräparates des Rückenmarks schreiten, wie es unsere Fig. 355 zeigt. Das Organ stellt bei den Plagiostomen einen ungefähr zylindrischen, sich von rostral nach kaudal ganz allmählich verjüngenden Stab dar. Der Zentralkanal (*zk*) liegt der ventralen Peripherie näher als der dorsalen. Er ist im Querschnitt kreisförmig, ziemlich eng und wird umgeben von einer einfachen Schicht niedrig zylindrischer Ependymzellen. Ventralwärts erstreckt sich von ihm das schmale Ventralseptum (*vese*), dorsalwärts das Dorsalseptum (*dose*) zur Peripherie. Durch die beiden Septen wird das Rückenmark in zwei symmetrische Hälften zerlegt, deren jede wieder aus einem Mantel quergeschnittener markhaltiger Nervenfasern, der weißen Substanz (*wsu*), besteht, welche in ihrem Innern die graue Substanz (*grsu*) birgt. Aus der ventralen Peripherie tritt jederseits die ventrale motorische Wurzel (*vewu*), aus der dorsalen Peripherie die dorsale sensible Wurzel (*dowu*) eines jeden Spinalnerven hervor. Durch sie wird die gesamte weiße Fasermasse jeder Hälfte in einen Ventralstrang (*vestr*) zwischen Ventralseptum und Ventralwurzel, einen Lateralstrang (*lastr*) zwischen beide Wurzeln und einen Dorsalstrang (*dostr*) zwischen Dorsalwurzel und Dorsalseptum zerlegt. Die einzelnen Stränge sind wieder durch zahlreiche radiär einstrahlende Gliasepten in größere und kleinere Bündel zerspalten. Je weiter wir nach innen vordringen, um so weiter auseinander rücken die Faserbündel, getrennt durch Streifen grauer Substanz. Diese mehr isolierten, zentralen Faserbündel gehören zum Teil Bahnen an, welche aus dem Mittelhirn ins Rückenmark herabsteigen (×), zum Teil gehören sie Hirnnerven an, wie dem Vagus $X_1$ und $X_2$) und dem Akustikus. Auch vom Trigeminus finden wir die aufsteigende spinale Wurzel als eine direkt ventral von der Dorsalwurzel gelegene Fasermasse ($V_1$). Stärkere Vergrößerungen zeigen uns, daß die Ventralstränge und die ventralen Teile der Lateralstränge gröbere Fasern enthalten, als die Dorsalstränge.

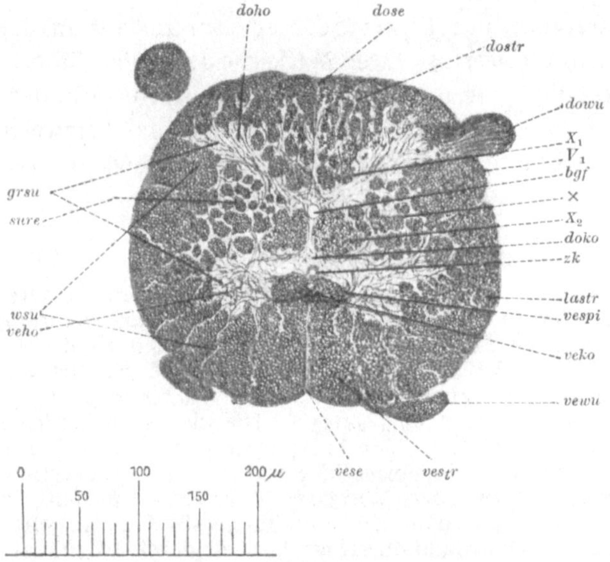


Fig. 355. Zitterrochen. Rückenmark.

*doho* Dorsalhorn, *dose* Dorsalseptum, *dostr* Dorsalstrang, *dowu* Dorsalwurzel, $X_1$ sensible spinale Vaguswurzel, $V_1$ spinale Trigeminuswurzel, *bgf* Blutgefäß, × aus dem Mittelhirn herabsteigende Fasern, $X_2$ motorische spinale Vaguswurzel, *doko* Dorsalkommissur, *zk* Zentralkanal, *lastr* Lateralstrang, *vespi* Tractus vestibulospinalis, *veko* Ventralkommissur, *vewu* Ventralwurzel, *vestr* Ventralstrang, *vese* Ventralseptum, *veho* Ventralhorn, *wsu* weiße Substanz, *sure* Substantia reticularis, *grsu* graue Substanz.

Die graue Substanz (*grsu*) bietet das außerordentlich zierliche Bild einer Schmetterlingsfigur. Jede ihrer beiden, nicht immer ganz symmetrischen Hälften läßt ein etwas plumperes Ventralhorn (*veho*) und ein zierliches, spitz auslaufendes Dorsalhorn (*doho*) erkennen. Dorsal vom Zentralkanal stehen die beiden Ventralhörner durch eine breite Brücke grauer Substanz, die Dorsalkommissur (*doko*), in Verbindung. Eine ähnliche, aber viel schmälere Brücke, von längsgetroffenen Markfasern erfüllt, findet sich ventral vom Zentralkanal, die Ventralkommissur (*veko*). Auch die beiden Dorsalhörner stehen an ihrer Basis miteinander in Verbindung, mit den Ventralhörnern werden sie durch die netzförmigen Massen grauer Substanz verknüpft, die wir in ihrer Gesamtheit als Substantia reticularis (*sure*) bezeichnen.

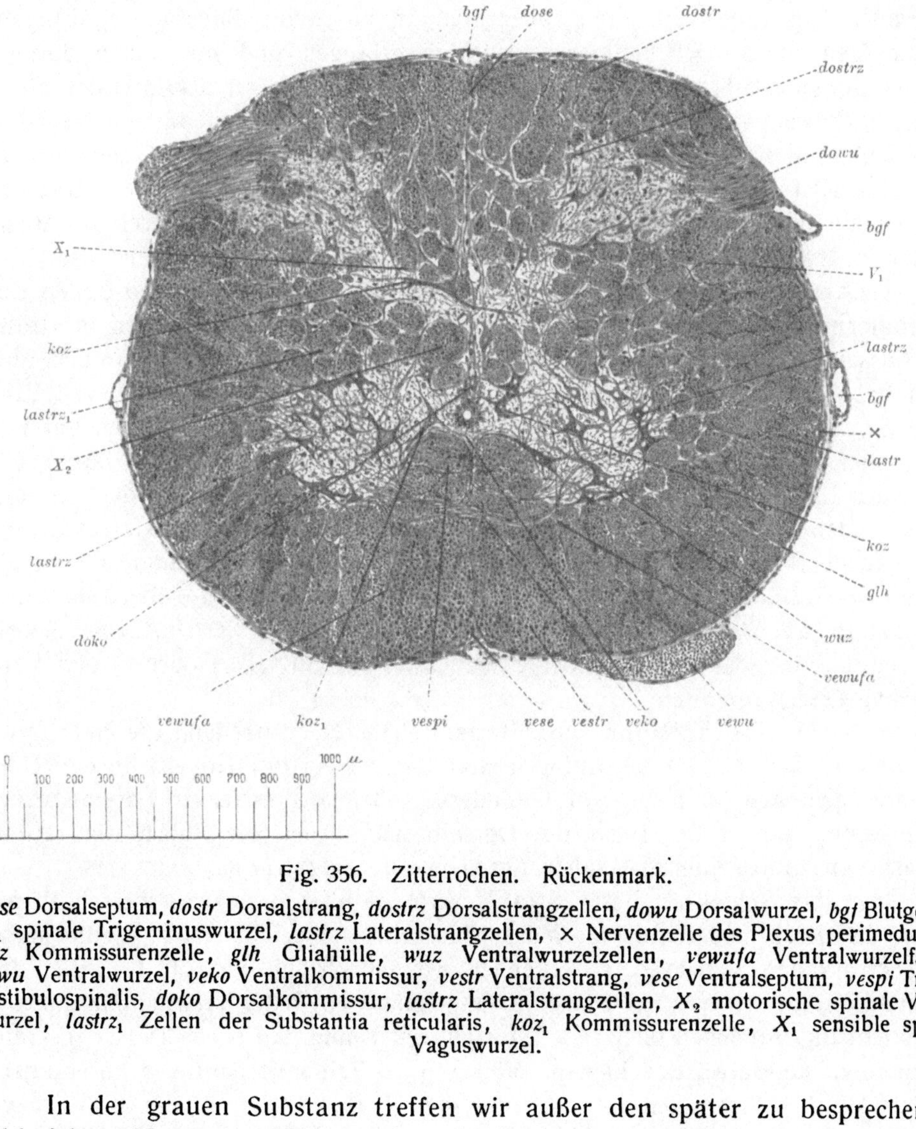


Fig. 356. Zitterrochen. Rückenmark.

*dose* Dorsalseptum, *dostr* Dorsalstrang, *dostrz* Dorsalstrangzellen, *dowu* Dorsalwurzel, *bgf* Blutgefäße, $V_1$ spinale Trigeminuswurzel, *lastrz* Lateralstrangzellen, × Nervenzelle des Plexus perimedullaris, *koz* Kommissurenzelle, *glh* Gliahülle, *wuz* Ventralwurzelzellen, *vewufa* Ventralwurzelfasern, *vewu* Ventralwurzel, *veko* Ventralkommissur, *vestr* Ventralstrang, *vese* Ventralseptum, *vespi* Tractus vestibulospinalis, *doko* Dorsalkommissur, *lastrz* Lateralstrangzellen, $X_2$ motorische spinale Vaguswurzel, $lastrz_1$ Zellen der Substantia reticularis, $koz_1$ Kommissurenzelle, $X_1$ sensible spinale Vaguswurzel.

In der grauen Substanz treffen wir außer den später zu besprechenden zahlreichen Nervenzellen auch zahlreiche markhaltige Nervenfasern, zum Teil längs-, zum Teil quergeschnitten. Es sind das einmal die Neuriten der hier gelegenen Nervenzellen, die sich mit einer Markscheide umgeben haben und in die Ventralwurzel oder in die weiße Substanz einreten. Ein anderer Teil, sog. Kollateralen, kommt aus der weißen Substanz und tritt in die graue ein, um sich an ihren Zellen nach Verlust ihrer Markscheide zu verästeln.

Zum weiteren Studium wollen wir dann ein Bielschowskypräparat in den Kreis unserer Untersuchung ziehen (Fig. 356). Es liefert uns vor allem wichtige Aufschlüsse über Bau und Verbreitung der Nervenzellen des Rückenmarks. Wir finden dieselben besonders in den Ventralhörnern als große, stark verzweigte Gebilde, deren Körper nicht selten einen Durchmesser von 50 $\mu$ erreicht. Da erscheint zunächst eine Gruppe von Zellen in dem dorsoventralen Teil des Ventralhorns (*wuz*). Sie haben meist 4—5 Dendriten, die sich über weite Strecken der grauen Substanz verbreiten, aber auch in die weiße Substanz eindringen, ja zum Teil in die Rückenmarksperipherie gelangen und hier einen dünnen Plexus perimedullaris bilden, in dem wir, besonders an der lateralen Peripherie, auch verzweigte Nervenzellen antreffen (×). Um den dünnen Neuriten dieser Zellen zu erkennen, müssen wir stärkere Vergrößerungen zu Hilfe nehmen. Er läuft meist bogenförmig vom Zellkörper aus, umgibt sich bald mit einer Markscheide und tritt zwischen Ventral- und Lateralstrang hindurch als Ventralwurzelfaser (*vewufa*) in die Ventralwurzel ein. Wir haben also hier motorische Wurzelzellen vor uns. Die große Masse der übrigen Zellen des Ventralhornes ist anderer Natur. Sie gleichen zwar den Wurzelzellen in Größe und Aussehen, schicken aber ihren Neuriten, nachdem er sich mit Mark umgeben hat, in die weiße Substanz, wo er in die Längsrichtung umbiegt. Eine solche Strangzelle kann nun je nach ihrer Lage ihren Neuriten in den Lateralstrang oder in den Dorsalstrang schicken. So finden wir z. B. in den lateralsten Teilen des Lateralhorns zahlreiche Zellen, welche ihren Neuriten in den Lateralstrang senden (*lastrz*). In der Umgebung des Zentralkanals stoßen wir auf Zellen, bei denen der Neurit und zum Teil auch die Dendriten die dorsale oder ventrale Kommissur durchsetzen und in die andere Rückenmarkshälfte übertreten und die deshalb als Kommissurenzellen (*koz*) bezeichnet werden. Der Neurit kann dann entweder in den anderseitigen Lateralstrang (*koz*) oder in den Ventralstrang ($koz_1$) eintreten.

Auch das Dorsalhorn enthält zahlreiche Nervenzellen, die aber zum Teil kleiner sind als im Ventralhorn und deren Neuriten zumeist in den Dorsalstrang gelangen (*dostrz*). Auf besonders große, langgestreckte Lateralstrangzellen stoßen wir in der Basis des Dorsalhorns. Auch die Substantia reticularis ist von zahlreichen Lateralstrangzellen durchsetzt ($lastrz_1$).

Über das Schicksal dieser Strangfasern orientieren uns am besten transversale Längsschnitte durch das Mark. Hat ein solcher Schnitt z. B. die Höhe des Zentralkanals getroffen, so erkennen wir sehr leicht, wie die Neuriten der Strangzellen, in der weißen Substanz angelangt, entweder rechtwinklig in die Längsrichtung umbiegen oder sich **T**-förmig teilen und den einen Teilast rostral-, den anderen kaudalwärts schicken. Von Zeit zu Zeit gibt dann die Faser unter rechtem Winkel einen Seitenzweig, eine sog. Kollaterale ab, die in die graue Substanz eindringt und nach Verlust ihrer Markscheide die Zellen der grauen Substanz mit ihren Zweigen umspinnt. Die Faser selbst endet entweder in der gleichen Weise wie die Kollaterale oder sie läuft hirnwärts weiter.

Mehr dorsalwärts gelegte Längsschnitte geben uns dann auch einen guten Einblick in das Verhalten der Dorsalwurzeln. In das Rückenmark eingetreten, wenden sie sich zum Dorsalstrang und teilen sich stumpfwinklig. Der eine Teilast läuft kaudalwärts und biegt nach kürzerem oder längerem Verlauf rechtwinklig in das Hinterhorn ein, um sich hier aufzusplittern. Der andere Teilast läuft als Dorsalstrangfaser rostralwärts bis zur Medulla oblongata.

Außer Nervenzellen und Nervenfasern enthält das Rückenmark noch Gliazellen und Gliafasern. Sie treten zum Teil schon in Bielschowsky-

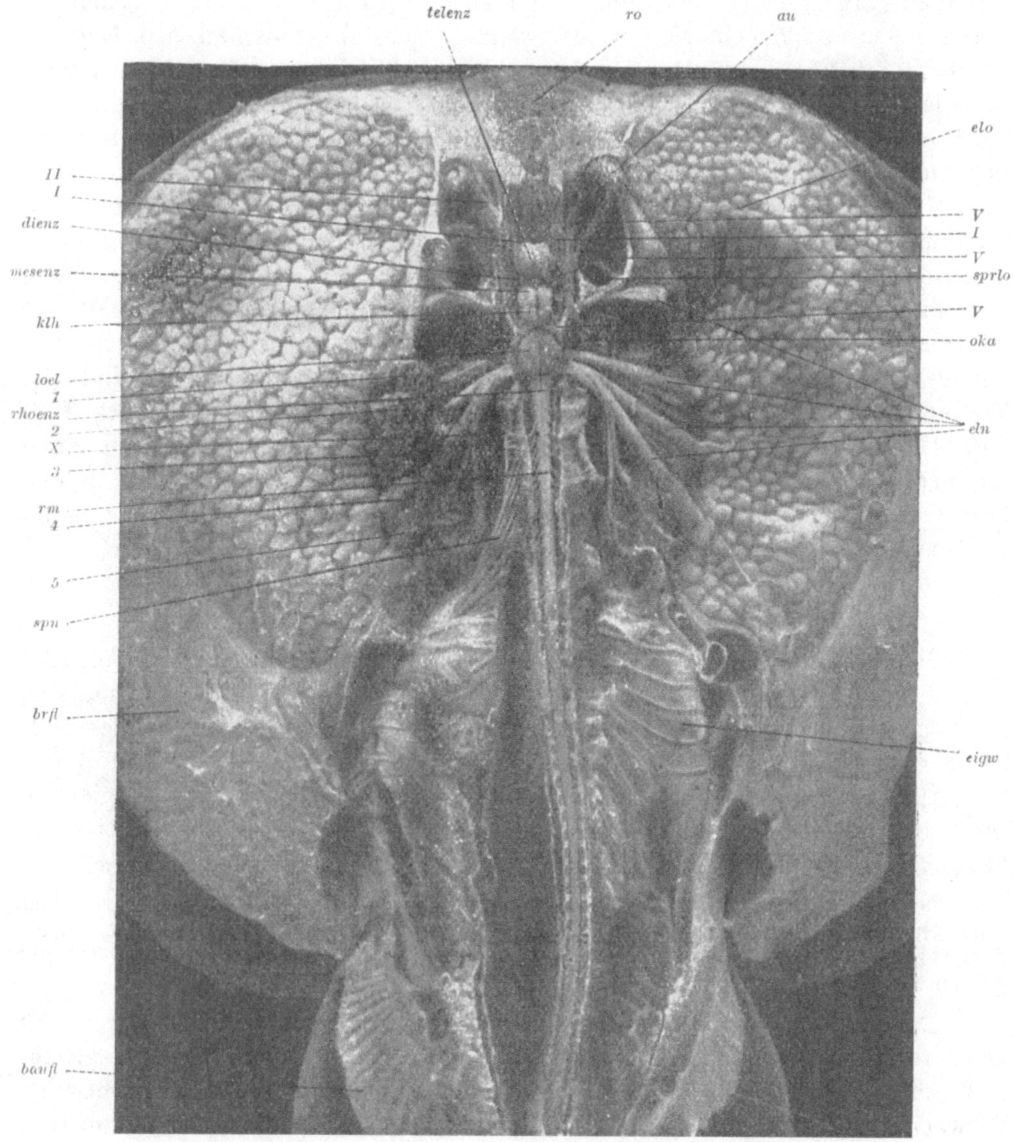


Fig. 357. Zitterrochen. Gehirn und Rückenmark mit den abgehenden Nerven (Photogramm in halber Originalgröße).

*ro* Rostrum, *au* Auge, *elo* elektrisches Organ, *V* N. trigeminus, *I* Tractus olfactorius, *sprlo* Spritzloch, *oka* Ohrkapsel, *eln* Nn. electrici, *eigw* Eingeweidesack, *baufl* Bauchflosse, *brfl* Brustflosse, *spn* Spinalnerven, *1—5* Kiemensäcke, *rm* Rückenmark, *X* N. vagus, *rhoenz* Medulla oblongata, *loel* Lobus electricus, *klh* Kleinhirn, *mesenz* Mittelhirn, *dienz* Zwischenhirn, *II* N. opticus, *telenz* Vorderhirn.

präparaten ganz gut hervor, noch besser erscheinen sie in mit Eisenhämatoxylin gefärbten Schnitten von Zenkermaterial. Der Gehalt des Rückenmarks an gliösen Elementen ist außerordentlich groß. Die Fasern gehen einmal aus von den Epithelzellen des Zentralkanals, den Ependymzellen, und dringen radiär in die graue Substanz. Die letztere enthält aber ebenso wie die weiße Substanz sehr zahlreiche eigene Gliazellen, sog. Astrozyten, die wir leicht an ihren kleinen, chromatinreichen Kernen erkennen. Die von ihnen ausgehenden Fasern verlaufen zum größeren Teil radiär, zum kleineren Teil längs. Sie umgeben die Nervenzellen, schlängeln sich in der weißen Substanz zwischen den Nervenfasern hindurch und trennen in größerer Masse die einzelnen Faserbündel voneinander. An der Peripherie des Markes findet sich dann eine kontinuierliche Lage von Gliazellen, die Gliahülle; sie dringen in die Septen ein und mischen sich hier mit den von den Ependymzellen stammenden Fasern.

Solche Eisenhämatoxylinpräparate geben uns ferner Gelegenheit zum Studium der Nervenzellstruktur. Der Körper der großen Nervenzellen erscheint durchsetzt von unregelmäßigen, kleinen, tiefschwarz gefärbten Körperchen, den Tigroidschollen. Der Kern ist groß, bläschenförmig und enthält ein größeres Kernkörperchen neben kleineren Chromatinbrocken. Wesentlich verschieden davon ist das Zellbild in Bielschowskypräparaten. Hier sind die Tigroidschollen nur ganz schwach zu erkennen. Dagegen wird nun der Zellkörper durchzogen von feinen Fäserchen, den Neurofibrillen. Dieselben strahlen aus den Dendriten in den Zellkörper und aus diesem wieder in den Neuriten und in andere Dendriten, wo sie so dichtgedrängt liegen, daß sie kaum voneinander zu sondern sind.

## b) Das Gehirn.

Zur Orientierung über die makroskopischen Verhältnisse des Torpedogehirns, die in ihren Grundzügen hier als bekannt vorausgesetzt werden müssen, mag das umstehende Photogramm (Fig. 357) dienen. In dem betreffenden Präparat sind Gehirn und Rückenmark mit den austretenden Nerven von dorsal her freigelegt. Auf der rechten Seite sind die dorsalen Abschnitte der Kiemensäcke und des elektrischen Organs abgetragen, um den Verlauf der elektrischen Nerven und ihre Einstrahlung in das elektrische Organ zu demonstrieren.

Den feineren Bau des Gehirns wollen wir in seinen Hauptzügen wieder an einer Querschnittserie untersuchen, welche nach der Bielschowskymethode behandelt wurde. Zur Ergänzung können nach der WEIGERTschen behandelte oder mit Eisenhämatoxylin gefärbte Schnitte dienen.

Der erste der zu besprechenden Schnitte (Fig. 358) fällt wieder in das Übergangsgebiet zwischen Rückenmark und Gehirn. Bei ungefähr gleichbleibender Form erfährt der Querschnitt hier eine zunehmende Vergrößerung. Deutlich können wir noch den Mantel der weißen Substanz und die von ihm umschlossene graue Substanz erkennen. Der Zentralkanal (*zk*) ist in seiner Form unverändert, hat sich aber merklich dorsalwärts verschoben. Er wird beiderseits flankiert von den Bündeln der motorischen Vaguswurzel ($X_1$), ventralwärts geht das ventrale Septum (*vese*) aus, zu dessen Seiten die mächtig angeschwollenen Ventralstränge (*vestr*) lagern. In den Lateralsträngen (*lastr*) sind keine besonderen Veränderungen bemerkbar, dagegen zeigen die Dorsalstränge (*dostr*) eine auffallende Verkleinerung, dadurch hervorgerufen, daß in diesem Gebiet die dorsalen Wurzeln fehlen und die aus dem Rückenmark aufsteigenden Fasern hier ihr Ende finden.

Die graue Substanz verliert mehr und mehr ihre charakteristische Form. Mit der Verkleinerung der Dorsalstränge dehnt sie sich immer weiter dorsalwärts aus, bis sie schließlich als sog. dorsales Grau an der dorsalen Oberfläche des verlängerten Markes zutage tritt. Die Ventralhörner verschwinden mehr und mehr. Ihre graue Substanz wird von zahlreichen kleinen Bündeln längsverlaufender Markfasern durchsetzt. An großen Nervenzellen sind sie nicht gerade reich. Nur an der Lateralfläche der Ventralstränge ziehen sich solche Zellen hin. Ihre Neuriten sammeln sich in einem Nervenstrang, der ganz nach Art einer Ventralwurzel das verlängerte Mark verläßt und als Spinookzipitalnerv (*spokz*) bezeichnet wird. Von solchen Nerven besitzt Torpedo,

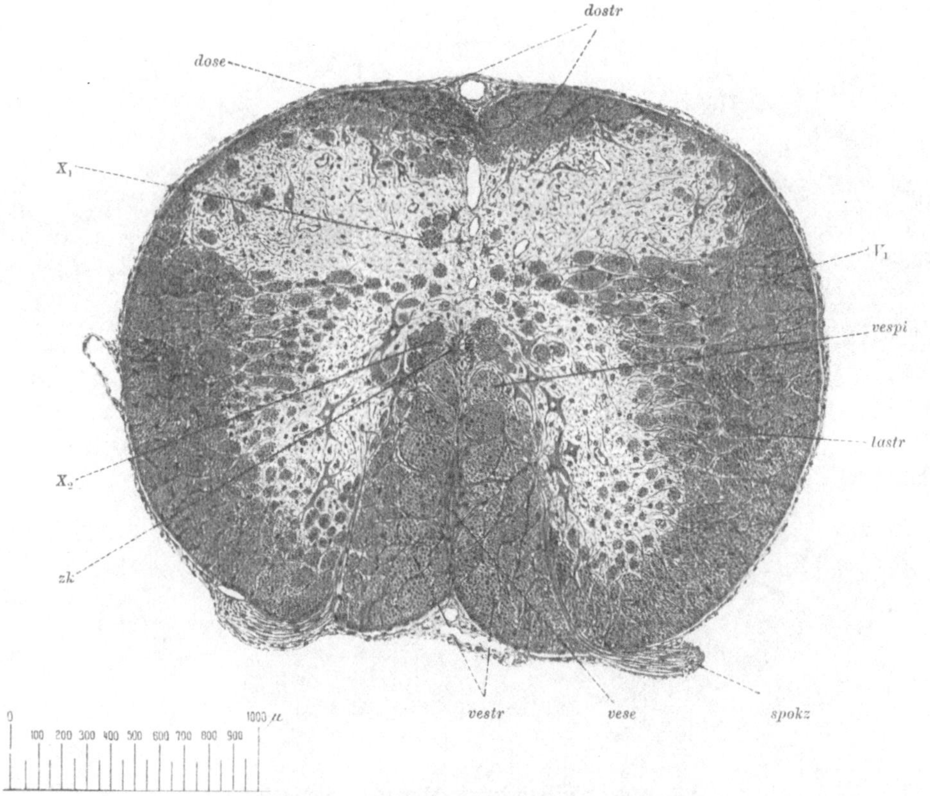


Fig. 358. Zitterrochen. Medulla oblongata.
*dostr* Dorsalstränge, $V_1$ spinale Trigeminuswurzel, *vespi* Tractus vestibulospinalis, *lastr* Lateralstrang, *spokz* Spinookzipitalnerv, *vese* Ventralseptum, *vestr* Ventralstrang, *zk* Zentralkanal, $X_2$ motorische spinale Vaguswurzel, $X_1$ sensible spinale Vaguswurzel, *dose* Dorsalseptum.

ebenso wie der Hecht, nur einen einzigen, einen rein motorischen Nerven. Außerdem treffen wir im Ventralhorn sowohl als auch zwischen den Bündeln des Lateralstranges vereinzelte Strangzellen.

Den Resten der Dorsalstränge (*dostr*) schmiegen sich kleinere Nervenzellen an, die wohl noch als Dorsalstrangzellen aufzufassen sind. Dorsalwärts vom Zentralkanal treten, zunächst noch spärlich, kleine multipolare Zellen auf, über deren Bedeutung uns der nächste Schnitt Aufklärung bringen wird.

Mit ihm (Fig. 359), der uns in das Gebiet der Medulla oblongata führt, ändert sich das Querschnittsbild ganz wesentlich. Der transversale Durchmesser übertrifft hier bedeutend den dorsoventralen. An der dorsalen Peripherie erscheint der Medulla angelagert ein schmaler Sack, der, wenn wir ihn kaudalwärts in der Serie verfolgen, bald blind endigt (*ve*). Er ist allseitig von Ependymzellen ausgekleidet und stellt eine kaudale Aussackung des Ventrikels des Rhombenzephalons dar. Der Zentralkanal (*zk*) ist noch etwas weiter dorsal vorgerückt, das Dorsalseptum ist vollständig verschwunden, das Ventralseptum dagegen tritt außerordentlich scharf hervor und enthält zahlreiche sich kreuzende Markfasern. Es wird von nun an als Raphe (*ra*) bezeichnet. Die Ventralhörner sind ebenfalls verschwunden. Ihr Gebiet wird von zahlreichen Bündeln markhaltiger Fasern eingenommen. Dorsalwärts liegt ein

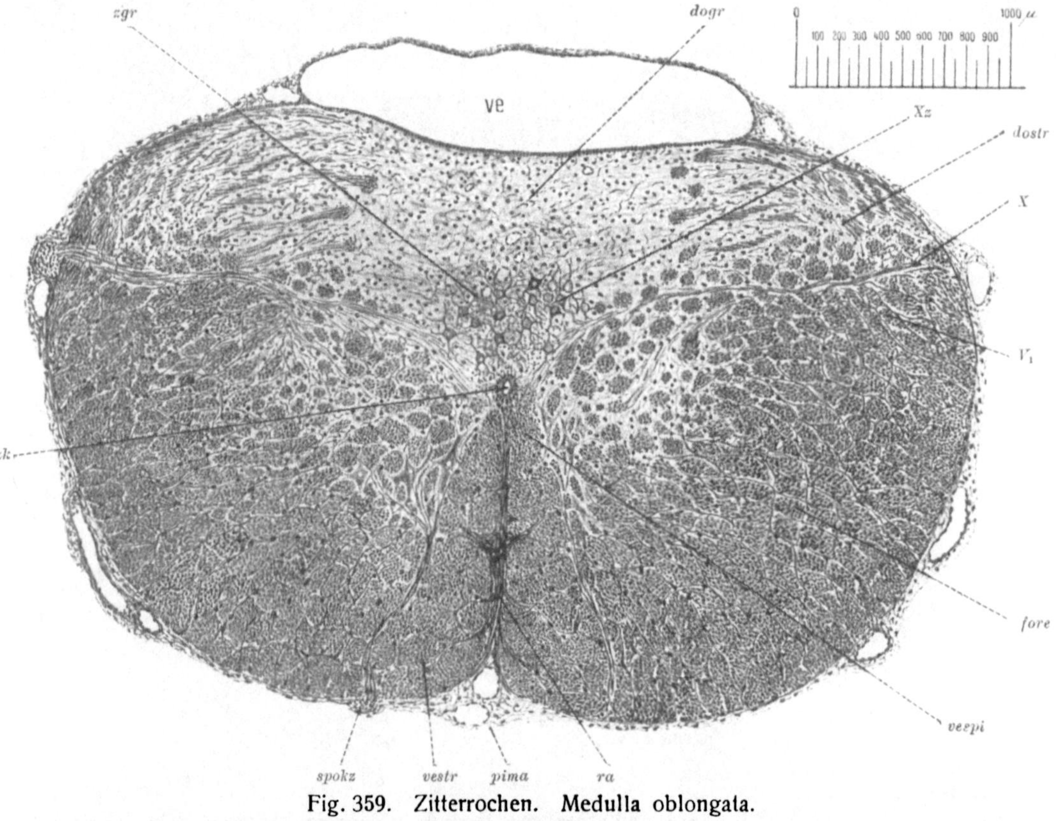


Fig. 359. Zitterrochen. Medulla oblongata.

*ve* Ventrikel des Rhombenzephalons, *dogr* dorsales Grau, *X* ventrale Vaguswurzel, *Xz* deren Ursprungszellen, *dostr* Dorsalstrang, $V_1$ spinale Trigeminuswurzel, *fore* Formatio reticularis, *vespi* Tractus vestibulospinalis, *ra* Raphe, *pima* Pia mater, *vestr* Ventralstrang, *spokz* Wurzel des Spinookzipitalnerven, *zk* Zentralkanal, *zgr* zentrales Grau.

grobmaschiges Netzwerk grauer Substanz, von kleinen Bündeln von Markfasern durchsetzt, die Formatio reticularis (*fore*). Lateralwärts schließt sich an sie das Gebiet der spinalen Trigeminuswurzel ($V_1$) an, von der Raphe wird sie getrennt durch die Ventralstränge (*vestr*), die sich, dem Zentralkanal folgend, immer weiter dorsal ausdehnen. Formatio reticularis und Ventralstränge werden getrennt durch die Fasern der rostralsten Wurzel des Spinokzipitalnerven (*spokz*), deren große Ursprungszellen noch sichtbar sind.

Die graue Substanz hat nun nach dem völligen Verschwinden der Dorsalstränge die dorsale Peripherie der Medulla erreicht und läßt einen zentralen, dem Zentralkanal anliegenden Teil, das zentrale Grau (*zgr*), und einen oberflächlichen dorsalen Teil, das dorsale Grau (*dogr*), erkennen. Das letztere ist in dieser Höhe fast vollkommen zellfrei und besteht im wesentlichen aus gliösen Elementen, durchsetzt von spärlichen Nervenfasern. Das zentrale Grau dagegen enthält zahlreiche Nervenzellen (*Xz*), denen wir in ihren ersten Anfängen schon im vorigen Schnitt begegnet sind, mittelgroße multipolare Nervenzellen mit mehreren nicht sehr langen, aber stark verzweigten Dendriten. Der Neurit wendet sich lateralwärts und tritt in ein die Medulla etwas bogig durchsetzendes Faserbündel ein, die ventrale Vaguswurzel (*X*). Ihnen gesellen sich noch Fasern aus der Formatio reticularis zu, denen wir schon früher als motorischer ($X_2$) und sensibler Vaguswurzel ($X_1$) begegnet sind. Sie lassen sich bis ins Halsmark hinein verfolgen, wo die motorischen Fasern von Zellen der Lateralhörner ausgehen, die sensiblen an Zellen der Dorsalhörner endigen. Der Ursprungsort der letzteren Fasern liegt in den außerhalb des Zentralorgans in den Verlauf des Nerven eingeschalteten Zellen der Vagusganglien. Etwas weiter rostralwärts in der Serie gesellt sich zu der ventralen noch eine dorsale Vaguswurzel, deren Fasern von Zellen des dorsalen Graues herkommen.

Gehen wir nun in unserer Serie weiter rostralwärts vor, so tritt innerhalb der Ventrikelausbuchtung (Fig. 359 *ve*), zunächst freigelegen, jederseits ein Haufen großer Zellen auf. Die beiden Haufen nehmen rasch an Masse zu, verschmelzen miteinander und legen sich dem Ventrikelboden dicht an. Dann entsteht in der Medianlinie des Zellhaufens ein mit Ependym ausgekleideter Vertikalspalt, der, ventralwärts vorrückend, mit dem dorsalwärts drängenden Zentralkanal zusammenfließt. Dieser Ventrikel bricht dorsalwärts in die Ventrikelausbuchtung durch und wir haben nun zwei mächtige Zellmassen, die sich aus dem dorsalen Grau erheben. Getrennt werden sie durch einen schmalen, mit Ependym ausgekleideten Spalt, dessen Grund der ehemalige Zentralkanal bildet. Der Spaltraum öffnet sich in die Ventrikelausbuchtung, die ebenso, wie die freien Flächen der beiden Zellmassen, von platten Ependymzellen überzogen ist. Diese Zellmassen sind die beiden elektrischen Lappen, Lobi electrici, die in ihrer typischen Ausbildung nur bei den Torpedineen auftreten.

Fig. 360 zeigt uns einen Schnitt aus dieser Gegend des Rhombenzephalons. Er weist gegenüber dem vorigen Schnitt eine wesentliche Größenzunahme auf (man beachte die verschiedenen Maßstäbe) in allen Dimensionen. Sehr deutlich tritt die Raphe (*ra*) hervor, durchzogen von zahlreichen sich kreuzenden Nervenfasern. Auch Nervenzellen treten in ihr auf, die man in ihrer Gesamtheit als Nucleus raphes bezeichnet. Zu beiden Seiten der Raphe dehnt sich die Formatio reticularis (*fore*) aus, bestehend aus quergetroffenen, kleineren und größeren Bündeln von Markfasern, welche durch graue Substanz und längsgetroffene Markfasern getrennt werden. Letztere nehmen einen vorwiegend transversalen Verlauf; lateralwärts durchsetzen sie bündelweise die hier eintretenden Nerven, medianwärts wenden sie sich zur Raphe, laufen in ihr ein Stück weit dorsoventral, um dann auf die andere Seite überzutreten. Wir bezeichnen sie als Bogenfasern, Fibrae arciformes. Die Ventralstränge, die sich früher von der Formatio reticularis gut absetzten, sind nun ganz in ihr aufgegangen. Innerhalb der Formatio reticularis sind zahlreiche Nervenzellen aufgetreten. Mittelgroß, multipolar und meist langgestreckt, finden sie sich hauptsächlich neben der Raphe als Nucleus medialis (*nume*) und weiter lateralwärts als Nucleus lateralis (*nula*). Der Neurit einer jeden derselben wird zu einer Bogenfaser und tritt durch die Raphe zur entgegengesetzten Hälfte der Medulla.

Das zentrale Grau ist geschwunden, das dorsale Grau dagegen ist noch erhalten und bildet die Basis des elektrischen Lappens. Es enthält zahlreiche spindlige Nervenzellen, die Endstätten der dorsalen Vaguswurzel. Lateralwärts setzt sich das dorsale Grau in eine graue, gegen die laterale Peripherie etwas vorspringende Masse fort, das Stratum laterale (*strla*). Zu den in ihm

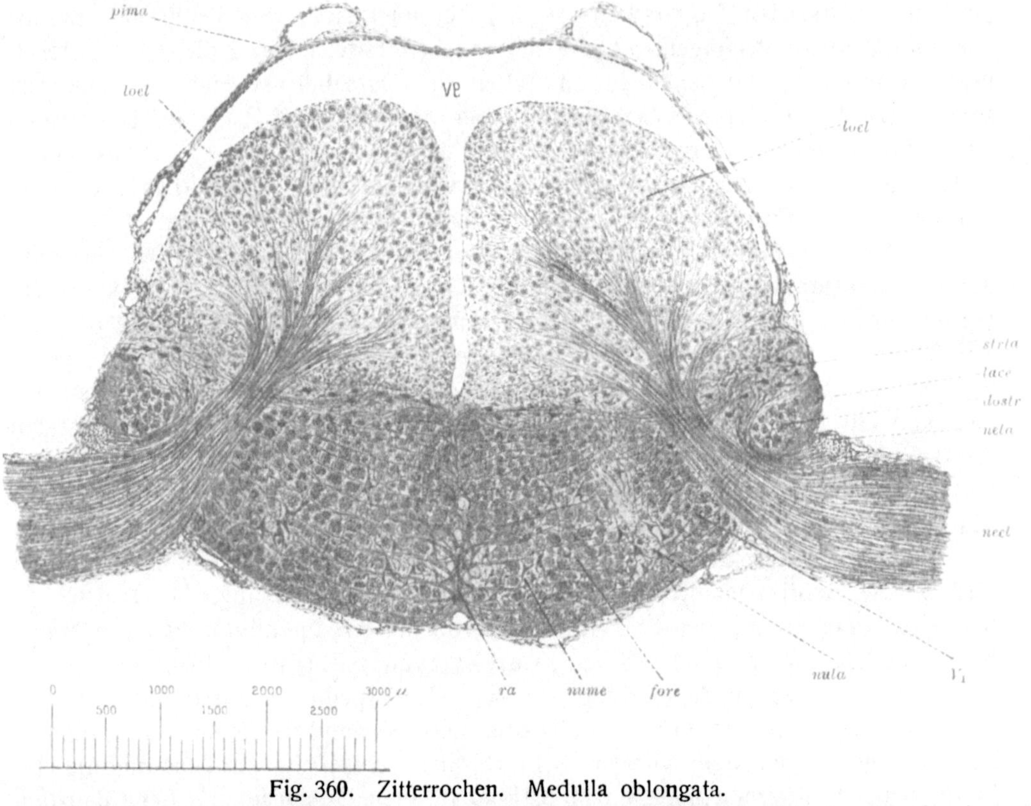


Fig. 360. Zitterrochen. Medulla oblongata.
*ve* Ventrikel des Rhombenzephalons, *loel* Lobus electricus, *strla* Stratum laterale, *lace* Lamina cerebellaris, *dostr* Dorsalstrang, *nela* N. lateralis, *neel* N. electricus, $V_1$ spinale Trigeminuswurzel, *nula* Nucleus lateralis, *fore* Formatio reticularis, *nume* Nucleus medialis, *ra* Raphe, *pima* Pia mater.

enthaltenen Nervenzellen tritt von außen her ein Nervenstamm, der N. lateralis (*nela*), der hier seine Endstätte findet. Es ist ein sensibler, in seinem Verlauf mit Ganglien besetzter Nerv und er versorgt die Hautsinnesorgane vom Kopfende kaudalwärts. Zwischen Stratum laterale und Lateralnerv wölbt sich an der lateralen Peripherie eine Kappe grauer Substanz vor, die Lamina cerebellaris (*lace*). Sie gehört bereits dem Kleinhirn an. Medianwärts schließen sich quergeschnittene Bündel von Markfasern an, die Reste der ehemaligen Dorsalstränge (*dostr*).

In die das Querschnittsbild dieser Gegend beherrschenden elektrischen Lappen (*loel*) tritt jederseits ein mächtiger Nervenstamm ein, ein N. electricus (*neel*). Wie unsere Fig. 357 zeigt, besitzt Torpedo jederseits vier elektrische Nerven, von denen die drei kaudalen gewöhnlich dem Vagus, der rostrale dem Trigeminus zugerechnet werden. Der Nerv durchsetzt die lateralen Teile der Formatio reticularis, wendet sich dabei im Bogen dorsalwärts und zerfällt, im elektrischen Lappen angelangt, in immer feiner werdende Äste und Zweige. Mit stärkeren Vergrößerungen können wir an unserem Bielschowskypräparat leicht erkennen, daß jede Faser den Neuriten einer Zelle des Lappens darstellt.

Diese Zellen bieten so viel des Interessanten, daß sich ein näheres Eingehen auf sie lohnt. Ihre Form erkennt man am besten an Isolationspräparaten,

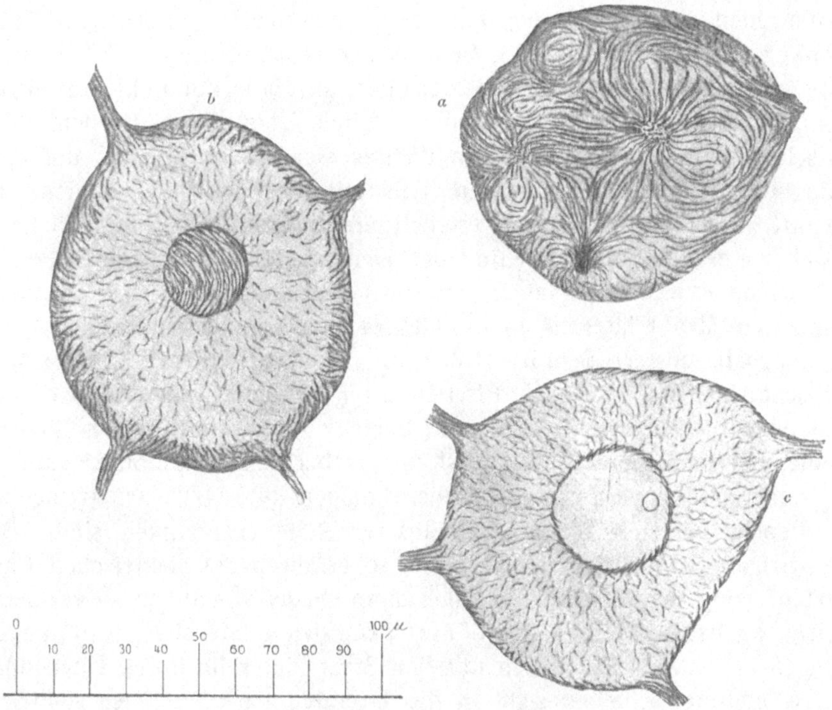


Fig. 361. Zitterrochen.
Eine Zelle des Lobus electricus bei drei verschiedenen Einstellungen: *a*) auf die Zellenoberfläche, *b*) auf die Kernoberfläche, *c*) auf die Kernmitte.

so hergestellt, daß man hirsekorngroße, dem Organ mit der Starnadel entnommene Stückchen mehrere Tage in 0,05%iger Osmiumsäure mazeriert und auf dem Objektträger zerzupft. Der Durchmesser der so isolierten Zellen schwankt um 100 $\mu$. Ihre Form ist mehr oder weniger regelmäßig kuglig. Von jeder Zelle gehen eine ganze Anzahl dünner Dendriten aus. Färbt man dünne Paraffinschnitte mit Eisenhämatoxylin oder Biondilösung, so erscheint der ganze Zellkörper von mittelgroßen Tigroidschollen durchsetzt, die sich auch ein Stückchen weit in die Dendriten hinein erstrecken. Nur eine halbkuglig in das Zellinnere vorspringende Stelle, die sog. Polstelle, ist frei von ihnen. Von ihr aus entspringt der ebenfalls immer schollenfreie Neurit. Der ungefähr 30—40 $\mu$ im Durchmesser haltende Kern ist kuglig, bläschenförmig und umschließt zahlreiche, oft sogar dichtgedrängt liegende azidophile Chromatinkörnchen.

Ganz anders ist das von unserem Bielschowskypräparat gelieferte Bild (Fig. 361). Hier ist von Schollen nur ausnahmsweise etwas zu sehen, dagegen treten hier die Neurofibrillen auf das schönste hervor. Bei hoher Einstellung auf die Zelloberfläche (*a*) erkennt man, wie aus den Zellfortsätzen die Neurofibrillen in die Zellperipherie einstrahlen, dabei wirtelförmige Figuren bildend. In dieser peripheren Fibrillenschicht legen sich die meist recht groben Fibrillen hier und da sehr eng aneinander, doch scheint es zu einer echten Netzbildung nicht zu kommen. Gehen wir mit der Mikrometerschraube herunter bis zur Kernoberfläche (*b*), so sind die Wirtelfiguren verschwunden, die periphere Fibrillenschicht ist schräg getroffen und von ihr aus wird der Zellkörper radiär von äußerst feinen, vielfach verzweigten Fibrillen durchzogen, welche sämtlich zum Kern streben, um ihn mit einer außerordentlich dichten, zirkumnukleären Fibrillenschicht zu umflechten. Senken wir schließlich den Tubus bis zur Kernmitte (*c*), so haben wir sowohl die periphere als die zirkumnukleäre Fibrillenschicht im Querschnitt und dazwischen die feinen Verbindungsfibrillen.

Zwischen den Zellen verläuft ein dichtes Gewirr von Fasern, die an der Zelloberfläche teils mit feinen Spitzen, teils mit breiten Platten enden. Über die Herkunft dieser Fasern ist schwer ins klare zu kommen. Zum Teil handelt es sich sicher um die Endverästelung der Dendriten benachbarter Zellen, zum andern Teil sind es wohl aber auch exogene Fasern, die aus der Formatio reticularis und den Strata lateralia in die elektrischen Lappen eindringen.

Der nächste unserer Schnitte führt uns in das Gebiet des Kleinhirns, des Metenzephalons. Bei den Fischen erreicht dieser Hirnteil, wie uns ja schon das Hechtgehirn zeigte, durch Ausbuchtung und Faltung des Ventrikeldaches eine viel bedeutendere Entwicklung als bei den Amphibien. Zum Verständnis seiner gröberen Formverhältnisse mögen die Umrißzeichnungen der Fig. 362 dienen, die sieben Schnitten unserer Serie entnommen sind. Gehen wir vom vorigen Schnitt rostralwärts vor, so erfahren die elektrischen Lappen (*loel*) zunächst eine Vergrößerung, um sich dann wieder allmählich zu verkleinern. Gleichzeitig wachsen zwischen ihnen und den Strata lateralia (*strla*) die Lobi laterales (*lola*) hervor. Sie stehen mit den Strata lateralia durch einen dünnen Stiel in Verbindung, schieben sich an der lateralen Peripherie der elektrischen Lappen dorsalwärts vor und werden durch einen die Kuppen der letzteren überbrückenden Ependymstreifen miteinander verbunden. Dieser schließt den Ventrikel dorsalwärts ab und wird überlagert von einem kleinen, hantelförmigen Körper, das ist das kaudale Ende des hinteren Kleinhirnlappens, der Lobus posterior cerebelli (*I lopo*). Weiter rostralwärts (*II*) wird der hintere Lappen größer und in seinem Innern tritt ein sagittal gestellter Spalt auf, der Kleinhirnventrikel. Die Lobi laterales haben sich vergrößert, ihr Stiel ist noch dünner geworden und in dem Winkel, der zwischen ihnen und den Strata lateralia einspringt, erscheint eine Nervenmasse dem Gehirn angelagert, die Wurzeln des N. facialis und des N. trigeminus (*V* und *VII*). Im dritten Schnitt (*III*) hat sich das Kleinhirn noch weiter vergrößert. Dorsalwärts springt der obere Lappen (*losup*) vor, ventralwärts der hintere Lappen (*lopo*), beide werden durch die seitlich sich ausbuchtenden Plicae laterales cerebelli (*plla*) verbunden. In den nun kreuzförmigen Ventrikel ragen die beiden Lappen mit je zwei Wülsten vor, den Tori longitudinales. Die Lobi laterales haben sich verkleinert und von der sie verbindenden Ependymbrücke springen ventralwärts in den Ventrikel des Rhombenzephalons zwei weitere Wülste vor, die Tori longitudinales des unteren Kleinhirnlappens (*loinf*$_1$). Im vierten

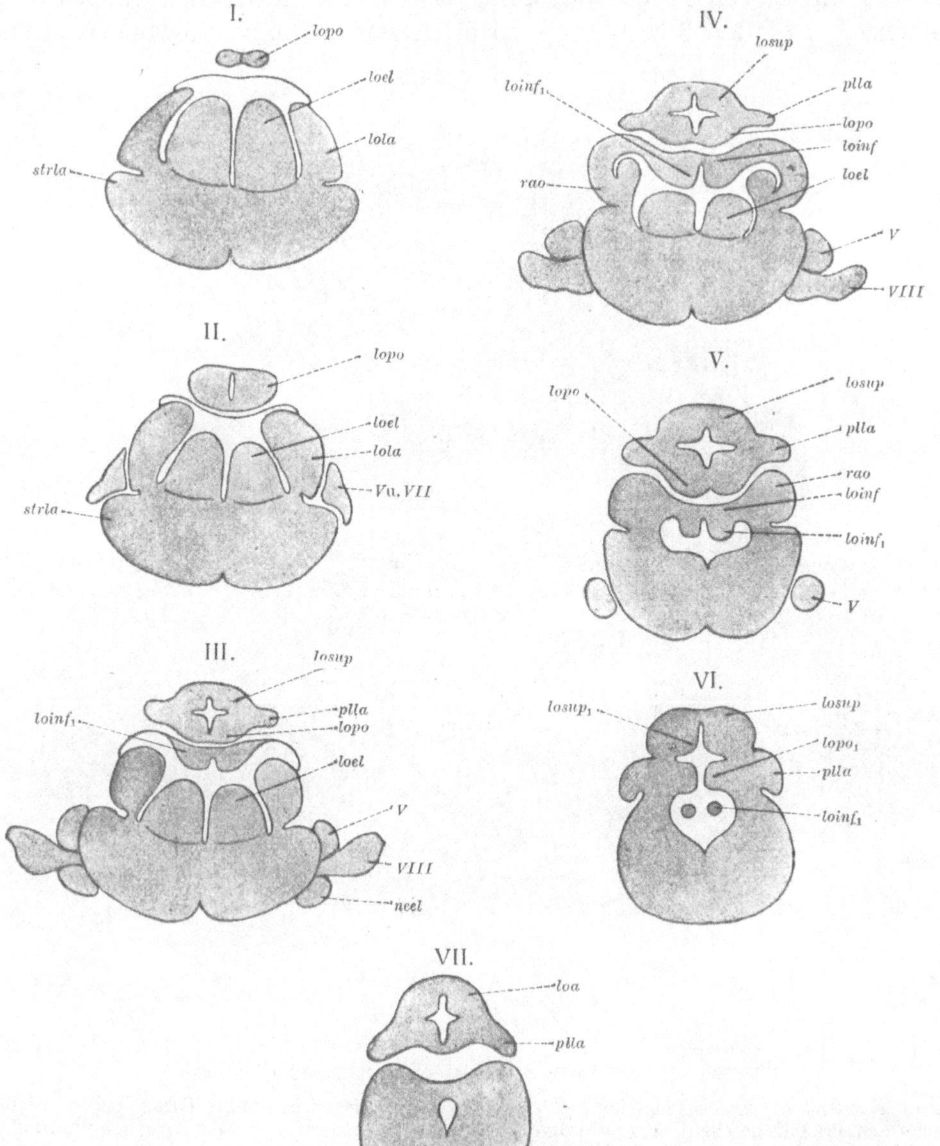


Fig. 362. Zitterrochen. Schemata zur Demonstration der Formverhältnisse des Kleinhirns. *lopo* hinterer Kleinhirnlappen, *lopo*$_1$ dessen Torus longitudinalis, *loinf* unterer Kleinhirnlappen, *loinf*$_1$ dessen Torus longitudinalis, *losup* oberer Kleinhirnlappen, *losup*$_1$ dessen Torus longitudinalis, *loa* vorderer Kleinhirnlappen, *lola* Lobus lateralis, *strla* Stratum laterale, *loel* Lobus electricus, *plla* Plica lateralis cerebelli, *V* N. trigeminus, *VII* N. facialis, *VIII* N. acusticus, *neel* N. electricus, *rao* Rautenohr.

Schnitt (*IV*) ist der Lobus lateralis bis auf seinen Stiel und seinen medialen Anteil verschwunden. Im übrigen ist aus ihm ein eigenartiges Gebilde hervorgegangen, das man als Rautenohr (*rao*) oder als Lobus inferior lateralis cerebelli bezeichnet. Es geht dorsalwärts in den unteren Kleinhirnlappen (*loinf*) über, der jetzt die Stelle der früheren Ependymbrücke einnimmt und dessen schon früher aufgetretene Tori longitudinales (*loinf*$_1$) in den Ventrikel so weit vorspringen, daß sie fast die stark verkleinerten elektrischen Lappen (*loel*) berühren. Im fünften Schnitt (*V*) sind die letzteren ganz verschwunden. Dann

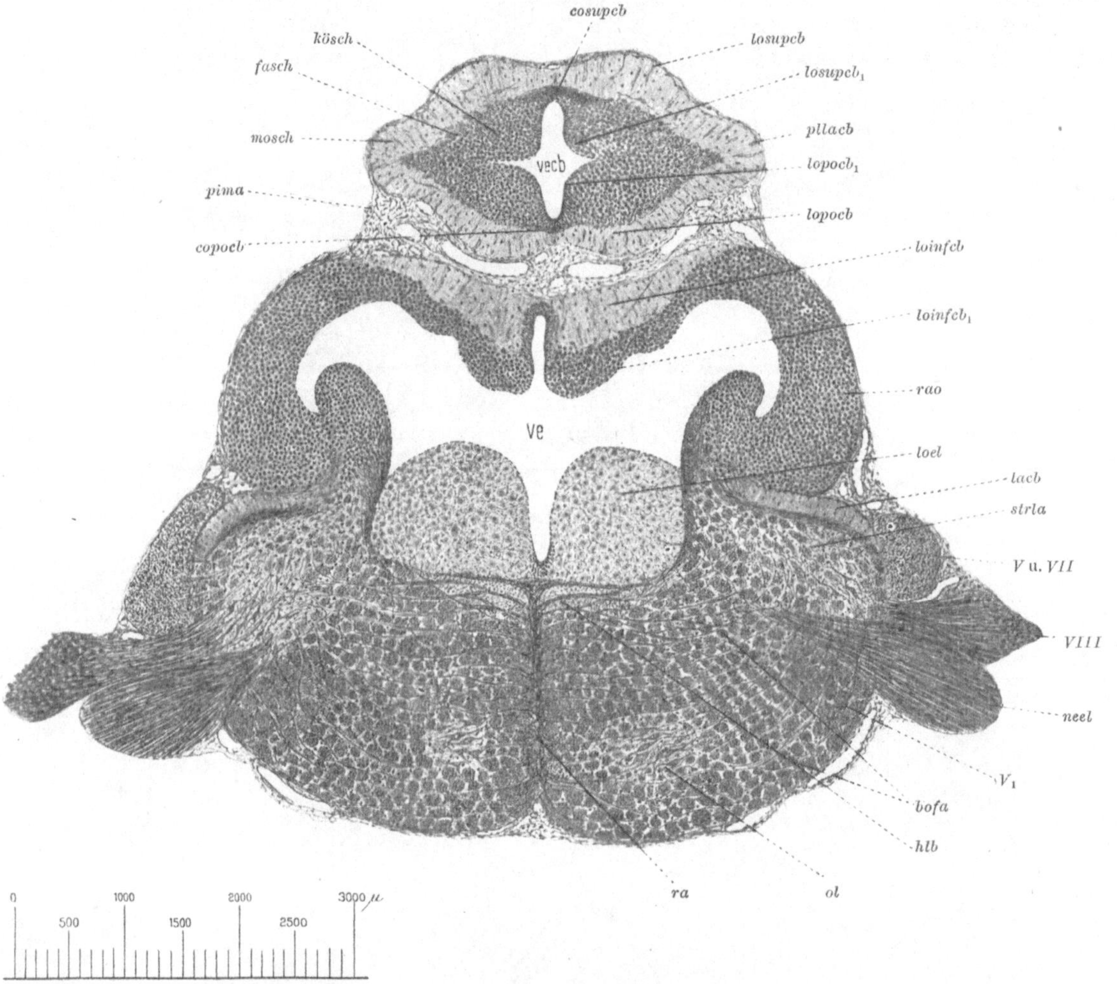


Fig. 363. Zitterrochen. Medulla oblongata und Kleinhirn.

*cosupcb* Kommissur des oberen Kleinhirnlappens (*losupcb*), *losupcb*$_1$ dessen Torus longitudinalis, *pllacb* Plica lateralis cerebelli, *lopocb* hinterer Kleinhirnlappen, *lopocb*$_1$ dessen Torus longitudinalis, *loinfcb* unterer Kleinhirnlappen, *loinfcb*$_1$ dessen Torus longitudinalis, *rao* Rautenohr, *loel* Lobus electricus, *lacb* Lamina cerebellaris, *strla* Stratum laterale, *V* N. trigeminus, *VII* N. facialis, *VIII* N. acusticus, *neel* N. electricus, *V*$_1$ spinale Trigeminuswurzel, *bofa* Bogenfasern, *hlb* hinteres Längsbündel, *ol* obere Olive, *ra* Raphe, *copocb* Kommissur des hinteren Kleinhirnlappens, *pima* Pia mater, *mosch* Molekularschicht, *fasch* Faserschicht, *kösch* Körnerschicht, *ve* Ventrikel des Rhombenzephalons, *vecb* Kleinhirnventrikel.

(*VI*) verschwinden auch die Rautenohren und die unteren Lappen bis auf Reste ihrer Tori (*loinf*$_1$), der obere und der hintere Lappen verschmelzen mit dem Hirnstamm und der Kleinhirnventrikel öffnet sich in den Ventrikel des Rhombenzephalons. Der letzte Schnitt (*VII*) führt uns endlich in den rostralen Teil des Kleinhirns, den Lobus anterior cerebelli (*loa*), der sich nun ebenso über das Mittelhirn herüberlegt, wie der hintere Lappen über die elektrischen Lappen. Man kann also das Kleinhirn als eine dorsalwärts gerichtete, sackförmige Ausstülpung bezeichnen, deren beide dickwandige, in die Länge gezogene Zipfel sich kaudal über die elektrischen Lappen, rostral über das Mittelhirn lagern. Der untere Lappen stellt eine Faltung der kaudalen Wand der Einstülpung dar.

Der nun zu besprechende Schnitt (Fig. 363) entspricht ungefähr dem vierten Schnitt der Fig. 362. Am weitesten dorsal erscheint der Querschnitt des oberen (*losupcb*) und des hinteren Kleinhirnlappens (*lopocb*) mit den Plicae laterales (*pllacb*) und den in den Kleinhirnventrikel (*vecb*) vorspringenden Tori longitudinales (*losupcb*$_1$ bzw. *lopocb*$_1$). Diese letzteren werden gebildet von einer Substanz, die bei schwacher Vergrößerung nur dichtgedrängte Kerne zeigt. Bei starker Vergrößerung erkennen wir, daß es sich um kleine, kernhaltige Zellkörper handelt. Jede Zelle entsendet mehrere dünne Dendriten, die zwischen den benachbarten Zellen verschwinden. Der ebenfalls dünne und meist schwer erkennbare Neurit verläuft senkrecht zur Oberfläche. Man bezeichnet diese Zellen als Körnerzellen und die ganze Schicht als Körnerschicht (*kösch*). Nach außen folgt auf sie eine sich auch in die Plicae laterales hineinerstreckende dünne Schicht markhaltiger Fasern (*fasch*). Die Faserschichten in der rechten und linken Hälfte eines jeden Lappens stehen durch eine obere bzw. hintere Kleinhirnkommissur (*cosupcb* bzw. *copocb*) miteinander in Verbindung. Es handelt sich in diesen Fasern um afferente Elemente, Fasern, die ins Kleinhirn eintreten und hier enden. Innerhalb dieser Faserschicht und dicht nach außen von ihnen finden sich die großen Purkinjeschen Zellen, die sich leider in unseren Präparaten nur selten gut imprägnieren. Es sind kuglige oder birnförmige Zellen mit meist zwei sich baumförmig in der gleich zu erwähnenden Molekularschicht verästelnden Dendriten. Der Neurit tritt als markhaltige Nervenfaser durch die Körnerschicht und das Rautenohr kaudalwärts. Die äußerste Schicht ist die Molekularschicht (*mosch*). Sie zeigt meist eine undeutliche Radiärstreifung, herrührend von der radiären Einstrahlung der Blutgefäße und der gleichen Anordnung der Gliafasern und der Dendriten der Purkinjeschen Zellen. Sie enthält auch spärliche Nervenzellen.

Hinterer und unterer Kleinhirnlappen (*lopocb* und *loinfcb*) werden getrennt durch die mit zahlreichen größeren Blutgefäßen durchsetzte Pia mater (*pima*). Die Zusammensetzung des unteren Kleinhirnlappens ist die gleiche, wie die des oberen und hinteren. Seine Tori longitudinales (*loinfcb*$_1$) bestehen aus Körnerzellen und sind auf ihrer in den Ventrikel des Rhombenzephalons (*ve*) sehenden Fläche mit Ependym überzogen. Dorsal liegt der Körnerschicht ein Streifen Molekularschicht auf, der lateralwärts sich allmählich verliert; der untere Kleinhirnlappen geht in das Rautenohr (*rao*) über. Dasselbe besteht in seinen lateralen Partien ebenfalls aus Körnerzellen, zwischen denen zahlreiche Markfasern in das Kleinhirn hinaufsteigen; medialwärts gegen den Ventrikel zu machen die Körnerzellen Zügen markhaltiger Fasern Platz, die teils aus dem Stratum laterale, teils aus der Formatio reticularis stammen und dem Kleinhirn Bahnen aus der Medulla oblongata und dem Rückenmark zuführen. Daneben verlaufen hier auch aus dem Kleinhirn absteigende Fasern.

Ventral an das Rautenohr schließt sich das Stratum laterale (*strla*), dorsalwärts von einer Kappe Molekularschicht, der Lamina cerebellaris (*lacb*), bedeckt. Es enthält zahlreiche kleine und größere Nervenfasern, zu denen Fasern des fünften, siebenten und achten Hirnnerven hinzutreten. Sie bilden zusammen einen schwer trennbaren Nervenkomplex, dem sich ventralwärts der rostralste elektrische Nerv (*neel*) anschließt. In die Wurzel des N. acusticus (*VIII*) sehen wir zahlreiche bipolare Nervenzellen, das Ganglion acusticum, eingelagert. Der periphere Fortsatz einer jeden Nervenzelle dringt in das Gehörorgan, während der zentrale zum Stratum laterale und weiter kaudalwärts auch zum dorsalen Grau gelangt. Innerhalb des ersteren wenden sich

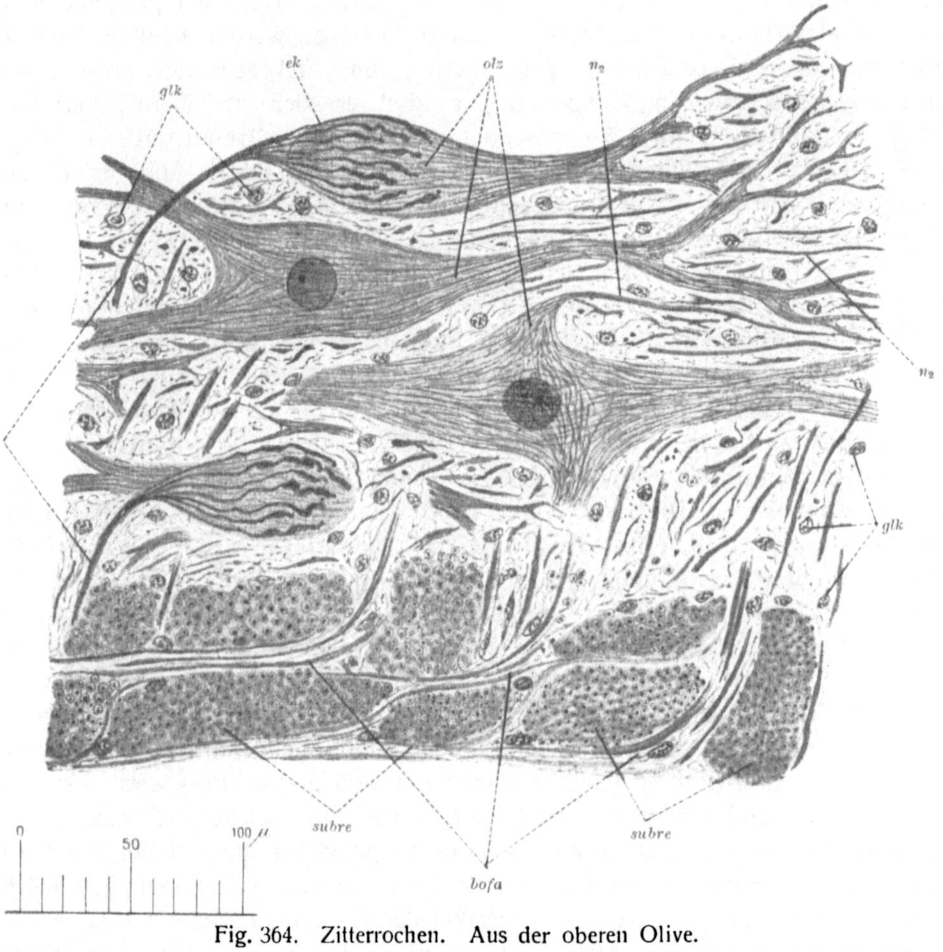


Fig. 364. Zitterrochen. Aus der oberen Olive.
*olz* Olivenzellen, $n_2$ deren Neuriten, *bofa* Bogenfasern, $n_1$ deren mit Endkörben (*ek*) die Olivenzellen umfassende Enden, *glk* Kerne der Gliazellen, *subre* Faserbündel der Substantia reticularis.

die Fasern kaudalwärts und ordnen sich zu Längsbündeln an. Ein Teil gelangt so kaudalwärts bis zum Rückenmark, ein anderer Teil tritt dorsalwärts ins Kleinhirn. Zwischen den Faserbündeln liegen überall mittelgroße multipolare Zellen, an denen fortwährend Fasern jener Bündel enden. Die Neuriten der Zellen sammeln sich zu dünnen Bündeln, durchsetzen ventralwärts die Wurzeln der elektrischen Nerven und dringen als Bogenfasern (*bofa*) in die Formatio reticularis ein. Hier gelangen sie einmal, nachdem sie die Raphe überschritten haben, in das hintere Längsbündel (*hlb*), um in ihm als Tractus vestibulospinalis ins Rückenmark zu laufen und an den Zellen der Ventralhörner zu enden. Der ventrale Teil der Bogenfasern tritt in die sog. obere Olive (*ol*) ein. Es ist das ein in der Formatio reticularis, lateral von der Raphe gelegener Kern, dessen Zellen sich in unseren Bielschowskypräparaten besonders gut präsentieren (Fig. 364). Sie sind langgestreckt mit transversal gestelltem Längsdurchmesser. Der bis zu 200 $\mu$ lange Zellkörper entsendet lange, verzweigte Dendriten und enthält grobe Neurofibrillen. An jeder Zelle endet eine Bogenfaser ($n_1$), indem sie sich in mehrere mit Endverdickungen besetzte Zweige

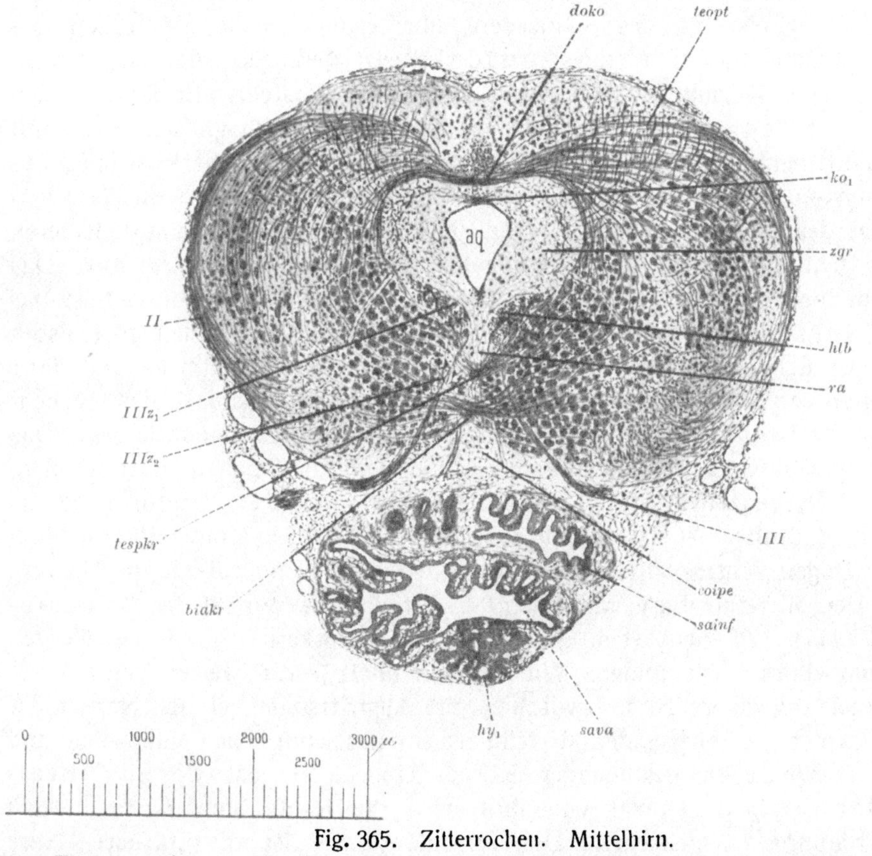


Fig. 365. Zitterrochen. Mittelhirn.
*teopt* Tectum opticum, *doko* dessen Kommissur, *zgr* zentrales Grau, *$ko_1$* dessen Kommissur, *hlb* hinteres Längsbündel, *ra* Raphe, *III* Wurzel des N. oculomotorius, *coipe* Corpus interpedunculare, *sainf* Saccus inferior, *$hy_1$* Zwischenlappen der Hypophyse, *sava* Saccus vasculosus, *biakr* Bindearmkreuzung, *tespkr* Kreuzung der tektospinalen Fasern, *$IIIz_{1\,u.\,2}$* Ursprungszellen des N. oculomotorius, *II* N. opticus.

aufsplittert und mit diesem Endkorb (*ek*) den Körper der Olivenzelle umklammert. Der Neurit ($n_2$) tritt durch die Raphe und wird zu einer Längsfaser, die rostralwärts zum Mittelhirn aufsteigt.

In den weiter rostral gelegenen Abschnitten des Stratum laterale finden sich dann auch die Endstätten des N. facialis und des N. trigeminus. Von dem letzteren haben wir bereits die aus dem rostralen Ende des Rückenmarks heraufsteigende spinale Wurzel kennengelernt. In unserem Schnitt erscheint sie ($V_1$) ventral von der Eintrittsstelle des letzten elektrischen Nerven (*neel*), weiter rostralwärts biegen ihre Fasern nach dem Verschwinden dieses Nerven um, verlassen die Medulla, um sich in die Ganglienzellen des Nervenstammes einzusenken. Außer dieser sensiblen Wurzel erhält der Nerv noch Zuzüge aus dem Stratum laterale, aus dem wir auf der linken Seite die Fasern in queren Zügen herauskommen sehen, ferner Fasern aus der Raphe, dem dorsalen Grau und vielleicht auch noch aus höher gelegenen Hirnteilen, die sog. zerebrale Trigeminuswurzel.

Mit dem nächsten Schnitt (Fig. 365) treten wir in das Mittelhirn, das Mesenzephalon ein. Das Kleinhirn ist verschwunden, sein vorderer Lappen ist durch das Velum medullare in das Tectum mesencephali oder Tectum opticum, die Endstätte des Sehnerven, übergegangen. Der Ventrikel des Rhombenzephalons hat sich zum Aquädukt (*aq*) verengert, der einen birnförmigen Querschnitt mit ventral gerichteter Spitze darstellt. Er ist umgeben von dem zentralen Grau (*zgr*), einer der Hauptsache nach gliösen Masse mit zerstreuten kleinen Nervenzellen und einem Gewirr feinster, markhaltiger, aus der umgebenden Formatio reticularis eindringender Fäserchen. Von der ventralen Spitze des natürlich ebenso wie der Ventrikel mit Ependym ausgekleideten Aquädukts geht die hier nur noch wenig hervortretende Raphe (*ra*) aus. Das ventral vom ihm stark in das zentrale Grau vorspringende Markbündel ist das hintere Längsbündel (*hlb*). Dieser Faserzug stammt in seinen rostralsten Anfängen aus dem Zwischenhirn, kreuzt bei Beginn des Mittelhirns und läuft nun, aus allen von ihm durchzogenen Hirnteilen Zuzug erhaltend, in das Rückenmark hinab. Er führt sowohl aufsteigende als auch absteigende Fasern. Das hintere Längsbündel wird in dieser Gegend von zahlreichen mittelgroßen, multipolaren Nervenzellen (*$IIIz_1$*) durchsetzt. Bei stärkerer Vergrößerung erkennen wir, daß ihre Neuriten sich in einem mit seiner Konvexität median gerichteten Bogen ventral- und dann lateralwärts wenden und als dünne Nervenwurzel an der Mittelhirnbasis austreten. Es ist das die Wurzel des N. oculomotorius (*III*). Zu dem eben beschriebenen Hauptkern (*$IIIz_1$*) des Nerven gesellen sich dann noch andere Wurzelzellen (*$IIIz_2$*), die weiter ventral der Nervenwurzel angelagert sind. Zwischen die Austrittsschenkel des Nerven ist an der ventralen Peripherie des Mittelhirns ein aus zahlreichen Gliazellen und spärlichen Nervenzellen bestehender Körper eingelagert, das Corpus interpedunculare (*coipe*). Dorsal von ihm wird die Raphe von zwei ungleich starken Kommissuren gekreuzt. Die ventrale (*biakr*) ist die stärkere. Ihre Fasermasse läßt sich, wenn wir in unserer Serie etwas kaudalwärts gehen, dorsalwärts in das Kleinhirn verfolgen und stellt die Bindearme, Bracchia conjunctiva, des Kleinhirns dar. Wir haben hier efferente Bahnen des Kleinhirns vor uns. Sie ziehen nach ihrer Kreuzung zur Mittelhirnbasis. Die dorsalere der beiden Kommissuren (*tespkr*) setzt sich zusammen aus Fasern, welche aus dem Mittelhirndach herabsteigen und sich nach erfolgter Kreuzung kaudalwärts wenden. Die ganze aus dem Mittelhirndach kommende Fasermasse erfährt, wie unser Schnitt lehrt, zum Teil eine dorsal vom Aquädukt gelegene (*dokr*), zum Teil die erwähnte ventral von ihm gelegene Kreuzung (*tespkr*), zum Teil verlaufen auch die Fasern ungekreuzt kaudalwärts. Sie bilden in ihrer Gesamtheit einen erheblichen Teil der Fasermasse der Formatio reticularis, an deren Zellen sie auch ihr Ende finden. Die letzteren senden dann ihrerseits Neuriten zu kaudaleren Teilen der Medulla und des Rückenmarks. Denselben Weg, nur in umgekehrter Richtung, schlagen andere Fasern ein, die aus den sensiblen Endkernen der Medulla oblongata und des Rückenmarks stammen.

Die laterale Kontur unseres Schnittes wird eingesäumt von markhaltigen, ungefähr parallel zur Oberfläche verlaufenden Fasermassen (*II*). Das sind die in ihrem Verlauf uns schon vertrauten Fasern des Sehnerven. Dorsal vom Aquädukt breitet sich das Mittelhirndach, das Tectum opticum (*teopt*), aus. Auch hier zeigt es einen typischen Schichtenbau und enthält zahlreiche lange, mit ihrer Längsachse radiär gestellte Zellen, deren Dendriten in Verbindung mit den pinselförmigen Endverzweigungen der Optikusfasern und der aus kaudaleren Hirnteilen aufsteigenden Fasern treten. Die Neuriten dieser Tektumzellen bilden die vorher erwähnten efferenten Bahnen des Mittelhirns.

Ventral schließt sich an das Mittelhirn ein umfangreiches, von Hohlräumen durchsetztes Gebilde an, in dem wir von dorsal nach ventral zu unterscheiden haben den Saccus inferior (*sainf*), den Saccus vasculosus (*sava*) und die Hypophyse ($hy_1$). Die beiden ersteren stellen Aussackungen des Infundibulums dar und stehen durch dieses mit dem Ventrikel des Zwischenhirns in Verbindung. Auf ihren Bau soll später eingegangen werden.

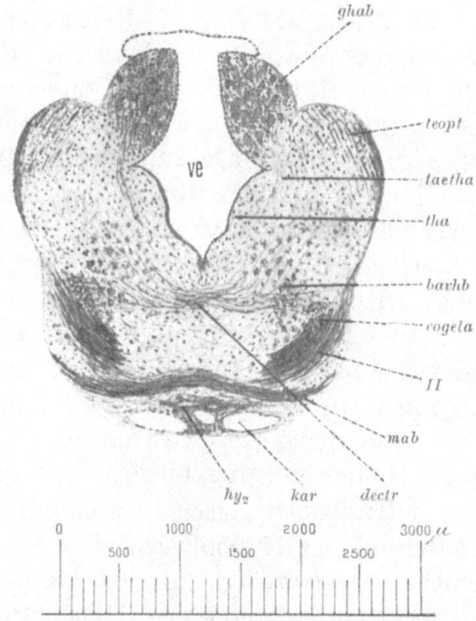


Fig. 366. Zitterrochen. Zwischenhirn.

*ve* Ventrikel des Zwischenhirns, *ghab* Ganglion habenulae, *taetha* Taenia thalami, *tha* Thalamus, *bavhb* basales Vorderhirnbündel, *cogela* Corpus geniculatum laterale, *II* N. opticus, *mab* Mantelbündel, *dectr* Decussatio transversa, *kar* Karotis, $hy_2$ Hauptlappen der Hypophyse.

Weiter rostralwärts in unserer Serie vertieft sich dann die in der Mitte des Tectum opticum hervortretende Furche immer mehr, reicht bald bis auf die Dorsalkommissur herab und teilt so das Tektum in einen rechten und einen linken Lappen. Dann verschwinden diese beiden Lappen bald, an die Stelle der Dorsalkommissur tritt die Commissura posterior und wir treten damit in das Gebiet des Zwischenhirns, des Dienzephalons ein. Auf die hintere Kommissur folgt rostralwärts die Commissura habenularis, beide werden getrennt durch die bei Torpedo höchst unscheinbare Paraphysenausstülpung.

Der nächste der zu beschreibenden Schnitte (Fig. 366) ist noch etwas weiter rostral gefallen und enthält dorsal die beiden Ganglia habenulae (*ghab*). Der Aquädukt hat sich in den ziemlich geräumigen Ventrikel des Zwischenhirns (*ve*) geöffnet. Verfolgen wir den letzteren kaudalwärts, so spaltet sich von ihm der Recessus infundibuli ab mit ungefähr viereckigem Querschnitt. Er wird umgeben von dem Hypothalamus, in dessen Substanz der Rezessus zwei sich weit kaudalwärts unter dem Boden des Mittelhirns erstreckende, sackartige Ausstülpungen mit vielfach eingebuchteten Wandungen treibt, deren dorsale als Saccus inferior (Fig. 365 *sainf*), deren ventrale als Saccus vasculosus (Fig. 365 *sava*) bezeichnet wird. Ventral lagert sich dem letzteren die Hypophyse (*hy*) an. Unter dem Mittelhirnboden löst sich der gesamte Komplex, der bei alten Tieren einen recht beträchtlichen Umfang erreicht, bald von der Hirnbasis los und zieht ihr dicht angelagert bis zur Medulla oblongata, wo der Saccus vasculosus ungefähr am rostralen Beginn des Gehörorgans entsprechend der Austrittsstelle des Trigeminus sein Ende erreicht, während der Saccus inferior schon beträchtlich früher endet. Der erstere läßt im größten Teil seines Verlaufes eine außerordentlich reiche Faltenbildung seiner Wandung erkennen (Fig. 365). Jede Falte wird überzogen von einem mehrschichtigen Epithel (Fig. 367 *ep*). Auf der ventralen Wand dagegen, wo es an die Hypophyse grenzt, ist das Epithel einschichtig ($ep_1$). Unter dem Epithel liegt innerhalb der Falten ein ausgedehnter Plexus weiter Blutkapillaren (*kap*), die so weit gegen das Lumen des Sackes vordringen, daß sie zum Teil von den Epithelzellen umgeben werden. Die Achse einer jeden Falte wird eingenommen von etwas Bindegewebe und außerordentlich zahlreichen glatten Muskelfasern (*mufa*). In der Faltenbasis biegen die letzteren um und gehen in eine den ganzen Sack umgebende Muskularis über.

Im Saccus inferior ist das Epithel ebenfalls geschichtet, aber wesentlich dicker als im Saccus vasculosus. Hier sind die das Lumen begrenzenden Zellen zylindrisch. Blutkapillaren und Muskulatur fehlen. Auf das Epithel folgt nach außen Hirnsubstanz, bestehend aus Gliazellen und sehr starken Gliafasern.

An der Hypophyse können wir in Verfolgung unserer Serie drei Teile unterscheiden, den Hauptlappen, den Hypophysensack und den Zwischenlappen. Der erste beginnt kurz hinter dem Chiasma der Sehnerven als dünne Platte, bestehend aus Zellsträngen, die miteinander anastomosieren und mehrere große Hohlräume umschließen. Zu ihm gesellt sich bald dorsalwärts ein dem nun auftretenden Saccus vasculosus angelagerter, mit Epithel ausgekleideter Hohlraum, der Hypophysensack. Kurz bevor er sein kaudales Ende erreicht, schiebt sich zwischen ihn und den Saccus vasculosus der Zwischenlappen ein, nach dessen Auftreten der Hypophysensack bald blind endet. Der Zwischenlappen stellt einen lappigen Körper dar, der die ventrale Wand des Saccus vasculosus weit ins Lumen vorbuchtet, der seinerseits zahlreiche Ausbuchtungen in den Lappen hineinschickt (Fig. 367 ×). Schon mit schwacher Vergrößerung fallen in dem Lappen zahlreiche Blutkapillaren (*kap*) auf. Das Parenchym besteht aus massiven, vielfach gewundenen und netzförmig miteinander verbundenen Zellbalken (*hyba*), welche auch an manchen Stellen Hohlräume enthalten. Die Zellen sind polyedrisch und umschließen neben dem Kern wechselnde Körnchenmassen. In unserem Bielschowskypräparat werden die Zellbalken von auffallend dicken Fasern (*glfa*) umflochten, die teils zu Gliazellen gehören, teils von dem Epithel des Saccus vasculosus nach Art der Ependymfasern entspringen ($glfa_1$).

Die Ganglia habenulae (Fig. 366 *ghab*) ragen als zwei ungefähr gleichgroße, dorsalwärts spitz ausgezogene Körper vor. Über ihren Aufbau geben unsere Präparate leider keine Auskunft. Aus ihrer ventralen Zirkumferenz strahlen feine Faserbündel hervor, die Taenia thalami (*taetha*), und wenden sich zum Telenzephalon. Ein anderes Bündel, der Fasciculus retroflexus, tritt aus ihrer kaudalen Zirkumferenz zum Mittelhirn. Lateral schließen sich an die Ganglia habenulae die Reste des Tectum opticum (*teopt*), ventral der Thalamus (*tha*), der sich halbkuglig in den Ventrikel (*ve*) vorwölbt.

Die ventrale Zirkumferenz des Zwischenhirns wird eingenommen von der charakteristischen Fasermasse des Mantelbündels (*mab*). Es kommt von Zellgruppen der peripheren Schichten des Vorderhirns her, steigt an der lateralen Fläche des letzteren schräg kaudalwärts herab, kreuzt in der Mittellinie des Zwischenhirns und wendet sich dann kaudalwärts. Eine weitere, noch ansehnlichere Fasermasse treffen wir direkt dorsal von ihm. Es sind die schräggetroffenen Optikusfasern (*II*), die wir im vorigen Schnitt in ihrer Verlängerung ins Tectum opticum einstrahlen sahen. Medial liegt dem Optikus eine Zell-

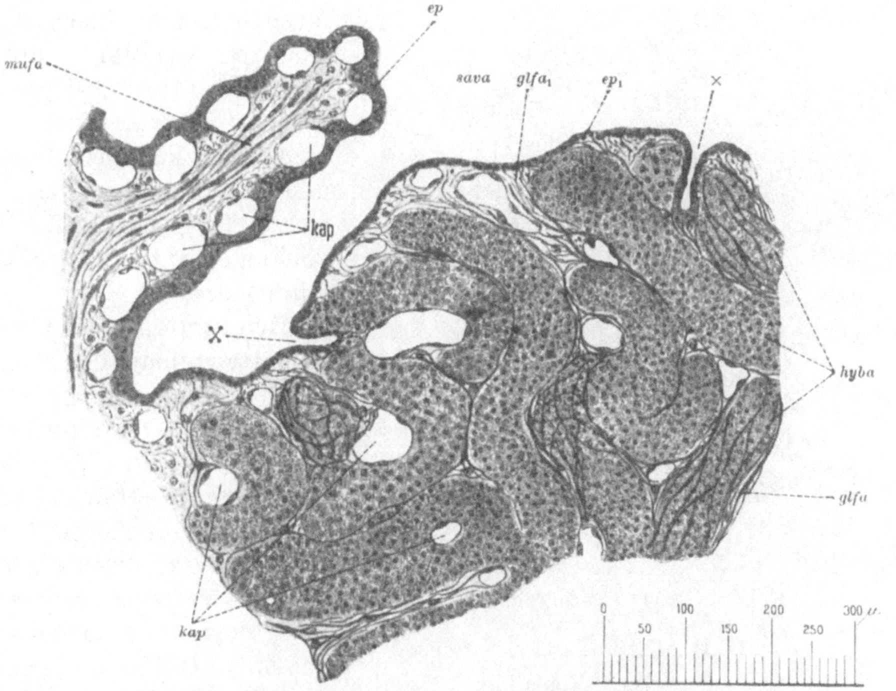


Fig. 367. Zitterrochen. Zwischenlappen der Hypophyse.

*sava* Saccus vasculosus, *ep* Epithel einer Falte des Sackes, *mufa* glatte Muskelfasern, *kap* Kapillaren, $ep_1$ Epithel der ventralen Wand des Sackes, die sich bei × in den Zwischenlappen der Hypophyse einstülpt, *hyba* Zellbalken des Zwischenlappens, *glfa* Gliafasern der Balken, $glfa_1$ Fasern, die von den Epithelzellen des Saccus vasculosus ausgehen.

masse, das Corpus geniculatum laterale (*cogela*), an, das zum Teil von seinen Fasern durchsetzt wird. Noch weiter medial liegen quergetroffene Bündel markhaltiger Fasern. Sie entstammen den Zellen des Vorderhirns, enden zum Teil an den Thalamuszellen, zum Teil ziehen sie weiter kaudal. Zwischen ihnen breitet sich die Decussatio transversa (*dectr*) aus, deren Fasern aus dem Mittelhirn stammen.

Gehen wir nun noch weiter rostralwärts in unserer Serie vor, so verschwinden die Ganglia habenulae und mit ihnen der ganze dorsale Abschnitt des Zwischenhirns, übrigbleiben nur noch die ventralen Anteile in Form zweier durch den tief einschneidenden Ventrikel unvollständig getrennter Körper, die die Verbindung mit dem Vorderhirn herstellen und als Hirnstiele oder Pedunculi cerebri bezeichnet werden. An Stelle der dorsalen Teile tritt jederseits eine sich rasch vergrößernde Kuppe von Hirnsubstanz auf, die bald mit den Hirnstielen verschmilzt und das kaudale Ende des Vorderhirns, des Telenzephalons, darstellt. Unser letzter Schnitt (Fig. 368) zeigt die beiden Hälften nach der Verschmelzung (*telenz*). Zwischen beiden klafft ein Spalt, in den von dorsal her die Pia mater (*pima*) mit ihren Gefäßen eindringt. Der Ventrikel (*ve*) ragt weit dorsal hinauf und in ihn hinein dringen zahlreiche stark vaskularisierte, mit Ependym überzogene Falten und Zotten vor, der Plexus chorioideus anterior (*plechor*). Er setzt sich kaudal in das tief in den Zwischenhirnventrikel eindringende Velum transversum fort. Weiter rostralwärts verschwindet der Spalt und die beiden Vorderhirnhälften verschmelzen miteinander. Der stark reduzierte Ventrikel bleibt zunächst noch erhalten, verschwindet aber bald bis auf kümmerliche Reste, und das Vorderhirn stellt dann eine einheitliche, solide Masse von ungefähr rundlichem Querschnitt dar.

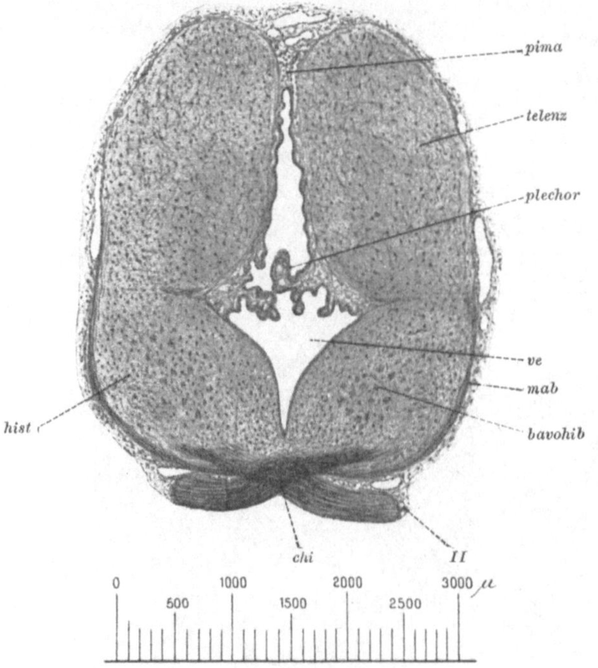


Fig. 368. Zitterrochen. Vorderhirn.
*hist* Hirnstiele, *chi* Chiasma der Sehnerven (*II*), *bavohib* basales Vorderhirnbündel, *mab* Mantelbündel, *ve* Ventrikel, *plechor* Plexus chorioideus anterior, *telenz* Vorderhirn, *pima* Pia mater.

Den ventralsten Teil unseres Schnittes nimmt die mächtige Sehnervenkreuzung, das Chiasma nervorum opticorum (*chi*), ein. Die gekreuzten Fasern strahlen schräg dorsalwärts ein und wenden sich also, wenn wir uns die früheren Schnitte vergegenwärtigen, lateral, dorsal und kaudal durch das Zwischenhirn hindurch zum Dach des Mittelhirns. Lateral schließt sich an das Chiasma das Mantelbündel (*mab*), dessen Fasern wir weit dorsalwärts an der Hirnperipherie verfolgen können. Die übrigen in das Vorderhirn einstrahlenden Markbündel erscheinen nicht mehr quer-, sondern schräggetroffen (*bavohib*).

Die Zellmasse des Vorderhirns läßt eine Trennung in einzelne Ganglien kaum erkennen. Die Zellform tritt in unseren Präparaten oft außerordentlich schön hervor. Es sind zumeist mittelgroße, stark verzweigte Zellen mit auffallend dünnen, langausgezogenen Fortsätzen.

### c) Die Hüllen des Rückenmarks und des Gehirns.

Rückenmark und Gehirn liegen innerhalb der knorpligen Wirbelsäule und des Schädels und werden umhüllt von besonderen bindegewebigen Häuten, deren Anordnung und Struktur jeder Querschnitt durch Rückenmark und

Gehirn leicht erkennen läßt. Wir wählen einen Schnitt durch das Rückenmark in der Nierengegend (Fig. 369). Der Wirbelkanal wird ausgekleidet von einer dicken bindegewebigen Membran, welche das innere Perichondrium der Wirbelsäule bildet und die harte Hirnhaut, die Dura mater (*duma*), darstellt. Sie setzt sich auf die austretenden Nervenwurzeln ein Stück weit fort. Der Oberfläche des Rückenmarks liegt die Pia mater (*pima*) dicht auf. Sie ist sehr dünn, von lockerem Gefüge und enthält zahlreiche Blutgefäße, mit denen sie

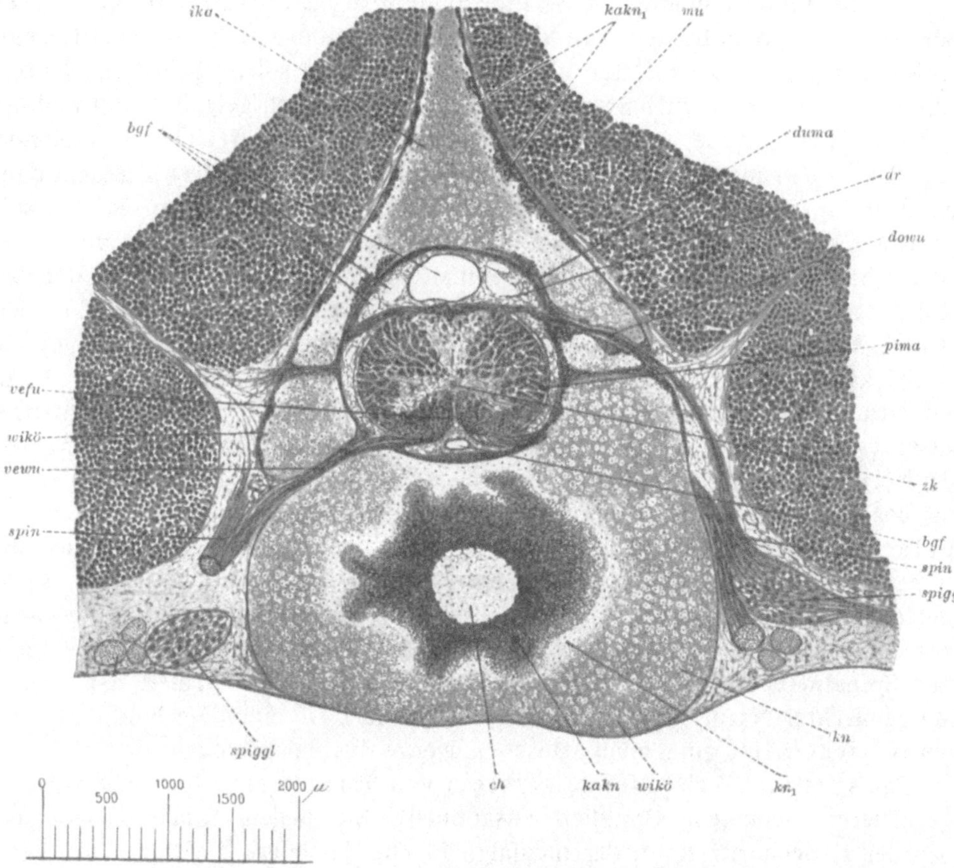


Fig. 369. Zitterrochen. Wirbelsäule mit Rückenmark. (Schnitt durch die Körpermitte.) *ch* Chordarest, *kakn* Kalkknorpel des Wirbelkörpers (*wikö*), $kn_1$ ungefärbte Knorpelzone, *kn* Hyalinknorpel, *spiggl* Spinalganglion, *spin* Spinalnerv, *bgf* Blutgefäße, *zk* Zentralkanal des Rückenmarks, *pima* Pia mater, *dowu* Dorsalwurzel, *ar* Arachnoidea, *duma* Dura mater, *mu* Muskulatur, $kakn_1$ Kalkknorpel des Neuralbogens, *ika* Interkalare, *vefu* Ventralfurche des Rückenmarks, *vewu* Ventralwurzel.

in die ventrale Medianfurche (*vefu*) eindringt. Nach außen wird sie abgegrenzt durch eine sehr dünne, aus feinen, längsverlaufenden, elastischen Fasern zusammengesetzte Grenzmembran. Zwischen der letzteren und der Dura dehnt sich dann ein weitmaschiges, von zahlreichen Hohlräumen durchsetztes und von großen Blutgefäßen durchzogenes Gewebe aus, die Arachnoidea (*ar*). Ein besonderes arachnoideales Füllgewebe, wie wir es beim Neunauge kennenlernen werden, fehlt hier.

## d) Das periphere Nervensystem.

Das periphere Nervensystem setzt sich aus den peripheren Nerven und den peripheren Ganglien zusammen. Die ersteren enthalten zum größten Teil markhaltige Fasern, bestehend aus Achsenzylinder, Markscheide und SCHWANNscher Scheide. Zahlreiche solcher Fasern lagern sich zusammen zu einem primären Nervenbündel. In ihm werden sie durch geringe Mengen von faserigem Bindegewebe, dem Endoneurium, getrennt, welches um jede Faser herum noch eine dritte Scheide, die Endoneuralscheide, bildet. Das ganze Bündel wird äußerlich von der zellreichen, bindegewebigen Perineuralscheide umgeben. Die meisten kleineren Nerven sind solche primären Nervenbündel; dickere Nerven enthalten mehrere primäre Bündel, getrennt und umhüllt von einem Bindegewebe, das in seiner Gesamtheit als Epineurium bezeichnet wird. Außer den markhaltigen Fasern treffen wir in den primären Bündeln dann auch noch marklose Fasern, auf deren Bau später eingegangen werden soll.

Die peripheren Ganglien finden sich sowohl in den Verlauf von Hirnnerven, als auch in den aller Rückenmarksnerven eingeschaltet, Zerebral- und Spinalganglien. Die Lage der letzteren ersehen wir aus Fig. 369. Wir erkennen hier auf der rechten Seite den Abgang einer Dorsalwurzel (*dowu*) aus dem Rückenmark, auf der linken Seite den einer Ventralwurzel (*vewu*). Beide legen sich, nachdem sie die Wirbelsäule verlassen haben, zu einem Spinalnerven (*spin*) aneinander, in dessen Verlauf dann sofort das Spinalganglion (*spiggl*) eingeschaltet ist, als längliche Anschwellung des Nerven, beiderseits dicht der knorpligen Wirbelsäule angelagert. Die Ganglien bestehen aus großen bipolaren Nervenzellen, die jederseits eine markhaltige Nervenfaser aus sich hervorgehen lassen und wie alle peripheren Nervenzellen von einer bindegewebigen Kapsel umgeben sind. Die eine Faser dringt als sensible Nervenfaser zur Peripherie, die andere als Dorsalwurzelfaser ins Rückenmark. Jeder Spinalnerv teilt sich in einen dorsalen und einen ventralen Ast, welche beide gemischter Natur sind und von denen der letztere einen Verbindungszweig, Ramus visceralis, zum sympathischen Nervensystem schickt.

Das sympathische Nervensystem von Torpedo setzt sich aus metamer angeordneten, winzigen Ganglien zusammen. Sie liegen zunächst jederseits neben der Bauchaorta, dann der medialen Fläche der Niere dicht an. Am leichtesten findet man sie noch an transversalen Längsschnitten durch die Nierengegend. Sie liegen hier den Zweigen der Aorta dicht an, sind, wie gesagt, sehr klein und enthalten mittelgroße, multipolare Zellen mit mehreren Fortsätzen. Ihre Neuriten bilden die zu den Eingeweiden und den Blutgefäßen gelangenden sympathischen Nervenfasern, die sich gegenüber den übrigen peripheren Fasern durch den Mangel einer Markscheide auszeichnen. Es sind also nur von einer SCHWANNschen Scheide umhüllte Achsenzylinder. Wir treffen sie in allen peripheren Nerven an, in die sie durch die Rami viscerales gelangen. Durch die gleichen Zweige dringen aber auch markhaltige Fasern und zwar Wurzelfasern des Vorder- und Seitenhornes des Rückenmarks in die sympathischen Ganglien ein und enden als afferente Fasern an ihren Zellen. Die einzelnen sympathischen Ganglien sind durch dünne sympathische Nerven miteinander verbunden. Ausgedehnte sympathische Plexus finden wir auch in der Wand von Magen und Darm.

## 4. Die Muskulatur.

Die willkürliche Muskulatur des Rumpfes und der Flossen besteht aus quergestreiften Muskelfasern, über deren Bau uns z. B. ein Querschnitt durch den Schwanz unterrichtet. Sehr instruktiv sind auch Transversalschnitte durch die Brustflosse, sie zeigen uns die Fasern ihrer ganzen Länge nach getroffen mit Ursprung und Insertion. Es sind drehrunde, in unseren Präparaten durch gegenseitigen Druck meist vieleckig erscheinende Fasern (Fig. 369 *mu*). Ihr Durchmesser schwankt zwischen 50 und 100 $\mu$. Die die typische Querstreifung zeigenden Myofibrillen liegen in den Fasern sehr dicht und haben nur sehr geringe Mengen von Sarkoplasma zwischen sich. Die Kerne finden wir teils zwischen den Myofibrillen, teils peripher unter dem immer sehr deutlich hervortretenden Sarkolemma. Die durch sehr spärliches Bindegewebe getrennten Muskelfasern schließen sich zu den durch stärkere Bindegewebssepten getrennten Muskelbündeln zusammen. In diesen Septen verlaufen die gröberen Blutgefäße. Ihre Zweige dringen in die Bündel ein und umspinnen die Fasern mit längsmaschigen Kapillarnetzen.

Die Nervenendigung läßt sich besonders schön an transversalen, nach der Bielschowskymethode behandelten Schnitten durch die Brustflossen erkennen. Die markhaltige Nervenfaser zweigt aus dem senkrecht zum Muskelfaserverlauf herantretenden Nervenstämmchen seitlich ab, tritt an eine Muskelfaser heran und endet in einer feinen, in die Substanz der letzteren eingebetteten Endverzweigung. An der Nervenendstelle fehlen die Myofibrillen, die Endzweige sind von dem mit zahlreichen Kernen versehenen Sarkoplasma umgeben.

### Das elektrische Organ.

Im Anschluß an die Muskulatur wollen wir uns noch mit dem elektrischen Organ, einem umgewandelten Muskel, beschäftigen, welcher in der gesamten Tierwelt außer bei Torpedo sich nur noch bei zwei Knochenfischen, dem Zitterwels, Malapterurus electricus, und dem Zitteraal, Gymnotus electricus, in voller Ausbildung findet. Die hohe physiologische und biologische Bedeutung dieses Organs rechtfertigt wohl eine etwas eingehendere Untersuchung.

Wie die makroskopische Besichtigung lehrt (Fig. 357), liegt das elektrische Organ von Torpedo als ein mächtiger, platt nierenförmiger Körper jederseits nach außen vom Viszeralskelet, zwischen diesem und der Brustflosse. Es erscheint sofort nach Ablösung der Haut und zeigt sich zusammengesetzt aus den von der Rücken- nach der Bauchfläche durchlaufenden elektrischen Prismen von mehr oder weniger regelmäßigem fünf- oder sechseckigen Querschnitt. Die Prismen beginnen dicht unter der straffen Lage der Kutis, von dieser nur durch eine dünne Schicht des subkutanen Gewebes getrennt.

Zur ersten Orientierung über die gröberen Bauverhältnisse dient uns ein mit Hämalaun gefärbter, senkrecht zur Oberfläche des Tieres geführter Paraffinschnitt (Fig. 370). Jedes Prisma (*pr*) wird umhüllt von membranösen Scheiden (*sch*), bestehend aus Bindegewebsbündeln und elastischen Fasern, und setzt sich aus zahlreichen übereinander geschichteten elektrischen Platten (*pl*) zusammen. Diese Platten sind rundum mit der Scheide verkittet und verlaufen immer gekrümmt, mit der Konvexität dorsalwärts gewandt. An der dorsalen und ventralen Fläche des Organs tritt diese Krümmung am wenigsten hervor, hier sind die Platten mehr flach. Bei schwacher Vergrößerung erscheint ihre Substanz homogen und nur ganz schwach gefärbt und enthält zahlreiche Kerne. In den die Prismen umgebenden Scheiden treten Blutgefäße (*bgf*) und Nerven (*n*) hervor.

Zum Studium der feineren Struktur der Platten und des Verhaltens der Nerven zu ihnen bedarf es besonderer technischer Maßnahmen. Man kann zu diesem Zwecke einmal die Platten isolieren, was leicht in folgender Weise gelingt. Wir schneiden von der Rücken- oder Bauchfläche des in Formalin konservierten Tieres mit dem Rasiermesser eine flache Scheibe ab, welche außer der Haut noch eine vielleicht millimeter-

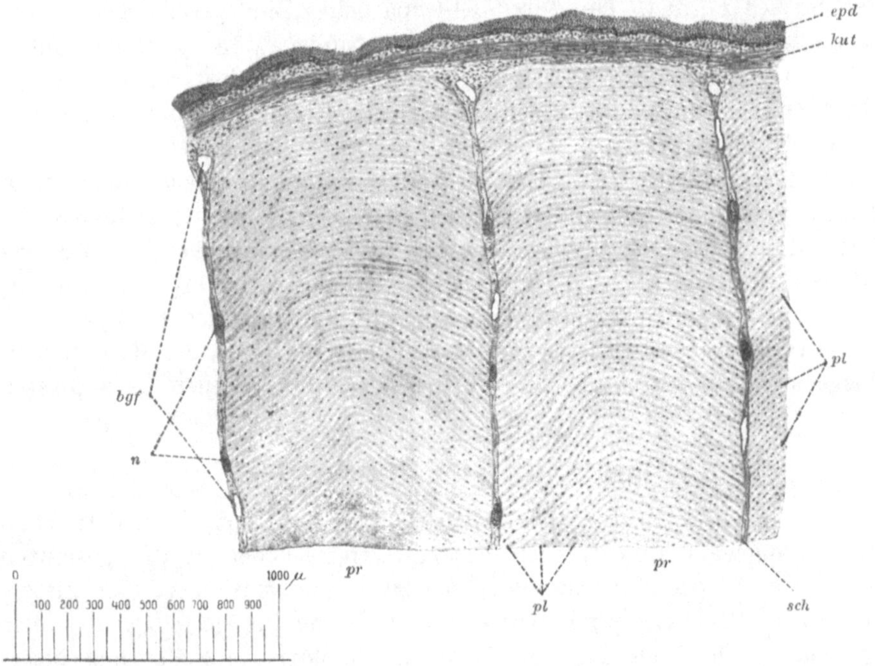


Fig. 370. Zitterrochen. Elektrisches Organ (Längsschnitt durch die Prismen).
*epd* Epidermis der Rückenhaut, *kut* Kutis, *pr* elektrische Prismen, *sch* deren bindegewebige Scheide, *pl* elektrische Platten, *bgf* Blutgefäße, *n* Nerven.

dicke Schicht des elektrischen Organs enthält, übertragen sie zunächst für mehrere Tage in eine geringe Menge 0,1%iger Osmiumsäure und dann nach kurzem Abspülen in Wasser in 0,2%ige Lösung von kristallisiertem Hämatoxylin über Nacht. Legen wir das nun ganz schwarze Präparat in eine Schale mit Wasser, Außenfläche nach unten, so können wir durch kräftiges Aufblasen mit einer mit Wasser gefüllten Pipette oder durch vorsichtiges Schaben mit dem Skalpell die Platten leicht in großer Zahl isolieren. Sie werden auf den Objektträger überführt und in Lävulose montiert.

Noch vorteilhafter aber erweist sich die Anfertigung dicker (50—100 $\mu$) Gefrierschnitte. Man benutze auch dazu nur die peripheren Teile des Organs, da hier die Platten am wenigsten gewölbt sind, behandele die Schnitte nach der Bielschowskymethode und montiere sie in Lävulose.

Eine solche einzelne Platte zeigt von der Ventralfläche aus unsere Fig. 371. Wir treffen hier zunächst mehrere Blutkapillaren (*bgf*), die immer nur in spärlicher Zahl zwischen den Platten verlaufen, aber niemals in ihre Substanz selbst eindringen. Neben den Blutkapillaren treten zur Platte Nervenfasern (*nf*) teils einzeln, teils in dünnen Bündeln. Sie verlaufen radiär gegen die Plattenmitte und teilen sich dabei fortgesetzt dichotomisch.

Bei stärkerer Vergrößerung ergibt sich ein sehr zierliches Bild (Fig. 372). Die Fasern (*nf*) sind umgeben von einer Markscheide und einer Schwannschen Scheide, deren längliche Kerne (*schwk*) überall den Fasern dicht anliegen. Außerdem aber folgt auf die Schwannsche Scheide noch eine dritte, aus feinsten Fibrillen gebildete Scheide, die Fibrillenscheide. Nachdem die Faser ein Stück weit radiär vorgedrungen ist, teilt sie sich dichotomisch (×) und jeder Teilast nach kürzerem oder längerem Verlauf wiederum (+). Dann verliert die Faser ihre Markscheide und ihre Schwannsche Scheide, und zwar

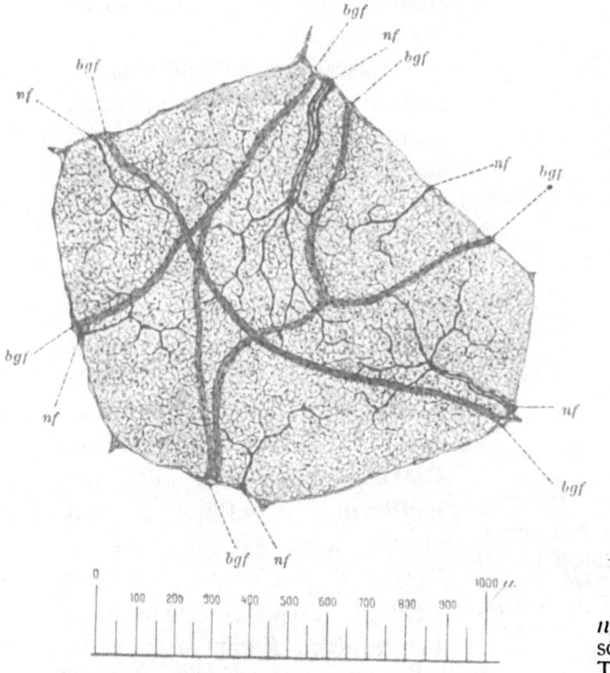


Fig. 371. Zitterrochen. Elektrische Platte.
*bgf* Blutgefäße, *nf* zur Platte tretende Nervenfasern.

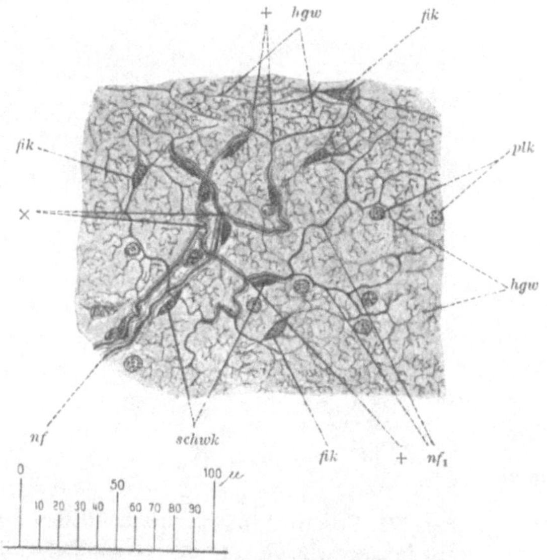


Fig. 372. Zitterrochen. Elektrische Platte.
*nf* markhaltige Nervenfasern, *schwk* deren Schwannsche Kerne, × erste Teilung der Fasern, + zweite Teilung derselben, $nf_1$ markloser Abschnitt der Fasern, *hgw* hirschgeweihartige Endstücke der Fasern, *plk* Kerne der Plattensubstanz, *fik* Kerne der Fibrillenzellen.

bei den verschiedenen Fasern an verschiedenen Stellen, manchmal schon bei der ersten, manchmal bei der zweiten, seltner erst bei einer späteren Teilung. Die so entstandenen Achsenzylinder sind aber noch nicht nackt, sondern noch von der Fibrillenscheide umgeben. Nach einigen weiteren Teilungen verlieren die nun sehr dünnen Fasern auch diese letzte Scheide und gehen, meist unter rechtwinkliger Abknickung, in zwei mit zahlreichen Sprossen besetzte Endgeweihe (*hgw*) über. Die Sprossen sind in feinste Spitzen ausgezogen und enden anscheinend frei. Netzbildungen kommen bei ihnen nicht vor, wohl aber finden sich Anastomosen zwischen feineren und gröberen Faserzweigen.

Der Gebrauch der Mikrometerschraube lehrt uns, daß die Endgeweihe mit ihren Sprossen wesentlich tiefer liegen als die gröberen Zweige oder gar die Stammfasern. Sie liegen nämlich in der Plattensubstanz selbst, während der ganze übrige Teil des Nervenverlaufs der Platte nur ventralwärts aufliegt.

Gehen wir mit der Einstellung noch tiefer über die Ebene der Endgeweihe hinaus, so erscheinen in der Plattensubstanz kuglige, ziemlich zerstreut gelegene Kerne, die Plattenkerne (*plk*). Nicht zu verwechseln mit ihnen sind andere Kerne, einmal wegen ihrer länglichen oder dreieckigen Form und dann wegen ihrer Lage (*fik*). Wir stoßen nämlich in der Ebene der Endgeweihe oder noch früher auf sie. Die zu ihnen gehörigen Zellen schicken lange Fibrillen aus, die einmal die Nervenfasern umspinnen und die erwähnte Fibrillenscheide bilden und dann ein auf der ventralen Plattenoberfläche gelegenes Fibrillengitter konstituieren. In unseren Bielschowskypräparaten treten diese Fibrillen nur sehr unvollkommen hervor. Bessere Bilder liefert in dieser Beziehung die Vergoldung nach NABIAS.

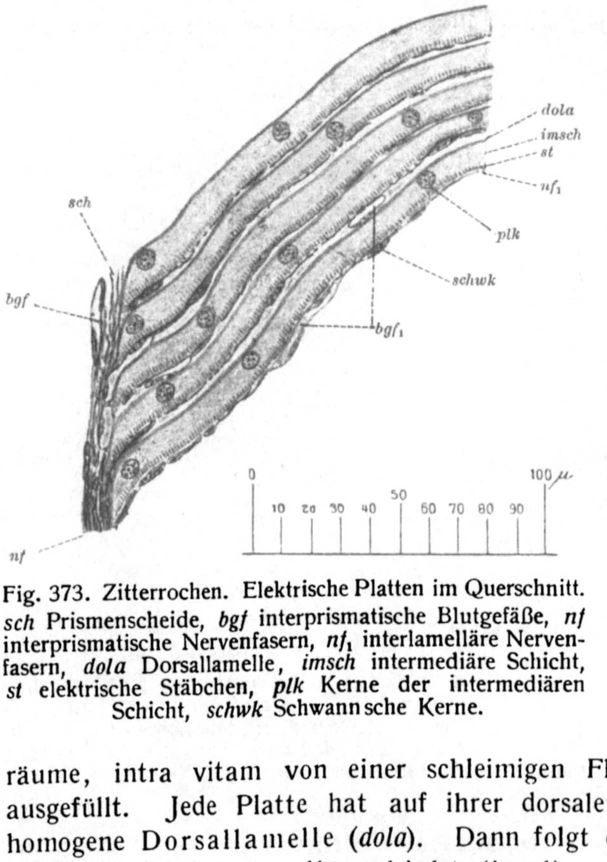


Fig. 373. Zitterrochen. Elektrische Platten im Querschnitt. *sch* Prismenscheide, *bgf* interprismatische Blutgefäße, *nf* interprismatische Nervenfasern, $nf_1$ interlamelläre Nervenfasern, *dola* Dorsallamelle, *imsch* intermediäre Schicht, *st* elektrische Stäbchen, *plk* Kerne der intermediären Schicht, *schwk* Schwannsche Kerne.

Das so erhaltene Strukturbild wollen wir nun ergänzen und erweitern durch Untersuchung von Gefrierlängsschnitten durch die Prismen (Fig. 373). Wir erkennen die die Prismen umhüllenden Scheiden (*sch*), zwischen denen Blutgefäße (*bgf*) und Nerven (*n*) verlaufen und zu den elektrischen Platten hinzutreten. Diese letzteren haben eine Dicke von etwa 10 $\mu$. Mit ihrer keilförmig zugespitzten und etwas winklig abgebogenen Peripherie sind sie mit der Scheide verkittet. Zwischen den Platten finden sich mehr oder weniger weite Zwischenräume, intra vitam von einer schleimigen Flüssigkeit, dem Torpedomuzin, ausgefüllt. Jede Platte hat auf ihrer dorsalen Fläche zunächst die dünne, homogene Dorsallamelle (*dola*). Dann folgt die die Hauptmasse der Platte ausmachende Intermediärschicht (*imsch*). Sie hat wohl eine festweiche Konsistenz, zeigt in unseren Präparaten eine allerfeinste Granulierung und enthält zerstreute kuglige Kerne, die früher erwähnten Plattenkerne (*plk*). Die ventralste Zone der Intermediärschicht ist senkrecht zur Plattenoberfläche gestreift als Ausdruck für die Einlagerung feiner Stäbchen in sie, der elektrischen Stäbchen oder Zilien (*st*). Wir müssen sie als die letzten Enden der elektrischen Nerven ansehen. Diese letzteren (*nf*) treten aus den Scheiden heraus und an die Ventralfläche der Platten heran ($nf_1$). Natürlich ist auf dem Plattenquerschnitt von ihrer Verzweigung nichts zu erkennen, recht gut dagegen läßt sich das Eindringen der feinsten Zweige in die Plattensubstanz beobachten.

Zwischen die Sprossenenden der Endgeweihe und die elektrischen Stäbchen ist dann noch ein anderes Gebilde eingeschaltet, das in Bielschowskypräparaten gar nicht hervortritt, dagegen an isolierten Platten zu beobachten ist als außerordentlich dichtes Netzwerk mit perlschnurförmig angeschwollenen Balken. In die letzteren gehen die Sprossenenden einerseits über, andererseits sitzen auf ihnen die elektrischen Stäbchen senkrecht auf.

Hat an einer günstigen Stelle unser Schnitt gerade die Prismenscheiden flächenhaft getroffen, so können wir noch einen anderen interessanten Befund erheben. Bevor nämlich die Nervenfasern aus den Scheiden in die Prismen treten, zerfällt eine jede primäre Faser an einem RANVIERschen Schnürring in ein ganzes Bündel markhaltiger Fasern, das sog. WAGNERsche Bukett. Diese sekundären Fasern treten dann erst in das Prisma ein.

## 5. Die Stützorgane.

Während bei den Zyklostomen die Chorda dorsalis das hauptsächlichste Stützorgan des Körpers bildet, kommt es bei den Plagiostomen von der Chordascheide aus zur Entstehung einer gegliederten knorpligen Wirbelsäule mit Wirbelkörpern, Neural- und Hämalbogen, eingeschalteten Interkalarien und kurzen oberen Rippen. Die Chorda bleibt als relativ dünner, zelliger Stab in der Achse der Wirbelsäule erhalten und erreicht zwischen je zwei Wirbeln eine größere Ausdehnung, wo sie die Zwischenwirbelligamente bildet. Unser früher beschriebener Schnitt (Fig. 369) zeigt uns den knorpligen Wirbelkörper (*wikö*) mit seinem Neuralbogen, in dessen Bildung auch dorsal das Interkalare (*ika*) eingeht. Der Neuralbogen wird im Interkalare von den Dorsalwurzeln (*dowu*), im Wirbelkörperfortsatz von den Ventralwurzeln (*vewu*) der Spinalnerven durchbohrt. Zwischen den Interkalarien wird der Neuralbogen vollständig vom Wirbel selbst gebildet. In der Achse des Wirbelkörpers erscheint der Chordarest umgeben von der verkalkten Chordascheide. Von ihr aus greift die Verkalkung auch auf den Hyalinknorpel des Wirbelkörpers über. Die Kalksalze sind in Form feinster Körnchen abgelagert, die sich durch die Silberbehandlung tief schwärzen, während sich die nichtverkalkte Grundsubstanz nur schwach bräunt. Zwischen verkalktem und nichtverkalktem Knorpel findet sich immer eine schmale, ganz farblose Zone von Grundsubstanz ($kn_1$). Auch im Neuralbogen treten zahlreiche Kalkherde an der Knorpelperipherie auf ($kakn_1$). Über die Struktur des Hyalinknorpels ist im übrigen nichts Besonderes zu sagen.

Außer der Wirbelsäule bildet der Knorpel dann noch einen einheitlichen, geschlossenen Knorpelschädel, ein knorpliges Viszeral- und ein Gliedmaßenskelet. Der Herzbeutel ist bei den Plagiostomen ebenfalls knorplig.

Von dem die Wirbelsäule umgebenden axialen Bindegewebe geht ein dorsales und im Schwanz auch ein ventrales bindegewebiges Längsseptum aus, und die die Myomeren trennenden Myosepten. Sie sind sehr fettarm und setzen sich außen in das subkutane Gewebe fort.

## 6. Die Verdauungsorgane.

Die Verdauungsorgane beginnen mit der auf der Bauchfläche gelegenen, queren Mundöffnung, deren Skelet von der knorpligen Mandibula und vom Palatoquadratum gebildet wird. Beide sind mit zahlreichen Zähnen besetzt.

Die Mundöffnung führt in die geräumige Mundhöhle, welche ohne distinkte Grenzen in die Schlundhöhle übergeht. Aus der letzteren führt jederseits ein Spritzloch zur dorsalen Körperoberfläche und dringen seitlich je fünf innere Kiemenöffnungen in die Kiemensäcke. Der Schlund führt in den Magen. Es ist ein umfangreiches, sackförmiges Organ, das die ganze linke Bauchhälfte ausfüllt und an seinem kaudalen Ende hackenförmig rostralwärts umbiegt. Den ersten sackförmigen Abschnitt bezeichnen wir als Pars cardiaca. Die sich daranschließende engere Pars pylorica ist nur recht kurz und geht wieder unter beträchtlicher Verengerung in den Mitteldarm über. Er zieht an der rechten Seite der Pars cardiaca rostralwärts, biegt in dem rostralen Drittel desselben ∩-förmig um, erweitert sich dabei stark und wird zu dem die rechte Bauchhälfte ausfüllenden Spiraldarm. Magen, Mitteldarm und Spiraldarm bilden so eine Schleife mit drei ungefähr parallel laufenden Schenkeln, deren Anfangs- und Endschenkel stark erweitert, deren Mittel-

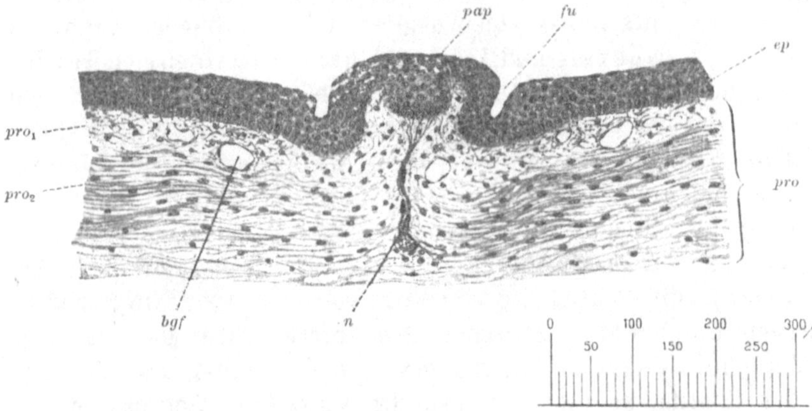


Fig. 374. Zitterrochen. Schleimhaut der Mundhöhle.
*ep* Epithel, *pro* Propria, $pro_1$ deren lockere, $pro_2$ deren straffe Lage, *pap* Papille, *fu* zirkuläre Furche, *n* zur Papille tretendes Nervenstämmchen, *bgf* Blutgefäße.

schenkel stark verengt ist. Aus dem Spiraldarm geht, nach links in stumpfem Winkel abbiegend, der stark verengte Enddarm hervor, der sich schließlich in der Mittellinie in die Kloake öffnet. In letztere ergießen sich außerdem die Ausführwege der Harn- und Geschlechtsorgane. Aus ihr führt der schlitzförmige, zwischen den Bauchflossen gelegene After nach außen.

Von Anhangsdrüsen haben wir eine massige Leber mit Gallenblase, ein zwischen Spiraldarm und Magen bzw. Mitteldarm sich herabziehendes Pankreas und die kurze zapfenförmige, in den Enddarm mündende Rektaldrüse.

### a) Die Mund- und Schlundhöhle.

Auf den Lippen schlägt sich die Haut der Ventralseite in die Mundhöhle über und bildet deren Schleimhaut. Sie ist zunächst dünn und faltenlos, wird, je tiefer wir dringen, um so dicker und legt sich in zahlreiche längsverlaufende Falten, welche in der Nähe des Magens noch mit Sekundärfalten besetzt sind. Das Epithel der Mundhöhle ist aus vier bis fünf Lagen geschichtet. Becherzellen treten darin erst in den mittleren Abschnitten des Schlundes auf. Hier wird auch das Epithel durch Vermehrung der Zellschichtung ganz wesentlich dicker (Fig. 375). Die Schleimhautoberfläche ist in der Mundhöhle im wesentlichen glatt. Nur auf der dorsalen Fläche erhebt sich das Epithel mit der darunter gelegenen Propria zur Bildung runder Papillen, die man schon mit unbewaffnetem Auge als kleine runde Pünktchen erkennen kann. Den Durchschnitt einer solchen Schleimhautpapille zeigt unsere Fig. 374. Sie ist von pilzartiger Gestalt (*pap*), sehr niedrig und nur wenig das Schleimhautniveau überragend. Abgegrenzt wird sie durch eine seichte, zirkuläre Furche (*fu*). Ihr Epithel ragt in der Papillenmitte knopfförmig in die Propria hinein, zeigt aber keine Unterschiede gegenüber dem Schleimhautepithel. Zu jeder Papille tritt ein dünnes Nervenstämmchen (*n*), dessen Fasern in das Epithel eindringen und zwischen seinen Zellen sich verästeln.

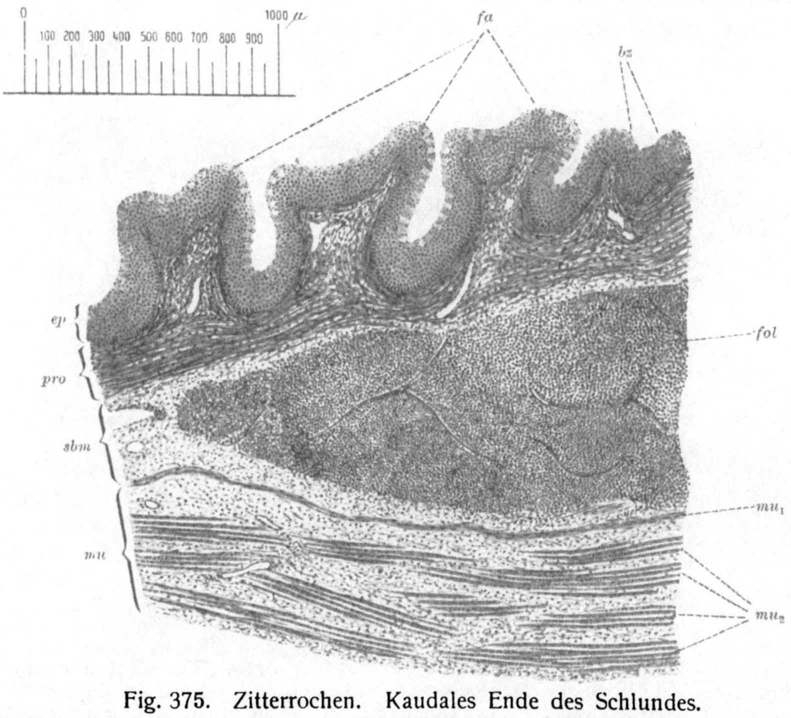


Fig. 375. Zitterrochen. Kaudales Ende des Schlundes.

*ep* Epithel, *pro* Propria, *sbm* Submukosa, *mu* Muskularis, $mu_1$ glatte Muskulatur, $mu_2$ quergestreifte Muskulatur, *fol* Lymphfollikel, *fa* Längsfalten der Schleimhaut, *bz* Becherzellen.

Der Eingang zur Mundhöhle ist besetzt mit zahlreichen Zähnen. In Form und Bau gleichen sie ganz den bei der Haut beschriebenen Plakoidschuppen des Katzenhais.

Das Schleimhautepithel sitzt auf einer bindegewebigen Propria (*pro*), einer direkten Fortsetzung der Kutis und wie diese aus einer oberflächlichen lockeren ($pro_1$) und einer tiefen straffen Schicht bestehend ($pro_2$). Die erstere enthält zahlreiche Blutgefäße (*bgf*) und bildet auch den Sockel der Papillen. Im Schlund verdickt sich die Schleimhaut mehr und mehr, hauptsächlich durch stärkere Entfaltung der auf die Propria nach außen folgenden Submukosa. Sie ist in der Mundhöhle nur sehr schwach entwickelt und nimmt in den kaudalen Partien des Schlundes lymphoiden Charakter an. Es lagern sich allmählich immer zahlreichere Lymphzellen in sie ein, die schließlich zur Bildung von mächtigen Lymphfollikeln (Fig. 375 *fol*) zusammentreten.

Dazu gesellt sich schließlich noch eine Muskularis. Sie tritt zuerst in den mittleren Teilen des Schlundes auf und beschränkt sich hier auf eine dünne Lage glatter Muskelfasern (Fig. 375 $mu_1$). Kaudalwärts treten nach außen von ihr noch mächtige, ziemlich locker gelagerte, zirkulär verlaufende Bündel quergestreifter Fasern auf, die beim Übergang in den Magen wieder vollkommen verschwinden, während die glatten Fasern sich auf die Magenwand fortsetzen.

## b) Der Magen.

In gefülltem Zustand besitzt die Mageninnenfläche nur mäßig hohe Falten. Sie ver-

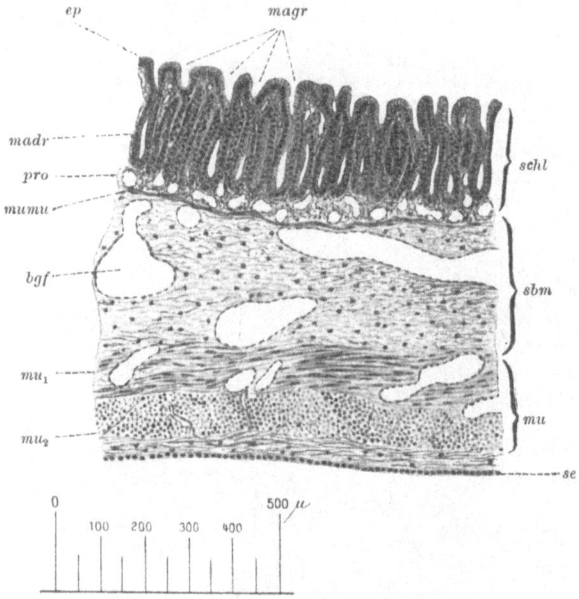


Fig. 376. Zitterrochen. Magen.
*schl* Schleimhaut, *sbm* Submukosa, *mu* Muskularis, *se* Serosa, *magr* Magengruben, *ep* Oberflächenepithel, *madr* Magendrüsen, *pro* Propria, *mumu* Muscularis mucosae, *bgf* Blutgefäße, $mu_1$ zirkuläre Muskelschicht, $mu_2$ longitudinale Muskelschicht.

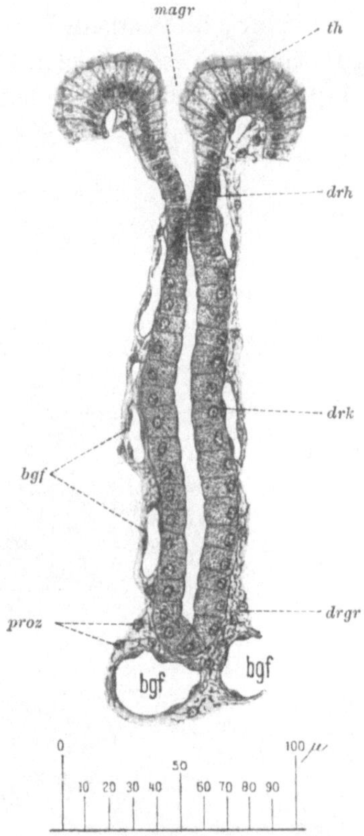


Fig. 377. Zitterrochen. Magendrüse der Pars cardiaca.
*th* Theka der Epithelzellen, *magr* Magengrube, *drh* Drüsenhals, *drk* Drüsenkörper, *drgr* Drüsengrund, *bgf* Blutgefäße, *proz* Zellen der Propria.

laufen in der Pars cardiaca zunächst ringförmig, dann mehr schräg und werden in der Pars pylorica schließlich zu Längsfalten. Ein Querschnitt durch die Pars cardiaca läßt als Bestandteile der Magenwand Schleimhaut, Submukosa, Muskularis und Serosa erkennen (Fig. 376). Die Schleimhaut (*schl*) hat eine ungefähre Dicke von 200—300 $\mu$, sie besteht aus dem Oberflächenepithel (*ep*), den Magendrüsen (*madr*) und der Propria (*pro*). Die Schleimhautoberfläche senkt sich überall in Form kleiner, enger Gruben in die Tiefe, die wir als Magengruben (*magr*) bezeichnen. Sie setzen sich weiterhin in die Magendrüsen (*madr*) fort. Das Oberflächenepithel besteht aus langen zylindrischen Zellen (Fig. 377), deren länglicher Kern in der proximalen, dünnen

Zellhälfte liegt. Am Zellkörper können wir zwei verschiedene Zonen erkennen. Die proximale größere Zone enthält ein azidophiles fädiges Protoplasma mit zahlreichen eingelagerten Körnchen, die distale kleinere Zone setzt sich scharf gegen sie ab (*th*). Diese sog. Theka erscheint in ungefärbtem oder osmiertem Zustande dunkel. Gegen Farbstoffe ist sie ziemlich resistent, nur basische färben sie schwach an. Diese Zellen liefern den Magenschleim.

Das Oberflächenepithel senkt sich auch in die Magengruben (Fig. 377 *magr*) ein. Je tiefer wir dringen, um so dünner wird die Theka, bis sie schließlich ganz verschwindet. Am Grunde verengt sich die Grube stark und geht in die Magendrüse über, einen einfachen, etwas gewundenen Schlauch, an dem wir das enge Anfangsstück als Drüsenhals (*drh*), den etwas erweiterten Drüsenkörper (*drk*) und den Drüsengrund (*drgr*) unterscheiden können. Das Drüsenepithel bildet natürlich die direkte Fortsetzung des Grubenepithels. Im Drüsenhals sind die Zellen sehr schmal und werden fast völlig von dem länglichen Kern ausgefüllt. Im Drüsenkörper und Drüsengrund sind die Zellen beträchtlich größer. Der Kern liegt in der Nähe der Zellbasis und der ganze Zelleib ist erfüllt von feinsten, stark azidophilen Körnchen.

Der spärliche Raum zwischen den Drüsen wird von der Propria (Fig. 376 *pro*) ausgefüllt, die sich auch unter den Drüsen in schmaler Schicht noch ausbreitet. Sie ist von zahlreichen die Drüsen umflechtenden Blutgefäßen durchsetzt und besteht aus lockerem, mit zahlreichen verästelten Zellen durchsetztem Bindegewebe. Von der Submukosa wird sie getrennt durch eine Schicht glatter Muskelfasern, die Muscularis mucosae (*mumu*). In der mächtigen bindegewebigen Submukosa (*sbm*) fallen die zahlreichen weiten Blutgefäße auf.

Die Muskularis (*mu*) besteht aus zwei Schichten glatter Muskelfasern, innen verlaufen die Fasern zirkulär ($mu_1$), außen längs ($mu_2$).

Ganz außen wird die Magenwand von der Serosa (*se*) überzogen, einem einfachen, niedrig kubischen Epithel, das auf einer bindegewebigen Subserosa von wechselnder Stärke sitzt.

In der Pars pylorica ändert sich das Bild insofern, als hier höhere Längsfalten auftreten. Das Epithel bleibt zunächst noch das gleiche, die Drüsen aber stehen nicht mehr so dicht und verlaufen mehr geschlängelt. Hand in Hand mit letzterer Erscheinung verlieren auch die Drüsenzellen ihren charakteristischen Körncheninhalt.

### c) Der Mitteldarm.

Der Mitteldarm ist der engste Abschnitt des ganzen Verdauungskanals und von der erheblich weiteren Pars pylorica des Magens scharf abgesetzt. Seine Schleimhaut legt sich in mehrere Längsfalten. Sie ist überzogen von langen, schmalen Zylinderzellen und stülpt sich allenthalben in Form kurzer schlauchförmiger Drüsen ein, deren charakteristische Eigenschaft in dem Besitz großer Körnerzellen besteht. Die Körnerzellen liegen gewöhnlich einzeln oder zu mehreren zusammen im Drüsengrund, können aber auch bis in das Oberflächenepithel hinaufsteigen. Es sind bis zu 30 $\mu$ große kuglige Gebilde, mit groben, stark azidophilen Körnern erfüllt. Der große ovoide Kern liegt meist im Grund der Zelle. Wahrscheinlich liefern sie ein spezifisches Darmferment.

Die Propria, Muscularis mucosae, Submukosa und Muskularis sind ähnlich wie im Magen.

Am rostralen Ende des Mitteldarms treten an die Stelle der wenigen breiten Längsfalten allmählich zahlreichere schmalere, spiralig ansteigende Falten, die in den Spiraldarm hinüberleiten. Mit ihrem Auftreten verschwinden die Drüsen und mit ihnen auch die Körnerzellen.

## d) Der Spiraldarm.

Der Spiraldarm stellt eine ansehnliche Erweiterung des Darmkanals dar, füllt fast die ganze rechte Bauchhälfte aus und liegt in einer Aushöhlung des rechten Leberlappens. Sein kaudales Ende reicht fast soweit, als die Pars car-

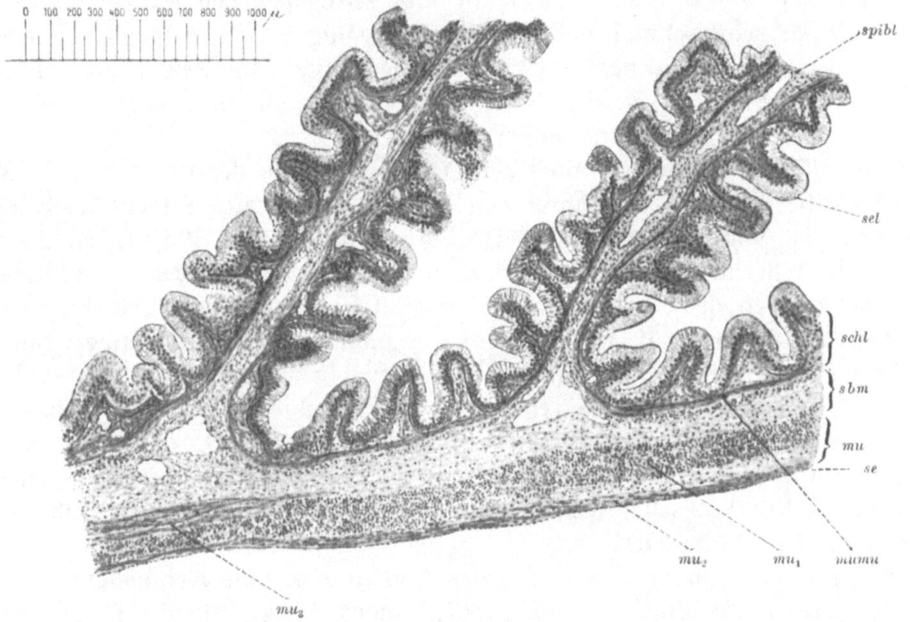


Fig. 378. Zitterrochen. Spiraldarm. (Längsschnitt.)

*spibl* Spiralblatt, *sel* Sekundärleisten, *schl* Schleimhaut, *sbm* Submukosa, *mu* Muskularis, *se* Serosa, *mumu* Muscularis mucosae, $mu_1$ zirkuläre innere Muskelschicht, $mu_2$ longitudinale äußere Muskelschicht.

diaca des Magens. Die sein Lumen fast ganz ausfüllende Spiralfalte entspringt von der Darmwand, ragt frei ins Darmlumen hinein und läuft in engen Spiraltouren abwärts. Man kann sich also den Spiraldarm, um einen praktischen Vergleich zu wählen, als eine lange Schraubenmutter vorstellen, deren Lumen außerordentlich eng und deren Schraubengänge außerordentlich breit und niedrig sind. Jeder Schraubengang ist außerdem auf seiner rostralen und kaudalen Fläche noch mit zahlreichen niedrigen sekundären Leisten versehen, die natürlich auch spiralig verlaufen.

Am demonstrativsten sind Längsschnitte durch den Spiraldarm, da in ihnen das Spiralblatt mit seinen Sekundärleisten quergetroffen erscheint. Dasselbe ist, wie unsere Fig. 378 zeigt, eine Erhebung der Submukosa (*sbm*), während die Sekundärleisten (*sel*) Schleimhautfalten darstellen.

Das Epithel (Fig. 379 *ep*) besteht aus langen Zylinderzellen mit deutlich längsstreifigem Protoplasma, welche palisadenartig nebeneinander stehen. Der ovoide Kern liegt in der Zellmitte oder etwas näher der Zellbasis. Die freie Fläche einer jeden Zelle bedeckt ein niedriger Stäbchensaum (*sts*). Zwischen den Zylinderzellen treten Becherzellen (*bz*) auf.

Die Propria (*pro*), welche also den Grundstock der Sekundärleisten bildet, besteht ausschließlich aus verästelten, anastomosierenden Zellen. In dem so gebildeten Maschenwerk finden sich zahlreiche Lymphozyten (*lyz*), die man auch allenthalben zwischen den Epithelzellen auf der Durchwandung im Darmlumen antrifft (*wz*). Von der Propria wird das Epithel durch eine in den Sekundärleisten dünner werdende Basalmembran (*bame*) getrennt. Sie ist struk-

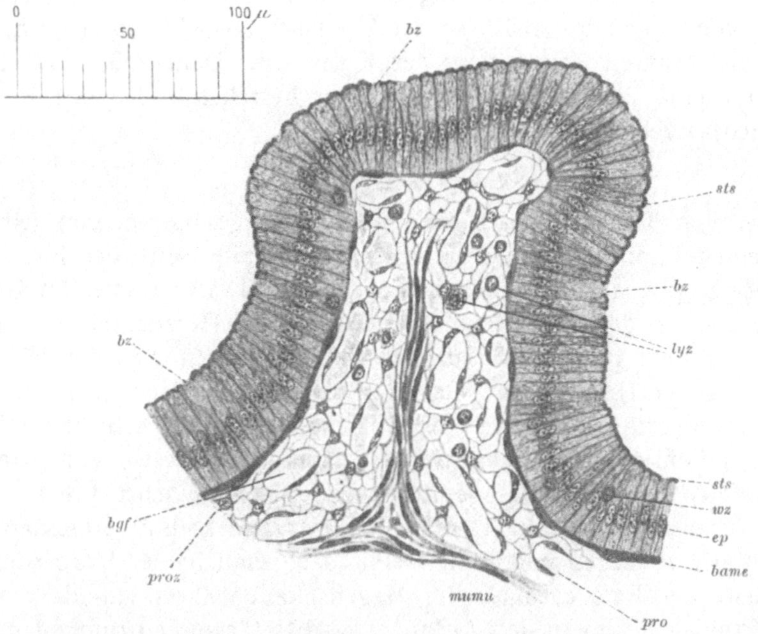


Fig. 379. Zitterrochen. Spiraldarm (Längsschnitt durch eine Sekundärleiste).
*ep* Epithel, *bame* Basalmembran, *pro* Propria, *mumu* Muscularis mucosae, *bz* Becherzellen, *sts* Stäbchensaum der Epithelzellen, *proz* Propriazellen, *lyz* Lymphzellen der Propria, *wz* Wanderzelle, *bgf* Blutkapillaren der Propria.

turlos und trägt auf ihrer proximalen Fläche einen kontinuierlichen Belag platter, verästelter Zellen. Jede Sekundärleiste enthält in ihrer Propria ein Netzwerk weiter Blutkapillaren (*bgf*).

Die außerordentlich kräftige Muscularis mucosae (*mumu*) läßt zwei Schichten, eine innere längsverlaufende und eine äußere zirkuläre Lage glatter Muskelfasern erkennen. Sie durchsetzt das Spiralblatt und schickt aus ihrer inneren Lage in jede Sekundärleiste ein die Achse derselben einnehmendes Muskelblatt hinein.

Die Submukosa ist bindegewebig und enthält zahlreiche Blutgefäße. Die Muskularis setzt sich ausschließlich aus glatten Muskelfasern zusammen, die sich zu einer starken inneren Zirkulär- (Fig. 378 $mu_1$) und einer schwächeren äußeren Längsmuskulatur (Fig. 378 $mu_2$) anordnen. In der Nähe des Enddarms tritt dazu noch eine innere Längsmuskelschicht ($mu_3$). Die Serosa zeigt die gleichen Verhältnisse wie im Magen.

### e) Der Enddarm und die Kloake.

Der Enddarm, dessen Achse nach dem früher Gesagten mit der des Spiraldarms einen stumpfen Winkel bildet, ist bei mittelgroßen Exemplaren nur ungefähr 2 cm lang, zunächst sehr eng, erweitert sich aber dann und geht in die geräumige Kloake über. Seine Schleimhaut legt sich in zahlreiche niedrige Längsfalten, ist wie die des Spiraldarms drüsenlos und mit einem geschichteten Zylinderepithel bedeckt, in dem eine Becherzelle dicht neben der anderen liegt (Fig. 382 *ep*).

Im After schlägt sich das Epithel der Körperoberfläche in die Kloake über, die also von einem geschichteten Epithel ausgekleidet ist. Es sitzt einer Propria als direkten Fortsetzung der Kutis auf. Dann folgt eine lockere Submukosa und eine aus glatten Muskelfasern bestehende Muskularis. Eine Muscularis mucosae fehlt hier.

### f) Die Leber.

Die Leber von Torpedo bildet ein großes, massiges Organ von gelblicher Farbe, ihre beiden Lappen nehmen die rechte und linke Seite der Bauchhöhle ein. Kaudalwärts spitz auslaufend, nehmen sie rostralwästs immer an Umfang zu und konfluieren in der Mittellinie dicht unter dem Herzbeutel. Der rechte Leberlappen umschließt in seinem rostralen Teil die ungefähr in der Mittellinie gelegene geräumige Gallenblase. Aus ihrer rostralen Zirkumferenz entspringt der Gallenblasengang, Ductus cysticus, und vereint sich sehr bald mit dem aus der Leber kommenden Lebergang, Ductus hepaticus, zum Gallengang, Ductus choledochus. Der letztere wendet sich zunächst direkt medianwärts, kommt zusammen mit der V. portae in den freien kolbig verdickten Rand einer Bauchfellfalte zu liegen und zieht in ihr fast genau in der Körpermitte an der rechten Seite der Pars cardiaca des Magens kaudalwärts, um dann wieder nach rechts abzubiegen und in den Anfang des Mitteldarms einzumünden. Verfolgen wir den Lebergang proximalwärts, so spaltet er sich sehr bald in zwei Arme, von denen sich der eine in den rechten, der andere in den linken Leberlappen einsenkt. Jeder der beiden Gänge teilt sich, in seinem Lappen angelangt, fortgesetzt in immer feiner werdende Zweige, die interlobulären Gänge, durch deren Teilung wieder die feinsten intralobulären Gänge entstehen. Die direkte Fortsetzung der letztern bilden schließlich die Leberschläuche.

Zur Untersuchung des feineren Baues der Leber dienen am besten mit Eisenhämatoxylin gefärbte Paraffinschnitte.

Untersuchen wir einen solchen mit schwacher Vergrößerung, so ergibt sich, daß wir strenggenommen von inter- und intralobulären Gängen nicht sprechen können, denn das Leberparenchym läßt eine Sonderung in Läppchen nirgends erkennen. Wir sehen eine fast gleichmäßige Zellmasse vor uns, nur unterbrochen von größeren und kleineren, längs- und quergetroffenen Blutgefäßen. Erst bei mittelstarker Vergrößerung läßt sich feststellen, daß die Zellen zu Balken angeordnet sind, die aber im Innern des Organs so eng zusammenschließen, daß sie kaum voneinander zu trennen sind. Günstiger liegen die Verhältnisse an der Peripherie, besonders in der Umgebung der Gallenblase, aus welcher der in Fig. 380 abgebildete Schnitt stammt. Hier ist das Parenchym lichter, die die Leberbalken umspinnenden Blutkapillaren sind weiter. Unser Schnitt zeigt uns die Leberoberfläche mit der sie überziehenden Serosa (*se*) und der daruntergelegenen, aus dichtem Bindegewebe bestehenden Leberkapsel (*ka*), die ohne scharfe Grenze in das hier sehr mächtige Leberbindegewebe übergeht. An den meisten anderen Stellen ist es kaum zu erkennen, die Leberbalken liegen der Kapsel eng an. In dem Bindegewebe erscheint der Querschnitt eines großen interlobulären Ganges ($gag_1$), ausgekleidet mit einem

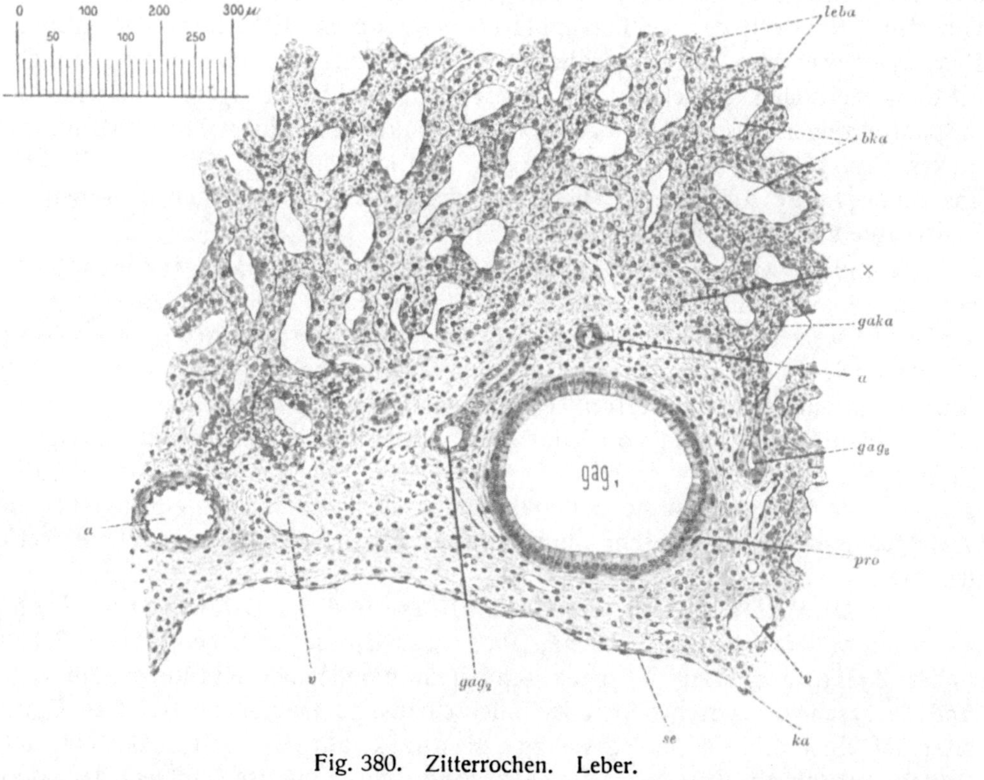


Fig. 380. Zitterrochen. Leber.

*leba* Leberzellbalken, × ein solcher quergeschnitten, *bka* Blutkapillaren, $gag_1$ großer interlobulärer Gallengang, *pro* dessen Propria, $gag_2$u.$_3$ kleinere Gallengänge, *gaka* Gallenkapillaren, *ka* Leberkapsel, *se* Serosa, *a* Arterien, *v* Venen.

niedrigen Zylinderepithel und umgeben von einer dünnen bindegewebigen Propria (*pro*). Auch größere und kleinere Arterien (*a*) und Venen (*v*) treffen wir hier in großer Anzahl. Neben dem großen Gang liegen seine primären ($gag_2$) und sekundären Zweige ($gag_3$) teils quer-, teils längsgeschnitten mit gleicher Struktur, aber niederem Epithel. Einer derselben ($gag_3$) setzt sich direkt in einen Leberbalken fort, wobei sein Lumen sich außerordentlich verengt und nun als Gallenkapillare bezeichnet wird, deren epitheliale Auskleidung also jetzt die Leberzellen selbst bilden. Da, wo ein solcher Leberbalken quergetroffen ist (×), erscheint in seinem Zentrum das feine Lumen der Gallenkapillare umgeben von fünf Leberzellen. Die Leberbalken anastomosieren miteinander, bilden ein Netzwerk. Das gleiche gilt natürlich auch von den Gallenkapillaren, so daß wir die Leber von Torpedo als eine zusammengesetzte, netzförmig tubulöse Drüse bezeichnen können.

Die Leberzellen haben die Form von Kegeln, deren Spitze sich der Gallenkapillare zuwendet. In Paraffinschnitten erscheint ihr Körper von zahlreichen Vakuolen durchsetzt. In unserem Schnitt, einem Gefrierschnitt, ist der Vakuoleninhalt erhalten, den wir durch Nachbehandlung mit Osmiumsäure oder durch Färbung mit Sudan als Fettropfen diagnostizieren können. Die Leber von Torpedo bildet, wie bei allen Fischen, ein mächtiges Fettdepot.

Die zwischen den Zellbalken befindlichen Maschen werden vollständig ausgefüllt von Blutkapillaren (*bka*), die also ebenfalls ein Netzwerk bilden, von dem Netzwerk der Gallenkapillaren stets durch die Leberzellen getrennt. Das Bindegewebe der Leberoberfläche läßt sich mit unseren gewöhnlichen Färbungsmethoden zwischen die Leberbalken nicht verfolgen. Bielschowskypräparate zeigen uns jedoch, daß die Leberbalken von einem Netzwerk oft sehr dicker Fasern, den sog. Gitterfasern, umflochten sind, die sich direkt in das Bindegewebe fortsetzen. Diese Gitterfasern liegen demnach zwischen den Leberbalken und den Blutkapillaren.

Nachdem wir so einen Überblick über den Leberbau gewonnen haben, können wir uns auch den zentralen Teilen unseres Schnittes zuwenden. Er wird durchsetzt von großen Blutgefäßen, von denen wir zwei Arten unterscheiden können. Die einen haben eine fast ausschließlich epitheliale Wand, es sind die das Blut abführenden Lebervenen. Bei den anderen, mit meist kleinerem Lumen, ist die Wand stärker und von Bindegewebe umgeben. Das sind die Zweige der V. portae. In ihrer nächsten Umgebung stoßen wir immer auf kleine Gallengänge, deren Übergang in die Gallenkapillaren sich auch hier an günstigen Stellen verfolgen läßt. Auch die sehr dünnen feinen Zweige der Leberarterie treffen wir hier.

Die Ductus hepatici, die Gallenblase und der Ductus choledochus haben im wesentlichen den gleichen Bau. Das Epithel ist eine einfache Schicht hoher Zylinderzellen mit ganz schmalem homogenen Kutikularsaum. Hier und da erscheint zwischen den Zylinderzellen eine Becherzelle. Das Epithel sitzt auf einer dünnen bindegewebigen Propria, auf die nach außen eine feine Schicht zirkulärer glatter Muskelfasern folgt. Drüsen fehlen der Wand der Gallenblase und der Gänge.

## g) Das Pankreas.

Das Pankreas, die Bauchspeicheldrüse, erreicht bei Torpedo eine recht erhebliche Ausdehnung. Sein rostrales Anfangsstück liegt ganz versteckt hinter der Umbiegungsstelle des Mitteldarms in den Spiraldarm und wird durch die ungefähr gleichzeitig erscheinende Milz vom Magen getrennt. Weiter kaudalwärts verbreitert es sich und kommt nun mit seinem ventralen Rand zwischen dem Spiraldarm und dem Mitteldarm zum Vorschein, um dann bald in einen kurzen, hinter dem Magen gelegenen Zipfel auszulaufen. Es hat nur einen einzigen Ausführungsgang, den Ductus pancreaticus, der aber in seinem ganzen Verlauf in die Drüsensubstanz eingebettet ist. Er mündet in den Anfang des Spiraldarms und zwar auf dessen ventraler Fläche.

Das Pankreasparenchym unterscheidet sich von dem Leberparenchym zunächst wesentlich durch seinen größeren Gehalt an färbbarem Bindegewebe. Wir finden dasselbe einmal in größerer Menge um die Zweige des Ausführungsganges herum, dann in Zügen das Organ durchsetzend und es in kleinere und größere Läppchen teilend, so daß wir hier sehr wohl von inter- und intralobulären Ausführungsgängen sprechen können.

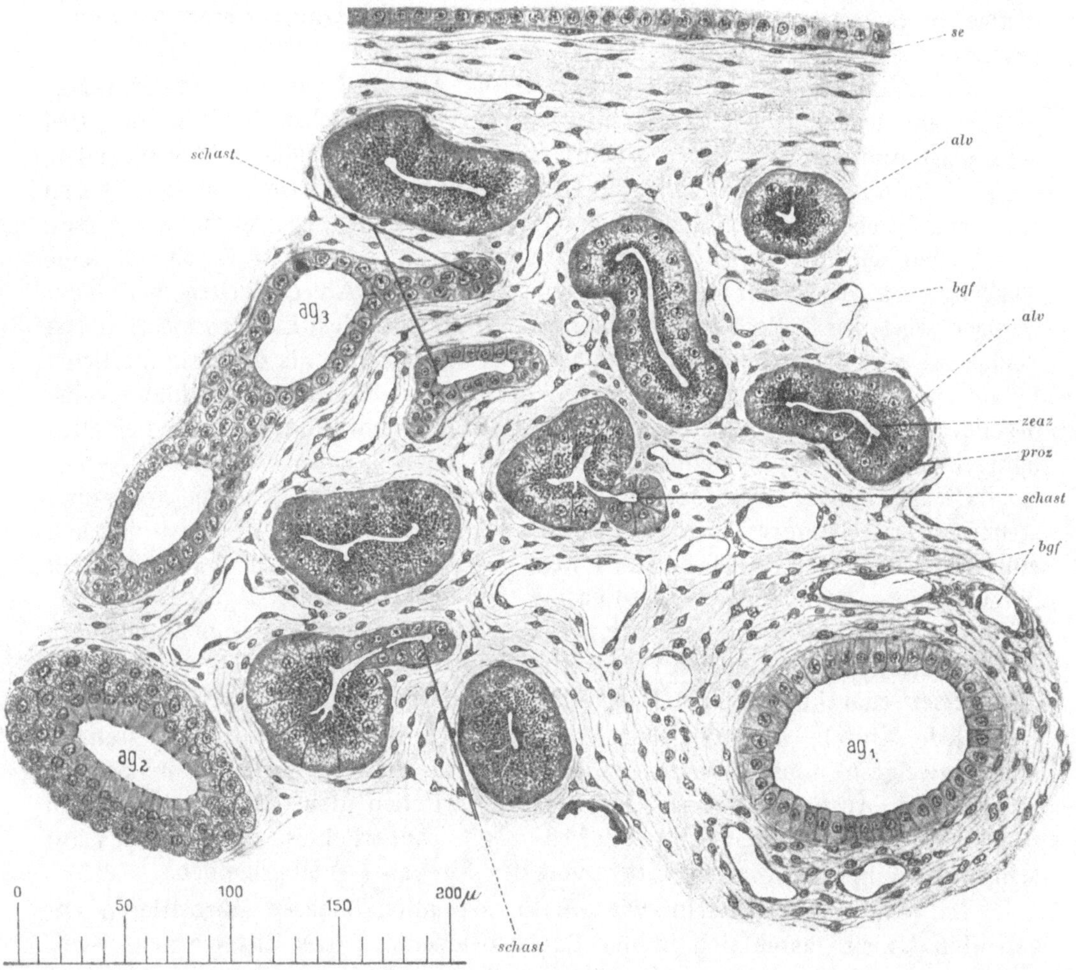


Fig. 381. Zitterrochen. Pankreas.

*$ag_1$* großer interlobulärer Ausführungsgang, *$ag_2$* kleiner interlobulärer Ausführungsgang, *$ag_3$* intralobulärer Ausführungsgang, *schast* Schaltstücke, *alv* Alveolen, *zeaz* zentroazinäre Zellen, *proz* Zellen der Membrana propria, *bgf* Blutgefäße, *se* Serosa.

Auch das Pankreasparenchym hat ein sehr dichtes Gefüge, welches die Erkennung der Drüsenstruktur sehr erschwert. Wählen wir auch hier eine periphere Stelle aus, wo das Gefüge lockerer ist. In unserem Schnitt der Fig. 381 sehen wir in dem stark entwickelten Bindegewebe zunächst einen größeren interlobulären Ausführungsgang (*$ag_1$*), ausgekleidet mit einfachem Zylinderepithel. Aus seiner Teilung entstehen engere Gänge mit niedrigerem Epithel (*$ag_2$*). Vielfach erscheint jedoch ihr Epithel verdickt, da sich den Zylinderzellen nach außen noch 1—2 Lagen kugliger Zellen mit rundem, großem Kern anlagern. Sie unterscheiden sich von den Zylinderzellen durch den Besitz zahlreicher azidophiler Körnchen. Aus der Teilung dieser Gänge resultieren die in die Läppchen eindringenden intralobulären Gänge (*ag*$_3$), die nun in großer Zahl und nach allen Seiten dünne Ästchen mit engem Lumen abgeben, die sog. Schaltstücke (*schast*), an denen, wie die Beere am Stiel, eine oder mehrere kuglige oder mehr längliche Alveolen hängen (*alv*). Sie übertreffen den Durchmesser der Schaltstücke ganz wesentlich, so daß wir im Pankreas eine zusammengesetzte, verzweigte alveoläre Drüse vor uns haben.

Den Übergang des Schaltstückes in die Alveole kann man im Pankreas immer sehr leicht beobachten. Die niedrigen Schaltstückszellen werden dabei ganz platt und plötzlich treten an ihre Stelle die hohen kegligen Alveolenzellen, das sind die sezernierenden Zellen des Organs. Während äußerlich die Alveole sich sehr scharf gegen das Schaltstück absetzt, ist ihr Lumen ebenso eng wie dieses.

Sehen wir uns dieses Lumen etwas näher an, so schickt es überall feine Ausläufer, die sog. Sekretkapillaren, zwischen die Alveolenzellen mehr oder weniger weit vor. Ferner entdecken wir innerhalb des Lumens noch platte Zellen, die sich der freien Fläche der sezernierenden Zellen als diskontinuierlicher Belag eng anschmiegen. Diese zentroazinären Zellen (*zeaz*) bilden eine besondere Eigentümlichkeit der Pankreasalveole, wie wir das ja auch bei allen höheren Wirbeltieren kennengelernt haben.

Die sezernierenden Zellen sind ziemlich groß, von kegliger Form und stehen im Alveolenquerschnitt zu 5—8 um das Lumen herum. Sie lassen deutlich eine Außen- und eine Innenzone erkennen. Die erstere ist hell und enthält ein netzmaschiges oder wabiges Protoplasma. In der Innenzone dagegen wird das Bild beherrscht durch massenhafte, grobe Körner. Sie färben sich intensiv in Eisenhämatoxylin und sauren Farbstoffen und stellen eine Vorstufe des Sekretes dar, dessen charakteristischen Bestandteil ein Ferment, das Trypsin, bildet.

Jede Alveole wird umgeben von einer Membrana propria, bestehend aus verzweigten, anastomosierenden Zellen (*proz*), die sich auch auf die Schaltstücke und Ausführungsgänge fortsetzen. Zwischen den Alveolen verlaufen zahlreiche sie umspinnende Blutgefäße (*bgf*). Äußerlich ist das Pankreas auf seiner freien Fläche, wie die Leber, von der Serosa (*se*) überkleidet.

Langerhanssche Inseln, wie wir sie bei allen höheren Wirbeltieren angetroffen haben, lassen sich in der Bauchspeicheldrüse des Zitterrochens nicht nachweisen.

### h) Die Rektaldrüse.

Die Rektaldrüse ist ein ungefähr 2—3 mm dicker und 5—10 mm langer, drehrunder Zapfen, der aus der Wand des Enddarms gerade rostralwärts hervorragt und sofort zum Vorschein kommt, wenn das kaudale Magenende aufgehoben wird. Sie liegt hinter der Pars pylorica und stößt mit ihrem rostralen Ende fast an den Spiraldarm. Die beste Übersicht über den Bau dieser Drüse erhält man an Längsschnitten durch das Organ. Unsere Fig. 382 stellt einen solchen dar.

Ein kurzer Ausführungsgang (*ag*) führt aus dem Enddarm in den Drüsenkörper, der, von einer bindegewebigen Kapsel (*ka*) umhüllt, eine deutliche Lappung erkennen läßt. Der Ausführungsgang erweitert sich leicht zu einem axialen, die Drüse der Länge nach durchsetzenden Hohlraum ($ag_1$), von dem Seitenzweige ($ag_2$) in die einzelnen Drüsenlappen hineinführen. Aus der Verzweigung dieser intralobulären Gänge gehen die sich weiter verzweigenden, stark gewundenen Drüsenröhrchen hervor, die sich im übrigen auch allenthalben von dem zentralen Hohlraum und den intralobulären Gängen abzweigen. Wir haben also hier eine zusammengesetzte, verzweigt tubulöse Drüse.

Das Epithel ist im Ausführungsgang zunächst noch das des Enddarms, also ein geschichtetes Zylinderepithel mit außerordentlich zahlreichen Becherzellen. An seine Stelle tritt im zentralen Hohlraum und in den intralobulären Gängen ein einfaches kubisches Epithel. Die sezernierenden Kanälchen sind sehr eng und mit kubischen, von feinen Körnchen erfüllten Zellen ausgekleidet.

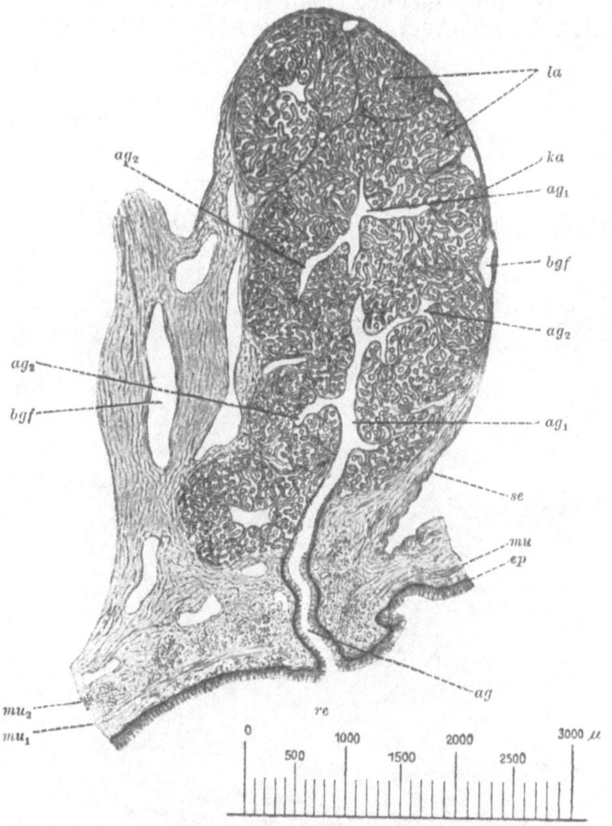


Fig. 382. Zitterrochen. Rektaldrüse (Transversaler Längsschnitt).
*ag* Ausführungsgang, $ag_2$ zentraler Hohlraum, $ag_1$ intralobuläre Ausführungsgänge, *ka* Drüsenkapsel, *bgf* Blutgefäße, *re* Enddarm, *ep* dessen Epithel, *mu* Muskularis mit innerer zirkulärer ($mu_1$) und äußerer longitudinaler Muskelschicht ($mu_2$).

## 7. Die Atmungsorgane.

Die Atmungsorgane von Torpedo bestehen aus fünf Paaren, als seitliche Aussackungen des Vorderdarms angelegten Kiemensäcken. Sie öffnen sich durch die inneren Kiemenlöcher direkt in die Schlundhöhle. Die äußeren Kiemenlöcher liegen als fünf schräg zur Mittellinie gestellte, schlitzförmige Spalten jederseits auf der Bauchfläche dicht neben der medianen Zirkumferenz des elektrischen Organs. Erweitert man mit der Schere ein äußeres Kiemenloch nach beiden Seiten, so erhält man einen Einblick in den Kiemensack, in den das äußere Kiemenloch schräg rostral- und dorsalwärts hineinführt. Jeder Kiemensack stellt eine flache, sowohl schräg zur Sagittalebene, als auch schräg zur Transversalebene gestellte Tasche dar. Von ventral her aufgeschnitten, bietet er das Bild einer geöffneten Muschel, deren Schloß median-, deren freier Mantelrand lateralwärts sieht. Das innere Kiemenloch liegt am Schloß, das äußere nicht gegenüber, sondern am ventralen Schalenrand. Zwischen je zwei Kiemensäcken steht eine bindegewebige Scheidewand, in welcher die vom knorpligen Kiemenbogen ausgehenden knorpligen

Kiemenstrahlen liegen. Auf der inneren Oberfläche des Kiemensackes erhebt sich ein System von Falten, vom inneren Kiemenloch radiär zur Peripherie strahlend und hier scharf gegen die Wand abgesetzt endigend. Das sind die Kiemenblätter. Auf ihnen erheben sich sekundäre, schräg von innen nach außen ansteigende, taschenförmige Falten, die Kiemenblättchen. Ihre Achse steht senkrecht zur Achse der Kiemenblätter.

Zur Untersuchung empfiehlt sich am meisten die Anfertigung von Sagittalschnitten durch die Kiemengegend. Einen Ausschnitt aus einem solchen stellt unsere Fig. 383 dar.

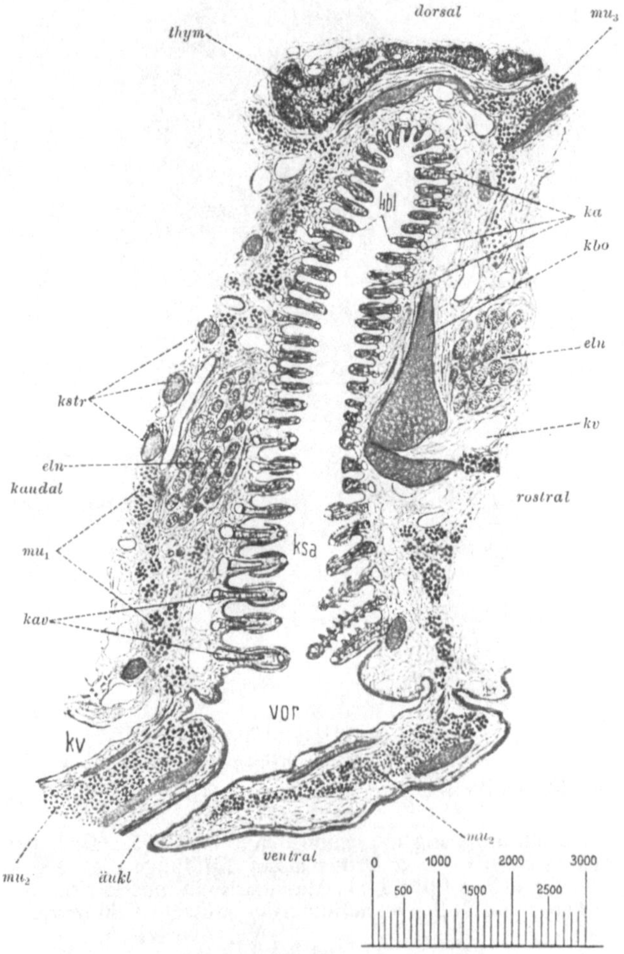


Fig. 383. Zitterrochen. Kiemensack.
*äukl* äußeres Kiemenloch, *vor* Vorraum, *ksa* Kiemensackhöhle, *kbl* Kiemenblätter, $mu_2$ M. constrictor superficialis ventralis, $mu_3$ M. constrictor superficialis dorsalis, $mu_1$ M. constrictor profundus, *kav* kavernöse Körper der Kiemenblätter, *kv* Kiemenvene, *kbo* Kiemenbogen, *kstr* knorplige Kiemenstrahlen, *eln* Nn. electrici, *thym* Thymus.

Von der Ventralfläche führt der schmale Spalt des äußern Kiemenloches (*äukl*) schräg rostral zunächst in einen etwas weiteren Vorraum (*vor*), der sich dorsal zum Kiemensack (*ksa*) verengt. In der bindegewebigen Wand des letzteren liegen die knorpligen Kiemenbogen (*kbo*) und Kiemenstrahlen (*kstr*) und zahlreiche quergetroffene Bündel quergestreifter Fasern des M. constrictor ($mu_1$), welche sich ventralwärts zu einer starken Muskelmasse, dem M. constrictor superficialis ventralis ($mu_2$), zusammenlagern. Der entsprechende Muskel der Dorsalseite, M. constrictor superficialis dorsalis ($mu_3$), ist wesentlich schwächer. Dorsal liegt der Kuppe des Kiemensackes der Thymus auf (*thym*). Nach innen von dem Konstriktor treffen wir in der Kiemensackwand starke Nerven (*eln*), die hier zum elektrischen Organ durchziehenden Nn. electrici, umgeben von starken Blutgefäßen. In das Lumen des Kiemensackes springen die schräggetroffenen Kiemenblätter (*kbl*) vor. An der Basis eines jeden derselben liegt ein Gefäßquerschnitt (*ka*), der einem Ast der Kiemenarterie angehört.

Wir wollen uns nun den Bau der Kiemenblätter bei stärkerer Vergrößerung etwas näher ansehen (Fig. 384). Die Kiemenblättchen ($kbl_1$) sind dünnwandige, taschenartige Falten. Sie erheben sich aus den Kiemenblättern, lassen aber deren proximalsten Abschnitt frei. Distalwärts laufen sie in den freien, etwas verdickten Rand des Kiemenblattes aus. Da sich die einzelnen Kiemenblättchen dachziegelförmig decken, so erhalten wir immer mehrere gleichzeitig geschnitten. Die Achse eines jeden Kiemenblattes wird gebildet von einem kavernösen Körper (*kav*), in dessen etwas verbreiterte Basis sich die Zweige der Kiemenarterie (*ka*) ergießen. Er durchsetzt nie die ganze Höhe des Blattes, sondern nur etwa die Hälfte. Seine Wand ist eine direkte Fortsetzung der Arterienwand und besteht im wesentlichen aus einem Netzwerk feinster elastischer Fäserchen, das auch den Hohlraum durchsetzt und

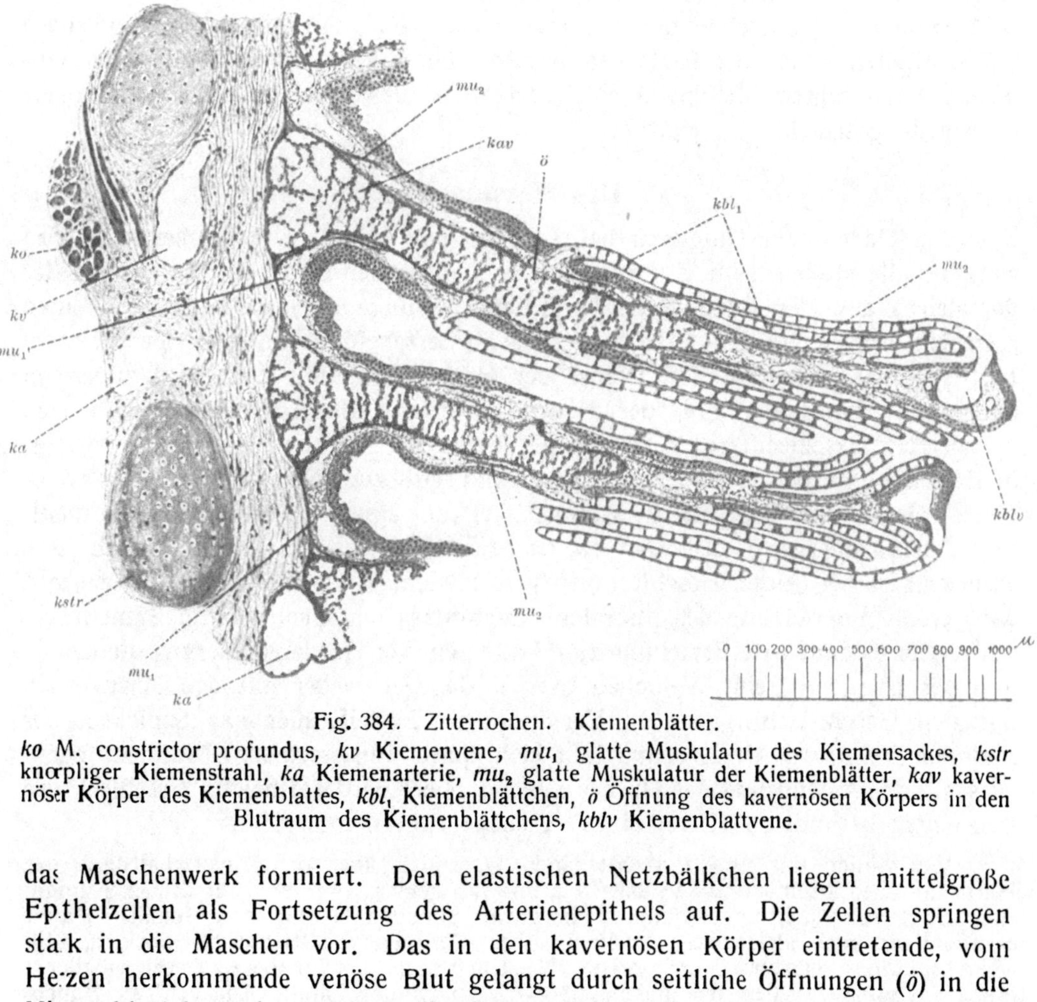


Fig. 384. Zitterrochen. Kiemenblätter.
*ko* M. constrictor profundus, *kv* Kiemenvene, $mu_1$ glatte Muskulatur des Kiemensackes, *kstr* knorpliger Kiemenstrahl, *ka* Kiemenarterie, $mu_2$ glatte Muskulatur der Kiemenblätter, *kav* kavernöser Körper des Kiemenblattes, $kbl_1$ Kiemenblättchen, *ö* Öffnung des kavernösen Körpers in den Blutraum des Kiemenblättchens, *kblv* Kiemenblattvene.

das Maschenwerk formiert. Den elastischen Netzbälkchen liegen mittelgroße Epithelzellen als Fortsetzung des Arterienepithels auf. Die Zellen springen stark in die Maschen vor. Das in den kavernösen Körper eintretende, vom Herzen herkommende venöse Blut gelangt durch seitliche Öffnungen (*ö*) in die Kiemenblättchen, durchströmt dieselben, wird dabei arterialisiert und sammelt sich in der Kiemenblattvene (*kblv*), die in der freien Firste eines jeden Blattes entlangzieht. Aus den Kiemenblattvenen sammelt sich das Blut in den Kiemenvenen (*kv*), die es der Aorta zuführen. Ihre weiten Lumina treffen wir überall in der Kiemensackwand. Außer von dem kavernösen Körper wird das Kiemenblatt noch von einem retikulierten Gewebe gebildet, bestehend aus verzweigten anastomosierenden Zellen und durchsetzt von den zu den Kiemenblättchen führenden Gefäßen. Ferner finden sich in dem Kiemenblatt glatte Muskelfasern. Dieselben bilden einmal eine dünne zusammenhängende Schicht an der Blätterbasis ($mu_1$) und strahlen dann von hier, der Wand des kavernösen Körpers dicht angeschmiegt, in die Blätter bis zur freien Firste empor ($mu_2$).

Die Wand des Kiemenblättchens enthält jederseits eine aus feinen Fibrillen gebildete Lamelle, der das Epithel aufliegt. Der Zwischenraum zwischen beiden Lamellen wird durch zylindrische Zellen klaffend erhalten. In ihrem Protoplasma verlaufen zahlreiche Fibrillen, die besonders schön durch Färbung mit Biondilösung hervortreten und in die Lamellen eintreten.

Das Epithel der Kiemenhöhle ist zwischen und auf den Kiemenblättern geschichtet. Es enthält zahlreiche, besonders auf den Firsten hervortretende Becherzellen und zwischen den Blättern auch große, mit dicken Sekretkörnern erfüllte Zellen. Auf den Blättchen besteht das Epithel zumeist aus einer einfachen Lage platter Zellen, doch findet man hier und da auch Stellen mit niedrigem, geschichtetem Epithel.

## 8. Die Harnorgane.

Als Harnorgane fungieren bei Torpedo wie bei allen Anamniern die Urnieren. Sie stellen beim Embryo zwei zu beiden Seiten der Mittellinie auf der dorsalen Wand der Bauchhöhle verlaufende Wülste dar, an denen wir einen rostralen und einen kaudalen Abschnitt unterscheiden müssen. Der letztere tritt späterhin allein in den Dienst der Harnabsonderung und wird zu einem relativ voluminösen Organ, der Niere. Der rostrale Abschnitt verhält sich bei beiden Geschlechtern verschieden. Beim männlichen Geschlecht tritt er in Beziehung zu den Geschlechtsorganen und wird zum Nebenhoden, beim weiblichen Geschlecht dagegen verkümmert er zu einem belanglosen Rudiment. Der Ausführungsgang der Urniere ist der WOLFFsche Gang. Auch sein Schicksal ist bei beiden Geschlechtern verschieden. Beim männlichen Geschlecht wird er als Fortsetzung des rostralen Abschnittes der Urniere zum Samenleiter und verliert damit jede Beziehung zum kaudalen, der Harnabsonderung dienenden Teil der Urniere. Beim Weibchen tritt er dagegen weder mit den Harn- noch mit den Geschlechtsorganen in Verbindung. Er teilt hier das Schicksal des rostralen Teiles der Urniere und läßt sich später nur noch als Rudiment nachweisen. Die Ausführung des Harnes aus der Niere wird bei beiden Geschlechtern von einem besonderen Harnleiter, Ureter, übernommen.

Wir wollen uns nun zunächst einen Überblick über die Lageverhältnisse der Harn- und Geschlechtsorgane verschaffen, und das gelingt am besten durch das Studium einer Serie von Querschnitten durch die ganze Bauchhöhle und ihren Inhalt. Damit erhalten wir auch gleichzeitig Auskunft über die Lageverhältnisse der übrigen, teilweise schon besprochenen Bauchorgane. Natürlich muß man für diesen Zweck möglichst junge Exemplare wählen von ungefähr 10—12 cm größter Länge. Die ventrale Bauchwand wird entfernt, ebenso Kopf, Schwanz, elektrische Organe mit Brustflossen. Man erhält so ein handliches Präparat, an dem man noch die ventrale Wand von Magen und Spiraldarm entfernt, um das Eindringen der Einbettungsmittel (Paraffin oder Zelloidin) zu erleichtern. Wir wollen zunächst kurz einige Schnitte durch ein männliches Tier besprechen und dann damit die Verhältnisse bei einem weiblichen vergleichen.

Der erste Schnitt (Fig. 385) ist ein Stückchen kaudal von der Herzspitze gefallen. Die dorsale Partie wird von der Parietalmuskulatur (*mu*) eingenommen, welche in der Mittellinie die knorplige Wirbelsäule (*wis*) mit Chorda (*cho*), Chordascheide (*chosch*) und Rückenmark (*rm*) umgibt. Ventral an die Wirbelsäule schließt die Bauchaorta. Die Mitte der Bauchhöhle füllt das kaudale Endstück des Schlundes aus (*schl*), in dessen Wand die lymphoiden Massen (*ly*) stark hervortreten. Er ist an der dorsalen Bauchwand durch bindegewebige Massen mit großen venösen Bluträumen fixiert. In einen derselben springt jederseits, einen Aortenzweig siegelringartig umfassend, ein Adrenalorgan (*are*) vor. Lateral von ihnen liegen jederseits die Kanälchen des Nebenhoden (*neho*), rechts eng dem Hoden (*ho*) angelagert. (In dieser und den folgenden Abbildungen sind durch die Reproduktion rechte und linke Seite vertauscht.) Der linke

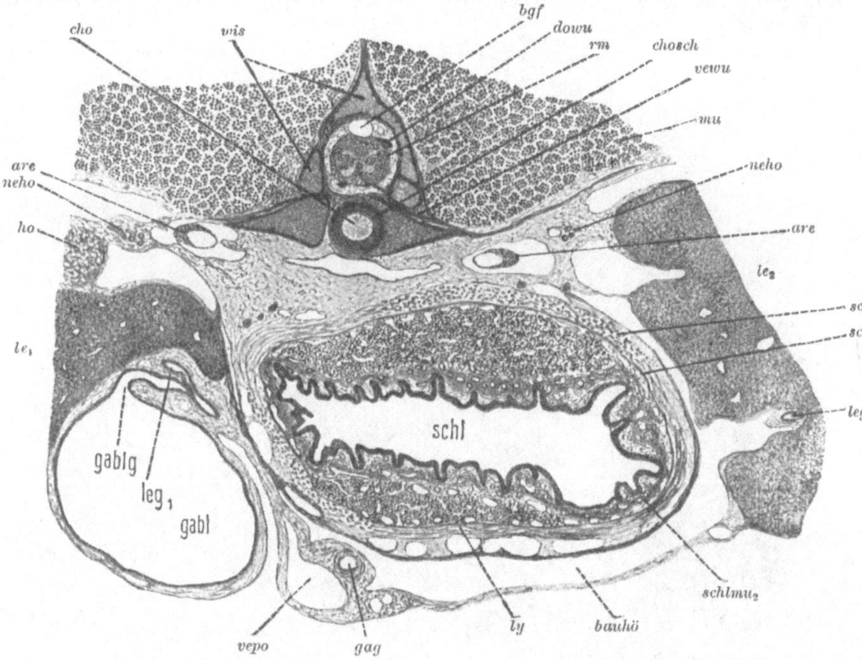


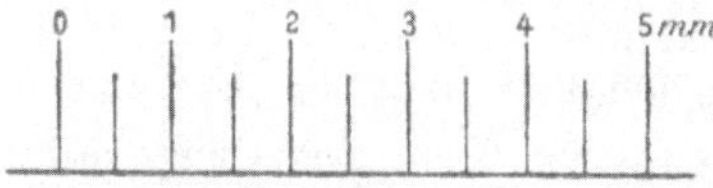


Der Maßstab gilt auch für die Figg. 386 bis 390.

Fig. 385. Zitterrochen. Querschnitt durch den Bauch eines jungen männlichen Exemplars. *wis* Wirbelsäule, *cho* Chorda, *chosch* Chordascheide, *rm* Rückenmark, *bgf* Blutgefäße der Arachnoidea, *dowu* Dorsalwurzel, *vewu* Ventralwurzel, *mu* Parietalmuskulatur, *neho* Nebenhode, *are* Adrenalorgan, $le_2$ linker Leberlappen, *schl* Schlund mit glatter ($schlmu_1$) und quergestreifter Muskulatur ($schlmu_2$), *ly* lymphoid infiltrierte Propria des Schlundes, $leg_2$ linker Lebergang, *bauhö* Bauchhöhle, *gag* Ductus choledochus, *vepo* V. portae, *gabl* Gallenblase, *gablg* Ductus cysticus, $leg_1$ rechter Lebergang, $le_1$ rechter Leberlappen, *ho* rechter Hode.

Hode ist noch nicht getroffen, er liegt tiefer als der rechte. Die beiden Leberlappen, rechter ($le_1$) und linker ($le_2$), sind in unserer Abbildung nur zum Teil dargestellt. An den ersteren schließt sich ventromedial die geräumige Gallenblase (*gabl*) an mit der Abgangsstelle des Gallenblasenganges (*gablg*), in den sehr bald der rechte Lebergang ($leg_1$) mündet. In einer medianen Ausbuchtung des linken Leberlappens liegt der linke Lebergang ($leg_2$) und in einer Bauchfellfalte ventral vom Schlund neben der Pfortader (*vepo*) der Gallengang (*gag*). Gehen wir in unserer Serie einige Schnitte rostralwärts, so erscheint, sobald die Gallenblase verschwindet, eine ventrale Verbindungsbrücke zwischen beiden

Leberlappen und damit sowohl das Verbindungsstück zwischen Gallenblasengang und Gallengang, als auch die Vereinigung von rechtem und linkem Lebergang, von denen letzterer also die ganze ventrale Schlundwand umkreist.

Der zweite Schnitt (Fig. 386) fällt in die Umbiegungsstelle des Mitteldarms (*mida*) und hat die Mündungsstelle des Gallenganges (×) getroffen. Median und dorsal vom Mitteldarm ist das Pankreas (*pa*) aufgetreten und links von ihm die Milz (*mil*). Der Schlund hat sich in die nur zum Teil dargestellte Pars cardiaca des Magens ($ma_1$) geöffnet. Magen und Darm drängen die beiden Leberlappen ($le_1$ und $le_2$) stark zur Seite. Die Nebenhoden (*neho*) haben sich etwas mehr der Mittellinie genähert und lassen an ihrer ventromedianen Kante

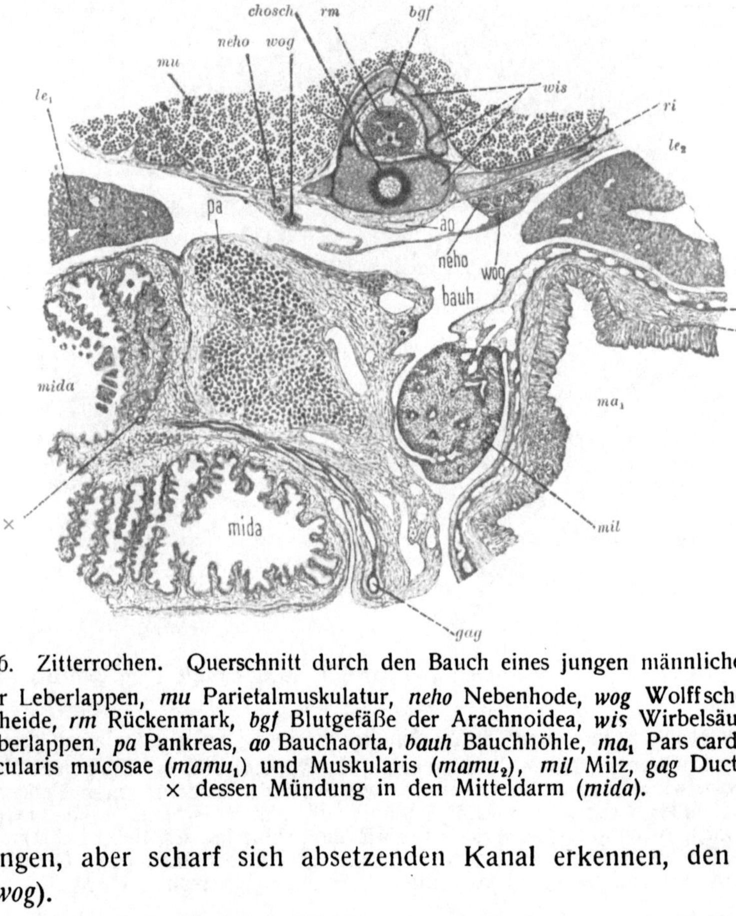


Fig. 386. Zitterrochen. Querschnitt durch den Bauch eines jungen männlichen Exemplars. $le_1$ rechter Leberlappen, *mu* Parietalmuskulatur, *neho* Nebenhode, *wog* Wolffscher Gang, *chosch* Chordascheide, *rm* Rückenmark, *bgf* Blutgefäße der Arachnoidea, *wis* Wirbelsäule, *ri* Rippe, $le_2$ linker Leberlappen, *pa* Pankreas, *ao* Bauchaorta, *bauh* Bauchhöhle, $ma_1$ Pars cardiaca des Magens mit Muscularis mucosae ($mamu_1$) und Muskularis ($mamu_2$), *mil* Milz, *gag* Ductus choledochus, × dessen Mündung in den Mitteldarm (*mida*).

einen engen, aber scharf sich absetzenden Kanal erkennen, den WOLFFschen Gang (*wog*).

Im dritten Schnitt (Fig. 387) ist nun auch der ventrale Teil des Pankreas ($pa_2$) aufgetreten mit dem Ductus pancreaticus, der hier (+) in den Anfang des Spiraldarms mündet. Der letztere (*spirda*) hat sich von dem medianwärts gelegenen, vorläufig noch ziemlich weiten Mitteldarm (*mida*) getrennt. Die Mitte des Schnittes wird eingenommen von dem dorsalen Teil des Pankreas ($pa_1$) und der Milz (*mil*), neben welcher wieder die Pars cardiaca des Magens ($ma_1$) erscheint. Von der Wand der letzteren sieht man die Blutgefäße in das Milzparenchym eindringen. An die Stelle des Nebenhoden ist nun die Niere (*ni*) getreten. Der WOLFFsche Gang hat dieselbe Lage wie früher.

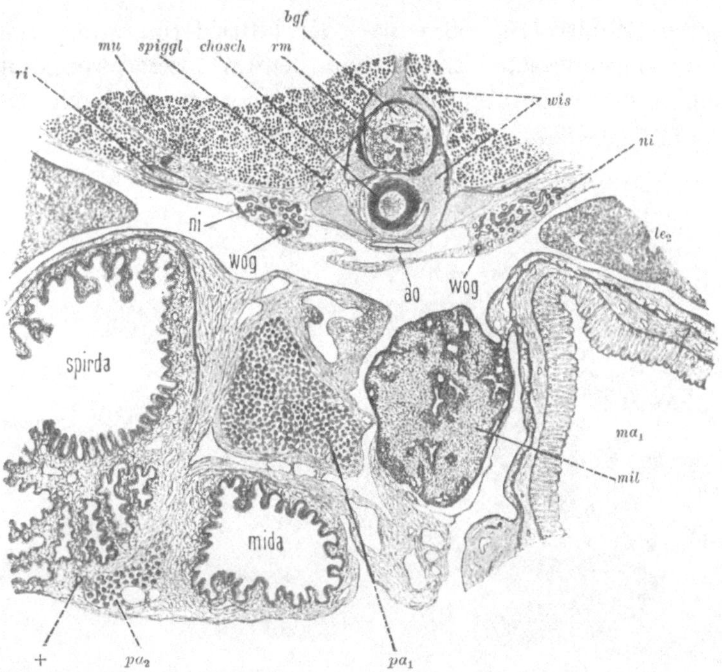


Fig. 387. Zitterrochen. Querschnitt durch den Bauch eines jungen männlichen Exemplars. *ri* Rippe, *mu* Parietalmuskulatur, *spiggl* Spinalganglion, *chosch* Chordascheide, *rm* Rückenmark, *bgf* Blutgefäße der Arachnoidea, *wis* Wirbelsäule, *ni* Niere, $le_2$ linker Leberlappen, *wog* Wolffscher Gang, *ao* Bauchaorta, $ma_1$ Pars cardiaca des Magens, *mil* Milz, $pa_1$ dorsales, $pa_2$ ventrales Pankreas, + Mündung des Ductus pancreaticus in den Spiraldarm (*spirda*), *mida* Mitteldarm.

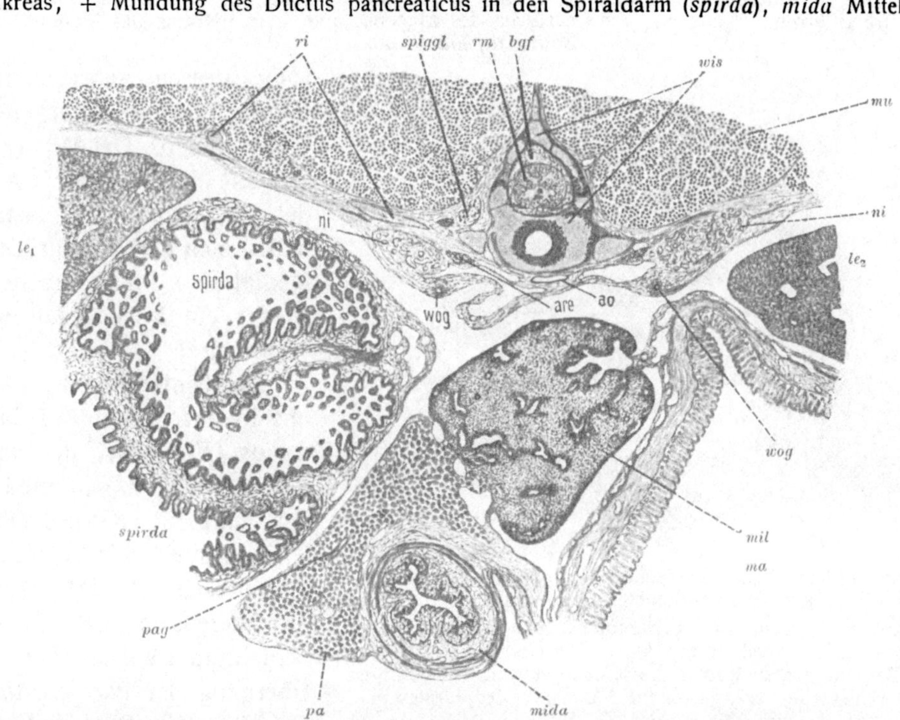


Fig. 388. Zitterrochen. Querschnitt durch den Bauch eines jungen männlichen Exemplars. *ri* Rippen, *spiggl* Spinalganglion, *rm* Rückenmark, *bgf* Blutgefäße der Arachnoidea, *wis* Wirbelsäule, *mu* Parietalmuskulatur, *ni* Niere, $le_2$ linker Leberlappen, *ao* Bauchaorta, *are* Adrenalorgan, *wog* Wolffscher Gang, *mil* Milz, *ma* Magen, *mida* Mitteldarm, *pa* Pankreas, *pag* Ductus pancreaticus, *spirda* Spiraldarm, $le_1$ rechter Leberlappen.

Im vierten Schnitt (Fig. 388) hat der Mitteldarm (*mida*) seine charakteristische Form angenommen. Er wird von dem in unserer Abbildung nur zum Teil dargestellten mächtigen Spiraldarm (*spirda*) getrennt durch das Pankreas

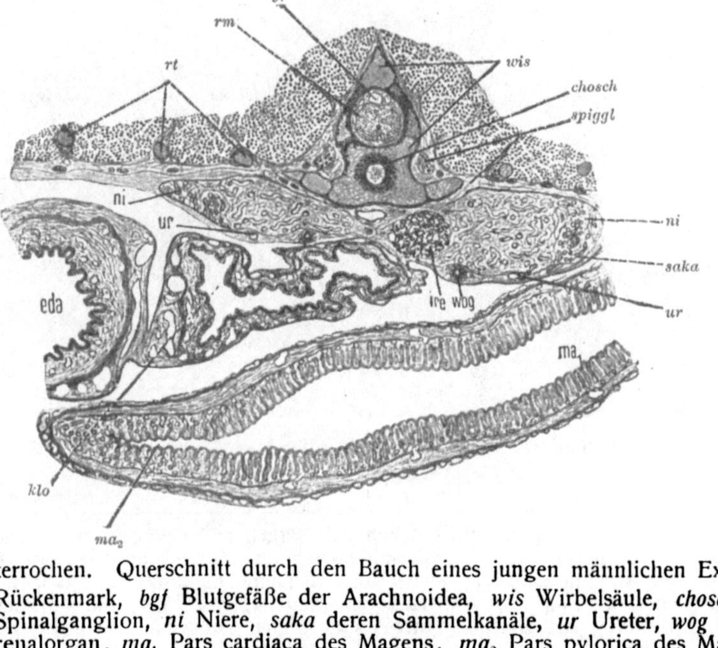


Fig. 389. Zitterrochen. Querschnitt durch den Bauch eines jungen männlichen Exemplars. *ri* Rippen, *rm* Rückenmark, *bgf* Blutgefäße der Arachnoidea, *wis* Wirbelsäule, *chosch* Chordascheide, *spiggl* Spinalganglion, *ni* Niere, *saka* deren Sammelkanäle, *ur* Ureter, *wog* Wolffscher Gang, *ire* Interrenalorgan, $ma_1$ Pars cardiaca des Magens, $ma_2$ Pars pylorica des Magens, *eda* Enddarm, *klo* Kloake.

(*pa*), dessen ventrale und dorsale Partie sich jetzt vereinigt haben. Die Milz (*mil*) erreicht hier ihre größte Ausdehnung, auch die Nieren haben sich stark vergrößert. Medial von ihnen erscheint wieder ein kleines Adrenalorgan (*are*).

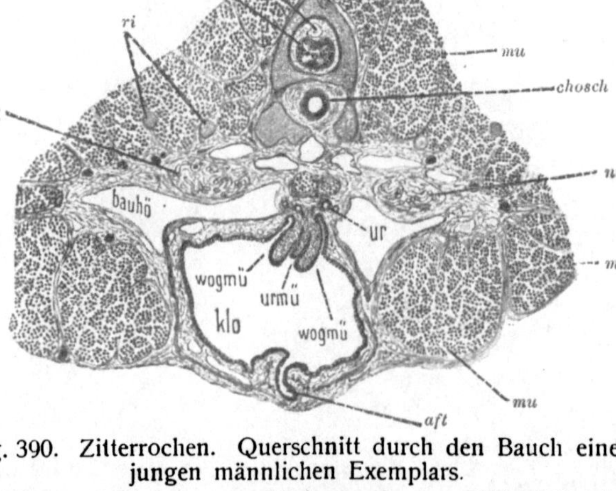


Fig. 390. Zitterrochen. Querschnitt durch den Bauch eines jungen männlichen Exemplars.
*ni* Niere, *ri* Rippen, *rm* Rückenmark, *bgf* Blutgefäße der Arachnoidea, *mu* Muskulatur, *chosch* Chordascheide, *aft* After, *bauhö* Bauchhöhle, *ur* Ureter, *klo* Kloake, *wogmü* Mündungen der Wolffschen Gänge, *urmü* Mündung der Ureteren.

Der fünfte Schnitt führt uns in das Gebiet des Enddarms (Fig. 389), der ganz rechts liegt (*eda*), median von ihm die Kloake (*klo*). Die ganze Ventralfläche nimmt das kaudale Ende des Magens ein, an dessen Schleimhaut wir deutlich den Übergang der Pars cardiaca ($ma_1$) in die Pars pylorica ($ma_2$) erkennen. Aus der letzteren entwickelt sich weiter rostralwärts der Mitteldarm. Die Nieren (*ni*) sind zu zwei mächtigen Körpern angeschwollen. Aus dem lateralen Teil einer jeden Niere, der sich von dem medialen durch engere, zu Bündeln vereinigte Kanälchen unterscheidet, entwickeln sich stärkere Sammelkanäle (*saka*), wenden sich nach dem WOLFFschen Gang (*wog*) hin und vereinigen sich zur Bildung des Ureters (*ur*). Medial von der linken Niere erscheint nun an Stelle der kleinen Adrenalorgane das größere Interrenalorgan (*ire*).

Im letzten Schnitt (Fig. 390) ist der Magen verschwunden, der Enddarm hat sich in die Kloake (*klo*) geöffnet, deren ventrale Wand eine stärkere Ausbuchtung bildet, den Anfang des Afters (*aft*). In die Kloake hinein ragt von dorsal her ein zapfenartiger Körper, man hat ihn auch als Penis bezeichnet, zu

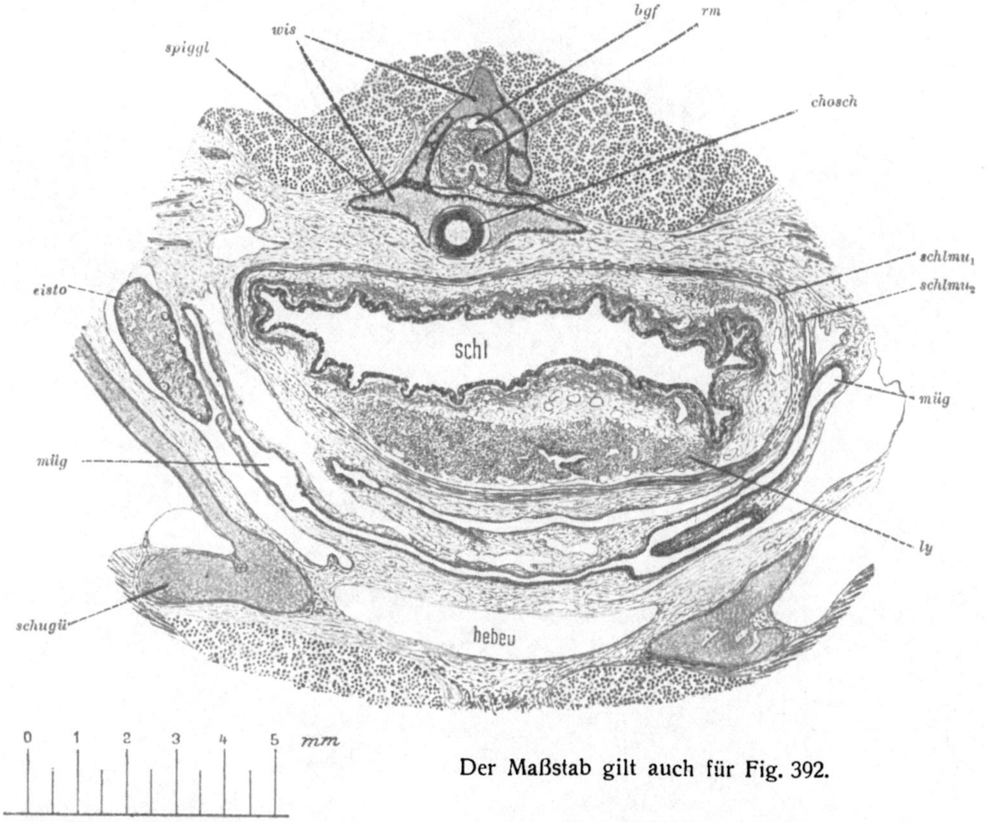


Der Maßstab gilt auch für Fig. 392.

Fig. 391. Zitterrochen. Querschnitt durch den Bauch eines jungen weiblichen Exemplars. *spiggl* Spinalganglion, *wis* Wirbelsäule, *bgf* Blutgefäße der Arachnoidea, *rm* Rückenmark, *chosch* Chordascheide, *schl* Schlund mit glatter (*schlmu₁*) und quergestreifter Muskulatur (*schlmu₂*), *müg* rostrales Endstück der vereinigten Müllerschen Gänge, *ly* lymphoide Infiltration der Propria des Schlundes, *hebeu* Herzbeutel, *schugü* Schultergürtel, *eisto* Eierstock.

dessen Seiten die WOLFFschen Gänge münden (*wogmü*), während sich auf seiner Mitte die Ureteren öffnen (*urmü*). Dorsal von der stark verkleinerten Bauchhöhle (*bauhö*) liegen noch die Reste der Nieren (*ni*).

Vergleichen wir nun damit zwei Schnitte durch ein weibliches Tier, so finden wir in mancher Beziehung andere Verhältnisse. Der erste Schnitt (Fig. 391) ist noch etwas weiter rostral geführt, als der erste Schnitt durch das männliche Tier. Von der Leber ist noch nichts zu sehen, sie erscheint erst später und zwar zuerst auf der linken Seite. Rechts liegt an ihrer Stelle der Eierstock (*eisto*), in dessen Rinde wir auch schon bei schwacher Vergrößerung die Eier in den verschiedenen Entwicklungsstadien erkennen. Ähnlich wie beim Männchen der

Hode, so liegt auch beim Weibchen der linke Eierstock etwas tiefer als der rechte. Ventral vom Schlund (*schl*), zwischen ihm und dem kaudalen Rest der Herzbeutelhöhle (*hebeu*), zieht ein mit flimmerndem Zylinderepithel ausgekleideter Spalt, das rostrale Ende der vereinigten MÜLLERschen Gänge (*müg*).

Gehen wir in unserer Serie kaudalwärts, so teilt sich dieser Spalt in die beiden MÜLLERschen Gänge, sie rücken zuerst an die mediane, dann an die dorsale Peripherie der Eierstöcke und kommen, wenn diese verschwunden sind,

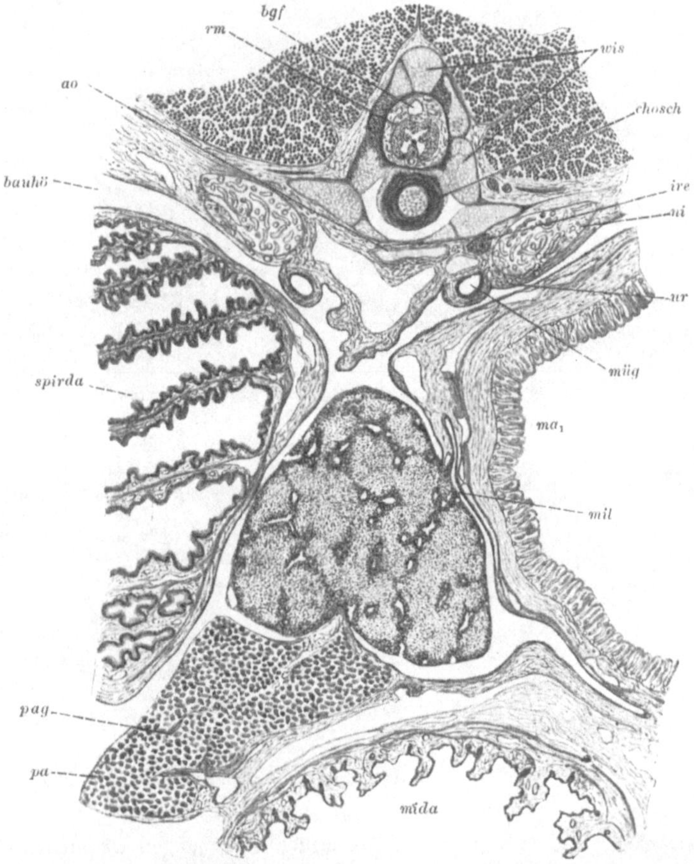


Fig. 392. Zitterrochen. Querschnitt durch den Bauch eines jungen weiblichen Exemplars. *rm* Rückenmark, *bgf* Blutgefäße der Arachnoidea, *wis* Wirbelsäule, *ire* Interrenalorgan, *ni* Niere, *ur* Ureter, *müg* Müllerscher Gang, $ma_1$ Pars cardiaca des Magens, *mil* Milz, *mida* Mitteldarm, *pa* Pankreas, *pag* Ductus pancreaticus, *spirda* Spiraldarm, *bauhö* Bauchhöhle, *ao* Bauchaorta.

in eine Falte der dorsalen Bauchwand zu liegen. So sehen wir sie in dem zweiten Schnitt (Fig. 392), der ungefähr in die gleiche Höhe wie der dritte Schnitt (Fig. 387) der vorigen Serie fällt, dorsal vom Spiraldarm (*spirda*) bzw. vom Magen ($ma_1$) gelegen (*müg*), ungefähr an der Stelle, wo beim Männchen die WOLFFschen Gänge liegen, die sie aber an Mächtigkeit weit übertreffen. WOLFFsche Gänge sind in dieser Höhe beim Weibchen überhaupt nicht mehr erhalten. Weiter rostralwärts kann man sie mit den Resten des rostralen Abschnitts der Urniere noch erkennen. Dagegen erscheinen die Ureteren (*ur*) beim Weibchen früher als beim Männchen.

Kaudalwärts weiten sich die MÜLLERschen Gänge immer mehr, verschmelzen schließlich miteinander und münden in die Kloake ein. Die Ureteren liegen dabei dorsal und etwas lateral von ihnen. Ihre Einmündung in die dorsale, etwas zipfelförmig ausgezogene Kloakenwand liegt erheblich weiter kaudal als die der MÜLLERschen Gänge.

Wir wollen uns nun mit der Struktur der Niere beschäftigen. Sie ist eine tubuloalveoläre Drüse. Die Verfolgung der Harnkanälchen gelingt natürlich um so leichter, je dicker die Schnitte sind, und das außerordentlich lichte Zwischengewebe erlaubt bei Torpedo selbst noch Schnittdicken von 50—100 $\mu$. Am besten fertigt man von einem erwachsenen Tier solche dicke Schnitte quer zur Längsachse des Tieres mittels des Gefriermikrotoms an und behandelt sie nach der Bielschowskymethode.

Fig. 393 zeigt einen solchen Schnitt durch den kaudalen Teil der Niere eines erwachsenen männlichen Torpedos. Wir sehen hier die Kanälchen vorwiegend transversal verlaufen und erkennen, daß sie am lateralen Pol ein anderes Aussehen bieten, als in der Mitte und am medialen Pol. An der medialen Grenze der lateralen Partie finden wir eine Anzahl kugliger Körperchen von 300 bis 400 $\mu$ Durchmesser, die MALPIGHIschen Körperchen (*glo*). Jedes derselben wird von einer äußerst dünnen, bindegewebigen Kapsel umgeben, in welche an einer Stelle ein Blutgefäß, das Vas afferens, eindringt, um sich in eine größere Anzahl von Gefäßschlingen aufzulösen. Das austretende Blutgefäß, Vas efferens, liegt dicht neben dem Vas afferens, so daß der lappige Gefäßknäuel wie an einem dünnen Stiel in den Kapselhohlraum hineinhängt. Dieser ist ausgekleidet von einer einfachen Schicht ganz platter Zellen, welche sich am Gefäßstiel auch auf die Gefäßschlingen überschlagen und sie allseitig überziehen.

Aus jedem MALPIGHIschen Körperchen tritt ein Harnkanälchen aus. Es ist relativ eng und dünn und seine Abgangsstelle ist deshalb nicht immer leicht zu finden ($haka_1$ ×). Wir wollen diesen Teil des Kanalsystems als das Harnkanälchen I. Ord. bezeichnen. Es bildet in der Umgebung des MALPIGHIschen Körperchens mehrere kurze Schlingen und wendet sich dann medialwärts, erweitert und verdickt sich dabei und wird zum Harnkanälchen II. Ord. ($haka_2$). Als solches durchsetzt es in transversalem Verlauf mit leichten Biegungen die ganze Nierenbreite, biegt an der medialen Nierenkante spitzwinklig um und gelangt auf demselben Wege, aber in einer anderen Querschnittsebene zur lateralen Kante zurück. Hier angekommen, verdünnt es sich und geht in das Schaltstück (*schast*) über. Die Schaltstücke legen sich zu mehreren dicht aneinander, beschreiben mehrere Schleifen und Windungen und nehmen die Gegend der lateralen Nierenkante ein. Sie wenden sich dabei immer weiter nach der ventralen Nierenfläche und vereinigen sich zu einem Sammelkanal (*saka*), so daß aus jedem Schaltstückspaket ein Sammelkanal hervorgeht. Die Sammelkanäle verlaufen dicht unter der die ventrale Nierenfläche bekleidenden Serosa (*se*), ziehen dabei medianwärts und vereinigen sich zu mehreren zu einem Ausflußrohr (*auflro*), welches schließlich in den Ureter (*ur*) mündet.

Zwischen den Harnkanälchen findet sich ein außerordentlich lichtes Zwischengewebe, welches in Paraffinpräparaten stark schrumpft. Im Gefrierschnitt ist es weit besser erhalten und zeigt sich zusammengesetzt aus verzweigten, anastomosierenden Zellen. In den rundlichen Maschen des Netzwerks zirkuliert der Blutstrom, so daß die Harnkanälchen allseitig von ihm umspült werden.

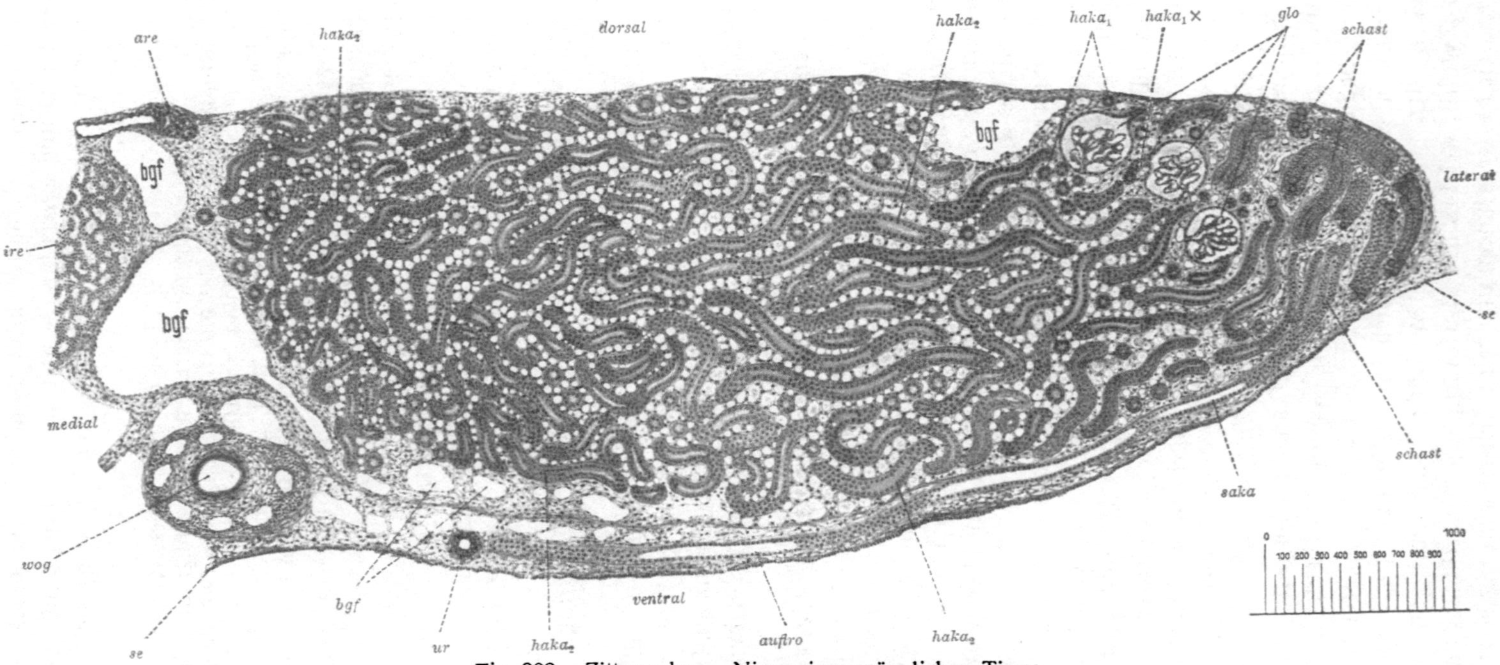


Fig. 393. Zitterochen. Niere eines männlichen Tieres.

***are*** Adrenalorgan, ***haka$_2$*** Harnkanälchen II. Ord., ***haka$_1$*** Harnkanälchen I. Ord., ***haka$_1$*** × Abgangsstelle eines solchen aus dem Malpighischen Körperchen, ***glo*** Glomeruli der Malpighischen Körperchen, ***schast*** Schaltstücke, ***saka*** Sammelkanal, ***se*** Serosa, ***auflro*** Ausflußrohr, ***ur*** Ureter, ***bgf*** Blutgefäße, ***wog*** Wolffscher Gang, ***ire*** Interrenalorgan.

Zur Untersuchung des die Kanälchen auskleidenden Epithels bedürfen wir natürlich dünner Paraffinschnitte, die am besten mit Eisenhämatoxylin gefärbt werden.

Das Epithel des Harnkanälchens I. Ord. ist eine direkte Fortsetzung des Epithels der MALPIGHIschen Körperchen und besteht aus einer einfachen Schicht kubischer Zellen, aus deren freier Fläche eine lange Geißel in das Lumen hineinragt. Sobald sich das Kanälchen zum Harnkanälchen II. Ord. erweitert und verdickt, schieben sich zwischen die Geißelzellen andere Zellen, deren freie Fläche mit einem Saum mittellanger Bürsten besetzt ist und deren Körper dichtgedrängte, feine Granula enthält. Sie sind beträchtlich breiter als die Geißelzellen und nehmen des weiteren an Zahl immer mehr zu, so daß immer zwischen mehreren breiten Bürstenzellen eine schmale Geißelzelle zu liegen kommt. In den Schaltstücken fehlen die Geißelzellen ganz und in den Sammelröhren fällt auch der Bürstensaum fort, so daß wir hier nur eine einfache Schicht indifferenter, kubischer Zellen haben. Im Ureter und auch schon in den gröberen Ausflußröhren tritt an die Stelle des einschichtigen ein zweischichtiges Epithel.

Jedes Kanälchen ist umgeben von einer aus verzweigten, anastomosierenden Zellen gebildeten Membrana propria. Ihr gesellt sich an den Ausflußröhren und vor allem an dem Ureter noch eine bindegewebige Propria zu.

## 9. Die Adrenalorgane und das Interrenalorgan.

Unter der Bezeichnung Adrenalorgane fassen wir einen Komplex von kleinen Körperchen zusammen, welche mit den sympathischen Ganglien vergesellschaftet den seitlichen Zweigen der Bauchaorta dicht anliegen. In der Höhe des kaudalen Schlundendes treffen wir sie (Fig. 385 *are*) medial vom Nebenhoden bzw. von den Resten des rostralen Teils der Urniere. Sobald die Niere auftritt (Fig. 388 *are*), schmiegen sie sich ihrer medialen Kante dorsalwärts dicht an und nach dem Auftreten des Interrenalorgans (Fig. 393 *are*) werden sie von ihm ventralwärts überlagert. Sie sind immer sehr klein, nur das erste Organ, das sog. Axillarherz, erreicht, der Axillararterie angelagert, etwas größere Dimensionen.

Von ihrem Verhalten zu den Aortenzweigen geben dicke, transversale Längsschnitte die beste Vorstellung. Sie liegen den Gefäßen dicht an, umgeben sie oft siegelringartig und ragen in weitere venöse Räume hinein. Immer heben sie sich durch dunklere Färbung von ihrer Umgebung gut ab.

Bei stärkerer Vergrößerung finden wir in ihnen zweierlei Elemente, einmal typische Nervenzellen mit mehreren Fortsätzen, sympathische Nervenzellen, dann fortsatzlose Zellen mit unregelmäßigen, zackigen Konturen. Ihr Körper ist mit scholligen Massen erfüllt, welche sich durch Behandlung mit chromsauren Salzen tief bräunen. Man hat sie deshalb als chromophile Zellen bezeichnet. Ihrer Herkunft nach sind sie umgewandelte Nervenzellen.

Das Interrenalorgan stellt dagegen beim erwachsenen Torpedo eine einheitliche, ungefähr 5 mm breite und 15—20 mm lange, bohnenförmige Zellmasse dar, mit dem größten Teil ihrer Konvexität dem kaudalen Abschnitt der medialen Kante der linken Niere dicht angelagert. Dann überschreitet es schräg die Mittellinie und legt sich mit seinem kaudalen Ende der rechten Niere an.

Das Interrenalorgan unterscheidet sich von den Adrenalorganen sowohl rücksichtlich seiner Genese als auch in bezug auf seinen histologischen Bau.

Während die Adrenalorgane zum sympathischen System gehören und also vom äußeren Keimblatt abstammen, ist das Interrenalorgan mesodermatischen Ursprungs und leitet sich vom Zölomepithel ab. Es ist (Fig. 393 *ire*) von einer bindegewebigen Kapsel umschlossen und besteht aus netzförmig miteinander verbundenen Zellsträngen, durchflochten von einem Netzwerk von Blutkapillaren. In den Zellsträngen finden sich Hohlräume, die aber nicht miteinander kommunizieren. Die die Stränge zusammensetzenden Zellen sind unregelmäßig polyedrisch oder mehr regelmäßig zylindrisch. Der ziemlich große Kern ist kuglig oder ovoid. Der Zellkörper ist im Paraffinschnitt von kleinen Vakuolen durchsetzt, welche im Gefrierschnitt mit feinen Körnchen ausgefüllt sind. Durch Nachbehandlung mit Osmiumsäure schwärzen sich die Körnchen, Sudan färbt sie lebhaft rot. Wir haben es hier also mit einer fettartigen Substanz, einem Lipoid zu tun.

## 10. Die männlichen Geschlechtsorgane.

Die männlichen Geschlechtsorgane setzen sich zusammen aus den Keimdrüsen oder Hoden, aus denen die WOLFFschen Gänge entspringen und die Geschlechtsprodukte, die Spermien, in die Kloake leiten. Dazu kommt noch der dem rostralen Abschnitt eines jeden WOLFFschen Ganges angelagerte Nebenhode.

Der Hode stellt einen paarigen, gelappten, bohnenförmigen Körper dar, dessen Längsachse transversal gestellt ist. Er liegt in einer grubigen Vertiefung der Leberbasis, beiderseits etwas von der Mittellinie entfernt dicht unter dem Herzbeutel. Bei jungen, noch nicht geschlechtsreifen Tieren muß man den rostralen Leberrand hervorziehen, um ihn zu sehen. Bei älteren Tieren tritt er ohne weiteres nach Abtragung der Bauchdecken zutage.

Zur ersten Übersicht wähle man der leichteren Orientierung wegen jüngere Tiere. Zur Ergänzung mögen dann Schnitte durch den Hoden geschlechtsreifer Tiere dienen.

Der Hode ist umhüllt von einer bindegewebigen Kapsel. Sie dringt in das Organ ein und sondert das Parenchym in zahlreiche Lappen. Fig. 394 stellt einen Schnitt durch einen Hodenlappen eines jungen Tieres dar. Er besteht aus 200—300 $\mu$ starken, länglich-rundlichen, dickwandigen Blasen, den Samenampullen (*sapu*). An vielen Stellen (×) ist deutlich zu erkennen, wie die Ampulle sich an einer Stelle plötzlich stark verjüngt und in ein Kanälchen übergeht, das intralobuläre Samenkanälchen (*$saka_1$*). Die aus benachbarten Ampullen kommenden Kanälchen fließen noch innerhalb des Lappens zusammen und treten dann als interlobuläre Kanälchen (*$saka_2$*) in das interlobuläre Bindegewebe. Aus ihrer Vereinigung entstehen die weiteren Ausflußröhren (*auflrö*), die dann zu dem am medialen Hodenpole austretenden Ductus efferens (*duef*) zusammenfließen.

Die Samenampullen sind ausgekleidet mit einem mehrschichtigen Epithel und umgeben von einer aus verzweigten Zellen gebildeten Membrana propria. Sie stellen allein den samenbildenden Abschnitt des Kanalsystems dar und aus der Umwandlung ihrer Epithelzellen gehen die Samenfäden, die Spermien, hervor. Die Samenkanälchen und die Ausflußröhren dienen nur der Ableitung des Sekrets und sind mit einer einfachen Schicht kubischen Epithels ausgekleidet.

Vergleichen wir damit den Hoden des geschlechtsreifen Tieres, so treffen wir in den einzelnen Lappen sehr verschiedene Bilder, die aber nur die Samenampullen betreffen. Während sie in dem einen Läppchen ebenso wie beim unreifen Tier aussehen, sind sie in einem anderen stark erweitert und vollkommen mit den zu dicken Bündeln zusammenliegenden Samenfäden ausgefüllt. Das Epithel ist hier bis auf eine wandständige Schicht großer, hellkerniger Zellen, die Samenmutterzellen, verschwunden. Von ihnen nimmt die Samenbildung ihren Ausgang. In einem dritten Läppchen endlich finden wir Zwischenstadien mit erhaltenem Epithel und in der Umbildung begriffenen Samenfäden. Es befinden sich also die einzelnen Läppchen in den verschiedenen Phasen des

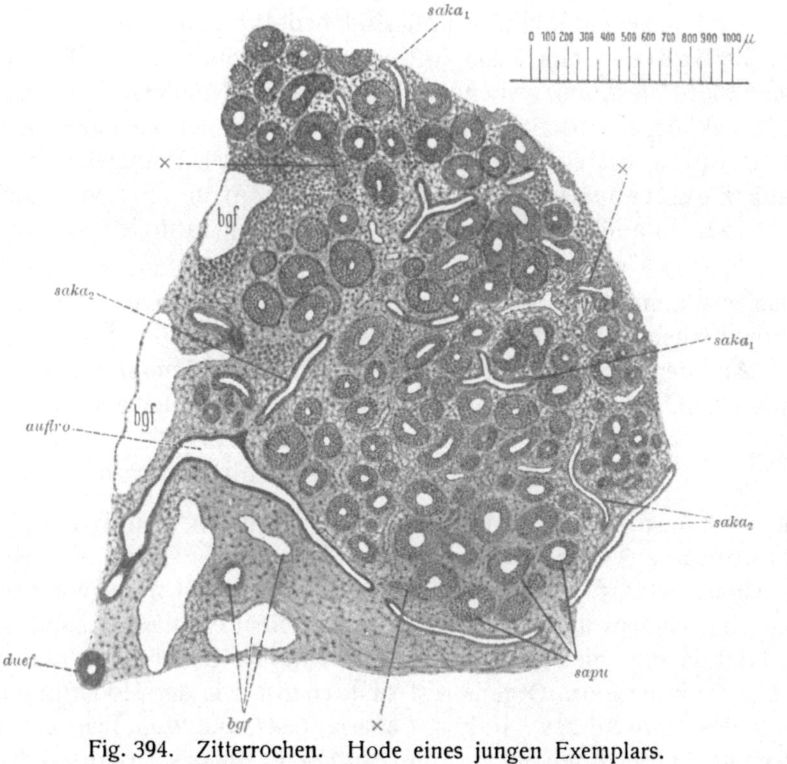


Fig. 394. Zitterrochen. Hode eines jungen Exemplars.
*sapu* Samenampullen, × deren Übergang in die intralobulären Samenkanälchen (*$saka_1$*), *$saka_2$* interlobuläre Samenkanälchen, *auflro* Ausflußröhren, *duef* Ductus efferens, *bgf* Blutgefäße.

spermiogenetischen Prozesses, auf dessen Einzelheiten hier nicht näher eingegangen werden kann.

Die reifen Spermien von Torpedo, wie sie in dichten Massen die Ausflußröhren füllen, stellen ungefähr 200 μ lange, fädige Gebilde dar, an denen wir Kopf, Verbindungsstück und Schwanz unterscheiden. Der Kopf nimmt etwa den vierten Teil der Gesamtlänge ein. Er ist sehr schmal, spiralig gedreht, verjüngt sich nach vorn immer mehr und läuft schließlich in eine feinste Spitze, das Perforatorium, aus. An dem kurzzylindrischen Verbindungsstück sitzt der aus zwei spiralig umeinander gewundenen Fäden bestehende Schwanz. Die beiden Fäden sind durch eine homogene Masse verbunden und vereinigen sich schließlich zu einem gemeinsamen kurzen und äußerst feinen Endstück.

Der WOLFFsche Gang ist die direkte Fortsetzung des aus der allmählichen Vereinigung der Hodenausflußröhren resultierenden Ductus efferens. Er wendet sich im Bogen der Mittellinie zu, um unter rechtem Winkel kaudal abbiegend sich der ventralen Fläche des Nebenhoden aufzulagern. Unter starker Schlängelung verläuft er dann an der medianen Kante der Niere kaudalwärts und mündet schließlich in der früher beschriebenen Weise in die Kloake. Anfangs ziemlich eng und dünn, erweitert und verdickt er sich allmählich bis zu 1 mm Durchmesser. Seine kaudalste, noch weitere Partie hat man auch als Samenblase bezeichnet.

Die ihn auskleidende Schleimhaut bildet mehrere in das Lumen vorspringende Längsfalten. Sie werden kaudalwärts immer höher, verbinden sich auch netzförmig miteinander und sind bedeckt von einem einfachen flimmernden Zylinderepithel. Die auf einem feinen, mit kleinen Basalkörperchen versehenen Kutikularsaum stehenden Flimmern sind äußerst fein und sehr hinfällig. Die Zellkörper enthalten feine Vakuolen. Die den Grundstock der Falten bildende Propria besteht aus Bindegewebe und wird umgeben von zirkulär verlaufenden glatten Muskelfasern, die auch in die Falten eindringen. In dem das Organ umhüllenden Bindegewebe verlaufen zahlreiche Blutgefäße.

Der Nebenhode setzt sich aus zahlreichen kurzen, geschlängelten Kanälchen zusammen. Sie enden einerseits blind, andererseits ergießen sie sich in den WOLFFschen Gang. Ausgekleidet sind sie mit einem einfachen Zylinderepithel. Aus der freien Fläche jeder Zelle steht ein Schopf kurzer Haare hervor. Wahrscheinlich handelt es sich um sekretorische Elemente.

## 11. Die weiblichen Geschlechtsorgane.

Die weiblichen Geschlechtsorgane setzen sich aus den Eierstöcken und den MÜLLERschen Gängen zusammen. Wir wählen auch hier ein jüngeres Tier zur Untersuchung. Die paarigen Eierstöcke haben ungefähr die gleiche Lage wie die Hoden und stellen flache, scheibenförmige Organe dar, deren rostrale, laterale und mediale Peripherie frei in die Bauchhöhle ragt (Fig. 391). Die kaudale Peripherie des Organs legt sich, ebenso wie der Hode, in eine grubige Vertiefung des rechten bzw. linken Leberlappens und von hier aus zieht eine bindegewebige Falte, durch welche die Blutgefäße in das Organ eindringen, das Mesovarium, zum MÜLLERschen Gang.

Der Eierstock ist auf seiner frei in die Bauchhöhle ragenden Fläche mit einem Zylinderepithel, dem Keimepithel, überzogen, das sich in das Epithel der Serosa fortsetzt. Die zentralen Partien des Organs zeigen eine von Blutgefäßen durchsetzte Masse verästelter Bindegewebszellen, das Stroma. In der äußersten Rinde verdichtet es sich durch Hinzutreten zahlreicher Bindegewebsfasern. Auch das Stroma wird von zahllosen, aber nur bei starker Vergrößerung hervortretenden, äußerst feinen Bindegewebsfäserchen durchsetzt.

Die Eierstocksrinde enthält die Eier in den verschiedensten Entwicklungsstadien. Je größer sie werden, um so mehr ragen sie natürlich gegen die Mitte vor (Fig. 395). Dicht unter dem Keimepithel (*keiep*) stoßen wir auf ganze Ballen von Zellen, die zum Teil noch mit dem Keimepithel zusammenhängen (*eiba*). In ihnen treten die Primordialeier als 20—30 $\mu$ große, rundliche Gebilde auf.

Um sie herum legen sich die umgebenden Zellen in zunächst einfacher Schicht und bilden das Follikelepithel. Das Ei hat jetzt einen Durchmesser von ungefähr 50 μ (Fig. 395 $ei_1$ und 396 I). Bei den ältesten Stadien unseres Präparates steigt der Durchmesser auf 300—500 μ (Fig. 395 $ei_4$ und 396 II). Das Ei ist dann umgeben von einem zweizeiligen Follikelepithel (*foep*), das nach außen noch von einer bindegewebigen Hülle umfaßt wird. Zwischen den Follikelepithelzellen treten große, kuglige oder keulenförmige, meist mehrkernige Zellen auf. Nach innen folgt auf das Follikelepithel eine außerordentlich dünne, homogene Dottermembran (*dome*), gegen welche sich der Eikörper durch eine verdichtete

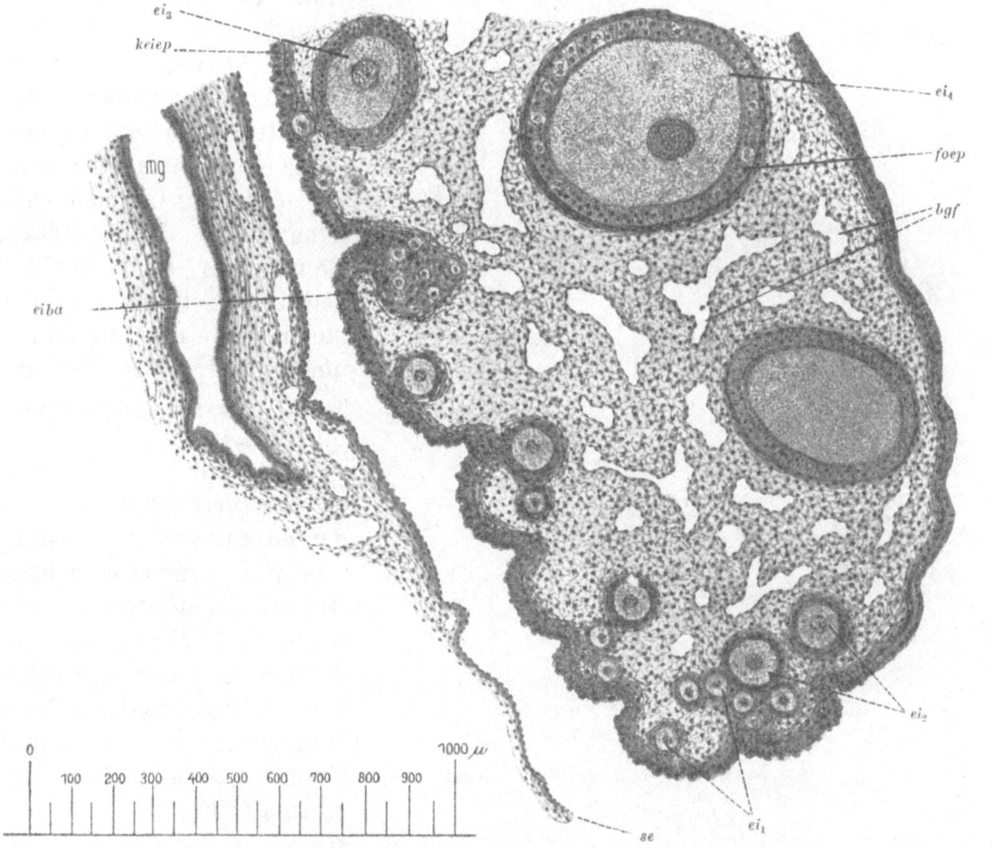


Fig. 395. Zitterrochen. Eierstock eines jungen Weibchens.
*eiba* Eiballen, $ei_{1-4}$ Follikel in verschiedenen Entwicklungsstadien, *mg* Müllerscher Gang, *keiep* Keimepithel, *se* Serosa, *bgf* Blutgefäße.

protoplasmatische Schicht, die Zona radiata (*zora*), absetzt. Das Protoplasma des Eikörpers ist ein feines Netzwerk, durchsetzt von zahlreichen kleinen und größeren Körnchen, die sich mit Eisenhämatoxylin stark schwärzen. Es sind die Dotterkörnchen, welche bei der weiteren Reifung an Zahl immer mehr zunehmen. Der Eikörper (*eikö*) umschließt den zunächst immer zentral gelegenen Eikern, das Keimbläschen (*keibl*). Auch er vergrößert sich bei dem Wachstum des Eies beträchtlich, doch hält seine Vergrößerung mit der des Eikörpers nicht gleichen Schritt, so daß das beiderseitige Größenverhältnis sich immer mehr zu seinen Ungunsten gestaltet. In den jüngsten Stadien zeigt er ein dichtes Chromatinnetz mit mehreren Nukleolen (Fig. 396 I und III). Später lichtet sich das Netz, die Nukleolen verschwinden und das Chromatin ordnet sich zu langen gewundenen Fäden, den Chromosomen oder Gerüststrängen.

Auf die weitere Entwicklung des Eies kann hier nicht näher eingegangen werden. Es mißt im reifen Zustand 2—3 cm. Sein Körper ist dann vollständig vom Dotter erfüllt, der eine abwechselnde Schichtung von weißem und gelbem Dotter zeigt. Seine Elemente sind die groben Dotterplättchen und die durch ihren Zerfall entstehenden feinen Dotterkörnchen. Das kaum mit unbewaffnetem Auge sichtbare Keimbläschen liegt dann dicht unter der Dotterhaut. In diesem Zustand wird das Ei aus dem Eierstock frei, gelangt zunächst in die Bauchhöhle, wird dann von der gemeinsamen Öffnung der MÜLLERschen Gänge aufgenommen, in denen es sich mit der von ihnen gelieferten Eiweißhülle umgibt, befruchtet wird und seine weitere Entwicklung durchmacht.

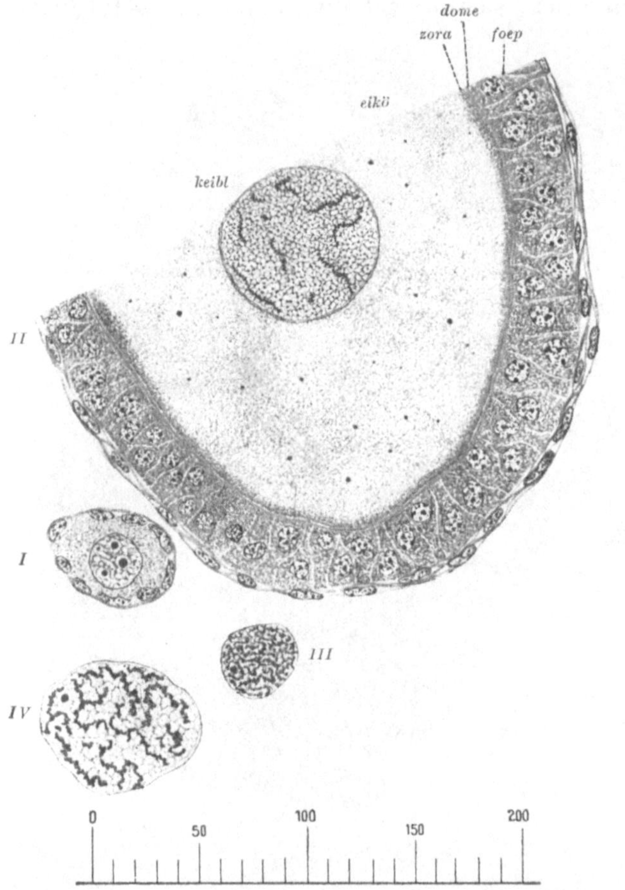


Fig. 396. Zitterrochen. Verschiedene Stadien der Eientwicklung.
*I* junges Ei mit einfachem Follikelepithel, *II* älteres Ei, *III* Keimbläschen eines jungen Eies, *IV* Keimbläschen eines älteren Eies, *keibl* Keimbläschen, *eikö* Eikörper, *zora* Zona radiata, *dome* Dottermembran, *foep* Follikelepithel.

Die MÜLLERschen Gänge vereinigen sich in der Mittellinie zu dem weiten, unpaaren, ventral vom kaudalen Schlundende und dicht unter dem Herzbeutel gelegenen Ostium abdominale. Ihren weiteren Verlauf haben wir schon früher kennen gelernt. Beim geschlechtsreifen Tier erreichen sie einen Durchmesser von 3 cm. In ihrem Anfangsstück dienen sie als Eileiter, während ihr größter Abschnitt als Fruchthalter oder Uterus fungiert.

Die Wand ist zunächst sehr dünn, verdickt sich aber kaudalwärts immer mehr durch Anwachsen ihrer Muskularis. Bei den eierlegenden Plagiostomen erscheint die rostrale Hälfte der Gänge knotig verdickt durch Einlagerung der die Eihüllen liefernden Nidamentaldrüse. Bei den lebendgebärenden Formen ist sie nur sehr unvollkommen entwickelt und bei Torpedo nur in Rudimenten nachweisbar.

Die Schleimhaut der MÜLLERschen Gänge bildet Längsfalten, deren Zahl und Größe im uterinen Abschnitt außerordentlich viel größer ist als im

Eileiterabschnitt. Sie verbinden sich netzförmig und lösen sich schließlich in mehrere Millimeter lange, dünne Zotten auf, mit denen die kaudale Schleimhauthälfte dicht besetzt ist. Im Eileiterabschnitt wird die Schleimhaut von einem einfachen flimmernden Zylinderepithel bedeckt. Im uterinen Abschnitt tritt an seine Stelle ein von zahlreichen Blutkapillaren durchsetztes geschichtetes Epithel. Die Kapillaren treten bis unmittelbar an die Epitheloberfläche, vom Lumen nur durch ganz platte Epithelzellen getrennt. Zwischen ihnen liegen lange Zylinderzellen, auf die nach außen noch mehrere Schichten kubischer Zellen folgen. Wir haben also hier einen der seltnen Fälle von gefäßführendem Epithel, eine Einrichtung, die von großer Bedeutung für die Sauerstoffversorgung der sich entwickelnden Frucht ist.

Die Propria bildet den Grundstock der Falten und Zotten und besteht aus einem Netzwerk verästelter Zellen mit sehr spärlichen Bindegewebsfasern. Die Muskularis setzt sich aus glatten Muskelfasern zusammen, in eine schwache innere zirkuläre und eine stärkere äußere longitudinale Schicht geordnet. Beide sind ebenso wie die Propria von zahlreichen weiten Blutgefäßen durchsetzt.

## 12. Die Zirkulationsorgane.

### a) Das Herz.

Über das Herz von Torpedo können wir uns kurz fassen, da es uns gegenüber dem eingehender zu behandelnden Herzen vom Neunauge nur wenig Neues zeigt. Es besteht aus Kammer und Vorkammer, verbunden durch ein weites, mit Klappen versehenes Ostium atrioventriculare. In die Vorkammer mündet der Sinus venosus, aus dem rostralen Teil der Kammer entwickelt sich der starke Conus arteriosus. Er ist mit mehreren Reihen von Klappen besetzt und setzt sich in den Truncus arteriosus und dieser wieder in die unpaare ventrale Aorta fort, aus der rechts und links die Kiemenarterien zu den Kiemensäcken laufen. Die zum größten Teil auf der linken Körperhälfte gelegene Kammer bedeckt vollkommen die Vorkammer, von der nur die seitlichen und dorsalen Abschnitte hinter der Herzbasis sichtbar werden.

Wie bei Petromyzon, so hat auch bei Torpedo die Kammer eine mächtige muskulöse Wand, so daß im kontrahierten Zustand die Kammerhöhle einen engen Spaltraum darstellt, der sich nur rostralwärts etwas erweitert. Ihre Muskulatur setzt sich aus vielfach durchflochtenen Bündeln quergestreifter, netzförmig verbundener Muskelfasern zusammen. Außen wird sie überzogen von einem dünnen, bindegewebigen, mit einer einfachen Lage platter Zellen bedeckten Epikard. Die Kammerhöhle ist ausgekleidet von einem ähnlich gebauten Endokard. Ein Fortschritt gegenüber dem Verhalten bei Petromyzon liegt darin, daß die Kammer eigene, geschlossene Blutgefäße besitzt.

Die Vorkammer hat dagegen nur eine sehr dünne muskulöse Wand. Ihre Muskelbündel springen allenthalben in den Vorhof vor, verbinden sich miteinander und bilden so ein feines unregelmäßiges Balkenwerk. Ein Zusammenhang zwischen Kammer- und Vorkammermuskulatur läßt sich am Ostium atrioventriculare nachweisen.

Der Conus arteriosus ist eine direkte Fortsetzung der Kammerwand und besteht aus zirkulär angeordneten quergestreiften Herzmuskelfasern.

Nach innen folgt auf sie eine anfangs dünne, rostralwärts sich immer mehr verdickende Schicht längsverlaufender, zu Netzen verbundener elastischer Fasern. Aus dem nun folgenden verdickten, aus verzweigten anastomosierenden Zellen bestehenden Endokard erheben sich die Klappen, die weder Muskulatur noch elastische Fasern enthalten. Etwas rostral von der letzten Klappe endet die Herzmuskulatur, der Conus geht in den Truncus arteriosus über, dessen Wand keine muskulösen Elemente enthält, sondern nur die bedeutend verdickte Masse der elastischen Fasern mit verzweigten Bindegewebszellen zwischen sich. Nach innen liegt ihr das Gefäßepithel auf, nach außen folgt eine bindegewebige Adventitia.

## b) Die Blutgefäße.

In der Wand der Aorten und der großen und mittleren Arterien kann man drei Schichten unterscheiden: Intima, Media und Adventitia. Die Intima besteht aus dem einfachen, platten Gefäßepithel, das direkt auf einer starken, etwas wellig verlaufenden elastischen Grenzmembran aufliegt. Die Media ist nur sehr schwach entwickelt, aber in allen größeren Arterien gut nachweisbar. Sie setzt sich aus mehreren Lagen zirkulär verlaufender glatter Muskelfasern zusammen mit dazwischen gelegenen feinen elastischen Fäserchen. In den mittelgroßen Arterien liegen die Muskelfasern nur in einfacher Schicht und in den kleineren sind sie färberisch überhaupt nicht mehr zu differenzieren. Die Adventitia der Arterienwand besteht aus Bindegewebe mit elastischen Fasern vermischt.

In der Venenwand fehlen die muskulösen Elemente ganz. Hier ist eine Schichtung überhaupt nicht zu erkennen. Unter dem Gefäßepithel liegt ein von elastischen Fasern durchsetztes Bindegewebe, das sich, nach außen allmählich auflichtend, ohne scharfe Grenze in das umgebende Bindegewebe fortsetzt.

## c) Die Milz.

Die Milz tritt bei den Plagiostomen zum erstenmal in der Tierreihe auf und stellt ein ansehnliches, in den Blutkreislauf eingeschaltetes lymphoides Organ dar. Sie nimmt das Blut aus den Magenvenen auf und gibt es an die Pfortader ab. Ihre Lage ist aus unserer Querschnittsserie gut zu erkennen. Zum Studium ihrer Struktur dienen diese Querschnitte, die am besten mit Biondilösung gefärbt werden.

Die von der Magenwand einstrahlenden Gefäße (Fig. 386 und 387) sind ziemlich weit, verzweigen sich in dem Organ und fallen dadurch auf, daß ihre Umgebung stark verdichtet sich von dem im übrigen hellen Parenchym abhebt. Stellen wir uns die Randpartie des Organs bei stärkerer Vergrößerung ein (Fig. 397), so treffen wir zunächst außen auf das Peritonealepithel (*se*), eine einfache Schicht von Zellen, deren Höhe außerordentlich wechselt. Bald sind sie hoch zylindrisch, bald niedrig kubisch. Die Zellen haben zwischen sich weite Interzellularlücken, durch welche sich von Zelle zu Zelle feine Interzellularbrücken ausspannen. Außen ist das Epithel von einem dünnen Kutikularsaum überzogen. Unter dem Epithel folgt die dicke Kapsel (*ka*), von der bindegewebige Fortsätze in das Parenchym eindringen.

Das Milzparenchym wird gebildet von einem Maschenwerk verzweigter Zellen, dem Milzretikulum. Es steht sowohl mit der Kapsel und den Fortsätzen, als auch mit der Wand der zahlreichen Gefäße in Verbindung. Da, wo es die letzteren umgibt, sind seine Maschen vollgepfropft mit kleinen Zellen, Lymphkörperchen, so daß jedes Gefäß von einer lymphoiden Scheide (*lysch*) umgeben ist. Sie bedingt die dunkle Färbung der Gefäße. Die Lymphkörperchen haben einen kugligen oder unregelmäßigen Kern, umgeben von einer sehr dünnen Schicht von Protoplasma. Zahlreiche Mitosen weisen auf lebhafte Zellvermehrung hin. Das Milzparenchym ist ferner durchsetzt von zahlreichen mehr oder weniger weiten, verzweigten Hohlräumen, den Milzsinus (*si*). Sie sind zwischen die ein- und austretenden Gefäße geschaltet und stehen außerdem in offener Verbindung (*ö*) mit dem Retikulum. In den Milzsinus treffen wir immer zahlreiche rote Blutkörperchen (*erz*), ovale Scheiben mit kleinem Kern und hämoglobinhaltigem Zellkörper, ferner Leukozyten von kugliger oder unregelmäßiger Form. Unter ihnen fallen besonders größere Elemente mit unregelmäßigem, oft ringförmigem Kern und stark azidophilen Körnchen im Zellkörper auf, eosinophile Leukozyten (*eos*). Die ebenfalls sehr zahlreichen Lymphozyten haben kugligen Kern und schmalen Zellkörper ohne Granulationen (*lyz*).

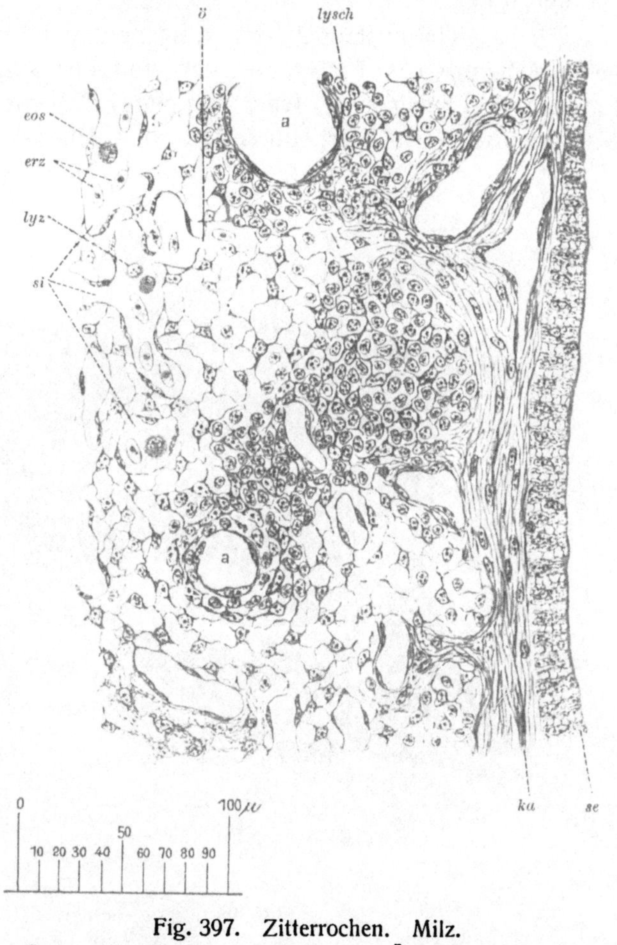


Fig. 397. Zitterrochen. Milz.
*se* Serosa, *ka* Kapsel, *si* Milzsinus, *ö* Öffnung eines solchen in das Retikulum, *lyz* Lymphozyt, *erz* Erythrozyten, *eos* eosinophile Zelle, *a* Arterien, *lysch* Lymphscheiden.

## 13. Der Thymus.

Während bei Petromyzon der Thymus nur im Larvenleben nachweisbar ist, findet er sich bei Torpedo das ganze Leben hindurch. Wir sind ihm schon bei der Untersuchung der Atmungsorgane begegnet. Er ist ein paariges Organ, jederseits dicht hinter dem Spritzloch gelegen. Lateralwärts grenzt er an die dorsale Peripherie der Kiemensäcke, medianwärts an den M. trapezius. Um ihn freizulegen, brauchen wir nur die Haut und den ihn zum Teil bedeckenden

M. levator rostri zu entfernen. Das Organ besteht aus vier hintereinander gelegenen, undeutlich voneinander getrennten Lappen. Es erfährt nach der Geschlechtsreife eine mehr oder weniger weitgehende Involution, weshalb zu seiner Untersuchung am besten kleinere, noch nicht geschlechtsreife Tiere benutzt werden. Zur Färbung der Paraffinschnitte dient am zweckmäßigsten Biondilösung.

Jeder Thymuslappen ist umgeben von einer bindegewebigen, äußerst gefäßreichen Kapsel (Fig. 398 *ka*), von der aus zahlreiche Blutgefäße in das Parenchym eindringen. Jeder Lappen läßt eine hellere Marksubstanz und eine dunklere Rinde erkennen und wird gebildet aus einem Netzwerk weitver-

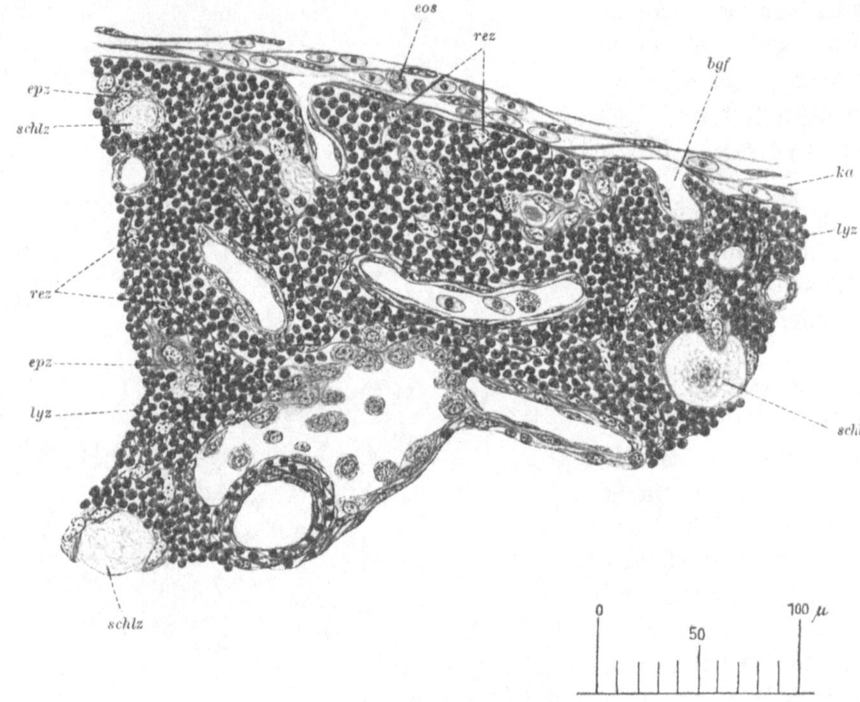


Fig. 398. Zitterrochen. Thymus.
*ka* Kapsel, *rez* Retikulumzellen, *epz* epitheliale Zellen, *lyz* Lymphozyten, *eos* eosinophyle Leukozyten, *schlz* Schleimzysten, *bgf* Blutgefäße.

zweigter Zellen, den Retikulumzellen (*rez*). Die Maschen des Retikulums sind in der Rinde weit und vollgepfropft mit kleinen, dunkelkernigen Lymphozyten (*lyz*). Im Mark ist das Retikulum engmaschiger, die Lymphozyten treten spärlicher auf. Zur Erkennung der Retikulumzellen muß man recht dünne Schnitte anfertigen, es heben sich dann ihre hellen, chromatinarmen Kerne sehr gut von den dunklen Lymphozytenkernen ab. Außerdem findet man überall Haufen größerer Zellen (*epz*), welche wie die Retikulumzellen epithelialer Herkunft sind. Sie sind in allen Stadien schleimiger Umwandlung begriffen, welche zur Entstehung kleinerer und größerer Schleimzysten (*schlz*) führt. Je älter das Tier wird, um so weiter greift dieser Prozeß um sich, mit dem eine Verarmung des Organs an Lymphozyten Hand in Hand geht.

## 14. Die Schilddrüse.

Die Schilddrüse, wie der Thymus ein Abkömmling des Schlundspaltenepithels, stellt beim jugendlichen Torpedo ein ungefähr hirsekorngroßes Knötchen dar, welches sich in der Medianebene an der Teilungsstelle der ventralen Aorta in der Höhe des ersten Kiemensackes findet. Ventralwärts wird sie von der Haut und der Muskulatur der Kiemengegend bedeckt, dorsalwärts grenzt sie direkt an die Schlundwand. Das Organ besteht aus einer Anzahl kleinster, durch Bindegewebe nur locker zusammengehaltener Läppchen (Fig. 399 *lp*) und ist umgeben von einem weiten Lymphsinus (*lysi*). Jedes Läppchen setzt sich wieder aus einer Anzahl von Schilddrüsenfollikeln (*fo*) zusammen, länglichen

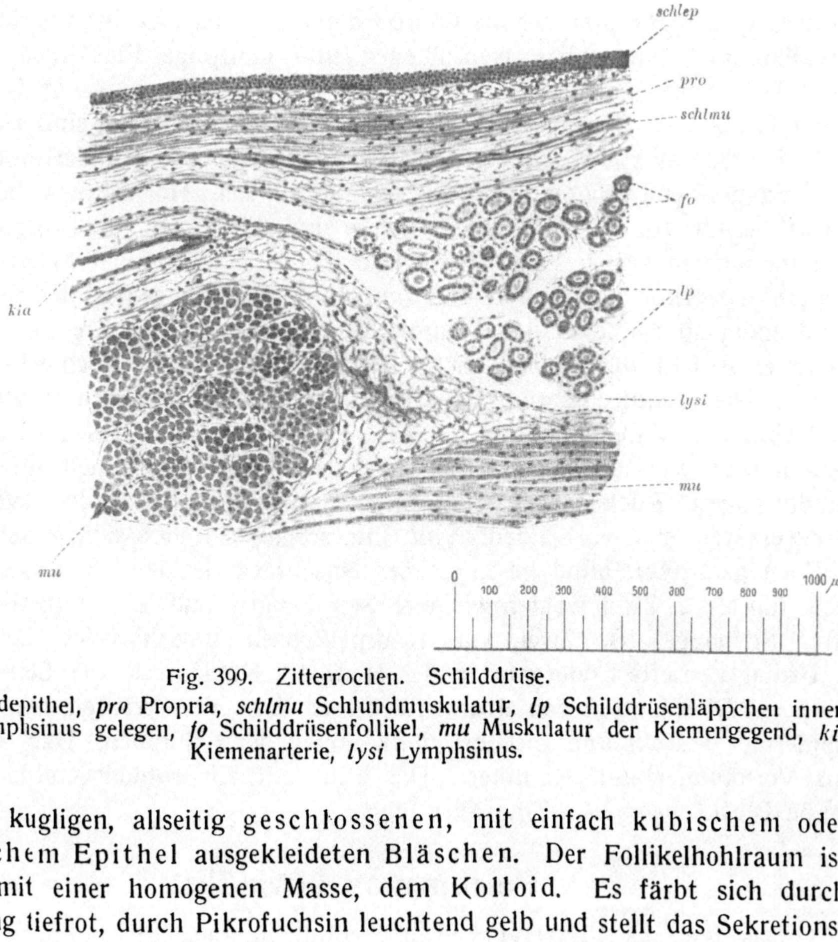


Fig. 399. Zitterrochen. Schilddrüse.
*schlep* Schlundepithel, *pro* Propria, *schlmu* Schlundmuskulatur, *lp* Schilddrüsenläppchen innerhalb des Lymphsinus gelegen, *fo* Schilddrüsenfollikel, *mu* Muskulatur der Kiemengegend, *kia* Kiemenarterie, *lysi* Lymphsinus.

oder mehr kugligen, allseitig geschlossenen, mit einfach kubischem oder zylindrischem Epithel ausgekleideten Bläschen. Der Follikelhohlraum ist ausgefüllt mit einer homogenen Masse, dem Kolloid. Es färbt sich durch Biondilösung tiefrot, durch Pikrofuchsin leuchtend gelb und stellt das Sekretionsprodukt des die Follikel auskleidenden Epithels dar. Wahrscheinlich gelangt es durch Platzen der Follikel in die die Läppchen umspülende Lymphe und damit in den Kreislauf. Zwischen den Follikeln finden sich geringe Mengen Bindegewebe und jeder Follikel ist noch von einer zelligen Membrana propria umgeben.

# Zyklostomen.

## II. Ordnung: **Petromyzonten.**

Tiere mit langem, vorn schwach, hinten stark seitlich komprimiertem Körper, dessen Hauptstütze die Chorda dorsalis bildet. Zu ihr gesellen sich noch unvollkommene, knorplige Neuralbogen und knorplige Flossenträger. Ebenso ist eine unvollkommene knorplige Schädelkapsel und ein knorpliges Viszeralskelet vorhanden. Paarige Flossen fehlen, von den unpaaren sind zwei Rücken- und eine Schwanzflosse entwickelt. Kiefer fehlen. Die Mundöffnung ist rund, zum Saugen eingerichtet und mit epidermoidalen Hornzähnen besetzt. Der Darm besitzt eine Spiralklappe. Leber und Pankreas sind vorhanden. Der Atmung dienen sieben Paar Kiemensäcke, die in ebensoviel äußeren Kiemenlöchern jederseits nach außen und inneren Kiemenlöchern nach innen in einen blind endigenden und in den Schlund sich öffnenden Wassergang führen. Die Niere entspricht der Urniere höherer Wirbeltiere. Die Geschlechter sind getrennt. Die Geschlechtsprodukte gelangen in die Bauchhöhle und werden durch den Urogenitalsinus hindurch im Afterpfropf entleert. Das zentrale Nervensystem setzt sich aus einem wohlentwickelten Gehirn und einem im Querschnitt bandförmigen Rückenmark zusammen. Spinalganglien und sympathisches Nervensystem sind vorhanden. Von Sinnesorganen finden sich folgende: 1. Ein vielfach gefalteter, blind geschlossener Nasensack, in den ein unpaares Nasenloch führt. 2. Zwei wohlentwickelte Seitenaugen und ein unpaares rudimentäres Stirnauge. 3. Zwei von Knorpelkapseln umschlossene Gehörbläschen. 4. Grubig vertiefte Endorgane in der Haut des Kopfes und der Seitenfläche des Körpers. Die Haut ist von einer an drüsigen Elementen reichen, mehrschichtigen Epidermis bedeckt und entbehrt vollkommen der Schuppen. Das Herz besteht aus Vorkammer und Kammer. Das Blut enthält wohlausgebildete rote und weiße Blutkörperchen. Eine Milz fehlt.

## Petromyzon fluviatilis.

Das hier als Vertreter gewählte Flußneunauge ist, besonders im nördlichen Deutschland, in den Herbst-, Winter- und Frühjahrsmonaten leicht erhältlich (Bezugsquelle: Scholtze und Pötzschke, Berlin C. und Mühlenbesitzer Wolff, Kolberg). Die Tiere lassen sich leicht in lebendem Zustande versenden und in gut durchlüfteten Aquarien monatelang halten. Das letztere gilt vor allem für die im Herbst gefangenen Exemplare.

Man kann die Tiere entweder in toto konservieren oder die einzelnen ausgeschnittenen Organe für sich behandeln. In jedem Falle aber empfiehlt sich eine vorhergehende Betäubung mit Ätherwasser. Zu diesem Zweck bringt man jedes Tier einzeln in einen nicht zu weiten, entsprechend hohen Zylinder mit Wasser, dem etwas Äther zugesetzt ist, und zwar mit dem Kopf nach unten. Sie verweilen darin so lange, bis sie unbeweglich geworden sind. Dann überträgt man sie zur Totalfixation ganz für $^1/_4$ Stunde in die betreffende Fixationslösung, um sie nach Ablauf dieser Zeit mit dem Rasiermesser in ungefähr 1 cm dicke Scheiben zu zerlegen, die wieder in die Lösung zurückgebracht werden.

Noch empfehlenswerter ist es aber, die Totalfixation durch Injektion vorzunehmen. Man kann die Fixationslösung ebenso wie Farblösungen zur Vitalfärbung oder zur Darstellung der Blutgefäße entweder vom Herzen oder von der Schwanzvene aus injizieren. Zu ersterem Zweck befestigt man das narkotisierte Tier durch Umwickeln mit einer schmalen Binde mit der Bauchseite nach oben in einer entsprechend weiten und langen, im Querschnitt halbkreisförmigen Blechrinne und läßt dabei die Herzgegend frei. Dicht hinter dem letzten Kiemenloch wird der knorplige Herzbeutel durch einen medianen, die Haut durchtrennenden Längsschnitt freigelegt und mit der Schere breit eröffnet. Mit einer krummen Pinzette wird am rostralen Herzende ein doppelter Faden um den Arterienbulbus geführt, der letztere angeschnitten und eine passende, mit Kochsalzlösung gefüllte Glaskanüle eingeführt. Dann spült man zunächst mit physiologischer Kochsalzlösung durch und läßt hierauf die Fixationslösung folgen. Hat sich die Haut überall völlig entfärbt, so entfernt man die Kanüle und legt nun das ganze Tier in die Lösung ein. Man erhält so eine gleichmäßige, gute Fixation aller Organe. Noch einfacher auszuführen ist die Injektion von der Schwanzhohlvene aus. Dem wie vorher narkotisierten und aufgebundenen Tier wird ungefähr 1 Finger breit hinter dem After der Schwanz mit dem Rasiermesser von dorsal her glatt durchschnitten. Man sieht dann nach Abtupfen des Blutes die weitklaffende runde Vene vor sich und kann ohne weiteres eine Glaskanüle einführen. Hat dieselbe die richtige Weite — der Kanülenknopf muß ungefähr 1 mm Außendurchmesser haben —, so braucht man gar nicht einzubinden, die Kanüle verschließt das Gefäß und hindert ein Vorbeilaufen der Flüssigkeit.

Von den bekannten Fixationsmitteln eignen sich für den vorliegenden Fall am meisten 10—20%iges Formalin, BOUINsche, CARNOYsche und ZENKERsche Flüssigkeit. Die weitere Bearbeitung bietet keine nennenswerten technischen Schwierigkeiten.

## 1. Die Haut.

Man fertige Quer- und Flachschnitte durch die Haut der verschiedenen Körpergegenden an; besonders empfehlenswert ist Material aus BOUINscher und ZENKERscher Flüssigkeit. Färbung der 5—10 $\mu$ dicken Paraffinschnitte mit Hämalaun-Pikrofuchsin oder mit Eisenhämatoxylin oder mit Biondilösung oder nach der WEIGERTschen Fibrinfärbungsmethode. Sehr empfehlenswert ist auch die Anfertigung 25—50 $\mu$ dicker Gefrierschnitte von Formalinmaterial und Behandlung derselben nach der Bielschowskymethode (Höllensteinlösung 1—2 Tage, ammoniakalische Silberlösung mehrere Sekunden bis Minuten).

Ein dünner Querschnitt zeigt uns deutlich, daß die Haut des Tieres sich aus zwei Teilen zusammensetzt (Fig. 400). Färbt man mit Hämalaun-Pikrofuchsin, so hebt sich die intensiv gelbgefärbte Epidermis (*epd*) sehr deutlich von der nach innen folgenden leuchtendrot gefärbten Kutis (*ku*) ab. Die Verbindung mit der untergelegenen Muskulatur wird vermittelt durch das schwachrot gefärbte maschige subkutane Bindegewebe (*sbku*).

Die Epidermis zeigt in den verschiedenen Körpergegenden nicht nur eine verschiedene Mächtigkeit, sondern auch eine etwas verschiedene Zusammensetzung, ohne daß sich dafür ganz feste Regeln angeben lassen. Wir wählen zur Beschreibung einen Schnitt durch die Haut des Rückens in der Kiemengegend (Fig. 401). Die Epidermis erreicht hier eine Dicke von 150—200 $\mu$ und besteht aus zahlreichen übereinandergeschichteten und ineinandergreifenden Lagen von Zellen. Die proximalste Lage setzt sich aus mäßig langen, schmalen, distalwärts spitz auslaufenden Zylinderzellen zusammen ($epd_1$). Es folgen mehrere Lagen länglicher, spindliger, beiderseits spitz auslaufender ($epd_2$), dann mehrere Lagen polyedrischer Zellen ($epd_3$) und ganz nach außen wird das Epithel abgeschlossen durch flache becher- oder schalenartige Zellen, die Deckzellen (*dz*). Färben wir unseren Schnitt nach der Biondimethode, so erscheint das Protoplasma der tieferen Zellagen rein rot. Ungefähr von der Epithelmitte an weicht jedoch diese Rotfärbung immer mehr einer Blaufärbung, hervorgerufen durch das Auftreten basophiler Körner in den Zellen. Kontrollfärbungen mit Muzikarmin zeigen uns, daß es sich hier um Körner von Schleim oder doch einer Schleimvorstufe handelt. Die Verschleimung nimmt distalwärts immer mehr zu, so daß die äußersten Zellagen vollständig mit den Schleimkörnern vollgepfropft sind, welche den Kern aus der Zellmitte nach dem proximalen Zellende verdrängen.

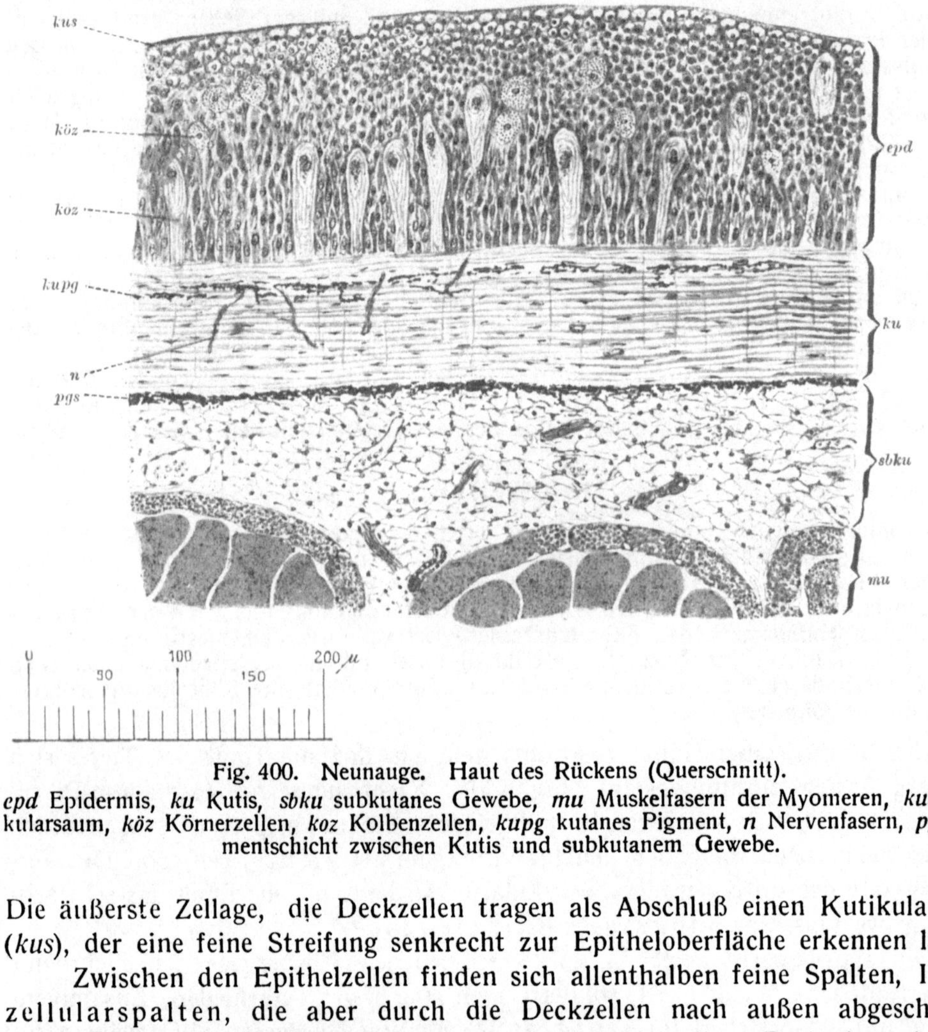


Fig. 400. Neunauge. Haut des Rückens (Querschnitt).
*epd* Epidermis, *ku* Kutis, *sbku* subkutanes Gewebe, *mu* Muskelfasern der Myomeren, *kus* Kutikularsaum, *köz* Körnerzellen, *koz* Kolbenzellen, *kupg* kutanes Pigment, *n* Nervenfasern, *pgs* Pigmentschicht zwischen Kutis und subkutanem Gewebe.

Die äußerste Zellage, die Deckzellen tragen als Abschluß einen Kutikularsaum (*kus*), der eine feine Streifung senkrecht zur Epitheloberfläche erkennen läßt.

Zwischen den Epithelzellen finden sich allenthalben feine Spalten, Interzellularspalten, die aber durch die Deckzellen nach außen abgeschlossen werden. Jede Epithelzelle enthält in der Außenschicht ihres Protoplasmakörpers zahlreiche feine Epithelfasern. Sie sind, besonders in den tieferen Zellschichten, schon bei Biondi- oder Eisenhämatoxylinfärbung zu erkennen, in ihrem ganzen Verlauf zeigt sie uns aber erst die WEIGERTsche Fibrinfärbung. Man sieht dann, daß diese Fasern von Zelle zu Zelle laufen und dabei die Interzellularspalten durchsetzen. Die Verlaufsrichtung liegt senkrecht zur Oberfläche des Epithels. Jene Färbung bietet gleichzeitig auch den Vorteil, daß sie die Kernteilungsfiguren, die man in allen Schichten des Epithels antrifft, außerordentlich prägnant hervorhebt.

Zwischen den bis jetzt beschriebenen gewöhnlichen Epithelzellen stoßen wir nun noch auf zwei besondere charakteristische Zellformen, die Kolbenzellen und die Körnerzellen. Beide treten wohl stets gemeinschaftlich auf, finden sich aber nicht überall in gleicher Menge. So sind sie z. B. ziemlich spärlich um die Mundöffnung herum und auf der Bauchseite, und ganz frei von ihnen

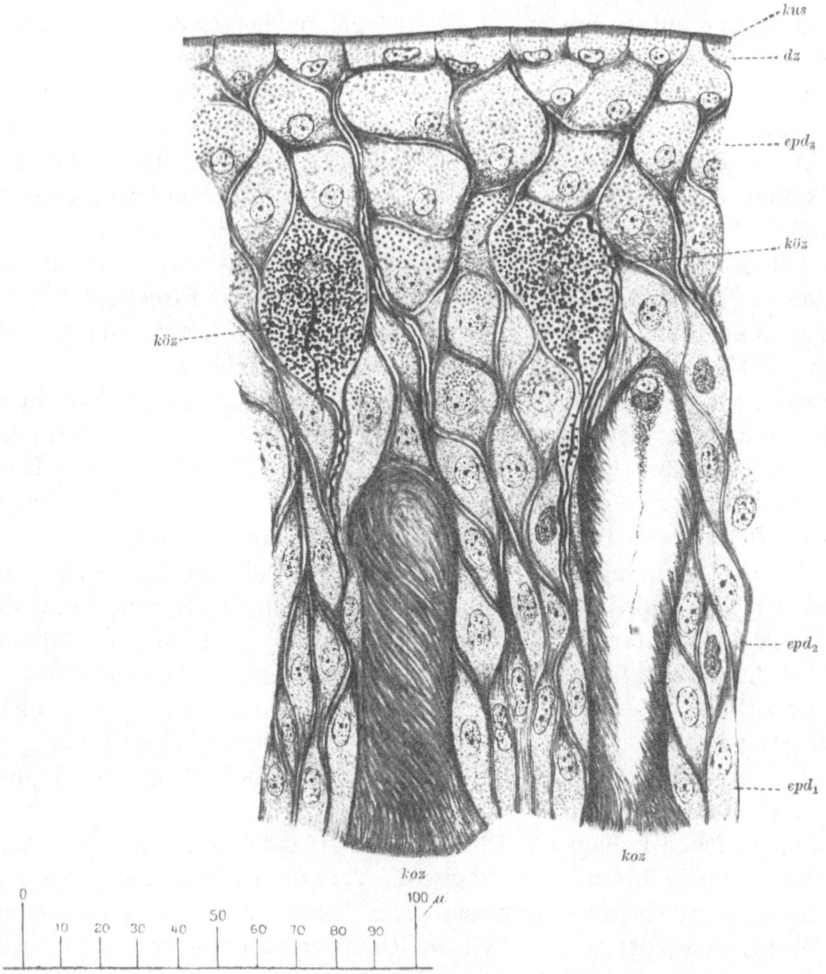


Fig. 401. Neunauge. Epidermis.
*kus* Kutikularsaum, *dz* Deckzellen, $epd_3$ verschleimte Zellen, $epd_2$ Spindelzellen, $epd_1$ Zylinderzellen, *koz* Kolbenzellen, *köz* Körnerzellen.

sind der freie Saum der Rückenflossen, die nächste Umgebung der später zu besprechenden Sinnesknospen und die Hornhaut des Auges.

Die Kolbenzellen (Fig. 400 und 401 *koz*) sind bis über 100 μ lange, keulenartige Gebilde. Sie sitzen mit etwas verbreiterter und in die Kutis leicht vorspringender Basis zwischen den Zellen der tiefen Zylinderschicht und verschmälern sich distalwärts, um in verschiedenen Höhen des Epithels mit kolbiger Verdickung zu enden. Da, wo das letztere weniger mächtig ist, dringen sie bis unter die Deckzellen vor, doch scheinen sie die freie Oberfläche nie zu erreichen. Jede Zelle wird umgeben von einer dicken Hülle grober, schraubig gedrehter und sich mit Eisenhämatoxylin tief schwärzender Fasern. Das Zellinnere erscheint mehr oder weniger leer, nur im kolbigen distalen Zellende trifft man zwei oder mehr dicht zusammengelagerte und von einer geringen Plasmamasse umgebene Kerne. Diese Protoplasmamasse zieht sich proximalwärts in einen langen dünnen Faden aus. Die Bedeutung dieser eigenartigen Gebilde ist ganz dunkel.

Die Körnerzellen (Fig. 400 und 401 *köz*) treffen wir in der Umgebung der Kolbenzellen, aber immer nur in der Mitte oder in den Außenschichten des Epithels. Sie erreichen einen Durchmesser von 20—50 $\mu$, sind von kugliger oder birnförmiger Gestalt und, wie ihr Name andeutet, mit ziemlich groben, runden, azidophilen und sich mit Eisenhämatoxylin tief schwärzenden Körnern gefüllt. Der kleine dunkle Kern liegt in der Zellmitte und wird häufig von den Körnern ganz verdeckt. Umhüllt wird die Zelle von einer aus Epithelfasern gebildeten Außenschicht, die an einer oder mehreren Stellen zipfelartig ausgezogen ist. Die so entstehenden Fortsätze öffnen sich proximalwärts in die Interzellularlücken. Färbt man in Zenker fixierte Schnitte mit Eisenhämatoxylin oder nach der WEIGERTschen Fibrinfärbungsmethode, so treten allenthalben zwischen den Epithelzellen senkrecht zur Epitheloberfläche verlaufende, geschlängelte Fasern auf, von denen viele zu diesen Körnerzellen in enger Beziehung stehen. Sie treten an einer beliebigen Stelle häufig durch einen der zipfelförmigen Fortsätze in den Zellkörper ein und enden hier in einer kleinen, blassen Endkeule. Oder sie durchsetzen den Zellkörper und enden dicht unter den Deckzellen. Über die Natur dieser Fasern werden wir später zu handeln haben.

Die Kutis der Neunaugenhaut (Fig. 400 *ku*) ist wie die Epidermis von sehr verschiedener Mächtigkeit, sie kann der letzteren an Dicke gleichkommen, ja sie sogar noch übertreffen. Kollagene Fasern, zu 5—10 $\mu$ dicken Bündeln vereinigt, bilden die sie zusammensetzenden Elemente. Die Bündel verlaufen in der Hauptsache zirkulär. Zwischen den zirkulären Lagen finden sich, aber nicht überall, auch längs oder schräg, d. h. spiralig verlaufende Faserbündel, so daß dann auf Querschnitten durch das Tier in der Kutis längs- und quergetroffene Bündel abwechseln.

Außer diesen dicken kollagenen Bündeln enthält die Kutis auch noch sehr feine, dünne Fasern, die in ihrem morphologischen Verhalten sehr an die elastischen Fasern der höheren Wirbeltiere erinnern, aber nicht die charakteristischen färberischen Reaktionen jener zeigen. Wir wollen sie trotzdem kurz als elastische Fasern bezeichnen. Eine dünne Schicht solcher vielfach durchflochtener Fasern grenzt die Kutis gegen das subkutane Gewebe ab und sendet senkrecht zur Oberfläche die Kutis durchsetzende Fäserchen, welche sich baumförmig verzweigen und an der Epidermisgrenze sich zu einer zweiten elastischen Grenzmembran verflechten. Auch seitliche Zweige geben diese Fasern ab und umflechten mit ihnen die kollagenen Bündel.

Zwischen den letzteren sind auch in ganz ungeschrumpften Präparaten immer schmale Lücken vorhanden, die nur zum Teil durch die den Bündeln anliegenden Zellen ausgefüllt werden.

Man kann diese Zellen außerordentlich schön durch die Vergoldung frischer, mit dem Rasiermesser flach abgeschnittener Hautstückchen (15 Minuten in frisch ausgepreßtem Zitronensaft, 30—45 Minuten in 1%iger Goldchloridlösung, Reduktion in 1%iger Essigsäure) darstellen.

Es handelt sich um sternförmige, durch ihre Ausläufer miteinander anastomosierende Bindegewebszellen.

Die Kutis wird durchsetzt von zahlreichen Nerven, die bis in die Epidermis selbst vordringen, während sie von Blutgefäßen frei ist. Auch verästelte Pigmentzellen enthält die Kutis, aber nur an den äußerlich schon dunkler erscheinenden Stellen.

Das subkutane Gewebe (*sbku*) verbindet die Kutis mit der Muskulatur und wird von ersterer getrennt durch eine zwei- bis dreifache Lage vielfach verästelter Pigmentzellen. Diese subkutane Pigmentschicht ist zum Unterschied von dem vorher erwähnten kutanen Pigment an allen Körperstellen gut entwickelt. Die Zellen breiten ihre Fortsätze ausschließlich parallel zur Körperoberfläche aus, so daß sie auf Querschnitten durch das Tier schwer zu erkennen sind. Körper und Fortsätze sind entweder mit schwarzen und braunen Pigmentkörnchen oder mit farblosen, stark lichtbrechenden Guaninkörnchen erfüllt.

Das subkutane Gewebe ist ebenfalls von sehr verschiedener Mächtigkeit und setzt sich ohne jede Grenze in die bindegewebigen, die Myomeren trennenden Myosepten fort. Es besteht aus kollagenen Fasern, welche netzförmig sich durchflechten und zwischen sich von Fettzellen erfüllte Hohlräume aussparen.

Von der kolossalen Ausdehnung dieses Fettdepots bei gut genährten, frisch gefangenen Tieren kann man erst dadurch eine richtige Vorstellung erlangen, daß man mittels des Gefriermikrotoms Querschnitte durch in Formalin fixierte Tiere anfertigt. Man färbt dieselben zunächst in Hämalaun, dann in einer alkoholischen Lösung von Sudan. Einschluß in Lävulose.

## 2. Die Sinnesorgane.

### a) Das Auge.

Das Neunauge besitzt jederseits ein hochentwickeltes Seitenauge, das bekanntermaßen beim Ammozötes, der Larvenform des Tieres, noch unter der Haut verborgen liegt. Beim erwachsenen Tier ist das Auge ungefähr kuglig, distalwärts etwas abgeflacht und erreicht einen Durchmesser von 4—5 mm.

Die technische Bearbeitung des Auges macht keine besonderen Schwierigkeiten. Als Fixierungsflüssigkeit empfiehlt sich neben Bouinscher und Zenkerscher Lösung vor allem eine 7,5%ige Salpetersäure. Man läßt in derselben das die Augen enthaltende Stück des Kopfes 4—5 Stunden und überträgt direkt für 8—10 Tage in mehrfach gewechselte Müllersche Flüssigkeit. Ist das Präparat nach Wässerung und Entwässerung schließlich in absolutem Alkohol angelangt, so trägt man von ihm vorn und hinten mit dem Rasiermesser so viel ab, daß der Glaskörperraum beiderseits eröffnet ist. Einbettung in Paraffin oder Zelloidin. Letztere ist vorzuziehen, da in ersterem die Linse sehr hart und schwer schneidbar wird.

Für ein eingehenderes Studium des Netzhautbaues leistet die vitale Methylenblaufärbung unschätzbare Dienste. Man schneidet nach Beendigung des Versuchs die Bulbi heraus, entfernt durch einen Scherenschlag den vorderen Bulbusabschnitt und überträgt in eine Schale mit physiol. Kochsalzlösung. In ihr stülpt man den Bulbus um, so daß die Netzhaut nach außen kommt, und kann nun die letztere leicht vollständig ablösen. Auf einem Objektträger in die feuchte Kammer gebracht, tritt die vollständige Bläuung nach zwei bis mehreren Stunden ein. Häufig wird man guttun, das Präparat in der feuchten Kammer noch mit einer 0,1—0,2%igen Lösung von Methylenblau in physiologischer Kochsalzlösung nachzubehandeln. Fixation in Ammoniummolybdat. Einbettung in Paraffin. Dicke Schnitte.

Die äußere Augenhaut oder Sklera (Fig. 402 $skl_1$) ist eine dünne, aus starken Bindegewebsfasern von vorwiegend meridionalem Verlauf zusammengesetzte Membran. Sie geht proximalwärts am Sehnerveneintritt aus der den Nerven umhüllenden Scheide ($skl_2$) kontinuierlich hervor, verdünnt sich distalwärts immer mehr und geht schließlich in die Kornea über. Während aber die Sehnervenscheide fast pigmentlos ist, enthält die Sklera immer an ihrer äußeren und inneren Fläche eine dicke Lage von Pigmentzellen.

An der Hornhaut oder Kornea müssen wir drei Teile unterscheiden, das Epithel, die Substantia propria und die DESCEMETsche Membran. Das

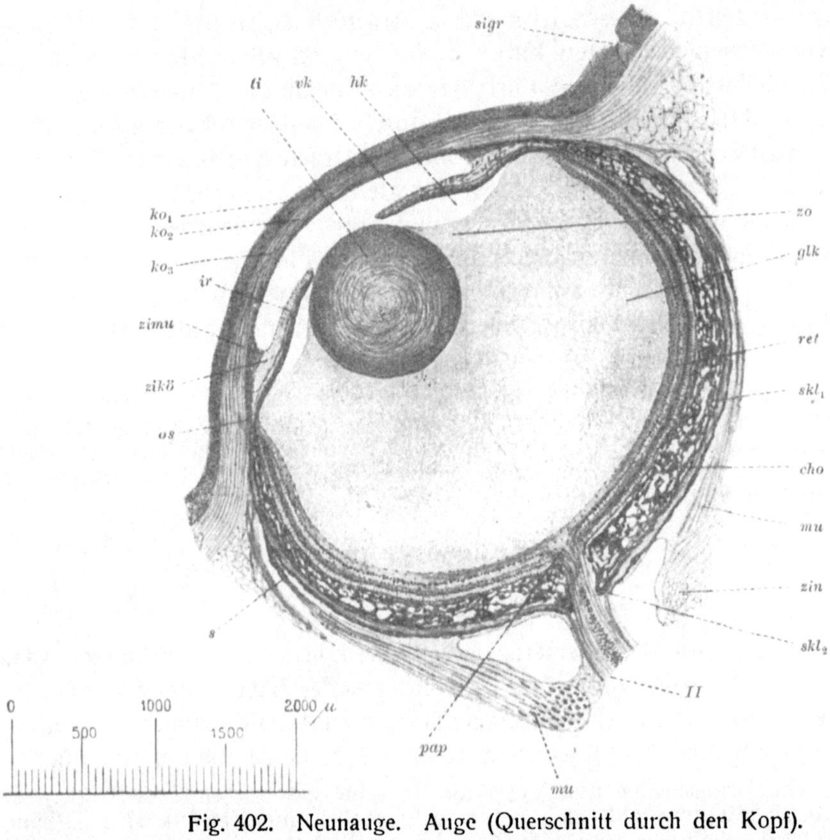


Fig. 402. Neunauge. Auge (Querschnitt durch den Kopf).

$skl_1$ Sklera, $skl_2$ deren Übergang in die Scheide des Sehnerven (*II*), $ko_1$ Epithel der Hornhaut, $ko_2$ Substantia propria, $ko_3$ Descemetsche Membran, *cho* Chorioidea, *os* Ora serrata, *zikö* Ziliarkörper, *zimu* Ziliarmuskel, *ir* Iris, *ret* Netzhaut, *pap* Sehnervenpapille, *li* Linse, *zo* Zonula ciliaris, *glk* Glaskörper, *vk* vordere Kammer, *hk* hintere Kammer, *mu* Augenmuskeln, *s* Augenmuskelsehne, *zin* Ziliarnerv, *sigr* Sinnesgrube der Haut.

Epithel ($ko_1$) ist eine direkte Fortsetzung der Epidermis, unterscheidet sich aber von ihr in ganz charakteristischer Weise. Es ist einmal nur ungefähr halb so dick als die Epidermis der umgebenden Hautbezirke, hat nur 4—5 Zelllagen, enthält weder Körner- noch Kolbenzellen und zeigt nirgends Verschleimung. Die Substantia propria ($ko_2$) geht hervor aus der Kutis der umgebenden Haut und hat denselben Bau, aber geringere Dicke als jene. Sie besteht aus ungefähr 30 parallelen Lagen dicker kollagener Bündel. Die in der Kutis beschriebenen elastischen Fasern fehlen. Zwischen den Bündeln liegen verzweigte, anastomosierende Zellen, die sog. Hornhautkörperchen. Während die Substantia propria selbst stets gefäßlos ist, lassen sich zwischen ihr und der DESCEMETschen Membran vielfach Blutkapillaren nachweisen. Die DESCEMETsche Membran ($ko_3$) bildet die direkte Fortsetzung der Sklera und zeigt wie diese eine Zusammensetzung aus meridional verlaufenden Fasern und eine dadurch bedingte Längsstreifung. Sie entbehrt aber der Zellen. Nach der vorderen Kammer zu wird sie bedeckt von einer einfachen Schicht außerordentlich dünner, platter Zellen, die nicht immer gut zu erkennen sind (DESCEMETsches Epithel).

Auf die Sklera folgt nach innen die Chorioidea, die mächtigste der Augenhäute (*cho*). Sie beginnt an der Eintrittsstelle des Sehnerven, hat hier ihre größte Dicke, welche die der Sklera um das Drei- bis Vierfache übertrifft, und zieht ihr unmittelbar angelagert distalwärts, dabei fortwährend an Dicke abnehmend. In der Gegend des Hornhautrandes angekommen, geht sie in den Ziliarkörper über. Reicher Gehalt an Blutgefäßen und Pigmentzellen zeichnet sie aus. Die Gefäße liegen außerordentlich dicht und sind so angeordnet, daß sie von außen nach innen immer feiner werden. Jedes Gefäß wird umhüllt und von seinen Nachbarn getrennt durch außerordentlich stark entwickelte Pigmentzellen. Es kommt so das Bild eines Netzwerkes mit stark pigmentierten Netzbalken zustande. Gegen die Netzhaut wird die Chorioidea durch eine sehr deutliche, strukturlose Glashaut abgeschieden.

Der Ziliarkörper (*zikö*) stellt das distale, kolbig verdickte Endstück der Chorioidea dar, in welchem der Gehalt an Blutgefäßen verringert erscheint. Er besteht im wesentlichen aus verzweigten, anastomosierenden, pigmenthaltigen Zellen. Der Pigmentgehalt unterliegt großen Schwankungen. Zwischen den Pigmentzellen liegen unverzweigte, mit Guaninkörnchen erfüllte Zellen. Nach innen gegen den Glaskörper zu wird dieses Stroma abgeschlossen durch eine Lage stark pigmentierter Zellen, auf welche dann die Blutgefäße und schließlich das Epithel der Pars ciliaris retinae folgen. Außen liegt dem Ziliarkörper die Sklera an, die hier in die DESCEMETsche Membran übergeht. Zwischen die letztere und das Stroma schiebt sich eine deutliche Muskelschicht ein, der Ziliarmuskel (*zimu*). Er besteht aus glatten Muskelfasern, die sich besonders gut in Giesonpräparaten durch ihre Gelbfärbung von der leuchtendroten Sklera abheben. Man kann einmal Fasern erkennen, die meridional verlaufen, in unserem Schnitt also längsgetroffen erscheinen und proximalwärts sich in dem Chorioidealgewebe verlieren. Nach innen folgen auf sie quergeschnittene, also ringförmig verlaufende Fasern, die jedoch nicht an der ganzen Zirkumferenz des Ziliarkörpers nachzuweisen sind. Nach der vorderen Kammer zu erscheint der Kontur des Ziliarkörpers konkav eingezogen; er wird hier überzogen von einer Fortsetzung des DESCEMETschen Epithels, welches sich von der Hornhaut auf ihn überschlägt. In dem Stroma des Ziliarkörpers trifft man stets ziemlich große verzweigte Nervenzellen.

Gegen die Linse zu setzt sich der Ziliarkörper in die Iris (*ir*) fort; beide lassen sich nur unvollkommen gegeneinander abgrenzen. Die Hauptmasse der Iris bildet das Stroma, das den gleichen Bau wie das Ziliarkörperstroma erkennen läßt. Von der vorderen Kammer wird es durch ein fest geschlossenes, einschichtiges, plattes Epithel geschieden, dessen kleine längliche Zellen indirekt eine Fortsetzung des DESCEMETschen Epithels darstellen und am freien

Pupillarrand enden. Proximalwärts folgt auch hier auf das Stroma eine Gefäßschicht mit zahlreichen Pigmentzellen und dann die Pars iridica retinae. Muskulöse Elemente scheint die Iris des Neunauges nicht zu beherbergen, dagegen lassen sich spärliche Nervenzellen nachweisen.

Die Linse (*li*) ist ein fast vollkommen kugliger Körper mit einem Durchmesser von 1,3—1,5 mm. Sie wird allseitig überzogen von der sehr dünnen Linsenkapsel. Ihr liegt proximalwärts in der vorderen Linsenhälfte das Linsenepithel auf, eine einfache Lage kubischer Zellen, die unter allmählicher Verlängerung am Linsenäquator in die langen bandförmigen Linsenfasern übergehen.

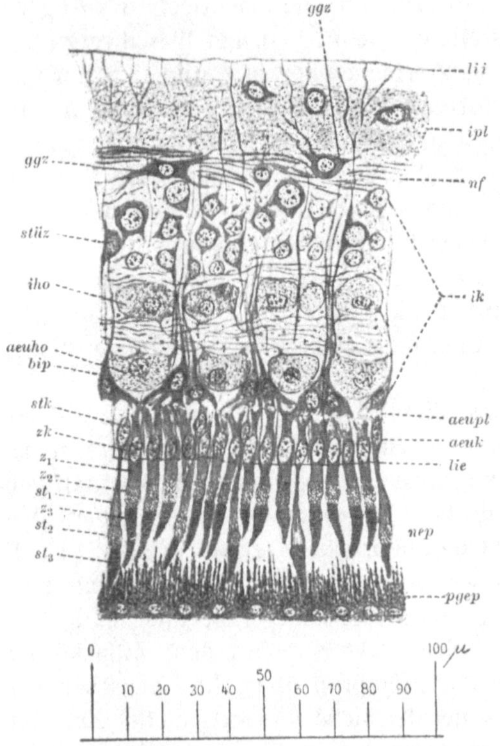


Fig. 403. Neunauge. Netzhaut.
*pgep* Pigmentepithel, *nep* Neuroepithel, $st_1$ Stäbchenmyoid, $st_2$ Stäbchenellipsoid, $st_3$ Stäbchenaußenglied, $z_1$ Zapfenmyoid, $z_2$ Zapfenellipsoid, $z_3$ Zapfenaußenglied, *lie* Limitans externa, *aeuk* äußere Körnerschicht, *stk* Stäbchenkorn, *zk* Zapfenkorn, *aeupl* äußere plexiforme Schicht, *ik* innere Körnerschicht, *bip* Bipolaren, *aeuho* äußere Horizontalzellen, *iho* innere Horizontalzellen, *stüz* Stützzellen, *nf* Nervenfaserschicht, *ipl* innere plexiforme Schicht, *ggz* Ganglienzellen, *lii* Limitans interna.

Von der Form dieser die Hauptmasse der Linsensubstanz bildenden Fasern können wir uns durch Mazeration einer frischen Linse in 25—30%igem Alkohol unterrichten.

Die Netzhaut, Retina (*ret*), ist die innerste der Augenhäute, beginnt, der Chorioidea eng angelagert, am Sehnerveneintritt in einer Dicke von ungefähr 200 μ und verdünnt sich distalwärts allmählich. An der Grenze von Chorioidea und Ziliarkörper angekommen, erleidet sie dann einen starken, ganz plötzlichen Abfall (Ora serrata, *os*) und setzt sich als Pars ciliaris retinae zunächst auf den Ziliarkörper, dann als Pars iridica retinae auf die proximale Fläche der Iris fort, um an deren freiem Pupillarrand ihr Ende zu finden.

Untersuchen wir bei starker Vergrößerung einen in Biondilösung oder Eisenhämatoxylin gefärbten dünnen Schnitt, so können wir an der Netzhaut folgende Schichten unterscheiden (Fig. 403):

Das Pigmentepithel (*pgep*) besteht aus niedrig kubischen Zellen in einfacher Schicht, die nach außen der Glashaut der Chorioidea direkt aufsitzen. Distalwärts entsenden die Zellen feine, fädige Fortsätze zwischen die Elemente der folgenden Schicht. Der den Kern enthaltende Zellkörper ist ebenso wie jene Fortsätze mit feinen Pigmentkörnchen erfüllt.

Die nun folgende Neuroepithelschicht (*nep*) ist die wichtigste Schicht der Netzhaut, da sie die Licht perzipierenden Elemente, die Stäbchen und Zapfen, enthält. Beide unterscheiden sich nur durch ihre Form, nicht durch ihren Bau. Die Zapfen (*z*) sind in den meisten Teilen der Netzhaut den Stäbchen an Zahl nicht unwesentlich überlegen. Sie erreichen eine Länge von 25—30 $\mu$ und eine durchschnittliche Breite von 3—5 $\mu$. Die Stäbchen (*st*) sind dagegen länger (40 $\mu$) und dünner. Während das distale Ende des Zapfens breit und plump ist, sitzt das Stäbchen auf einem dünnen, lang ausgezogenen Stiel. Beide lassen ein Innenglied und ein Außenglied erkennen. Das erstere nimmt beim Zapfen ungefähr die Hälfte, beim Stäbchen drei Viertel der Gesamtlänge ein und zerfällt in das distale Myoid ($z_1$ bzw. $st_1$) und das proximale Ellipsoid ($z_2$ bzw. $st_2$). Beide unterscheiden sich leicht durch Form, Struktur und färberische Reaktionen, die am schönsten hervortreten, wenn man Schnitte von in Bouinscher Flüssigkeit fixiertem Material mit Kresylviolett färbt. Dann erscheint das Myoid intensiv rot, das Ellipsoid leuchtend grün. Das Außenglied hat bei Zapfen und Stäbchen ungefähr gleiche Form und Größe und stellt einen 10—15 $\mu$ langen konischen Körper dar, dessen freies Ende stumpfspitzig ausläuft. Es läßt immer eine deutliche Querbänderung erkennen ($st_3$ u. $z_3$).

Distalwärts wird das Neuroepithel abgeschlossen durch eine außerordentlich scharf hervortretende Linie, die Limitans externa (*lie*).

Jenseits derselben setzen sich in der äußeren Körnerschicht (*aeuk*) die Stäbchen und Zapfen in kurze, kernhaltige Zellkörper fort. Jeden solchen Zellkörper mit dem zu ihm gehörigen Stäbchen bzw. Zapfen bezeichnen wir als eine Stäbchen- bzw. Zapfensehzelle. Beide laufen distalwärts in eine Verbreiterung, einen Fuß aus, von dem kurze, feine, bald endigende Ästchen ausstrahlen.

Sie bedingen im Verein mit den Ausläufern der gleich zu erwähnenden Zellen das Zustandekommen einer fünften Schicht, die wir als äußere plexiforme Schicht bezeichnen (*aeupl*).

Die nun folgende innere Körnerschicht (*ik*) macht die Hauptmasse der Netzhaut aus und baut sich aus recht verschiedenartigen Elementen auf, deren markanteste wir als Horizontalzellen bezeichnen wollen. Es sind das 20 $\mu$ und darüber im Durchmesser haltende Zellen mit außerordentlich hellem, körnigem Zellkörper. Sie liegen in zwei Zeilen (*aeuho* und *iho*). Jede Zelle schickt von der ihrem Gegenüber zugewandten Fläche mehrere Fortsätze aus, welche, in horizontalem Verlauf sich ausbreitend, eine die beiden Zellzeilen trennende Faserschicht bilden.

Zwischen je zwei äußeren Horizontalzellen liegen nun immer je zwei andere, eigenartige Zellen (*bip*). Der Zellkörper ist dreieckig. Seine Basis grenzt an die äußere plexiforme Schicht und schickt in sie hinein kurze Fortsätze, welche mit den Füßchen der Stäbchen- und Zapfensehzellen in Verbindung treten. Distalwärts verschmälert sich der Zellkörper rasch und läuft in eine ziemlich grobe, die ganze innere Körnerschicht durchsetzende Faser aus. Diese die Verbindung der Sehzellen mit weiter distalwärts gelegenen Elementen vermittelnden Zellen bezeichnen wir als die Bipolaren.

Ferner enthält die innere Körnerschicht noch die Körper der Stützzellen oder Radiärfasern (*stüz*). Sie sind in unseren Präparaten sehr leicht kenntlich. Ein rundlicher Zellkörper mit kugligem Kern zieht sich seitlich in zwei Zipfel aus, von denen der eine zur distalen, der andere zur proximalen Netzhautoberfläche in senkrechtem Verlaufe hinstrebt. Der erstere läßt sich unschwer verfolgen. Er splittert in der Nähe der distalen Netzhautperipherie in mehrere

Zweige auf, die in letzterer selbst endigen und in ihrer Gesamtheit die Limitans interna bilden. Schwieriger ist der äußere Fortsatz zu verfolgen. An günstigen Stellen kann man ihn jedoch noch zwischen den Körpern der Sehzellen erkennen und seinen Übergang in die Limitans externa verfolgen. Die letztere entsteht ebenso wie die Limitans interna durch die Aneinanderlagerung der verbreiterten Faserenden.

Außerdem enthält die innere Körnerschicht in ihren distalen Partien noch zahlreiche Zellen mit einem oder mehreren Ausläufern, deren weiteres Verhalten aber nicht zu erkennen ist.

Die folgende Schicht ist die Nervenfaserschicht (*nf*). Sie besteht aus ziemlich kräftigen, parallel zur Netzhautoberfläche laufenden Fasern, deren Zahl um so mehr zunimmt, je mehr wir uns der Eintrittsstelle des Sehnerven nähern. Hier angekommen treten die Fasern in den Nerven ein und werden zu Sehnervenfasern (Fig. 402 *pap*).

Die achte Schicht wollen wir als innere plexiforme Schicht bezeichnen (Fig. 403 *ipl*). Sie enthält ein Gewirr feinster, nach allen Richtungen sich durchkreuzender Fäserchen und außerdem größere und kleinere multipolare Zellen, die auch in die Nervenfaserschicht hineinrücken können (*ggz*). Gerade diese letzteren lassen sehr gut die Verschiedenartigkeit ihrer Ausläufer erkennen. Einmal geht von jeder Zelle ein unverzweigter Fortsatz, ein Neurit aus und wird zu einer Faser der Nervenfaserschicht, dann aber schickt die Zelle sich verästelnde Ausläufer, Dendriten, in die innere plexiforme und auch in die innere Körnerschicht. Es sind das die Ganglienzellen. Gegen den Glaskörper zu wird die Netzhaut abgeschlossen durch die Limitans interna (*lii*).

Den eben besprochenen Bau zeigt die Netzhaut mit geringen Modifikationen von dem Optikuseintritt bis zur Ora serrata (Fig. 402 *os*). Hier erleidet sie eine starke Verdünnung, so daß ihr Durchmesser von 100 $\mu$ auf 10—20 $\mu$ fällt, wobei sich die Zahl der Schichten auf zwei reduziert, deren äußere das seiner Fortsätze beraubte Pigmentepithel darstellt. Die innere Schicht setzt sich aus niedrigen, schmalen Zylinderzellen zusammen, die zunächst ganz pigmentfrei sind, nach und nach aber immer pigmentreicher werden. Zwischen den Zellen der inneren Schicht sieht man zahlreiche Fäserchen auftauchen und auf der freien Epitheloberfläche entlang gegen die Linsenoberfläche strahlen. In dieser Form bekleidet die distale Fortsetzung der Netzhaut als Pars ciliaris retinae die freie Oberfläche des Ziliarkörpers, um an der Iriswurzel in die die proximale Irisfläche bekleidende Pars iridica retinae überzugehen. Auch sie zeigt den gleichen Bau, nur haben sich jetzt beide Zellschichten so mit Pigment beladen, daß man einzelne Zellen nicht mehr erkennen kann, wenn man die Präparate nicht vorher depigmentiert, was sich leicht durch wiederholte sukzessive Einwirkung von Kaliumpermanganat und schwefliger Säure erreichen läßt. Am Pupillarrand gehen beide Zellschichten ineinander über.

Der Glaskörper (Fig. 402 *glk*) füllt das ganze Innere des Augapfels aus und besteht aus einem Flechtwerk allerfeinster Fäserchen, die sich besonders schön in Kresylviolettpräparaten rotgefärbt präsentieren. Die Maschen des Flechtwerkes sind außerordentlich eng. An der Limitans interna, an der proximalen Linsenfläche und gegen die hintere Kammer zu verdichtet sich dieses Flechtwerk zu einer Grenzmembran, die mit der Limitans interna recht fest verbunden ist. Zellige Elemente scheint der Glaskörper beim Neunauge gar nicht zu enthalten.

Als Zonula ciliaris (Fig. 402 *zo*) bezeichnen wir ein System von Fasern, welche das Aufhängeband der Linse bilden und sich von der Pars ciliaris retinae herüber zur Linse spannen. Man kann die Fasern einerseits zwischen die Zellen dieses Epithels hinein verfolgen, andererseits gehen sie in die Linsenkapsel über. Distalwärts von der Zonula erstreckt sich bis zur proximalen Linsenfläche der Raum der hinteren Kammer (Fig. 402 *hk*). Die Iris schleift mit ihrem Pupillarrand auf der distalen Linsenfläche, so daß hintere Kammer und vordere Kammer (Fig. 402 *vk*) durch diesen Spaltraum miteinander kommunizieren.

Von den übrigen Teilen des Auges wären nur noch die Augenmuskeln (Fig. 402 *m*) zu erwähnen, die aus quergestreiften Muskelfasern bestehen. Ihre Sehnen (Fig. 402 *s*) haben immer eine Hülle von Pigmentzellen und gehen in das Bindegewebe der Sklera über.

## b) Das Gehörorgan.

Auch das Gehörorgan erreicht beim Neunauge eine recht ansehnliche Höhe der Entwicklung und bildet ein paariges, jederseits dicht hinter dem Auge zur Seite des Hinterhirns gelegenes Organ, das von einer dicken Knorpelkapsel umschlossen wird. Die letztere erreicht einen größten Durchmesser von ungefähr 3 mm.

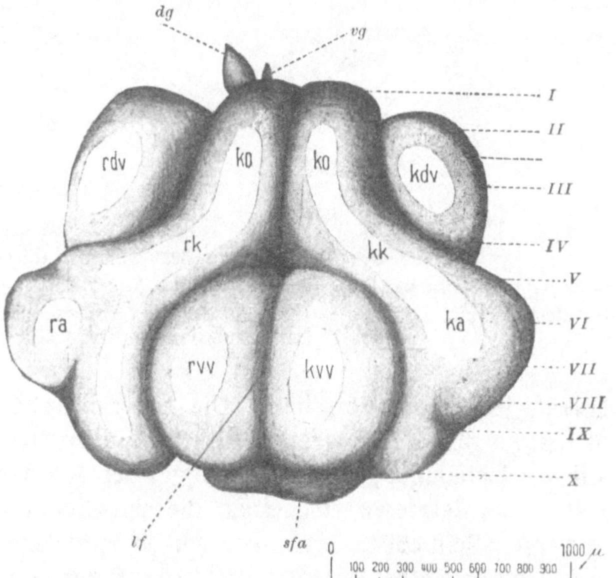


Fig. 404. Neunauge. Häutiges Labyrinth in lateraler Ansicht.
*rk* rostraler, *kk* kaudaler Bogengang, *ra* rostrale, *ka* kaudale Ampulle, *rvv* rostroventrale, *kvv* kaudoventrale, *rdv* rostrodorsale, *kdv* kaudodorsale Abteilung des Vestibulums, *ko* Kommissur der Bogengänge, *sfa* sackförmiger Anhang, *lf* Lateralfurche, *dg* dorsaler Gang, *vg* ventraler Gang, *I—X* Schnittebenen der Fig. 405—415.

Diese Kapsel bildet den einzigen mißlichen Umstand in der technischen Bearbeitung des Organs, da ihr Knorpel bei der Paraffineinbettung sehr hart wird und splittert. Sollen deshalb dünne Schnitte erzielt werden, so empfiehlt sich die Entfernung des Knorpels, die auch am abgeschnittenen Kopf des Tieres leicht gelingt. Man präpariere dicht hinter dem Auge die Muskulatur weg, bis man auf die kleine, erbsengroße, stark prominierende Kapsel stößt, und entferne mit einer stumpfen Starnadel das Perichondrium, bis der Knorpel vollkommen frei liegt. Man kann nun den Knorpel möglichst vollständig mit scharfem Skalpell unter der Lupe abtragen, das Organ mit den angrenzenden Teilen des Alisphenoidknorpels herausschneiden und beliebig fixieren. Die noch stehengebliebenen Knorpelteile entfernt man, wenn das Präparat in starkem Alkohol liegt. Die Schnitte legt man entweder quer zur Längsachse des Tieres oder in der Frontalebene an. Will man, was sich der Übersicht wegen natürlich sehr empfiehlt, das Gehörorgan in situ und in Verbindung mit dem Gehirn schneiden, so verwende man Exemplare, die mit der Injektionsflüssigkeit vom Herzen aus injiziert waren. Man schneide später im starken Alkohol die Kapsel am rostralen und kaudalen Ende an, da sonst die Einbettungsmasse nur sehr schwer eindringt.

Wir wollen uns zunächst das von seiner Knorpelkapsel entblößte Organ von der lateralen Seite her etwas ansehen (Fig. 404). Unschwer lassen sich da zwei dorsalwärts konfluierende, ventralwärts auseinanderweichende Kanäle erkennen, der rostrale (*rk*) und der kaudale Bogengang (*kk*). Jeder derselben geht ventralwärts in eine mächtige Anschwellung über, die rostrale (*ra*) und die kaudale Ampulle (*ka*). Zwischen den Ampullen tritt eine große Blase zutage, das Vestibulum, das durch eine dorsoventral verlaufende mediane Furche, die Lateralfurche, in eine rostrale (*rvv*) und eine kaudale (*kvv*) Hälfte zerlegt wird. Diese Blase stellt aber nur den ventralen Teil des Vestibulums dar, denn, wie uns später die Schnittpräparate lehren werden, zieht sich das Vestibulum hinter den Bogengängen dorsalwärts und kommt hier in einer rostralen (*rdv*) und einer kaudalen (*kdv*), in ihrer Ausbildung sehr variablen

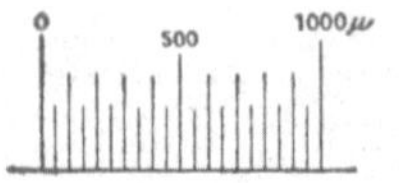


Dieser Maßstab gilt auch für die Fig. 406 bis 415.

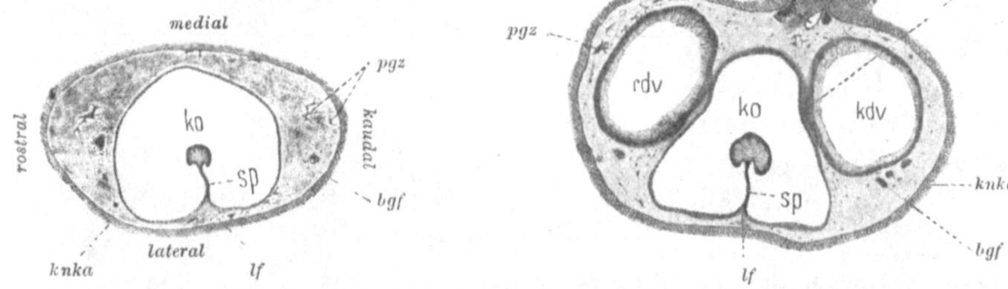


Fig. 405 und 406. Neunauge. Schnitte durch das häutige Labyrinth.

*ko* Kommissur, *sp* Septum, *knka* Knorpelkapsel, *rdv* rostrodorsale, *kdv* kaudodorsale Abteilung des Vestibulums, *dg* dorsaler Gang, *ö* dorsale Öffnung der Knorpelkapsel, $nf_4$ Nerv des dorsalen Ganges, *lf* Lateralfurche, *bgf* Blutgefäße, *pgz* Pigmentzellen.

Blase wieder zum Vorschein. Die Lateralfurche setzt sich vom Vestibulum auf die Bogengänge fort, trennt dieselben äußerlich und verläuft sich dorsalwärts auf der Vereinigung der Bogengänge, der Kommissur (*ko*). Über der rostralen Hälfte der letzteren erscheinen die dorsalen blinden Enden zweier Gänge (*dg* und *vg*). Schließlich erkennen wir ventral und medial vom Vestibulum noch eine Hervorragung, die dem sackförmigen Anhang (*sfa*) angehört.

Um einen tieferen Einblick in den Bau des Organs zu gewinnen, wollen wir eine Reihe von transversalen Längsschnitten durch das von seiner Kapsel umschlossene Organ betrachten, deren Ebenen in Fig. 404 durch römische Zahlen bezeichnet sind. Der erste Schnitt (Fig. 405) geht durch den dorsalen Pol des Organs. Der Raum zwischen dem letzteren und seiner Kapsel wird ausgefüllt durch ein gefäßreiches außerordentlich lockeres, zahlreiche Pigmentzellen (*pgz*) führendes Bindegewebe. In den Hohlraum des Organs, die Bogengangskommissur (*ko*), ragt von der lateralen Wand her ein dünnes Septum (*sp*), dessen Ende ein kolbiger Körper bildet. Der Basis des Septums entspricht an der Außenfläche das dorsale Ende der Lateralfurche (*lf*). Im zweiten Schnitt (Fig. 406) sind rostral und kaudal von der Kommissur zwei Hohlräume angeschnitten worden, welche die dorsalen Ausbuchtungen des Vestibulums (*rdv* und *kdv*) darstellen und die, wie das ganze Vestibulum, mit Geißelepithel ausgekleidet sind. In der medialen Wand der Knorpelkapsel ist eine durch Bindegewebe verschlossene Öffnung (*ö*) aufgetreten und in ihr erscheint der von zwei Blutgefäßen begleitete Querschnitt eines Kanales (*dg*). Das ist der dorsale Gang. Er dringt weiter dorsalwärts in den Schädelraum ein, deshalb war er auf dem vorigen Schnitt nicht zu sehen.

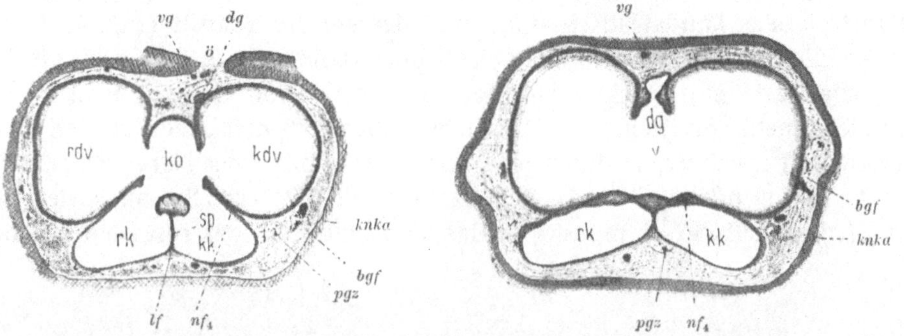


Fig. 407 und 408. Neunauge. Schnitte durch das häutige Labyrinth.
*ko* Kommissur der Bogengänge, *rk* rostraler, *kk* kaudaler Bogengang, *sp* Septum, *rdv* rostrodorsale, *kdv* kaudodorsale Abteilung des Vestibulums, *knka* Knorpelkapsel, *ö* dorsale Öffnung der letzteren, *vg* ventraler Gang, *dg* dorsaler Gang, *v* Vestibulum, *nf*$_4$ Nerv des dorsalen Ganges, *lf* Lateralfurche, *pgz* Pigmentzellen, *bgf* Blutgefäße.

Im dritten Schnitt (Fig. 407) sind in den die Kommissur vom Vestibulum trennenden Wänden zwei Lücken entstanden, so daß jetzt Kommissur und Vestibulum miteinander kommunizieren. Lateralwärts erscheinen die Mündungen des vorderen und hinteren Bogengangs in die Kommissur, beide durch das

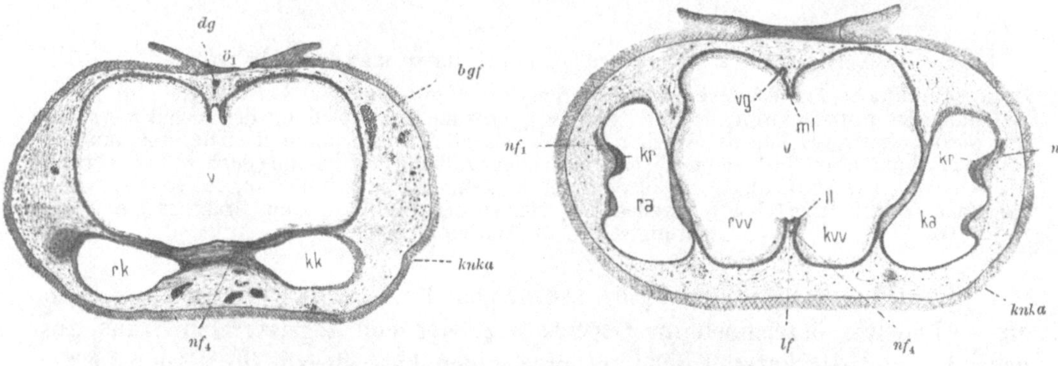


Fig. 409 und 410. Neunauge. Schnitte durch das häutige Labyrinth.
*v* Vestibulum, *ml* Medialleiste, *dg* Mündung des dorsalen Ganges, *vg* Mündung des ventralen Ganges in das Vestibulum, *rvv* rostroventrale, *kvv* kaudoventrale Abteilung des Vestibulums, *ll* Lateralleiste, *ra* rostrale Ampulle mit Krista (*kr*), *ka* kaudale Ampulle mit Krista, *ö*$_1$ ventrale Öffnung der Knorpelkapsel (*knka*), *lf* Lateralfurche, *nf*$_4$ Nerv des dorsalen Ganges, *nf*$_1$ Nerven der Kristen, *bgf* Blutgefäße.

Septum (*sp*) getrennt. Der dorsale Gang (*dg*) ist näher an die Vestibularwand herangetreten und läßt in seinem Innern eine kleine Nervenendstelle erkennen. Medial von ihm erscheint jetzt der ebenfalls von einem Gefäß begleitete Querschnitt des ventralen Ganges (*vg*). Er ist viel kleiner als jener und sein Lumen kaum zu erkennen. Die vollständige Abtrennung der Bogengänge (*rk* bzw. *kk*) vom Vestibulum führt uns der vierte Schnitt (Fig. 408) vor, sie ist so zustande gekommen, daß die die lateralen Abschnitte des Vestibulums und der Kommissur trennenden Wände sich mit jenem am Ende des Septums sitzenden kolbigen Körper vereinigt haben. An der medialen Wand ist noch die weite Mündung des dorsalen Ganges (*dg*) ins Vestibulum getroffen. Die mediale Wand der Knorpelkapsel hat sich wieder geschlossen. Die Bogengänge liegen nun direkt lateral vom Vestibulum, doch schon im folgenden Schnitt (Fig. 409) weichen sie rostral bzw. kaudal auseinander und der sechste Schnitt (Fig. 410) zeigt sie uns an die rostrale bzw. kaudale Vestibularwand gerückt, so daß die laterale Vestibularwand nun stark vorspringt. Das heißt von Bogengängen dürfen wir hier nicht mehr sprechen, denn dieselben haben sich hier schon zu den Ampullen (*ra* bzw. *ka*) erweitert, in deren jeder der Querschnitt einer Nervenendstelle, einer Krista (*kr*) sichtbar wird. In dem sechsten Schnitt erreicht auch der ventrale Gang (*vg*) sein Ende, er mündet in das Vestibulum an der rostralen Fläche einer

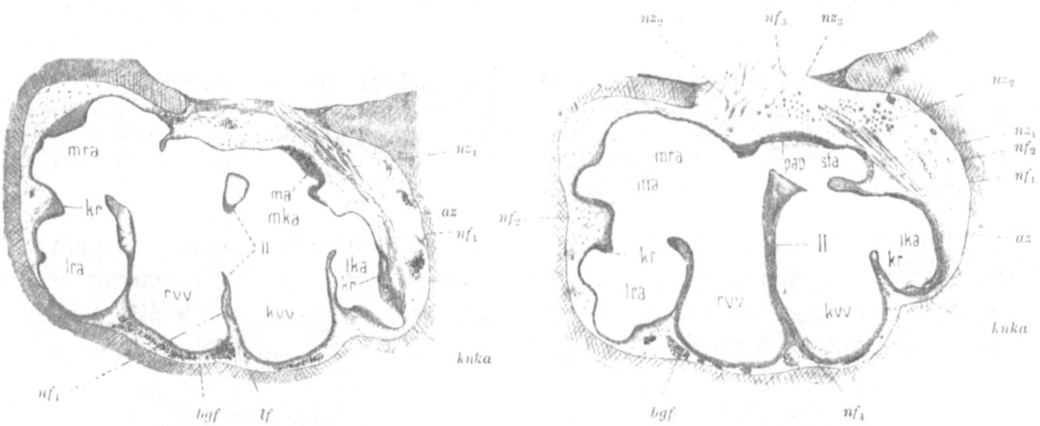


Fig. 411 und 412. Neunauge. Schnitte durch das häutige Labyrinth.

*rvv* rostroventrale, *kvv* kaudoventrale Abteilung des Vestibulums, *ll* Lateralleiste, *lra* laterale Abteilung der rostralen Ampulle mit Krista (*kr*), *mra* mediale Abteilung der rostralen Ampulle mit Makula (*ma*), *lka* laterale Abteilung der kaudalen Ampulle, *mka* mediale Abteilung der kaudalen Ampulle mit Makula (*ma*), *sta* sackförmiger Anhang mit Papille (*pap*), *lf* Lateralfurche, $nf_4$ Nerv des dorsalen Ganges, $nf_1$ Nerven der Kristen, $nz_1$ deren Ursprungszellen, $nf_2$ Nerven der Makulae, $nz_2$ deren Ursprungszellen, $nf_3$ Nerven der Papille und des Säckchens, $nz_3$ deren Ursprungszellen, *az* Arachnoidealzellen.

von der medialen Vestibularwand ausgehenden Leiste (*ml*). Wir wollen dieselbe als Medialleiste bezeichnen im Gegensatz zu der von der lateralen Wand ausgehenden und der Lateralfurche entsprechenden Lateralleiste (*ll*). Beide Leisten trennen das Vestibulum unvollkommen in eine rostrale (*rvv*) und eine kaudale Hälfte (*kvv*). In der medialen Wand der Knorpelkapsel ist nun eine zweite, ventrale, durch eine starke bindegewebige Membran verschlossene Öffnung entstanden. Im siebenten Schnitt (Fig. 411) öffnen sich dann die beiden Ampullen in das Vestibulum und wir können nun an jeder derselben eine laterale (*lra* bzw. *lka*) und eine mediale Abteilung (*mra* bzw. *mka*) unterscheiden. Während die laterale Abteilung je eine Krista (*kr*) enthält, tritt in der medialen Abteilung und zwar zunächst in der kaudalen, je eine weitere plattenförmige Nervenendstelle, eine Makula (*ma*) auf, die hier flachgetroffen erscheint. Schon in den vorhergehenden Schnitten sahen wir in die beiden Kristen Nervenfasern ($nf_1$)

eintreten, jetzt sind auch kaudal die zugehörigen Nervenzellen ($nz_1$) aufgetreten. Die Medialleiste ist verschwunden, die Lateralleiste (*ll*) hat sich dagegen stark verlängert, ihre stark verdickte freie Firste erscheint isoliert getroffen. In diesem Schnitt tauchen auch zum erstenmal, in dem häutiges Gehörorgan und Knorpelkapsel trennenden Gewebe, kuglige oder polyedrische Zellen auf (*az*). Es sind Arachnoidealzellen, welche mit den Nerven vom Gehirn aus hierher verschleppt sind. Im achten Schnitt (Fig. 412) präsentiert sich nun die Lateralleiste in ihrer ganzen Ausdehnung, fast die ganze Breite des Vestibulums durchquerend. Medial von ihr öffnet sich der sackförmige Anhang (*sfa*) in das Vestibulum, der auf seiner medialen Wand eine weitere Nervenendstelle trägt, eine Papille (*pap*), die erst später eine diesem Namen entsprechende Form zeigt. Die mediale Abteilung der kaudalen Ampulle ist verschwunden, in der rostralen Ampulle (*mra*) erscheint hier nun die Makula (*ma*) mit den zu ihr tretenden Nerven ($nf_2$). Im neunten Schnitt (Fig. 413) ist auch die mediale

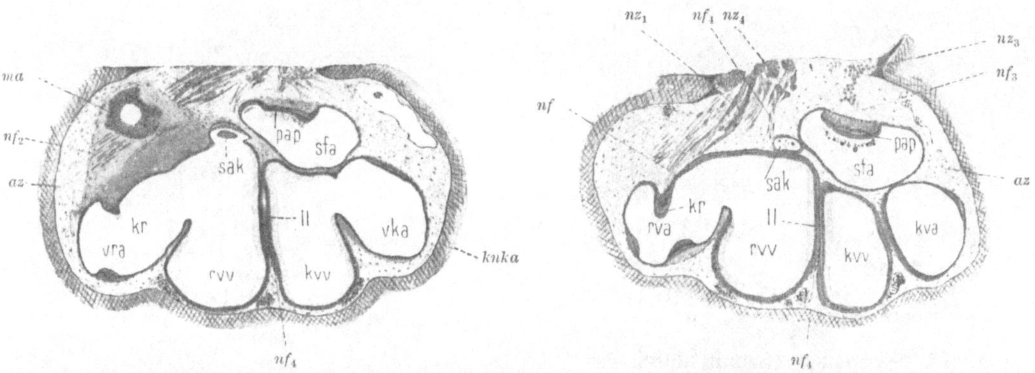


Fig. 413 und 414. Neunauge. Schnitte durch das häutige Labyrinth.

*rvv* rostroventrale Abteilung des Vestibulums, *ll* Lateralleiste, *kvv* kaudoventrale Abteilung des Vestibulums, *vra* ventrale Abteilung der rostralen Ampulle mit Krista (*kr*), *vka* ventrale Abteilung der kaudalen Ampulle, *sak* Säckchen, *sfa* sackförmiger Anhang mit Papille (*pap*), $nf_4$ Nerv des dorsalen Ganges, $nz_4$ dessen Ursprungszellen, $nf_1$ Nerven der Kristen, $nz_1$ deren Ursprungszellen, $nf_2$ Nerven der Makulae (*ma*), $nf_3$ Nerven der Papille und des Säckchens, $nz_3$ deren Ursprungszellen, *knka* Knorpelkapsel, *az* Arachnoidealzellen.

Abteilung der rostralen Ampulle fast verschwunden, nur ihr Boden mit der Makula (*ma*) und den zutretenden Nerven ($nf_2$) ist noch sichtbar. Der sackförmige Anhang (*sfa*) hat sich nun vom Vestibulum vollkommen abgetrennt, rostral grenzt an ihn eine weitere kleine, mit einer Nervenendstelle versorgte Aussackung (*sak*), das Säckchen oder Sakkulus. In den immer noch breit mit dem Vestibulum kommunizierenden Ampullen sind die ventralen Ausbuchtungen (*vra* bzw. *vka*) getroffen, von denen die kaudale frei von Nervenendstellen ist, während sich in die rostrale die Krista noch tief hineinzieht. Nun nähern wir uns dem Boden des Organs (Fig. 414). Die kaudale Ampulle (*vka*) hat sich mit ihrer ventralen Abteilung vom Vestibulum abgetrennt, während die rostrale noch mit ihm in Verbindung steht. Die Papille im sackförmigen Anhang macht jetzt ihrem Namen Ehre, rostral von ihr liegt der abgetrennte Sakkulus. Im letzten der zu besprechenden Schnitte (Fig. 415) ist die kaudale Ampulle bis auf ihren Boden schon verschwunden, die rostrale hat sich vom Vestibulum abgetrennt, dessen beide, jetzt breit voneinander getrennte Abteilungen (*rvv* und *kvv*) in den nächsten Schnitten ebenfalls verschwinden. Im sackförmigen Anhang (*sfa*) ist von der Papille nichts mehr zu sehen. Er ist die Labyrinthabteilung, die am weitesten ventral reicht, in unserer Serie also zuletzt verschwindet.

Nachdem wir uns so über die gröberen Bauverhältnisse des Gehörorgans orientiert haben, wollen wir den Strukturverhältnissen kurz nähertreten. Die Grundlage seiner Wandung bildet die Membrana propria (Fig. 416 und 417 *mpr*). Sie ist an den meisten Stellen nur wenige Mikren dick, ihr Durchmesser steigt jedoch an einzelnen Stellen, vor allem an den Nervenendstellen bis zu 50 $\mu$ an. Zumeist läßt sie gar keine Struktur erkennen, nur hier und da eine leichte Längsstreifung, als ob sie sich aus feinsten Fibrillen aufbaue. Farbstoffgemischen gegenüber zeigt sie eine mehr oder weniger stark ausgeprägte Basophilie. Innen sitzt ihr das Epithel des Gehörorgans auf, außen ist sie von einer

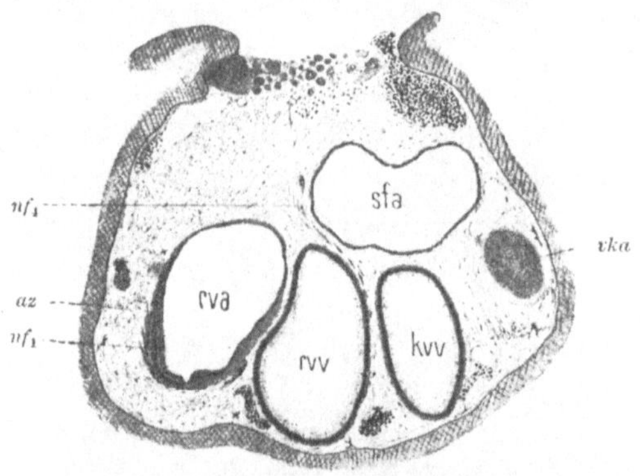


Fig. 415. Neunauge. Schnitt durch das häutige Labyrinth.
*rvv* rostroventrale Abteilung des Vestibulums, *kvv* kaudoventrale Abteilung des Vestibulums, *rva* ventrale Abteilung der rostralen Ampulle, *sfa* sackförmiger Anhang, $nf_4$ Nerv des dorsalen Ganges, $nf_1$ Nerven der Kristen, *az* Arachnoidealzellen, *vka* Anschnitt der ventralen Abteilung der kaudalen Ampulle.

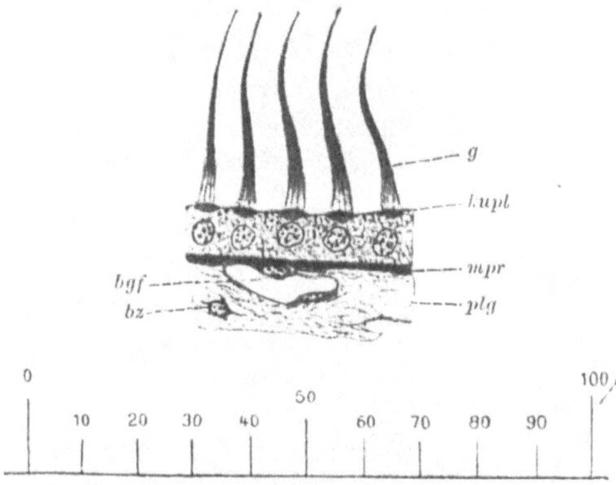


Fig. 416. Neunauge. Geißelepithel des Vestibulums.
*g* Geißeln, *kupl* Kutikularplatten, *mpr* Membrana propria, *plg* perilymphatisches Gewebe, *bgf* Blutgefäß, *bz* Bindegewebszelle.

vielfach unvollständigen Lage platter Zellen überzogen, an die sich weiterhin, bis zur Knorpelkapsel reichend, das perilymphatische Gewebe (Fig. 416 *plg*) anschließt, ein sehr lockeres Bindegewebe mit feinsten kollagenen Fäserchen, verästelten Bindegewebszellen und zahlreichen Pigmentzellen. Es wird durchquert von zahlreichen Blutgefäßen und Nerven und mit den letzteren gelangen auch Arachnoidealzellen in den Kapselraum, wie wir sie bei Besprechung der Hirnhäute näher kennenlernen werden.

Das Epithel des Gehörorgans, d. h. also das die Innenfläche der Membrana propria bedeckende Epithel ist je nach der zu betrachtenden Gegend von sehr verschiedenem Bau. Im einfachsten Falle ist es eine einfache Lage niedriger polygonaler Zellen, z. B. in der Kommissur, in den Bogengängen und im sackförmigen Anhang mit Ausnahme der Papille. Ein einfaches hohes Zylinderepithel treffen wir z. B. in der Kommissur als Bekleidung jener eigenartigen kolbigen Verdickung der Lateralleiste, die im übrigen nichts anderes als eine starke Verdickung der Membrana propria darstellt (Fig. 405, 406 und 407).

In den Ampullen verläuft lateral von der Krista und ungefähr parallel mit ihr (Fig. 410) eine mit Zylinderepithel bedeckte Leiste.

Das gesamte Vestibulum ist von einem Geißelepithel ausgekleidet, wie man es schöner kaum irgendwo anders im Tierkörper findet (Fig. 416). Die Zellen sind kubisch, ihr Protoplasma ist deutlich netzmaschig mit groben Mikrosomen in den Netzknoten und umschließt einen großen, meist etwas unregelmäßigen Kern. In die in das Lumen sehende freie Zelloberfläche ist eine linsenförmige Kutikularplatte eingelassen. Sie erscheint völlig homogen oder doch nur ganz undeutlich körnig und enthält auf ihrer Oberfläche die dicht nebeneinander gelegenen Basalkörperchen. Von jedem Körperchen geht ein ungefähr 50 $\mu$ langes Flimmerhaar aus. Zunächst sehr dünn, dann sich allmählich verstärkend und schließlich in eine feinste Spitze auslaufend, legen sich sämtliche Flimmern einer Zelle zur Bildung der mächtigen Geißel zusammen.

Steht lebendes Material zur Verfügung, so versäume man keinesfalls, sich dieses prächtige Epithel auch im lebenden Zustand anzusehen. Ein Rasiermesserquerschnitt durch die dem eben getöteten Tier entnommene Ohrkapsel in Kochsalzlösung unter das Mikroskop gebracht, zeigt uns das Epithel wie ein im Winde wogendes Kornfeld. Die Bewegung hält stundenlang an. Durch Zusatz eines passenden Farbstoffes, wie Neutralrot oder Methylenblau, kann man die lebenden Geißeln mit ihren Basalkörperchen färben.

Schließlich kommen wir zum Bau der Nervenendstellen, deren das Gehörorgan beim Neunauge sieben enthält, nämlich zwei Kristen, je eine in der lateralen Abteilung der rostralen und kaudalen Ampulle, drei Makulae, je eine in der medialen Abteilung der rostralen und kaudalen Ampulle und im Säckchen, und zwei Papillen, je eine im sackförmigen Anhang und im dorsalen Gang. In ihrem Bau bieten sie alle ungefähr das gleiche Bild, so daß wir sie im Zusammenhang abhandeln können. In der Nähe der Endstelle nimmt das platte einschichtige Epithel unter gleichzeitiger Verdickung der Membrana propria rasch an Höhe zu und wird zweizeilig. Es setzt sich dann aus zwei verschiedenen Zellen zusammen, Sinnes- oder Haarzellen und Stützzellen (Fig. 417). Die ersteren sind 28 bis 30 $\mu$ lange Zellen; mit ihrem schmaleren distalen Ende bilden sie die freie Fläche des Epithels, ihr proximales bauchiges, abgerundetes Ende reicht nicht bis zur Membrana propria, sondern nur bis zur Epithelmitte oder etwas tiefer. Jede Zelle besitzt einen hellen, kugligen Kern im proximalen Abschnitt, ist erfüllt von einem netzmaschigen Protoplasma und trägt auf ihrer freien

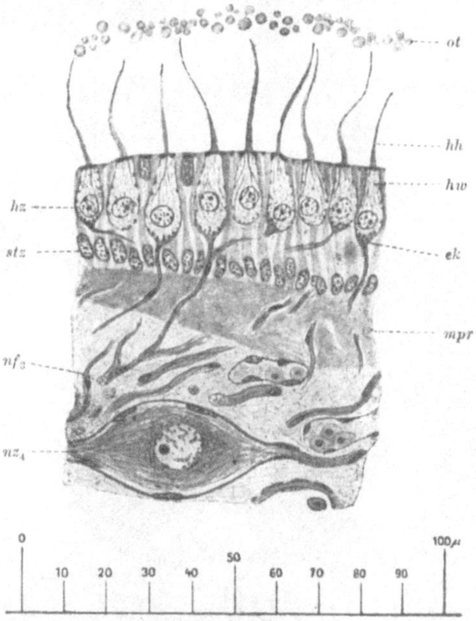


Fig. 417. Neunauge. Epithel der Papille des sackförmigen Anhangs.
*hz* Sinneszellen, *hh* Hörhaare, *hw* Haarwurzeln, *stz* Stützzellen, *mpr* Membrana propria, $nf_3$ Nervenfasern der Papille, *ek* deren Endkelche, $nz_4$ Nervenzellen, aus denen die Nervenfasern der Kristen entspringen, *ot* Otokonien.

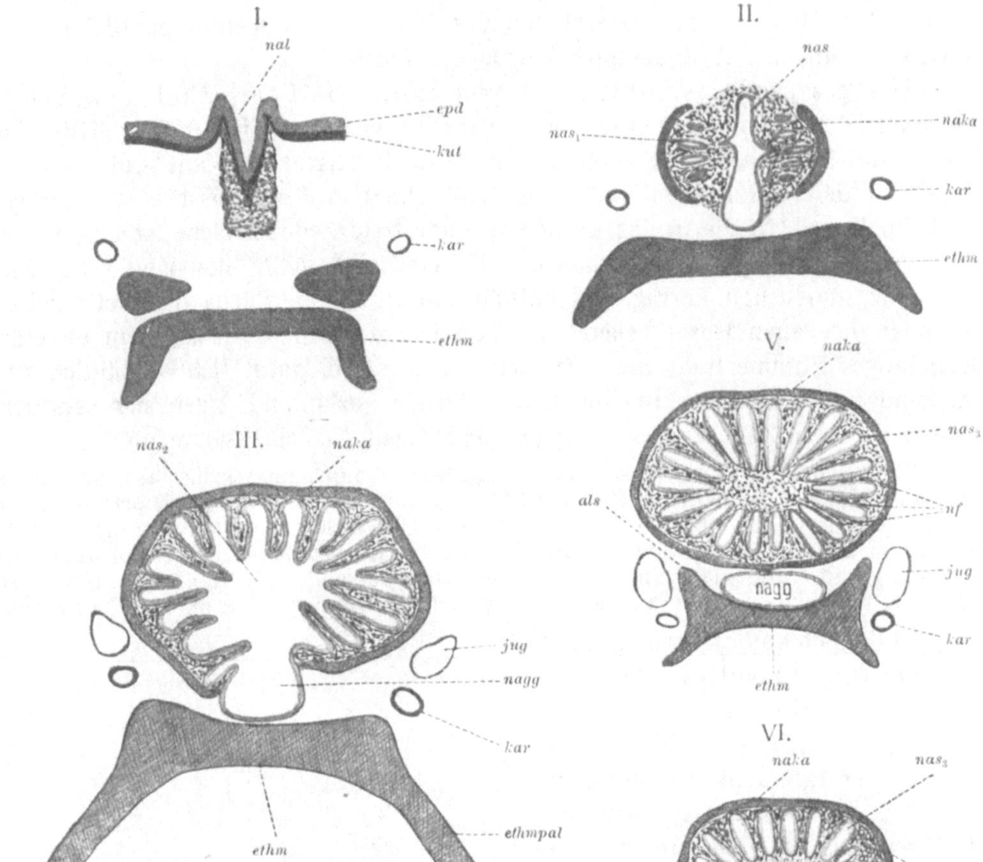


Fig. 418. Neunauge. 13 Querschnitte durch das Geruchsorgan in halbschematischer Darstellung. *nal* Nasenloch, *epd* Epidermis, *kut* Kutis, *nas* Nasensack, $nas_1$ rostrales Ende der Taschen des Nasensackes, $nas_2$ mittlerer Teil des Nasensackes, $nas_3$ kaudaler Teil der Taschen des Nasensackes, $nas_4$ Anhangsdrüsen des letzteren, *nbdr* Nasennebendrüse, *nf* Nervenfasern, *olf* Olfaktoriusbündel,

Fläche eine ring- oder blendenförmige Kutikularplatte. Aus der Blendenöffnung ragt ein bis 50 $\mu$ langes steifes in eine feine Spitze auslaufendes Haar hervor, das deutlich eine Zusammensetzung aus einzelnen Fibrillen erkennen läßt. Die Fibrillen kann man rückwärts in den Zellkörper verfolgen, wo sie auseinanderfahrend nach der Zellperipherie hinstreben. Wir können diesen Abschnitt der Haare als die Haarwurzeln bezeichnen.

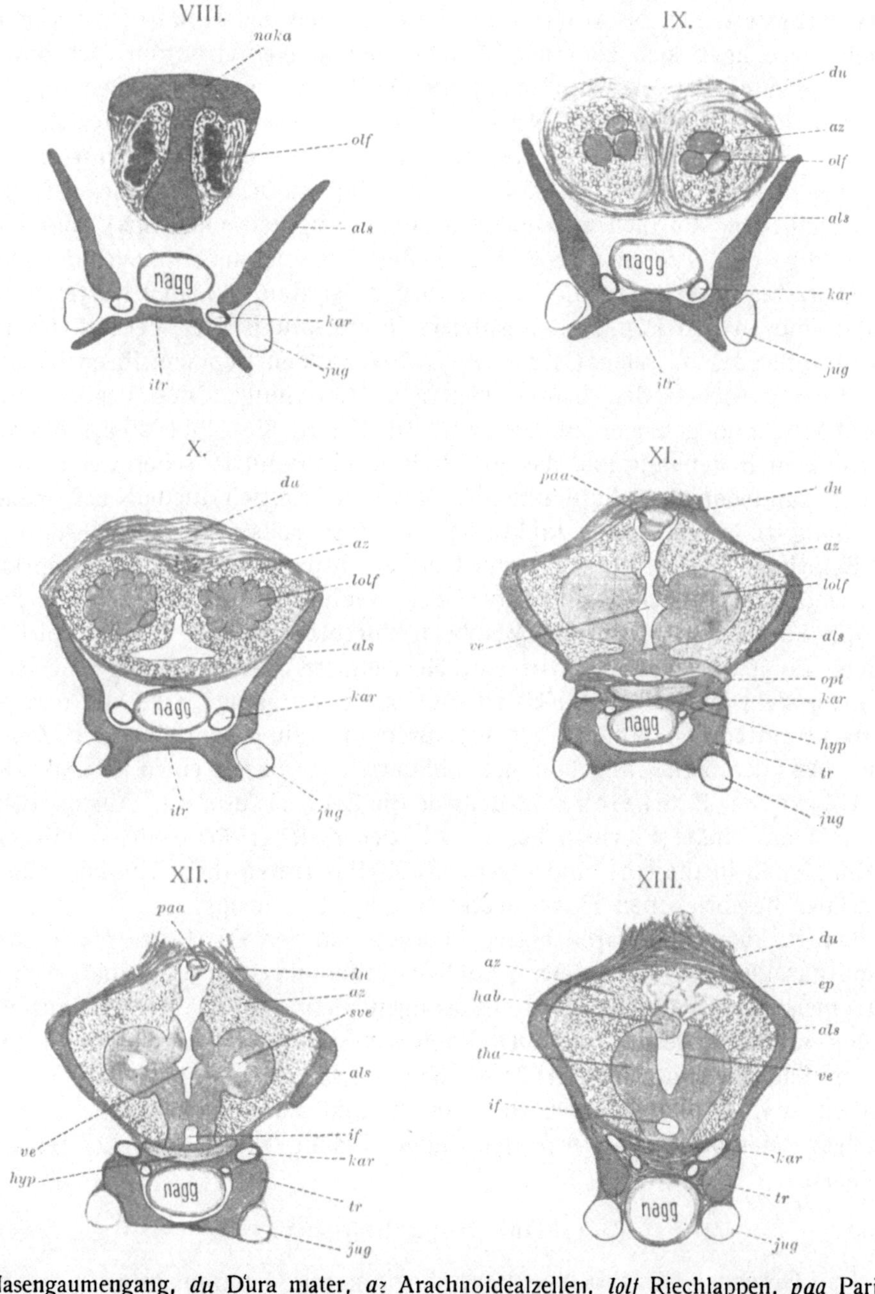


*nagg* Nasengaumengang, *du* Dura mater, *az* Arachnoidealzellen, *lolf* Riechlappen, *paa* Parietalauge, *ve* Ventrikel des Zwischenhirns, *sve* Seitenventrikel, *opt* Sehnerv, *if* Infundibulum, *hyp* Hypophyse, *hab* Ganglion habenulae, *tha* Thalamus, *ep* Ependym, *kar* A. carotis, *jug* V. jugularis, *ethm* Ethmoid, *naka* Nasenkapsel, *ethmpal* Ethmopalatinum, *als* Alisphenoid, *itr* Intertrabekulare, *tr* Trabekel.

Die Haarzellen zeigen immer einen geringen Abstand voneinander, der ausgefüllt wird von den Stützzellen, langen zylindrischen Gebilden, welche die ganze Epitheldicke durchsetzen. Ihre Kerne sind länglich, kleiner als die der Haarzellen und bilden eine einfache oder doppelte Kernreihe dicht über der Membrana propria. Die letztere wird von zahlreichen Kanälen durchsetzt, die zum Durchtritt der Nervenfasern dienen.

Die das Gehörorgan versorgenden Nervenfasern bilden in ihrer Gesamtheit den Hörnerven, den N. acusticus. Seine beiden das Hinterhirn verlassenden Wurzeln vereinigen sich zu einem kurzen dicken Nervenstamm, der durch die ventrale Öffnung der Verschlußmembran der Ohrkapsel in das Gehörorgan eintritt und hier in seine mit Nervenzellen ausgestatteten Äste zerfällt. Diese Zellen, die wir ja in den Schnitten unserer Transversalserie so außerordentlich schön beobachten können (Fig. 411—415) sind sämtlich bipolar, lassen aber zwei verschiedene Formen erkennen, größere langgestreckte ($nz_1$) und kleinere mehr kuglige ($nz_2$, $nz_3$, $nz_4$). Sie sind in den Faserverlauf einfach eingeschaltet. Von den ersteren verlaufen die Fasern zu den Kristen, von den letzteren zu den Makulae und zu den Papillen. Besonders interessant ist der Verlauf der Fasern zu der Papille des dorsalen Ganges ($nf_4$). Sie wenden sich von ihren Ursprungszellen ($nz_4$) zwischen den beiden ventralen Abteilungen des Vestibulums zur Lateralfläche und gelangen in der Lateralfurche in die Höhe steigend zwischen den kaudalen Bogengang und das Vestibulum, um dann zwischen der Kommissur und der kaudodorsalen Abteilung des Vestibulums sich medialwärts zum dorsalen Gang zu wenden. Sie umkreisen also fast vollständig das Gehörorgan.

Sämtliche Fasern des Hörnerven bilden unter der Membrana propria ihrer Nervenendstelle zunächst ein mehr oder weniger ausgedehntes Geflecht, aus dem die Fasern austreten, die Membran durchsetzen und in das Epithel eindringen. Zu jeder Haarzelle tritt eine Nervenfaser oder ein Zweig einer solchen. Vor allem sieht man in den Kristen die Fasern auf lange Strecken parallel zur Oberfläche unter den Sinneszellen verlaufen und an jede Zelle einen Zweig abgeben. An der Zelle angekommen, bildet jede Faser einen kleinen Becher (Fig. 417 *ek*) oder Endkelch, mit dem sie die Zellbasis umfaßt. Aus dem Becherrand strahlen feinste Fibrillen hervor, die der Zelloberfläche dicht anliegen und mit Knöpfchen in dieselbe eindringen. Zweifellos treten diese Endknöpfchen mit den früher beschriebenen Haarwurzeln in enge Berührung.

Die Makulae und Papillen sind bedeckt von den Otokonien (Fig. 417 *ot*). Es sind das kleinere oder größere, kuglige Kalkkonkremente, die natürlich durch unsere meist säurehaltigen Fixationslösungen nicht immer in ihrer ganzen Ausdehnung erhalten werden. Die Otokonien verschmelzen an einzelnen Stellen, z. B. im Säckchen zu einer größeren Kalkmasse, einem Otolithen (Fig. 413). Otolithen und Otokonien werden umhüllt und zusammengehalten von einer gallertigen Membran, in deren proximale Fläche die Haare der Haarzellen eindringen.

### c) Das Geruchsorgan.

Das Geruchsorgan des Neunauges beginnt mit der unpaaren, in der Mittellinie des Kopfes dicht vor den Augen gelegenen äußeren Nasenöffnung. Sie ragt mit ihrem wulstigen Rand etwas über die Haut hervor und führt in einen

Eingangskanal, der sich zunächst schräg ventral und kaudal wendet, dann aber stumpfwinklig kaudalwärts umbiegt, als Nasengaumengang in die Schädelhöhle eindringt, dieselbe wieder dicht unter der Hypophyse verläßt und dann der Ventralfläche der Chorda angelagert blind endet. Da, wo die Umbiegungsstelle liegt, stülpt sich der Gang dorsal- und lateralwärts in den Nasensack aus, ein System von 15—18 taschenartigen Bildungen. An jeder Tasche haben wir ein blindes rostrales Anfangsstück, ein in den Kanal sich öffnendes Mittelstück und ein blindes kaudales Endstück, das sich noch in einen drüsenartigen Anhang fortsetzt.

Zur ersten Orientierung über Anordnung und Verlauf der einzelnen Teile des komplizierten Organs leisten mediane Sagittalschnitte oder halbierte Köpfe treffliche Dienste. Wir wollen zunächst einen Reihe aufeinanderfolgender Querschnitte betrachten. Fig. 418 zeigt 13 derselben in etwas schematischer Ausführung. Einer näheren Erläuterung bedürfen sie nicht. Man achte dabei auch auf das Verhalten der knorpligen Teile: Nasenkapsel, Ethmoid, Alisphenoid und Trabekel, ferner auf die Art und Weise, wie der Nasengaumengang die Schädelhöhle durchsetzt, sich dabei der Hypophyse dicht anlagert und sich ihm später die Karotiden anschließen. Die Schnitte zeigen uns ferner, wie die ventral gelegenen Falten des Nasensackes zuerst verschwinden und an ihrer Stelle ein drüsiger Körper, die Nasennebendrüse (*nbdr*) auftritt, wie schließlich auch die dorsalen Falten verschwinden mit ihren drüsigen Anhängseln und nun die Bündel des Riechnerven (*olf*) auftreten, die dann später von den Riechlappen (*lolf*) des Gehirns abgelöst werden, in denen jene ihr Ende finden.

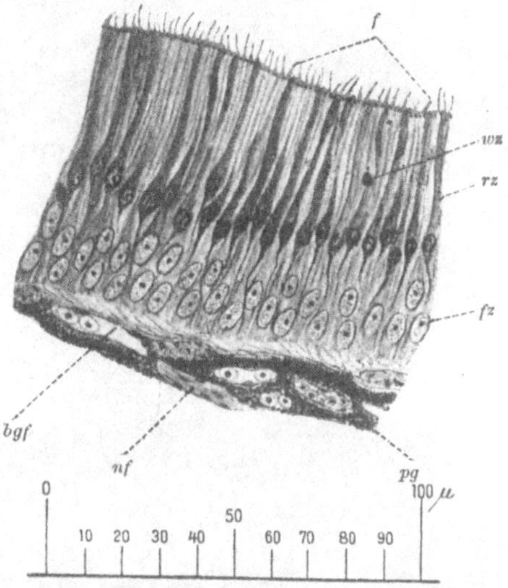


Fig. 419. Neunauge. Riechepithel. *fz* Flimmerzellen, *f* Flimmern, *rz* Riechzellen, *wz* Wanderzelle, *pg* Pigment, *nf* austretende Riechnerveufaseru, *bgf* Blutgefäße.

Was den feineren Bau anlangt, so ist über den Eingangskanal wenig zu berichten. Sein Epithel besteht aus wenigen Lagen niederer Zellen, die die direkte Fortsetzung der Epidermis bilden. Am Nasenloch verdünnt sich die Kutis der äußeren Haut beträchtlich und wird zur Propria des Eingangskanals. Kurz vor der Ausstülpung des Nasensackes erhebt sich die ventrale Kanalwand zu einer in den Kanal vorspringenden Falte oder Klappe, die man natürlich am besten auf Sagittalschnitten sehen kann.

Die den Nasensack bildenden Taschen werden ausgekleidet von einem Flimmerepithel, dessen schmale Zellen in der Taschenmitte eine Länge von 70—80 $\mu$ erreichen, an der Umschlagsstelle der Tasche dagegen nur halb so lang und noch kürzer sind (Fig. 419 *fz*). Der ovoide Kern enthält nur wenig Chromatin, aber immer ein deutliches großes Kernkörperchen. Da die Kerne zum Teil breiter als der übrige Zellkörper sind, legen sie sich an vielen Stellen in zwei Reihen. Da, wo die Flimmerzellen lang sind, findet sich zwischen ihnen eine zweite Zellart, die Riechzellen (*fz*) und zwar immer so, daß je zwei Riechzellen durch eine Flimmerzelle getrennt werden.

Zu ihrer Darstellung eignen sich besonders gut Schnitte von Zenkermaterial, die mit Eisenhämatoxylin gefärbt sind. Sie lassen die dunklen Riechzellen gegenüber den hellen Flimmerzellen sehr gut hervortreten. Aber auch die Bielschowskymethode liefert recht demonstrative Bilder.

Die Riechzellen sind lange, dünne, zylindrische Zellen. Der Kern liegt ungefähr in der Epithelmitte und die Kerne sämtlicher Riechzellen bilden eine

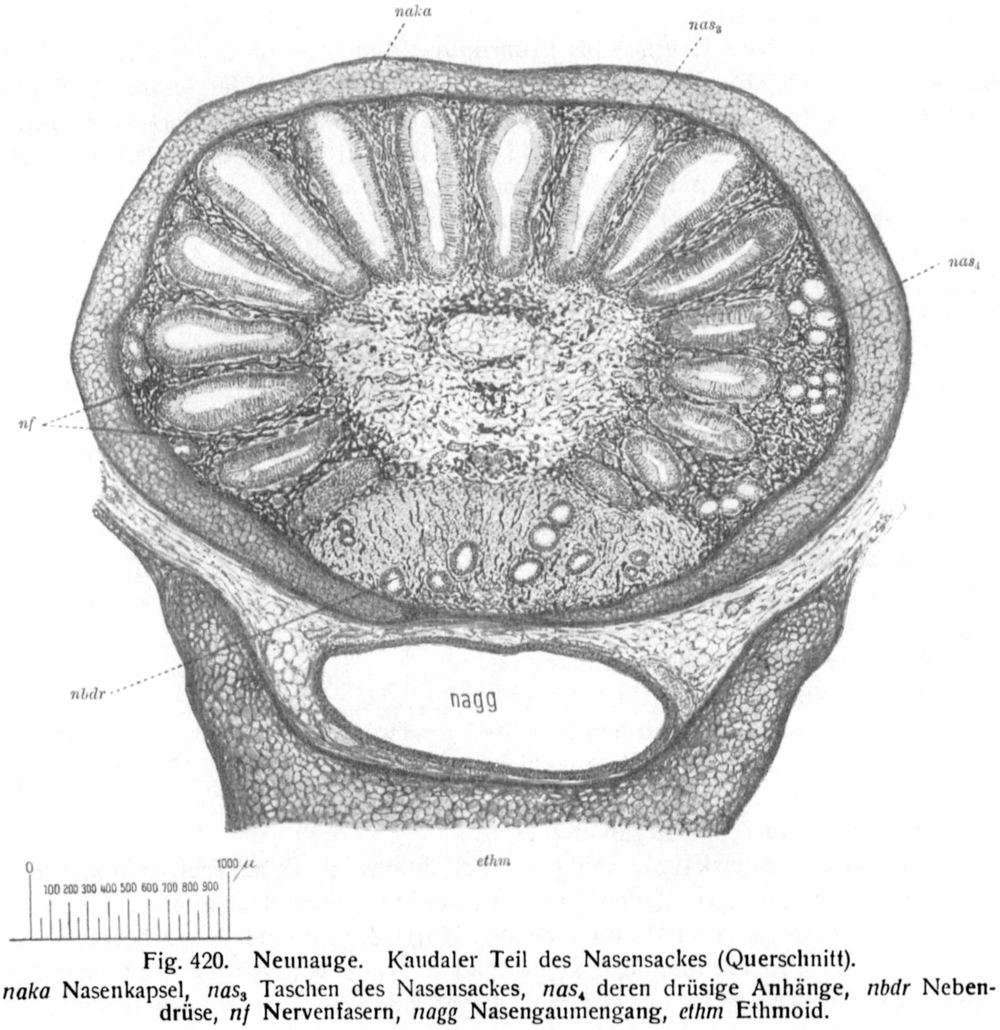


Fig. 420. Neunauge. Kaudaler Teil des Nasensackes (Querschnitt).
*naka* Nasenkapsel, *nas*$_3$ Taschen des Nasensackes, *nas*$_4$ deren drüsige Anhänge, *nbdr* Nebendrüse, *nf* Nervenfasern, *nagg* Nasengaumengang, *ethm* Ethmoid.

besondere, distal von den Flimmerzellkernen verlaufende Kernzeile. Die Riechzellenkerne sind kleiner, aber chromatinreicher, als die Flimmerzellenkerne. An ihrem distalen Ende ragt die Riechzelle mit einer kleinen Kuppe, von der kurze, schwer zu erkennende Riechhärchen ausgehen, über den Epithelsaum hervor. Jenseits der Kernstelle verdünnt sich die Zelle stark zu einer feinen Faser, welche das Epithel verläßt und nun eine Riechnervenfaser darstellt. Man trifft die letzteren überall in der Propria zu kleinen Bündeln zusammengelagert an (*nf*). Auch Wanderzellen begegnet man im Epithel (*wz*).

Das kaudale, blinde Ende einer jeden Tasche setzt sich fort in einen drüsigen Anhang, dessen Umfang in den ventraleren Taschen größer ist, als in den dorsaleren (Fig. 420 *nas*$_4$). Jeder solcher Anhang besteht aus kugligen oder mehr länglichen, blind geschlossenen Follikeln. Sie enthalten ein einschichtiges, hochkubisches Epithel mit zwei verschiedenen Zellformen. Die einen sind breit und bauchig und erscheinen dunkel infolge Einlagerung dicht gedrängter, feiner, azidophiler Körnchen. Aus dem freien Zellende ragt ein Schopf langer Haare ins Lumen. Zwischen ihnen liegen schmale, helle Zellen ohne diesen Haarschopf. Das Lumen des Follikels ist erfüllt von einer körnigen, azidophilen Masse. Augenscheinlich handelt es sich hier um sezernierende Zellen, die in ihrem Innern das körnige Sekret bilden, aufspeichern und es schließlich in das Follikellumen entleeren. Dabei büßt die Zelle ihren Haarschopf ein, klappt zusammen und stellt nun die helle Zelle dar. Während der nun folgenden Phase bildet dann die Zelle wieder Sekret unter Regeneration ihres Haarschopfes. Ganz den gleichen Bau zeigt auch die Nebendrüse (Fig. 420 *nbdr*).

Der Nasensack wird umgeben von einer dünnen Knorpelkapsel. Sie stellt ein kurzes, ventral größtenteils offenes Rohr, also eine Rinne dar. Diese ventrale Spalte ist durch eine straffe bindegewebige Membran geschlossen. Kaudal läuft die Rinne in einen die beiden Riechnerven trennenden **T**förmigen Knorpelbalken aus. Der Raum zwischen Kapsel und Nasensack wird wie das ganze Innere und der Raum zwischen den Taschen des Sackes ausgefüllt von einem an großen verästelten Pigmentzellen außerordentlich reichen Bindegewebe. Es umschließt zahlreiche Blutgefäße und die Zweige des Riechnerven.

Die aus dem Epithel austretenden Nervenfasern sammeln sich zunächst in kleinen, zwischen den Taschen gelegene Bündelchen, die zentral- und kaudalwärts verlaufend sich allmählich zu größeren Bündelchen vereinigen. Durch weiteren Zusammenfluß entstehen schließlich jederseits von der Mittellinie 8—10 Nervenbündel, welche den Riechnerven bilden und in den Riechlappen des Gehirns eintreten, wo sie in den Glomeruli enden.

Der Nasengaumengang hat ganz den gleichen Bau, wie der Eingangskanal (Fig. 420 *nagg*). Auf einer dünnen bindegewebigen Propria sitzt ein aus 3—4 Reihen niederer, kubischer Zellen bestehendes geschichtetes Epithel. Die freie Oberfläche des Epithels trägt einen Kutikularsaum wie die Epidermis.

### d) Die Hautsinnesorgane.

In der Haut des Neunauges kommen besondere Hautsinnesorgane zur Ausbildung, welche man schon mit unbewaffnetem Auge, besser noch mit der Lupe als grubige Vertiefungen erkennen kann. Vorwiegend finden sie sich am Kopf, zu verschiedenen Linien aneinandergereiht. Eine derselben verläuft jederseits dicht unter dem Auge zur Kiemengegend hin, wo sie sich ventral von den äußeren Kiemenlöchern als Seitenlinie ein Stück weit kaudalwärts verfolgen läßt.

Zum Studium dieser Organe verwendet man am besten in Zenker fixierte Exemplare. Man sucht mit der Lupe eine passende Stelle auf, schneidet sie samt der unterliegenden Muskulatur aus und bettet in Paraffin ein. Färbung der dünnen Schnitte mit Eisenhämatoxylin. Auch die Bielschowskymethode kann zur Anwendung gezogen werden, versagt jedoch sehr häufig. Die besten Bilder der Nervenverzweigung liefert die vitale Methylenblaufärbung.

An der Stelle, wo sich ein Hautsinnesorgan findet, erleidet die Epidermis zunächst eine ganz wesentliche Verdünnung, so daß die Kutis kugelartig in sie hinein vorragt (Fig. 421). Der regelmäßige Schichtenbau der letzteren, wie wir ihn früher kennengelernt haben, ist an dieser Stelle aufgehoben. Die Bindegewebslamellen splittern auf und bilden ein Netzwerk, in welches zahlreiche verzweigte Bindegewebszellen eingelagert sind. Auch die unterliegende Pigmentschicht (*pg*) läßt immer eine starke Auflockerung erkennen.

Die Oberfläche der Epidermis senkt sich mehr oder weniger tief in Form einer Grube ein (*sgr*), deren Grund von einer einfachen Schicht schmaler Zylinderzellen gebildet wird. In der Mitte sind die letzteren 30—40 $\mu$ lang, nach den

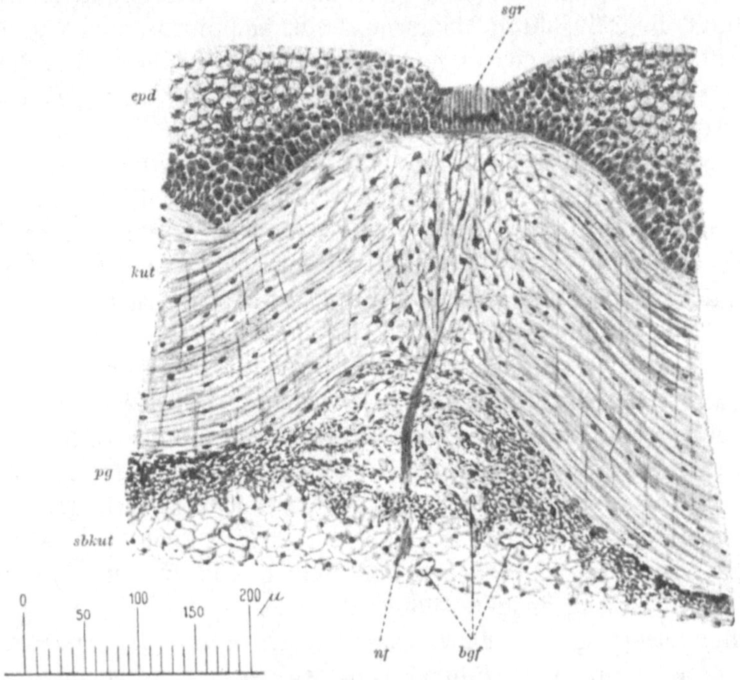


Fig. 421. Neunauge. Sinnesgrube aus der Haut des Kopfes.
*epd* Epidermis, *kut* Kutis, *pg* Pigmentschicht, *sbkut* subkutanes Gewebe, *sgr* Sinnesgrube, *nf* der zu letzterer tretende Nerv, *bgf* Blutgefäße im subkutanen Gewebe.

Seiten fallen sie etwas ab und werden hier zum Teil von platten Epidermiszellen überdeckt. Besondere Strukturdetails lassen sie nicht erkennen. Das proximale Drittel einer jeden Zelle birgt einen kleinen ovoiden Kern. Zu jeder Sinnesgrube tritt ein kleiner Nerv (*nf*), den man auf seinem Lauf durch Subkutis und Kutis leicht verfolgen kann. In der letzteren löst er sich baumförmig in seine Fasern auf, die in das Organ eindringen und frei zwischen dessen Zylinderzellen auslaufen.

## 3. Das Nervensystem.

Das zentrale Nervensystem des Neunauges liegt in der Körperachse dorsalwärts von der Chorda und läßt an seinem rostralen Ende ein wohl entwickeltes, mit einem geräumigen Ventrikelsystem versehenes Gehirn erkennen, das auf dem knorpligen Ethmoid, dem Intertrabekulare und den Trabekeln ruht und lateralwärts durch die mit jenen verbundenen Alisphenoide, Parachordalien und Ohrkapseln geschützt wird. Die so gebildete knorplige, unvollkommene Schädelkapsel wird durch starke bindegewebige Membranen vervollständigt. Etwas hinter dem kaudalen Ende der Ohrkapseln geht das Gehirn in das der Chorda aufliegende Rückenmark über, welches sich unter allmählicher Verdünnung bis in die Schwanzspitze fortsetzt.

Gehirn und Rückenmark entsenden Nerven zu den Sinnesorganen, den Muskeln und zur äußeren Haut, welche, soweit sie sensibler Natur sind, in Verbindung mit besonderen in der näheren Umgebung der Zentralorgane gelegenen Ganglien treten, den Zerebrospinalganglien.

Außer diesem zerebrospinalen Nervensystem tritt aber auch noch ein autonomes oder sympathisches Nervensystem auf, bestehend aus Nervenzellen und von diesen ausgehenden Nervenfasern, vor allem in der Wand des Darmes, am Herzen und in der Begleitung der großen Hauptgefäßstämme.

Zur Orientierung über die gröberen Bauverhältnisse und die Topographie des zentralen Nervensystems können wir uns vorteilhaft einer beliebig gefärbten Querschnittsserie durch das Tier bedienen. Für ein tieferes Verständnis, vor allem aber für die Erkennung der typischen Formen der Nervenzellen und der Beziehungen derselben zu den Nervenfasern müssen wir uns spezifischer Nervenfärbungsmethoden bedienen. Hier kommen einmal die Silberreduktionsmethoden von BIELSCHOWSKY und RAMÓN Y CAJAL in Betracht. Besonders die letztere (Fixation in 50%igen Alkohol mit Zusatz von 10 Tropfen Ammoniak auf 100 cbcm) gibt gute Resultate. Sie wird jedoch bei weitem übertroffen von der in ihrer Ausführung allerdings etwas umständlicheren vitalen Methylenblaufärbung, die wir im folgenden etwas näher schildern wollen.

Dem durch Ätherwasser narkotisierten Tier injiziert man in der S. 765 dargestellten Weise zunächst mit einer Spritze physiologische Kochsalzlösung und dann eine 1—2%ige Lösung von chemisch reinem Methylenblau. Man injiziere recht langsam und vorsichtig und zwar so lange, bis das ganze Tier äußerlich tiefblau gefärbt ist. Zuviel Farbstoff kann man überhaupt nicht injizieren. Nach der Injektion legt man das nun gänzlich bewegungslose Tier in eine flache Schale und berieselt es ungefähr 1 Stunde lang mit Wasser. Während dieser Zeit geht die Resorption des Farbstoffes vor sich und man kann dann mit der Freilegung von Hirn und Rückenmark beginnen, wobei man am besten die Hände durch Gummihandschuhe vor Beschmutzung mit dem Farbstoff schützt. Mit einem recht scharfen dünnen Messer (sogen. Hirnmesser) wird die das Rückenmark deckende Muskulatur mitsamt dem Dachraum abgetragen. Dann wird die Dura eröffnet, mit der Pinzette gefaßt und bis zum Gehirn hinauf mittels einer feinen krummen Schere abgetragen. Die dorsale Fläche von Rückenmark und Gehirn muß vollkommen frei liegen, damit die atmosphärische Luft zum Präparat zutreten und die Bläuung hervorrufen kann. Man kann das Zentralnervensystem entweder in situ belassen oder aber durch eine untergeschobene Sonde oder stumpfe Nadel loslösen, was sehr leicht gelingt. Auf jeden Fall bringt man das Präparat in eine feuchte Kammer für ungefähr 2—4 Stunden. Bei isoliertem Rückenmark und Gehirn kann man dann von Zeit zu Zeit den Fortschritt der Färbung unter dem Mikroskop kontrollieren. Nach eingetretener Färbung wird fixiert in 10%iger Lösung von Ammoniummolybdat, die am besten kühl gestellt wird. Um starke Verkrümmungen zu vermeiden, legt man das isolierte Präparat seiner ganzen Länge nach auf ein Glasrohr, befestigt es durch einen ganz locker umgelegten Faden und fixiert es in dieser Lage. Am nächsten Morgen wird 1 Stunde lang in fließendem Wasser gewaschen, in öfter gewechseltem, kaltem, steigendem Alkohol entwässert und in Xylol übertragen. Erst dann entfernt man das Präparat von dem Glasrohr und schneidet das Rückenmark in 1—2 cm lange Stücke. Einen Teil derselben legt man als Totalpräparate in Balsam ein, einen anderen bettet man ebenso wie das Gehirn in Paraffin (48—50° Schmelzpunkt) ein und fertigt dicke Schnitte an, sowohl Querschnitte als auch transversale und sagittale Längsschnitte. Die Schnitte dürfen nicht mit Wasser, sondern müssen mit Nelkenöl-Kollodium aufgeklebt werden.

## a) Das Rückenmark.

Wir wollen nun zunächst die gröberen Bauverhältnisse des Rückenmarkes an einem Schnitt unserer Querschnittsserie schildern, der aus der Körpermitte stammt (Fig. 422). Wir treffen das Organ hier dorsal von der Chorda und ventral vom Dachraum innerhalb seiner Umhüllung als flach semmelförmigen Querschnitt, der in transversaler Richtung ungefähr 2 mm, in dorsoventraler Richtung in der Mittellinie 0,3—0,4 mm mißt und nach beiden sich Seiten

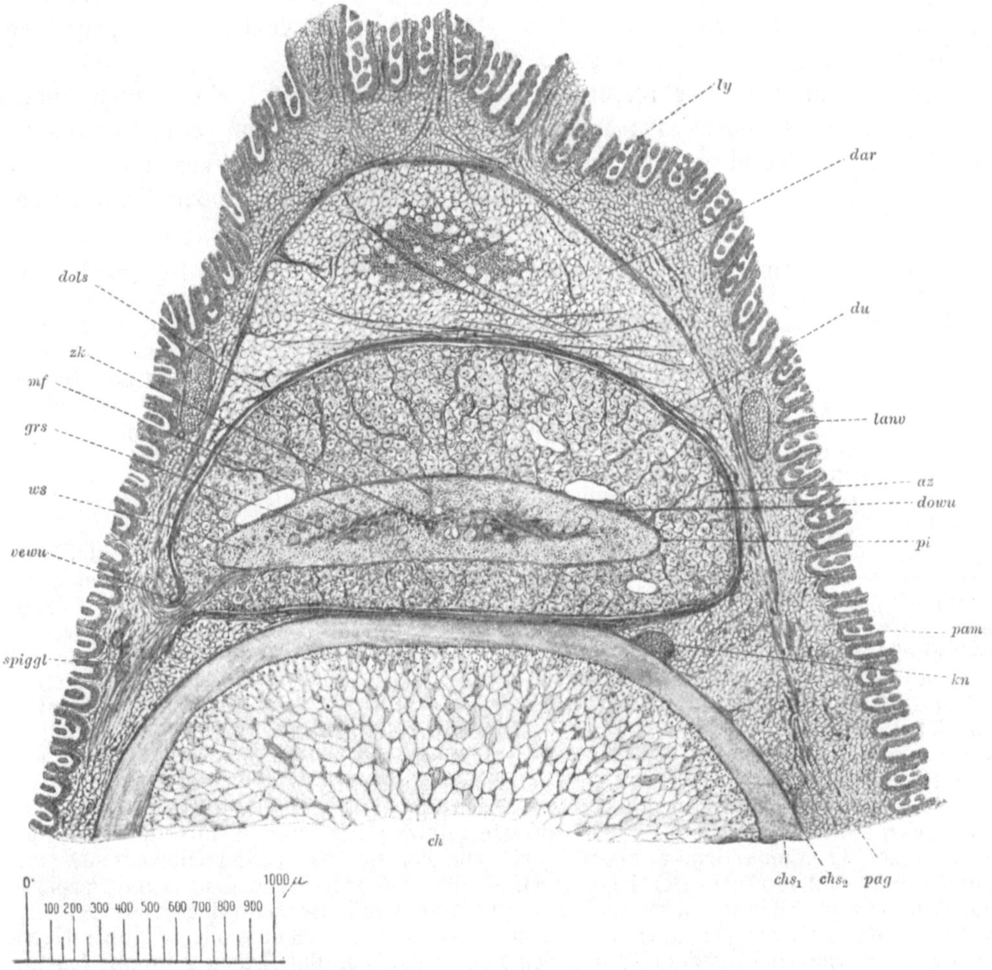


Fig. 422. Neunauge. Rückenmark (Querschnitt durch die Körpermitte).
*ch* Chorda, $chs_1$ innere, $chs_2$ äußere Chordascheide, *pag* periaxiales Bindegewebe mit massenhaften Fettzellen, *kn* Knorpel, *pam* Parietalmuskulatur, *pi* Pia mater, *dowu* Dorsalwurzel, *az* Arachnoidealzellen, *lanv* Lateralnerv, *du* Dura mater, *dar* Dachraum, *ly* lymphatischer Kern des letzteren, *dols* dorsales Längsseptum, *zk* Zentralkanal *mf* Müllersche Fasern, *grs* graue Substanz, *ws* weiße Substanz, *vewu* Ventralwurzel, *spiggl* Spinalganglienzellen.

allmählich verjüngt. Körperlich wird also das Rückenmark ein langes bandförmiges Gebilde darstellen.

Wir können in ihm eine zentrale zellreiche Partie und einen dieselbe allseitig umgebenden Fasermantel unterscheiden und wollen dieselben in Anlehnung an die uns bekannten Verhältnisse bei höheren Vertebraten als graue und weiße

Substanz bezeichnen; beide sind nicht scharf voneinander abgesetzt, sondern gehen allmählich ineinander über. Die graue Substanz (*grs*) charakterisiert sich durch das gehäufte Vorkommen von Nervenzellen, während die weiße Substanz (*ws*), die nur vereinzelte Nervenzellen enthält, sich der Hauptsache nach aus quergeschnittenen, also im Rückenmark längs verlaufenden Nervenfasern aufbaut. Unter ihnen fallen als hervorstechendstes Element mächtige, bis 100 $\mu$ dicke Fasern auf, die gewöhnlich als MÜLLERsche Fasern bezeichnet werden (*mf*). Die übrigen Fasern zeigen alle möglichen Kaliber und entbehren zum Unterschiede von denen aller höherstehenden Wirbeltiere einer Markscheide.

Die Mitte der grauen Substanz und damit auch ungefähr die Mitte des ganzen Rückenmarkquerschnittes nimmt der Zentralkanal (*zk*) ein, ein kleines rundes Lumen, umgeben von Epithelzellen, den Ependymzellen. Dorsalwärts erstreckt sich von ihm eine feine Linie zur Rückenmarksperipherie, das dorsale Längsseptum (*dols*). Es teilt die weiße Substanz dorsalwärts in eine

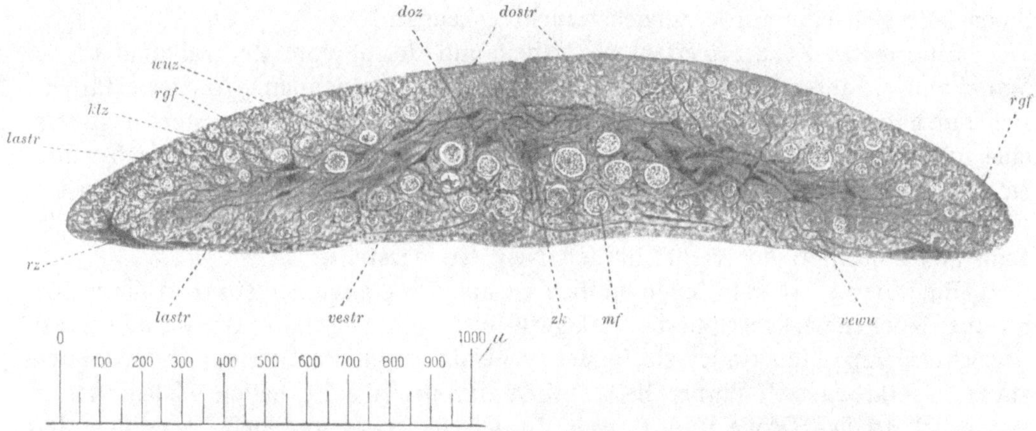


Fig. 423. Neunauge. Rückenmark. (Querschnitt. Vitale Methylenblaufärbung.) *doz* Dorsalzellen, *dostr* Dorsalstrang, *rgf* Randgeflecht der weißen Substanz, *vewu* Ventralwurzelfasern, *mf* Müllersche Fasern, *zk* Zentralkanal mit teilweise gefärbten Ependymzellen, *vestr* Ventralstrang, *lastr* Lateralstrang, *rz* Randzellen, *klz* kleine dunkle Zellen, *wuz* Wurzelzellen.

linke und rechte Hälfte. Ein entsprechendes ventrales Septum ist kaum angedeutet.

Auf der linken Seite kommt ein Faserzug aus der Ventralfläche des Rückenmarks hervor, durchbricht die Hüllen und tritt in das periaxiale Bindegewebe ein (*vewu*). Wir haben hier die Ventralwurzel eines Rückenmarksnerven vor uns.

Wir wollen dann die Zellverhältnisse der grauen Substanz an einem Methylenblaupräparat etwas näher zu analysieren versuchen (Fig. 423). Jeder gut gefärbte Querschnitt läßt auf den ersten Blick zwei verschiedene Arten von Nervenzellen erkennen, kleine, intensiv dunkelblaue und größere ganz lichtblau gefärbte. Die kleinen Zellen (*klz*) haben sich so stark mit dem Farbstoff beladen, daß ihr Kern meist nicht mehr zu erkennen ist. Sie liegen sehr dicht, manchmal so dicht, daß sie die großen, blassen Zellen verdecken. Ihre Form ist sehr variabel, häufig länglich, spindlig, dann aber auch drei- oder viereckig. Dementsprechend senden sie entweder nur zwei oder aber drei und vier Fortsätze aus. Dieselben sind dünn und lassen sich in dicken Schnitten auf weite Strecken verfolgen, nämlich einmal in die weiße Substanz, wo sie überall, vor allem aber dicht unter der Oberfläche in zahlreiche, feine, vielfach mit Verdickungen besetzte Reiserchen aufsplittern. Ferner sieht man diese Fortsätze zu den MÜLLERschen Fasern ziehen und dieselben mit sehr stark hervortretenden Geflechten umgeben. Drittens endlich kann man solche Ausläufer auch über die Mittellinie hinaus in die andere Rückenmarkshälfte verfolgen. Besonders gilt das von den in der Nähe des Zentralkanals gelegenen Zellen. Die Fortsätze verhalten sich alle gleichartig, ein Neurit läßt sich an diesen Zellen nicht mit Sicherheit nachweisen.

Die hellen Zellen (*wuz*) sind beträchtlich größer, sie können einen Durchmesser von 100 $\mu$ erreichen. In dem lichtblauen Zellkörper tritt immer deutlich der dunkelblaue kuglige Kern hervor. Die Zellen sind immer multipolar. Ihre Fortsätze sind stärker als die der vorigen und auch viel stärker verzweigt. Sie verzweigen sich sowohl in der grauen Substanz als auch in der weißen und senden häufig einen Fortsatz in die anderseitige Rückenmarkshälfte. Auch an ihnen läßt sich ein Neurit zunächst nicht erkennen.

Eine dritte Zellart treffen wir neben und dorsal vom Zentralkanal (*doz*). Man kann sie ihrer Lage nach als Dorsalzellen bezeichnen. Auch sie färben sich nur ganz schwach und sind von kugliger oder ovoider Form. Stets liegt nur eine solche Zelle jederseits vom Zentralkanal, streckenweise fehlen sie auch ganz. In der Größe kommen sie den vorigen gleich. Sind sie gut gefärbt, so lassen sie mehrere Fortsätze erkennen, von denen immer einer in die benachbarte weiße Substanz eindringt, der vielleicht den Neuriten darstellt.

Eine vierte Art von Zellen endlich ist aus der grauen Substanz in die weiße an die Rückenmarksperipherie verlagert und wird deshalb als Randzellen bezeichnet (*rz*). Man findet sie in den ventrolateralen Partien der weißen Substanz; sie färben sich immer beträchtlich dunkler als die hellen Zellen, denen sie jedoch in der Größe und Gestalt ihres Zellkörpers und der Verteilung der Fortsätze sehr ähnlich sind.

Die Fasermasse der weißen Substanz läßt eine deutliche Gliederung in bestimmte Stränge nicht erkennen, man kann aber zur besseren Orientierung jede Hälfte in einen dorsalen, lateralen und ventralen Strang einteilen (*dostr*, *lastr*, *vestr*). Der Dorsalstrang grenzt sich noch am besten ab, er ist der kleinste der drei und zeichnet sich dadurch aus, daß er sich ausschließlich aus ganz feinen Fasern zusammensetzt. Der Lateralstrang beansprucht den größten Teil der weißen Substanz und setzt sich aus Fasern aller möglichen Kaliber zusammen und im Ventralstrang finden sich die dicksten Fasern, die MÜLLERschen.

Alle Fasern bestehen aus Neurofibrillen und einer sie trennenden und umhüllenden Perifibrillärsubstanz. Eine Scheide fehlt, es handelt sich also um nackte Achsenzylinder. Je dicker die Faser ist, um so leichter unterliegt sie infolge unserer Behandlung der Schrumpfung, so daß dann rund um sie herum ein größerer oder kleinerer Spaltraum entsteht. Je weiter wir kaudalwärts vordringen, um so mehr verarmt der Querschnitt an dicken Fasern. Über ihre Herkunft gibt unsere Querschnittsserie nur insofern Auskunft, als wir sie schon in den rostralsten Schnitten und hier in größter Zahl vorfinden. Das spricht dafür, daß sie aus dem Gehirn kommen.

Außer den quergeschnittenen Fasern enthält dann die weiße Substanz noch die Ausläufer der Zellen der grauen Substanz. Dieselben bilden hier ein Geflecht, das sich durch die ganze weiße Substanz hinzieht, an der Peripherie aber am dichtesten ist [Randgeflecht (*rgf*)].

Die aus dem Rückenmark austretenden Wurzeln alternieren auf beiden Seiten, ähnlich wie wir das beim Amphioxus sehen werden. Man findet in dem-

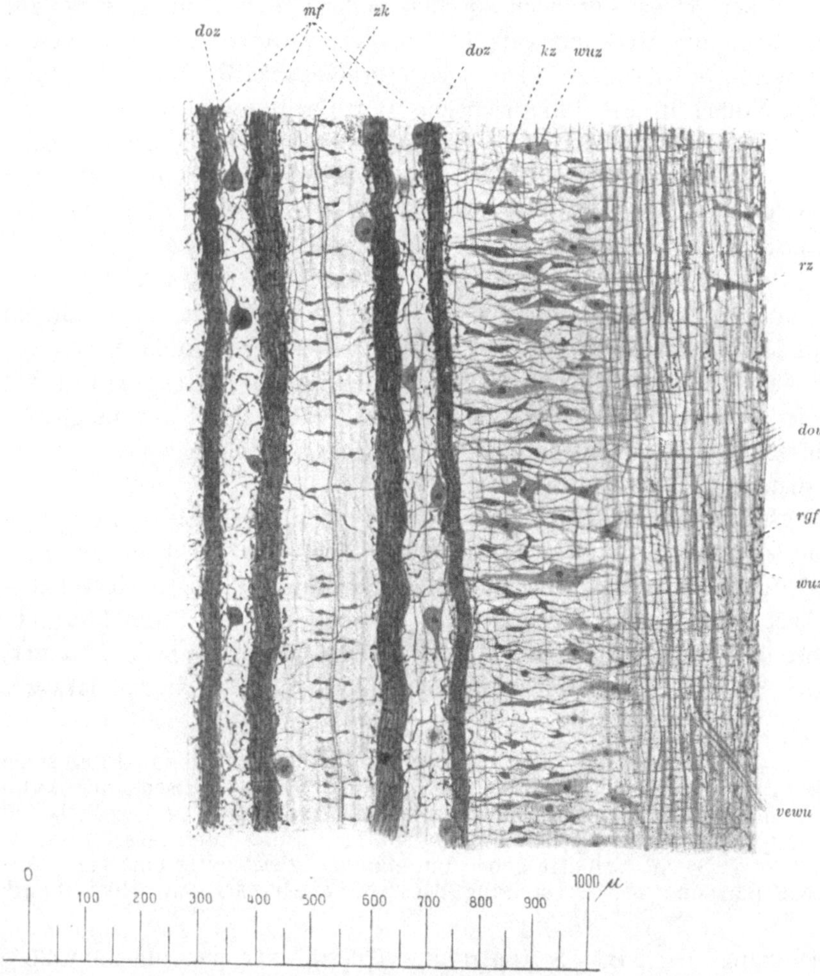


**Fig. 424. Neunauge. Rückenmark. (Dicker transversaler Längsschnitt. Vitale Methylenblaufärbung.)**
*zk* Zentralkanal mit gefärbten Ependym- und Sinneszellen, *mf* Müllersche Fasern, *doz* Dorsalzellen, *kz* kleine dunkle Zellen der grauen Substanz, *wuz* Wurzelzellen, *rz* Randzellen, *dowu* Dorsalwurzel, *rgf* Randgeflecht, $wuz_1$ Wurzelzelle mit abgehender Ventralwurzelfaser, *vewu* Ventralwurzel.

selben Querschnitt niemals weder die dorsalen noch die ventralen Wurzeln gleichzeitig getroffen. Meist sieht man nur eine Wurzel, seltner auf einer Seite eine ventrale, auf der anderen eine dorsale. Die Ventralwurzeln treten an der Ventralfläche des Rückenmarks aus und direkt auf das in der Dura befindliche Nervenloch zu (Fig. 422 *vewu*). Die Dorsalwurzeln treten auf der Dorsalseite des Rückenmarkes aus, verlaufen bis zum nächsten Nervenloch intradural (Fig. 422 *dowu*) und treten dann gemeinsam mit der entsprechenden Ventralwurzel aus. Die Ventralwurzeln lassen sich im Rückenmark nur ein Stück weit in den Ventralstrang verfolgen, dann verschwinden sie, indem sie in die Längsrichtung umbiegen. Ähnliches gilt von den Dorsalwurzeln. Um nun das Schicksal ihrer Fasern kennen zu lernen, wollen wir einen recht dicken transversalen Längsschnitt durch ein vital gefärbtes Rückenmark zu Rate ziehen (Fig. 424).

Da bei der Herausnahme des Rückenmarkes die Wurzeln abreißen, so treffen wir von ihnen meist nur noch spärlich äußere Reste, die aber vollauf genügen, um uns über ihre Herkunft aufzuklären. Die Ventralwurzeln (vewu) durchsetzen die weiße Substanz ein kleines oder größeres Stück weit, um dann unter stumpfem Winkel in die Längsrichtung umzubiegen. Die weitere Verfolgung wird dadurch sehr erschwert, daß die Fasern sich stark verdünnen. Vielfach jedoch (*wuz*$_1$) gelingt es unzweifelhaft, sie zu den großen hellen Zellen zu verfolgen, deren Neuriten sie darstellen, so daß wir diese Zellen als Ventralwurzelzellen oder motorische Wurzelzellen bezeichnen müssen.

Die Dorsalwurzeln (*dowu*) treten meist senkrecht zur Längsrichtung in die weiße Substanz und zerfallen früher oder später in zwei Äste, die beide im dorsalen Teil des Lateralstranges, der eine rostral, der andere kaudal verlaufen. Von denselben gehen unter rechtem Winkel Seitenzweige, Kollateralen ab, welche sich in der weißen Substanz verzweigen. Der Teilast endet auf die gleiche Weise. Die zu den Dorsalwurzelfasern gehörigen Zellen sind die später zu betrachtenden Spinalganglienzellen.

Unser Längsschnitt zeigt uns auch die Zellen der grauen Substanz außerordentlich schön, ebenso die von ihnen ausgehenden Ausläufer. Sehr gut kommen vor allem die MÜLLERschen Fasern (*mf*) und die sie umspinnenden Nervenzellausläufer zur Anschauung. Man erkennt ferner, wie aus diesen Fasern Fibrillenbündel in schrägem Verlauf austreten, um sich in der grauen Substanz zu verzweigen, woraus sich das allmähliche Verschwinden der Fasern kaudalwärts erklärt.

Einen kurzen Blick müssen wir dann noch werfen auf den Zentralkanal und seine nächste Umgebung. Wir benutzen zu diesem Zweck am besten mit Eisenhämatoxylin gefärbte Schnitte von Material, welches mit ZENKERscher Flüssigkeit oder noch besser mit einer Mischung von gleichen Teilen 5%iger Sublimatlösung und HERMANNscher Flüssigkeit fixiert war. Solche Schnitte geben uns nämlich gleichzeitig eine gute Vorstellung von dem Bau und der Verbreitung der Stützsubstanz im Rückenmark (Fig. 425).

Der Zentralkanal erscheint als kreisrundes Querschnitt von ungefähr 20 $\mu$ Durchmesser, in dessen Innerem der Querschnitt des REISSNERschen Fadens hervortritt (*zk*). Seine Wand wird gebildet von den Ependymzellen, langen, schmalen zylindrischen Zellen. Das proximale Ende trägt ein in den Zentralkanal ragendes, nicht immer ganz deutliches Flimmerhaar, das distale Ende läuft in einen feinen Fortsatz aus, den man mehr oder weniger weit in die Rückenmarkssubstanz verfolgen kann. Die Kerne sind klein, vom Kanallumen ziemlich weit entfernt und ordnen sich zu 2—3 Reihen an. Besonders lang und dicht gelagert sind die Zellen an der Dorsal- und Ventralseite, dorsaler und ventraler Ependymkeil (*vek* und *doek*).

Ähnlich wie wir das beim Amphioxus finden werden, liegen zwischen den Ependymzellen andere Zellen, die Neurofibrillen enthalten und einen im Rückenmark sich verzweigenden Ausläufer besitzen. Sie sind es, die in unseren Methylenblaupräparaten (Fig. 423 und 424) so deutlich hervortreten. Man hat sie als zentrale Sinneszellen aufgefaßt.

Der Kranz der Ependymzellen wird nach außen umgeben von einer dichten Masse von Gliafasern, der zentralen Gliamasse (*zgl*). Die Fasern verlaufen einmal zirkulär, dann radiär und schließlich längs. Die radiären Fasern kann man bis zwischen die Ependymzellen verfolgen, sie gehören zu diesen Zellen. Die zirkulären und longitudinalen Fasern dagegen gehören zu den spärlichen Gliazellen, deren kleinen, dunklen Kernen wir in der zentralen Gliamasse begegnen. Vom dorsalen Ependymkeil (*doek*) strahlt in der Mittellinie ein dünnes Bündel Gliafasern zur Rückenmarksperipherie und bildet das uns schon bekannte dorsale

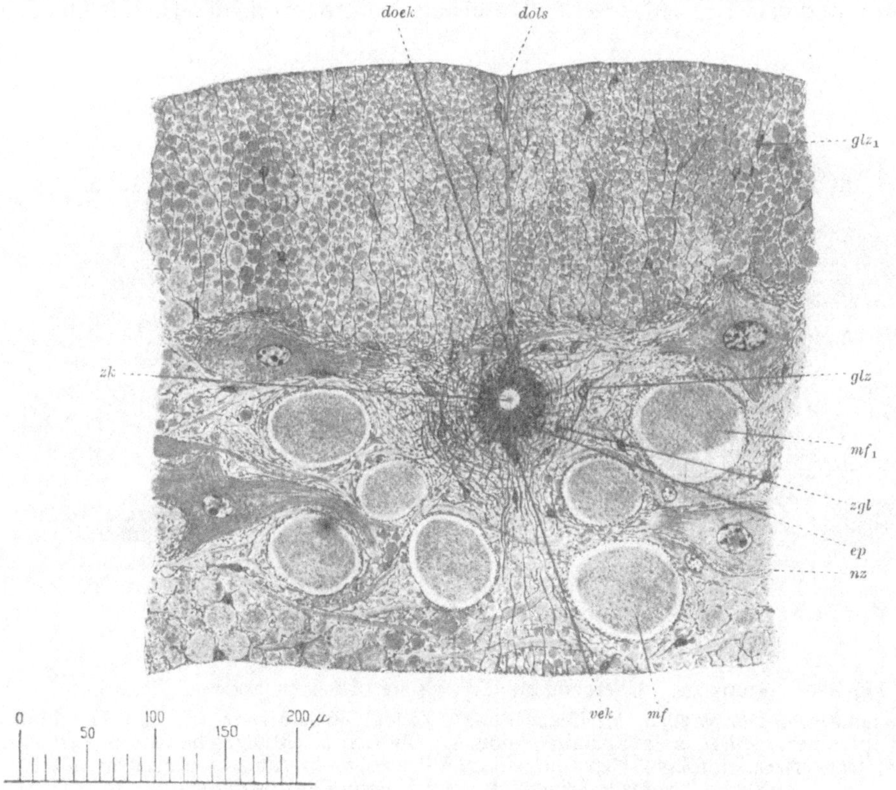


Fig. 425. **Neunauge. Rückenmark.**
*doek* dorsaler Ependymkeil, *dols* dorsales Längsseptum, *glz* Gliazelle der zentralen Gliamasse (*zgl*), $glz_1$ Gliazelle der weißen Substanz, *mf* Müllersche Fasern (zum Teil stark geschrumpft $mf_1$), *nz* Nervenzelle, *ep* Ependym, *vek* ventraler Ependymkeil, *zk* Zentralkanal mit dem Querschnitt des Reißnerschen Fadens.

Längsseptum (*dols*). Auch vom ventralen Ependymkeil strahlen solche Fasern aus, doch divergieren dieselben gegen die Ventralfläche des Rückenmarkes, so daß ein geschlossenes ventrales Längsseptum hier nicht zustande kommt.

Gliazellen und von ihnen ausstrahlende Gliafasern finden wir dann auch überall in der grauen Substanz in sehr reichem Maße (*glz*). Jede Nervenzelle wird von einem aus feinsten Gliafäserchen geflochtenen Korbe eng umhüllt, der sich auch noch weit über die Zellausläufer verfolgen läßt.

Auch die weiße Substanz enthält zahlreiche Gliafasern, doch nicht in dem Maße, wie die graue. Am meisten fallen die radiären, d. h. die senkrecht zur äußeren Oberfläche des Markes verlaufenden Fasern auf. Sie winden sich zwischen den Nervenfasern hindurch, gelangen an die äußere Oberfläche, wo sie aufsplittern und eine das Rückenmark von der Pia scheidende Grenzmembran bilden. An der Grenze gegen die graue Substanz biegen sie in die Längsrichtung um. Viel zahlreicher als die Radiärfasern der weißen Substanz, sind die Längsfasern. Sie laufen parallel mit den Fasern und bilden um die gröberen derselben vollständige Scheiden. Bei den MÜLLERschen Fasern kommt zu diesem Längsfasermantel noch eine Schicht zirkulär oder spiralig verlaufender Fasern, so daß jede MÜLLERsche Faser von einem starken Neurogliamantel umgeben ist.

Auch die Strukturdetails der Nervenzellen treten in solchen Präparaten sehr schön hervor. Bei entsprechend starken Vergrößerungen erkennt man in

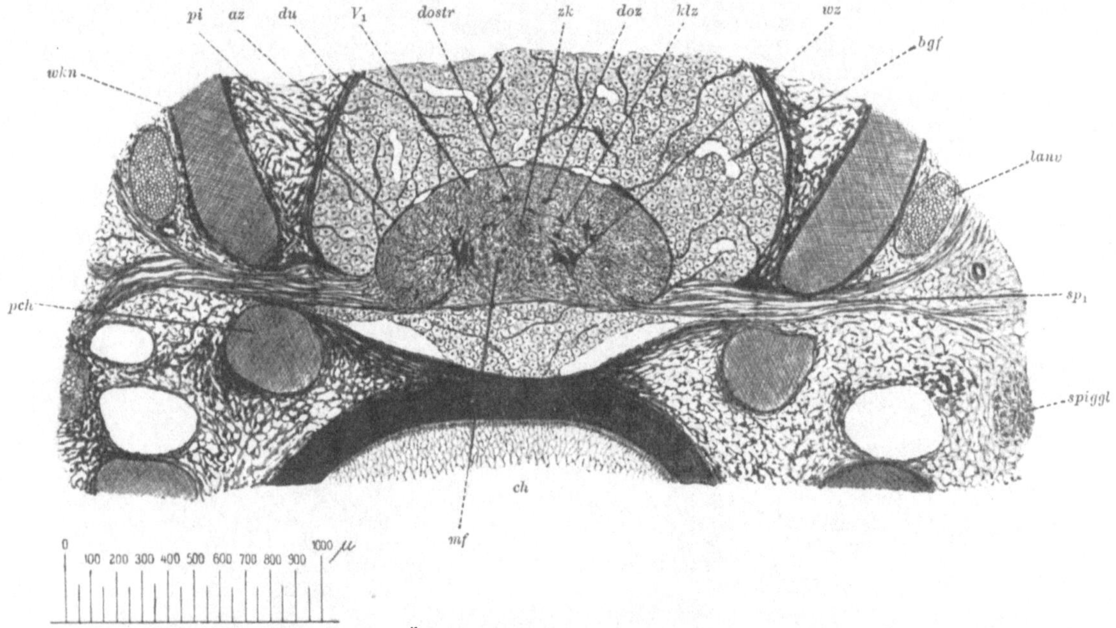


Fig. 426. Neunauge. Übergangsgebiet zwischen Rückenmark und Gehirn.
*zk* Zentralkanal, *doz* Dorsalzellen, *klz* kleine dunkle Zellen, *wz* Wurzelzellen, *lanv* Lateralnerv, $sp_1$ erster Spinalnerv, *spiggl* erstes Spinalganglion, *ch* Chorda, *mf* Müllersche Fasern, *pch* Parachordalien, *wkn* erster knorpliger Neuralbogen, *pi* Pia mater, *az* Arachnoidealzellen, *du* Dura mater, $V_1$ spinale Trigeminuswurzel, *dostr* Dorsalstrang.

ihrem Innern die zu Strängen und Netzen angeordneten Neurofibrillen, die aus den Zellausläufern in den Zellkörper einstrahlen. Die großen, bald kugligen, bald ovoiden Kerne besitzen eine deutliche Kernmembran, eine großes Kernkörperchen und zahlreiche größere und kleinere Chromatinbrocken.

### b) Das Gehirn.

Die Präparation des Gehirns läßt sich an in Formalin konservierten und gut ausgewaschenen Exemplaren des Tieres von dorsalwärts leicht ausführen. Man kann auch den abgeschnittenen Kopf 1—2 Tage lang in konzentrierte Salzsäure einlegen. Nach gründlichem Wässern läßt sich dann das Gehirn unter Wasser mit Nadel und Pinzette, allerdings in stark geschrumpftem Zustand, leicht isolieren.

Bei der Präparation von dorsalwärts her stoßen wir zunächst auf die beiden mächtigen Plexus des Mesenzephalons und des Rhombenzephalons. Da sie den größten Teil der Dorsalfläche verdecken, so müssen wir sie entfernen und damit natürlich das Ventrikelsystem eröffnen. Es zeigt sich dann, daß das Neunaugengehirn eine viel weniger scharf ausgesprochene Gliederung aufweist, als das Hechtgehirn. Im Vergleich zu ihm fällt fernerhin die beträchtlich schwächere Ausbildung des Kleinhirns und des Mittelhirns auf, dagegen tritt das Riechhirn ähnlich wie beim Zitterrochen wesentlich stärker beim Neunauge, als beim Hecht hervor.

Zur Untersuchung des Gehirnbaues soll uns eine Serie von Querschnitten durch den Kopf des Tieres dienen.

Wir wollen zunächst einen Schnitt wählen, welcher das Übergangsgebiet zwischen Rückenmark und Gehirn trifft und in die Höhe des ersten Kiemensackes fällt (Fig. 426). Dieser Übergang erfolgt ganz allmählich und macht sich zuvörderst durch eine Formveränderung des Querschnittes bemerkbar, dessen transversaler Durchmesser ab und dessen dorsoventraler Durchmesser zunimmt. Das Rückenmark wird also hier schmäler und dicker. Der Zentralkanal (*zk*) rückt etwas weiter dorsalwärts, zeigt aber sonst noch seine uns bekannte Gestalt. Die graue Substanz läßt nur insofern Veränderungen erkennen, als die großen motorischen Wurzelzellen (*wz*) sich mehr ventralwärts, die kleinen dunklen Zellen (*klz*) mehr dorsalwärts lagern. Im übrigen verwischt sich der charakteristische Färbungsunterschied dieser beiden Zellarten in Methylenblaupräparaten innerhalb des Gehirns mehr und mehr. Die Dorsalzellen (*doz*) sind auch in dieser Gegend gut entwickelt, Randzellen dagegen fehlen.

Innerhalb der weißen Substanz setzen sich die Dorsalstränge (*dostr*) gut ab, lateralwärts läßt sich ein Faserbündel ($V_1$) erkennen, das uns in der Folge noch vielfach beschäftigen wird. Es ist die bis in diese und vielleicht auch noch tiefere Gegenden des Rückenmarks herabsteigende spinale Wurzel des fünften Hirnnerven, des N. trigeminus. Die MÜLLERschen Fasern (*mf*) gruppieren sich jederseits zu einem dicht neben der Mittellinie ventral vom Zentralkanal gelegenen Bündel. Man zählt zumeist jederseits acht Fasern. Eine zweite weniger geschlossene Gruppe etwas dünnerer Fasern liegt im Lateralstrang und umgibt hier das laterale Ende der grauen Substanz. Sonst finden sich im Ventralstrang nur vereinzelte grobe Fasern.

Unser Schnitt hat gerade die Ausstrittstelle des ersten Spinalnerven ($sp_1$) getroffen mit seiner Ventralwurzel und dem zugehörigen Spinalganglion (*spiggl*). Die Dorsalwurzel ist natürlich nicht zu sehen, da sie weiter rostralwärts entspringt.

Rechts und links wird das von seinen Häuten umgebene Rückenmark flankiert von je einem Knorpelstück, dem Neuralbogen (*wkn*), ihm liegt lateralwärts der Lateralnerv (*lanv*) an. Ventralwärts erscheinen jederseits die Parachordalknorpel (*pch*).

Der zweite unserer Schnitte fällt unmittelbar hinter das kaudale Ende der Ohrkapsel, das rostrale Ende des ersten Kiemensackes ist eben noch getroffen (Fig. 427). Die Chorda wird nun auf ihren beiden Seitenflächen von den Parachordalknorpeln (*pch*) eng umschlossen, so daß nur noch Dorsal- und Ventralfläche freibleiben. Vom ersten Neuralbogen (*wkn*) ist nur noch linkerseits ein Stückchen getroffen. Die wichtigste Veränderung bietet uns jetzt der Zentralkanal. Er hat sich mächtig erweitert und zum Ventrikel geöffnet. Damit sind wir aus dem Übergangsgebiet in das kaudale Ende des Gehirns, das Rhombenzephalon oder die Medulla oblongata eingetreten.

Der Querschnitt zeigt gegenüber dem Übergangsgebiet eine weitere Zunahme in beiden Durchmessern. Der von den Ependymzellen ausgekleidete Ventrikel hat auf dem Querschnitt Zwiebelform, dorsalwärts verengt er sich und geht in das jetzt nur noch ganz kurze Dorsalseptum über. Das Ventralseptum, das, wie wir uns erinnern, im Rückenmark nur wenig deutlich hervortrat, ist jetzt sehr gut zu erkennen und wird von jetzt an als Raphe (*ra*) bezeichnet. Graue und weiße Substanz lassen sich deutlich trennen. In der ersteren hat die Zahl der Zellen nicht unbeträchtlich zugenommen. (In unserer Abbildung sind der Übersichtlichkeit wegen zu wenig derselben eingezeichnet.)

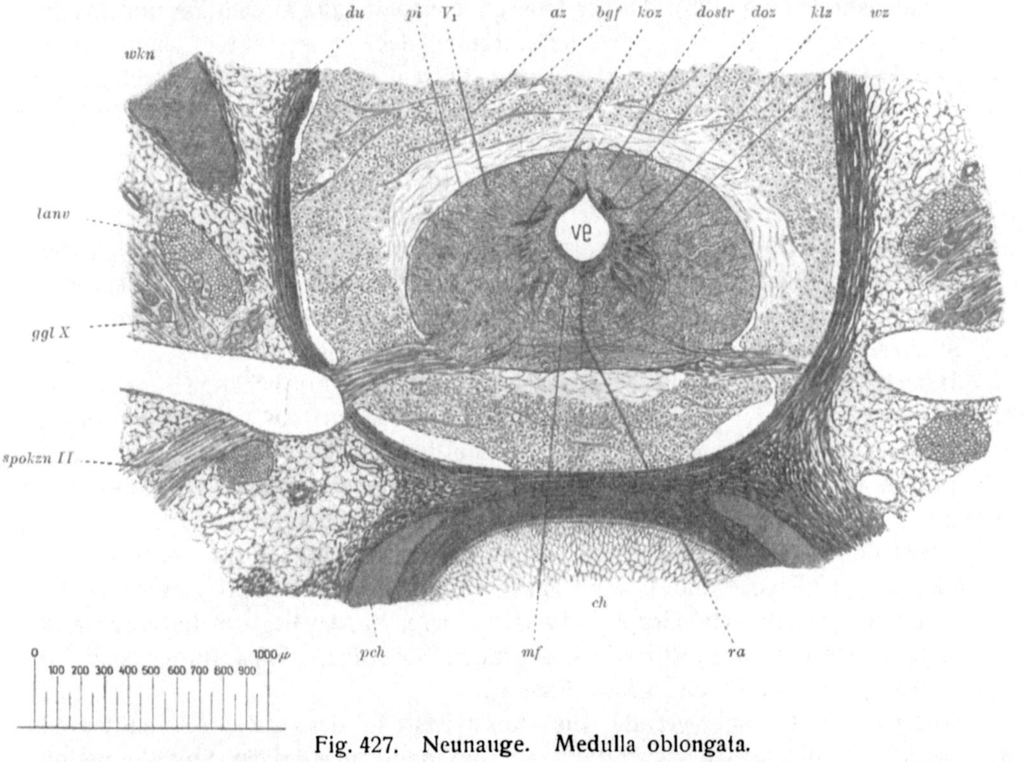


Fig. 427. Neunauge. Medulla oblongata.

*dostr* Dorsalstrang, *doz* Dorsalzellen, *klz* kleine dunkle Zellen, *wz* Wurzelzellen, *ra* Raphe, *ch* Chorda, *mf* Müllersche Fasern, *pch* Parachordalia, *spokznII* ventrale Wurzel des zweiten Spinookzipitalnerven, *ggl X* Ganglion des N. vagus, *lanv* Lateralnerv, *wkn* erster knorpliger Neuralbogen, *du* Dura mater, *pi* Pia mater, $V_1$ spinale Trigeminuswurzel, *az* Arachnoidealzellen, *bgf* Blutgefäße, *koz* Kommissurenzelle, *ve* Ventrikel des Rhombenzephalons.

Unter ihnen erkennen wir wieder die hellen großen Wurzelzellen (*wz*) und die kleinen dunklen Zellen (*klz*), die ihre früheren Eigentümlichkeiten beibehalten haben. Außerdem aber treten zahlreiche mittelgroße Zellen auf, die weiter dorsalwärts liegen und sich dadurch auszeichnen, daß sie ihren Neuriten in großem Bogen ventralwärts schicken (*koz*). Der Neurit tritt durch die Raphe hindurch und gelangt in den Lateralstrang der Gegenseite, wo er rostralwärts umbiegt. Die Gesamtheit dieser aufsteigenden Fasern bildet den Tractus spinothalamicus. Mit diesen Zellen bzw. ihren weitverzweigten Dendriten treten die Endausbreitungen der Hinterwurzelfasern in enge Beziehung, so daß wir also hier eine sensible, von der Peripherie des Körpers zum Zwischenhirn führende Bahn vor uns haben. Auch die von früher her wohlbekannten Dorsalzellen (*doz*) sind im Rhombenzephalon noch sehr gut entwickelt und wir können hier vor allem gut beobachten, wie sie einen starken Neuriten schräg dorsalwärts in den Dorsalstrang schicken, der in ihm sich in einen rostralen und einen kaudalen Zweig spaltet.

In der weißen Substanz fallen vor allem die vorher erwähnten in der Raphe kreuzenden Bogenfasern auf. Die MÜLLERschen Fasern (*mf*) treffen wir an gewohnter Stelle. Die spinale Trigeminuswurzel ($V_1$) ist etwas weiter ventral gerückt.

Der Nerv, der hier mit seiner Ventralwurzel die Medulla oblongata verläßt, ist ein Spinookzipitalnerv, von welchen Petromyzon im Gegensatz

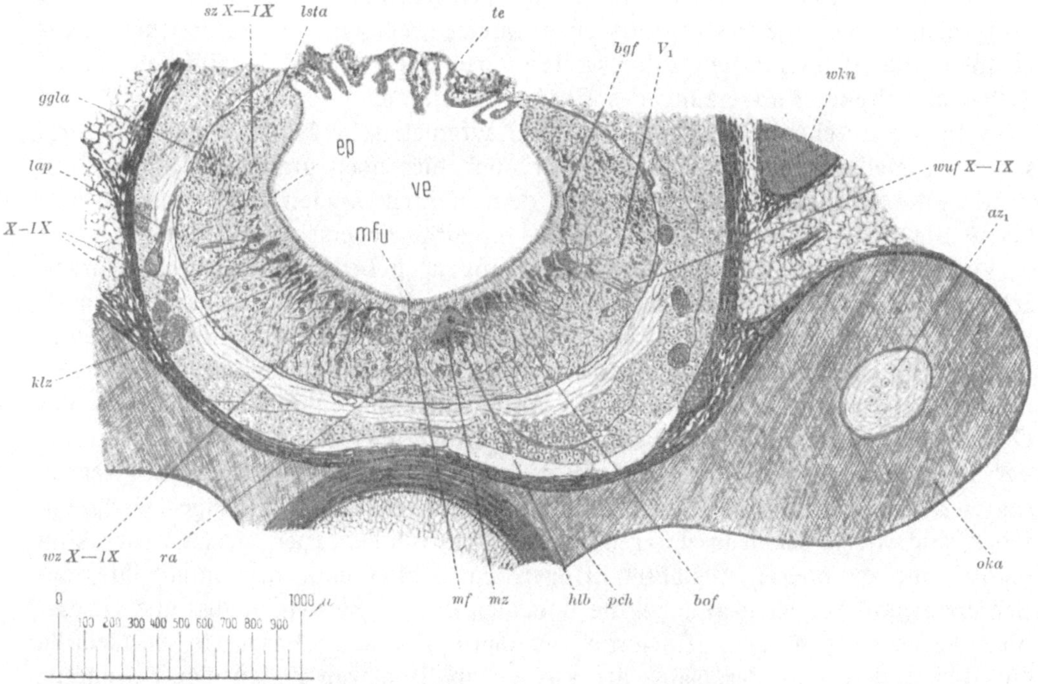


Fig. 428. Neunauge. Medulla oblongata.

*te* Tela chorioidea, *bgf* Blutgefäße, $V_1$ spinale Trigeminuswurzel, *wkn* letztes knorpliges Neuralbogenstück, *wuf X—IX* Wurzelfasern der Nn. vagus und glossopharyngeus, $az_1$ Arachnoidealzellen innerhalb der Ohrkapsel (*oka*), *bof* Bogenfasern, *pch* Parachordalia, *hlb* hinteres Längsbündel, *mz* Müllersche Zelle, *mf* Müllersche Fasern, *ra* Raphe, *wzX—IX* motorische Wurzelzellen der Nn. vagus und glossopharyngeus, *klz* kleine dunkle Zellen, *X—IX* Bündel der Nn. vagus und glossopharyngeus, *lap* kaudale Wurzel des Lateralnerven, *ggla* Ganglion acusticum, *szX—IX* sensibler Endkern der Nn. vagus und glossopharyngeus, *lsta* Lobus staticus, *ve* Ventrikel des Rhombenzephalons, *ep* Ependym, *mfu* Medianfurche.

zu Torpedo zwei besitzt. Sie gleichen ihren Verhalten ganz den Spinalnerven. Ihre motorischen Fasern sind die Neuriten der hier gelegenen Wurzelzellen.

Im Lateralnerven (*lanv*) treten nun Nervenzellen auf und ventral von ihm erscheint eine weitere von Nervenzellen durchsetzte Nervenmasse, welche dem N. vagus angehört.

Noch eine neue Tatsache lehrt uns dieser Schnitt. Innerhalb des Rückenmarkes hatten wir bis jetzt stets Blutgefäße vermißt. Hier im Gehirn sehen wir sie nun in radiärem Verlauf in die weiße Substanz eindringen. Sie gelangen auch in die graue Substanz hinein und zwischen den Zellen hindurch bis dicht unter das Ependym.

Der nächste Schnitt (Fig. 428) geht durch das kaudale Ende der Ohrkapsel (*oka*), die in breiter Verbindung mit dem nun die Chorda (*ch*) vollständig umschließenden Parachordalknorpel (*pch*) steht. Der Kapselhohlraum ist gerade angeschnitten und ausgefüllt mit Arachnoidealzellen ($az_1$). Der Ventrikel des Rhombenzephalons (*ve*) hat sich völlig geöffnet und wir können an seiner Begrenzung den Boden, die Seitenteile und das Dach unterscheiden. In der Bodenmitte verläuft die hier noch wenig deutliche Medianfurche (*mfu*), welche sich ventralwärts in die Raphe (*ra*) fortsetzt. Boden und Seitenteile des Ventrikels werden ausgekleidet vom Ependym (*ep*), das Ventrikeldach wird gebildet von der in zahlreichen Längsleisten in die Ventrikelhöhle vorspringenden Tela chorioidea (*te*). Sie besteht aus einer bindegewebigen, von zahlreichen Blutgefäßen und Pigmentzellen durchsetzten Grundlage und dem Epithel, dessen Zellen die direkte Fortsetzung des Ependyms bilden.

In der durch die Raphe (*ra*) in zwei symmetrische Hälften geteilten Substanz der Medulla oblongata können wir auch hier noch graue und weiße Substanz unterscheiden. Die erstere liegt dem Ventrikelboden an und zieht sich bis in die Seitenteile hinauf, die letztere umgibt die erstere mantelförmig. In der grauen Substanz finden wir neben großen, hellen, multipolaren Wurzelzellen (*wz X—IX*) zahlreiche kleine dunkle Zellen (*klz*), welche beide ihre langen Dendriten zur Peripherie schicken. Wir befinden uns hier im Ursprungsgebiet des N. vagus und des N. glossopharyngeus und die Wurzelzellen schicken ihre Neuriten in die beiden Nerven. Sie bilden die motorischen Fasern des Glossopharyngeus und der kaudalen Vaguswurzeln, versorgen die Muskulatur der Kiemensäcke und dringen auch zu den Eingeweiden vor. Beide Nerven führen aber auch sensible Fasern und den zu diesen Fasern gehörigen Ganglienzellen sind wir ja schon in unserem vorigen Schnitt begegnet. Diese Zellen sind bipolar, die peripheren Ausläufer dringen zur Schleimhaut der Mundhöhle, des Schlundes und der Kiemensäcke, die zentralen dringen in den Vagus- und Glossopharyngeuswurzelbündeln gemeinsam mit den motorischen Fasern in die Medulla ein und endigen in der Nähe der kleinen multipolaren Zellen der Seitenteile (*sz X—IX*).

Eine weitere außerordentlich markante Erscheinung dieser Gegend bilden dann die MÜLLERschen Zellen (*mz*), mächtige Zellkörper, deren weitverzweigte starke Dendriten die ganze Dicke der weißen Substanz bis zur Peripherie durchdringen. In unserem Schnitt ist eine derselben auf der rechten Seite getroffen. Sie liegt dicht unter dem Ependym, neben der Raphe und den MÜLLERschen Fasern.

In der weißen Substanz finden wir in der Masse der längsverlaufenden, also quergetroffenen Fasern auch zahlreiche die Raphe durchsetzende Bogenfasern (*bof*), ferner in den Seitenteilen radiär durchtretende Wurzelfasern des N. vagoglossopharyngeus. Die spinale Trigeminuswurzel ($V_1$) ist noch etwas weiter ventral vorgerückt. Von der übrigen Fasermasse läßt sich, manchmal allerdings nicht ganz leicht, durch sein dichteres Gefüge eine Faserbündel, etwas lateral von den MÜLLERschen Fasern sondern. Es ist das hintere Längsbündel (*hlb*), das uns nun auf weite Strecken rostralwärts begleiten wird.

In das rostrale Drittel der Medulla oblongata führt uns der vierte Schnitt (Fig. 429), in dem das Gehirn seine größte Breitenausdehnung erreicht. Der Ventrikel (*ve*) nimmt eine ganz charakteristische Querschnittsform an dadurch, daß sich die Seitenteile senkrecht zum Boden stellen und von diesen durch je eine tiefe Lateralfurche (*lafu*) getrennt werden. Der Ventrikelboden, durch die

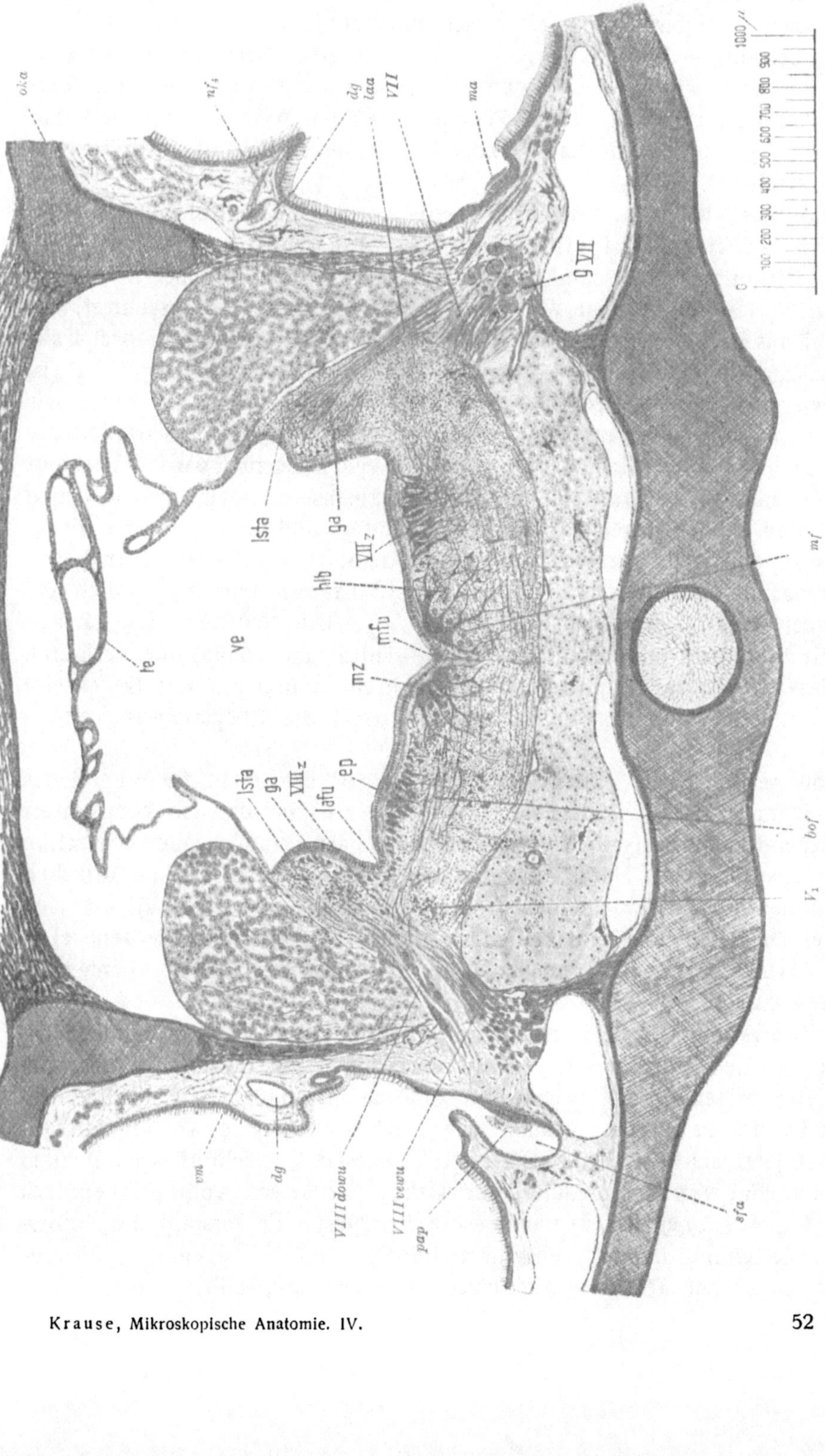


Fig. 429. Neunauge. Medulla oblongata.

*oka* Ohrkapsel, $nf_4$ Nerv des dorsalen Ganges (*dg*), *laa* rostrale Wurzel des Lateralnerven, *VII* Wurzel des N. facialis, *ma* Makula in der medialen Abteilung der rostralen Ampulle, *g VII* Ganglion des N. facialis, *mf* Müllersche Fasern, *bof* Bogenfasern, $V_1$ spinale Trigeminuswurzel, *sfa* sackförmiger Anhang mit Papille (*pap*), *VIII vewu* ventrale, *VIII dowu* dorsale Wurzel des N. acusticus, *vm* Verschlußmembran der Ohrkapsel, *te* Tela chorioidea des Rhombenzephalons, *ve* Ventrikel, *lsta* Lobus staticus, *ga* Ganglion acusticum, *VII z* motorische Wurzelzellen des N. facialis, *hlb* hinteres Längsbündel, *mfu* Medianfurche, *mz* Müllersche Zellen, *lafu* Lateralfurche, *VIII z* ventraler Endkern des N. acusticus, *ep* Ependym des Ventrikels.

tiefe Medianfurche (*mfu*) in zwei symmetrische Hälften geteilt, läßt deutlich jederseits zwei Erhebungen erkennen, von denen die laterale weiter rostralwärts noch erheblich an Ausdehnung gewinnt.

Unser Schnitt ist nicht genau senkrecht zur Längsachse des Tieres gefallen, sondern links etwas mehr kaudal rechts etwas mehr rostral. Er trifft beiderseits das Gehörorgan, dessen medianwärts offene Knorpelkapsel gegen das Gehirn durch die bindegewebige Verschlußmembran (*vm*) abgegrenzt wird. Durch ihre Öffnungen hindurch treten Blutgefäße und Nerven zum Gehirn. Linkerseits erkennen wir im Gehörorgan ventral den sackförmigen Anhang (*sfa*) mit seiner Papille, rechterseits die Makula der rostralen Ampulle (*ma*) und den dorsalen Gang (*dg*), in dem die Nervenendstelle mit den zu ihr tretenden Nervenfasern ($nf_4$) erscheint.

Linkerseits tritt der N. acusticus mit seinen beiden Wurzeln, einer dorsalen (*dowu*) und einer ventralen (*vewu*), aus dem Gehirn hervor und durch die ventrale Öffnung der Verschlußmembran in den Binnenraum der Ohrkapsel ein. In den Verlauf der beiden Wurzeln sind Ganglienzellen eingeschaltet, die sich zum Teil bis in die Gehirnsubstanz hineinziehen und die wir in ihren charakteristischen Eigentümlichkeiten ja schon an anderer Stelle kennengelernt haben. Verfolgen wir die Fasern des Nerven in die Gehirnsubstanz hinein, so sehen wir sie vor allem in Verbindung mit einer Zellmasse treten, welche im Seitenteil der Medulla gelegen ist und als Ganglion acusticum (*ga*) bezeichnet wird. Es besteht aus kleinen spindligen Zellen, an denen die Akustikusfasern enden und von denen aus Neuriten zu höher gelegenen Hirnteilen verlaufen, und zwar entweder direkt dorsalwärts zu dem später zu besprechenden Kleinhirn oder aber ventral und medial abbiegend. Ein anderer Teil der Akustikusfasern tritt zu ähnlich gestalteten, mehr ventral gelegenen Zellen (*VIII z*). Die Neuriten dieser Zellen wenden sich zusammen mit denen der vorigen ventral und medial und verlaufen als Bogenfasern (*bof*) zur Raphe, um dort zu kreuzen und auf der Gegenseite ventral und lateral vom hinteren Längsbündel (*hlb*) die Längsrichtung einzuschlagen.

Auf der rechten Seite tritt an Stelle der Akustikuswurzeln die Wurzel des siebenten Hirnnerven des N. facialis auf (*VII*). Es ist das ein gemischter, aber vorwiegend sensibler Nerv, dessen große, bipolare Ganglienzellen wir schon bei der Untersuchung des Hörorgans gefunden haben (*g VII*). Die motorischen Fasern kommen von einem Komplex großer Wurzelzellen her (*VII z*), der sich in den lateralen Teilen des Ventrikelbodens findet, die früher beschriebene Hervorragung verursacht und sich von den Ursprungszellen des fünften Hirnnerven nicht abgrenzen läßt.

Dorsalwärts vom Ganglion acusticum wird der Seitenteil der Medulla eingenommen von der Zellmasse des Lobus staticus (*lsta*), dessen Anfänge wir schon in dem vorigen Schnitt beobachten konnten. Er bildet die Endstätte des N. lateralis, dessen hinteren Ast der vorige Schnitt traf (Fig. 428 *lap*), dessen vorderer Ast jetzt erscheint (*laa*). Dieser Nerv, dessen Querschnitt wir auf allen Schnitten, kaudal von der Medulla, durch das Tier lateral vom Rückenmark begegnen (Fig. 422 *lanv*), ist ein rein sensorischer Nerv. Er versorgt die Sinnesorgane der Seitenlinie und hat enge Beziehungen zum N. trigeminus, facialis, vagus und sämtlichen Rückenmarksnerven. Die Ursprungszellen seiner Fasern haben wir bereits (Fig. 427 *lanv*) kennengelernt, sie liegen in den dem Nerven eingelagerten Ganglien, die sich dicht an die Vagusganglien anschließen, sind bipolar und schicken ihren zentralen Fortsatz in den Lobus staticus. Der letztere zeigt dieselbe Zusammensetzung wie das Ganglion acusticum, von dem er sich nur schwer trennen läßt.

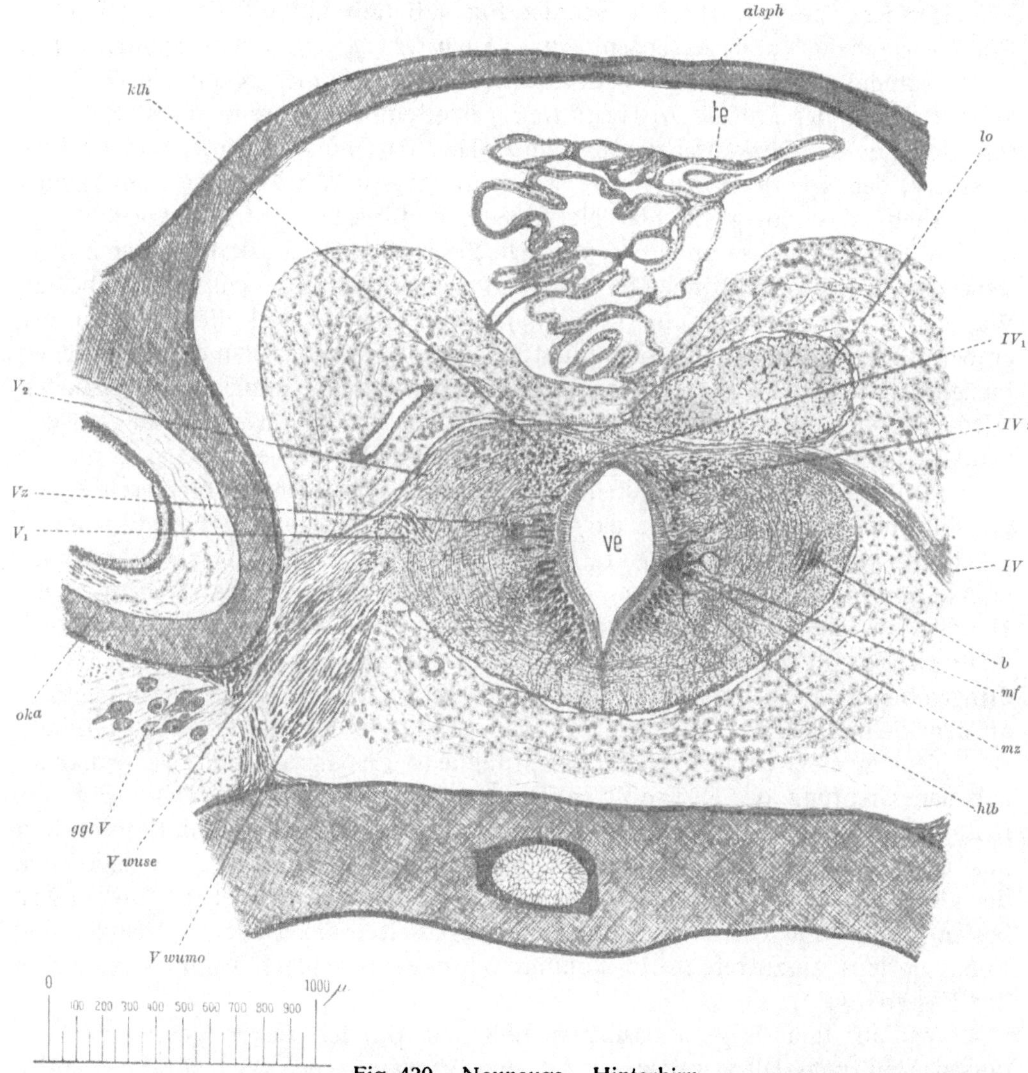


Fig. 430. Neunauge. Hinterhirn.

*alsph* Alisphenoid, *te* Tela chorioidea des Rhombenzephalons, *lo* Lobus opticus des Mesenzephalons, $IV_1$ Trochleariskreuzung, *IVz* Ursprungszellen des N. trochlearis, *IV* N. trochlearis, *b* siehe Text, *mf* Müllersche Fasern, *mz* Müllersche Zellen, *hlb* hinteres Längsbündel, *Vwumo* motorische Trigeminuswurzel, *Vwuse* sensible Trigeminuswurzel, *ggl V* Ganglion n. trigemini, *oka* Ohrkapsel, $V_1$ spinale Trigeminuswurzel, *Vz* motorische Wurzelzellen des N. trigeminus, $V_2$ sensible Trigeminusfasern zum Kleinhirn (*klh*), *ve* Ventrikel des Rhombenzephalons.

Neben der Raphe erscheinen am Boden des Ventrikels nun die MÜLLERschen Zellen in besonders großen Exemplaren (*mz*). Nicht selten trifft man in demselben Schnitt zwei auf einer Seite nebeneinander.

Je weiter wir nun rostral vordringen, um so mehr verschmälert sich die Medulla wieder, der Binnenraum des Ventrikels verkleinert sich, die dorsalen

Lippen der Seitenteile nähern sich immer mehr und vereinigen sich schließlich. Der Ventrikel hat sich geschlossen. An dieser Stelle kommt es nun, wie wir später sehen werden, zur Ausbildung eines Hirnteils, der dem Metenzephalon der höheren Vertebraten entspricht und als Kleinhirn, Cerebellum, bezeichnet wird.

Der jetzt zu betrachtende Schnitt Fig. 430 fällt auf die Grenze zwischen Rhombenzephalon und Mesenzephalon. Auch er ist ein Schrägschnitt, links weiter kaudal, rechts weiter rostral führend, so daß hier schon ein Teil des Mittelhirns, der Lobus opticus (*lo*), getroffen ist, während links noch das rostrale Ende der Ohrkapsel sichtbar wird. Hier tritt nun der fünfte und stärkste Hirnnerv, der N. trigeminus, mit zwei mächtigen Wurzeln aus dem Gehirn aus. Auch er ist ein gemischter Nerv. Sein motorischer Anteil versorgt die ja bei den Zyklostomen so außerordentlich hoch entwickelte Muskulatur der Zunge, seine sensiblen Zweige dringen zu der Haut des Kopfes. Die ventrale der beiden Wurzeln ist die motorische (*V wumo*). Ihre Fasern sind die Neuriten der großen Wurzelzellen (*Vz*), die sich unmittelbar an die Wurzelzellen der motorischen Fazialisfasern (Fig. 429 *VII z*) anschließen und von ihnen nicht unterschieden werden können. Ein Teil der Fasern wendet sich kaudalwärts und kommt von kaudaler gelegenen Zellen der motorischen Säule her. Die dorsale, sensible Wurzel des Nerven (*V wuse*) stellt die zentralen Ausläufer der bipolaren Zellen des Trigeminusganglions (*ggl V*) dar, das sich unmittelbar an das Fazialisganglion anschließt. In die Medulla eingetreten, läuft ein kleinerer Teil dorsal und medianwärts, um in das Kleinhirn ein- und auf die Gegenseite überzutreten ($V_2$), die Hauptmasse aber biegt scharf kaudal um und bildet nun die spinale Trigeminuswurzel ($V_1$), der wir schon in der ganzen Medulla begegnet sind. Ihre Fasern dringen bis in die Übergangszone zwischen Rückenmark und Gehirn vor und enden an den kleinen spindligen Zellen, die man überall der Wurzel eingelagert findet.

Noch einen zweiten Hirnnervenursprung lehrt uns unser Schnitt kennen, nämlich den Ursprung des N. trochlearis, des vierten Hirnnerven (*IV*). Ein rein motorischer Nerv, versorgt er den oberen schiefen Augenmuskel und entspringt aus einer Gruppe von mittelgroßen multipolaren Zellen (*IV z*), welche sich dorsalwärts an die motorischen Zellen des Trigeminus anschließen. Die Fasern laufen median und etwas rostral auf die Gegenseite, um zwischen Medulla und Lobus opticus auszutreten. Es kommt so im Ventrikeldach zu einer Kreuzung der Fasern ($IV_1$).

Median vom Trigeminuseintritt fällt ein Bündel dicker Fasern auf (*b*), dessen Ursprungszellen weiter kaudal und lateral liegen. Die Fasern wenden sich weiter rostralwärts der Raphe zu, wo wir sie im nächsten Schnitt in Kreuzung finden.

Auch eine MÜLLERsche Zelle (*mz*) hat unser Schnitt getroffen; lateral von ihr stoßen wir dann auf die in ihrer Zahl jetzt stark verminderten MÜLLERschen Fasern (*mf*) und das hintere Längsbündel (*hlb*).

Zwischen Hirn und dem hier eine vollständige dorsale Brücke bildenden Alisphenoidknorpel (*alsph*) wird der Schädelbinnenraum ausgefüllt von der Tela chorioidea, die aber bereits dem Mittelhirn angehört.

Das Mittelhirn, Mesenzephalon, das sich rostralwärts an das Rhombenzephalon anschließt und in dessen Gebiet wir nun eintreten, stellt einen rundlichen, ventral schmäleren, dorsal breiteren Körper dar, der in seinem Innern einen mit dem Ventrikel des Rhombenzephalons in breiter Kommunikation stehenden Ventrikel enthält. Seine Seitenteile bilden die Lobi optici; sein Dach, das Tectum opticum, besitzt eine große runde, von einer besonderen Abteilung der Tela chorioidea bedeckte Öffnung. Unser Schnitt (Fig. 431) geht

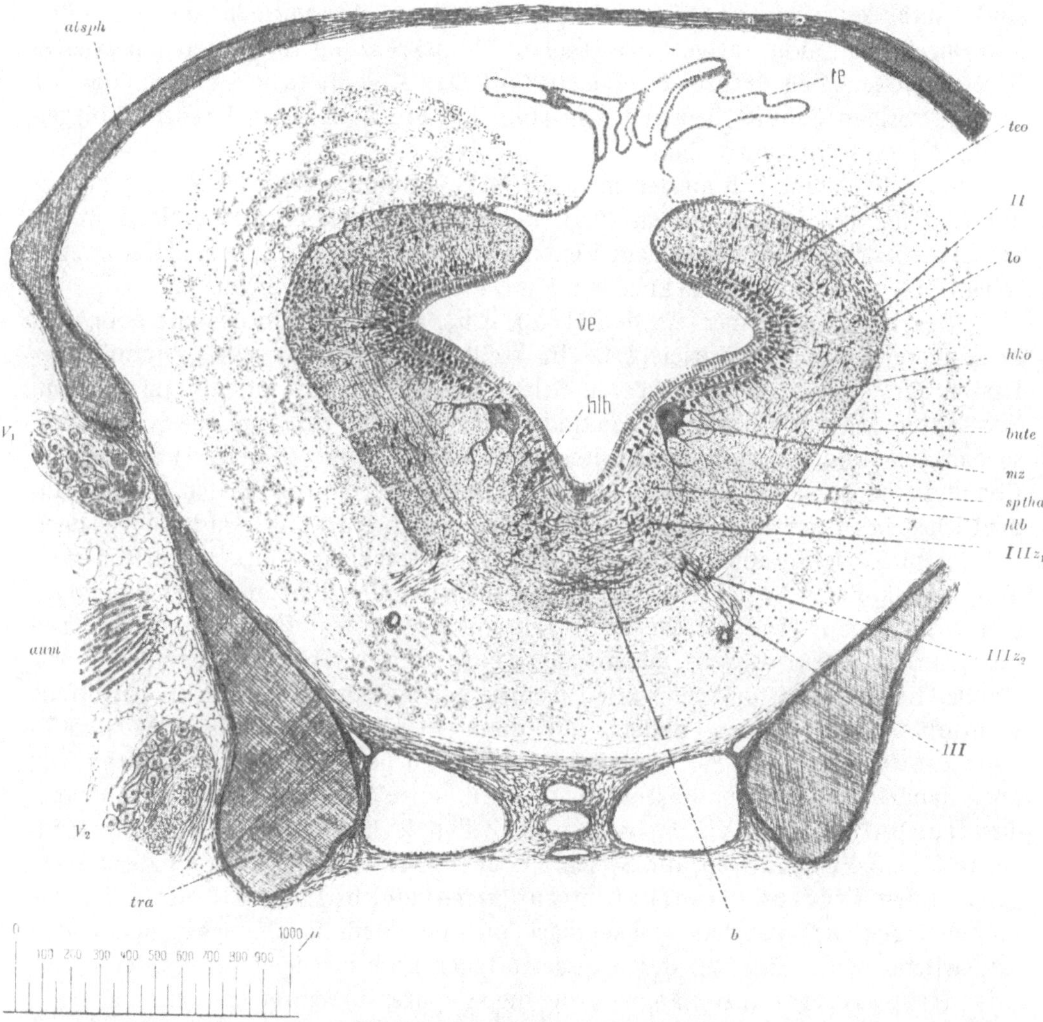


Fig. 431. Neunauge. Mittelhirn.

*ve* Ventrikel des Mesenzephalons, *te* dessen Tela chorioidea, *hlb* hinteres Längsbündel, *teo* Tectum opticum, *II* Endausbreitung des N. opticus, *lo* Lobus opticus, *hko* hintere Kommissur, *bute* Tractus bulbotectalis, *mz* Müllersche Zelle, *sptha* Tractus spinothalamicus, *hlb* hinteres Längsbündel, *III* N. oculomotorius, $IIIz_1$ dessen medialer, $IIIz_2$ dessen lateraler Ursprungskern, *b* siehe Text, *tra* Trabekel, $V_2$ N. maxillaris, *aum* Augenmuskel, $V_1$ N. ophthalmicus, *alsph* Alisphenoid.

ungefähr durch die Mitte des Mittelhirns hindurch und führt uns in das Ursprungsgebiet des dritten und in das Endgebiet des zweiten Hirnnerven. Der erstere, der N. oculomotorius, ein rein motorischer, für die Augenmuskeln bestimmter Nerv (*III*), entspringt aus zwei von mittelgroßen, multipolaren Zellen zusammengesetzten Kernen, deren einen, medianen ($III\,z_1$) wir in unserem Schnitt beiderseits dicht neben der Raphe finden. Die Neuriten der Zellen, die Okulomotoriusfasern, ziehen median zur Raphe, kreuzen hier und wenden sich in der anderen Hirnhälfte lateral- und ventralwärts und zwar etwas bogenförmig, so daß wir nur ihre Austrittsstelle in demselben Schnitt zu Gesicht bekommen. An dieser Austrittsstelle liegt der zweite, laterale Kern des Nerven (*III* $z_2$), dessen Zellen etwas spärlicher, aber etwas größer als die des medialen Kerns sind. Ihre Neuriten treten unmittelbar mit denen des vorigen aus, verlaufen also ungekreuzt. Ventral von der Okulomotoriuskreuzung finden wir ein zweites System dicker, sich kreuzender Fasern (*b*). Das sind dieselben Fasern, die wir in dem vorigen Schnitt beobachteten (Fig. 430 *b*); nach ihrer Kreuzung biegen sie in die Längsrichtung über.

Dorsal schließt sich an den medianen Okulomotoriuskern das hintere Längsbündel (*hlb*) an, das zu diesem Kern in enge Beziehungen tritt. Noch weiter dorsal stoßen wir dicht unter dem Ventrikelependym auf die rostralsten MÜLLERschen Zellen (*mz*), die MÜLLERschen Fasern aber sind verschwunden.

Den zweiten Hirnnerven, den N. opticus, finden wir an der laterodorsalen Zirkumferenz der Lobi optici (*II*). Er stellt hier ein Feld schräggeschnittener Fasern dar, die sich in den äußeren Schichten des Tectum opticum aufsplittern. Das letztere wird gebildet aus Zellen und Fasern und zeigt eine typische Schichtung, so daß Zell- und Faserschichten miteinander abwechseln. Je weiter wir uns vom Ependym nach außen wenden, um so spärlicher werden die Zellen, um so undeutlicher wird die Schichtung. Die Zellen erscheinen der Hauptsache nach mit ihrem Längsdurchmesser radiär gestellt und schicken ihre Dendriten zum Teil in die äußeren Schichten, zum Teil in einen unmittelbar unter dem Ependym gelegenen Plexus. Die zwischen den Zellreihen gelegenen Fasern sind zum Teil die Neuriten dieser Zellen, die als Tractus tectobulbaris bogenförmig zur Raphe herabziehen und hier die in unserem Schnitt noch nicht getroffene Commissura ansulata bilden, um dann in der gegenseitigen Hirnhälfte kaudalwärts umbiegend zur Medulla oblongata zu gelangen. Zum größeren Teil aber handelt es sich um Faserzüge, die den umgekehrten Verlauf einschlagen, Tractus bulbotectalis (*bute*), und an den Zellen des Tectum opticum ihre Endstätte finden. Die übrigen, die Seitenteile des Mittelhirns bildenden Fasermassen gehören den Tractus spinothalamicus (*sptha*) und bulbothalamicus an, sie kommen gekreuzt aus dem Rückenmark und der Medulla oblongata und enden im Zwischenhirn. Ein Teil der längsgetroffenen Fasern gehört bereits der Commissura posterior (*hko*) an, von der noch später berichtet werden soll.

Das durch die Alisphenoidknorpel (*alsph*) gebildete Schädeldach ist wieder unvollständig geworden, ventralwärts schließen sich die knorpligen Trabekel an, von denen lateralwärts im Gebiet der Augenhöhle, durch deren kaudalen Abschnitt der Schnitt geführt ist, die noch mit Ganglienzellen besetzten Nn. ophthalmicus und maxillaris ($V_1$ und $V_2$), Zweige des N. trigeminus, erscheinen.

Das Zwischenhirn, Dienzephalon, das sich rostral an das Mittelhirn anschließt, zeigt gegenüber diesem eine wesentliche Verschmälerung. Seine Seitenteile (Fig. 432) werden gebildet von den mächtigen Massen des Thalamus (*tha*), der sich ventralwärts zum Hypothalamus (*hyptha*) verschmälert und dann in das Infundibulum (*if*) übergeht. Der Ventrikel des Zwischenhirns (*ve*), der wiederum mit dem des Mittelhirns in breitoffener Verbindung steht, ist spaltförmig. Ventralwärts setzt er sich in den Recessus infundibularis (*rif*) fort, der wiederum kaudalwärts in den Saccus vasculosus übergeht. Dem Infundibulum liegt ventral die Hypophyse an (*hy*). Das Ventrikeldach wird zunächst durch die dorsalwärts Mittel- und Zwischenhirn trennende hintere Kommissur gebildet, rostralwärts anschließend durch die Ganglia habenulae, von denen das rechte ($gha_1$) bedeutend größer ist als das linke ($gha_2$). Rostralwärts von den Ganglia habenulae öffnet sich wieder der Ventrikel zwischen den von den ersteren durch eine tiefe Furche getrennten Hälften des Praethalamus.

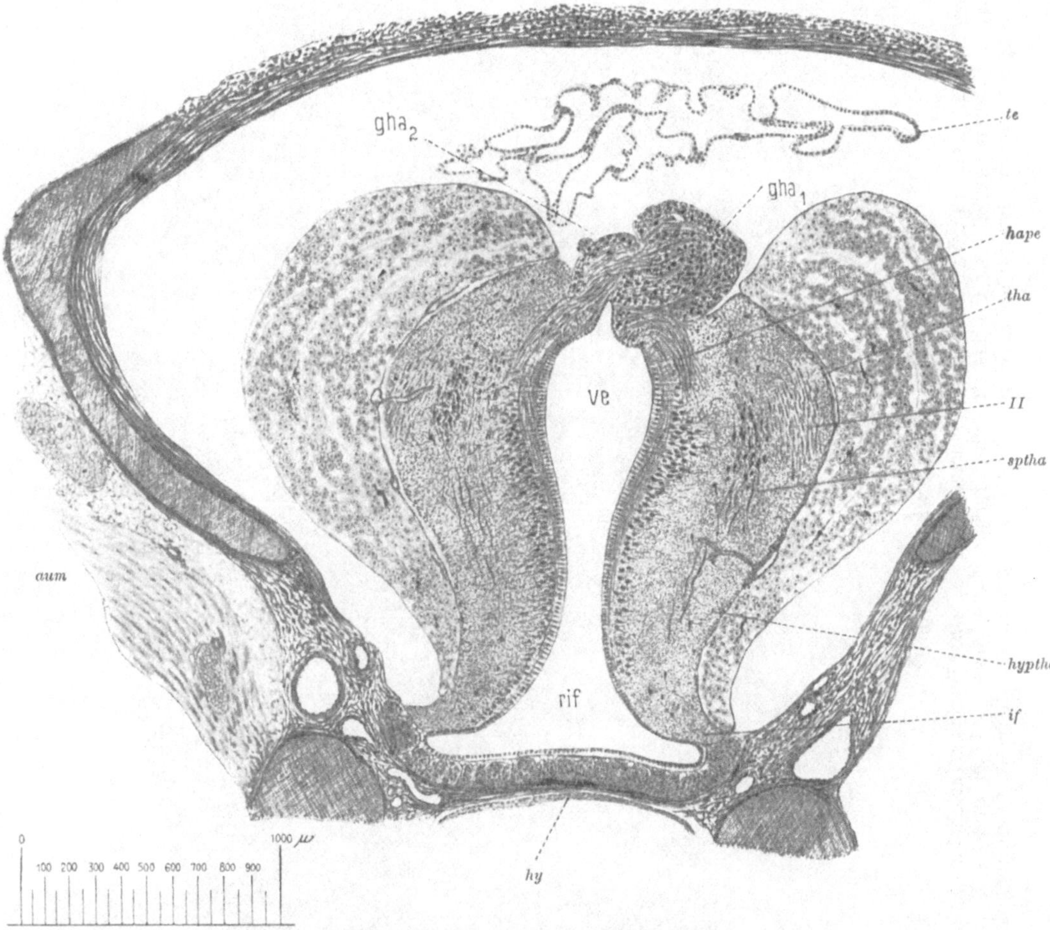


Fig. 432. Neunauge. Zwischenhirn.

$gha_{1\,u.\,2}$ Ganglia habenulae, *te* Tela chorioidea des Mesenzephalons, *hape* Tractus habenulopeduncularis, *tha* Thalamus, *II* Wurzel des N. opticus, *sptha* Tractus spinothalamicus, *hyptha* Hypothalamus, *if* Infundibulum, *hy* Hypophyse, *aum* Augenmuskel, *ve* Ventrikel des Dienzephalons, *rif* Recessus infundibularis.

In den Ganglia habenulae fallen vor allem Faserzüge auf, zwischen denen zahlreiche Zellen gelegen sind. Diese Faserzüge stammen wohl sämtlich aus dem Vorderhirn, sie bieten vor allem auf Sagittalschnitten eine außerordentlich charakteristische Erscheinung und werden als Tänie des Thalamus oder Tractus olfactohabenularis bezeichnet. Ventral tritt aus jedem Ganglion, im linken schwächer, im rechten stärker, ein Faserbündel hervor, der Tractus habenulopeduncularis (*hape*), wendet sich ventrokaudalwärts, um auf die andere Hirnseite überzutreten, und läßt sich bis ins Mittelhirn verfolgen, wo es ventral von der Commissura ansulata verläuft. Seine Fasern sind die Neuriten der Zellen des Ganglions, kleiner zum größten Teil bipolarer Zellen, deren Dendriten sich im Ganglion selbst verästeln.

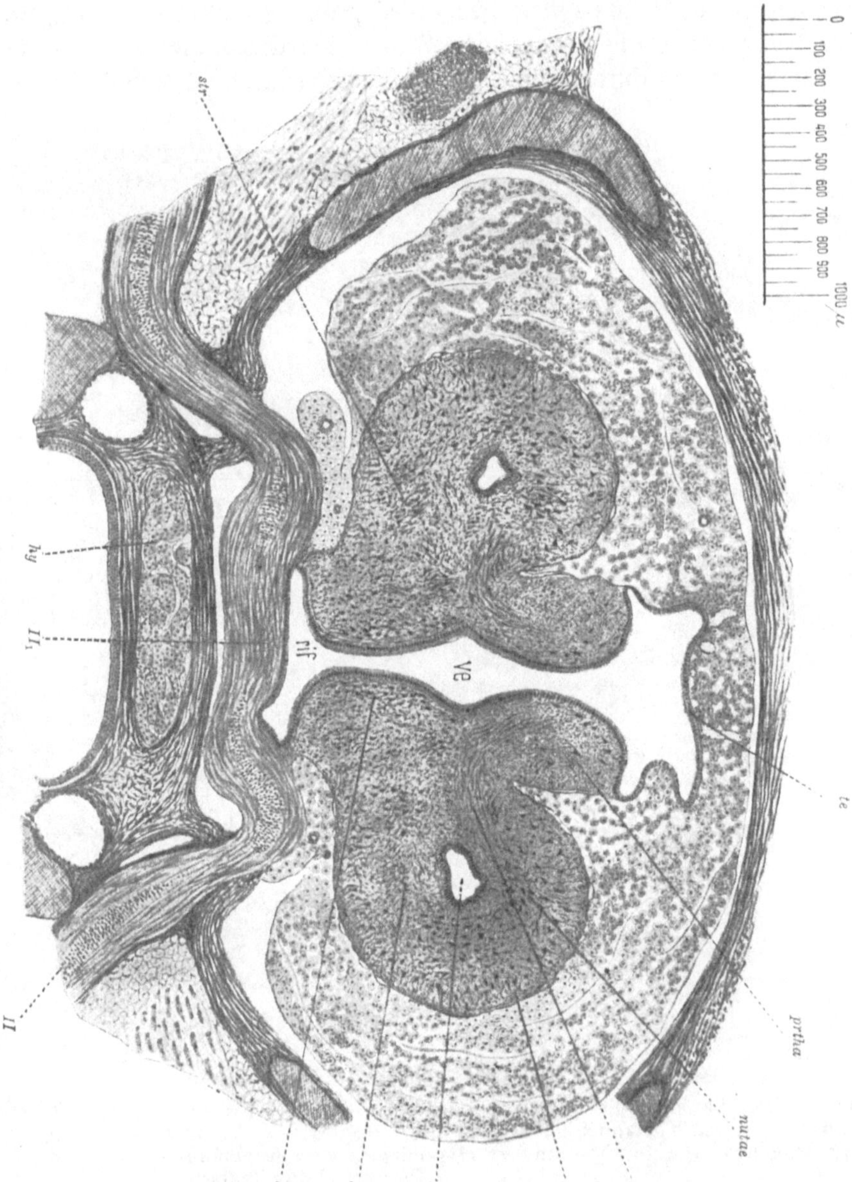


Fig. 433. Neunauge. Vorderhirn.
*te* Tela chorioidea, *prtha* Praethalamus, *nutae* Nucleus taeniae, *olha* Tractus olfactohabenularis, *lolf* Lobus olfactorius, *sve* Seitenventrikel, *str* Corpus striatum, *hyptha* Hypothalamus, *II* N. opticus, $II_1$ Chiasma nn. opticorum, *hy* Hypophyse, *ve* Ventrikel des Dienzephalons, *rif* Recessus infundibularis.

Innerhalb des Thalamus enden vom Rückenmark und von der Medulla heraufsteigende Bahnen, die uns schon bekannt sind, die Tractus spinothalamicus (*sptha*) und bulbothalamicus; außerdem finden aber hier auch aus dem Vorderhirn herabsteigende Bahnen ihr Ende, denen wir als Tractus striothalamicus und strioinfundibularis noch begegnen werden. Diese

Fasern enden an den Zellen des Thalamus, die teils dicht unter dem Ependym liegen und dann an einzelnen Stellen die Ventrikelwand nach innen vorbuchten, teils zwischen den Fasersystemen sich finden. Die Zellen sind multipolar, ihre Dendriten bilden Geflechte, die teils an der Hirnoberfläche, teils tiefer gelegen sind. Das laterale Gebiet des Thalamus wird in seinem mittleren Teil vom Optikus eingenommen, der nun schon ein Stück weiter ventralwärts gegenüber dem vorigen Schnitt gerückt ist.

Die Hypophyse (*hy*) legt sich ventralwärts an das Infundibulum an und besteht aus verzweigten und miteinander anastomosierenden teils soliden, teils hohlen Zellsträngen. Die die letzteren zusammensetzenden Zellen sind unregelmäßig, meist schmal zylindrisch, liegen zu mehreren in der Breite eines jeden Stranges und zeigen nichts Besonderes. Außen sind die Zellstränge von einer bindegewebigen Propria umhüllt, zwischen ihnen verlaufen zahlreiche Blutgefäße. Ventralwärts grenzt an die Hypophyse der Nasengaumengang.

Dringen wir weiter rostralwärts vor, so erscheinen lateral vom Thalamus und beiderseits isoliert die Querschnitte der Lobi olfactorii, wir sind also in das Gebiet des Vorderhirns, des Telenzephalons, eingetreten. Noch etwas weiter rostral verbinden sich diese Lappen mit dem Thalamus und wir erhalten nun das Bild, welches uns der Schnitt der Fig. 433 darbietet. Der Ventrikel stellt auch hier wieder eine sagittale Spalte dar, die sich ventral in den Recessus infundibularis (*rif*) fortsetzt. Dorsal öffnet er sich und wird von der kuppelartigen, in ihrer Mitte etwas eingebuchteten, im übrigen aber faltenlosen Tela chorioidea (*te*) überdacht. In der Mitte seines Verlaufs zeigt der Ventrikelspalt jederseits eine laterale Einbuchtung, welche auf den die Mitte des Lobus olfactorius einnehmenden Seitenventrikel (*sve*) hinstrebt. Zwischen die Hypophyse (*hy*) und das Infundibulum schiebt sich das breite Band der Sehnervenkreuzung ($II_1$), das sich lateralwärts in die Sehnerven ($II$) fortsetzt. Es ist nämlich die schon im vorigen Schnitt etwas ventral verlagerte Optikuswurzel inzwischen aus der ventralen Hirnperipherie angekommen und die beiderseitigen Wurzeln sind zur Kreuzung in das Chiasma nervorum opticorum, die Sehnervenkreuzung, eingetreten.

Die dorsale Partie unseres Schnittes wird beiderseits von einem in den Ventrikel vorragenden Zapfen eingenommen, der die direkte Fortsetzung des Thalamus bildet, als solche noch zum Zwischenhirn zu rechnen ist und als Praethalamus bezeichnet wird. Die starken Faserzüge, welche aus ihm bogenförmig heraustreten, stellen als Fortsetzung der Taenia thalami den Tractus olfactohabenularis dar. Sie lassen sich leicht zu den als Nucleus taeniae (*nutae*) bezeichneten, dorsal vom Seitenventrikel gelegenen Zellmassen hin verfolgen und sind die Neuriten der ihn zusammensetzenden birnförmigen oder mehr polyedrischen Zellen.

Die Gegend des Lobus, ventral vom Seitenventrikel, wird als Corpus striatum, als Strickkörper (*str*) bezeichnet. Sie enthält zahlreiche, dichtgedrängt liegende Zellen, deren Neuriten als Tractus striothalamicus zu den Kernen des Thalamus, des Hypothalamus und der Infundibulargegend hinziehen.

Der letzte der zu betrachtenden Querschnitte führt endlich durch den rostralen Teil des Telenzephalons (Fig. 434). Hier ist die Kommunikation des Ventrikels (*ve*) mit den Seitenventrikeln (*sve*) getroffen, die ihre blinden Enden nicht nur, wie der vorige Schnitt zeigt, ein Stück kaudal-, sondern auch noch etwas rostralwärts schicken. Dorsalwärts wird der Ventrikel abgeschlossen durch die vordere Kommissur (*vko*), ein mächtiges queres Fasersystem, das beide Seiten des Vorderhirns miteinander verbindet. Lateral und ventral werden Ventrikel und Seitenventrikel zunächst noch vom Lobus olfactorius (*lolf*) umgeben, auf den dann weiter nach außen die Formatio bulbaris (*fobu*) als Rinde folgt. In ihr treten sehr deutlich hier gut abgegrenzte, dort ineinanderfließende, rundliche oder ovoide Körper auf, die Glomeruli olfactorii (*glolf*), die Endstellen des ersten Hirnnerven, des N. olfactorius. Jeder Glomerulus ist

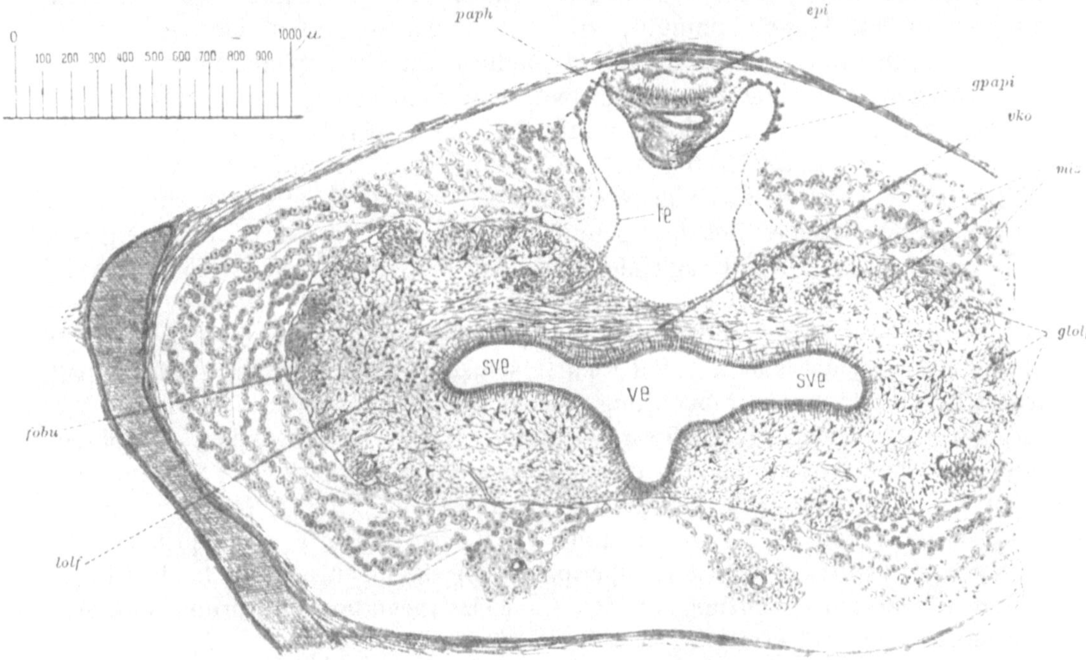


**Fig. 434.** Neunauge. Vorderhirn.

*paph* Paraphyse, *epi* Epiphyse, *gpapi* Ganglion parapineale, *miz* Mitralzellen, *glolf* Glomeruli olfactorii, *lolf* Lobus olfactorius, *fobu* Formatio bulbaris, *vko* vordere Kommissur, *te* Tela chorioidea des Dienzephalons, *ve* Ventrikel des Dienzephalons, *sve* Seitenventrikel.

an seiner medialen Fläche oder auch an seinen Seitenflächen von mittelgroßen polyedrischen Zellen umlagert, den Mitralzellen (*miz*). Sie schicken ihre Dendriten entweder in einen oder auch in zwei benachbarte Glomeruli, wo sich dieselben in ein dichtes Gewirr feinster Fäserchen auflösen. Von rostral her dringen, in unserem Schnitt nicht sichtbar, die Fasern des Riechnerven, die, wie wir früher gesehen haben, die Ausläufer der in der Riechschleimhaut gelegenen Riechzellen sind, in die Glomeruli ein, um hier ebenfalls in ein feinstes Faserwerk zu zerfallen. Die Neuriten der Mitralzellen vereinigen sich zu kleinen Bündeln, welche, kaudalwärts ziehend, zum Teil in der vordern Kommissur kreuzen und zu den Zellen des Lobus olfactorius gelangen. Sie werden in ihrer Gesamtheit als Tractus bulbocorticalis bezeichnet.

Dorsal von der vorderen Kommissur findet sich ein mit dem Ventrikel kommunizierender und von der Tela chorioidea ausgekleideter Raum, in den von dorsal her eine Organgruppe hineinragt, die als Scheitelorgane oder Parietalorgane bezeichnet wird. Der dicht unter dem häutigen Schädeldach gelegene Komplex setzt sich aus drei Bestandteilen zusammen. Am weitesten dorsal liegt das Pinealorgan oder die Epiphyse (*epi*), dann folgt das Parapinealorgan oder die Paraphyse (*paph*) und an sie schließt sich ventral das Parapinealganglion (*gpapi*) an.

Die Epiphyse erscheint in unserem Schnitt als ovales, von Epithel ausgekleidetes Bläschen. Die ventrale Epithelpartie läßt bei starker Vergrößerung zwei Sorten von Zellen erkennen: zylindrische, stark mit Guaninkristallen durchsetzte Stützzellen und schmälere, den Riechzellen ähnelnde Sinneszellen. Wie diese laufen sie basal in eine Nervenfaser aus, in das Lumen des Organs ragen sie mit einem meist kolbig verdickten Fortsatz hinein. Die dorsale Bläschenwand besitzt keine Sinneszellen, sondern nur pigmentfreie zylindrische Stützzellen, deren freies Ende mit einem Fortsatz in das Lumen hineinragt und sich vielfach an die kolbigen Verdickungen der Sinneszellen anlegt.

Die Paraphyse stellt ein ähnlich gestaltetes, etwas kleineres Bläschen dar, das im großen und ganzen den gleichen Bau wie die Epiphyse zeigt. Die Ausläufer seiner Sinneszellen treten in das Parapinealganglion ein, das neben Fasern auch kleine Ganglienzellen enthält.

Zur Ergänzung der so gewonnenen Kenntnisse vom Aufbau des Neunaugengehirns wollen wir nun noch einen Sagittalschnitt benutzen. Solche Schnitte geben vorzügliche Übersichtsbilder und lassen viele Verhältnisse noch klarer hervortreten als Querschnitte. Unser Schnitt (Fig. 435) verläuft nicht ganz genau parallel der Medianebene, sondern beginnt rostral auf der rechten Seite, um kaudal bis zur Medianebene zu gelangen. Eine genaue Beschreibung dürfte sich wohl nach dem Vorausgegangenen erübrigen, nur auf folgende Punkte sei besonders hingewiesen. Wir beachten, daß die Telae chorioideae drei gesonderte Bildungen darstellen, welche sich aus dem Epithel der Ventrikel des Rhombenzephalons (*verho*), des Mesenzephalons (*vemes*) und des Dienzephalons (*vedi*) erheben. Während die Tela des letzteren keine Falten enthält, ragen von der des Mesenzephalons und Rhombenzephalons mehr oder weniger lange quergestellte, daher im Sagittalschnitt auch quergetroffene Falten in die Ventrikel hinein.

Die Parietalorgane präsentieren sich hier im Längsschnitt. Der Binnenraum der Epiphyse (*epi*) setzt sich kaudal fein auslaufend in einen soliden, zur hinteren Kommissur verlaufenden Stiel, den Epiphysenstiel ($epi_1$) fort. In ihm verlaufen Nervenfasern zum Organ. Einen ähnlichen, hier aber nicht in seiner ganzen Länge getroffenen Stiel besitzt auch die Paraphyse (*paph*); er läßt sich dicht neben dem vorigen zum linken Ganglion habenulae verfolgen, durch das die zuführenden Nervenfasern durchtreten.

Im Vorderhirn erkennen wir die zu den Glomeruli olfactorii (*glol*) tretenden, zu kleinen Bündeln vereinten Riechnervenfasern (*olf*).

Im Zwischenhirn tritt besonders gut die Taenia thalami (*olha*) hervor, deren Fasern, vom Vorderhirn kommend, den Tractus habenulopeduncularis durchbrechen und in das Ganglion habenulae ($gha_1$) eintreten. In der Basis des Zwischenhirns ist der N. opticus (*II*) getroffen. Seine schrägaufsteigenden

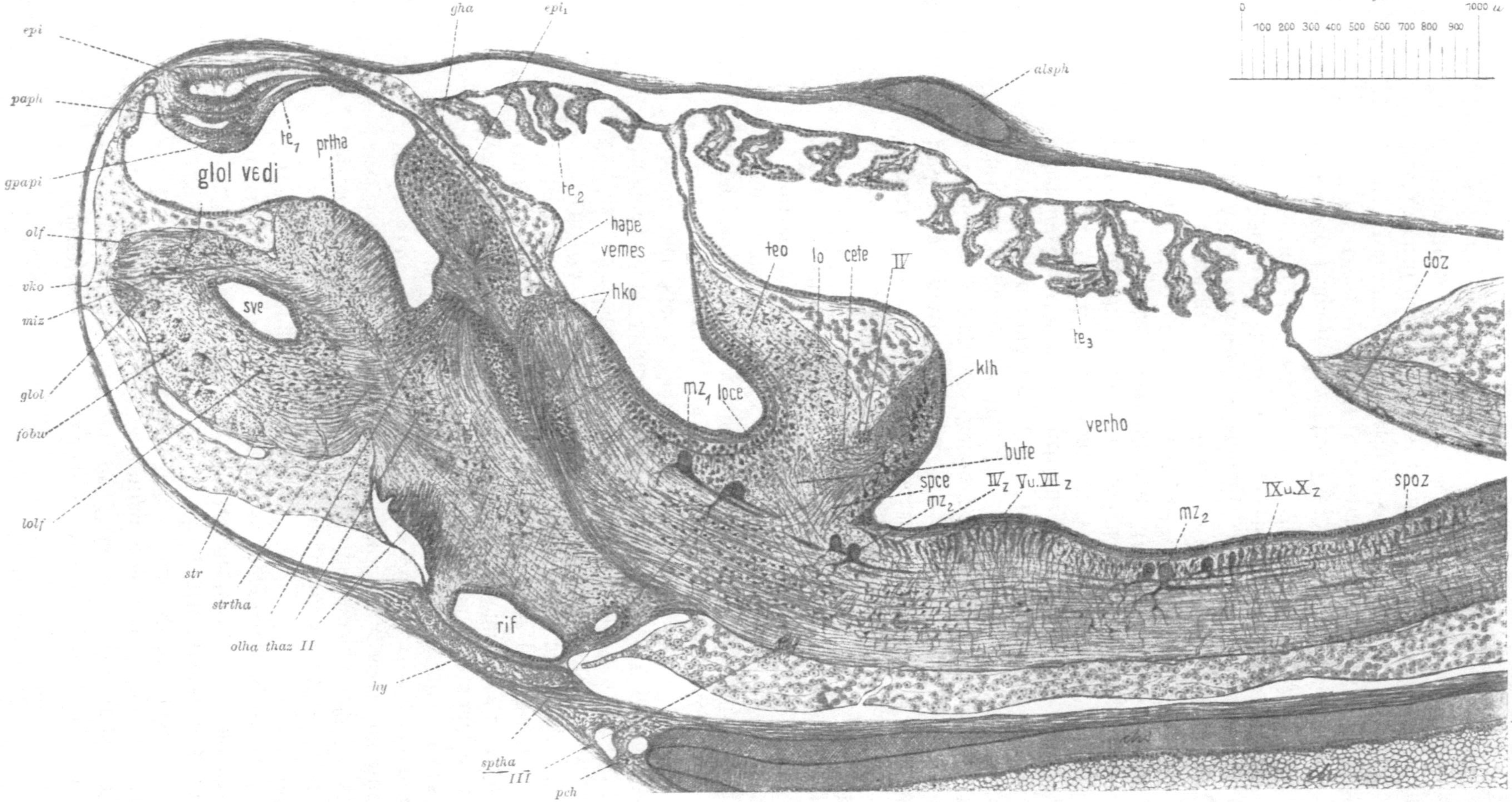


Fig. 435. Neunauge. Gehirn (medianer Sagittalschnitt).

*gha* Ganglion habenulae, *epi₁* Epiphysenstiel, *alsph* Alisphenoid, *pch* Parachordale, *ch* Chorda, *chs* Chordascheide, *III* Wurzelfasern und -zellen des N. oculomotorius, *sptha* Tractus spinothalamicus, *hy* Hypophyse, *II* Tractus opticus, *thaz* Thalamuszellen, *olha* Tractus olfactohabenularis (Taenia thalami), *strtha* Tractus striothalamicus, *str* Corpus striatum, *lolf* Lobus olfactorius, *fobu* Formatio bulbaris, *glol* Glomeruli olfactorii, *miz* Mitralzellen, *vko* vordere Kommissur, *olf* N. olfactorius, *gpapi* Ganglion parapineale, *paph* Paraphyse, *epi* Epiphyse, *vedi* Ventrikel des Dienzephalons, *sve* Seitenventrikel, $te_1$ Tela chorioidea des Dienzephalons, *prtha* Praethalamus, *vemes* Ventrikel des Mesenzephalons, $te_2$ dessen Tela chorioidea, *hape* Tractus habenulopeduncularis, *hko* hintere Kommissur, $mz_1$ Müllersche Zellen des Mesenzephalons, *loce* Tractus cerebellothalamicus, *teo* Tectum opticum, *lo* Lobus opticus, *cete* Tractus cerebellotectalis, *IV* N. trochlearis, *klh* Kleinhirn, *bute* Tractus bulbotectalis, *verho* Ventrikel des Rhombenzephalons, $te_3$ dessen Tela chorioidea, *spce* Tractus spinocerebellaris, $mz_2$ Müllersche Zellen des Rhombenzephalons, *IVz* Ursprungszellen des Trochlearis, *V* und *VIIz* Ursprungszellen des Trigeminus und Fazialis, *IX* und *Xz* Ursprungszellen des Glossopharyngeus und Vagus, *spoz* Ursprungszellen der Spinookzipitalnerven, *doz* Dorsalzellen.

Fasern wenden sich in weiter lateral gelegenen Schnitten dorsal und kaudal, um in das Tectum opticum (*teo*) des Mittelhirns einzutreten.

Ein gutes Bild des Kleinhirns bietet unser Schnitt (*klh*). Dasselbe stellt in der rostralen Zirkumferenz des vierten Ventrikels einen zwischen die beiderseitigen Lobi statici eingeschalteten Zapfen dar, der kaudal vom Ventrikelepithel überzogen ist und rostral an die Lobi optici (*lo*) grenzt. In dem Scheitel des zwischen beiden einspringenden spitzen Winkels erkennen wir die Fasern des N. trochlearis (*IV*). Der rostrale Teil des Zapfens ist fast zellfrei, Molekularschicht; der kaudale Teil enthält zwei verschiedene Zellsorten, große pyramiden- oder birnförmige Zellen, die ihre Dendriten in die Molekularschicht, einen Neuriten in die austretenden Faserzüge schicken und den PURKINJEschen Zellen der höheren Wirbeltiere homolog sind. Ferner finden sich zwischen den großen Zellen und dem Ependym zahlreiche kleine Zellen. Die in das Kleinhirn ein-, bzw. aus ihm austretenden Fasermassen sind nicht ganz unerheblich: Züge aus der Medulla und dem Rückenmark (Tractus spinocerebellaris *spce*), ferner Faserbündel zum Tectum opticum (Tractus cerebellotectalis *cete*) und zum Zwischenhirn (*loce*).

Einen wichtigen Aufschluß gibt uns dann unser Schnitt über das Verhältnis der MÜLLERschen Fasern zu den MÜLLERschen Zellen, indem er uns deutlich zeigt, daß die ersteren die Neuriten der letzteren sind, eine Tatsache, die sich nur auf Sagittalschnitten konstatieren läßt.

An der Hirnbasis erscheint die Chorda (*ch*) längsgetroffen. Ihr vorderes Ende tritt in den Parachordalknorpel (*pch*) ein und ragt rostral ein ganz kleines Stück mit der Chordascheide (*chs*) aus demselben heraus.

Zum Schlusse unserer Betrachtung des Zentralnervensystems wollen wir noch kurz bei dem Bau der Telae chorioideae und der Hirn- und Rückenmarkshäute verweilen. Für das Studium des ersteren wählen wir am besten einen dünnen, mit Eisenhämatoxylin oder Biondilösung gefärbten Sagittalschnitt durch ein mit ZENKERscher oder CARNOYscher Flüssigkeit fixiertes Gehirn. Die in die Ventrikel hineinhängenden Falten besitzen gewöhnlich an ihrem ventralen Ende eine kolbige Verdickung (Fig. 436) und sind überzogen von einem kubischen Epithel, dessen wichtigste Eigentümlichkeit darin besteht, daß seine freie Oberfläche mit einem Saum kurzer, dicker Stäbchen bedeckt ist. Wahrscheinlich sind dieselben starr, unbeweglich und stellen sekretorische Einrichtungen (Ventrikelflüssigkeit) dar. Das Epithel sitzt auf einer deutlichen Basalmembran. Das Innere der Falten birgt außerordentlich zahlreiche Blutgefäße, umgeben von Bindegewebe und großen Pigmentzellen.

Die Hüllen des Zentralnervensystems, zu deren Studium uns die beschriebenen Schnitte hinreichend Gelegenheit bieten, werden in konventioneller Weise in Dura mater, Arachnoidea und Pia mater eingeteilt. Die Dura mater bildet eine außerordentlich dicke und feste, aus vielfach verflochtenen, meist sehr starken Bindegewebsfasern bestehende Membran. Sie legt sich dem Knorpel dicht an und bildet auf der Innenfläche sein Perichondrium, an den knorpelfreien Stellen ist sie die wesentliche Schutzhülle des Organs und geht in das umgebende lockere Bindegewebe über.

Die Arachnoidea grenzt sich gegen die Dura immer scharf durch eine feine, bindegewebige Grenzmembran ab. Immer findet man sie auf größere

Strecken von der Dura abgehoben und den Zwischenraum mit Blut erfüllt, so daß sich also zwischen Dura und Arachnoidea ein großer Blutsinus einschiebt. Die Arachnoidea umgibt das gesamte Rückenmark, die Seitenfläche und die Basis des Gehirns und schiebt sich von hier auch auf das Dach des Telenzephalons und zwischen die Tela des Telenzephalons und des Mesenzephalons und zwischen die letztere und die des Rhombenzephalons ein, das eigentliche Ventrikeldach ist jedoch frei von ihr (Fig. 435). Innen folgt auf die Grenzmembran die Masse der Arachnoidealzellen. Es sind das kuglige, ovoide oder polyedrische Zellen, deren Durchmesser bis auf 50 $\mu$ steigen kann. Jede Zelle enthält einen kleinen, meist unregelmäßig gestalteten Kern. Neben ihm findet sich eine dichte, granuläre Protoplasmamasse, von der aus zahlreiche Protoplasmafäden den Zelleib durchziehen, um sich an der Zellperipherie zur Bildung einer Art Membran, einer Pellikula, miteinander zu vereinigen. Untersucht man die Zellen im Gefrierschnitt von Formalinmaterial, so enthalten sie spärliche, sehr kleine Fettröpfchen. Der übrige Hohlraum innerhalb des Zellkörpers scheint intra vitam mit einer Flüssigkeit erfüllt zu sein. Die Zellen liegen bald so dicht, daß ihre Form durch gegenseitigen Druck beeinflußt wird, bald liegen sie nur locker und ordnen sich zu Balken und Strängen an. Zwischen ihnen verlaufen Bindegewebsfasern und Platten, begleitet von sehr sparsamen verästelten Bindegewebszellen, ferner Blutgefäße und im Bereich des Gehirns zahlreiche große ästige Pigmentzellen. Die Arachnoidealzellen bilden so ein Polster um Gehirn und Rückenmark, das einen wesentlichen Schutz für diese Organe darstellt.

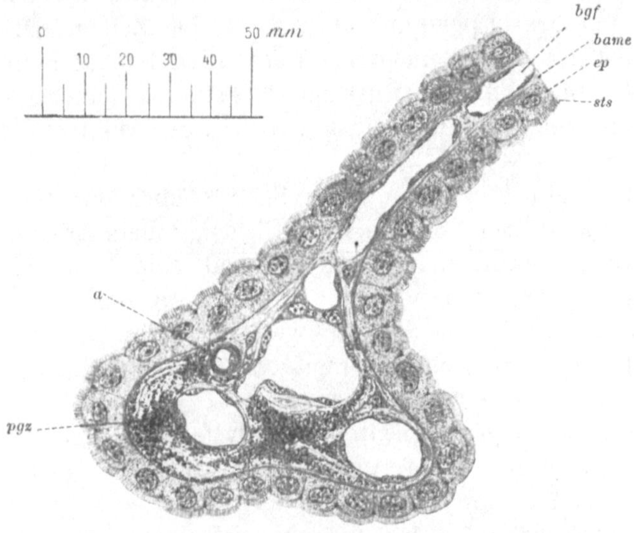

Fig. 436. Neunauge. Eine Falte der Tela chorioidea. *ep* Epithel mit Stäbchensaum (*sts*), *bame* Basalmembran, *bgf* Blutkapillaren, *a* kleine Arterie, *pgz* Pigmentzellen.

Gegen die Hirn- und Rückenmarkssubstanz ist die Arachnoidea wiederum durch eine bindegewebige, zahlreiche Blutgefäße führende Grenzmembran abgeschlossen, welche man als Pia mater bezeichnen kann. Im Bereiche des Gehirns dringen von ihr aus die Blutgefäße in radiärem Verlauf in die Hirnsubstanz ein und gelangen bis dicht unter das Ependym. In die Rückenmarkssubstanz dringen dagegen die Blutgefäße der Pia nicht ein, sie ist, wie wir schon früher feststellen konnten, gefäßlos.

## c) Das periphere Nervensystem.

Die Zerebrospinalganglien sind in den Verlauf sämtlicher Rückenmarksnerven und des fünften, siebenten, achten, neunten, zehnten Hirnnerven und der beiden Spinookzipitalnerven eingeschaltet. Die Spinalganglien finden wir in unseren Querschnitten durch das Tier (Fig. 422 *spiggl*) gewöhnlich dicht neben der Chorda, ventrolateral vom Rückenmark in Form einzelner in den Nervenverlauf eingesprengter Zellen. Die Zellen sind mittelgroß, bipolar und von einer deutlichen Kapsel umgeben. Die letztere ist bindegewebiger Natur und läßt auf ihrer Innenfläche zahlreiche Zellen erkennen, die sich also zwischen Kapsel und Körper der Ganglienzelle lagern, das sind die Amphizyten. Der periphere Fortsatz einer jeden Spinalganglienzelle wird zu einer sensiblen Nervenfaser und dringt als solche zur Peripherie des Körpers, der zentrale Fortsatz gelangt in der Dorsalwurzel des Nerven ins Rückenmark.

Ganz ähnliche Verhältnisse treffen wir in den Zerebralganglien, nur daß hier die Zellmassen dichter zusammenliegen und gegen ihre Umgebung durch eine bindegewebige Kapsel abgegrenzt sind. Wir haben diese Ganglien in unseren Querschnitten durch das Gehirn ja zur Genüge kennengelernt. Ihre Zellen sind, besonders in den Ganglien des N. facialis und trigeminus, nicht unwesentlich größer als die der Spinalganglien, zeigen aber im übrigen die gleichen Bauverhältnisse.

In den peripheren Nerven sind die Nervenfasern zu größeren oder kleineren Stämmchen zusammengelagert. Wir können den Bau eines solchen zunächst am besten am N. lateralis studieren, den wir ja in allen Querschnitten durch das Tier von der Ohrgegend kaudalwärts ungefähr in der Höhe des Rückenmarks und lateral von ihm quergetroffen finden; je weiter wir kaudal gehen, um so weiter dorsal steigt der Nerv (Fig. 422 *lanv*). Studieren wir den Nerv, von dem lateral meist auch längsgetroffene Nervenbündel sichtbar werden, so erhalten wir folgendes Bild (Fig. 437). Er wird äußerlich umhüllt von einer sehr dünnen bindegewebigen Scheide, der Perineuralscheide (*pnsch*), und setzt sich im Innern aus zahlreichen Nervenfasern zusammen. Dieselben sind auf dem Querschnitt kreisrund und zeigen einen nur wenig um 10 $\mu$ schwankenden Durchmesser. Das Innere jeder Faser nimmt der Achsenzylinder ein, bestehend aus einer gleichmäßigen protoplasmatischen Masse, dem Neuroplasma, und den in das letztere eingelagerten Neurofibrillen. Am schönsten tritt die Struktur bei Zenker- oder Bouinpräparaten hervor, die etwa doppelt so lang als gewöhnlich mit Eisenhämatoxylin gefärbt worden sind. Die Neurofibrillen (*nf*) erscheinen hier als tiefschwarze Pünktchen in dem heller gefärbten Neuroplasma. Sie liegen ziemlich dicht und lassen die Randzone des Achsenzylinders, die sog. Rinde (*r*), frei. Nach außen wird der Achsenzylinder abgeschlossen durch einen äußerst feinen kernhaltigen Kontur, die Schwannsche Scheide

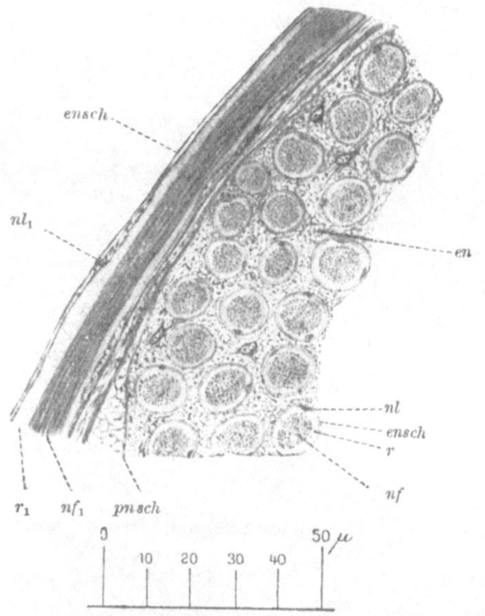


Fig. 437. Neunauge. Lateralnerv (Querschnitt).
*en* Endoneurium, *pnsch* Perineuralscheide, *nl* Schwannsche Scheide, *ensch* Endoneuralscheide, *r* Rindenschicht des Achsenzylinders, *nf* Neurofibrillen des letzteren, $nl_1$, $r_1$ und $nf_1$ dieselben Bezeichnungen an einer längsgeschnittenen Faser.

oder das Neurilemma (*nl*). Bei 5 $\mu$ dicken Schnitten findet man ungefähr in jedem zweiten Faserquerschnitt einen Kern, seltner zwei Kerne oder gar keinen Kern. Dieselben sind außerordentlich klein und gehören zu den diese Scheide zusammensetzenden SCHWANNschen Zellen, deren Grenzen aber nicht erkennbar sind. Nach außen von der SCHWANNschen Scheide folgt dann ein kräftiger Kontur, der besonders schön in Zenkerpräparaten dicht nebeneinander gelegene Pünktchen erkennen läßt als Ausdruck ihrer Zusammensetzung aus längsverlaufenden feinen Fibrillen. Sie wird als Fibrillenscheide, HENLEsche Scheide oder Endoneuralscheide bezeichnet (*ensch*). Zwischen den Nervenfasern liegen feine, teils längs, teils schräg verlaufende Bindegewebsfasern mit sehr spärlichen, ästigen Bindegewebszellen. Die Kerne der letzteren fallen gegen-

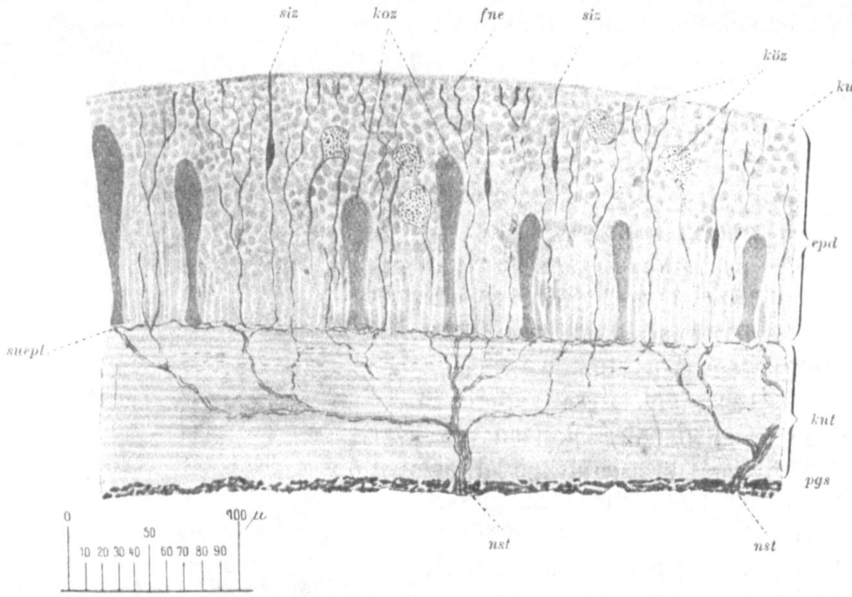


Fig. 438. Neunauge. Endigung der sensiblen Nerven in der Haut.

*epd* Epidermis, *kut* Kutis, *pgs* Pigmentschicht, *kus* Kutikularsaum, *köz* Körnerzellen, *siz* Sinneszellen, *koz* Kolbenzellen, *nst* Nervenstämmchen, *suepl* subepithelialer Plexus, *fne* freie Nervenendigungen in der Epidermis.

über den SCHWANNschen Kernen sofort durch ihre bedeutende Größe auf. Die Gesamtheit dieses Bindegewebes wird als Endoneurium (*en*) bezeichnet.

Die neben dem Lateralnervenquerschnitt erscheinenden längsgetroffenen Fasern ergänzen dieses Bild und geben uns eine richtige Vorstellung von der Form der SCHWANNschen Kerne, die eine Länge von 10 $\mu$ und darüber erreichen, also die Form langer dünner Stäbchen besitzen.

Stärkere Nerven setzen sich aus mehreren solchen primären Bündeln zusammen, vereinigt durch ein Bindegewebe, das Epineurium. In diesem verlaufen auch Blutgefäße, während das Innere der primären Bündel von ihnen frei ist.

Von den peripheren Endigungen der Zerebrospinalnerven wollen wir die Endigungen der sensiblen Nerven in der Haut und die der motorischen in den Myomeren untersuchen.

Die ersteren erhält man sehr schön an Tieren, die vital mit Methylenblau gefärbt sind, und zwar fixiere man (in Ammoniummolybdat) solche Hautpartien, die nicht ganz tiefblau gefärbt sind.

An solchen Stellen (Fig. 438) erscheint die Kutis (*kut*) ganz oder nahezu ungefärbt, die Epidermis (*ep*) dagegen enthält zahlreiche mehr oder weniger tiefblau gefärbte Elemente, die wir als Kolben- (*koz*) und Körnerzellen (*köz*) erkennen. Während die ersteren diffus gefärbt sind, treten in den letzteren die Körner scharf blau hervor und außerdem sind oft in wunderbarer Klarheit die uns bekannten, nach der Tiefe der Epidermis hinziehenden Fortsätze gefärbt. Aus der übrigen ungefärbten Zellmasse treten außerdem noch dünne, die ganze Dicke der Epidermis durchsetzende Zellen hervor, deren Kern bald tiefer, bald höher gelegen ist (*siz*). Das distale Zellende läuft zwischen den oberflächlichsten Zellschichten aus, das proximale äußerst feine, oft variköse Ende läßt sich bis an die Epidermiskutisgrenze verfolgen.

Die Nerven (*nst*) treten in schmalen Bündelchen aus der Subkutis in die Kutis ein, sie in senkrechtem oder mehr schrägem Verlauf durchsetzend. Dabei zerfallen sie in einzelne Fasern oder dünnere Bündelchen in Form eines breitausladenden Baumes. Alle Bündel wenden sich zur Epidermis und bilden an der Epidermiskutisgrenze einen ziemlich dichten subepithelialen Plexus (*suepl*), aus dem wiederum die Fasern in die Epidermis aufsteigen. Die letzteren sind sehr fein, varikös und verlaufen leichtgeschlängelt. Jenseits der Epidermismitte gabeln oder verästeln sie sich, häufig verdicken sie sich dabei und enden frei zwischen den oberflächlichen Zellschichten. Jene obenerwähnten langspindligen Zellen stehen ebenfalls mit dem subepithelialen Plexus in Verbindung. Ihr proximaler Ausläufer wird zu einer Nervenfaser, so daß wir in diesen Zellen ähnliche Elemente wiederfinden, wie wir sie in den Riechzellen kennengelernt haben.

Die dicken Fasern, welche wir in der Epidermis früher (vgl. Fig. 401) beobachten konnten, färben sich, wie gesagt, besonders schön mit Methylenblau, doch läßt sich ein Zusammenhang mit den Fasern des subepithelialen Plexus nicht nachweisen, so daß ihre nervöse Natur recht fraglich erscheint.

Etwas schwieriger als die sensiblen Nervenendigungen in der Haut sind die Endigungen der motorischen Nerven in den Myomeren nachzuweisen. Sie färben sich bei der vitalen Methylenblauinjektion nur an den Stellen, die unmittelbar der Luft ausgesetzt waren. Man fertige deshalb nach der Injektion mäßig dünne Rasiermesserschnitte und zwar transversale Längsschnitte durch die Rückengegend des Tieres an und verbringe sie in die feuchte Kammer. Nach 3—4 Stunden wird man dann an vielen Stellen die motorischen Nerven gefärbt finden. Besonders instruktiv sind solche Schnitte, die in der Höhe des Rückenmarks und nicht allzu dünn angelegt sind, da man an ihnen die motorischen Fasern von ihrem Ursprung bis zu ihrem Ende verfolgen kann.

Bekanntlich bleiben die beiden Spinalnervenwurzeln bei Petromyzon getrennt, vereinigen sich nicht zu einem gemischten Spinalnerven. Beide teilen sich bald nach ihrem Austritt in einen dorsalen und einen ventralen Ast, von denen die in die Myosepten eindringenden Zweige entspringen. Hier geben sie seitlich kleinere Zweige an die Muskelkästchen ab. In jedes der letzteren dringt ein Ästchen und gibt an jede Muskelfaser eine Nervenfaser ab, welche mit einem kurzen Endgeweih an der ersteren endet.

### d) Das sympathische Nervensystem.

Das sympathische Nervensystem ist bei Petromyzon schon gut entwickelt. Recht gut können wir die es zusammensetzenden Zellen an Querschnitten des Tieres, vor allem aus der Nierengegend beobachten. Hier finden sich in dem den Kardinalvenen lateralwärts benachbarten Bindegewebe mittelgroße multipolare Zellen, meist einzeln, selten zu mehreren gelagert. Diese Zellkette erstreckt sich mit größeren Unterbrechungen entlang der Gefäße von der Herzgegend bis zum After und ist durch Verbindungsäste mit den Spinalnerven verbunden. Mit den Gefäßen gelangen die Zellen zu den Eingeweiden. Vor allem ist die Darmwand sehr reichlich mit ihnen versorgt (Fig. 451). Die von den Zellen entspringenden Fortsätze enden einmal an benachbarten Zellen, dann ziehen sie als sympathische Nervenfasern zu den Muskeln des Darms, deren Innervatoren sie darstellen.

## 4. Die Stützorgane.

Das hauptsächlichste Stützorgan des Neunaugenkörpers ist die Chorda dorsalis. Sie stellt einen zylindrischen Stab von ungefähr kreisförmigem Querschnitt dar, welcher, ventral vom Rückenmark gelegen, den Körper seiner ganzen Länge nach durchzieht und einen größten Durchmesser von ungefähr 4 mm erreicht. Der rostralste Abschnitt der Chorda ist in den Parachordalknorpel eingebettet, aus dem ihre Spitze gerade eben hervorsieht (Fig. 435). Später wird sie ein Stück weit von den Parachordalien flankiert, um dann jenseits der Ohrkapseln frei bis zur Schwanzspitze zu verlaufen, in der sie mit einer fein ausgezogenen Spitze endet.

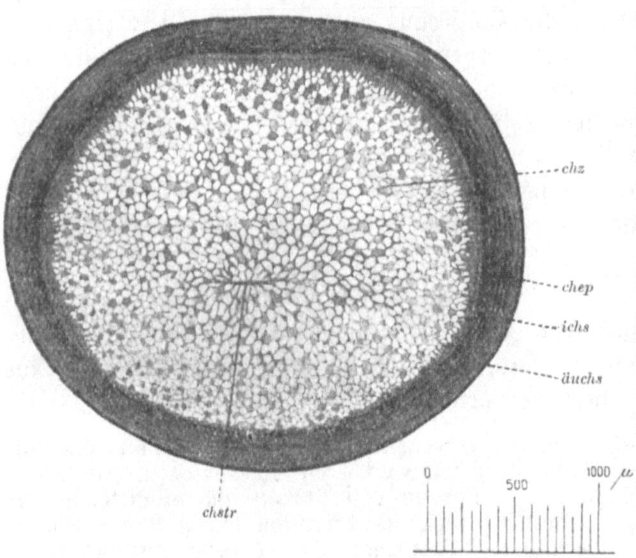


Fig. 439. Neunauge. Chorda dorsalis.
*chstr* Chordastrang, *chz* Chordazellen, *chep* Chordaepithel, *ichs* innere Chordascheide, *äuchs* äußere Chordascheide.

Die Chorda besteht aus den Chordazellen, dem Chordaepithel und den Chordascheiden (Fig. 439). Die Chordazellen (*chz*) sind blasige Zellen mit einem Durchmesser bis zu 100 μ. Sie werden im allgemeinen von innen nach außen kleiner, liegen eine dicht neben der anderen ohne eine sichtbare trennende Zwischensubstanz. Ihre Gestalt ist sehr variabel. Da sie durch die Paraffineinbettung leicht schrumpfen, so bildet sich häufig im Zentrum des Organs ein Hohlraum. Die besten Bilder erhält man von Objekten, die in Bouinscher Flüssigkeit fixiert, aus ihr in Formalin übergeführt und auf dem Gefriermikrotom geschnitten werden. An ihnen erkennt man etwas ventral von der Mitte einen transversal verlaufenden, etwa 0,3—0,4 mm langen Streifen, den Chordastrang (*chstr*), um den die hier etwas lang ausgezogenen Chordazellen radiär angeordnet sind. Der Strang selbst besteht aus ganz flachen, dünnen Zellplatten, die mit ihrer Längsachse transversal gestellt sind. Sie sind nicht wie die übrigen Chordazellen mit Flüssigkeit gefüllt. Dadurch, daß sie sich dicht aneinander lagern und intensiv färben, entsteht der scharf von dem übrigen Chordagewebe sich abhebende dunkle Streifen.

Die Chordazellen können wir durch mehrtägiges Einlegen kleiner Stückchen des frischen Organs in 5—10fach verdünnte MÜLLERsche Flüssigkeit leicht isolieren. Ihre Form wird durch den gegenseitigen Druck benachbarter Zellen stark beeinflußt. Jede Zelle besitzt eine kräftige Membran, einen der letzteren anliegenden Kern und ist im übrigen mit Flüssigkeit prall gefüllt. Die Membran ist der Rest des durch die sich im Zellinnern ansammelnde Flüssigkeit verdrängten und verdichteten Protoplasmas und läßt bei stärkster Vergrößerung eine feine Fibrillierung erkennen. Nur die ganz peripher gelegenen Zellen enthalten noch unverändertes Protoplasma neben der Flüssigkeit.

Das Chordaepithel (*chep*) ist eine einfache Zellschicht und nicht an allen Stellen gleich gut entwickelt. Meist sind die Zellen in den dorsalen und lateralen Teilen der Peripherie langzylindrisch und sehr schmal, werden ventralwärts niedriger und unregelmäßig und verschwinden schließlich ganz. Der Zellkörper umschließt einen kleinen länglichen Kern und enthält sehr dichtes Protoplasma. Nach innen zu greifen die Zellen mit etwas spitzigem Ende zwischen die Chordazellen ein.

Die Chordascheiden sind das Produkt des Chordaepithels. Wir können leicht zwei derselben erkennen, die sich durch ihr färberisches Verhalten scharf unterscheiden. Die innere (*ichs*) erreicht eine Dicke von 150—200 $\mu$, die äußere (*äuchs*) ist dagegen nur ungefähr 10 $\mu$ dick. Färben wir mit Biondilösung, so erscheint die erstere hellrot, die letztere tief braunrot. Noch eklatanter ist der Unterschied nach Färbung mit Kresylviolett. Hier erscheint die innere Scheide lichtrosa, die äußere tief dunkelblau. Beide Scheiden bestehen aus zirkulär verlaufenden Fasern in verschiedenen Lagen. Die Fasern der inneren Chordascheide sind kollagener Natur, die der äußeren werden gewöhnlich als elastische Fasern angesprochen. Sie geben jedoch nicht die für diese Elemente bei höheren Vertebraten charakteristischen färberischen Reaktionen.

Nach außen von den Scheiden ist die Chorda noch umgeben von einem mehr lockeren Bindegewebe mit zum Teil außerordentlich starken kollagenen Fasern und reichlichen Fettzellen. Dieses axiale Bindegewebe (Fig. 440 *abg*) umfaßt ventralwärts die großen Gefäße und bildet weiterhin die Abgrenzung der parietalen Muskulatur gegen die Bauchhöhle. Es steht in Verbindung mit dem die Myomeren (*mym*) trennenden Bindegewebe der Myosepten (*mys*) und ist durch dieses mit dem subkutanen Bindegewebe (*sbkut*) verbunden. Von seinem enormen Fettreichtum geben uns Gefrierschnitte von Formalinmaterial, mit Sudan, Nilblau oder Kresylviolett gefärbt, erst die rechte Vorstellung. Dorsalwärts von der Chorda bildet das axiale Bindegewebe zunächst eine derbe Hülle um das Zentralnervensystem, die Dura mater (*du*), dann umgibt es einen im Querschnitt dreieckigen Raum, den Dachraum (*dar*), mit einem noch derberen Mantel. Das Innere dieses Raumes wird gebildet von einem in wechselnder Menge von Fettzellen durchsetzten retikulierten Gewebe (Fig. 422). Außerdem enthält es aber auch noch Lymphozyten, die bei frisch eingefangenen und gut genährten Tieren die Fettzellen fast vollkommen verdrängen. Es sind kleine, rundliche oder polyedrische Zellen. Der Kern ist entweder klein und dunkel oder groß und hell. Das häufige Vorkommen von Kernteilungsfiguren zeigt, daß wir in diesem von zahlreichen Blutkapillaren durchzogenen Gewebe eine wichtige Bildungsstätte von Lymphozyten zu sehen haben.

Noch weiter dorsal geht das axiale Bindegewebe schließlich in das die beiden Hälften der Parietalmuskulatur trennende dorsale Medianseptum (*dosp*) über. Eine ähnliche Bildung ist auch ventral vorhanden: ventrales Medianseptum (*vesp*).

Als drittes der Stützorgane hätten wir schließlich den Knorpel zu betrachten. Er erreicht seine größte Ausbildung in der Kopfgegend, wo er ein stützendes und schützendes Kopf- und Viszeralskelet bildet. Im Gebiet des Rumpfes ist die Knorpelbildung nur gering und beschränkt sich hier auf kleine Knorpelstücke, welche beiderseits zwischen je zwei Nervenwurzeln der äußeren Chordascheide aufsitzen, die sog. knorpligen Neuralbogen.

Zum Studium des Knorpels wollen wir einen Querschnitt aus dem Gebiet der Schwanzflosse eines Tieres wählen, das in Formalin oder CARNOYscher Flüssigkeit fixiert war. Wir färben ihn mit Kresylviolett oder mit Biondilösung oder nacheinander mit 0,1%iger Methylenblaulösung und Pikrofuchsin.

Von Knorpeln enthält unser Schnitt einmal die Neuralbogen und ferner innerhalb des dorsalen Medianseptums und der Flosse die Flossenstrahlen. Da die letzteren in spitzem Winkel zur Längsachse des Tieres verlaufen und zwar dicht hintereinander, so finden wir in unserem Querschnitt durch das Tier mehrere Strahlenquer- oder eigentlich Strahlenschrägschnitte übereinander liegend. Betrachten wir zunächst den Neuralbogenknorpel, so fällt derselbe bei Kresylviolettfärbung durch seine ganz blaßblaue, im Biondipräparat durch intensiv orangerote und nach Behandlung mit Methylenblau-Pikrofuchsin durch hellgelbe Färbung auf. Die Grundsubstanz des Knorpels, welche diese Färbung angenommen hat, erscheint homogen, ist in den peripheren Partien mächtiger vertreten als in den zentralen und geht kontinuierlich in die äußere Chordascheide über, von der sie jedoch durch ihre lichtere Färbung absticht. Innerhalb der Knorpelgrundsubstanz liegen die Knorpelzellen. Sie sind in der Peripherie spärlich und sehr schmal, im Zentrum dagegen sehr dicht gelagert und groß. Die Zellen liegen in Höhlen der Grundsubstanz, den Knorpelhöhlen, und zwar nicht selten zu zweien oder mehreren in einer gemeinsamen Höhle. Jede Zelle enthält einen oder häufiger zwei relativ kleine Kerne. Der große Zellkörper zeigt ein sehr schönes fädiges Protoplasmanetzwerk und füllt die Knorpelhöhle vollständig aus. Um die letztere herum läuft eine schmale Schale von Grundsubstanz herum, die Knorpelkapsel, die sich von der übrigen Grundsubstanz auffällig abhebt, indem sie sich nämlich in Kresylviolett rot, in Biondilösung blaurot und in Methylenblau-Pikrofuchsin rein blau färbt. Sie ist also basophil, während die übrige Grundsubstanz sich azidophil unseren Färbungsmitteln gegenüber verhält. Benachbarte Knorpelkapseln schließen sich zu zwei oder mehreren zusammen und lagern sich in eine gemeinsame Partie der Grundsubstanz ein, welche sich durch ganz schwache Basophilie sowohl von den stark basophilen Kapseln, als der rein azidophilen Masse der übrigen Grundsubstanz abhebt. Man bezeichnet ein solches Gebilde als ein Zellterritorium.

Ganz anders ist das Bild, welches uns der Querschnitt eines Flossenstrahles darbietet. Auch hier haben wir Knorpelzellen und Knorpelkapseln, aber die azidophile Grundsubstanz fehlt fast vollständig, so daß Kapsel an Kapsel grenzt und der Schnitt bei Kresylviolettfärbung rein rot, in Biondipräparaten blaurot und bei Methylenblau-Pikrofuchsin-Behandlung rein blau gefärbt erscheint. Wir haben also unter den Knorpeln des Neunaugenkörpers solche mit reichlich und andere mit spärlich entwickelter Grundsubstanz zu unterscheiden.

### 5. Die Muskulatur.

Ähnlich wie beim Amphioxus scheidet sich auch bei Petromyzon die Muskulatur in die die Hauptmasse des Körpers bildende und seiner Fortbewegung dienende Parietalmuskulatur und die hauptsächlich im Gebiet des Kopfes entwickelte und in den Dienst der Freß- und Atemwerkzeuge tretende Viszeralmuskulatur.

Bei der außerordentlich großen Neigung der Muskelelemente zur Schrumpfung gehört die tadellose histologische Darstellung derselben zu den schwierigsten Aufgaben der Mikrotechnik. Alkoholhaltige Flüssigkeiten sind zur Fixation ganz auszuschalten. Das Beste leistet Formalin und Formalingemische und von ihnen in erster Linie die Bouinsche Flüssigkeit. Die Einbettung muß sehr sorgfältig ausgeführt werden. Zelloidin ist dem Paraffin vorzuziehen.

Zur Demonstration der eigenartigen Anordnung der Parietalmuskulatur dient vorteilhaft ein 1—2 cm dicker Treppenschnitt durch das Tier, d. h. die Kombination zweier halber Querschnitte mit einem medianen Transversalschnitte, wie ihn Fig. 440 im Bilde vorführt. Er zeigt uns, wie sich diese Muskulatur aus zahlreichen hintereinander gelegenen Myomeren (*mym*) aufbaut. Jedes Myomer deckt das folgende dachziegelartig; es geht rostralwärts vom axialen Bindegewebe (*abg*) aus, um spitzwinklig zur sagittalen Medianebene kaudal und lateral zu ziehen und am subkutanen Bindegewebe sein Ende zu finden. So kommt es, daß von jedem Querschnitt durch das Tier immer mehrere Myomeren getroffen werden. Jedes Myomer erreicht in der Mitte seines Verlaufs seine größte Breite (2—3 mm), kaudal und rostral sowohl als ventral und dorsal verschmälert es sich allmählich und wird von seinen Nachbarn getrennt durch die Myosepten (*mys*), die also das axiale Bindegewebe mit dem subkutanen Bindegewebe verbinden.

Jedes Myomer setzt sich zusammen aus zahlreichen hintereinander folgenden und übereinander geschichteten sog. Muskelkästchen (*muk*). Der Querschnitt zeigt uns dieselben geschichtet wie die einzelnen Stücke in einer Geldrolle, der Transversalschnitt demonstriert uns ihre rhombische Form und ihre Hintereinanderlagerung. Es ist also jedes Muskelkästchen eine rhombische Platte von durchschnittlich nur 0,1 mm Dicke. Die Achse seiner Grundfläehe ist länger, als das Myomer an der betreffenden Stelle dick ist, und seine Breite beträgt durchschnittlich 0,5 mm. Die Muskelkästchen werden voneinander getrennt durch ein Bindegewebe, das an den beiden Grundflächen viel stärker entwickelt ist, als an den beiden schrägen schmalen Seitenflächen. Es ist so die Abgrenzung der hintereinander gelegenen Kästchen im Transversalschnitt ohne differente Färbung nur schwer zu erkennen. (In unserer Abbildung sind die trennenden Linien viel zu stark ausgefallen.)

Jedes Muskelkästchen setzt sich wieder aus Muskelfasern zusammen, so daß sie also die primäre, die Muskelkästchen die sekundäre und die Myomeren schließlich die tertiäre Komponente der Parietalmuskulatur darstellen. Die Muskelfasern verlaufen im Muskelkästchen parallel zu der Längsseite, wir werden diese Fasern also in Querschnitten durch das Tier niemals quer-, sondern immer schräggeschnitten treffen. Die Fasern schrumpfen außerordentlich leicht, so

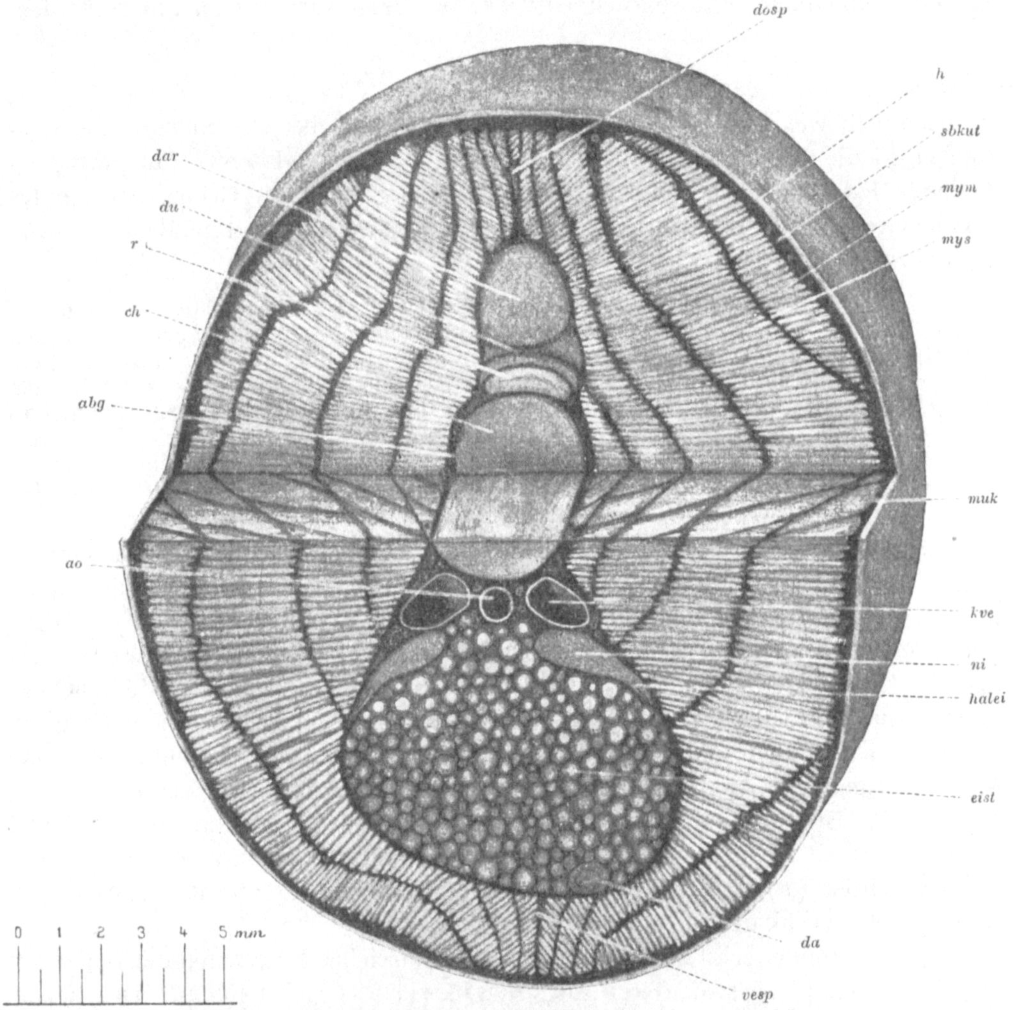


Fig. 440. Treppenschnitt durch die Mitte des Neunaugenkörpers.
*dosp* dorsales Medianseptum, *h* Haut, *sbkut* subkutanes Bindegewebe, *mym* Myomer, *mys* Myoseptum, *muk* Muskelkästchen, *kve* Kardinalvene, *ni* Niere, *halei* Harnleiter, *eist* Eierstock, *da* Darm mit Spiralklappe, *vesp* ventrales Medianseptum, *ao* Aorta, *abg* axiales Bindegewebe, *ch* Chorda, *r* Rückenmark, *du* Dura, *dar* Dachraum.

daß die das Kästchen füllende Muskelmasse häufig stark zerklüftet erscheint, als Folge unserer technischen Manipulationen, während sie im Rasiermesserschnitt durch das eben getötete oder noch besser schon totenstarre Tier das Muskelkästchen vollkommen ausfüllen.

Man kann die Kästchen mit ihrem Inhalt einigermaßen durch ungefähr viertelstündige Mazeration kleiner Stückchen in 35%iger Kalilauge isolieren; mazeriert man länger, so zerfallen sie in die einzelnen Fasern. Wir wollen den Bau der Kästchen an einem Querschnitt durch das in BOUINscher Flüssigkeit fixierte Tier untersuchen. Zur Färbung empfiehlt sich vor allem Eisenhämatoxylin (Fig. 441).

Wir erkennen dann ohne weiteres, wie sich jedes Kästchen aus zweierlei Fasern aufbaut, aus hellen und dunkeln. Die letzteren (*zf*) bilden die große Masse des Inhaltes, die ersteren (*rf*) verlaufen in einfacher Zeile an den Längsseiten. Nur da, wo die Kästchen direkt an das subkutane Bindegewebe anstoßen, wird, wie in unserer Abbildung, auch diese Schmalseite von hellen Fasern eingenommen, so daß die letzteren dann in ihrer Gesamtheit nach außen geschlossene Arkaden bilden. Diese Randfasern (*rf*) liegen, wie gesagt, in einfacher Schicht, eine neben der anderen, sind ungefähr 0,5—0,7 mm lang und von rundlichem oder ovalem Querschnitt. Die dunklen Zentralfasern (*zf*) liegen dagegen in jedem Kästchen zu 3—4 übereinander, ebenso liegen mehrere nebeneinander.

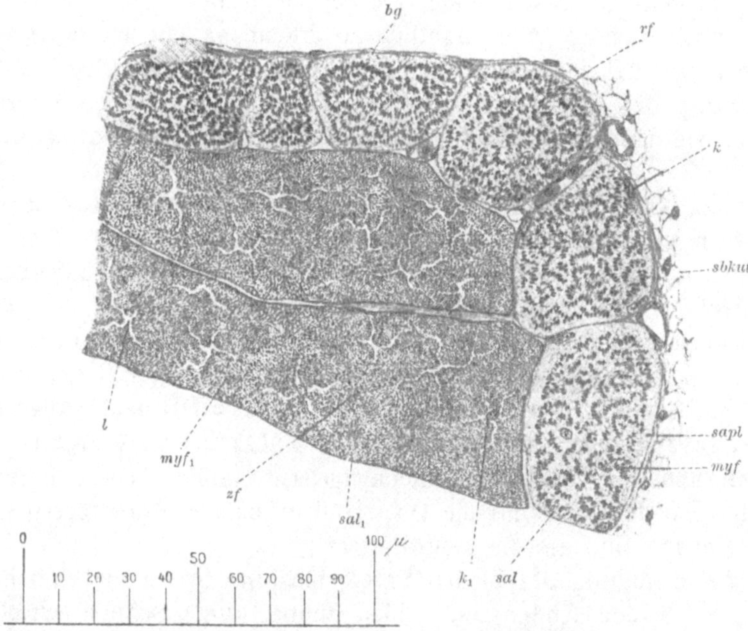


Fig. 441. Neunauge. Muskelkästchen (Querschnitt durch den Körper).
*bg* Bindegewebe zwischen zwei Muskelkästchen, *sbkut* subkutanes Bindegewebe, *rf* Randfasern mit Sarkoplasma (*sapl*), Kernen (*k*), Myofibrillen (*myf*) und Sarkolemma (*sal*), *zf* Zentralfasern mit Myofibrillen ($myf_1$), Kernen ($k_1$) und Sarkolemma ($sal_1$), *l* Lücken (Kunstprodukte) in den Zentralfasern.

Ihre Länge ist natürlich die gleiche wie bei den Randfasern, ihre Dicke nur wenig größer, wie dort, dagegen sind sie viel breiter, so daß sie körperlich die Form von Bändern haben.

Die Untersuchung der Fasern mit starker Vergrößerung lehrt uns, daß der schon bei schwacher Vergrößerung auffällige Unterschied in der Färbungsintensität auf dem verschiedenen Gehalt an kontraktiler Substanz an Myofibrillen (*myf*) beruht. Die Randfasern enthalten ziemlich grobe Myofibrillen, die aber nur wenig dicht liegen. Sie erscheinen auf dem Querschnitt — wir erinnern uns, daß es eigentlich der Schrägschnitt ist — als kleine, kurze bazillenförmige Stäbchen, welche sich mit den Längsseiten zu vielfach gewundenen Bändern oder kleineren Gruppen aneinander lagern. Zwischen den Fibrillen findet sich ein reichlich entwickeltes, fein netzmaschiges Sarkoplasma (*sapl*), welches auch die fibrillenfreie Randzone einer jeden Faser einnimmt und sich nach außen zur Bildung eines Sarkolemma (*sal*) verdichtet. Die im Querschnitt länglichen Kerne (*k*) sind ziemlich spärlich und liegen teils im Faserinnern, teils dicht unter dem Sarkolemma. Die helle Färbung der Randfasern beruht also auf einem Zurücktreten der Myofibrillen gegenüber dem Sarkoplasma.

Ganz anders die Zentralfasern (*zf*). Ihre Myofibrillen ($myf_1$) sind wesentlich dünner als die der Randfasern, liegen dafür aber auch außerordentlich viel dichter, so dicht, daß das Sarkoplasma kaum hervortritt. Zwar finden sich vielfach sternförmige Lücken (*l*), in denen hier und da ein Kern zu sehen ist, doch kann es sich dabei auch um leichte Schrumpfungserscheinungen handeln. Natürlich ist auch hier zwischen den Fibrillen Sarkoplasma vorhanden, nur tritt es nicht so stark in die Erscheinung, wie bei den Randfasern, nur das von ihm gelieferte Sarkolemma ($sal_1$) ist deutlich zu erkennen. Die Kerne ($k_1$) besitzen ähnliche Form wie bei den Randfasern, sind jedoch noch spärlicher als dort. Die dunkle Färbung der Zentralfasern beruht also auf der dichten Lagerung der Myofibrillen, sie sind gegenüber den Randfasern als sarkoplasmaarm zu bezeichnen.

Einen weiteren Fortschritt in der Erkenntnis dieser interessanten Muskulatur liefern uns dann transversale Längsschnitte durch das Tier, die, wie Fig. 440 lehrt, am vorteilhaftesten in der Höhe der Chordamitte angelegt werden, um die Kästchen in ihrer ganzen Ausdehnung zu treffen. Auch hier können wir unschwer Rand- und Zentralfasern unterscheiden. Sehr schön präsentieren sich bei Eisenhämatoxylinfärbung die dicken Fibrillen der ersteren neben den dünnen der letzteren. Beide zeigen die typische Querstreifung als Ausdruck ihrer Zusammensetzung aus isotroper und anisotroper Substanz, wie wir sie bei den höheren Wirbeltieren kennengelernt haben. Diese Längsschnitte zeigen auch noch deutlicher als die Querschnitte, daß die Randfasern wesentlich reicher an Kernen sind als die Zentralfasern.

Was die Endigung der beiden Faserarten anlangt, so verdünnen sich die Randfasern an beiden Enden und bilden dünne, kurze Sehnen, welche in die bindegewebige Umhüllung des Kästchens einstrahlen. Die Zentralfasern legen sich dagegen mit ihren breiten Enden direkt dieser Hülle an, ohne daß es zu einer Sehnenbildung kommt.

Wesentlich einfacher sind die histologischen Verhältnisse in den Viszeralmuskeln. Sie erlangen beim Neunauge eine außerordentlich reiche Entfaltung im Gebiet des Kopfes und dienen zur Bewegung, zur Verengerung und Erweiterung der Mund-, Schlund- und Kiemenhöhle, vor allem aber zur Bewegung des Zungenstempels beim Saugakt. In allen diesen Muskeln, von denen wir später noch einige werden kennenlernen, findet sich nur eine Art Fasern mit dünnen, quergestreiften Fibrillen, durch geringe Sarkoplasmamassen getrennt. Die von einem Sarkolemma umhüllten Fasern enthalten zahlreiche walzenförmige Kerne und durchsetzen den Muskel seiner ganzen Länge nach. Es setzt sich also der ganze Muskel aus gleichartigen durch gefäßführendes Bindegewebe getrennten Muskelfasern zusammen. Äußerlich wird er von einer bindegewebigen Scheide, einem Perimysium, umhüllt. An seinen Enden kann es zur Entwicklung starker Sehnen kommen.

## 6. Die Verdauungsorgane.

Die Untersuchung der Verdauungsorgane erfordert keine besonders erwähnenswerten technischen Maßnahmen. Wir verwenden dazu beliebig gefärbte Querschnitte durch das Tier.

Den Eingang zum Verdauungsrohr bildet die in der Ruhe länglich ovale Mundöffnung, die dann, wenn sich das Tier angesaugt hat, kreisförmig wird. Sie ist umsäumt von kurzen Fransen und führt in die wenig geräumige Mundhöhle, deren Hintergrund von der Saugscheibe gebildet wird. Die Mundhöhle wird gestützt durch besondere Knorpelplatten und -spangen (Deckplatten, Lippen- und Mandibularknorpel) und trägt eine größere Anzahl besonders beim angesaugten Tier stark hervorstechender spitzer Zähne. Aus dem dorsalen Teil der Mundhöhle führt eine ziemlich enge Öffnung in den geräumigen Pharynx. Ventral von ihm verläuft der sog. Zungenstempel, ein von starker Muskulatur umgebener langer Knorpelstab, der beim Ansaugen wie ein Spritzenstempel wirkt. In der Höhe des ersten äußeren Kiemenloches spaltet sich der Pharynx in den ventral gelegenen weiteren Wassergang und den dorsal gelegenen engen Schlund. Hier ist in die Pharynxwand eine Knorpelplatte eingelassen, von der oralwärts wie die Zinken eines Rechens Fortsätze in die Pharynxhöhle hineinragen und den Eingang des Wassergangs gegen das Eindringen gröberer Verunreinigungen schützen. Der Schlund reicht dann, zwischen den Kiemensäcken und dicht ventral von der Chorda gelegen, bis zur Höhe der Herzbasis, wo er blind endigt. Er liegt hier links vom Herzen, von der Chorda durch die großen Gefäße getrennt. In der lateralen Wand seines blinden Endstückes tritt das Pankreas auf. In letzterem findet sich nun auch das blinde Anfangsstück des Mitteldarms, das mit dem medial gelegenen Schlund in offener Verbindung steht. Ungefähr in der Herzmitte tritt die Leber auf und zwar zunächst dorsal vom Herzen; in der Gegend der Herzspitze vergrößert sich das Organ rasch und umgibt das Herz, so daß die Herzspitze in das rostrale Ende der Leber eingesenkt erscheint. Mit ihrem Auftreten erweitert sich der jetzt lateral vom Pankreas gelegene Darm und tritt jenseits des Herzens, in eine auf der dorsalen Leberfläche verlaufende Rinne, von der Chorda und den großen Gefäßen durch die jetzt auftretenden Geschlechtsdrüsen, Hode bzw. Eierstock getrennt. Hand in Hand mit der Erweiterung des Mitteldarms geht die Ausbildung der Spiralfalte, die sein Lumen stark verengt. Nach dem Verschwinden der Leber rückt der Darm aus seiner dorsalen Lage ganz dicht an die ventrale Bauchwand, von den Lappen der mächtigen Geschlechtsdrüsen umgeben (Fig. 440 *da*). In der Höhe des kaudalen Endes der vorderen Rückenflosse verschwindet die Spiralfalte allmählich, der Mitteldarm geht in den Enddarm über und tritt auch sehr bald in den sog. Afterpfropf ein, eine muskulöse Masse, welche außer dem Enddarm noch das gemeinsame Ende der beiden Harnleiter und die beiden Peritonealkanäle enthält. Die drei letzteren vereinigen sich zu dem Urogenitalkanal, der mit seiner muskulösen Umhüllung als Afterpfropf im engeren Sinne aus der in der Höhe des rostralen Endes der hinteren Rückenflosse gelegenen Afteröffnung hervorragt.

Wir wollen nun den Bau der einzelnen Abschnitte der Verdauungsorgane etwas näher besprechen und mit der Mundhöhle beginnen.

## a) Die Mundhöhle.

Zwei Querschnitte durch das Vorderende des Tieres mögen uns über den Bau der Mundhöhle und die Zusammensetzung der sie begrenzenden Wandungen orientieren. Der erste derselben (Fig. 442) fällt ungefähr durch die Mitte der Mundhöhle und enthält in seiner dorsalen Abteilung einen großen ovalen, freiliegenden Körper, das rostrale Ende des Zungenstempels (*zust*), dessen freie rostrale, hier nicht sichtbare Fläche mit Zähnen besetzt ist. Er ist von Epithel bekleidet, wird auf seiner dorsalen Fläche von einer tiefen Rinne, dem Anfangs-

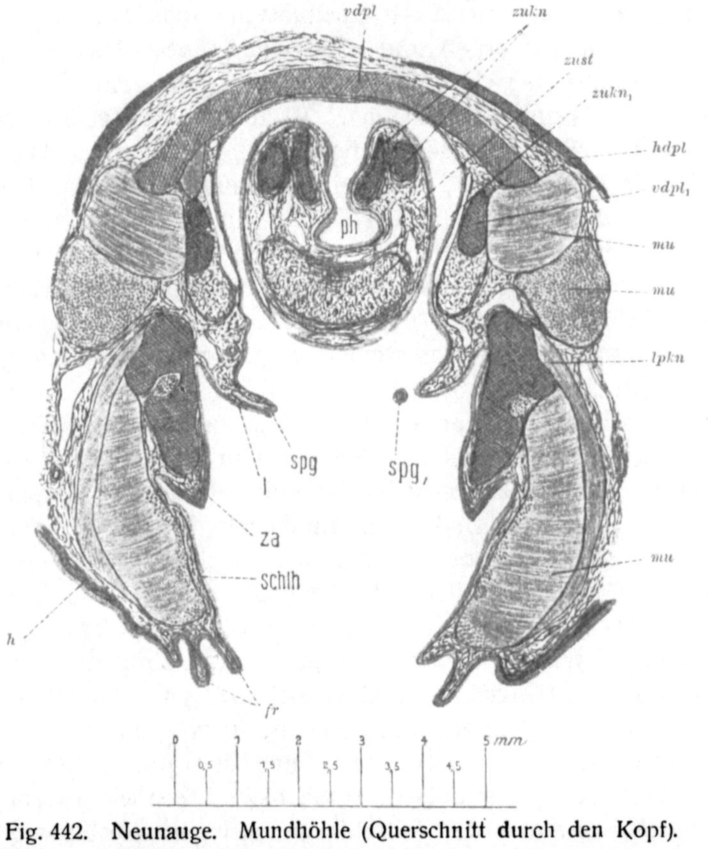


Fig. 442. Neunauge. Mundhöhle (Querschnitt durch den Kopf).

*vdpl* und *vdpl₁* vordere Deckplatte, *hdpl* hintere Deckplatte, *zust* Zungenstempel, *zukn* Zungenknorpel, *zukn₁* großer Zungenknorpel, *ph* Pharynx, *mu* Lippenmuskeln, *lpkn* Lippenknorpel, *h* Haut, *fr* Lippenfransen, *schlh* Mundhöhlenschleimhaut, *za* Zahn, *l* Schleimhautleiste mit der links längs, rechts quer getroffenen Papille des Speichelganges (*spg* und *spg₁*).

teil des Pharynx (*ph*), eingebuchtet und enthält in seinem Innern zwei kleine Zungenknorpel (*zukn*) und eine große nierenförmige Bindegewebsmasse ($zukn_1$), in welche das rostrale Ende des großen Zungenknorpels eingebettet ist. Das Mundhöhlendach wird von großen Knorpelplatten gestützt, von denen in unserem Schnitt die dicke vordere (*vdpl*) und die in zwei seitliche Stücke gespaltene hintere Deckplatte (*hdpl*) erscheinen. Zu der ersteren gehört auch noch der dicht ventral von ihr sichtbare Knorpelquerschnitt ($vdpl_1$). Auch in der lateralen Mundhöhlenwand erscheint ein großer Knorpel, der Lippenknorpel (*lpkn*). Im übrigen wird die Hauptmasse der Wand aus Muskeln (*mu*) gebildet, die teils quer, teils schräg, teils längs getroffen sind und der Verengerung und Erweiterung der Mundhöhle dienen. Ausgekleidet wird die letztere von einer Schleimhaut, deren Epithel 3—5 Lagen niedriger Zellen erkennen läßt. Die distalste Zellschicht trägt einen Kutikularsaum, ganz wie die Epidermis. Den gleichen Schleimhautüberzug hat auch der Zungenstempel. Ventral von ihm bildet die Schleimhaut beiderseits eine in die Mundhöhle vorspringende, transversale Leiste (*l*), auf deren Firste ein feiner, unscheinbarer Gang mündet, der Speichelgang (*spg*), und zwar auf einer kleinen Erhebung, der Speichelpapille, welche rechterseits ($spg_1$) quergetroffen ist. Ventral von der Speichelpapille bildet die Schleimhaut über dem

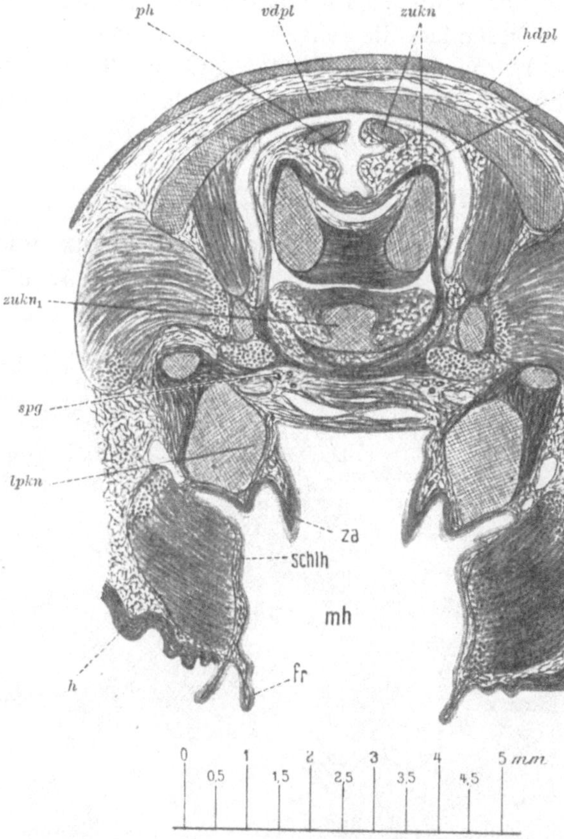


Fig. 443. Neunauge. Mundhöhle (Querschnitt durch den Kopf).
*ph* Pharynx, *vdpl* vordere Deckplatte, *zukn* Zungenknorpel, *hdpl* hintere Deckplatte, *zust* Zungenstempel, *bamu* Basilarmuskel, *za* Zahn, *mh* Mundhöhle, *schlh* Schleimhaut der Mundhöhle, *fr* Lippenfransen, *lpkn* Lippenknorpel, *spg* Speichelgang, $zukn_1$ großer Zungenknorpel.

ventralen Rande des Lippenknorpels eine zweite Hervorragung. Wir haben hier einen der großen Zähne (*za*) im Längsschnitt getroffen. Im Gebiet des Zahnes ist das Schleimhautepithel kolossal verdickt und besteht aus zahlreichen Zelllagen. Die distalen derselben sind verhornt und verleihen dem Zahn seine Härte und seine gelbe Färbung. Den Grundstock des Zahnes bildet die hier stark verdickte und sehr dichte Propria der Schleimhaut. Am freien Lippenrand geht die Mundhöhlenschleimhaut (*schlh*) in die Haut (*h*) über. Hier kommt es zur Entstehung der den Eingang der Mundhöhle umsäumenden Fransen (*fr*), kurzer, fingerförmiger Erhebungen der Propria, überzogen von Mundhöhlenepithel.

Der zweite Schnitt (Fig. 443) führt uns in den kaudalsten Abschnitt der Mundhöhle. Der Zungenstempel (*zust*) hat sich nun lateralwärts mit der Mundhöhlenwand vereinigt, wodurch der Pharynx (*ph*) von der stark verkleinerten Mundhöhle (*mh*) abgetrennt worden ist. In dem so entstandenen Mundhöhlendach erkennen wir wieder den Speichelgang (*spg*), begleitet von einer kleinen Arterie und dem Zungennerven. Auch in diesem Schnitt ist wieder jederseits ein dem Lippenknorpel (*lpkn*) aufsitzender Zahn (*za*) getroffen. Im Zungenstempel haben sich die Zungenknorpel (*zukn*) vergrößert und in der erwähnten nierenförmigen Bindegewebsmasse tritt nun das rostrale Ende des großen Zungenknorpels ($zukn_1$) auf. Von der Muskulatur, die sich noch mehr spezialisiert hat, interessiert uns besonders die teils längs, teils quer getroffene Fasermasse des Basilarmuskels (*bamu*). Die beiden Stücke der die dorsale Begrenzung unserer Abbildung bildenden hinteren Deckplatte sind zu einem einheitlichen Knorpelstreifen verschmolzen (*hdpl*).

### b) Der Pharynx und der Schlund.

Den zweiten Abschnitt des Verdauungstraktus, Pharynx und Schlund umfassend, wollen wir wieder an einer Reihe von Querschnitten studieren, deren erster (Fig. 444) kurz vor der äußeren Nasenöffnung durch den Kopf des Tieres

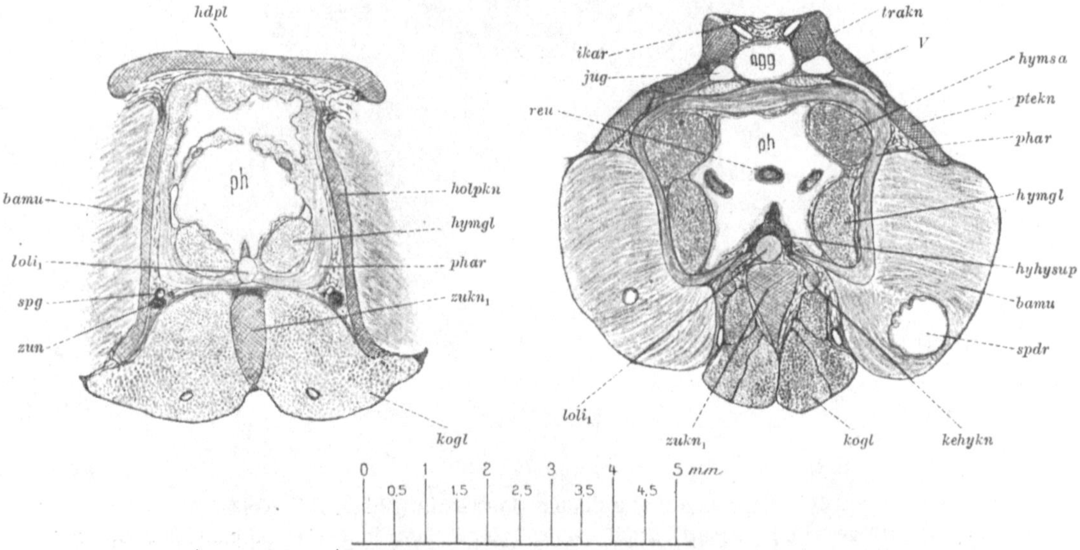


Fig. 444 und 445. Neunauge. Zwei Schnitte durch den Pharynx.

*hdpl* hintere Deckplatte, *ph* Pharynx, *bamu* Basilarmuskel, $loli_1$ Sehne des M. longitudinalis linguae, *spg* Speichelgang, *zun* Zungennerv, *holpkn* hinterer Oberlippenknorpel, *hymgl* M. hyomandibulariglossus, *phar* M. pharyngeus, $zukn_1$ großer Zungenknorpel, *kogl* M. copuloglossus, *ikar* A. carotis interna, *jug* V. jugularis, *reu* Reusenapparat, *ngg* Nasengaumengang, *trakn* Trabekularknorpel, *V* N. trigeminus, *hymsa* M. hyomandibularisemianularis, *ptekn* Pterygoidknorpel, *hyhysup* M. hyohyoideus superior, *spdr* Speicheldrüse, *kehykn* Keratohyalknorpel.

gelegt ist. Die Pharynxhöhle (*ph*) hat sich gegenüber dem früher betrachteten Pharynxeingang wesentlich erweitert und wird durch transversale Schleimhautfalten unvollkommen in einen dorsalen und ventralen Abschnitt geteilt. Ihr knorpliges Dach bildet das Ethmoid, die hintere Deckplatte (*hdpl*); seitlich wird sie gestützt durch den dünnen hinteren Oberlippenknorpel (*holpkn*), ventralwärts von ihr liegt der keilförmige Querschnitt des großen Zungenknorpels (*zukn*$_1$), umgeben von der mächtigen Masse des Basilarmuskels (*bamu*). Die Schleimhaut hat ganz den gleichen Bau, wie die der Mundhöhle. Sie wird umgeben von einem System quergestreifter Muskelfasern, von denen wir jederseits einen längs verlaufenden M. hyomandibulariglossus (*hymgl*) und einen ihn umhüllenden, zirkulär bzw. schräg verlaufenden M. pharyngeus unterscheiden können. Die Ursprungsstelle des letzteren bildet die in der Mittellinie, ventral von der Pharynxhöhle verlaufende Sehne des später noch zu erwähnenden M. longitudinalis linguae (*loli*$_1$). Der Speichelgang (*spg*) ist gegen früher beträchtlich weiter ventralwärts gerückt und liegt zusammen mit dem Zungennerven (*zun*) und der äußeren Karotis an der inneren Fläche des hinteren Oberlippenknorpels (*holpkn*). Sein Epithel ist zweischichtig. Außen liegt eine Schicht platter Zellen, nach dem Lumen zu von einer Schicht kubischer oder niedrig zylindrischer Zellen bedeckt.

Der nächste Schnitt (Fig. 445) führt hinter der äußeren Nasenöffnung durch den Kopf und schließt sich an den in Fig. 418 dargestellten Schnitt an. Dorsalwärts, in unserer Figur nicht mehr dargestellt, liegt das Gehirn, von den Trabekularknorpeln (*trakn*) flankiert, deren ventralster Teil hier noch sichtbar ist. Lateral und ventral von ihm liegen die Pterygoidknorpel (*ptekn*) und zwischen beiden der N. trigeminus (*V*). Der große Kanal zwischen den Trabekularknorpeln ist uns schon bekannt, es ist der Nasengaumengang (*ngg*); er hat lateralwärts die Jugularvene (*jug*) und dorsalwärts die innere Karotis (*ikar*). Der Pharynx (*ph*) zeigt ein großes Lumen, dessen Wände durch vier starke Muskeln vorgebuchtet werden, die M. hyomandibulariglossus und hyomandibularisemianularis. Die äußere Schicht der Pharynxmuskulatur bildet wieder der M. pharyngeus (*phar*). Seine ventralen Enden inserieren an kleinen hackenförmigen Knorpelchen, dem Keratohyalknorpel (*kehykn*). Die Sehne des M. longitudinalis linguae (*loli*$_1$) wird dorsalwärts bogenförmig von einem Muskel umzogen, der vom Keratohyalknorpel zu dem der anderen Seite verläuft, dem M. hyohyoideus superior (*hyhysup*).

Im Innern des Pharynx sind drei kleine, freigelegene Körperchen getroffen, die Querschnitte von drei Stäbchen des Reusenapparates. Sie überlagern den ventralen Teil des Pharynxquerschnittes. Bei stärkerer Vergrößerung finden wir in ihrem Innern einen kleinen Knorpelstab, umhüllt von gefäßhaltigem Bindegewebe, und das Ganze von Schleimhaut überzogen. Der Zungenknorpel (*zukn*$_1$) wird von dem in mehrere Teile zerspaltenen M. copuloglossus (*kogl*) umgeben, von dem lateralwärts der Basilarmuskel (*bamu*) liegt.

In den letzteren eingebettet liegt nun die Speicheldrüse (*spdr*) — auf der linken Seite ist die Mündungsstelle des Ganges getroffen —, eine Drüse, die ein höheres Interesse beansprucht, da sonst bei Fischen Speicheldrüsen mit Sicherheit nicht nachgewiesen sind. Sie stellt einen 5 mm langen und in maximo 1,5 mm dicken Sack dar, der in der Höhe des Augapfels in die ventrale Partie des Basilarmuskels eingebettet ist. Der Gang entwickelt sich aus dem verdünnten rostralen Ende, wendet sich rostromedial und dorsal, durchsetzt den Basilarmuskel, schließt sich später der äußeren Karotis und dem Zungennerven an und mündet in der beschriebenen Weise in die Mundhöhle. Die Wand des Drüsensackes ist meist glatt und bildet nur an einigen Stellen vorspringende Falten.

Sie besteht (Fig. 446) aus einer bindegewebigen, gefäßhaltigen Propria (*pro*), von dem Epithel durch eine homogene Basalmembran (*bam*) getrennt. Der letzteren liegen äußerlich verzweigte platte Zellen auf. Die Epithelzellen (*ep*) sind zylindrisch und an ihren freien Enden durch deutliche Kittleisten getrennt. Jede Zelle birgt in ihrem proximalen Abschnitte einem ovoiden Kern mit scharf hervortretendem Kernkörperchen. Das wabige Protoplasma enthält blasse Körnchen und feinste stärker färbbare Partikelchen, die wohl aus dem Kern ausgetretene Nukleolarsubstanz darstellen. Das Drüsenlumen erscheint fast vollkommen ausgefüllt von Sekret, bestehend aus größeren blassen und feinsten dunklen Körnchen, deren Ausstoßung aus den Zellen man Schritt für Schritt verfolgen kann. Bei der Weiterbeförderung des Sekretes wird die Kontraktion des Basilarmuskels (*muf*) wohl die Hauptrolle spielen.

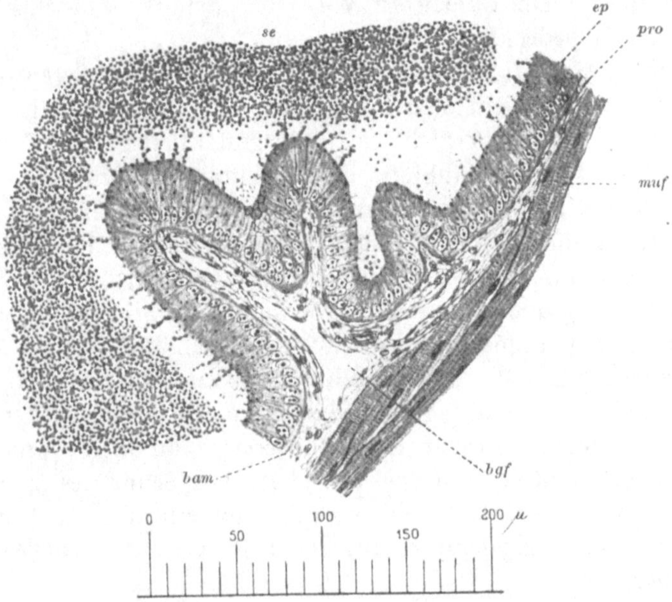


Fig. 446. Neunauge. Speicheldrüse.

*ep* Epithel, *pro* Propria, *bam* Basalmembran, *bgf* Blutgefäße, *muf* Fasern des M. basilaris, *se* Sekret im Drüsenhohlraum.

Der nächste Schnitt (Fig. 447) fällt dicht hinter den Augapfel. Von den Knorpeln hat sich das Pterygoid (*ptekn*) mit dem Parachordale (*pch*) vereinigt, von dem, in unserer Abbildung nicht mehr sichtbar, das Alisphenoid dorsalwärts abgeht und in welchem der Querschnitt der Chorda (*ch*) erscheint. Lateral liegt jederseits das Trigeminusganglion (*V ggl*), ventral der Nasengaumengang (*ngg*), die Jugularvene (*jug*) und die innere Karotis. In der Muskulatur sind gegen vorher wesentliche Veränderungen nicht eingetreten. Der Basilarmuskel (*bamu*) hat sich verkleinert und die Stelle der Speicheldrüse nimmt ein kleiner zum Keratohyale gehöriger Knorpel (*kehykn*) ein. Ventralwärts bildet der bogige M. hyohyoideus inferior (*hyhyinf*) den Abschluß. Zwischen ihm und dem Basilarmuskel zwängt sich die ventrale Karotis (*vekar*) hindurch. Im Lumen des Pharynx haben sich die Knorpelzinken des Reusenapparates (*reu*), im ganzen fünf, zu einer Knorpelplatte, der Intravelarplatte, vereinigt. Zwischen ihr und der sie umkleidenden Schleimhaut treten quergestreifte Muskelfasern auf. Das Ganze bezeichnen wir jetzt als Velum (*vel*).

Der vierte Schnitt (Fig. 448) fällt durch das rostrale Ende der Ohrkapseln. Von den Knorpeln präsentiert sich nun das Keratohyale (*kehykn*) in seiner ganzen Breite. Etwas weiter kaudalwärts geht es in das Epihyale über, das die Verbindung mit dem Pterygoid (*ptekn*) bewirkt. Der Basilarmuskel (*bamu*) hat sich noch weiter verkleinert. Im Pharynx hat sich das Velum nun mit den seitlichen Pharynxwänden vereinigt und dadurch den dorsal gelegenen Schlund (*oes*) von dem ventral gelegenen Wassergang (*wag*) abgetrennt. Die Intravelarplatte (*ivelpl*) hat sich wieder in zwei Knorpelspangen zerspalten, an denen sich je ein vom Keratohyale heraufkommender Muskel, M. velohyoideus (*velhy*), ansetzt; er dient der Bewegung des Velums und seines Reusenapparates. Dorsalwärts

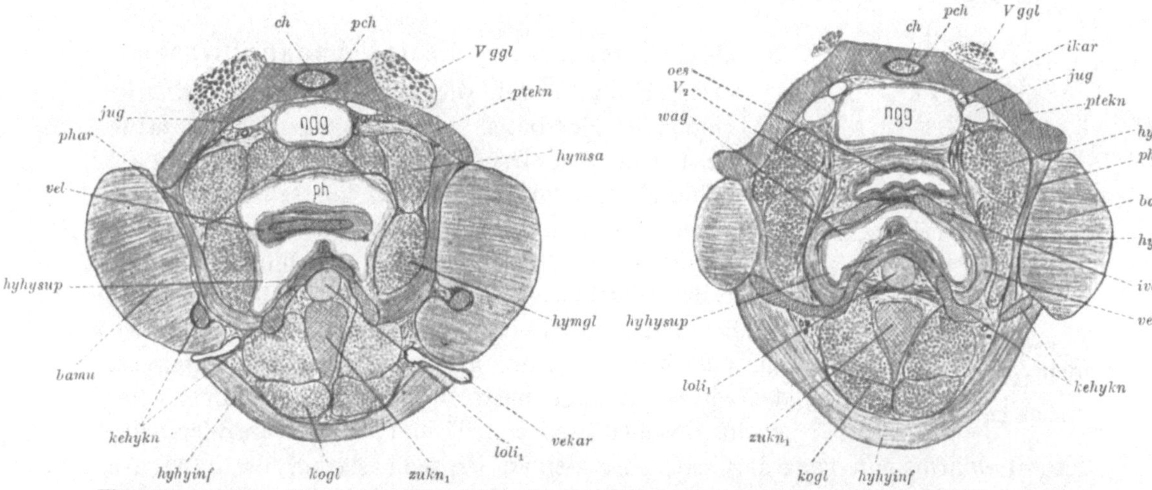


Fig. 447 und 448. Neunauge. Zwei Schnitte durch den Pharynx und den Anfang des Schlundes.* *ch* Chorda, *pch* Parachordale, *Vggl* Ganglion des N. trigeminus, *ptekn* Pterygoidknorpel, *hymsa* M. hyomandibularisemianularis, *hymgl* M. hyomandibulariglossus, *vekar* A. carotis ventralis, $loli_1$ Sehne des M. longitudinalis linguae, $zukn_1$ großer Zungenknorpel, *kogl* M. copuloglossus, *hyhyinf* M. hyohyoideus inferior, *bamu* M. basilaris, *hyhysup* M. hyohyoideus superior, *vel* Velum mit Intravelarplatte (*ivelpl*), *phar* M. pharyngeus, *jug* V. jugularis, *ngg* Nasengaumengang, *ph* Pharynx, *ikar* A. carotis interna, *velhy* M. velohyoideus, *kehykn* Keratohyalknorpel, *wag* Wassergang, *oes* Schlund, $V_2$ Ramus maxillaris n. trigemini.
* Maßstab siehe Figur 444.

ist immer noch der weite Nasengaumengang (*ngg*) sichtbar. Der Nerv, welcher lateral von ihm herabsteigt, ist der Ramus maxillaris des N. trigeminus ($V_2$).

Der Schlund, dessen Abspaltung vom Wassergang wir so kennengelernt haben, zieht nun in dem Raum zwischen den beiderseitigen Kiemensäcken (Fig. 449 *kisa*) kaudalwärts bis zur Herzbasis. Er liegt dabei ventral von der Aorta (*ao*) und dorsal von dem Wassergang (*wag*), an den sich weiter ventral die große Kiemenarterie (*kiart*) und der M. longitudinalis linguae (*loli*) schließen. Wenn in der Höhe des letzten inneren Kiemenloches der Wassergang verschwindet, dann liegt der Schlund zwischen Aorta und Kiemenarterie. Der M. longitudinalis linguae (*loli*), dessen Sehne ($loli_1$) in allen früheren Schnitten sichtbar war, inseriert an der knorpligen Herzkapsel.

Der Schlund unterscheidet sich in seinem Aufbau in mancher Beziehung von dem Pharynx. Zunächst bildet seine Schleimhaut eine Reihe von 10—20 allmählich an Höhe zunehmenden, schmalen Längsfalten, deren jede aus Epithel und Propria besteht. Das Epithel gleicht zunächst ganz dem Pharynxepithel, verändert jedoch bald sein Aussehen dadurch, daß die distalste Zellschicht an Höhe allmählich zunimmt, zylindrisch wird und zwar auf der Höhe der Falten früher, als zwischen den Falten. Wir haben so in den kaudaleren Teilen des Schlundes ein zwei- oder mehrschichtiges Zylinderepithel, dessen freie Fläche mit einem schmalen, feinstreifigen Kutikularsaum bedeckt ist. Zwischen den Zylinderzellen finden sich auch hier und da Becherzellen, die zur Entstehung größerer Schleimzysten im Epithel Veranlassung geben können (Fig. 452 *schlz*).

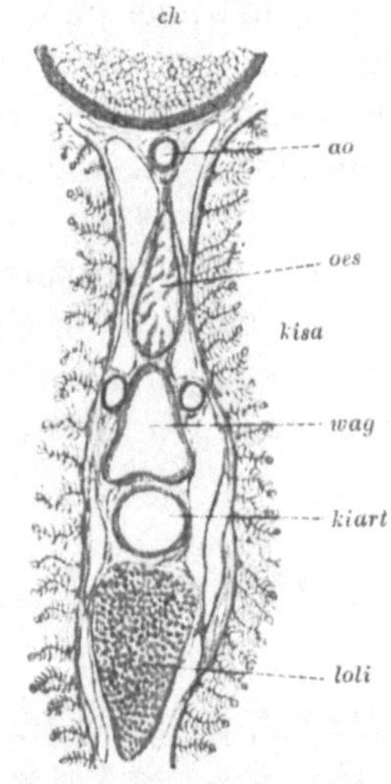


Fig. 449. Neunauge. Schnitt durch Schlund und Wassergang.*
*ch* Chorda, *ao* Aorta, *oes* Schlund, *kisa* Kiemensack mit Kiemenblättern, *wag* Wassergang, *kiart* Kiemenarterie, *loli* M. longitudinalis linguae.
* Maßstab siehe Fig. 444.

c) Der Mitteldarm und seine Anhangsdrüsen.

Der Schlund endet, wie wir früher sahen, blind in der Höhe der Herzbasis. Hier lagert sich an seine dorsale Fläche eine Drüsenmasse an, das Pankreas. Der Schlund ist schon kurz vorher aus seiner medianen Lage mehr nach links herübergerückt. In diesem Teil des Pankreas findet sich nun auch das blinde Anfangsstück des Mitteldarms und ist mit dem blinden Ende des Schlundes durch eine quere Anastomose verbunden. Kurz nach der Vereinigung verschwindet das Pankreas, das wir seiner Lage nach als dorsales Pankreas bezeichnen wollen, und es tritt nun auf der ventralen Seite des Mitteldarms eine ganz ähnliche, aber kleinere Drüsenmasse auf, das ventrale Pankreas. (Man vergleiche hierzu Fig. 465—468.) Gleichzeitig mit ihm tritt auch die Leber auf, die mit zwei Zipfeln bis in diese Gegend ragt. Der eine größere liegt rechterseits, von dem Darm durch die großen Hohlvenen getrennt, der kleinere schließt sich links direkt an den Darm an. Während die Leber sich nun bald stark vergrößert und die Herzspitze bzw. den dieselbe umgebenden Knorpelsack umfließt, lagert sich das ventrale Pankreas zwischen Darm und Leber ein; dabei geht die Propria des Darms direkt in die bindegewebige Leberkapsel über und umgibt auch das ventrale Pankreas. Jetzt tritt im Darm die Spiralklappe auf, in deren Bindegewebe sich das Pankreas noch hineinschiebt. Über den weiteren Verlauf des Mitteldarms ist oben schon das Nötigste gesagt worden, so daß wir gleich zur Ermittlung seines feineren Baues schreiten können.

Die Darmschleimhaut legt sich im ganzen Mitteldarm in zahlreiche Falten (Fig. 450 *f*). Sie verlaufen sämtlich in der Längsrichtung, stehen zunächst ziemlich weit voneinander ab, treten aber jenseits der Leber immer dichter aneinander und werden ganz regelmäßig, so daß eine Falte dicht an der anderen liegt. Während diese Falten alle einfach sind, d. h. keine sekundären Erhebungen besitzen, zeigt die Spiralfalte (Fig. 450 *spf*), die nichts anderes als eine besonders mächtige Längsfalte darstellt, auch noch sekundäre niedrige Erhebungen.

Das die Schleimhaut überziehende Epithel ist ein einfaches Zylinderepithel, das sich in dem Kommunikationsstück zwischen Schlundende und

Mitteldarmanfang allmählich aus dem Epithel des ersteren entwickelt. Seine Zellen sind zunächst typische Flimmerzellen (Fig. 451 *flz*). Sie erreichen eine durchschnittliche Länge von 20 $\mu$ und tragen auf ihrer freien Oberfläche einen Flimmerbesatz mit Basalkörperchen. Der Kern liegt bald mehr proximal, bald mehr distal; der Zellkörper zeigt eine feine Granulierung. Jenseits der Leber schieben sich nun zwischen die Flimmerzellen flimmerlose Zellen ein (Fig. 451 *köz*). Ihre freie Oberfläche ist mit einem schmalen, undeutlich streifigen Kutikularsaum bedeckt und ihr Körper enthält zahlreiche stark azidophile Körner, welche eine stattliche Größe erreichen können. Diese Körnerzellen übertreffen die Flimmerzellen an Dicke und gehen unzweifelhaft aus letzteren dadurch hervor, daß die Flimmerzellen in ihrem Körper jene Körner

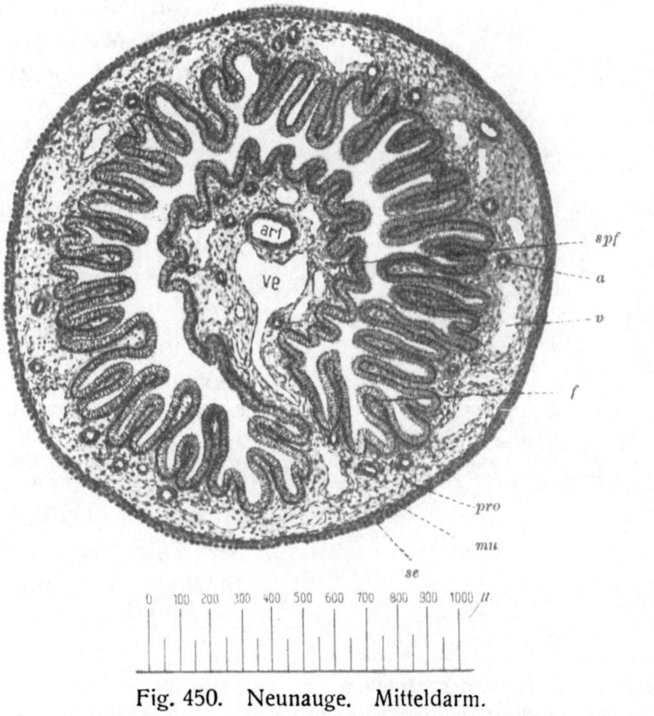


Fig. 450. Neunauge. Mitteldarm.
*se* Serosa, *mu* Muskularis, *pro* Propria, *f* Schleimhautlängsfalten, *spf* Spiralfalte mit Arterie (*art*) und Vene (*ve*), *a* Schleimhautarterie, *v* Vene.

ausarbeiten und dabei nach und nach ihren Flimmerbesatz einbüßen. Hat dieser Prozeß eine gewisse Höhe erreicht, so werden die Körner ausgestoßen, die Zelle kollabiert und bildet sich nun wieder in eine Flimmerzelle um. Solche schmale, flimmerlose, dunkelgefärbte Zellen trifft man überall im Epithel ($köz_2$). Die Körner können auch schon in den Zellen selbst verflüssigt werden, dann ist der Zellkörper von großen, hellen Vakuolen durchsetzt ($köz_1$). Wahrscheinlich enthalten sie ein Eiweiß verdauendes Enzym. Schleimzellen finden sich im Darmepithel nicht.

Die Propria des Mitteldarms (Fig. 451 *pro*) bildet, wie erwähnt, regelmäßige Längsfalten, unter denen eine, die Spiralfalte, eine besondere Ausdehnung erlangt, weit in das Darmlumen vorspringt und dasselbe fast vollkommen ausfüllt (Fig. 450 *spf*). Diese Propria besteht aus verästelten, miteinander anastomosierenden Bindegewebszellen und ist in der Spiralfalte und den peripheren Schichten von starken, kollagenen Faserbündeln durchsetzt. In der Propria verlaufen die Blutgefäße, und zwar die größten immer innerhalb der Spiralfalte. Hier treffen wir den Querschnitt einer großen Arterie und einer noch größeren Vene (Fig. 450 *art* und *ve*).

Außer den Blutgefäßen enthält die Propria noch ein sehr ausgebreitetes sympathisches Nervengeflecht, sehr reichlich mit Ganglienzellen besetzt. Die letzteren (Fig. 451 *gglz*) sind ziemlich groß, multipolar und umkapselt; man trifft sie allenthalben in großer Zahl.

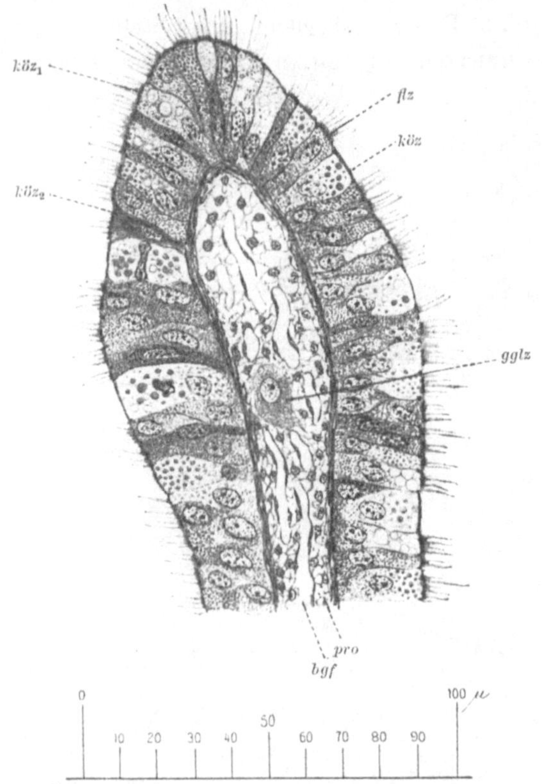


Fig. 451. Neunauge. Falte des Mitteldarms. *flz* Flimmerzellen, *köz* Körnerzellen, *köz*₁ eine solche mit Vakuolen, *köz*₂ kollabierte Körnerzelle, *pro* Propria, *bgf* Blutgefäße, *gglz* sympathische Ganglienzelle.

Nach außen folgt auf die Propria die Muskularis, bestehend aus dünnen, glatten Muskelzellen (Fig. 450 *mu*). Diese Muskelzellen treten zuerst sehr spärlich und zerstreut auf, um sich erst später zu einer zusammenhängenden Schicht zusammenzuschließen.

Die Abgrenzung des Darms gegen die Leibeshöhle und die Auskleidung der letzteren bildet die Serosa, im wesentlichen eine einfache Lage kubischer Zellen (Fig. 450 *ser*).

Am Pankreas von Petromyzon müssen wir zwei Teile unterscheiden: der eine liegt auf der dorsalen Fläche des blinden Endes des Schlundes, der andere auf der ventralen Fläche des Mitteldarmanfangs. Das dorsale Pankreas ist wesentlich umfangreicher als das ventrale, beide besitzen aber die gleiche Struktur (Fig. 452) und bestehen aus verzweigten Zellbalken (*ba*), die nur an wenigen Stellen ein Lumen zeigen. An den Zweigenden sitzen kuglige, ebenfalls solide Alveolen (*alv*). Ob diese Zellbalken da, wo sie hohl sind, mit dem Mitteldarm kommunizieren, ist schwer zu ermitteln, erscheint aber durchaus möglich. Sie bestehen aus kleinen, kernhaltigen Zellen, welche keine besonderen Struktureigentümlichkeiten erkennen lassen. Zwischen den Balken und Alveolen stößt man auf locker gefügte Zellhaufen, deren Übergang in die Zellbalken unschwer zu erkennen ist (*ins*). Vielleicht handelt es sich hier um Bildungen, vergleichbar den LANGERHANSschen Inseln, wie wir sie bei höheren Vertebraten kennengelernt haben. Zwischen den Balken liegt Bindegewebe, das ohne jede Grenze in die Propria des Schlundes und des Darmes und in die Kapsel der Leber übergeht.

Die Leber ist ein großes, massives Organ, das sich von der Leber aller anderen Vertebraten dadurch auszeichnet, daß es nur im Larvenleben mit dem Darm in offener Verbindung steht, diesen Zusammenhang aber später verliert und beim erwachsenen Tier dann eine Drüse ohne Ausführungsgang darstellt. Die Leber von Ammozoetes mündet durch einen Gallengang in den Darm. Innerhalb der Drüse verzweigt sich dieser Gang vielfach und durch wiederholte Aufteilung seiner Äste und Zweige entstehen die blind endigenden Lebertubuli, deren auskleidende Zellen die Leberzellen sind und deren Lumen man als Gallenkapillaren bezeichnet. Es ist also die Ammozoetesleber eine zusammengesetzte,

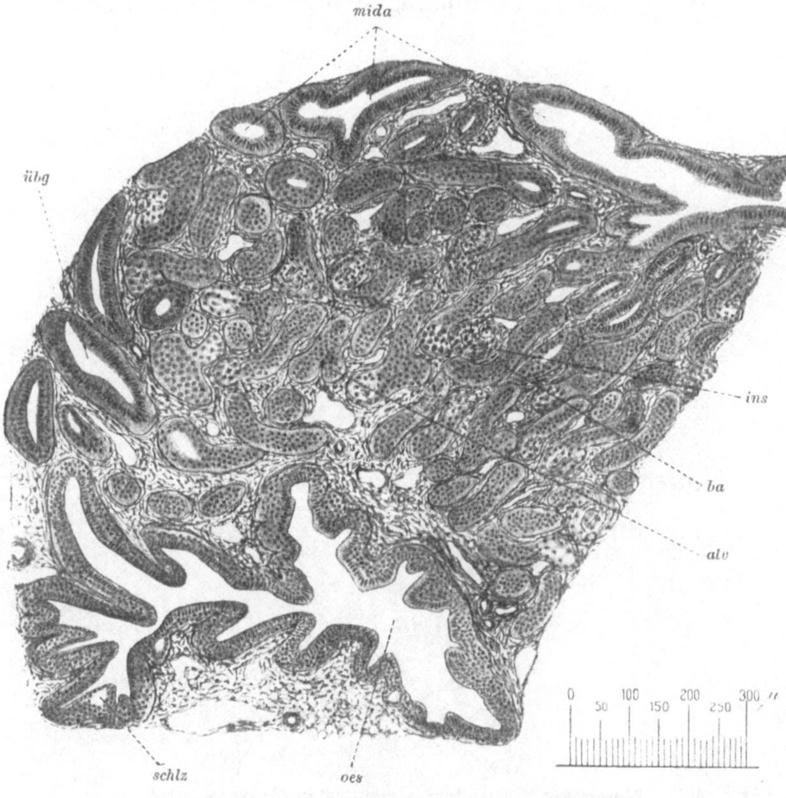


Fig. 452. Neunauge. Dorsales Pankreas.
*oes* Schlund mit Schleimzysten (*schlz*) im Epithel, *mida* Mitteldarm, *übg* Verbindungsstück zwischen beiden, *ba* Zellbalken des Pankreas, *alv* Alveolen, *ins* inselartige Bildungen.

verzweigt tubulöse Drüse. Während der Metamorphose verschwinden der Gallengang und seine Anfangsäste spurlos. Auch das Lumen der Gallenkapillaren scheint vollständig zu obliterieren, während im übrigen die tubulöse Struktur des Organs vollkommen erhalten bleibt (Fig. 453 *le*). Es besteht demnach die Neunaugenleber aus vielfach verzweigten Zellsträngen, wovon wir uns an dünnen Schnitten leicht überzeugen können. Auf dem Querschnitt zeigt ein solcher Strang einen äußeren Kranz von 6—8 Zellen, der noch mehrere zentrale Zellen umschließt. Von einem Lumen ist nichts zu sehen. Die Zellen sind klein, ihr Körper ist mehr oder weniger stark mit Fett erfüllt vom feinsten Stäubchen bis zum dicken Tropfen. Von dem Fettgehalt hängt die Form des Kernes ab. In den fettarmen Zellen ist der Kern kuglig mit deutlichem Nukleolus. Durch das sich ansammelnde

Fett wird er mehr und mehr komprimiert und schließt völlig deformiert. Beim erwachsenen Tier ist die Leber im wesentlichen ein Fettdepot. Ob sie daneben noch eine spezifische Verdauungstätigkeit ausübt, läßt sich schwer sagen.

Die Leber ist außerordentlich reich vaskularisiert und man findet in den Schnitten immer eine große Zahl weitklaffender Venen und zahlreiche auffallend muskelstarke Arterien. In die Leber treten die beiden großen Gefäße ein, denen wir in der Spiralfalte des Darmes begegneten. Sie verzweigen sich und umgeben die Leberbalken mit einem außerordentlich reichen Kapillarnetz.

Die Leber ist umgeben von einer dünnen, bindegewebigen Kapsel, die mit der Propria des Darms in Verbindung steht. Mit den Blutgefäßen dringen

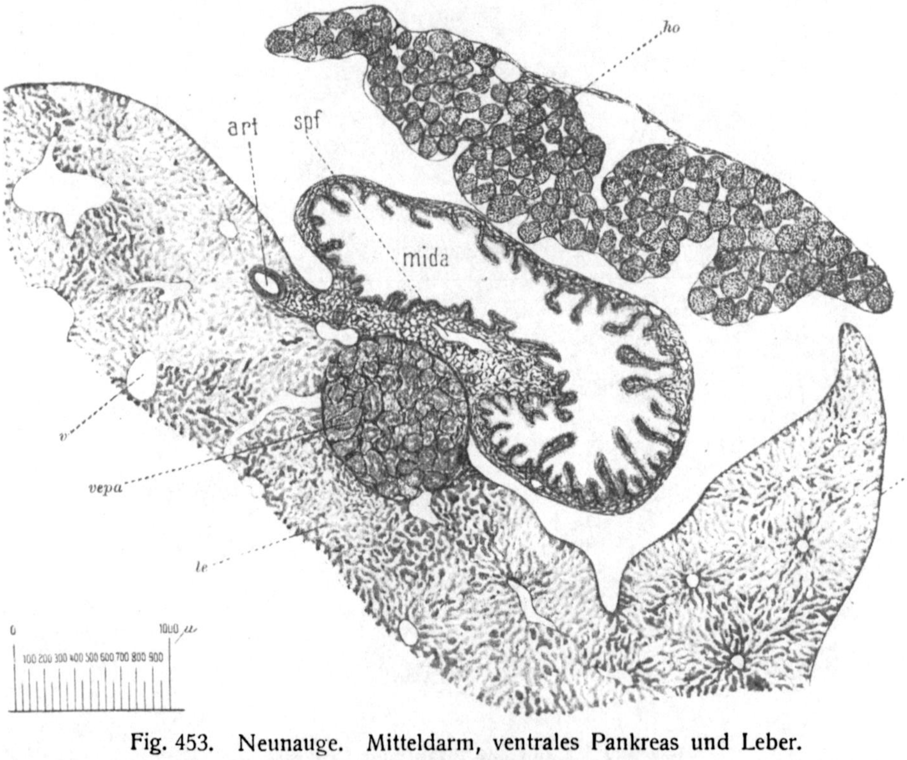


Fig. 453. Neunauge. Mitteldarm, ventrales Pankreas und Leber.
*mida* Mitteldarm mit der im Auftreten begriffenen Spiralfalte (*spf*), *vepa* ventrales Pankreas, *le* Leber, *v* Vene, *art* Arterie, *ho* Hode.

beträchtliche Bindegewebsmassen in die Leber ein und strahlen in die umgebende Lebersubstanz aus. Zwischen den Leberbalken läßt sich echtes kollagenes Bindegewebe nur in geringer Menge nachweisen, dagegen finden sich hier zu Netzen vereinigte sog. Gitterfasern.

## d) Der Enddarm.

Als Enddarm bezeichnen wir das letzte, nur wenige Zentimeter lange Endstück des Darmes, dessen Beginn wir in diejenige Gegend verlegen, in welcher die Spiralfalte verschwindet, und dessen Ende der After bildet. Der Darm hat hier runde Querschnittsform und einen Durchmesser von ungefähr 2 mm. Anfangs wird er noch seitlich umgeben von den kaudalen Enden der Geschlechtsdrüsen. Sind diese verschwunden, so treten an ihre Stelle die Harnleiter mit den Nieren, welch letztere aber auch sehr bald verschwinden. Während der ganze Mitteldarm kaudalwärts von der Leber mit der Wand der Leibeshöhle

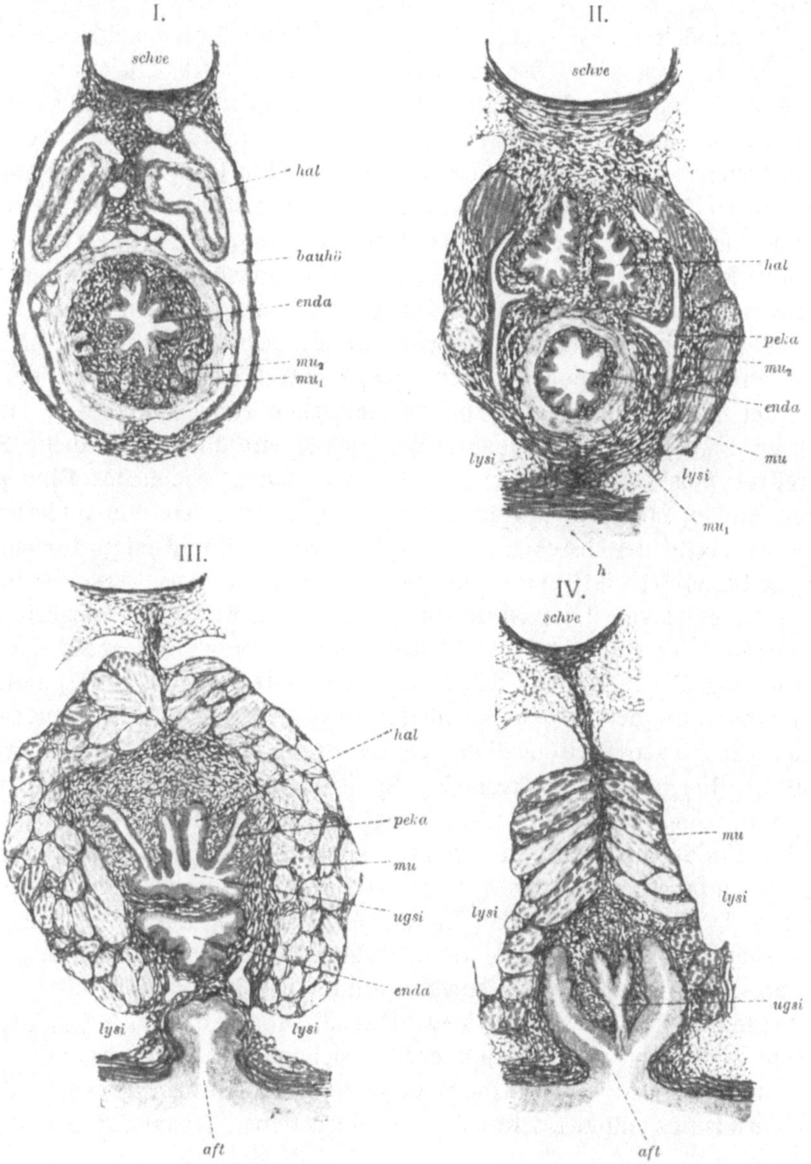


Fig. 454. Neunauge. Vier Schnitte durch Enddarm und Afterpfropf. *schve* Schwanzvene, *hal* Harnleiter, *bauhö* Bauchhöhle, *peka* Peritonealkanäle, *enda* Enddarm, *mu* quergestreifte Muskulatur des Afterpfropfes, $mu_1$ glatte Ring-, $mu_2$ glatte Längsmuskulatur des Enddarmes, *ugsi* Urogenitalsinus, *aft* After, *lysi* Lymphsinus.

keine feste Verbindung hat, so daß er aus nicht zu dicken Querschnitten durch den Tierkörper leicht herausfällt, bildet sich am Enddarm zunächst eine solche aus, indem das interrenale Bindegewebe sich auf den Darm überschlägt. Sehr bald kommt auch eine solche auf der Ventralseite zustande und es ist jetzt die stark verkleinerte Leibeshöhle in zwei symmetrische Hälften zerlegt, in welche von dorsal her die Harnleiter hineinragen. Dann tritt der Darm in den Afterpfropf ein.

Das Zustandekommen dieses eigenartigen Gebildes demonstrieren uns die vier Schnitte der Fig. 454. Der Enddarm (*endu*) besitzt eine starke Propria und eine kräftige, glatte Muskularis. Das gleiche gilt, wenn auch nicht in so hohem Maße, von den Harnleitern (*hal*). Die letzteren nähern sich dem Darm immer mehr und es kommt schließlich zu einer Verschmelzung der bindegewebigen und muskulösen Bestandteile ihrer Wandungen. Gleichzeitig treten in dem die Leibeshöhle nach außen abschließenden Bindegewebe quergestreifte Muskelfasern (*mu*) auf, welche sehr bald zwei starke, muskulöse Halbringe bilden. Dieses ganze Gebilde stellt nun den Afterpfropf dar. Er steht dorsal mit dem die unpaare Schwanzvene (*schve*) umgebenden Bindegewebe zunächst in breiter, später in schmal ausgezogener Verbindung. Ventral geht sein Bindegewebe in die Kutis der Bauchwand über. Von der seitlichen Körperwand wird er durch einen weiten Lymphsinus getrennt. Zu äußerst enthält er eine dicke Schicht quergestreifter Muskelfasern, welche zu kleinen, durch reichliches Bindegewebe getrennten Bündeln (*mu*) in schrägen Zirkeltouren verlaufen und äußerlich von einer dünnen Bindegewebsschicht umhüllt werden. Dann folgt zunächst der Rest der Leibeshöhle, die Peritonealkanäle (*peka*), in Form zweier ⊢förmiger Spalten und medial von ihnen in der dorsalen Hälfte die beiden Harnleiter (*hal*), in der ventralen der Enddarm (*enda*), beide umgeben von starken Massen glatter Muskulatur und Bindegewebe. Ein Stückchen weiter (Fig. 454 *III*) kommt es zum Zusammenfluß der beiden Harnleiter und gleichzeitig verbinden sich mit ihnen auch die beiden Peritonealkanäle. Der so entstandene Urogenitalsinus (*ugsi*) hat die Form eines transversalen Spaltes, in den von dorsal her die vier Kanäle einmünden. Ventral von ihm liegt der unregelmäßig dreieckige Querschnitt des Enddarms (*enda*). Er richtet seine Spitze ventralwärts einer Einsenkung der äußeren Haut, der Afterspalte (*aft*), entgegen. Sehr bald fließen dann (Fig. 454 *IV*) Afterspalte und Enddarm zur Bildung des Afters zusammen. In ihn hinein ragt der zentrale, den Urogenitalsinus umschließende Teil des Afterpfropfes, der Afterpfropf im engeren Sinne. Die jenen Sinus umschließende, glatte Muskulatur ist sehr spärlich geworden, die quergestreifte Muskulatur (*mu*) ist dagegen noch sehr mächtig und ordnet sich zu zwei Blättern an, getrennt durch ein medianes, zur Schwanzhohlvene (*schve*) dorsalwärts ziehendes Septum. Der Urogenitalsinus mündet schließlich in einen feinen Kanal auf der Mitte des Afterpfropfes.

Wir wollen nun noch den feineren Bau der einzelnen Teile des Enddarmes etwas näher besprechen. Das Epithel ist ein mäßig hohes, zunächst noch Flimmerbesatz zeigendes Zylinderepithel, aus dem aber die Körnerzellen des Mitteldarms vollständig verschwunden sind. In der Nähe des Afterpfropfes verschleimen die distalen Teile der Zellen und verlieren bald ihre Flimmern. Im Afterpfropf selbst geht dieses Zylinderepithel in ein mehrschichtiges, sog. Übergangsepithel über. Die tiefste Schicht enthält Zylinderzellen, dann folgen mehrere Schichten unregelmäßiger Zellen, deren distalste mit Fortsätzen zwischen die Zellen der proximaleren Schichten eingreift. Im After geht dieses Übergangsepithel in das geschichtete Epithel der äußeren Haut über.

Die bindegewebige Propria bildet im Enddarm zunächst noch ziemlich hohe, bald aber an Zahl und Höhe abnehmende Längsfalten, hat aber im übrigen den gleichen Bau wie im Mitteldarm. Mit dem Erscheinen des Übergangsepithels greifen ihre Bindegewebsfasern allenthalben zwischen die Zellen der proximalen Zylinderzellschicht ein, so daß der Grenzkontur zwischen Epithel und Propria nicht mehr glatt, sondern gezähnelt erscheint. Die Propria des Enddarms enthält zahlreiche Blutgefäße, darunter weite venöse Sinus. Sie enthält auch bis zum After hin zahlreiche Nervenfasergeflechte, reichlich mit Ganglienzellen besetzt.

Während die glatte Muskulatur im Mitteldarm nur wenig hervortritt, erlangt sie im Enddarm eine gewisse Mächtigkeit. Anfangs verlaufen die Fasern nur zirkulär ($mu_1$), in der Nähe des Afterpfropfs gesellen sich dazu innere und äußere Längsbündel ($mu_2$) und im Anfang des Afterpfropfs erreicht diese Muskularis einen Durchmesser von 200 $\mu$.

## 7. Die Atmungsorgane.

Um uns zunächst einen Überblick über den Bau der Atmungsorgane zu verschaffen, schneiden wir mit scharfem Rasiermesser den Kopf eines Tieres in transversaler Richtung in der Höhe der äußeren Kiemenlöcher der Länge nach durch. Wir haben dann Wassergang, äußere und innere Kiemenlöcher und Kiemensäcke vor uns. Einer der letzteren wird herausgeschnitten und halbiert, um den Verlauf der Kiemenblätter zu demonstrieren. Zur Untersuchung des feineren Baues der Kiemenblätter dienen die entsprechenden Schnitte unserer Querschnittsserie, eventuell durch transversale Längsschnitte ergänzt.

Die Atmungsorgane setzen sich zusammen aus dem Wassergang und den Kiemensäcken. Über die Abspaltung des ersteren vom Pharynx und den seinen Zugang schützenden Reusenapparat ist schon früher alles Nähere gesagt worden (Fig. 445, 447 und 448). Er verläuft zwischen Pharynx und Kiemenarterie kaudalwärts und endet ungefähr in der Höhe des sechsten äußeren Kiemenloches. Anfangs ungefähr 2 mm weit, verengt er sich allmählich auf die Hälfte.

Aus dem Wassergang führen die inneren Kiemenlöcher oder Oscula (Fig. 455 *ikilo*) in die Kiemensäcke (*kisa*). Die inneren Kiemenlöcher sind schlitzförmige Öffnungen, die, 7 an der Zahl, beim erwachsenen Tier ungefähr 5 mm voneinander entfernt stehen. Die Kiemensäcke sind plattgedrückte, taschenartige Hohlräume mit einer größten Breite von 10—15 mm, einer Höhe von 8—12 mm und einer Dicke von 2—4 mm. Sie sind gegen die Körperachse ungefähr im Winkel von 45° parallel zueinander angeordnet und verlaufen von rostral und median nach kaudal und lateral. Es liegen so die inneren Kiemenlöcher ungefähr in derselben Querschnittsebene wie die äußeren Kiemenlöcher des vorhergehenden Kiemensackpaares. Jeder Kiemensack wird auf seiner Vorder- und Hinterfläche von einem weiten Lymphsinus (*lysi*) umgeben. Auf seiner Innenfläche trägt er ein System von hohen Falten, die Kiemenblätter (*kibl*), welche dicht nebeneinander gelegen bogig von lateral nach medial verlaufen, so daß sie gegen äußeres und inneres Kiemenloch konvergieren. In der Mitte ihres Verlaufs ist die Falte am höchsten, nach beiden Enden sinkt sie allmählich ab. Während die Falten innen fast das innere Kiemenloch erreichen, enden sie außen ein Stück vor dem äußeren Kiemenloch in einem das letztere ringförmig umgebenden Wulst, so daß sich hier ein schmaler faltenloser Vorhof (*voho*) bildet. Jedes Kiemenblatt trägt auf seinen beiden freien Flächen wieder ein System paralleler Sekundärfalten, die Kiemenblättchen (*kibl*$_1$). Sie verlaufen senkrecht zur Längsrichtung der Kiemenblätter und steigen von der Basis der letzteren allmählich bis zur Mitte an, um gegen die freie Firste der Falte allmählich wieder abzufallen. Die letztere selbst ragt mit etwas verdicktem Ende frei in das Innere des Kiemensackes hinein.

Die ganze Kiemenregion wird gestützt durch sieben Paare knorpliger, durch Querspangen zu einem Kiemenkorb miteinander verbundener Kiemen-

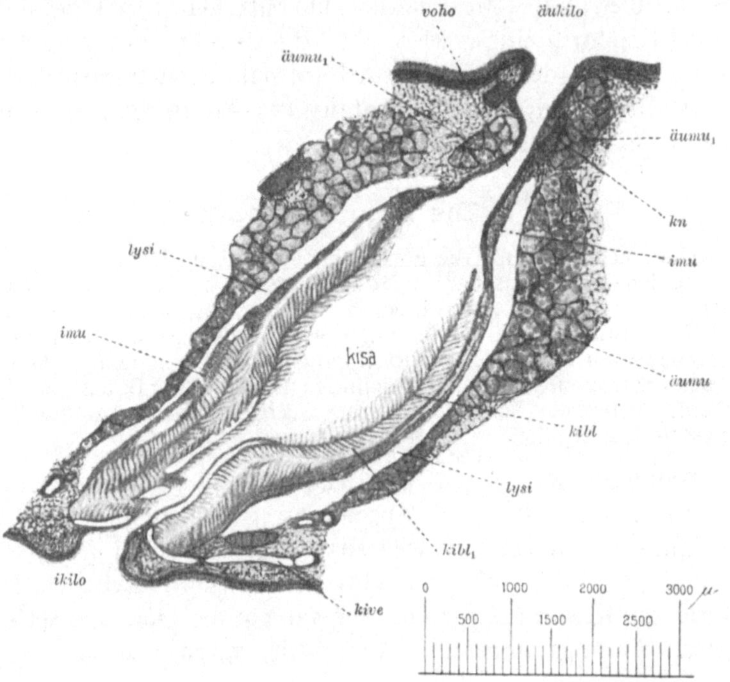


Fig. 455. Neunauge. Kiemensack (transversaler Längsschnitt).
*kisa* Kiemensack, *äukilo* äußeres, *ikilo* inneres Kiemenloch, *voho* Vorhof, *kibl* Kiemenblatt, *kibl*$_1$ Kiemenblättchen, *äumu* äußere Muskulatur des Kiemensackes, *äumu*$_1$ Ringmuskel des äußeren Kiemenloches, *imu* innere Muskulatur des Kiemensackes, *kn* Knorpel des Kiemenkorbes, *lysi* Lymphsinus, *kive* aus dem Kiemenblatt austretender Ast der Kiemenvene.

bogen (*kn*). Die Bogen verlaufen zwischen je zwei Kiemenlöchern und stehen rostralwärts mit dem Hyoidknorpel, kaudalwärts mit dem knorpligen Herzbeutel in Verbindung.

Nach dieser kurzen Schilderung des makroskopischen Baues der Atmungsorgane wollen wir zur Untersuchung ihres mikroskopischen Baues schreiten. Vom Wasserkanal ist wenig zu sagen. Das ihn auskleidende Epithel ist aus 3—4 Lagen niedriger Zellen geschichtet, deren distalste auf ihrer freien Fläche einen gestrichelten Kutikularsaum trägt. Die bindegewebige Propria zeigt ein feines Maschenwerk mit zerstreuten Zellen. Eine Basalmembran fehlt. Unter der Propria liegt eine an den verschiedenen Stellen verschieden stark entwickelte Schicht glatter Muskelfasern.

Wenn wir nun zur Beschreibung der Kiemensäcke übergehen, so müssen wir uns an das erinnern, was oben über deren makroskopischen Bau gesagt wurde. Unsere Querschnitte durch das ganze Tier treffen die Kiemensäcke und mit ihnen die Kiemenblätter und -blättchen schräg, ungefähr im Winkel von 45°. Daher kommt es, daß die Blätter mit den Blättchen zusammen ungefähr das Bild einer Fichte mit beiderseits abgehenden, nach der Spitze immer kürzer werdenden Ästen bieten (Fig. 456). Die Spitze, d. i. die freie Firste des Kiemenblattes, ist stark verdickt. Das letztere erscheint natürlich infolge des Schrägschnittes nicht unwesentlich länger, als es in Wirklichkeit ist.

Jeder Kiemensack stellt einen bindegewebig-muskulösen Sack dar. Seine äußere bindegewebige Wand geht lateralwärts in das subkutane und intermuskuläre Bindegewebe über, medianwärts in das die großen Gefäße, Schlund und Wassergang vereinigende Medianseptum. Die äußere Wand enthält eine mächtig entwickelte, aus quergestreiften Fasern bestehende Muskulatur (Fig. 455 *äumu*). Die Fasern verlaufen im wesentlichen schräg dorsoventral und inserieren dorsal in der Umgebung der Chorda, ventral an der ventralen Knorpellängsleiste. Die äußeren Kiemenlöcher besitzen je einen besonderen Schließmuskel (*äumu*$_1$). Ähnliche, aber weniger ausgeprägte Muskelchen finden sich auch in der Umgebung der inneren Kiemenlöcher.

Nach innen folgt auf die äußere Wand der Lymphsinus (*lysi*) und dann eine zweite Muskelschicht, die innere Muskulatur (*imu*). Auch sie besteht aus quergestreiften in verschiedener Richtung verlaufenden Muskelfasern, aber diese Fasern sind ungleich viel dünner als die äußeren Muskelfasern und erinnern in ihrer Struktur an die sarkoplasmareichen Randfasern der Parietalmuskeln.

Die nun folgende Propria des Kiemensackes (Fig. 456 *pro*) ist nur sehr

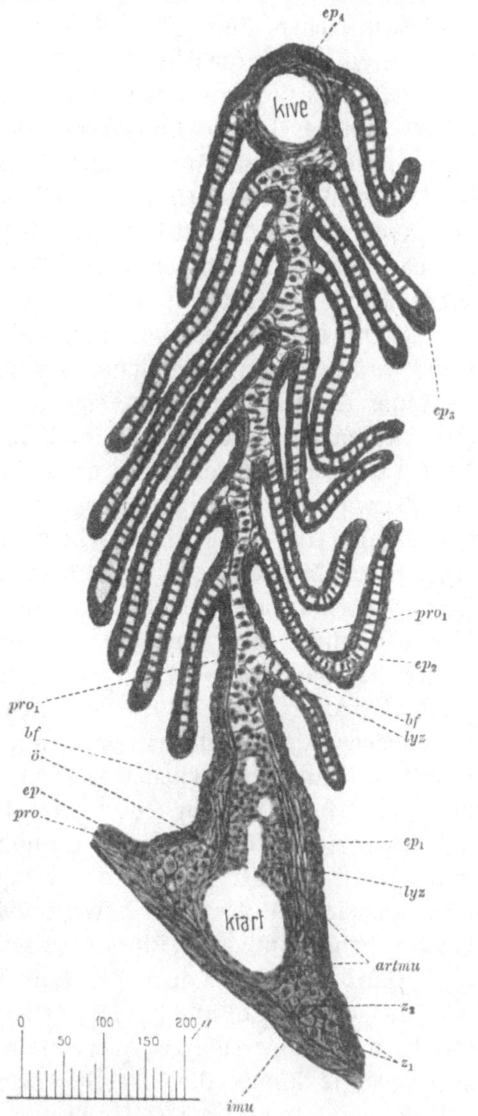


Fig. 456. Neunauge. Kiemenblatt mit Kiemenblättchen.

*imu* innere Muskulatur des Kiemensackes, *pro* dessen Propria, $z_1$ verzweigte, $z_2$ große Zellen des Polsters, *kiart* Kiemenarterie, *artmu* deren Muskulatur, *ö* Öffnung der Kiemenarterie in den Spaltraum des Kiemenblattes, *pro*$_1$ Propria des Kiemenblattes, *bf* Bindegewebsfasern zwischen beiden Blättern der Propria, *lyz* Lymphoidzellen, *ep* Epithel des Kiemensackes, *ep*$_1$ Epithel des Kiemenblattes, *ep*$_2$ Epithel der Kiemenblättchen, *ep*$_3$ Epithel auf der freien Firste der letzteren, *ep*$_4$ Epithel auf der freien Falte des Kiemenblattes, *kive* Kiemenvene.

wenig mächtig. Ihre feinen Fäserchen dringen überall zwischen die Fasern der inneren Muskulatur ein und bilden auf deren innerer Oberfläche eine zusammenhängende Schicht, aus der sich die Kiemenblätter erheben. Den Bau der letzteren wollen wir an der Hand der Fig. 456 erläutern. Sie stammt aus einem Querschnitt durch das Tier. Die schönste Differenzierung liefert hier mit BOUINscher Flüssigkeit fixiertes Material bei einer Schnittfärbung mit Hämatoxylin-Pikrofuchsin.

Die Basis eines jeden Kiemenblattes bildet ein Ast der Kiemenarterie (*kiart*), welcher in der Längsachse desselben verläuft, in unserem Schnitt also schräggetroffen erscheint. Nach außen von ihm liegt die Propria (*pro*) und die innere Muskulatur (*imu*) des Kiemensackes. Die Wand des Gefäßes besteht aus einer dünnen Schicht glatter Muskelfasern (*artmu*) und dem Gefäßepithel, jedoch nur in den äußeren drei Vierteln des Gefäßquerschnittes; das innere Viertel wird gebildet von Zellen (*lyz*), welche sich in das Kiemenblatt hineinerstrecken. Nach außen von ihnen zieht sich auch die Muskularis der Arterienwand (*artmu*) unter erheblicher Verdickung in das Kiemenblatt hinein. Seitlich wird die Arterie von einem eigenartigen Gewebspolster umgeben. Es besteht aus kleinen, weitverzweigten und miteinander anastomosierenden Zellen ($z_1$). In den Zwischenräumen liegen große blasse Zellen ($z_2$) mit großen Kernen. Dieses Gewebe wird von den Fasern der Propria (*pro*) durchsetzt, die unter dem Epithel (*ep*) einmal eine starke Faserschicht bildet, dann die von der Gefäßwand ausstrahlenden Muskelfasern umhüllt, weiter auch in das Kiemenblatt und dessen Blättchen eindringt und den eigentlichen Grundstock derselben bildet. Sie liegt hier dicht unter dem Epithel ($pro_1$) und bildet also zwei Lamellen, welche durch zahlreiche Querfasern (*bgf*) verbunden sind und den Raum zwischen den Propriablättern, d. i. die Achse des Kiemenblattes, klaffend erhalten. Diese Achse ist zunächst der Basis fast ganz mit einer Masse ziemlich großkerniger Zellen erfüllt, die um so spärlicher werden, je weiter man im Kiemenblatt vordringt, und sich schließlich den Querfasern der Propria eng anlagern (*lyz*). Die Zellen haben ganz den Charakter von Lymphzellen. In diese lymphoide Masse dringen nun überall von der inneren wandungslosen Seite der Kiemenarterie Kanäle (*ö*) ein, die sich in dem Gerüstwerk zwischen den Propriablättern des Kiemenblattes öffnen und dem Blutstrom seinen Weg bahnen.

Ganz ähnlich ist auch der Bau der Kiemenblättchen. Auch hier haben wir jederseits eine dünne bindegewebige Propria, zwischen beiden Blättern stehen gleichsam als Sperrhölzer querverlaufende Bindegewebsbälkchen, denen Zellen anliegen. Je dünner die Blättchen werden, um so mehr treten die Bindegewebsbälkchen zurück und die Zellen hervor. Wir haben sowohl in den Kiemenblättern als auch in den Kiemenblättchen ein Lakunensystem, in dem der Blutstrom zirkuliert. Das arterialisierte Blut sammelt sich in den großen Venen, von denen immer eine auf der freien Firste eines jeden Kiemenblattes entlang führt und deren Verdickung verursacht (Fig. 455 und 456 *kive*). Sie münden in die zwischen den Kiemensäcken verlaufenden großen Kiemenvenen, die ihrerseits wieder das Blut der Aorta zuführen.

Der Propria des Kiemensackes sitzt das Epithel auf. Es besteht zwischen den Kiemenblättern (Fig. 456 *ep*) und im Vorhof aus zwei Schichten niederer Zellen, deren distale auf ihrer freien Fläche einen schmalen Kutikularsaum trägt.

Beim Übergang auf die Basis der Kiemenblätter ($ep_1$) werden die Zellen der distalen Lage voluminöser und enthalten ein sich dunkler färbendes körniges Protoplasma. Auf den Kiemenblättchen ($ep_2$) verschwindet die proximale Zellschicht und wir haben hier nur eine einfache Lage ziemlich großer, dunkler, sich kuglig vorwölbender Zellen. Auf den freien Firsten der Kiemenblättchen ($ep_3$) sind die Zellen hoch kubisch, fast zylindrisch und schmäler als auf den Seitenflächen. Auf der freien Firste der Kiemenblätter ($ep_4$) wird die große Vene bedeckt von einem zweischichtigen Epithel, zwischen dessen Zellen man immer zahlreichen Wanderzellen begegnet. Ein Kutikularsaum ist andeutungsweise überall vorhanden, am besten ist er noch auf dem freien Firsten zu erkennen.

## 8. Die Exkretionsorgane.

Als Exkretionsorgane funktionieren bei Petromyzon die Nieren, die wie bei allen Anamniern Urnieren sind. Ihre Vorläufer bilden in den früheren Stadien des Larvenlebens die Vornieren, von denen jedoch nicht unerhebliche Teile auch beim erwachsenen Tier noch konstant anzutreffen sind und vielleicht auch noch funktionieren. Wir müssen deshalb außer den eigentlichen Nieren auch noch die Vornierenreste untersuchen.

Zur Untersuchung benutzen wir beliebige gefärbte Schnitte unserer Querschnittsserie. Will man die Harnkanälchen isolieren, so lege man kleine Stücke des Organs über Nacht in konzentrierte Salzsäure (der Pharmakopöe), übertrage am nächsten Tag vorsichtig in eine größere Schale mit Wasser und breite dann kleine Partikelchen auf dem Objektträger aus. Man benutzt dazu am besten frisches Material, doch läßt sich zur Not auch Formalinmaterial verwenden.

### a) Die Nieren.

Die Nieren des Neunauges stellen zwei Längsleisten dar, von denen je eine auf jeder Seite parallel mit der Mittellinie verläuft (Fig. 440 *ni*). Sie liegen retroperitoneal, beginnen ungefähr in der Körpermitte und erstrecken sich kaudalwärts bis dicht vor den Afterpfropf. Die Leisten steigen allmählich an, erreichen erst nach und nach ihre größte Breite, ungefähr 3 mm, um später sich wieder zu verschmälern. Mit ihrer Lateralfläche liegen sie der Bauchwand an, mit ihrer Medialfläche grenzen sie an die Geschlechtsdrüsen. Die Nierenbasis ist in das die großen Gefäße umgebende und in die Geschlechtsdrüsen eindringende Bindegewebe eingebettet.

Auf einem Querschnitt durch das Tier können wir in jeder Niere schon bei schwacher Vergrößerung drei differente Bestandteile unterscheiden (Fig. 457), nämlich den in der ventralen spitzen Kante gelegenen Harnleiter (*halei*), eine große Anzahl quer-, schräg- und längsgeschnittener Kanälchen, die Nierenkanälchen (*haka*), den weitaus größten Teil des Nierenparenchyms bildend, und den an der Medianfläche gelegenen Nierenglomus (*glo*).

Der Harnleiter liegt, wie erwähnt, in der ventralen, spitzen Kante der Nierenleiste und erscheint schon im kranialsten Teil derselben mit seinem spaltförmigen Lumen. Je weiter er kaudalwärts zieht, um so weiter wird sein Lumen, bis er schließlich den größten Teil des Nierenquerschnitts okkupiert. In seiner Wand können wir Epithel (*ep*), Propria (*pro*) und Muskularis (*mu*) unterscheiden. Im Bereich der lateralen Wand, wo also der Harnleiter noch zum größten Teil an Nierensubstanz grenzt, öffnen sich die Harnkanälchen (*haka₃*) der Niere in ihn. Hier besteht das Epithel, wie in jenen, aus einer einfachen Lage kubischer Zellen. Das ändert sich schon im ventralen Teil der lateralen Wand, wo die Harnleiterwand von der Nierensubstanz frei ist. Es wird hier das Epithel zweischichtig und zeigt das gleiche Verhalten auch im größten Teil der medialen Wand. Im dorsalen Teil fehlt eine eigentliche Schichtung, hier haben wir einmal lange kolbige Zellen, mit ihrem proximalen spitzen Ende in die Propria eingelassen und mit ihrem distalen kolbigen Ende frei ins Lumen ragend. Zwischen den spitzen Enden liegen kleine kubische Zellen. Dabei wird der freie Rand des Epithels unregelmäßig, es bilden sich in das Lumen vorspringende Epithelkuppen. Aber auch die Epithelbasis erscheint unregelmäßig infolge der langen, spitzen, in die Propria eindringenden Zellen. Ohne Zweifel wird die Form der Zellen durch den Füllungsgrad des Organs stark beeinflußt.

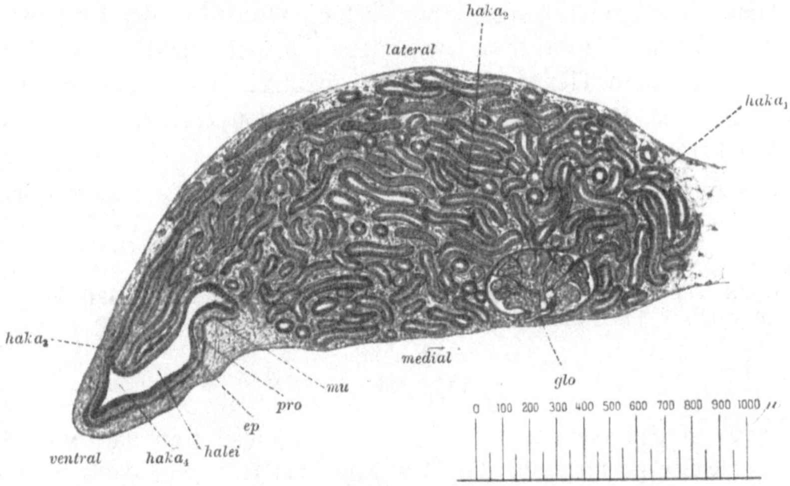


Fig. 457. Neunauge. Niere.
*glo* Glomus, *haka₁* Anfangsstück, *haka₂* Mittelstück, *haka₃* Endstück des Harnkanälchens, *haka₄* seine Einmündung in den Harnleiter (*halei*), *ep* Epithel, *pro* Propria, *mu* Muskulatur des Harnleiters.

Eine Basalmembran fehlt. Die Propria (*pro*) besteht aus dicken Bindegewebsbündeln, fast ausschließlich in der Längsrichtung angeordnet und von einem Netzwerk verästelter und anastomosierender Zellen umgeben. In ihr verlaufen zahlreiche Blutgefäße und sympathische Nerven mit Ganglienzellen.

Zirkulär angeordnete und kaudalwärts an Umfang ständig zunehmende glatte Muskelbündel bilden die Muskularis (*mu*), die medial stärker ist als lateral und an der Einmündungsstelle der Harnkanälchen ganz fehlt. Nach außen wird sie von einem lockeren Bindegewebe umgeben, dem, wie überall auf der Nierenoberfläche, das Peritoneum aufliegt.

Die Harnkanälchen (*haka*) gehen aus der Kapsel des Glomus (*glo*) hervor und münden in den Harnleiter ein. Sie beschreiben auf diesem Wege zunächst äußerst zahlreiche Windungen (*haka₁*) und schlagen dann einen zur lateralen Nierenoberfläche parallelen Verlauf (*haka₂*) ein. Ihre Mündungsstelle (*haka₂*) ist schwach erweitert. Je nach der Struktur ihres Epithels können wir an ihnen ein flimmerndes, aus der Glomuskapsel entspringendes Anfangsstück ($haka_1$), ein vielfach gewundenes Mittelstück ($haka_2$) und ein mehr gerade verlaufendes Endstück ($haka_3$) unterscheiden.

Das Anfangsstück (Fig. 458 $haka_1$) ist der kürzeste der drei Abschnitte und erreicht höchstens eine Länge von 150—200 $\mu$. Es geht mit einem leicht erweiterten, trichterförmigen Mundstück aus dem Kapselranm (*kara*) hervor. Meist findet man in einem Querschnitt der Niere mehrere, bis zu fünf Anfangsstücke von der Glomuskapsel radienartig ausstrahlen, doch kann man sie nicht weit verfolgen, da sie schon bald winklig abbiegen und in das Mittelstück über-

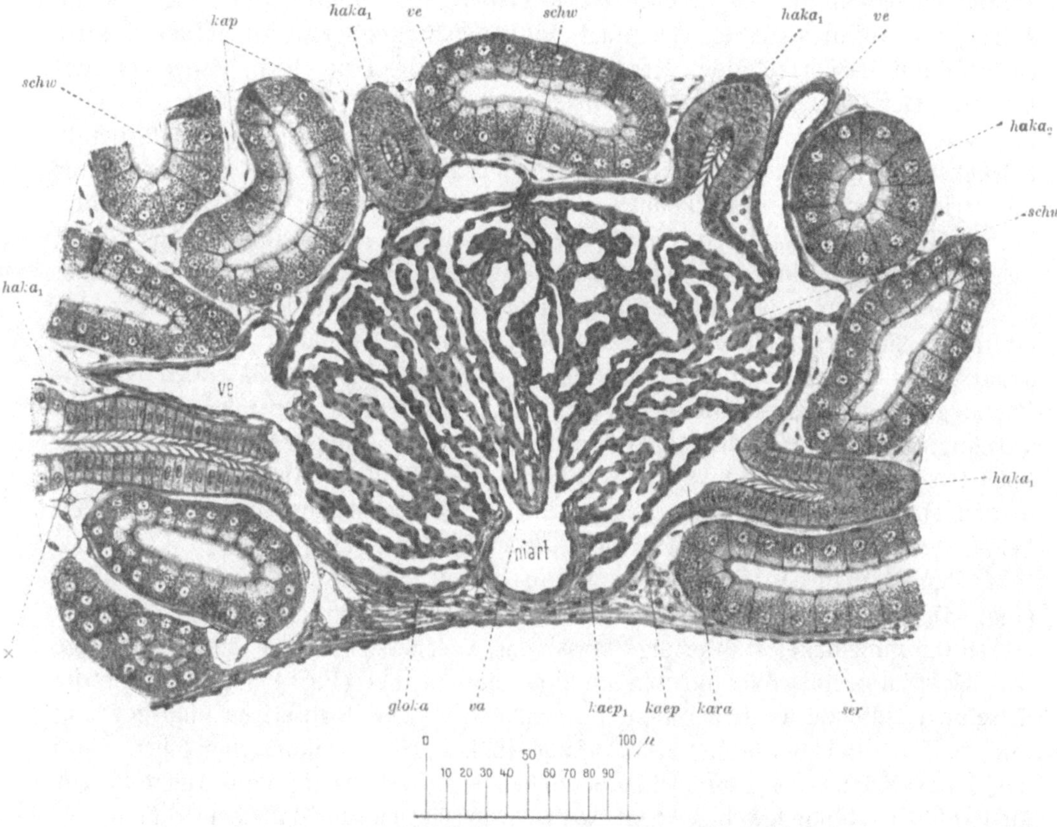


Fig. 458. Neunauge. Niere.
*gloka* Glomuskapsel, *schw* radiäre, bindegewebige Scheidewände des Glomus, *kaep* Kapselepithel, $kaep_1$ dessen Übergang auf den Glomerulus, *kara* Binnenraum der Kapsel, × Übergang des Epithels des Anfangsstückes des Harnkanälchens ($haka_1$) in das Mittelstück des Harnkanälchens ($haka_2$), *niart* Nierenarterie, *va* Vas afferens, *ve* Vas efferens, *kap* die Harnkanälchen umspinnende Blutkapillaren, *ser* Epithel der Bauchhöhle.

gehen. Diese Übergangsstelle (×) ist immer leicht eingezogen. Das Anfangsstück ist ausgekleidet mit einem flimmernden Zylinderepithel, dessen Zellen die direkte Fortsetzung des Kapselepithels sind. Die Zellen des letzteren sind ganz platt und flimmerlos, werden am Rand eines jeden Trichters schnell höher und bedecken sich mit Flimmern. Jede Zelle umschließt einen ovoiden Kern und trägt auf ihrer Oberfläche einen schmalen Kutikularsaum, aus dem ein Bündel sehr langer und dünner Flimmern hervorsteht, die sich zur Bildung einer Geißel zusammenschließen. Da diese Geißeln mindestens doppelt so lang sind, als das Kanallumen breit ist, so legen sie sich mit ihren Spitzen zu einem die Kanalachse bildenden Strang zusammen und zwar so, daß das freie Geißelende vom Glomus wegsieht. Außen ist jedes Kanälchen von einer Fortsetzung des Kapselbindegewebes überzogen, das sich auch auf Mittel- und Endstück fortsetzt.

Das Mittelstück (*haka*$_2$) ist der weitaus längste Teil des Harnkanälchens und legt sich in zahlreiche Windungen, welche allmählich der lateralen Nierenoberfläche zustreben. Es setzt sich zunächst durch eine leichte Einschnürung gegen das Anfangsstück ab, übertrifft aber später das letztere an Umfang. Seine Zellen, die ebenfalls in einfacher Reihe stehen, sind breiter und höher als die Zellen des Anfangsstückes. Der fast vollkommen kuglige Kern enthält immer ein sehr gut hervortretendes Kernkörperchen und liegt der Basis näher als dem Lumen. Der Zellkörper erscheint in seinem distalen Abschnitt fast homogen, der viel größere proximale Abschnitt enthält zahlreiche sich stark färbende Körnchen. Was aber die Zellen vor allem charakterisiert, ist der Besitz eines die freie Oberfläche bedeckenden Saumes. Derselbe setzt sich aus ziemlich groben Stäbchen zusammen, die aber meist so dicht gelegen sind, daß der Saum fast homogen erscheint. Die Höhe dieses Bürstensaumes ist eine sehr wechselnde.

Der Übergang des Mittelstückes in das Endstück findet in der Nähe der lateralen Nierenoberfläche statt, das Kanälchen verliert dort seinen Bürstensaum, nimmt an Durchmesser ab und schlägt nun einen zur lateralen Nierenfläche parallelen, dorsoventralen Verlauf ein. Es scheint dabei kaum zu einer Vereinigung benachbarter Kanälchen zu kommen, wenigstens trifft man nur höchst selten darauf hinweisende Bilder. Die Mündungsstelle der Kanälchen in den Harnleiter präsentiert sich als eine im ventralen Abschnitt der lateralen Wand des letzteren verlaufende Längsrinne (Fig. 457 *haka*$_4$).

Den Nierenglomus finden wir in jedem Querschnitt durch das Organ (Fig. 457 *glo*) im dorsalen Teil der medialen Wand dicht anliegend. Er stellt eine bis zu 0,5 mm dicke, stabförmige Masse dar, welche sich durch die ganze Länge der Niere hinzieht. Wir müssen an ihm die Kapsel (Fig. 458 *gloka*) und die dieselbe erfüllende Gefäßmasse unterscheiden. Die Kapsel ist bindegewebig und geht in die Umhüllung des Anfangsstückes der Harnkanälchen über. Von der Lateralfläche der Glomuskapsel ziehen sich radienartig konvergierend zur Medianfläche bindegewebige Scheidewände (*schw*), so daß der Glomus in ebenso viele längsverlaufende Abteilungen zerlegt wird.

Zum vollen Verständnis der Glomusstruktur müssen aber unsere Querschnitte durch das Tier noch durch sagittale Längsschnitte ergänzt werden. Man legt dieselben entweder parallel zur Medianebene oder noch besser in einem dorsalwärts offenen Winkel von 35—40° zu letzterer an. Solche Längsschnitte zeigen uns dann, daß der Glomus auch quer zur Nierenlängsachse verlaufende Scheidewände besitzt, so daß sein Binnenraum in zahlreiche hinter- und nebeneinander gelegene Fächer zerfällt. Sie haben die Form von stumpfen Keilen, deren Basis an der Lateralfläche des Glomus gelegen ist und deren Schneiden sämtlich nach der Medianfläche der Niere streben. Hier verläuft ein großes Gefäß durch die ganze Länge der Niere, die Nierenarterie (*niart*). Sie wird von metameren Zweigen der Aorta gespeist und schickt ihre Zweige, die Vasa afferentia (*va*), in den Glomus hinein und zwar so, daß in jede Abteilung desselben ein Konvolut von Schlingen zu liegen kommt, welches man als einen

Glomerulus bezeichnen kann. Das aus dem Konvolut heraustretende Gefäß, das Vas efferens (*ve*), tritt in eins der bindegewebigen Septen ein und an der lateralen Fläche des Glomus heraus und in die Nierensubstanz ein, wo es bald in die die Harnkanälchen umspinnenden Kapillaren (*kap*) zerfällt. Vasa afferentia und efferentia sind ihrer Struktur nach Arterien.

Jedem Glomerulus entspricht ein Anfangsstück eines Harnkanälchens, es öffnet sich in eine Abteilung des Kapselhohlraumes, so daß man ebensoviel Harnkanälchen als Kapselabteilungen bzw. Glomeruli zählt. Wie wir früher sahen, werden die Zellen des Anfangsstückes im Mündungstrichter niedrig und verlieren ihre Geißeln; diese niedrige, einschichtige Epithel kleidet nun die Kapselinnenfläche aus (*kaep*) und schlägt sich von ihr auch auf die Gefäßschlingen des Glomerulus über ($kaep_1$), die es vollkommen überzieht. Es ist also der Kapselhohlraum vollkommen abgeschlossen und öffnet sich nur in das Harnkanälchen.

Vergegenwärtigen wir uns nun noch einmal die Blutzirkulation der Niere, so wird ihr das Blut durch die Nierenarterie zugeführt. Es gelangt in die Schlingen der Glomeruli, wo es in den Kapselhohlraum das Harnwasser abgibt, das durch den Schlag der Geißeln in die Anfangsstücke der Harnkanälchen getrieben wird. Nach Passage der Glomerulusschlingen gelangt das Blut durch die Vasa efferentia in die die Harnkanälchen umspinnenden Kapillaren. Von den Zellen der Harnkanälchen werden aus dem Blut die festen Harnbestandteile aufgenommen und an das die Kanälchen durchströmende Harnwasser abgegeben. Aus den Kapillaren der Nierensubstanz sammelt sich das Blut in den auf der Nierenoberfläche verlaufenden Venen, welche es den Hohlvenen zuführen.

### b) Die Vorniere.

Von den in frühen Perioden des Larvenlebens als Exkretionsorgan funktionierenden Vornieren werden beim erwachsenen Tier noch recht ansehnliche Reste erhalten. Wir finden sie auf Querschnitten durch die Herzgegend dann, wenn der letzte Kiemensack verschwindet (Fig. 465). Von hier reichen sie kaudalwärts meist bis zur Herzmitte. Ihre Lage ist im übrigen die der Niere. Wir können an jeder Vorniere Flimmertrichter, Vornierenkanälchen und den Glomerulus unterscheiden.

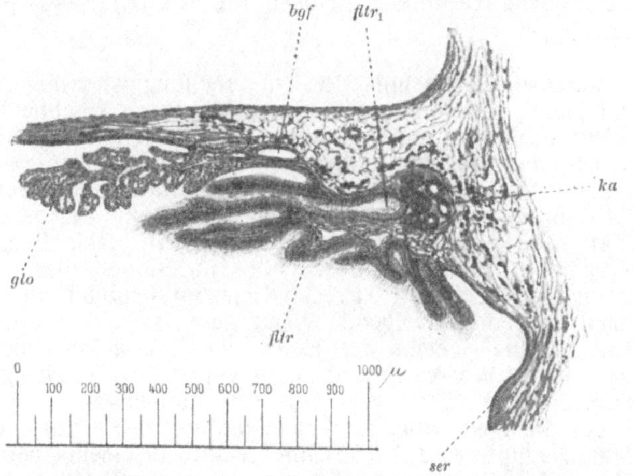

Fig. 459. Neunauge. Rudiment der Vorniere. *fltr* Flimmertrichter, *ka* Vornierenkanälchen, $fltr_1$ Übergang des ersteren in das letztere, *glo* Vornierenglomerulus, *ser* Serosa.

Die Flimmertrichter (Fig. 459 *fltr*) präsentieren sich als 1—2 mm lange, frei in die Herzbeutelhöhle vorspringende Falten, überzogen mit einem einschichtigen flimmernden Zylinderepithel. Zur Geißelbildung kommt es hier nicht. Seitlich geht das Flimmerepithel der Falten in das niedrige einschichtige Epithel der Bauchhöhle über (*ser*).

Der Raum zwischen den Falten (*fltr*$_1$) führt in den zweiten Abschnitt der Vorniere, das Vornierenkanälchen (*ka*). Während die Flimmertrichter in der ganzen Ausdehnung des Vornierenrudimentes vorzüglich erhalten sind, finden sich Kanälchen nur im kaudalen Vornierenteil, im rostralen Teil ist der Grund der Flimmertrichter blind geschlossen. Das Kanälchen ist stark geschlängelt, sein Lumen ist zum Teil obliteriert und ausgekleidet mit einer einfachen Schicht kubischer Zellen.

Ein Vornierengang ist nicht mehr erhalten.

Der Glomerulus (*glo*) findet sich auch nur im kaudalen Teil der Vorniere und liegt immer medial von den Flimmertrichtern. Er springt als eine ungefähr 1 mm lange, lappige Masse in die Leibeshöhle vor und besteht aus Gefäßschlingen, überzogen von dem Epithel der Leibeshöhle. Hier wurde also das Harnwasser in die Leibeshöhle selbst abgesondert, aus ihr durch die Flimmertrichter aufgenommen und durch die Vornierenkanälchen hindurch in den Vornierengang befördert.

## 9. Die Geschlechtsorgane.

Von den Geschlechtsorganen sind beim Neunauge nur die Keimdrüsen entwickelt, während es nicht mehr zur Ausbildung von Samen- und Eileitern kommt. Die von den Keimdrüsen gelieferten Geschlechtsprodukte, Samenfäden und Eier treten beim Neunauge in die Bauchhöhle ein und gelangen durch die Peritonealkanäle in den uns ja schon bekannten Urogenitalsinus und aus diesem durch den Afterpfropf ins Freie.

Die Keimdrüsen, Hode und Eierstock füllen beim geschlechtsreifen, also im Frühjahr eingefangenen Tiere — nur dieses wollen wir der Untersuchung unterziehen — den ganzen von Leber, Darm, Herz und Nieren freigelassenen Raum der Leibeshöhle aus (Fig. 440) und reichen rostralwärts bis zur Herzbasis.

Über die Technik der Untersuchung ist wenig zu sagen. Hat man lebende Tiere zur Hand, so kann man die Spermien durch Abschneiden eines kleinen Hodenstückchens leicht gewinnen und in einem Tropfen Wasser untersuchen. Man fertige ferner Ausstrichpräparate vom Hoden auf Objektträgern an und lege den noch feuchten Objektträger rasch mit der Präparatenseite nach unten auf ein mit einigen Tropfen 2%iger Osmiumsäurelösung beschicktes Schälchen. Nachdem die Dämpfe höchstens 2 bis 3 Minuten eingewirkt haben, färbt man nach flüchtigem Abspülen in destilliertem Wasser in Hämalaun-Eosin oder in Biondilösung oder in Eisenhämatoxylin. Man kann aber auch von Tieren, welche im Frühjahr in Formalin konserviert waren, noch nach Jahren auf folgende Weise gute Isolationspräparate von den Spermien erhalten. Eine dünne Scheibe der Hoden wird zunächst einige Stunden in öfter gewechseltes destilliertes Wasser und dann für einige Tage in wenige Kubikzentimeter 0,1—0,2%iger Osmiumsäure übertragen. Aus dem nun etwas gebräunten und auch etwas erweichten Stück wird ein etwa stecknadelkopfgroßes Partikelchen mit der Lanzette entnommen. Man zerzupfe es auf dem Objektträger in einem Tröpfchen Wasser und lege das Deckglas auf. Klopft man nun mit einem Nadelstiel vorsichtig auf das letztere, so erhält man zahllose völlig isolierte und vorzüglich erhaltene Spermien. Man kann einfach ungefärbt untersuchen oder man nimmt das Deckglas vorsichtig ab, trocknet es mitsamt dem Objektträger im Paraffinofen und färbt 5 Minuten lang mit einer konzentrierten, wäßrigen Lösung von basischem Fuchsin (Magentarot). Dann wird in 95%igem Alkohol differenziert, in absolutem entwässert und durch Xylol in Balsam übertragen. Die Eier sind zur Totaluntersuchung zu groß, man kann sie zum Studium der Dotterelemente zerzupfen und auf Schnitten untersuchen.

## a) Die männliche Keimdrüse.

Die männliche Keimdrüse, der Hode, stellt ein im frischen Zustand weißliches, aus zahllosen Lappen bestehendes Organ dar. Sie ist durch eine bindegewebige Masse, eine Art Mesorchium, mit dem die Aorta und die Hohlvenen umgebenden Gewebe verbunden und wird äußerlich von der Serosa der Bauchhöhle umhüllt. Ein Schnitt durch das Organ (Fig. 460) zeigt uns, daß es aus zahllosen eiförmigen, allseitig abgeschlossenen Follikeln (*fo*) besteht, deren Hohlraum mit Spermien vollgepfropft ist. Jeder Follikel hat eine bindegewebige Membrana propria, der nach innen eine einfache Schicht niedrig kubischer Zellen aufsitzt, die Samenmutterzellen. Von ihnen geht die Samen-

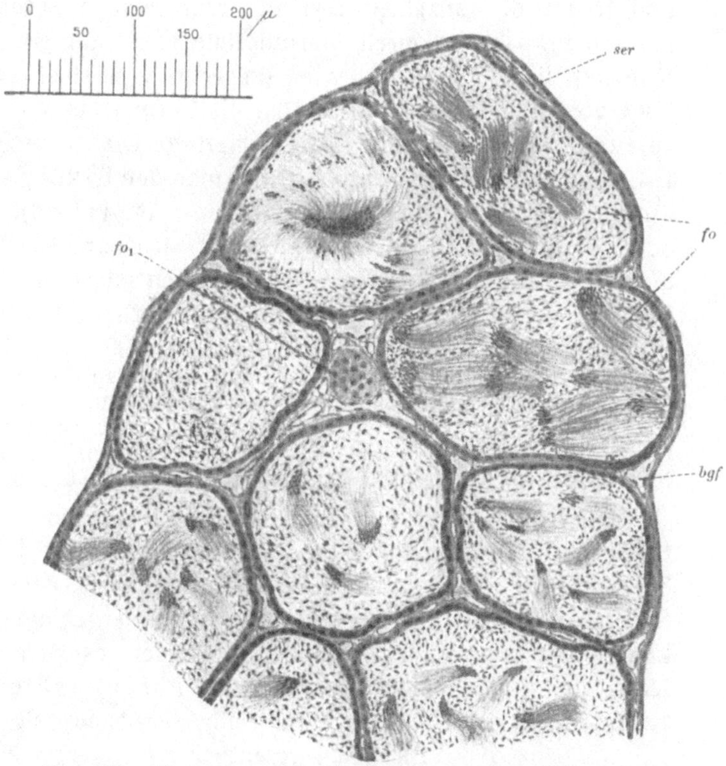


Fig. 460. Neunauge. Hode eines im April gefangenen Tieres.
*ser* Serosa, *fo* Follikel mit Samenfäden prallgefüllt, $fo_1$ angeschnittene Follikelwand mit Samenmutterzellen, *bgf* Blutgefäße.

bildung aus. Zwischen den Follikeln verlaufen zahlreiche Blutgefäße (*bgf*) mit etwas Bindegewebe.

Das reife Spermium des Neunauges (Fig. 461 *I*) ist ungefähr 100 μ lang. Wir können an ihm Kopf, Verbindungsstück und Schwanz unterscheiden. Der Kopf (*ko*) ist 9—10 μ lang, an seinem hinteren Ende etwas dicker als vorn und drehrund. Meist erscheint er etwa pfriemenartig gebogen. Im ungefärbten Präparat zeigt er starken Glanz. Das Verbindungsstück (*vbst*) ist nur mit stärksten Vergrößerungen erkennbar, am besten am ungefärbten in Wasser eingeschlossenen Präparat. Es ist nur sehr kurz und läßt ein vorderes, mit dem Hinterende des Kopfes fest verbundenes, scheibenförmiges und ein hinteres, mit dem Vorderende des Schwanzes verbundenes Zentrosom erkennen. Der Schwanz (*schw*) ist sehr dünn und läuft in eine allerfeinste Spitze aus. Neben den reifen Spermien findet man immer auch unreife (Fig. 461 *II*), kenntlich an dem kürzeren und dickeren, ovoiden Kopf.

## b) Die weibliche Keimdrüse.

Die weibliche Keimdrüse, der Eierstock, zeigt keinen so exquisit lappigen Bau, wie der Hode. Auch sie ist durch ein bindegewebiges Mesovarium mit der Nierenbasis und den großen Gefäßen verbunden und wird ringsherum von der Serosa der Bauchhöhle umgeben (Fig. 440). Das Bindegewebe dringt mit den Gefäßen in das Innere des Organs ein und trennt die einzelnen Eier in Form feiner Septen, die in unseren Präparaten durch Schrumpfung meist auf ein Minimum reduziert sind. Jedes Ei wird umgeben von einer zweifachen Lage von Follikelzellen und hat die Form eines Vogeleies mit spitzem und stumpfem Pol. Der größte Durchmesser beträgt 1—2 mm. An jedem Ei unterscheidet man den Eikörper und die ihn umgebende Eihülle. Die Eihülle (Fig. 462 *eih*), Chorion oder Zona pellucida, ist eine leicht sichtbare Membran von durchschnittlich 10 $\mu$ Dicke. Am dünnsten ist sie am stumpfen Pol, am spitzen Pol (*po*) zeigt sie eine deutliche Verdickung.

Ihre Struktur wird am deutlichsten in mit Eisenhämatoxylin gefärbten Präparaten. Beobachtet man dabei den Differenzierungsprozeß in der Eisenalaunlösung unter dem Mikroskop bei einer mittelstarken Vergrößerung, so sieht man, daß sich die Hülle von außen nach innen entfärbt. Sobald die Außenschicht entfärbt ist, unterbricht man die Differenzierung und stellt das Präparat fertig.

Die Eihülle zeigt dann zwei scharf gegeneinander abgesetzte Schichten. Die äußere helle Schicht (*äusch*) läßt bei starker Vergrößerung eine sehr deutliche Radiärstreifung erkennen. Jeder Streifen endet an der Grenze gegen die Innenschicht mit einer kleinen Verdickung. Wahrscheinlich handelt es sich dabei um feine, die äußere Schicht durchsetzende Porenkanälchen. Die Innenschicht (*isch*) ist dagegen völlig homogen, sie hält den Eisenlack wesentlich fester als die äußere und zeigt auch anderen Färbungsmitteln gegenüber ein etwas differentes Verhalten.

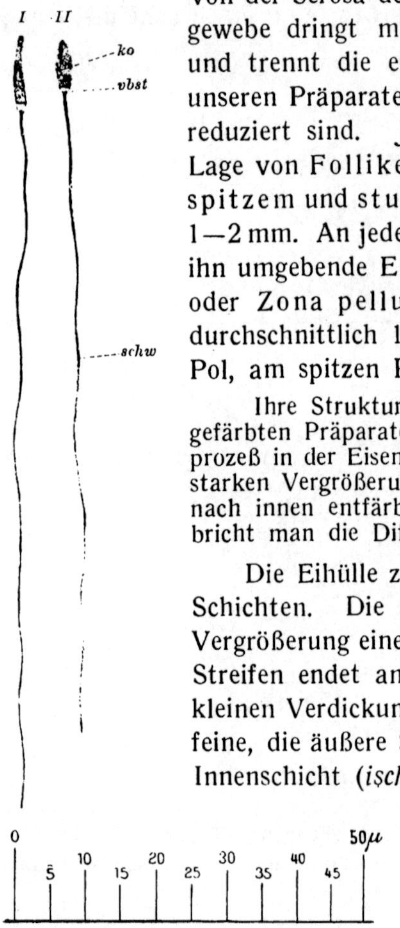

Fig. 461. Samenfäden. Petromyzon. *I* reifes, *II* unreifes Spermium, *ko* Kopf, *vbst* Verbindungsstück, *schw* Schwanz.

Der Eikörper enthält als am meisten hervorstechenden Bestandteil die Dotterkörner (*dok*), die beim Neunauge ziemlich große Dimensionen erreichen. Die große Masse der Dotterkörner hat hier die Form von Rotationsellipsoiden mit einem größten Durchmesser von 10—15 $\mu$. Andererseits finden sich aber auch allerfeinste runde Dotterkörnchen und alle Übergänge zwischen diesen beiden Extremen. Die feinen Dotterkörner nehmen vor allen den spitzen Eipol ein, während die großen ovoiden Körner sich in der Eimitte und am stumpfen Eipol lagern. In Kresylviolett färben sie sich rotviolett, in Biondilösung leuchtend orangerot, den Eisenlack der Eisenhämatoxylinfärbung halten sie außerordentlich fest.

Außer den Dotterkörnern enthält der Eikörper noch Protoplasma. Es bildet einmal eine von großen Vakuolen (*vak*) durchsetzte Randschicht und dann verbreitet sich die letztere unter Schwund der Vakuolen am spitzen Eipol zu einer gleichsam auf dem Dotter schwimmenden, nur wenige kleine Dotterkörner enthaltenden Plasmascheibe, dem Polplasma (*popl*). Es dringt mit mehreren Fortsätzen ins Eiinnere vor. Nach innen gegen die Hülle ist der gesamte Eikörper, also sowohl das Randplasma als auch das Polplasma, durch einen scharfen Kontur abgesetzt, der hauptsächlich an solchen Stellen hervortritt, an denen sich der Eikörper etwas retrahiert hat. Es ist zur Ausbildung

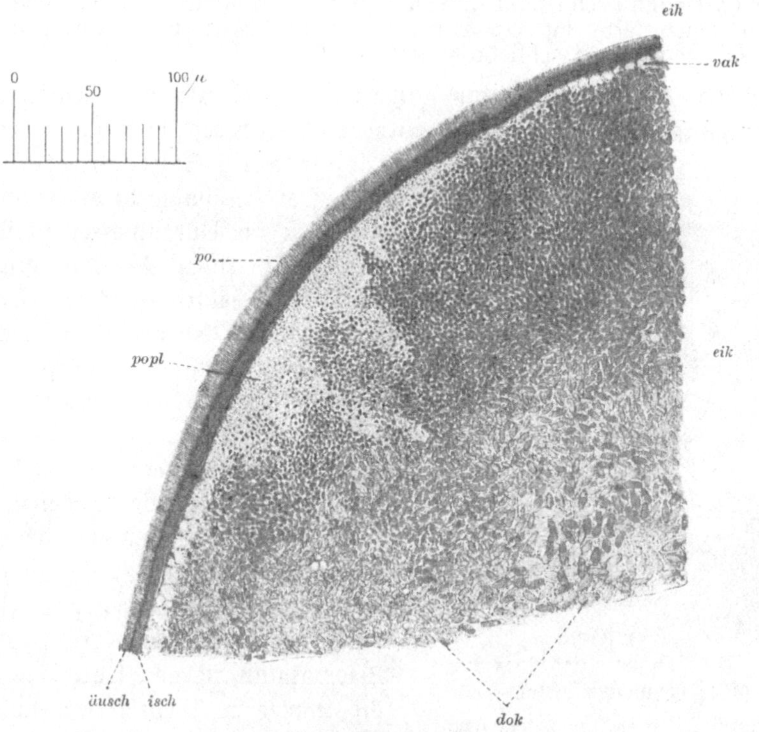


Fig. 462. Neunauge. Reifes Ei.

*po* spitzer Eipol, *eih* Eihülle mit äußerer (*äusch*) und innerer Schicht (*isch*), *eik* Eikörper, *popl* Polplasma, *dok* Dotterkörner, *vak* Vakuolen.

einer Art Krusta gekommen. Nach innen zu setzt sich das Eiplasma überall in Form eines feinen Netz- oder Wabenwerkes in den Eikörper hinein fort, jedes Dotterkorn umschließend. Besonders schön tritt das in Biondipräparaten hervor, in denen die Dotterkörner orangerot, die Mikrosomen des Protoplasmas fuchsinrot erscheinen. Immer findet man im Innern der Eier zahlreiche größere oder kleinere Plasmainseln, die ganz frei von Dotter sind und Vakuolen enthalten.

Wie aus der bisherigen Untersuchung hervorgeht, fehlt dem reifen Neunaugenei ein ganz wesentlicher Bestandteil aller anderen tierischen Eier, nämlich das Keimbläschen. Es ist im unreifen Ei vorhanden, wird aber gegen das Ende der Eireifung aufgelöst, verschwindet spurlos und tritt erst wieder bei der Befruchtung zutage.

## 10. Die Zirkulationsorgane.

### a) Das Blut.

Das Blut untersucht man am besten frisch, dem eben getöteten Tier an einer beliebigen Stelle entnommen (Herz, Schwanzspitze). Wir bringen ein recht kleines Tröpfchen auf einen sorgfältig gereinigten Objektträger, bedecken mit einem Deckglas und umgeben letzteres zum Schutze vor Verdunstung mit einem Lackring. Will man Dauerpräparate anfertigen, so lege man den ebenfalls gut gereinigten Objektträger (für Kurszwecke empfehlen sich Glimmerplatten) auf ein Schälchen, dessen Boden mit ein paar Tropfen 2%iger Osmiumsäure bedeckt ist. Es muß so breit sein, daß es durch den Objektträger völlig verschlossen wird. Man bringt dann den Blutstropfen auf die den Osmiumdämpfen ausgesetzte Seite, streicht ihn mit einem Glasstab in dünnster Schicht und setzt ihn noch feucht für eine weitere halbe Minute den Dämpfen aus. Dann läßt man trocknen, färbt mit Azur-Eosin (Giemsa), wäscht gut in Wasser aus, trocknet zwischen Fließpapier und schließt in Balsam ein.

War der Blutstropfen dünn ausgestrichen, so ist das Gesichtsfeld erfüllt mit einer einfachen Schicht von etwas unregelmäßig kugligen roten Blutkörperchen, Erythrozyten (Fig. 463 *erz*). Der hellblaugrün gefärbte, ungefähr 10—12 μ im Durchmesser haltende Leib umschließt einen 4—5 μ großen, tief dunkelblau gefärbten Kern, der in seiner Form die des Körperchens wiederholt.

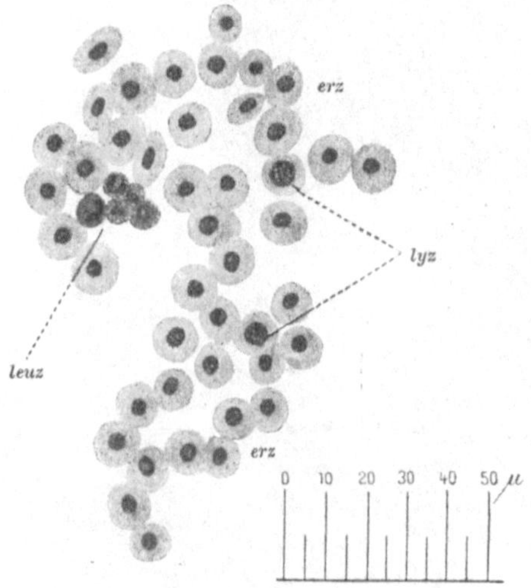


Fig. 463. Neunauge. Blut.
*erz* Erythrozyten, *lyz* Lymphozyten, *leuz* Leukozyten.

Außer den roten Blutkörperchen treffen wir nicht gerade spärliche weiße Blutkörperchen an. Sie sind etwas kleiner als die roten Körperchen und fallen sofort durch die Größe oder Form ihres Kernes auf. Zunächst finden wir da einzeln gelegene, den Erythrozyten an Größe ungefähr gleiche Lymphozyten (*lyz*), Zellen mit großem kugligen Kern und schmalem Plasmasaum, ferner Leukozyten (*leuz*), die immer zu mehreren zusammenliegen. Sie sind kleiner als die Lymphozyten. Der Kern ist selten rund, meist nieren-, hantel-, ringförmig oder gelappt. Der Leib enthält zahlreiche äußerst feine Körnchen, die sich in unserem Farbgemisch zumeist blau oder violett färben. Sehr selten findet man rein rote Körnchen.

### b) Das Herz.

Ebenso wie die Fische besitzen die Zyklostomen ein wohlentwickeltes Herz, bestehend aus einer Kammer und einer Vorkammer, die so angeordnet sind, daß die letztere die erstere so weit umlagert, daß nur die rechte Seite und der größte Teil der Ventralfläche der Kammer freibleibt. Kammer und Vorkammer sind durch eine Öffnung, die Atrioventrikularöffnung, miteinander verbunden, welche durch die Atrioventrikularklappen geschlossen werden kann. In die Vorkammer mündet der von den großen Venen gespeiste Venensinus, aus der Kammer heraus führt der Arterienbulbus bzw. seine direkte Fortsetzung, die Kiemenarterie, das venöse Blut den Kiemensäcken zu, wo es arterialisiert wird. Sowohl die Mündung des Venensinus, das Ostium venosum, als auch die Abgangsstelle des Arterienbulbus, Ostium arteriosum, besitzen Klappen.

Zur Untersuchung des Herzens benutzen wir unsere Querschnittsserie durch das Tier. Die besten Aufschlüsse über die feineren Strukturverhältnisse geben möglichst dünne, mit Eisenhämatoxylin gefärbte und eventuell mit Pikrofuchsin nachgefärbte Schnitte. Vorzügliches leisten auch in dieser Beziehung die Versilberungsmethoden von Bielschowsky und Ramón y Cajal, auf das Herz in toto angewandt.

Zunächst wollen wir uns an einzelnen ausgewählten Schnitten unserer Serie einen Überblick über die Konfiguration des Organs verschaffen. Der erste Schnitt (Fig. 464) führt uns in den kaudalen Teil des letzten Kiemensackes (*kisa*). Er ist so gefallen, daß wir rechts den letzten äußeren Kiemensack in der Nähe

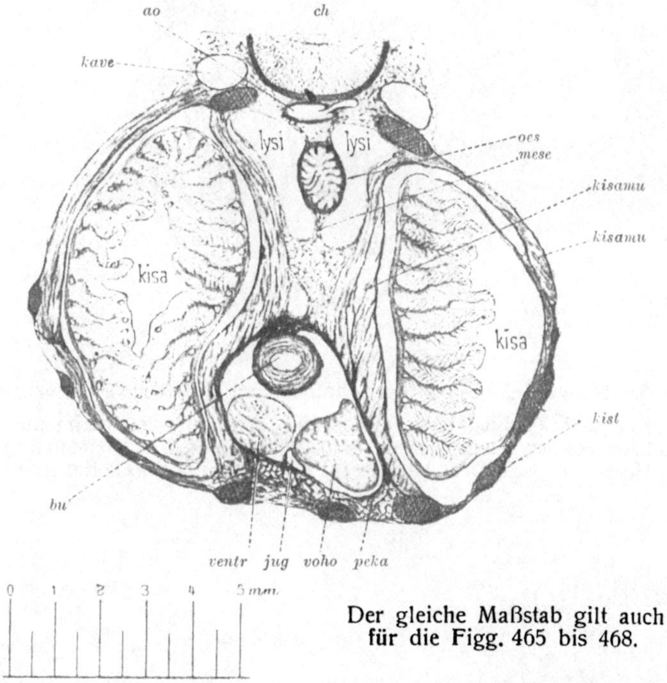


Der gleiche Maßstab gilt auch für die Figg. 465 bis 468.

Fig. 464. Neunauge. Herz (Querschnitt durch den vorletzten und letzten Kiemensack).
*ch* Chorda, *oes* Schlund, *lysi* Lymphsinus, *mese* Medianseptum, *kisa* Kiemensack, *kisamu* dessen äußere Muskulatur, *kist* Kiemenknorpel, *peka* Herzbeutel, *voho* Vorkammer, *jug* unpaare Jugularvene, *ventr* Herzkammer, *bu* Arterienbulbus, *kave* Kardinalvene, *ao* Aorta.

des äußeren Kiemenloches, links den vorletzten Kiemensack in der Nähe des innern Kiemenloches getroffen haben. Zwischen den von ihrer Muskulatur umgebenen Kiemensäcken erscheint innerhalb des Medianseptums (*mese*) umgeben von weiten Lymphsinus (*lysi*) der Querschnitt des Schlundes (*oes*). Zwischen Schlund und Chorda (*ch*) liegt die Aorta (*ao*), in die gerade eine kleine Kiemenvene mündet, und seitlich von ihr die Kardinalvenen (*kave*). Ventral schließt sich an das Medianseptum der Herzbeutel (*peka*), seitlich von der äußeren Kiemensackmuskulatur umgeben. Er umschließt das rostrale Anfangsstück von Kammer (*ventr*) und Vorkammer (*voho*), die sich durch die Anordnung ihrer Muskulatur leicht unterscheiden lassen. In der Kammer ist sie kompakter, in der Vorkammer wesentlich lichter. Dorsalwärts treffen wir noch den dickwandigen

Querschnitt des Arterienbulbus (*bu*), ventral den dünnwandigen Querschnitt der unpaaren Jugularvene (*jug*).

Im zweiten Schnitt (Fig. 465) ist rechts der letzte Kiemensack bis auf einen Rest seiner äußeren Muskulatur (*kisamu*) verschwunden, während links gerade das letzte äußere Kiemenloch (*kisa*) getroffen ist. Der Herzbeutel beansprucht

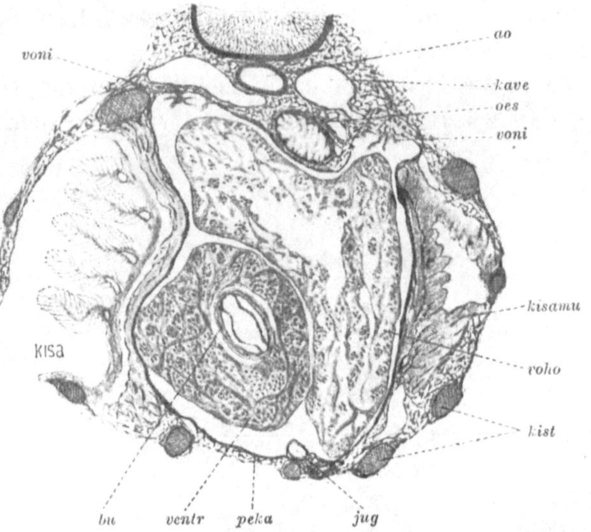


Fig. 465. Neunauge. Herz (Querschnitt durch den letzten Kiemensack).
*ch* Chorda, *ao* Aorta, *kave* Kardinalvene, *oes* Schlund, *voni* Vornierenrudimente, *kisamu* äußere Muskulatur des letzten rechten Kiemensackes, *voho* Vorkammer, *kist* Kiemenknorpel *jug* unpaare Jugularvene, *peka* Herzbeutel, *ventr* Herzkammer, *bu* Arterienbulbus, *kisa* linker letzter Kiemensack.

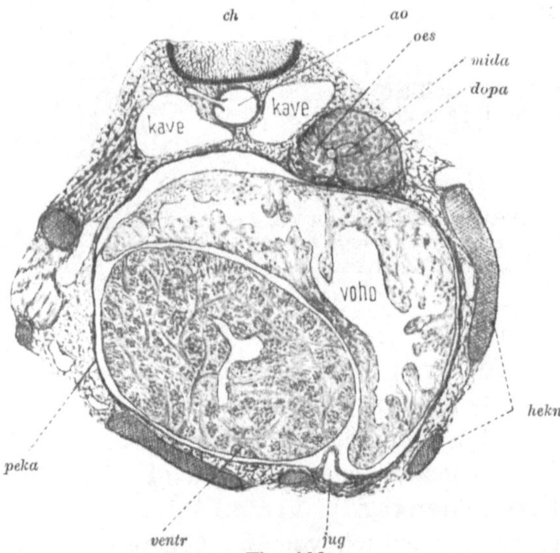


Fig. 466.
Neunauge. Herz (Querschnitt durch die Herzmitte).
*ch* Chorda, *ao* Aorta, *kave* Kardinalvenen, *oes* Schlund, *mida* Mitteldarm, *dopa* dorsales Pankreas, *hekn* Herzbeutelknorpel, *jug* unpaare Jugularvene, *ventr* Herzkammer, *peka* Herzbeutel, *voho* Vorkammer.

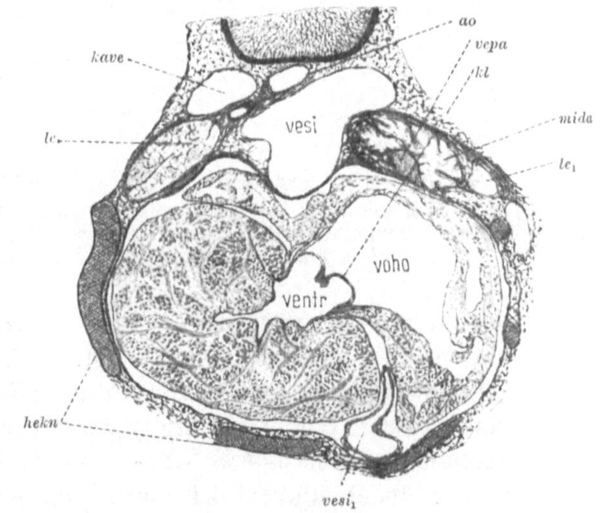


Fig. 467. Neunauge. Herz (Querschnitt durch das Ost atrioventriculare).
*ch* Chorda, *ao* Aorta, *vesi* Venensinus, *voho* Vorkamı *ventr* Herzkammer, *kl* Klappen des Atrioventriku ostiums, *mida* Mitteldarm, *le* und *le*$_1$ Leber, *vesi*$_1$ M dung der unpaaren Jugularvene in den Venensinus, *h* Herzbeutelknorpel, *kave* Kardinalvene.

nun infolge der starken Vergrößerung von Kammer und Vorkammer einen weit größeren Raum als vorher. Lateral vom Schlund (*oes*) ragen auf beiden Seiten die Vornierenrudimente (*voni*) in die Leibeshöhle hinein. Der Arterienbulbus ist nun allseitig von der Kammermuskulatur umschlossen, in deren Höhle er sich öffnet. In seinem Lumen erscheinen zwei Klappen. Die Vorkammer hat sich bedeutend vergrößert, sie umgreift links und dorsalwärts die Kammer und zeigt einen großen Hohlraum.

Die Vergrößerung der Vorkammer tritt noch deutlicher im dritten Schnitt (Fig. 466) zutage, wo sie sogar auf die rechte und auf die ventrale Fläche der Kammer etwas herübergreift. In der letzteren ist als Fortsetzung des Bulbuslumens ein kleiner, sternförmiger Hohlraum entstanden. In der Wand des Herzbeutels (*peka*) finden wir eine Anzahl von Knorpelquerschnitten (*hekn*), welche, wie der Vergleich mit den früheren Schnitten lehrt, nichts anderes als die direkte Fortsetzung der Kiemenknorpel sind. Dorsalwärts liegt rechterseits dem Herzbeutel das kaudale Ende des Schlundes (*oes*) an, ihm schließt sich das dorsale Pankreas (*dopa*) an, in dessen Mitte das rostrale blinde Anfangsstück des Mitteldarmes (*mida*) sichtbar wird.

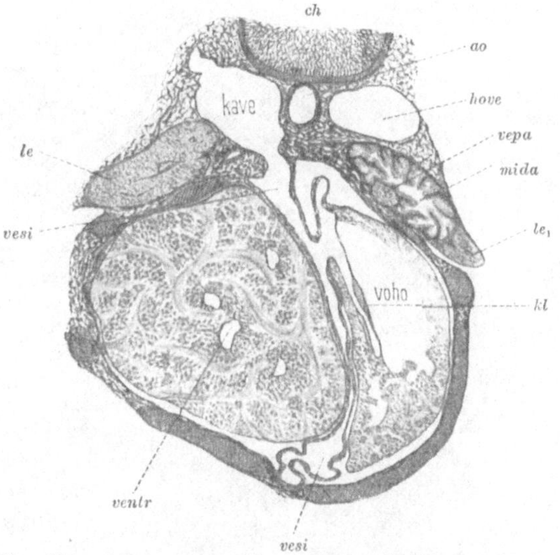


Fig. 468. Neunauge. Herz (Querschnitt durch die kaudale Herzhälfte).

*ch* Chorda, *ao* Aorta, *kave* Mündung der linken Kardinalvene in den Venensinus (*vesi*), *hove* rechte Hohlvene, *vepa* ventrales Pankreas, *mida* Mitteldarm, *le* und $le_1$ Leber, *voho* Vorkammer, *kl* Klappe des Ostium venosum, *ventr* Herzkammer.

Der vierte Schnitt (Fig. 467) führt durch die Atrioventrikularöffnung mit ihrem Klappenapparat. In dieser Gegend erreichen Kammer und Vorkammer ihre größte Ausdehnung und es läßt sich auch deutlich eine Verbindung der beiderseitigen Muskulatur konstatieren. Ventralwärts ist die unpaare Jugularvene in einen größeren zwischen Kammer und Vorkammer eindringenden Raum übergegangen, das ist der Venensinus ($vesi_1$), in dessen dorsalen Abschnitt (*vesi*) die rechte Kardinalvene sich ergossen hat. Links von ihm erscheint das rostrale Leberende (*le*), rechts Mitteldarm (*mida*), ventrales Pankreas (*vepa*) und ein weiterer Leberzipfel ($le_1$).

Der fünfte und letzte Schnitt (Fig. 468) zeigt uns dann den Venensinus (*vesi*) zwischen Kammer und Vorkammer eingeschoben. Dorsal mündet in ihn die linke Kardinalvene (*kave*), rechts liegt als Fortsetzung der rechten Kardinalvene die rechte Hohlvene (*hove*). Der Sinus selbst mündet in einer durch eine Klappe (*kl*) verschlossenen Öffnung in die Vorkammer. Die Knorpelspangen des Herzbeutels verschmelzen in dieser Gegend zu einer das Herz bald vollständig umgebenden Knorpelschale.

Durchmustern wir nun einen unserer Schnitte mit starker Vergrößerung, so sehen wir, daß die Substanz von Kammer und Vorkammer sich aufbaut aus

Muskelfasern, die zu Bündeln zusammengelagert sind (Fig. 469). Der Verlauf dieser Muskelbündel ist ein sehr verschiedener. Bald finden wir sie quer, bald schräg, bald längs geschnitten. Sie teilen sich, vereinigen sich wieder netzartig und durchflechten sich vielfach.

Die Muskelfasern zeigen ebenso wie die der willkürlichen Muskulatur eine sehr deutliche Querstreifung, weichen aber im übrigen sehr wesentlich von jenen ab. Der Querschnitt ist oval oder mehr bandförmig nnd läßt als wichtigste Eigentümlichkeit die periphere Anordnung der Myofibrillen erkennen. Außen ist die Faser umhüllt von einem Sarkolemma, dann folgen die Myofibrillen, in einfacher Schicht ringsum angeordnet. Das ganze Innere der Faser ist ausgefüllt mit Sarkoplasma und den Kernen, die in verschiedenem Ab-

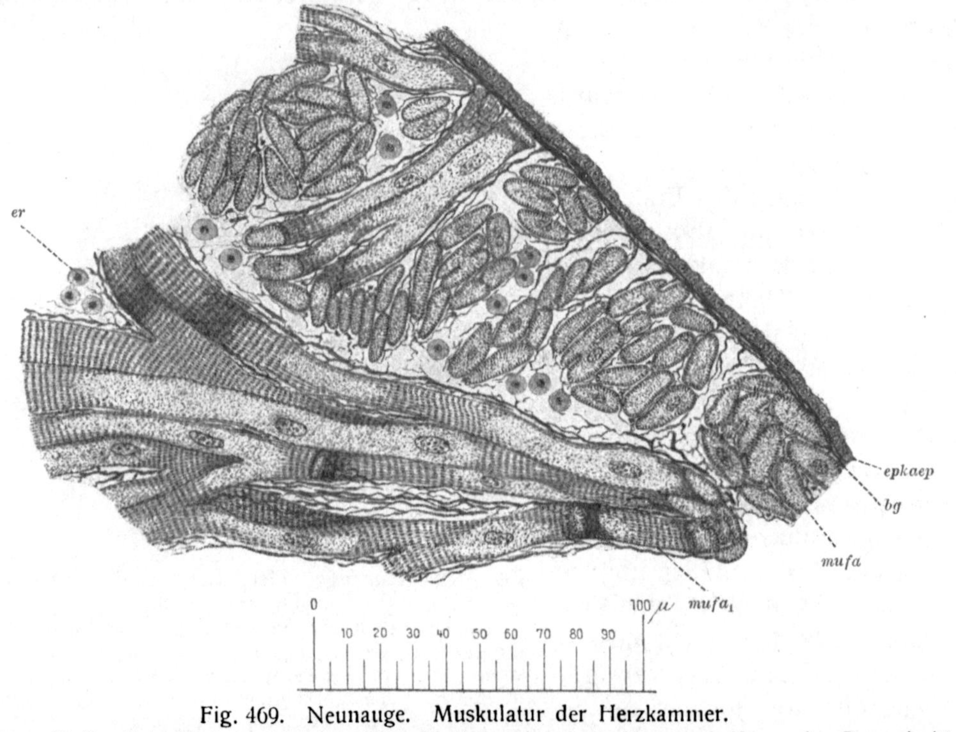


Fig. 469. Neunauge. Muskulatur der Herzkammer.
*epkaep* Epikardialepithel, *bg* subepikardiales Bindegewebe, *mufa* Herzmuskelfasern im Querschnitt, $mufa_1$ Herzmuskelfasern im Längsschnitt, *er* Erythrozyten.

stand die Faserachse einnehmen. Der Faserlängsschnitt zeigt uns neben der einfachen Querstreifung eine zweite, schon oben erwähnte, wichtige Eigentümlichkeit. Die Fasern spalten sich, die so entstandenen Zweige weichen auseinander und fließen mit den Zweigen benachbarter Fasern zusammen, so daß ein muskulöses Netzwerk entsteht. Eine Teilung der Myofibrillen scheint dabei nicht stattzufinden, sondern nur ein Auseinanderweichen. Da die Muskelfasern immer mehr oder weniger starke Krümmungen beschreiben und der Myofibrillenmantel im Vergleich zum Faserquerschnitt nur sehr dünn ist, so kann man die Myofibrillen selten auf lange Strecken verfolgen.

Die Herzmuskelfasern lassen sich auch sehr leicht durch etwa halbstündige Mazeration kleiner Herzstücke in 33,5%iger Kalilauge isolieren. Man erhält dann aber immer nur ganz kurze Bruchstücke, die an den Spaltungsstellen abgebrochen sind.

Zwischen den Muskelfasern liegt ein außerordentlich reich entwickeltes Netzwerk von Bindegewebsfasern. Sie liegen an der äußeren Oberfläche von Kammer und Vorkammer in dicker Schicht und stark geschlängelt und bilden eine dicke subepikardiale Bindegewebsschicht (*bg*), die nach außen durch das Epikardialepithel (*epkaep*), eine einfache Lage kubischer Zellen, abgeschlossen wird. Von dem subepikardialen Bindegewebe dringen die stark wellig verlaufenden Fasern zwischen und in die Bündel der Herzmuskelfasern ein. Sie geben dabei außerordentlich zahlreiche miteinander anastomosierende Zweige ab und bilden so eine dichtes Geflecht um die Bündel und die sie zusammensetzenden Fasern.

Eine ähnliche, aber bei weitem nicht so starke Bindegewebslage kleidet auch das Innere von Kammer und Vorkammer aus, das endokardiale Bindegewebe; auch dieses ist mit einem einfachen niedrig kubischen Epithel, dem Endokardialepithel, bedeckt. Doch bildet es keinen vollständigen Abschluß der Herzhöhlen, sondern schlägt sich auf die groben Muskelbündel über und läßt sich bald nicht mehr nachweisen. So kommt es, daß von der Ventrikelhöhle aus das Blut überall zwischen die Muskelbündel eindringen kann. Eigene Gefäße besitzt die Herzwand nicht.

Zur Darstellung dieses Bindegewebes empfiehlt sich vor allem die Anwendung der Bielschowskymethode. Die gewöhnlichen Bindegewebsfärbungen geben von ihr nur eine ganz ungenügende Vorstellung. Je feiner nämlich die Fasern werden, um so schwerer und unvollkommener färben sie sich.

### c) Die Blutgefäße.

Die Struktur der Blutgefäße zu studieren, haben wir in allen Schnitten durch das Tier reichlich Gelegenheit. In der Arterienwand unterscheiden wir drei Schichten: Intima, Media und Adventitia. Die Intima enthält als wesentlichsten Bestandteil das Gefäßepithel, eine einfache Schicht ganz platter, unregelmäßig länglicher Zellen. Nach außen liegt eine geringe Menge Bindegewebe. Die Media wird charakterisiert durch ihren Gehalt an glatten Muskelfasern mit zirkulärem Verlauf. Die stärkste Muskulatur besitzt der Arterienbulbus und seine Fortsetzung, die Kiemenarterie. Je kleiner die Arterien werden, um so mehr nimmt ihre Muskulatur ab. Zwischen den Muskelzellen verlaufen Bindegewebsfasern. Elastische Fasern fehlen, sie scheinen im Körper des Neunauges überhaupt nicht vorzukommen. Die Adventitia, die äußerste Haut, ist rein bindegewebig und enthält besonders stark ausgebildete Längsbündel.

Die Kapillaren bestehen ausschließlich aus dem Epithel und einer minimalen Bindegewebsschicht, der Kapillaradventitia. Viel mehr läßt sich von den Venen auch nicht sagen. Ihre Wand ist, abgesehen von dem Epithel, rein bindegewebig und läßt sich gegen das umgebende Bindegwebe in keiner Weise abgrenzen.

Um die Verbreitung der Blutgefäße zu untersuchen, muß man gefärbte Massen, am besten eine filtrierte, wäßrige Lösung von Berlinerblau injizieren entweder vom Herzen oder von der Schwanzhohlvene in der früher geschilderten Weise. Man injiziere zunächst zur Verdrängung des Blutes etwas Kochsalzlösung und lasse dann erst die Farblösung folgen. Nach der Injektion fixiere man das Tier in toto in Formalin, bette später in halbweiches Paraffin ein und mache 50—100 $\mu$ dicke Schnitte.

Von Interesse ist die Blutgefäßverteilung in der Parietalmuskulatur. Die Gefäßstämmchen verlaufen in den Myosepten und schicken nach beiden

Seiten ihre Zweige, die zwischen den Muskelkästchen eindringen. Auf Querschnitten sieht man sie hier längs verlaufen und sich in zwei benachbarten Kästchen verbreiten. Die Kapillaren umspinnen in den Kästchen ausschließlich die Randfasern, zu den Zentralfasern gelangen sie nicht, so daß in den injizierten Myomeren immer gefäßhaltige mit gefäßlosen Streifen alternieren.

Außerordentlich reich vaskularisiert ist das subkutane Bindegewebe, in welches die Gefäße durch die Myosepten hindurch gelangen. Sie bilden hier ein starkes weitmaschiges Netz, dringen aber nicht über die Pigmentschicht hinaus. Die Kutis ist vollkommen gefäßlos.

Daß das Rückenmark gefäßlos ist, haben wir schon erkannt. Hier bilden die Gefäße in der Pia ein weitmaschiges Netz, das gespeist wird durch Zweige, die mit den Nervenwurzeln zusammen eintreten. Dagegen dringen in das Gehirn die Gefäße von der Pia aus bis unter das Ependym vor. Auch hier bildet sich ein weitmaschiges Netzwerk.

## 11. Die Schilddrüse.

Das erwachsene Neunauge besitzt eine sehr schwach entwickelte Schilddrüse, die in der Kiemengegend ventral vom Zungenstempel zu suchen ist. Hier verläuft der mediane Knorpellängsstab des Kiemenkorbes und dorsal zwischen ihm und dem Zungenstempel die unpaare Jugularvene. Ungefähr in der Höhe des fünften Kiemensackes spaltet sich dieses Gefäß in die beiden Jugularvenen, die eine Zeitlang dicht parallel nebeneinander rostralwärts ziehen. In dem die beiden Gefäße trennenden Bindegewebe findet man nun die Schilddrüsenfollikel als lange gewundene blind geschlossene Schläuche, jederseits 2—5 gewöhnlich. Rostralwärts verschwinden sie ungefähr in der Höhe des blinden Endes des Nasengaumenganges. Jeder Schlauch hat eine bindegewebige Propria und wird ausgekleidet von einer einfachen Schicht schmaler Zylinderzellen mit basal gelegenem Kern. Im Lumen findet man hier und da etwas körniges Sekret.

## 12. Interrenal- und Adrenalorgane.

In der Nähe der sympathischen Ganglien, die wir in der Umgebung der Hohlvenen und ihrer Äste gefunden hatten, treten vielfach in die Gefäßwand hineinragende, vom Gefäßepithel überzogene Zellmassen auf, deren Zellkörper feine Körnchen enthält. Diese Zellen werden als Interrenalgewebe gedeutet. Daneben finden sich dann, vor allem in der Aortenwand, an der Abgangsstelle ihrer Äste Zellen, die sich durch Behandlung mit Chromsalzen bräunen. Sie stellen das Adrenalorgan oder das chromophile Gewebe dar.

# Leptokardier.

Tiere von lanzettförmiger Gestalt mit seitlich komprimiertem Körper, die sich hauptsächlich durch das Fehlen von Schädel, Wirbelsäule und Herz charakterisieren. Als Vorläufer des Skelets wird der Körper seiner ganzen Länge nach von der Chorda dorsalis durchzogen. Dorsal liegt ihr das stabförmige Zentralnervensystem auf, dessen Vorderende nur ein rudimentäres Gehirn erkennen läßt. Von dem Zentralnervensystem gehen dorsal und ventral die peripherischen Nerven aus, die mit Ausnahme der beiden ersten unpaarig sind. Das ventral von der Chorda gelagerte Verdauungsrohr beginnt mit einer von Zirren umstellten Mundöffnung und ist in seinem hinter der Mundhöhle gelegenen Abschnitt ein als Atmungsorgan ausgebildeter Kiemendarm. Seine kaudale Fortsetzung, Mittel- und Enddarm, mündet mit dem seitlich gelegenen After nach außen, jenseits dessen sich der Körper als Schwanz noch ein Stück weit fortsetzt. Aus dem Mitteldarm stülpt sich rostralwärts ein unpaarer, in der rechten Körperhälfte gelegener und als Leber gedeuteter Blinddarm aus. Der Kiemendarm wird durch paarige Kiemenbögen gestützt, zwischen denen sich die Kiemenspalten in den Peribranchialraum öffnen. Er ist entstanden als Einsenkung der äußeren Haut und mündet auf der Ventralfläche des Körpers hinter dem Kiemendarm mit dem Abdominalporus nach außen. Harnorgane sind in Form kurzer metamer auf den Kiemenbogen gelegener Kanälchen vorhanden. Es sind Ausstülpungen des Zöloms, welche sich in den Peribranchialraum öffnen. Die Tiere sind getrennt geschlechtlich, die Geschlechtsorgane, Gonaden, sind metamer in Ausstülpungen des Zöloms gelagert. Von Sinnesorganen finden sich die im Innern des Zentralnervensystems gelegenen Becheraugen, ferner eine unpaare, am vorderen Körperende gelegene Riechgrube. Die Muskulatur besteht aus quergestreiften Muskelfasern und gliedert sich in die segmental angeordneten parietalen Körpermuskeln, die unsegmentierte Muskulatur der Mundhöhle und den Pterygialmuskel. Das Blut enthält keine geformten Elemente. Die Blutgefäße stellen ein geschlossenes Rohrsystem dar ohne ein eigentliches Herz. Sie entbehren der Muskulatur.

## Amphioxus lanceolatus.

Amphioxus bewohnt das seichte Küstenwasser der Nordsee, des Atlantischen Ozeans und des Mittelmeeres und ist jederzeit z. B. aus der Zoologischen Station von Neapel leicht erhältlich. Am besten bezieht man die Tiere in den Frühjahrsmonaten März bis Mai. Für die Konservierung ist zu berücksichtigen, daß stark alkoholische Flüssigkeiten, wie die Carnoysche, absoluter Alkohol usw. so starke Schrumpfungen erzeugen, daß das Material für allgemeine Zwecke unbrauchbar wird. Für die spezielle Untersuchung einzelner Organe können sie trotzdem recht brauchbar sein. Als universalstes Fixationsmittel empfiehlt sich eine Mischung von 15 Teilen Formalin und

85 Teilen Seewasser, in welcher die Tiere auch unbeschränkt lange verweilen und versandt werden können. Um Verkrümmungen der Tiere und das Einschlagen der Zirren zu vermeiden, setzt man dem die Tiere enthaltenden Seewasser zunächst vorsichtig so lange Chloroformwasser (Seewasser wird mit dem zwanzigsten Teile seines Volums Chloroform mehrere Minuten kräftig geschüttelt und dann absetzen gelassen) zu, bis die Tiere bewegungslos geworden sind, und überträgt erst dann in die Fixationslösung. Nach einem viertelstündigen Verweilen in der letzten zerschneidet man mit einer scharfen Schere einen Teil der Tiere in je drei Stücke, von denen das erste den Kopf und die rostrale Hälfte des Kiemenkorbes, das zweite den Abdominalporus und das dritte den After mit dem Schwanz enthält.

Vor der Einbettung werden die Tiere zunächst für mindestens 8 Tage aus dem Formalin in zwei- bis dreimal zu wechselnde MÜLLERsche Flüssigkeit eingelegt, dann 24 Stunden in fließendem Wasser gewaschen und innerhalb 4—5 Tage in steigendem Alkohol, von 25% angefangen, entwässert. Als Zwischenmedium empfiehlt sich Benzol. Die Einbettung werde recht vorsichtig vorgenommen. Um eine gute Durchtränkung zu erzielen, lasse man die Stücke über Nacht in hartem Paraffin liegen. Im Einbettungsrahmen lege man die drei ein jedes Tier zusammensetzenden Stücke dicht und parallel nebeneinander, so daß die rostralen Enden alle nach der Schnittfläche sehen. Man schneidet in Serie (5—15 $\mu$) und erhält so drei Schnittreihen, von denen jede folgende an das Ende der vorherigen anschließt. Für Kurszwecke wird man am vorteilhaftesten die Schnitte auf Glimmerplatten aufkleben (mit Eiweißwasser); man kann dann die Serien beliebig zerteilen und auch nach verschiedenen Methoden färben.

Zur Färbung empfiehlt sich vor allem kräftige Kernfärbung mit Hämalaun und Nachbehandlung mit der VAN GIESON-Lösung, daneben leistet die HEIDENHAINsche Eisenhämatoxylinmethode und die Färbung mit Kresylviolett, vorzügliche Dienste.

Zur Ergänzung der Querschnittsserien dienen frontale und vor allem sagittale Längsschnitte durch die einzelnen Stücke des Tieres. Für vorläufige Orientierung über die Organisation des Tieres lassen sich mit großem Vorteil auch sagittal halbierte Tiere verwenden. Zur exakten Halbierung benutzt man ein Kohlensäuregefriermikrotom. Einschluß in einer aus passenden, 1—2 mm dicken Glasstreifen zusammengekitteten Kammer in 10%igem Formalin.

Für spezielle Zwecke können außer dem geschilderten noch manche andere Verfahren in Anwendung gezogen werden. Zu einer eingehenderen Untersuchung der Geschlechtsorgane und des Zentralnervensystems empfiehlt sich einmal die Fixation in der CARNOYschen Lösung (absol. Alkohol 60, Chloroform 30, Eisessig 10) und dann in einer Mischung von 5 Teilen 5%iger Sublimatlösung, 5 Teilen 1%iger Platinchloridlösung, 5 Teilen 2%iger Osmiumlösung und 1 Teil Eisessig. Für beide Verfahren verwende man narkotisierte und später zerschnittene Tiere.

Auf keinen Fall aber sollte man es unterlassen, einen Teil des verfügbaren Materials nach der Bielschowskymethode zu behandeln. Die in Formalinseewasser fixierten Tiere bzw. deren Stücke kommen dabei zunächst für 2—3 Tage in öfters gewechseltes destilliertes Wasser und dann für 12—14 Tage in 2%ige Silbernitratlösung, hierauf für 24 Stunden in die ammoniakalische Silberlösung, um nach flüchtigem Abspülen mit destilliertem Wasser in 20%igem Formalin reduziert zu werden, in dem sie beliebig lange verweilen können. Entwässerung und Einbettung sollen zusammen nicht mehr als 2—4 Tage beanspruchen. Die 15—25 $\mu$ dicken Schnitte werden in bekannter Weise aufgeklebt und vergoldet. Die Methode gibt vor allem für das Studium des Nervensystems und der Muskulatur hervorragende Präparate, leistet aber auch für alle anderen Organe Gutes.

## Allgemeine Übersicht über die Organisation des Tieres.

Während wir bei allen anderen Tieren die allgemeine Organisation des Tieres als bekannt vorausgesetzt haben, soll hier beim Amphioxus eine Ausnahme gemacht und der Bauplan an der Hand eines sagittal halbierten Tieres (Fig. 470) und einer Anzahl von Querschnitten erörtert werden.

Die ersten beiden Schnitte (Fig. 471 und 472) gehen durch das Rostrum, das platte, dünne, sagittal gestellte Vorderende des Tieres, und lassen als Mittelpunkt den kreisrunden Querschnitt der Chorda (*ch*) erkennen, umhüllt von der dicken Chordascheide (*chs*). Außen bildet die Grenze die Epidermis, unter der die Kutis sich als schmaler Streifen abhebt. Der Zwischenraum zwischen der letzteren und der Chordascheide wird von einem Füllgewebe eingenommen, in welchem die Querschnitte von Blutgefäßen (*bgf*) und Nerven (*n*) hervortreten. In dem zweiten Querschnitt tritt links von der Chorda die Muskulatur auf und zwar das erste Myomer (*mp*). Sie erstreckt sich also, wie auch die Fig. 470 demonstriert, nicht soweit rostralwärts wie die Chorda, und ferner zeigt uns der Schnitt, daß links die Muskulatur früher auftritt als rechts. Die Anordnung der Myomeren ist also asymmetrisch. Dorsalwärts liegt der Chorda im zweiten Schnitt ein Pigmenthaufen auf, der Pigmentfleck (*pg*). Er tritt übrigens nicht bei allen Exemplaren in gleicher Deutlichkeit auf. Rechts von ihm buchtet sich die Epidermis zu einer schmalen Grube, dem Riechgrübchen (*rgr*), ein.

Weitere Komplikationen läßt uns der dritte Schnitt (Fig. 473) erkennen. Zunächst hat der ventrale Teil des Schnittes eine Spaltung erfahren, so daß zwei Zipfel entstanden sind, welche eine Bucht, die Mundbucht, zwischen sich fassen. Die Chorda wird nun rechts und links von je einer Muskelmasse (*mp*) flankiert und dorsal von ihr erscheint der Querschnitt des Gehirns (*h*) mit einer zentralen Lichtung, dem Hirnventrikel. Es reicht also die Chorda erheblich weiter rostralwärts als das Zentralnervensystem. Gehen wir in unserer Serie wenige Schnitte rostralwärts, so erkennen wir, wie der Hirnventrikel sich zipfelförmig nach rechts hinüberzieht und sich als vorderer Neuroporus in die Riechgrube fortsetzt. Doch erscheint diese Öffnung wohl immer durch Aneinanderlagerung ihrer Wandungen obliteriert. Die Chordascheide setzt sich dorsal-

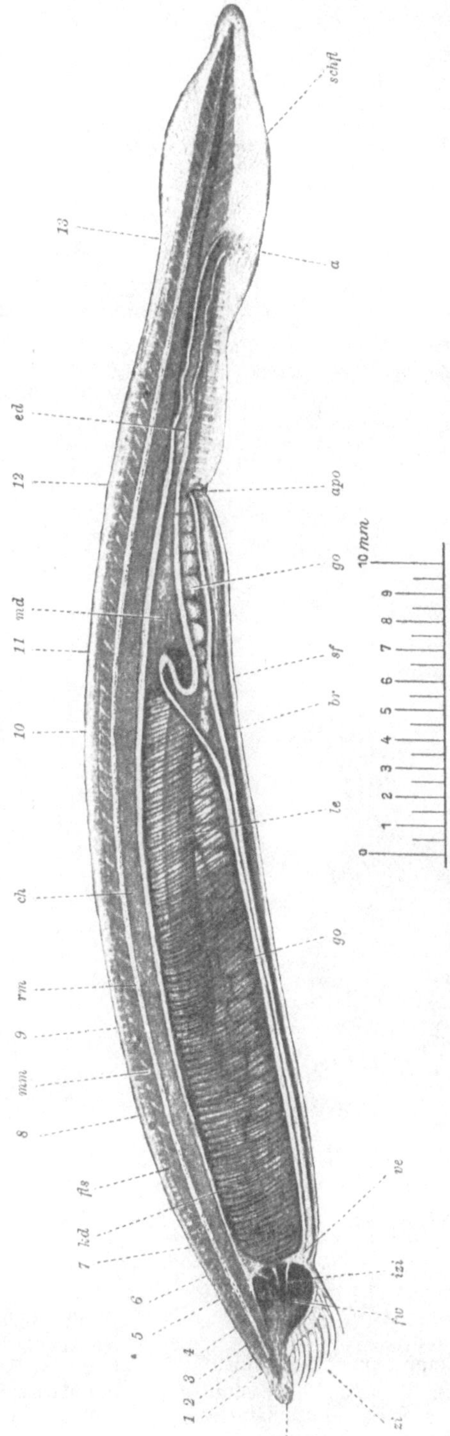

Fig. 470. Amphioxus (in der sagittalen Medianebene halbiertes Tier). *r* Rostrum, *kd* Kiemendarm, *fls* Flossensaum, *mm* Myomeren, *rm* Rückenmark, *ch* Chorda, *md* Mitteldarm, *ed* Enddarm, *schfl* Schwanzflosse, *a* After, *apo* Abdominalporus, *go* Gonaden, *sf* Seitenflosse, *br* Bauchrinne, *le* Leber, *ve* Velum, *izi* innere Zirren, *fw* Flimmerwulst, *zi* äußere Zirren, *1—13* die Ebenen der in den Fig. 471—483 abgebildeten Schnitte.

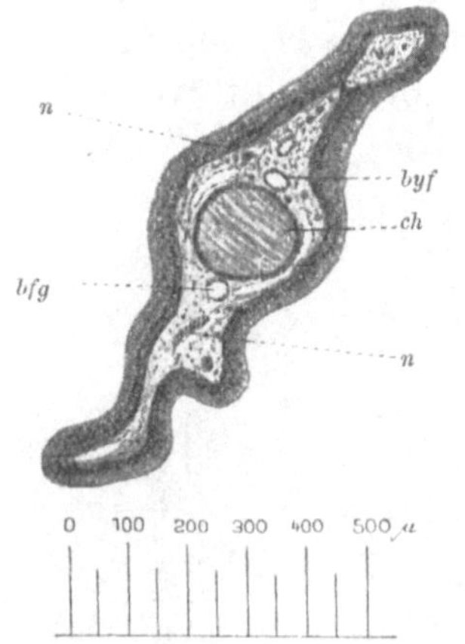


Fig. 471.
Amphioxus (Querschnitt 1).
*n* Nerven, *ch* Chorda, *bgf* Blutgefäße.

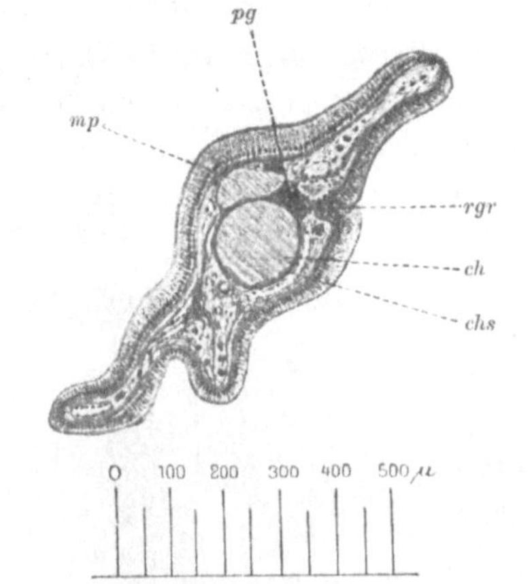


Fig. 472. Amphioxus (Querschnitt 2).
*mp* Parietalmuskulatur, *pg* Pigmentfleck, *rgr* Riechgrube, *ch* Chorda, *chs* Chordascheide.

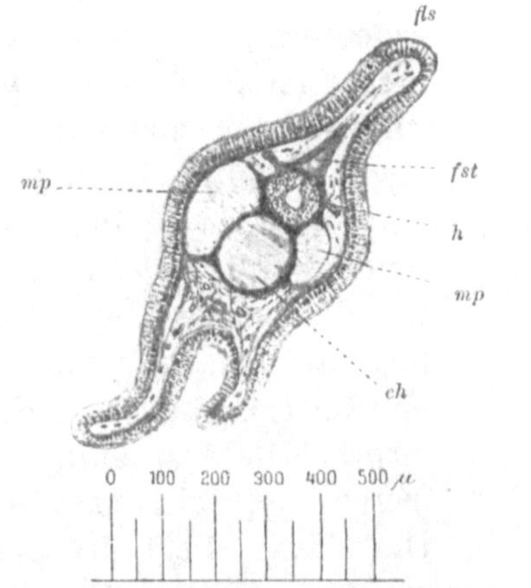


Fig. 473. Amphioxus (Querschnitt 3).
*mp* Parietalmuskulatur, *fls* Flossensaum, *fst* Flossenstrahl, *h* Gehirn, *ch* Chorda.

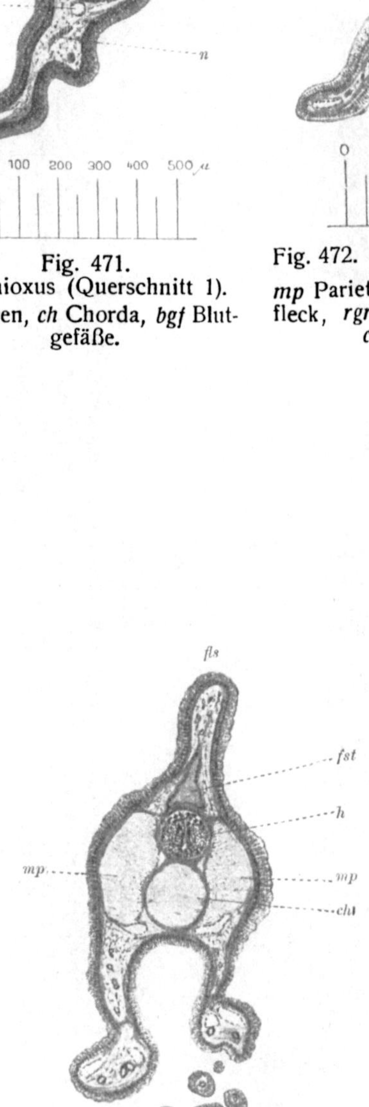


Fig. 474. Amphioxus (Querschnitt 4).
*fls* Flossensaum, *fst* Flossenstrahl, *h* Gehirn, *mp* Parietalmuskulatur, *ch* Chorda, *zi* Zirren.

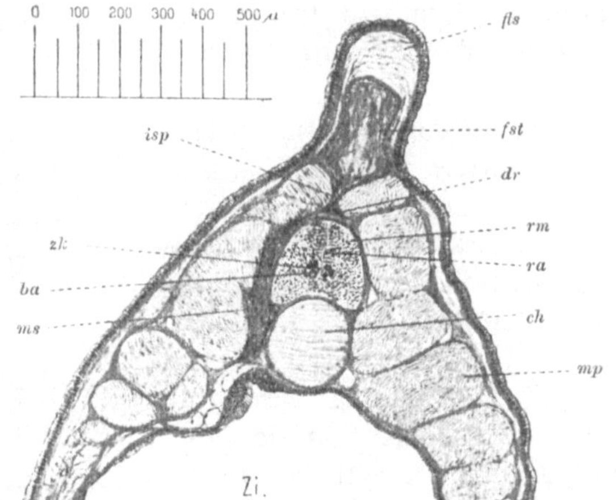


Fig. 475. Amphioxus (Querschnitt 5).
*fls* Flossensaum, *fst* Flossenstrahl, *dr* Dachraum, *rm* Rückenmark, *ra* Raphe, *ch* Chorda, *mp* Parietalmuskulatur, *sf* Seitenflosse, *sk* Seitenkanal, *br* Bauchrinne, *ms* Myoseptum, *ba* Becherauge, *zk* Zentralkanal, *isp* Interspatium, *zi* Zirren im Velum, *mv* Viszeralmuskulatur des Velums.

wärts in die Umhüllung des Gehirns fort und sendet lateralwärts flügelartige Fortsätze, welche die Myomeren umhüllen und in die Kutis schließlich übergehen. Wir bezeichnen sie als Myosepten oder Myokommata. Dorsalwärts schließt sich an das Gehirn ein dreieckiges Gebilde das zur Stütze des Flossensaums (*fls*) dient und aus einer bindegewebigen Hülle, dem Flossenstrahl (*fst*), besteht, der einen mit einer homogenen Masse ausgefüllten Hohlraum, die Flossenhöhle, umschließt. Wie Fig. 470 zeigt, liegen die Flossenhöhlen metamer hintereinander.

Der vierte Schnitt (Fig. 474) hat das kaudale Ende des Gehirns getroffen, dessen Ventrikel nun eine sagittal gestellte Spalte darstellt. Ventral von der Mundbucht, die wir jetzt auch schon als Mundhöhle bezeichnen können, erscheinen die Querschnitte der sie umkränzenden Zirren (*zi*).

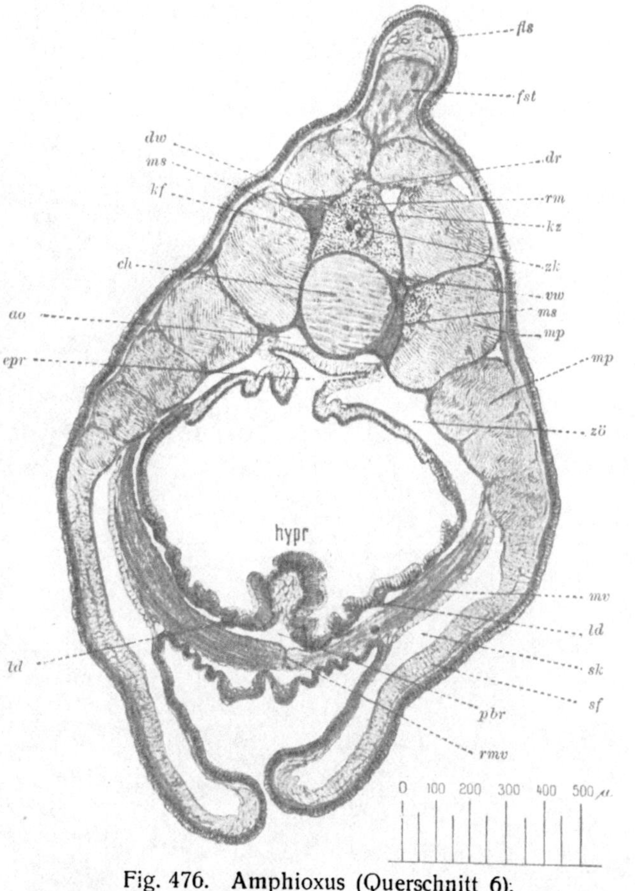


Fig. 476. Amphioxus (Querschnitt 6): *fls* Flossensaum, *fst* Flossenstrahl, *dr* Dachraum, *rm* Rückenmark, *kz* Kolossalzelle, *zk* Zentralkanal, *vw* Ventralwurzel, *mp* Parietalmuskulatur, *zö* Zölom, *mv* Pterygialmuskel, *ld* Ligamentum denticulatum, *sk* Seitenkanal, *sf* Seitenfalte, *pbr* Peribranchialraum, *rmv* Raphe der Pterygialmuskeln, *epr* Epibranchialrinne, *ao* Aorta, *ch* Chorda, *kf* Kolossalfasern, *ms* Myoseptum, *dw* Dorsalwurzel, *hypr* Hypobranchialrinne.

In das kaudale Ende der Mundhöhle führt uns der fünfte Schnitt (Fig. 475). Die beiden die Mundhöhle flankierenden Hautfalten haben sich nach innen umgebogen und gehen hier in eine starke Muskelmasse (*mv*) über, welche die Abgrenzung der Mundhöhle gegen die sich kaudalwärts anschließende Kiemendarmhöhle bildet und als Velum (Fig. 470 *ve*) bezeichnet wird. In ihrer dorsalen Partie erscheinen die Querschnitte der inneren Zirren (Fig. 475 *zi* und Fig. 470 *izi*). Die Mundhöhle wird ausgekleidet von einem verschieden gestalteten Epithel. Ihre lateralen Wände gehen ventralwärts über in die Seitenfalten (*sf*) oder Metapleuralfalten, welche sich vom Mund bis zum Abdominalporus erstrecken und eine ventralwärts offene Rinne, die Bauchrinne (*br*), umschließen. Innerhalb der Seitenfalten erscheint jederseits ein weiter Kanal (*sk*), der Seitenkanal, der sie ihrer ganzen Länge nach durchzieht und einen Teil des Zöloms darstellt. Das Gehirn hat sich jetzt in das Rückenmark (*rm*) verlängert. Es wird durch einen feinen medianen Streifen, die Raphe (*ra*), unvollkommen in eine linke und rechte

Hälfte geteilt. Ventralwärts geht die Raphe in den Zentralkanal (*zk*) über. Lateral von letzterem liegen die großen pigmentierten Becheraugen (*ba*) im Rückenmark. Zwischen Rückenmark und Flossenhöhle ist ein zunächst noch spaltförmiger Raum, der Dachraum (*dr*), aufgetreten. Er ist wie der Flossenraum von einer homogenen Masse ausgefüllt und seine bindegewebige Umhüllung steht mit dem Flossenstrahl (*fst*) durch das sog. Interspatium (*isp*) in Verbindung. Statt jederseits eines Myomers, wie bisher, sind jetzt mehrere getroffen,

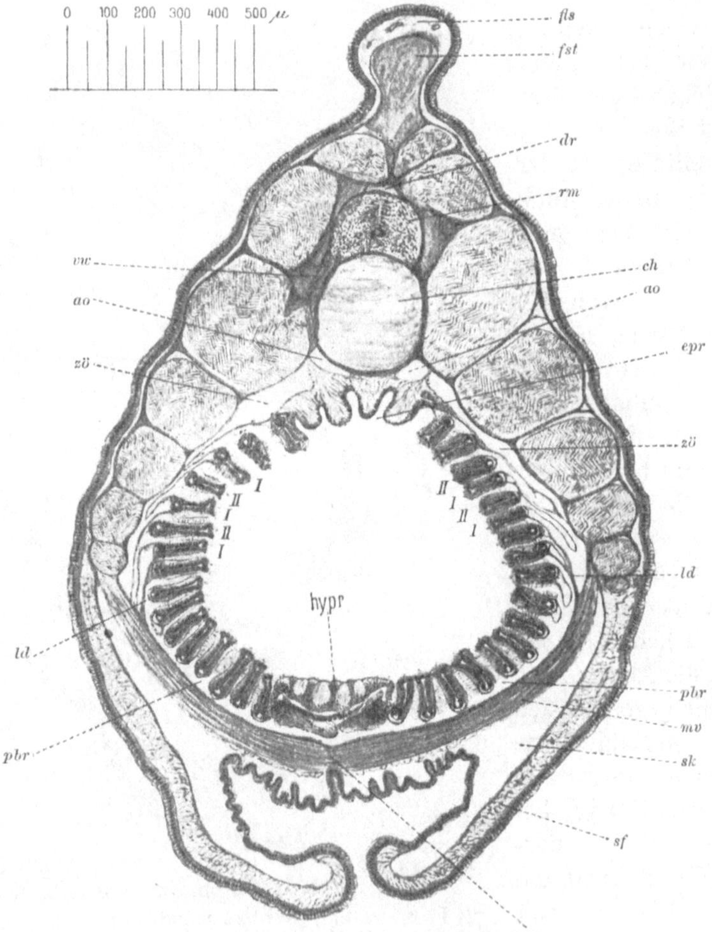


Fig. 477. Amphioxus (Querschnitt 7).
*fls* Flossensaum, *fst* Flossenstrahl, *dr* Dachraum, *rm* Rückenmark, *ch* Chorda, *ao* Aorta, *epr* Epibranchialrinne, *zö* Zölom, *ld* Ligamentum denticulatum, *pbr* Peribranchialraum, *mv* Pterygialmuskel, *sk* Seitenkanal, *sf* Seitenfalte, *rmv* Raphe der Pterygialmuskeln, *vw* Ventralwurzel, *hypr* Hypobranchialrinne.

was durch den schrägen Verlauf und die winklige Abknickung derselben bedingt ist. Hier ist gerade ein Myoseptum (*ms*) in dem Schnitt getroffen.

Der sechste Schnitt (Fig. 476) ist in den Anfangsteil des Kiemendarms dicht hinter das Velum gefallen. Das Epithel bildet im dorsalen Abschnitt des Kiemendarms eine mit ihrer breiten Basis dorsalwärts gegen die Chorda gerichtete Rinne, die Epibranchialrinne (*epr*), die nun allein dem Nahrungstransport dient, während der ganze übrige ventrale Teil in den Dienst der Atmung tritt.

Ventralwärts ragt das Epithel als Fortsetzung des Velums in Form eines dicken Zapfens in den Kiemendarm hinein (*hypr*), aus dem, wie wir bald sehen werden, die Hypobranchialrinne hervorgeht. Nach außen wird die Mundhöhle umgeben von einem spaltförmigen Hohlraum, dem Zölom (*zö*). Er erstreckt sich aber nicht vollkommen ringsum, sondern scheidet sich in eine rechte und linke Hälfte. Dorsal werden beide Hälften getrennt durch die Epibranchialrinne und die beiden Aorten (*ao*), ventral schiebt sich zwischen beide, von ihnen jederseits durch das Ligamentum denticulatum (*ld*) getrennt, der jetzt noch sehr kleine Peribranchialraum (*pbr*), der also ventral von der beginnenden Hypobranchialrinne zu suchen ist. Der Boden und der ventrale Teil der Seitenfläche des Kiemendarms wird nun gebildet von einem dicken Muskelblatt (*mv*). Es bildet die direkte Fortsetzung der Muskulatur des Velums und zerfällt in eine rechte und linke Hälfte. Jede derselben entspringt von der Wurzel der Seitenfalten, zieht bogenförmig ventral und medianwärts und stößt mit seinem Gegenpart in der Mittellinie in einer bindegewebigen Raphe (*rmv*) zusammen. Diese viszerale Muskulatur, der Pterygialmuskel, zeigt im Gegensatz zu der Parietalmuskulatur keine oder doch nur eine sehr unvollkommene metamere Gliederung.

Am Rückenmark ist links eine dorsale (*dw*), rechts eine ventrale Wurzel (*vw*) getroffen. In seinem Innern erkennen wir wiederum die Raphe (*ra*), den Zentralkanal (*zk*), neben ihm zwei Becheraugen und in der rechten Hälfte eine Kolossalzelle (*kz*), die einen Fortsatz in bogenförmigem Verlauf zu einer ventral vom Zentralkanal gelegenen Kolossalfaser (*kf*) hinschickt.

Mit dem siebenten Schnitt (Fig. 477) treten wir nun erst vollständig in das Gebiet des Kiemendarmes ein, der ein außerordentlich charakteristisches Bild liefert. Sein dorsaler Pol wird im Schnitt von der Epibranchialrinne (*epr*) eingenommen, sein ventraler Pol von der Hypobranchialrinne (*hypr*), die wesentlich flacher erscheint als erstere. Zwischen beiden liegt der Kranz der Kiemenbogen. Ihr schräger Verlauf bringt es mit sich, daß sie in unserem Querschnitt auch schräggetroffen und daher dicker erscheinen, als sie in Wirklichkeit sind. Sie sondern sich in primäre (*I*) und sekundäre (*II*), wie wir das besonders an ihrem Verhalten zu dem Zölom in der dorsalen Hälfte des Schnittes gut erkennen können. Hier geht von der äußeren ventralen Ecke eines jeden primären Kiemenbogens eine beiderseits mit Epithel bekleidete Lamelle aus, dringt in das Zölom mehr oder weniger weit vor, biegt um und heftet sich an der dorsalen äußeren Ecke des nächsten primären Kiemenbogens fest, den dazwischen gelegenen sekundären Kiemenbogen überspringend. Das zwischen den Kiemenbogen vordringende Atemwasser kann also nicht in das Zölom selbst eindringen, sondern fängt sich in diesen Nischen des Kiemendarms. Zölom und der stark dorsalwärts vordringende Peribranchialraum werden wieder durch das Ligamentum denticulatum (*ld*) getrennt. In der ventralen Hälfte des Kiemendarms kann also hier das Atemwasser überall, da jene Nischen fehlen, zwischen den Kiemenbogen hindurch in den Peribranchialraum (*pbr*) gelangen.

Während der Kiemendarm in dem vorigen Schnitt mit seinem ungefähr kreisförmigen Querschnitt fast den ganzen Leibesraum einnahm, wird er in dem achten Schnitt (Fig. 478) durch die nun auftretenden Gonaden (*go*) beiderseits von der Seitenwand des Körpers abgedrängt, die in unserem Fall die Eier in allen Stadien der Entwicklung enthalten. Dadurch erhält der Kiemendarm von jetzt an ein mehr oder weniger spaltförmiges Lumen, dessen größter Durchmesser dorsoventral verläuft. Die Gonaden liegen in Zölomnischen und ragen in den Peribranchialraum hinein. Sie sind, wie schon die äußere Inspektion des Tieres lehrt und auch Fig. 470 zeigt, in Form von 25 hintereinander gelegenen Ballen angeordnet und erstrecken sich kaudalwärts bis zum Abdominalporus. Wir beachten ferner, wie das Zölom immer stärker eingeengt wird dadurch, daß

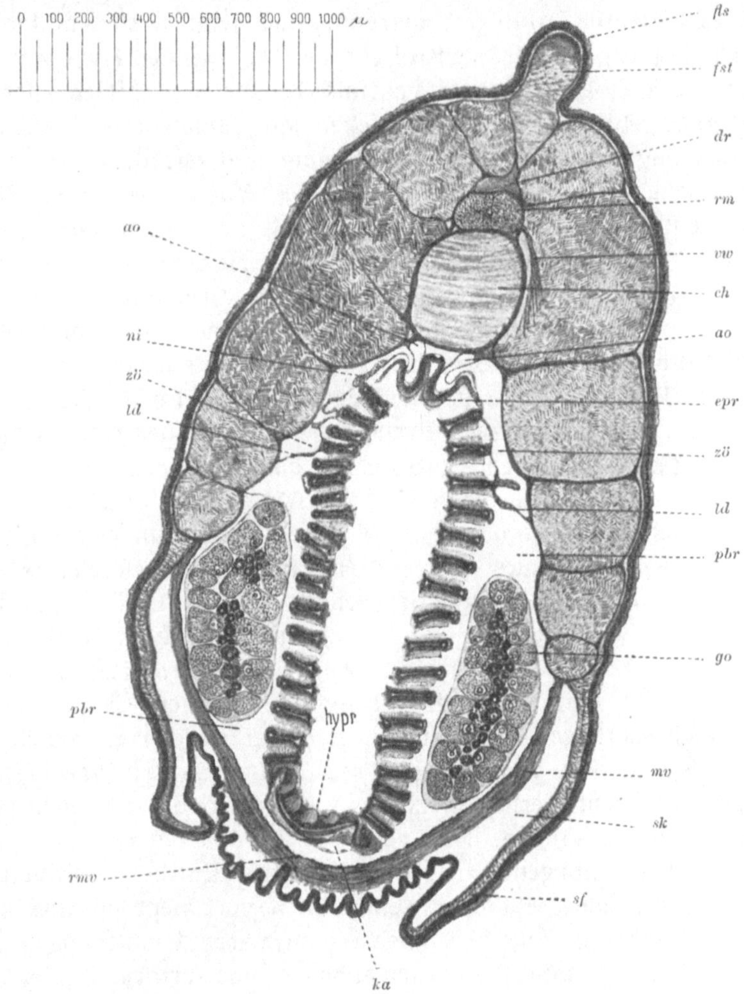


Fig. 478. Amphioxus (Querschnitt 8).

*fls* Flossensaum, *fst* Flossenstrahl, *dr* Dachraum, *rm* Rückenmark, *vw* Ventralwurzel, *ch* Chorda, *ao* Aorta, *epr* Epibranchialrinne, *zö* Zölom, *ld* Ligamentum denticulatum, *pbr* Peribranchialraum, *go* Gonade, *mv* Pterygialmuskel, *sk* Seitenkanal, *sf* Seitenfalte, *ka* Kiemenarterie, *rmv* Raphe der Pterygialmuskeln, *ni* Nierenkanälchen, *hypr* Hypobranchialrinne.

der Peribranchialraum immer weiter dorsalwärts vordringt. In diesem eingeengten Teil des Zöloms treffen wir in unserem Schnitt eine wichtige Bildung, die Nierenkanälchen (*ni*). Sie stellen Verbindungskanäle zwischen Zölom und Peribranchialhöhle dar und sind nicht immer leicht zu erkennen.

Eine weitere Einengung des dem Kiemendarm zur Verfügung stehenden Raumes erfolgt dann weiter kaudalwärts (Fig. 479) durch das Auftreten der

Leber (*le*), eines hohlen, asymmetrisch auf der einen Seite des Tieres anfangs dorsal, später medial von der Gonade gelegenen, blinden Darmdivertikels. Es liegt ebenso wie die Gonaden in einer Ausstülpung des Zöloms, dem Leberzölom, welches durch besondere Kanäle mit dem Zölom der Kiemenbogen verbunden ist. Auch in diesem Schnitt ist und zwar auf der rechten Seite ein

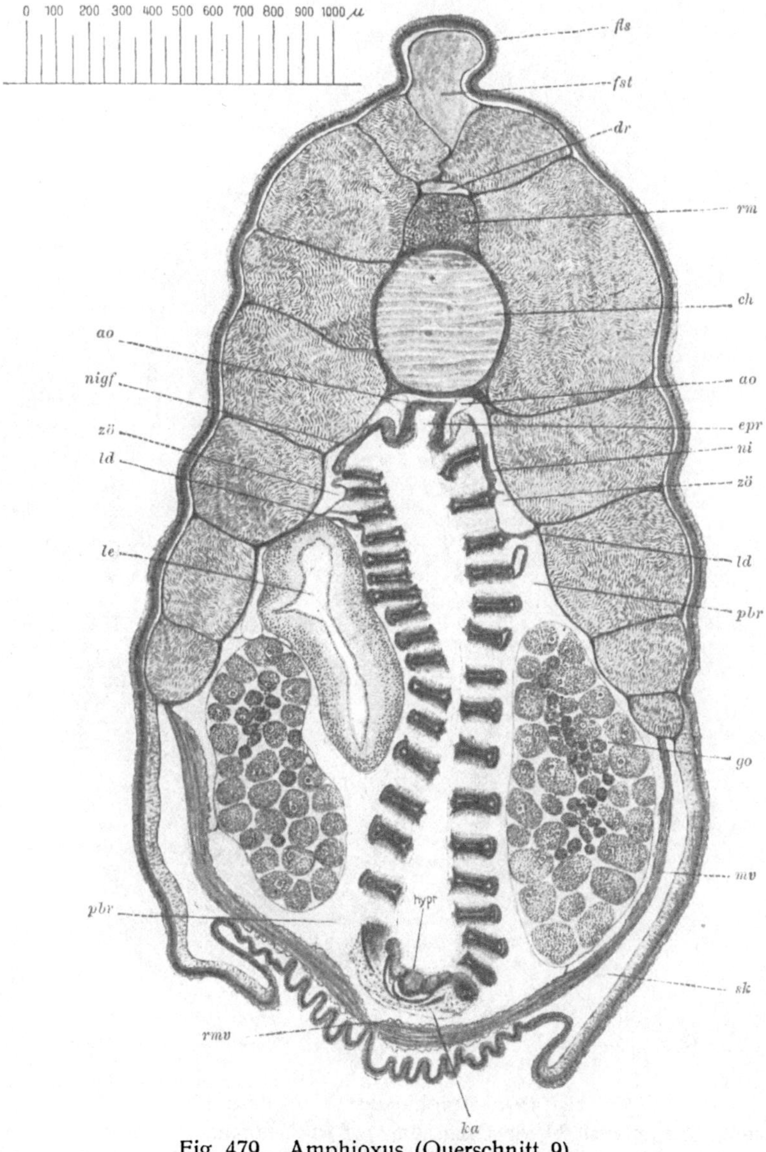


Fig. 479. Amphioxus (Querschnitt 9).
*fls* Flossensaum, *fst* Flossenstrahl, *dr* Dachraum, *rm* Rückenmark, *ch* Chorda, *ao* Aorta, *epr* Epibranchialrinne, *ni* Nierenkanälchen, *zö* Zölom, *ld* Ligamentum denticulatum, *pbr* Peribranchialraum, *go* Gonade, *mv* Pterygialmuskel, *sk* Seitenkanal, *ka* Kiemenarterie, *rmv* Raphe der Pterygialmuskeln, *le* Leber, *nigf* Nierengefäße, *hypr* Hypobranchialrinne.

Nierenkanälchen (*ni*) getroffen. An seiner Stelle finden sich auf der linken Seite die die Kanälchen umgebenden Blutgefäße (*nigf*).

Mit dem zehnten Schnitt (Fig. 480) nähern wir uns dem Ende des Kiemendarms. Die Kiemenbogen sind bis auf geringe Reste verschwunden. Die Epibranchialrinne und in geringerem Grade die Hypobranchialrinne erscheinen stark verlängert und streben ihrer Vereinigung zur Bildung des Mitteldarms entgegen. Ventral von der Hypobranchialrinne erscheint in dem der letzteren angelagerten Zölomteil ein großes Gefäß, die Kiemenarterie (*ka*), die auch in den beiden vorhergehenden Schnitten sichtbar war. Rechts liegt neben ihr ein

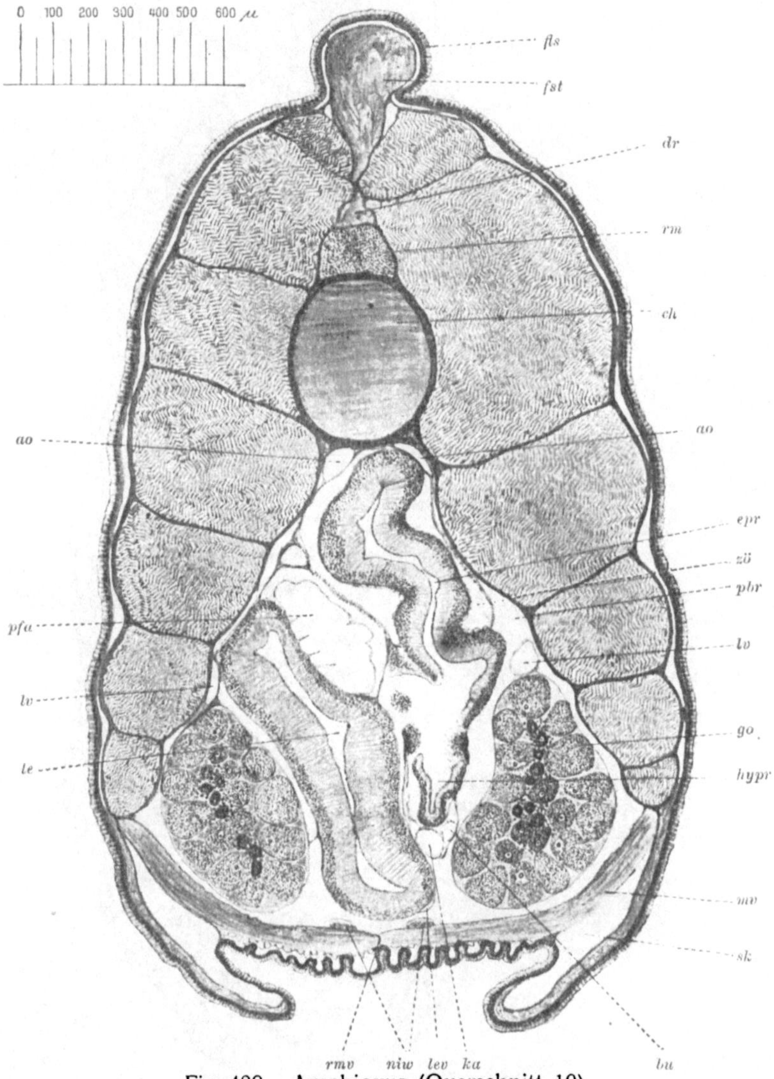


Fig. 480. Amphioxus (Querschnitt 10).

*fls* Flossensaum, *fst* Flossenstrahl, *dr* Dachraum, *rm* Rückenmark, *ch* Chorda, *ao* Aorta, *epr* Epibranchialrinne, *zö* Zölom, *pbr* Peribranchialraum, *lv* Lateralvene, *go* Gonade, *hypr* Hypobranchialrinne, *mv* Pterygialmuskel, *sk* Seitenkanal, *bu* Bulbillus, *ka* Kiemenarterie, *lev* Lebervene, *niw* Nierenwülste, *rmv* Raphe der Pterygialmuskeln *le* Leber, *pfa* Pfortader.

sogenannter Bulbillus (*bu*). Er wird von der Kiemenarterie gespeist und sendet das Blut in die Kiemenbogen und von da zu den Aorten. Der Leberschlauch hat an Umfang beträchtlich zugenommen und zieht sich immer weiter ventral- und medianwärts. Zwischen seinem dorsalen Abschnitt und dem Kiemendarm liegt ein weiter unvollständig gekammerter Gefäßquerschnitt, die Pfortader (*pfa*). Dorsal von der Gonade stoßen wir auf ein weiteres Gefäß, die Lateralvene (*lv*). Schließlich wären als neu auftretende Bildungen noch die sog. Nierenwülste (*niw*) zu nennen. Es sind das Längswülste, welche dem Pterygialmuskel dorsal aufliegen und in die Peribranchialhöhle hineinragen.

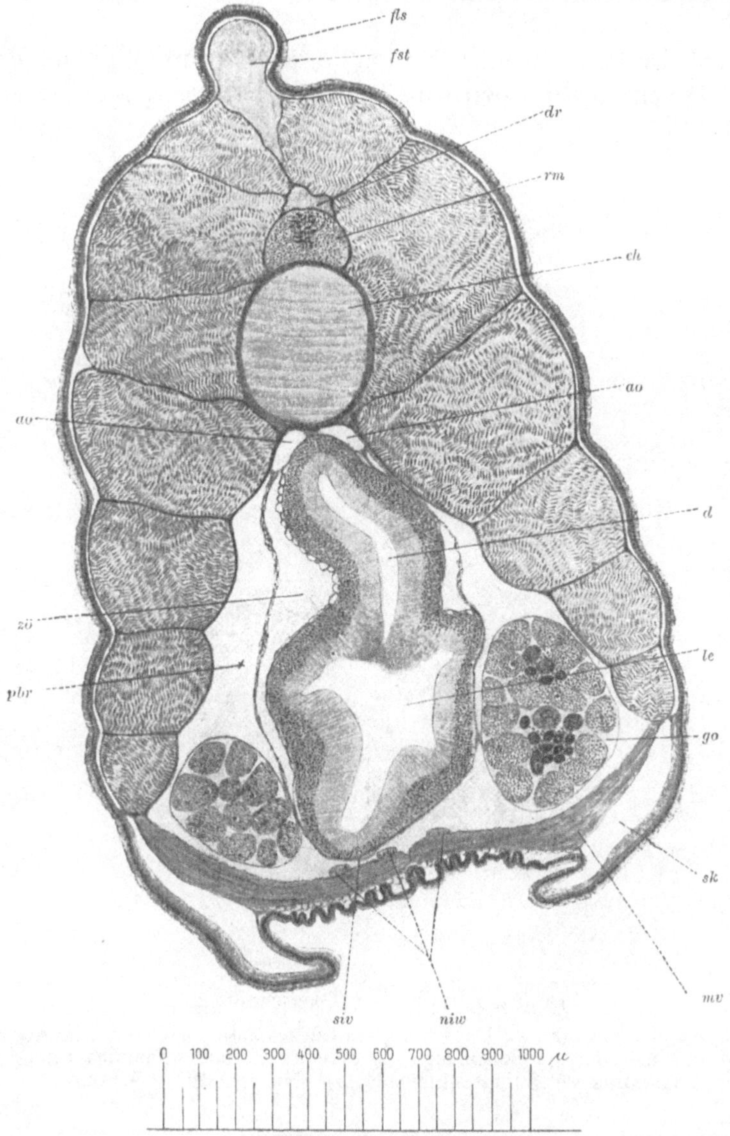


Fig. 481. Amphioxus (Querschnitt 11).
*fls* Flossensaum, *fst* Flossenstrahl, *dr* Dachraum, *rm* Rückenmark, *ch* Chorda, *ao* Aorta, *d* Mitteldarm, *lc* Leber, *go* Gonade, *sk* Seitenkanal, *mv* Pterygialmuskel, *niw* Nierenwülste, *siv* Subintestinalvene, *pbr* Peribranchialraum, *zö* Zölom.

Wenn wir nun weiter kaudal vorgehen und in den Bereich des Mitteldarmes kommen, so verkleinern sich sowohl der nun entstandene Darm, als auch der Leberschlauch und letzterer kommt in die Mittellinie ventral von ersterem zu liegen. Dann erfolgt auch sehr bald, wie uns der nächste Schnitt (Fig. 481) lehrt, die Vereinigung beider. Von den großen Gefäßen des vorigen Schnittes ist nichts mehr zu sehen. Sie haben sich, Pfortader und Kiemenarterie, in dem Winkel zwischen Leber und Darm vereinigt. Nur ventral vom Darm erscheint ein kleines Gefäß, die Subintestinalvene (*siv*). Sie umspinnt den Darm mit einem dichten Gefäßplexus, der sich dorsalwärts aus den beiden Aorten entwickelt. Der Darm liegt innerhalb des Darmzöloms, das ringsum vom Peribranchialraum umgeben wird.

Das Ende der Peribranchialhöhle mit dem Abdominalporus (*apo*) führt uns der folgende Schnitt (Fig. 482) vor. Der Pterygialmuskel bildet eine zwischen

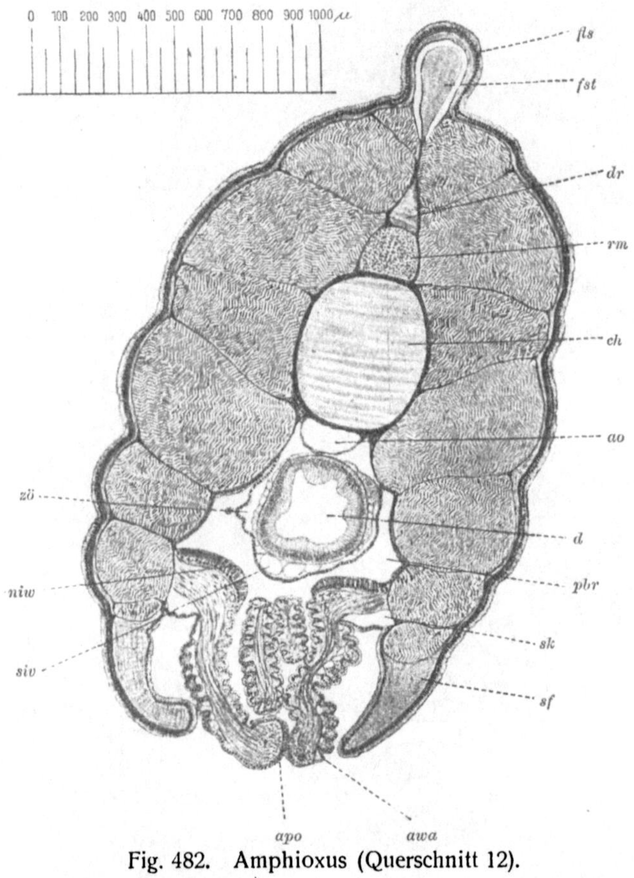


Fig. 482. Amphioxus (Querschnitt 12).

*fls* Flossensaum, *fst* Flossenstrahl, *dr* Dachraum, *rm* Rückenmark, *ch* Chorda, *ao* Aorta, *d* Mitteldarm, *pbr* Peribranchialraum, *sk* Seitenkanal, *sf* Seitenfalte, *awa* Abdominalwarze, *apo* Abdominalporus, *siv* Subintestinalvene, *niw* Nierenwulst, *zö* Zölom.

den Seitenfalten hervordrängende Masse, die Abdominalwarze (*awa*). Diese Masse ist von einem gewundenen Kanal durchbohrt, der als Abdominalporus (*apo*) nach außen mündet. Er liegt im 33. Körpersegment und dient zum Austritt des Atemwassers und der Geschlechtsprodukte aus dem Peribranchialraum. Die Gonaden sind verschwunden und die Nierenwülste sind zu einer gemeinsamen, dem horizontalen Schenkel des Pterygialmuskels aufgelagerten Epithelmasse (*niw*) verschmolzen. Ebenso haben sich die beiden paarigen Aorten dorsal zur unpaaren Schwanzaorta (*ao*) vereinigt. Der stark verkleinerte Darm bildet, umgeben von starken Blutgefäßen und vom Darmzölom, den alleinigen Inhalt der Peribranchialhöhle. Die Seitenkanäle (*sk*) sind stark verkleinert, sie finden bald mitsamt den Seitenfalten ihr Ende.

Der letzte der zu betrachtenden Schnitte (Fig. 483) ist durch den After (*a*) gelegt, der sich im 48. Körpersegment findet. Er liegt, wie unser Schnitt zeigt, in der Medianlinie, an der Basis der auf die rechte (unsere Figur ist ein Spiegelbild) Körperseite herübergerückten Schwanzflosse (*schfl*) und besitzt eine besondere Schließmuskulatur. Hinter dem After tritt die Schwanzflosse wieder in die Mittellinie. Sie umgibt, wie uns Fig. 470 zeigt, das hintere Körperende, erstreckt sich vom Abdominalporus über den After und die Schwanzspitze auf die dorsale Seite und geht hier in den Flossensaum über, der auch als Rückenflosse bezeichnet wird. Die sie stützenden Flossenstrahlen sind auch auf der Ventralseite entwickelt, sie enden aber sowohl dorsal-, wie ventralwärts in der Höhe des Afters. Hinter dem letzteren wird uns also ein Querschnitt durch das Tier nur noch Rückenmark, Chorda und Schwanzaorta, umgeben von Muskulatur, Füllgewebe mit Nerven und Blutgefäße und die Haut zeigen.

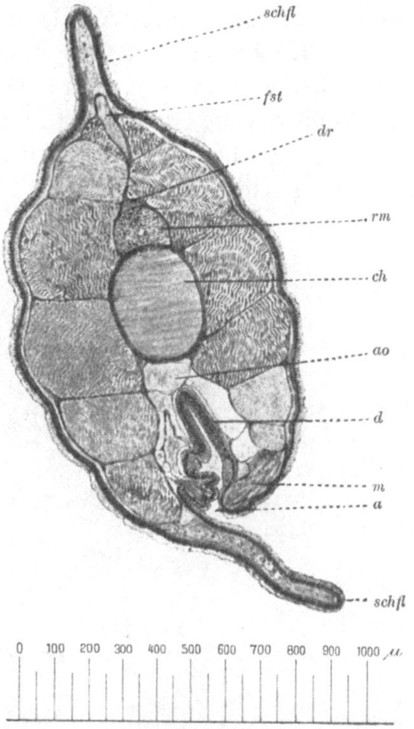


Fig. 483. Amphioxus (Querschnitt 13). *schfl* Schwanzflosse, *fst* Flossenstrahl, *dr* Dachraum, *rm* Rückenmark, *ch* Chorda, *ao* Aorta, *d* Enddarm, *a* After, *m* dessen Muskulatur.

## 1. Die Haut.

Nachdem wir uns so einen Überblick über die Organisation des Tieres verschafft haben, wollen wir den Bau der einzelnen Organe studieren und mit der Haut beginnen. Die Details ihrer Struktur treten bei Färbung der Schnitte mit Kresylviolett oder mit Pikrofuchsin nach van Gieson gut hervor, daneben geben uns Bielschowskypräparate wertvolle Aufschlüsse. Wir wählen zur Untersuchung am besten die Haut der Seitenfalten, da hier alle Hautschichten gut entwickelt sind (Fig. 484).

Zu äußerst finden wir die Epidermis (*epd*) in Form eines einschichtigen, kubischen bis zylindrischen Epithels, wie es unter den Wirbeltieren allein Amphioxus zeigt, denn bei allen anderen Wirbeltieren ist die Epidermis stets ein geschichtetes Epithel. Die Zellen sind in den verschiedenen Gegenden der Körperoberfläche verschieden hoch, der kuglige oder ovoide Kern liegt immer in der Nähe der Zellbasis. Nach außen werden die Zellen bedeckt von einem sehr dicken und deutlichen Kutikularsaum (*ks*), der durch Einlagerung feiner Körnchen und Stäbchen ein gestricheltes Aussehen annimmt. Außer dem Kern enthalten die Zellen immer distal von letzterem gelegene Körnchen, welche sich zu einem kleinen Klumpen zusammenballen und sich mit Kresylviolett lebhaft rot färben. Proximal sitzen die Zellen auf einer Basalmembran (*bm*) auf. Sie tritt nur an solchen Stellen gut zutage, an denen sich die Epidermis etwas von ihrer Unterlage abgehoben hat. Die Zellen der Epidermis schrumpfen außerordentlich leicht.

Je mangelhafter die Präparate, um so größer die Zwischenräume. Doch zeigen auch sonst ganz tadellose Präparate schmale, basale Interzellularspalten.

Die größte Länge erreichen die Zellen auf den Zirren (Fig. 485). Hier bildet die Epidermis unter Verlust ihres Kutikularsaumes keglige, bis 50 $\mu$ lange Zähne (*epz*), die in ihrer ganzen Länge von den Zellen durchsetzt werden. Man hat in diesen Bildungen besondere Hautsinnesorgane sehen wollen.

Die Epidermis stellt den ektodermalen Teil der Haut dar, ihr mesodermaler Anteil gliedert sich in Kutis (Fig. 484 *kut*) und Subkutis (*subkut*). Die Kutis folgt direkt auf die Basalmembran und ist nicht immer leicht von ihr abzugrenzen. Sie ist beträchtlich dicker als jene, färbt sich nach der Giesonmethode leuchtend rot und besteht aus fibrillärem, zellenlosem Bindegewebe.

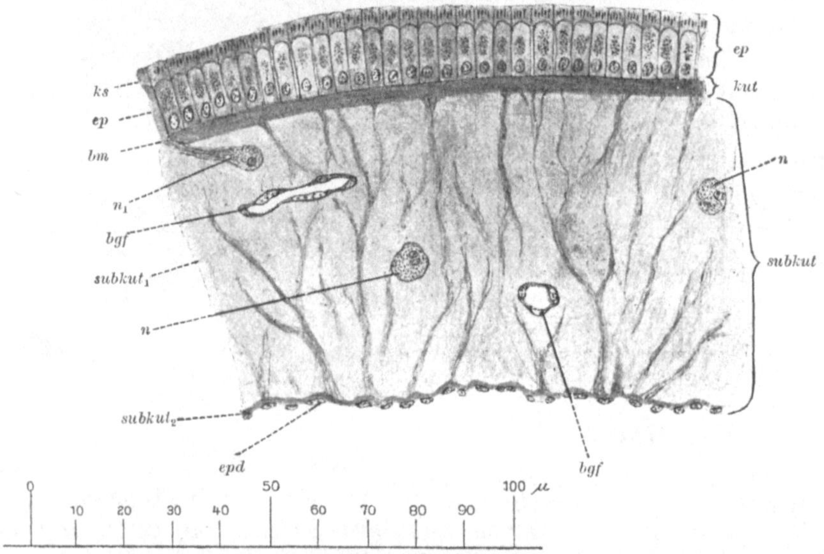


Fig. 484. Amphioxus. Haut der Seitenfalten.
*ep* Epidermis, *ks* deren Kutikularsaum, *bm* Basalmembran, *kut* Kutis, *subkut* Subkutis mit distaler (*$subkut_1$*) und proximaler Lage (*$subkut_2$*), *bgf* Blutgefäße, *n* Nervenstämmchen, von denen eins (*$n_1$*) in die Epidermis tritt, *epd* Epithel des Dermalblattes.

Die Subkutis besteht aus zwei Schichten von verschiedener Mächtigkeit. Der distale Teil bildet die Hauptmasse, erreicht eine Dicke von 50—70 $\mu$ in den Seitenfalten, tritt aber an allen übrigen Stellen der Körperoberfläche nur wenig in die Erscheinung. Dieser distale Teil (*$subkut_1$*) besteht aus einer strukturlosen Grundsubstanz, die senkrecht oder schräg zur äußeren Oberfläche durchsetzt ist mit verästelten Bündeln von kollagenen Fasern und in der zahlreiche Blutgefäße (*bgf*) und Nerven (*n*) verlaufen.

Der proximale Teil der Subkutis (*$subkut_2$*) ist nur sehr dünn und gleicht in seinem Aufbau ganz der Kutis. Er bildet die proximale Abgrenzung der Kutis gegen die Myomeren und gegen den Seitenkanal und setzt sich direkt in die Myosepten fort. Aus ihm erheben sich auch distalwärts jene den distalen Teil durchsetzenden kollagenen Bündel, welche außen in die Kutis einstrahlen. Auf ihrer proximalen Fläche wird die gesamte Subkutis von einem kontinuierlichen Belag niedriger Zellen überzogen, dem Epithel des Dermalblattes (*epd*).

## 2. Das Nervensystem.

Das **zentrale Nervensystem** des Amphioxus stellt einen dorsal von der Chorda in der Körperachse entlangziehenden Stab dar von ungefähr viereckigem Querschnitt. Im Schwanzteil verjüngt es sich langsam, um mit der Chorda spitz auszulaufen, am Kopfende verdickt es sich zu einer Art Gehirn.

Zu seiner Untersuchung dient uns eine am besten nach der Bielschowskymethode behandelte Querschnittsserie. Zur Ergänzung werden sagittale Längsschnitte herangezogen.

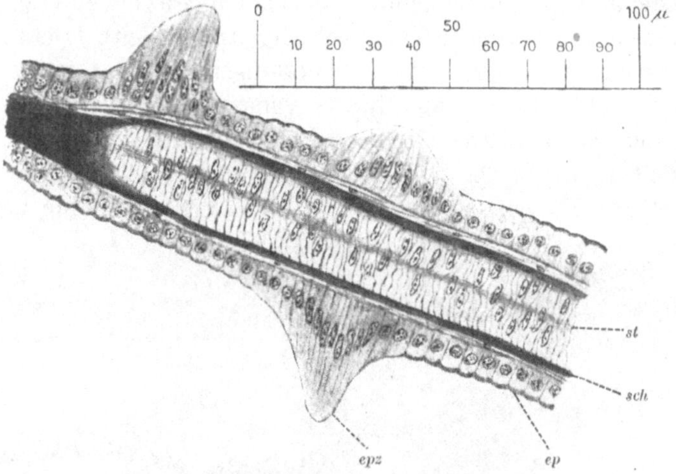


Fig. 485. Amphioxus. Zirre (Längsschnitt).
*ep* Epidermis, *epz* Epidermiszahn, *st* Skeletstab, *sch* dessen Scheide.

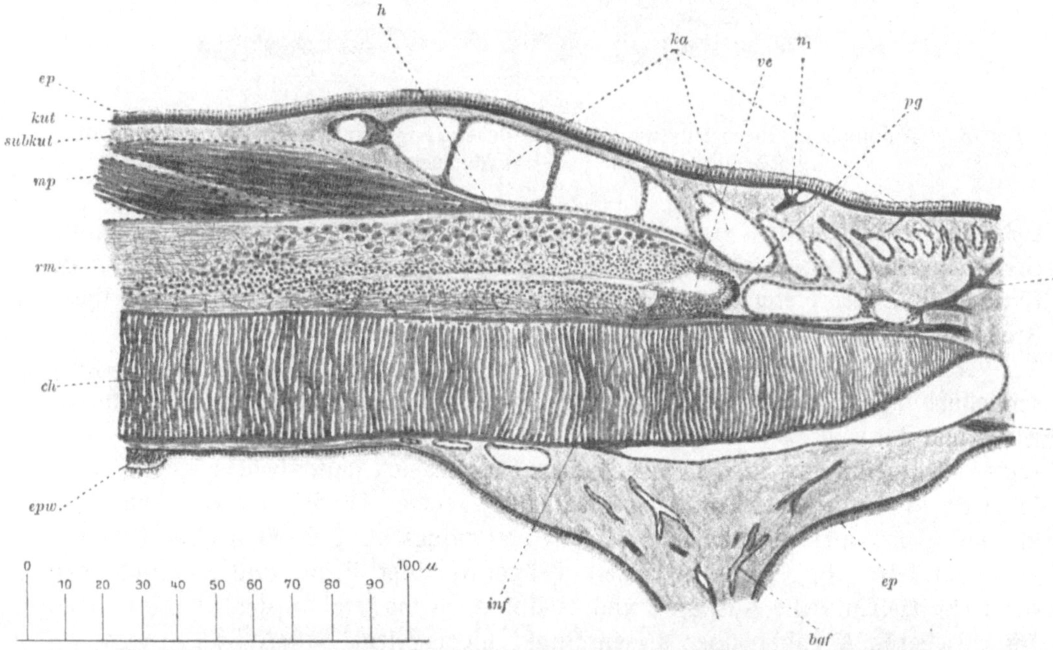


Fig. 486. Amphioxus. Gehirn (medianer Sagittalschnitt durch das Vorderende).
*ep* Epidermis, *kut* Kutis, *subkut* Subkutis, *mp* Myomer, *rm* Rückenmark, *ch* Chorda, *epw* Epithelwulst der Mundhöhle, *h* Gehirn, *ve* Hirnventrikel, *inf* Infundibularorgan, *pg* Pigmentfleck, *ka* Kopfkanäle, *n* Nerven, von denen einer ($n_1$) in die Epidermis eindringt, *bgf* Blutgefäße.

## a) Das Gehirn.

Ein solcher Längsschnitt (Fig. 486) zeigt uns zunächst, wie das ja auch Fig. 470 demonstrierte, daß das Gehirn nicht soweit rostralwärts in das Rostrum vordringt als die Chorda. Dorsalwärts und rostralwärts wird es umgeben von der Subkutis, welche von zahlreichen weiten und engeren mit Epithel ausgekleideten Kanälen (*ka*) durchzogen ist. Sie bilden eine direkte Fortsetzung der Flossenräume, entbehren aber des homogenen Inhaltes. Im Inneren des Gehirns erscheint eine kleine Höhle, der Hirnventrikel (*ve*). Sie ist vorn blind geschlossen, zieht sich jedoch nach der linken Seite trichterförmig in das Riechgrübchen aus (Fig. 472). Der Verbindungskanal, der vordere Neuroporus, ist jedoch stets obliteriert. Kaudalwärts verschmälert sich der Ventrikel rasch und geht in den Zentralkanal des Rückenmarks über.

Ausgekleidet wird der Ventrikel von den zylindrischen flimmernden Ependymzellen. Da wo sich kaudalwärts die Ventrikelhöhle verengert, findet

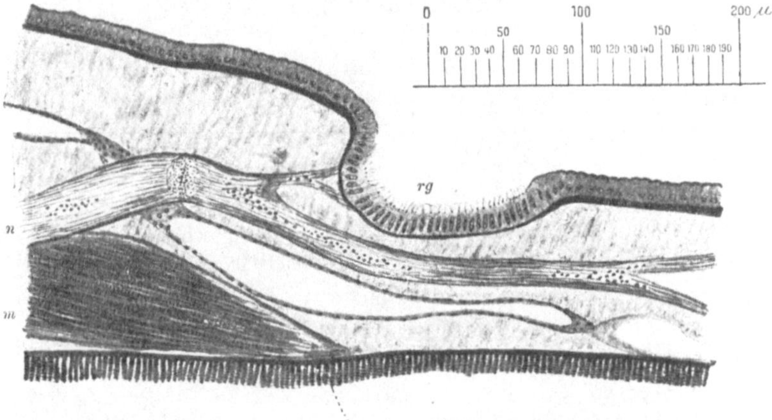


Fig. 487. Amphioxus. Riechgrube (sagittaler seitlicher Längsschnitt durch das Vorderende). *rg* Riechgrube, *n* ihr Nerv, *m* Myomer, *ch* Chorda.

sich im Ventrikelboden eine kleine, ungefähr 50 $\mu$ im Durchmesser haltende Stelle (Fig. 486 *inf*), in welcher anstatt der Ependymzellen lange, palisadenartige flimmernde Zellen treten, deren Kerne tief im Grunde lagern. Wir müssen diese Stelle als ein Homologon des Infundibularorgans betrachten.

Rostralwärts von dem Infundibularorgan wird der Ventrikelboden ausschließlich aus Ependymzellen gebildet, nervöse Elemente treten erst kaudalwärts und dann im Ventrikeldach auf. Hier sehen wir in unserem Präparat zahlreiche dichtgedrängte kleine Kerne liegen, an die sich kaudalwärts große Zellen, bis weit in das Rückenmark reichend, anschließen. Diese letzteren sind wohl als multipolar anzusprechen und werden neuerdings als Sehzellen ohne Pigment aufgefaßt. Im übrigen geben unsere Präparate über Form und Verbindungen der Gehirnzellen keine Auskunft und es sind auch bis jetzt in der Literatur noch keine sicheren Angaben über diesen Punkt niedergelegt.

In der rostralen Wand des Gehirns finden wir schließlich bei vielen, aber nicht bei allen Tieren eine Anhäufung von Pigment (*pg*). Es handelt sich hier um spindlige Zellen der Hirnwand, welche zahlreiche, häufig verklumpte Pigmentkörnchen umschließen. Man hat in diesem Pigmentfleck früher das Auge des Amphioxus sehen wollen. Ob mit Recht, läßt sich gegenwärtig noch nicht entscheiden.

Die sogenannte Riechgrube (Fig. 487 *rg*) stellt eine unpaare, schmale, spaltförmige Einsenkung der Epidermis dar. Sie liegt meist auf der linken Kopfseite und steht durch einen kurzen epithelialen Stiel mit dem Hirnventrikel in Verbindung. Ihre Auskleidung läßt eine einfache Schicht flimmernder Zellen erkennen. Sie erhält 1 oder 2 kleine Zweige vom ersten Hirnnerven.

### b) Das Rückenmark.

Wesentlich mehr können wir schon aus unseren Präparaten über den Bau des Rückenmarks in Erfahrung bringen, in das das Gehirn sich ohne jede Grenze fortsetzt. Betrachten wir zunächst einen nach der Bielschowsky-Methode behandelten Querschnitt durch dasselbe, der ungefähr der Körpermitte entstammt (Fig. 488). Er hat die Form eines Rechtecks und läßt in seiner ventralen Partie den runden Querschnitt des Zentralkanals (*zk*) mit dem Reissnerschen Faden erkennen. Dorsalwärts schließt sich an den Zentralkanal die Raphe (*ra*) an, in der die beiden Rückenmarkshälften zusammenstoßen. Sie ist teilweise von spaltförmigen Lücken durchsetzt und ebenso wie der Zentralkanal umgeben von den epithelartig angeordneten Ependymzellen, deren Kerne der Raphe bzw. dem Lumen des Zentralkanals dicht anliegen. Es entsteht so eine die Mittellinie des Rückenmarkes umgebende zellige Masse, die sich recht scharf von dem hauptsächlich aus quergetroffenen, also längsverlaufenden Fasern bestehenden peripheren Fasermantel abhebt.

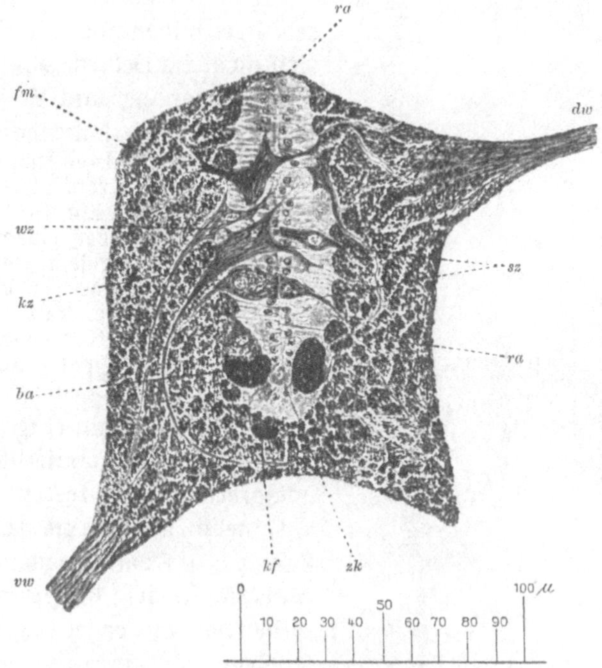


Fig. 488. Amphioxus. Rückenmark (Querschnitt aus der Körpermitte).
*ra* Raphe, *dw* Dorsalwurzel, *sz* Sinneszellen, *zk* Zentralkanal, *kf* Kolossalfaser, *vw* Ventralwurzel, *ba* Becherauge, *kz* Kolossalzelle, *wz* Ventralwurzelzelle, *fm* peripherer Fasermantel.

Außer den Ependymzellen treffen wir in der zentralen Zellmasse auch noch Nervenzellen. Da sind zunächst längliche, multipolare Zellen (*wz*) zu erkennen, deren Achsenzylinderfortsatz den Fasermantel schräg durchsetzt und in die aus der einen ventralen Ecke austretende ventrale Wurzel (*vw*) eintritt. Wir haben also hier motorische Vorderwurzelzellen vor uns. Ihre Achsenzylinderfortsätze dienen zur Innervation der Muskulatur.

Noch auffallender als die Wurzelzellen sind die Kolossalzellen (*kz*). Ihr Zellkörper überschreitet mit seinen Dendriten die Raphe und verästelt sich in beiden Rückenmarkshälften. Ihr Neurit beschreibt einen weiten Bogen ventralwärts, dringt zwischen Zentralkanal und ventraler Peripherie in die andere Rückenmarkshälfte und wird hier zu einer hirnwärts ziehenden Kolossalfaser (*kf*).

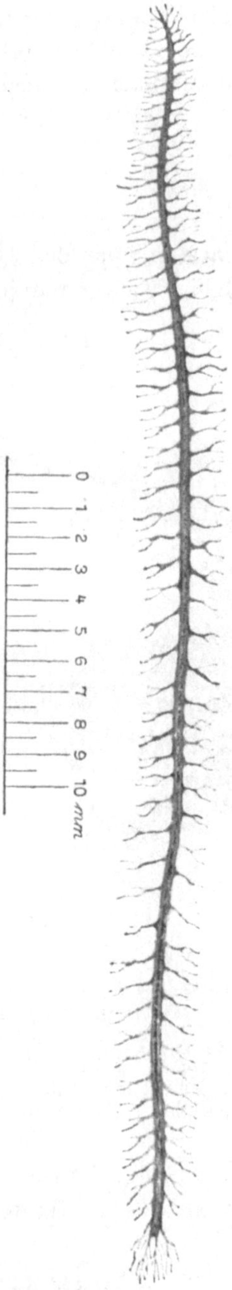

Fig. 489. Amphioxus. Isoliertes Zentralnervensystem.

Eine weitere, in zahlreichen Exemplaren vertretene Zellgattung stellen die Sinneszellen (*sz*) dar. Sie sind in ihrer Form sehr variabel, zeigen aber die gemeinsame Eigenschaft, daß sie mit ihrem proximalen Ende wie eine Ependymzelle an die Raphe grenzen, während ihr Zellkörper distalwärts in einen sich in dem Fasermantel verlierenden Fortsatz ausläuft.

Die markantesten Elemente des Rückenmarksquerschnittes bilden aber die Becheraugen (*ba*). Sie finden sich nicht im Gehirn, sondern nur im Rückenmark. Über ihre Anordnung und Verbreitung orientieren uns schon ganz gut Gefrierlängsschnitte (Fig. 470).

Noch eindrucksvollere Bilder liefern aber Totalmazerationspräparate des zentralen Nervensystems, die wir folgendermaßen erhalten. Ein in Formalin konserviertes Exemplar des Tieres wird über Nacht in konzentrierte Salzsäure (der Pharmakopöe) eingelegt. Am folgenden Tag überträgt man es vorsichtig in eine große Schale mit Leitungswasser und kann dann mit zwei Nadeln sehr leicht das gesamte Nervenrohr nebst seinen Nervenwurzeln isolieren. Zum Einschluß des mittels einer Pipette auf den Objektträger übertragenen Präparates dient Lävulose.

Man sieht dann (Fig. 489), daß diese Becheraugen in Gruppen hintereinanderliegen, die den Muskelsegmenten entsprechen. Sie treten zuerst spärlich im 4. Segment auf, nehmen aber bis zum 18.—20. Segment rasch an Zahl zu, um dann wieder abzunehmen. Am spärlichsten sind sie in der Körpermitte, gegen den Schwanz hin stehen sie wieder etwas dichter, um dann im 55. oder 56. Segment ganz zu verschwinden. Da, wo sie zahlreich sind, liegen sie in zwei Reihen, sonst bald rechts bald links von Zemtralkanal.

Jedes Becherauge besteht aus zwei Zellen, einer Pigmentzelle und einer Sehzelle (Fig. 488 *ba*). Die erstere hat die Form einer Schüssel oder eines tiefen Napfes. Ihr Kern tritt erst dann hervor, wenn man das Pigment z. B. durch sukzessive Behandlung mit Kaliumpermanganat und schwefliger Säure bleicht. Die Sehzelle füllt das Innere des Napfes aus, ihr Kern ist deutlich sichtbar und ihr Zellkörper läuft an der Grenze gegen die Pigmentzelle in feine Stäbchen aus. Auf der freien Seite verjüngt sich die Sehzelle zu einem feinen Fortsatz, der sich im peripheren Markmantel verliert.

Zur Ergänzung der so gewonnenen Übersicht über den Bau des Rückenmarks eignen sich vorzüglich Quer- und Längsschnitte von Exemplaren, die in der erwähnten

Mischung von Sublimat, Platinchlorid, Osmium- und Essigsäure fixiert sind. Die mit Eisenhämatoxylin gefärbten Schnitte zeigen nämlich neben den nur schwach hervortretenden Nervenzellen sehr schön die Gerüstsubstanz des Rückenmarks, die Gliafasern (Fig. 490 $gf_1$, $gf_2$, $gf_3$).

Diese Fasern gehen hervor aus den Ependymzellen (*epz*) und legen sich, wie unser Längsschnitt zeigt, büschelförmig zusammen, um dann wieder fächerförmig auseinanderzustrahlen und an der Rückenmarksperipherie zu enden. Auf dem Rückenmarksquerschnitt entstehen so 4—7 von dem Zentralkanal und der Raphe radiär gegen die Rückenmarksperipherie strahlende Gliasepten. An der Ein- bzw. Austrittsstelle der Wurzeln biegen die Fasern um ($gf_2$) und grenzen die Wurzeln gegen das Mark ab. Außer den Radiärfasern finden sich zahlreiche längsverlaufende Gliafasern ($gf_3$) zwischen den Nervenfasern des peripheren Markmantels.

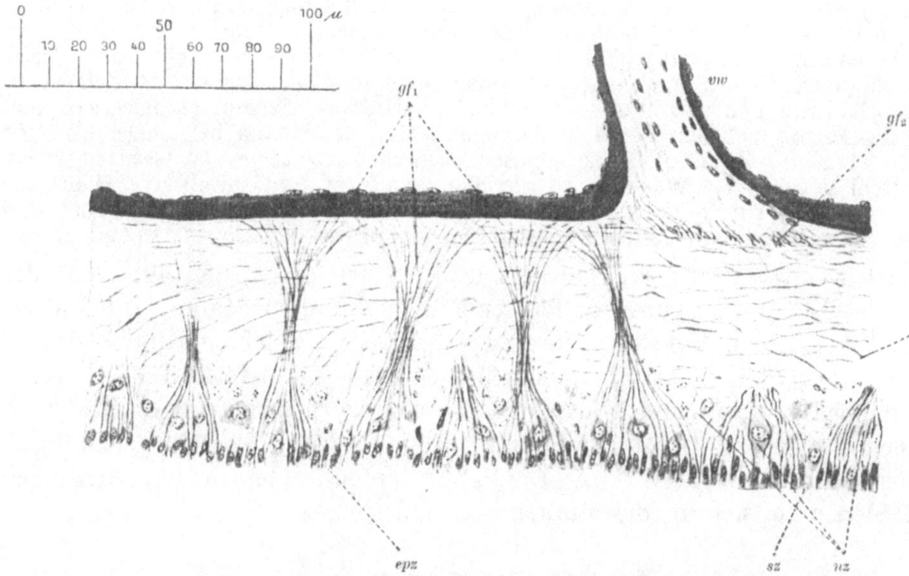


Fig. 490. Amphioxus. Rückenmark (transversaler Längsschnitt).
*epz* Ependymzellen des Zentralkanals, *sz* Sinneszellen, *nz* Nervenzellen, $gf_1$ radiäre Gliafasern, $gf_2$ longitudinale Gliafasern, $gf_3$ Gliafasergrenze einer Ventralwurzel (*vw*).

## c) Das periphere Nervensystem.

Das periphere Nervensystem des Amphioxus geht aus von den beiden paarigen Gehirnnerven und den unpaaren Wurzeln des Rückenmarks, von denen man durch die Salzsäuremazeration sehr gute Bilder erhält. Leider werden aber dabei nur die Dorsalwurzeln erhalten, da die Ventralwurzeln schon bald nach ihrem Austritt aufsplittern und in die Muskulatur eindringen (Fig. 489). Das erste Nervenpaar geht von dem rostralen Ende des Gehirns und zwar ventral aus und versorgt das Rostrum mit sensiblen Fasern. Auch der zweite Nerv ist paarig, entspringt aber als Dorsalwurzel und führt sensible Fasern für die Haut des Kopfes und motorische für die Muskulatur des Mundhöhle. Die übrigen Dorsalwurzeln, 60 an der Zahl, sind unpaarig, so daß sie links und rechts alternierend stehen und man also auf einem Querschnitt niemals zwei Dorsalwurzeln gleichzeitig getroffen findet. Sie dringen in die Myosepten ein, spalten sich in je einen dorsalen und ventralen Ast und versorgen die Haut mit sensiblen Fasern. Außerdem versorgen sie die Kiemenbogen und die Pterygialmuskeln. Über die Herkunft der sensiblen Fasern der Dorsalwurzeln ist nichts Sicheres bekannt.

Die Ventralwurzeln (Fig. 488 *vw*) entspringen aus den ventralen Kanten des Rückenmarks und zwar ungefähr in gleicher Höhe wie die gegenseitigen Dorsalwurzeln. Sie sind meist stärker als jene und ihre Fasern treten sofort fächerförmig ausstrahlend in die betr. Myomeren ein. Sie sind, wie wir früher konstatieren konnten, die Neuriten der multipolaren Wurzelzellen.

Zur Untersuchung der Verbreitung und Endigung der peripheren Nerven des Amphioxus liefert die vitale Methylenblaufärbung die besten Resultate. Da sie sich aber nur an lebendem Material ausführen läßt, so kann sie für unsere Zwecke kaum in Betracht kommen, und wir müssen zu anderen, leider nicht ganz so leistungsfähigen Methoden greifen. Eine Übersicht über die Verbreitung der peripheren Nerven kann man sich einfach so verschaffen, daß man möglichst kleine, in Formalin konservierte Exemplare ganz in 3—5%ige Natronlauge einlegt. Nach einiger Zeit, ½ bis mehreren Stunden, hellen sich die Tiere dann stark auf und die Nerven treten recht gut hervor. Leider sind solche Präparate nicht zu konservieren, sie verderben sehr bald. Ganz kleine Exemplare, 10—15 mm lang, kann man auch in toto nach der Bielschowskymethode behandeln und in Lävulose einschließen. Größere Exemplare mazeriert man zunächst in der angegebenen Weise in Salzsäure. Man kann dann bei einiger Vorsicht die ganze Haut im Zusammenhang ablösen. Durch 24stündiges Wässern in öfters gewechseltem destilliertem Wasser wird die Säure entfernt und sowohl die Haut, als auch der von ihr entblößte Körper nach der Bielschowskymethode versilbert und vergoldet. Man erhält dann außerordentlich schöne Bilder der Hautnerven.

Ein einzelnes ventrales Hautnervenstämmchen zeigt Fig. 491 von der Abspaltung bis zur Endigung im Flossensaum. Von dem Stamm gehen alternierend die Ästchen ab, um sich in ihre Zweige zu teilen, welche mit ihren feinsten Reiserchen frei zwischen den Epidermiszellen endigen. Die letzten Teiläste treten in den Flossensaum ein und bilden hier ein dichtes, längsmaschiges Netzwerk.

Auch von den Endigungen der motorischen Nerven erhält man durch dieses Verfahren recht gute Bilder. Die Fasern laufen in kleinen Verbreiterungen aus, mit denen sie sich an die Muskelfasern anlegen.

### 3. Das Stützsystem.

Das Stützsystem des Amphioxus wird gebildet von der Chorda dorsalis und dem ihr gleichwertigen Stützgerüst der Zirren, dem axialen Bindegewebe und den von ihm ausgehenden Septen; ferner gehören hierher die schon besprochenen mesodermalen Anteile der Haut und das beim Kiemendarm zu behandelnde Gerüst der Kiemenbogen.

Die Chorda stellt, wie Fig. 470 zeigt, einen fast die ganze Länge des Tieres durchsetzenden Stab dar, der im Rostrum stumpfspitzig beginnt und bald an Dicke zunimmt, um im Schwanz ganz fein ausgezogen zu enden. Der Querschnitt ist zunächst ein Kreis, später ein Oval, dessen größter Durchmesser dorsoventral gestellt ist. Längsschnitte durch das Tier zeigen (Fig. 486), daß die Chorda sich aus hintereinander stehenden Platten aufbaut, wie eine Geldrolle aus den einzelnen Münzen. Mehrere Platten sind immer zu einem dünneren oder dickeren Paket zusammengefaßt.

Infolge der bei der Paraffineinbettung unvermeidlichen Schrumpfung sind die Platten verbogen, sie zeigen einen welligen Verlauf, so daß man auf Querschnitten durch das Tier die Platten nie in ganzer Ausdehnung getroffen findet. Man muß deshalb, will man sich Flächenansichten von ihnen verschaffen, entweder zur Mazeration in

Salzsäure oder 33,5%iger Kalilauge schreiten oder, was noch empfehlenswerter ist, man fertigt Gefrierschnitte und zwar Quer- und Sagittalschnitte von in Formalin fixierten Tieren an und behandelt sie nach der Bielschowskymethode, wobei man sie nur 24 Stunden in der Höllensteinlösung und nur wenige Minuten in der ammoniakalischen Silberlösung verweilen läßt. Bei solchem Vorgehen erleiden die Platten keine Verbiegung, so daß man stets auch gute Flächenbilder erhält.

Ein solcher Querschnitt (Fig. 492) zeigt uns zunächst eine feine Querstreifung der Chordaplatte, als Ausdruck für ihre Zusammensetzung aus allerfeinsten Fibrillen. Die Chordafibrillen verlaufen transversal, sie sind nicht gleichmäßig strukturiert, sondern lassen abwechselnd helle und dunkle Abschnitte erkennen, die sich dem polarisierten Licht gegenüber einfach und doppelt brechend verhalten. Durch Aneinanderlagerung dieser Abschnitte erscheint die Platte in dorsoventraler Richtung abwechselnd von hellen und dunklen Streifen durchsetzt. Außerdem wird jede Platte von einem Netzwerk feiner Fibrillen überzogen.

Nach außen gehen die Chordafibrillen direkt in die Substanz der nur schwer erkennbaren dünnen Chordascheide über. Ihr liegen innen spärliche, verästelte Zellen,

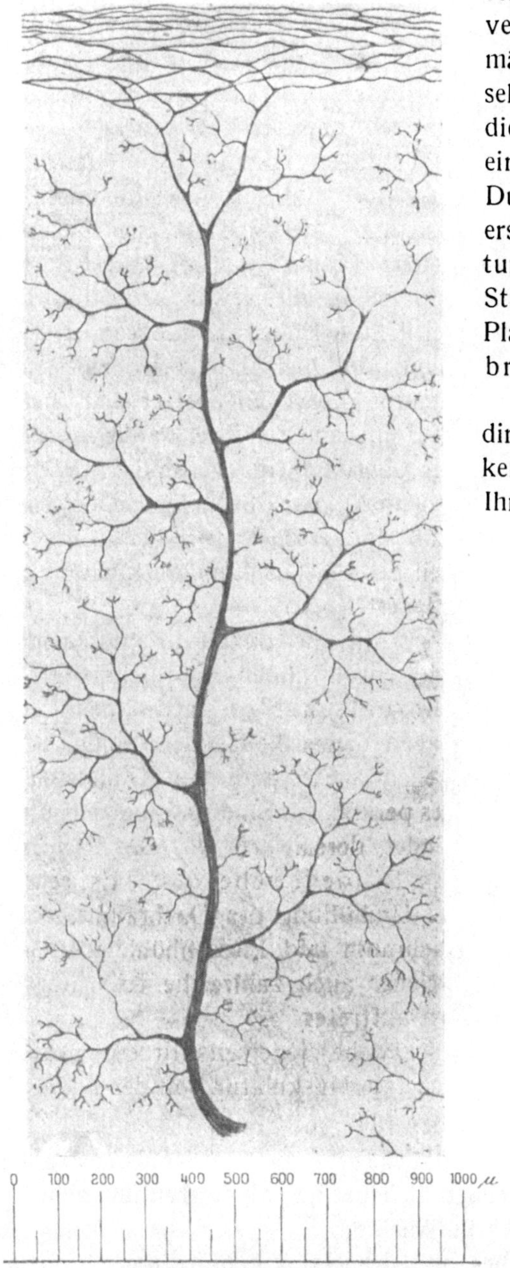


Fig. 491. Amphioxus.
Ventrales Hautnervenstämmchen mit seiner Verzweigung und Endigung im Flossensaum.

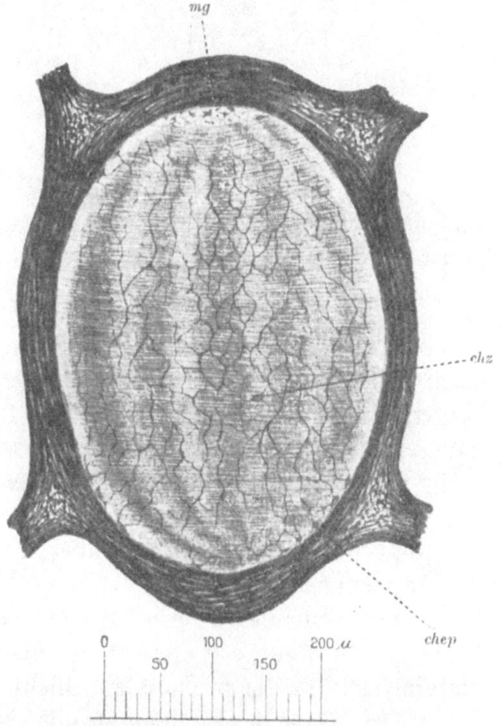


Fig. 492. Amphioxus. Chorda.
*mg* Müllersches Gewebe, *chz* Chordazelle, *chep* Chordaepithel.

das Chordaepithel (*chep*), auf, deren Ausläufer in das Fibrillennetzwerk übergehen. Ähnliche Zellen findet man auch im Innern des Fibrillennetzwerkes: Chordazellen (*chz*).

An dem dorsalen und ventralen Pol erreichen die Chordaplatten nicht an allen Stellen die Chordascheide, sondern hier schiebt sich ein aus verästelten Zellen bestehendes Gewebe zwischen beide ein, das unter dem Namen des MÜLLERschen Gewebes (*mg*) bekannt ist. Zu seiner näheren Untersuchung wählen wir am besten Sagittalschnitte (Fig. 493), in denen wir erkennen, daß die die Chordascheide (*chsch*) nach außen umgebende mächtige Perichordalscheide (*pchsch*) von dem MÜLLERschen Gewebe (*mg*) in regelmäßigen Abständen zahnartig eingebuchtet wird. Diese als Chordazähne (*chza*) bezeichneten Bildungen erscheinen in unseren Präparaten meist ganz hell und erst bei starken Vergrößerungen erkennt man, daß sie ausgefüllt sind von den ganz blassen Fortsätzen der MÜLLERschen Zellen. Solche Präparate zeigen uns auch sehr schön die etwas keulenförmig verdickten Enden der Chordaplatten (*chp*), die hier in das MÜLLERsche Gewebe direkt eingebettet sind, sich aber an anderen Stellen direkt mit der Chordascheide verbinden. Während diese keulenförmigen Enden sehr blaß sind, erscheinen in dem übrigen Teil der Platten dunklere Körner eingelagert.

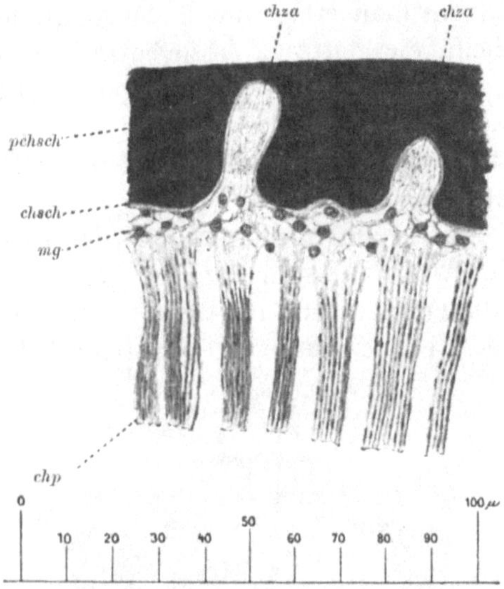

Fig. 493. Amphioxus. Chorda (Sagittalschnitt). *chza* Chordazähne, *pchsch* Perichordalscheide, *chsch* Chordascheide, *mg* Müllersches Gewebe, *chp* Chordaplatten.

Auf die dünne Chordascheide folgt nach außen die dicke Perichordalscheide, aus mehreren Lagen dicker kollagener Bündel bestehend. Sie stellt den Grundstock des periaxialen Bindegewebes dar und sendet dorsalwärts das das Gehirn und Rückenmark umhüllende perimedulläre Bindegewebe aus. Es setzt sich dorsalwärts wieder in die bindegewebige Umhüllung des Dachraums, das Interspatium und den Flossenstrahl fort. Dachraum und Flossenhöhle werden ausgefüllt von einer homogenen Masse, in welcher auch zahlreiche teils längs, teils dorsoventral verlaufende kollagene Fasern auftreten.

Ventralwärts geht das periaxiale Bindegewebe jederseits in das perihyposomale Bindegewebe über, das die parietale Muskulatur von der Leibeshöhle trennt.

Von ihm und dem gesamten axialen Bindegewebe bis zum Flossenstrahl entspringen nun die Myosepten. Sie trennen die einzelnen Myomeren und gehen lateralwärts in die proximale Schicht der Subkutis über.

Der Bau des axialen Bindegewebes und der Myosepten ist der gleiche. Sie bestehen aus mehr oder weniger feinen kollagenen Bündeln, die zu einer Lage oder zu mehreren Lagen angeordnet sind. Im letzteren Fall ist ihr Verlauf ein derartiger, daß sich die Bündel in den einzelnen Lagen kreuzen. Außer den kollagenen Bündeln findet sich noch eine mehr netzförmig angeordnete kollagene Masse, die vor allem an der Abgangsstelle der Myosepten und des perihyposomalen Bindegewebes von der Perichordalscheide auftritt. Das Bindegewebe selbst ist vollkommen zellfrei. Die Zellen, von denen seine kollagenen Massen geliefert wurden, liegen ihm äußerlich in Form eines Epithels auf.

## 4. Die Muskulatur.

Die Muskulatur des Amphioxus zerfällt in die Parietalmuskulatur und die Viszeralmuskulatur. Die Parietal- oder Seitenrumpfmuskulatur besteht aus 62 segmental angeordneten und durch die Myosepten getrennten Myomeren, deren winklige Form ja bei der äußeren Inspektion des Tieres schon gut hervortritt. Der Scheitel eines jeden Myomeres ist rostralwärts gerichtet und liegt in der Höhe der Chorda. Die dorsalen Myomerenschenkel werden von denen der Gegenseite durch Chorda, zentrales Nervensystem und axiales Bindegewebe getrennt, während die ventralen Schenkel die laterale Wand der Leibeshöhle in ihrer dorsalen Hälfte bilden. In der Schwanzregion, in der die Leibeshöhle fehlt, werden diese ventralen Schenkel getrennt durch ein bindegewebiges ventrales Längsseptum.

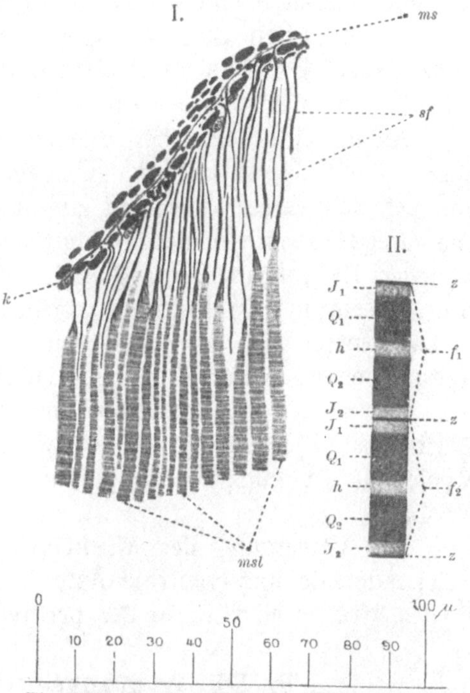


Fig. 494. I. Amphioxus. Muskelplatte aus einem Myomer der Parietalmuskulatur. *msl* Muskelsäulchen, *sf* deren Sehnen, *ms* Myoseptum, *k* Kerne des letzteren.
II. Schema der Querstreifung eines Muskelsäulchens.

Die viszerale Muskulatur setzt sich zusammen aus der ringförmig angeordneten Muskulatur der Mundöffnung, des Velums und des Afters und dem die ventrale und ventrolaterale Begrenzung der Peribranchialhöhle bildenden Pterygialmuskel. Er reicht vom Velum bis zum Abdominalporus, ist paarig und unvollkommen segmentiert (Fig. 475—481 *mv*). Seine beiden Hälften entspringen jederseits vom perihyposomalen Bindegewebe in der Höhe der ventralen Kante des Seitenrumpfmuskels und werden in der Mittellinie durch die bindegewebige Raphe getrennt (Fig. 475—481 *rmv*).

Die gesamte Muskulatur des Amphioxus setzt sich aus nebeneinander gelegenen Muskelblättern zusammen. Sie ziehen in der Seitenrumpfmuskulatur radiär von außen nach innen und sind so gestellt, daß sie auf Querschnitten durch das Tier auch quer getroffen werden. Bei der Konservierung, vor allem aber bei der Einbettung schrumpfen die Myomeren stark und die Muskelblätter knicken sich allerwegen ein, so daß nun die eigenartige mäandrische Zeichnung zustande kommt, wie sie die Myomeren auf unseren Querschnitten durch das Tier zeigen. Jedes Muskelblatt besteht wieder aus zahlreichen parallel nebeneinanderliegenden Muskelsäulchen (Fig. 494 *msl*) mit sehr schön ausgesprochener Querstreifung.

Die letztere tritt am schönsten hervor bei Objekten, die mit dem Sublimat-Platinchlorid-Osmium-Essigsäuregemisch fixiert und im Schnitt mit Eisenhämatoxylin gefärbt waren.

Jedes Muskelsäulchen besteht aus zahllosen aufeinander folgenden Muskelfächern, durch je einen, besonders bei Bielschowskypräparaten sehr scharf hervortretenden Z-Streifen getrennt. Innerhalb eines jeden Muskelfaches folgen nun einfach und doppelt brechende Substanz in folgender Ordnung: Z — schmale einfach brechende Scheibe ($J_1$) — breite doppelt brechende Scheibe ($Q_1$) — schmale einfach brechende Scheibe (*h*) — breite doppelt brechende Scheibe ($Q_2$) — schmale einfach brechende Scheibe ($J_2$) — Z (Fig. 484 *II*).

An manchen Stellen zeigen diese Muskelsäulchen einen Längszerfall in feine Fäden, die Muskelfibrillen, doch ist an den meisten Stellen von einer Fibrillierung nichts zu erkennen.

An ihren Enden gehen die Säulchen in die Sehnenfasern (Fig. 484 *I sf*) über. Jedes Säulchen läuft gut begrenzt stumpfspitzig aus und wird umfaßt von der Sehnenfaser, die sich zu diesem Zweck in mehrere Zweige aufspaltet. Die Grenze zwischen der tiefdunklen Sehnenfaser und dem lichten Muskelsäulchen ist vor allem an Bielschowskypräparaten sehr deutlich zu erkennen. Am Myoseptum (*ms*) angelangt, biegen die Sehnenfasern winklig um und treten in das Septum ein. Zwischen den Sehnenfasern erscheinen hier die zum Myoseptum gehörigen und ihm epithelartig aufgelagerten Kerne (*k*).

Die zu den Muskelblättern gehörigen Kerne liegen zwischen den einzelnen Blättern, sind jedoch nur recht schwer zu beobachten. Ein die Blätter trennendes Myolemma ist mit unseren gewöhnlichen histologischen Methoden nicht nachweisbar.

Die Versorgung der Muskulatur mit Blut erfolgt von den Aorten aus, welche dorsale und ventrale Äste (Aa. episomales) ausschicken. Sie verlaufen in den Myosepten bzw. in der perihyposomalen Lamelle.

## 5. Die Atmungs- und Verdauungsorgane.

### a) Die Mundhöhle.

Die Mundhöhle ist umstellt mit einem Kranze von ungefähr 30 etwas bogigen Zirren oder Tentakeln (Fig. 470), die entweder geradeaus stehen oder vor die Mundöffnung gelegt werden und diese verschließen können. An jeder Zirre unterscheiden wir ein kurzes zylindrisches Basalstück und ein von dessen einem Ende im rechten Winkel abbiegendes Endstück. Die Basalstücke liegen im Mundraum, so daß eins direkt an das andere stößt und sämtliche Basalstücke ein die Mundöffnung umrahmendes Hufeisen bilden, dessen Öffnung nach vorn und dorsalwärts gerichtet ist. Die einzelnen Stücke sind gelenkig miteinander verbunden. Die Endstücke sind dorsalwärts leicht gekrümmt und an ihrem proximalen Ende durch den Basalstücken aufgelagerte Muskelchen miteinander verbunden. Ihr freies Ende läuft in eine feine Spitze aus.

Jede Zirre wird gestützt durch einen Skeletstab (Fig. 485 *st*), der in seinem Aufbau große Ähnlichkeit mit der Chorda besitzt. Äußerlich wird er umgeben von einer strukturlosen Scheide (*sch*), im Innern setzt er sich aus Platten zusammen, die ganz wie die Chordaplatten hintereinander liegen. Jede Platte enthält einen Kern, Fibrillen scheinen in ihnen nicht ausgebildet zu sein.

Die Zirren sind von der Epidermis überzogen, die, wie wir früher sahen, hier zahnartige Erhebungen bildet (*epz*). Zwischen Epidermis und Skeletstab verlaufen vielfach Nervenfasern.

Die Mundhöhle reicht kaudalwärts bis zum Velum, einem aus ringförmig angeordneten quergestreiften Muskelfasern bestehenden Septum, welches die Mundhöhle gegen den Kiemendarm unvollständig abschließt (Fig. 475) und ebenfalls mit Zirren (innere Zirren) besetzt ist. Ihre seitliche Begrenzung bildet anfangs ausschließlich die Haut, später treten auch die Parietalmuskeln in die Mundhöhlenwandung ein.

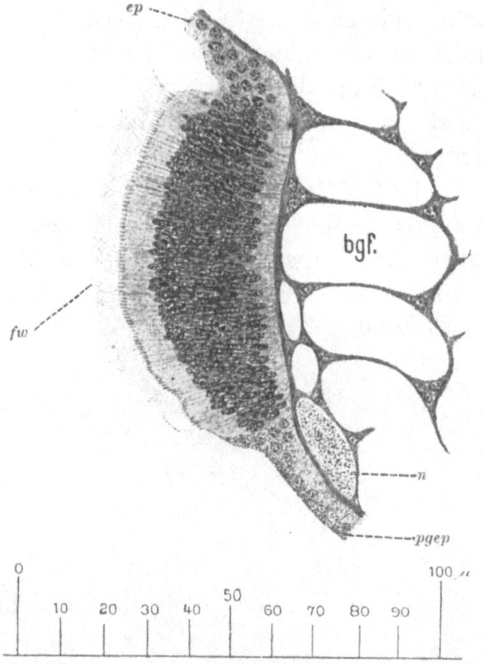


Fig. 495. Amphioxus. Flimmerwulst der Mundhöhle.
*ep* indifferentes Mundhöhlenepithel, *fw* Flimmerwulst, *pgep* Pigmentepithel der Mundhöhle, *n* Nerv, *bgf* Blutgefäße.

Das Epithel der Mundhöhle ist eine direkte Fortsetzung der Epidermis, deren Zellen hier ihren Kutikularsaum verlieren und zunächst einfach kubisch sind, später aber zu Geißelzellen werden. Aus jeder Zelle sieht ein einfacher langer Geißelfaden heraus. Dieses Geißelepithel erleidet jedoch vielfache Modifikationen. Einmal fehlen an vielen Stellen die Geißeln und dann beladen sich diese geißellosen Zellen vielfach mit Pigment (Fig. 495 *pgep*). Außerdem aber verlängern und verschmälern sich die Geißelzellen an gewissen Stellen und bilden die sog. Flimmerwülste, welche sich in den Seitenwänden der Mundhöhle vom Velum aus fingerförmig nach vorn erstrecken (Fig. 470 und 495 *fw*).

Unter dem Mundhöhlenepithel findet sich in der rechten Seitenwand ein Konglomerat weiter Blutgefäße, welches kaudalwärts mit der Aorta in Verbindung steht (Fig. 495 *bgf*).

## b) Der Kiemendarm.

An die Mundhöhle schließt sich kaudalwärts die Kiemendarmhöhle an, die einmal dem Nahrungstransport dient, der Hauptsache nach aber in den Dienst der Atmung gestellt ist. Sie wird gestützt und erhält ihre charakteristische Gestaltung durch die Einlagerung der Kiemenstäbe.

Durch 24 stündige Mazeration ganzer in Formalin fixierter Tiere in 2—4%iger Natronlauge kann man den ganzen Kiemenkorb oder größere Stücke desselben isolieren. Man wäscht sie gut in Wasser aus, färbt beliebig und schließt in Lävulose ein.

Man erhält dann je nach der Größe des Tieres bis zu 4 mm lange Stäbchen, welche dorsalwärts bogig miteinander verbunden sind (Fig. 496). Nach dem Verhalten ihres ventralen Endes kann man zwei Arten von Kiemenstäben unterscheiden. Die primären Kiemenstäbe gabeln sich, die sekundären laufen in einfache Spitzen aus. Die letzteren sind auch etwas kürzer als die ersteren und enden in den Arkaden, welche von den Gabelästen der primären Stäbe gebildet werden. Von den primären Stäben gehen kurze Verbindungsstücke, Synaptikel, zu den sekundären Stäben. Sie stehen bei benachbarten Stäben alternierend.

Jeder Kiemenstab läßt in durchfallendem Licht eine in seiner Achse verlaufende dunkle Linie erkennen. Sie ist der optische Ausdruck für einen im Innern des Stabes verlaufenden, ein Blutgefäß beherbergenden Kanal. Die Substanz der Kiemenstäbe ist homogen, strukturlos und färbt sich intensiv mit sauren Farbstoffen.

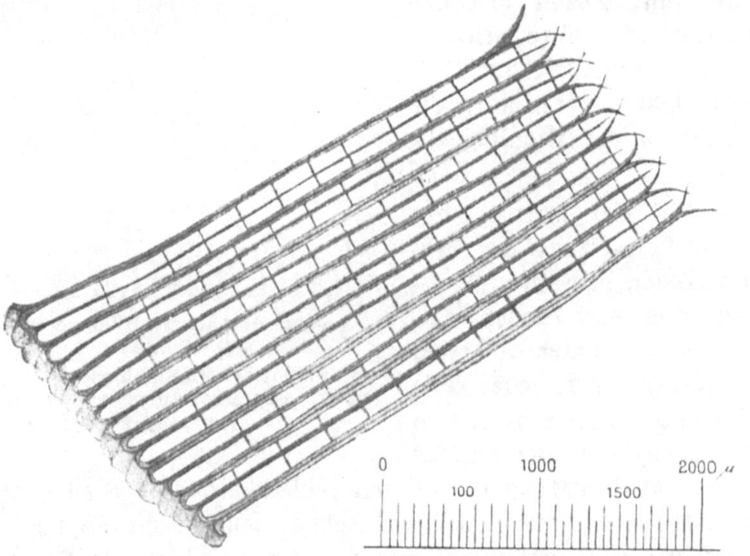


Fig. 496. Amphioxus. Ein Stück des isolierten Kiemenkorbes.

Der ganze Kiemenkorb besteht aus zwei Hälften, einer rechten und einer linken, welche beide durch die auf die Fläche gebogenen Kiemenstäbe gestützt werden. Diese beiden Hälften werden durch Bindegewebe und Epithel zu einem einheitlichen Kanal verbunden. Das Epithel bildet einmal einen die dorsalen Ränder der beiden Kiemenkorbhälften verbindenden Längsstreifen, die Epibranchialrinne, zweitens verbindet es in ähnlicher Weise die ventralen Ränder als Hypobranchialrinne und schließlich überzieht es die Innen- und Seitenflächen der Kiemenstäbe und Synaptikel. Soweit der Kiemendarm vom Peribranchialraum umgeben ist, bleiben zwischen den Kiemenstäben Kommunikationsöffnungen für beide. Da, wo das Zölom an ihn grenzt, fehlen dieselben. Die Struktur der einzelnen Teile des Kiemendarmes untersuchen wir am besten an Quer- und Sagittalschnitten durch das Tier.

Wenden wir uns zunächst zur Epibranchialrinne. Sie verläuft in der Mittellinie dicht unter der Chorda im Dach der Kiemendarmhöhle (Fig. 476).

Am Velum ist in dieser Gegend zunächst ein einfaches kubisches Epithel zu finden. Seine Zellen werden kaudalwärts fortschreitend immer länger, der Kern rückt in das freie distale Zellende, während der proximale Teil des Zellkörpers hell und von großen Vakuolen durchsetzt erscheint. Gleichzeitig faltet sich das Epithel zu einer von zwei Zellwülsten flankierten Rinne. Allmählich ändern die Zellen im Grunde der Rinne ihren Charakter. Die vorher rundlichen Kerne werden länglich und rücken in die proximale Zellhälfte, die Vakuolen verschwinden und aus der vakuolisierten Zelle wird eine lange fadenförmige Zelle, aus deren freiem Ende ein langes mit sehr deutlichem Basalstück versehenes Geißelhaar hervorragt (Fig. 497). Diese Umwandlung schreitet rasch vor, so daß schließlich die ganze Epibranchialrinne mit diesem Epithel ausgekleidet ist, dessen lange

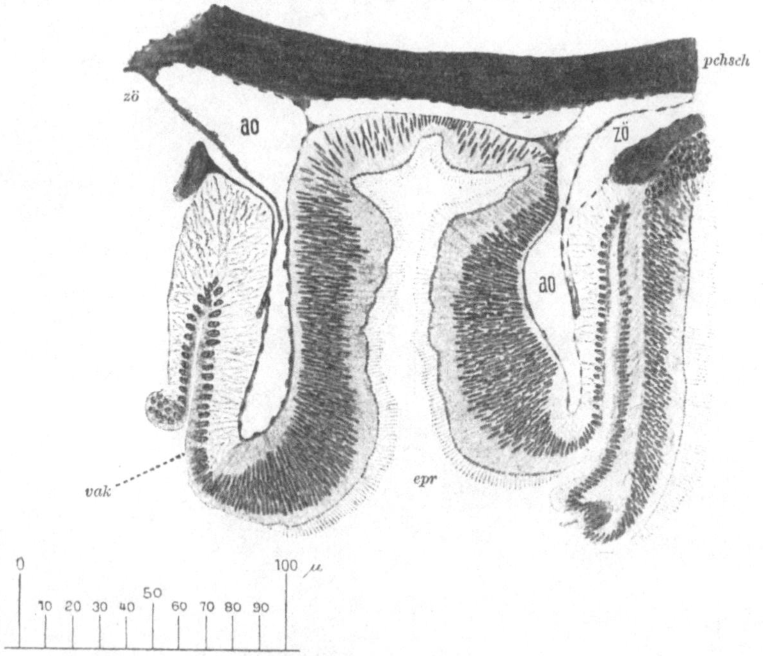


Fig. 497. Amphioxus. Epibranchialrinne.
*epr* Epibranchialrinne, *vak* vakuolisiertes Epithel der Seitenfläche, *ao* primitive Aorten, *zö* Zölom, *pchsch* Perichordalscheide.

stäbchenförmige Kerne in mehreren Reihen übereinander liegen. Auf der Höhe der die Rinne flankierenden Wülste macht die Epithelumwandlung halt, so daß die lateralen Flächen der Wülste noch mit den ursprünglichen vakuolisierten Zellen bekleidet sind, deren Kerne in der Nähe der freien Zelloberfläche liegen (*vak*).

Die Epibranchialrinne, welche kaudalwärts an Tiefe stetig zunimmt, dient zur Passage der Nahrung. Das beweisen die zahlreichen Nahrungspartikel und Sandkörnchen, die man immer hier findet (Fig. 499). Dorsalwärts grenzt die Epibranchialrinne an die Chordascheide, von ihr durch einen schmalen Zwischenraum getrennt, an den sich lateralwärts die beiden primitiven Aorten anschließen, die jederseits wieder an das Zölom grenzen (Fig. 476 und 477).

Die Hypobranchialrinne nimmt die ventrale Kante des Kiemendarmes ein und geht aus den ventralen Bezirken des Velumepithels hervor. Anfangs entspricht sie wenig ihrem Namen, denn sie stellt gerade das Gegenteil einer Rinne, eine Leiste dar (Fig. 476 *hypr*), die sich jedoch sehr bald abflacht und zunächst zu einer ganz flachen, später zu einer leicht vertieften Rinne wird (Fig. 477—479 *hypr*). Zuerst ist das Epithel ein hohes Flimmerepithel, wie wir es ähnlich in den Flimmerwülsten der Mundhöhle kennengelernt haben. Bald aber treten in ihm eigenartige Umwandlungen auf, die wesentlich darin bestehen, daß die Kerne der Zellen auf dem Querschnitt des Organs eine verschiedene Lage einnehmen (Fig. 498). In der Mittellinie zieht ein Zellstreifen entlang, in dem die Kerne durch die ganze Länge der Zellen verteilt sind, so daß nur der distalste Epithelabschnitt kernfrei ist. Lateralwärts findet sich noch je ein solcher Zellstreifen und die Ränder der Rinne werden von den gleichen, immer kürzer werdenden Zellen eingenommen. Zwischen diesen kernreichen Epithel-

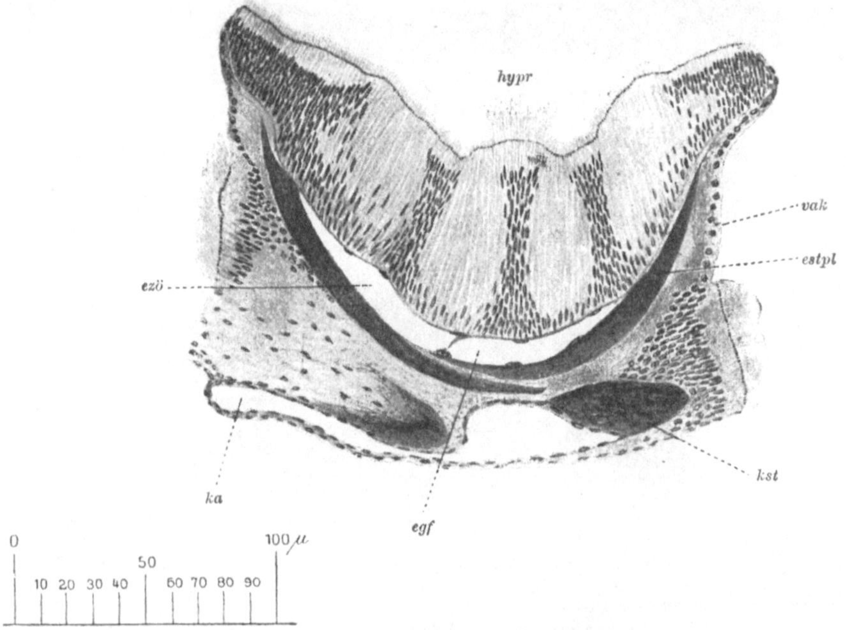


Fig. 498. Amphioxus. Hypobranchialrinne.
*hypr* Hypobranchialrinne, *vak* vakuolisiertes Epithel, *estpl* Endostylplatten, *kst* ventrale Enden der Kiemenstäbe, *egf* Endostylgefäß, *ka* Kiemenarterie, *ezö* Endostylzölom.

streifen treten andere Zellen auf, bei welchen der Kern nur die Zellbasis einnimmt, so daß der weitaus größte Teil des Epithels kernfrei ist. Diese Zellen bilden vier Längsstreifen, deren Querschnittsbild Ähnlichkeit mit einer Knospe hat. Es werden also auf dem Querschnitt der Rinne die vier kernarmen Knospen durch drei kernreiche Zellsäulen getrennt und von einem ebensolchen Epithel eingefaßt. Die Zellen tragen sämtlich Flimmern, jedoch überragen die Flimmern des kernreichen Mittelstreifens die übrigen ganz beträchtlich an Länge.

An den Rändern der Rinne werden die Zellen immer kürzer und gehen zunächst in niedrige flimmerlose Zellen über. Der Übergang in das Epithel der Kiemenbogen wird auch hier durch vakuolisierte Zellen vermittelt.

Ventral von der Hypobranchialrinne bzw. ihrem Epithel liegt eine mit spärlichen Epithelzellen ausgekleidete spaltförmige Höhle. Sie stellt einen Teil des

Zöloms dar, das **Endostylzölom** (*ezö*), und enthält ein Gefäß, das **Endostylgefäß** (*egf*). Ventralwärts lagern sich an das Endostylzölom zwei mit ihren medialen Enden sich überdeckende Platten, die **Endostylplatten** (*estpl*), von gleicher Struktur wie die Kiemenstäbe, die zur Stütze der Hypobranchialrinne

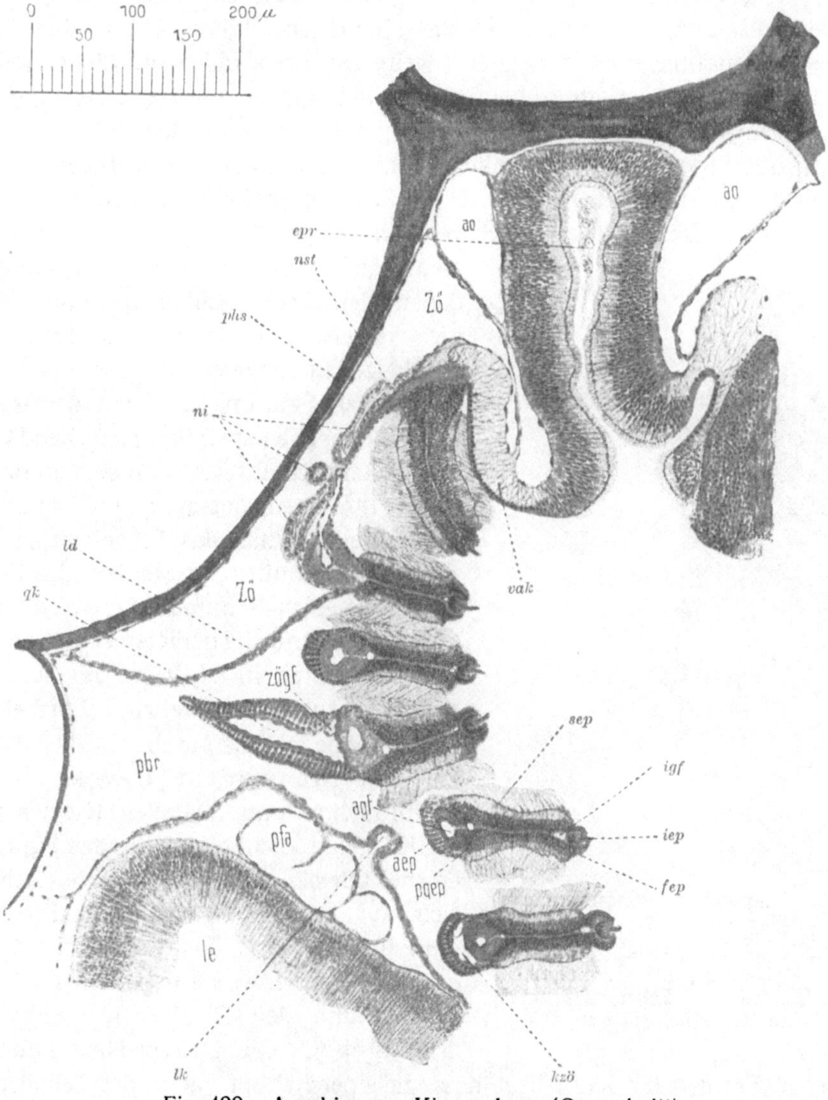


Fig. 499. Amphioxus. Kiemendarm (Querschnitt).
*ao* primitive Aorten, *epr* Epibranchialrinne mit Nahrungsresten, *zö* Zölom, *nst* Nephrostoma, *phs* perihyposomale Lamelle, *ni* Nierenkanälchen, *vak* vakuolisiertes Epithel an den Seitenflächen der Epibranchialrinne, *ld* Ligamentum denticulatum, *zögf* Zölomgefäß, *qk* Querkanal, *pbr* Peribranchialraum, *le* Leber, *pfa* Pfortader, *lk* Längskanal, *sep* Seitenepithel des Kiemenbogens, *igf* Innengefäß, *iep* Innenepithel, *fep* Flügelepithel, *pgep* Pigmentepithel, *aep* Außenepithel, *agf* Außengefäß, *kzö* Kiemenzölom.

dienen. Noch weiter ventralwärts schließen sich dann die ventralen Enden der Kiemenstäbe (*kst*) und die Kiemenarterie (*ka*) an.

An dem die Kiemenstäbe überkleidenden Epithel treffen wir etwas komplizierte Verhältnisse an. Zum leichteren Verständnis wollen wir an ihnen drei

Teile unterscheiden: die frei in den Kiemendarm schauende Innenfläche, die die Kiemenspalten auskleidende Seitenfläche und die nach der Peribranchialhöhle bzw. dem Zölom gerichtete Außenfläche. Das Epithel der Innenfläche (Fig. 499 *iep*) bildet einen auf jedem Kiemenbogen längsverlaufenden Streifen, der auf dem Querschnitt Nierenform zeigt, und setzt sich aus mäßig langen Geißelzellen zusammen. Aus dem in die Kiemendarmhöhle schauenden Hilus der Niere, um den angezogenen Vergleich weiterzuführen, ragen sämtliche Geißeln in Form eines langen Schopfes heraus. Seitlich gehen die Geißelzellen dieses Innenepithels in die geißellosen, sich dachziegelförmig deckenden Zellen des sog. Flügelepithels (*fep*) über. Es bekleidet die Lateralfläche des Innenepithels, schiebt sich dann zwischen Innenepithel und Seitenepithel ein und geht schließlich in letzteres über. Das Epithel der Seitenflächen, das Seitenepithel (*sep*), besteht aus langen Geißelzellen, ähnlich denen der Epibranchialrinne, doch sind die Geißeln weit länger als dort. Die Epithelzellen sitzen auf einem dünnen, homogenen Septum, das, von der innern Kante des Kiemenstabes ausgehend, bis zum Innenepithel reicht und sich an dessen Basis in einen dorsalen und ventralen Flügel teilt, denen das Flügelepithel aufsitzt. Nach außen zu werden die Zellen des Seitenepithels immer kürzer, sie sitzen hier der Seitenfläche der Kiemenstäbe selbst auf und gehen in niedrige, pigmentierte Zellen (*pgep*) über, die zum Epithel der Außenfläche hinüberleiten.

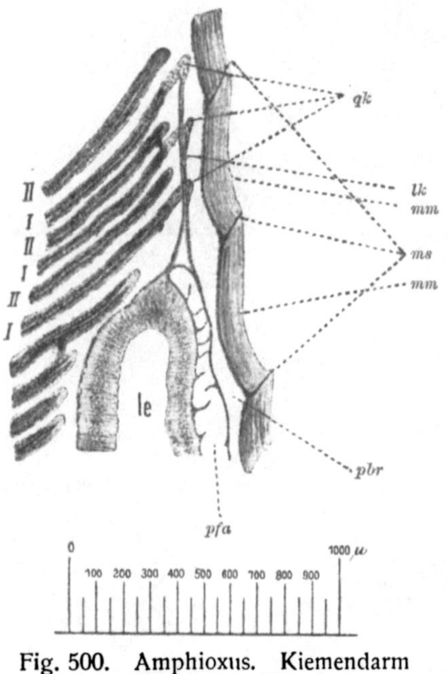


Fig. 500. Amphioxus. Kiemendarm (Sagittalschnitt).
*qk* Querkanal, *lk* Längskanal, *mm* Myomeren, *ms* Myosepten, *pbr* Peribranchialraum, *pfa* Pfortader, *le* Leber, *I* primäre, *II* sekundäre Kiemenbogen.

Das Außenepithel (*aep*) der in den Peribranchialraum ragenden Kiemenstäbe schließt sich nicht etwa an das Pigmentepithel nur an, sondern das letztere schlägt sich auf das erstere über, bekleidet es äußerlich, so daß das Außenepithel nun aus zwei Schichten besteht, den Drüsenzellen und den Deckzellen (Fig. 501 *drz* und *dez*). Die Drüsenzellen sind von zylindrischer Form. Ihr Kern liegt basal in einer lichten Partie des Zellkörpers, dessen übriger, größter Teil von feinen Körnchen erfüllt ist. Man kann dieses Epithel am schönsten zur Darstellung bringen, wenn man die Schnitte mit einer dünnen Lösung von Kresylviolett behandelt, dann färben sich die Körnchen tiefrotviolett und heben sich außerordentlich prägnant aus dem Gesamtbild hervor. Augenscheinlich hat man es hier mit sezernierenden Zellen zu tun, deren Sekret vielleicht schleimiger Natur ist und zunächst in den Peribranchialraum abgesondert wird. Die Deckzellen haben die Form von Stiften, mit dem dünnen Kopf decken sie äußerlich die Drüsenzellen, während ein den Kern enthaltender Fortsatz zwischen die letzteren ein Stück weit eindringt.

Das Außenepithel sitzt an den sekundären Kiemenbogen direkt der Außenfläche der Kiemenstäbe auf. An den primären Kiemenbogen wird es von dem Kiemenstab durch das Kiemenbogenzölom (Fig. 499 *kzö*) getrennt und sitzt auf einer homogenen, in die Substanz des Kiemenstabes übergehenden Membran auf. Das Kiemenbogenzölom stellt in den ventralen Abschnitten der Bogen einen schmalen, kaum sichtbaren, mit dem Endostylzölom zusammenhängenden Spalt dar. Dorsalwärts erweitert es sich immer mehr und wird zu einem in die Peribranchialhöhle vorspringenden Querkanal (Fig. 499 und 500 *qk*). Auf Sagittalschnitten kann man sehr leicht konstatieren, daß diese Querkanäle sich miteinander vereinigen und sich in das Leberzölom einsenken (Fig. 499 und 500 *lk*).

Im Bereich des Zöloms selbst, also dorsal vom Ligamentum denticulatum fehlt natürlich auch den primären Bogen ein Kiemenbogenzölom. Hier bildet,

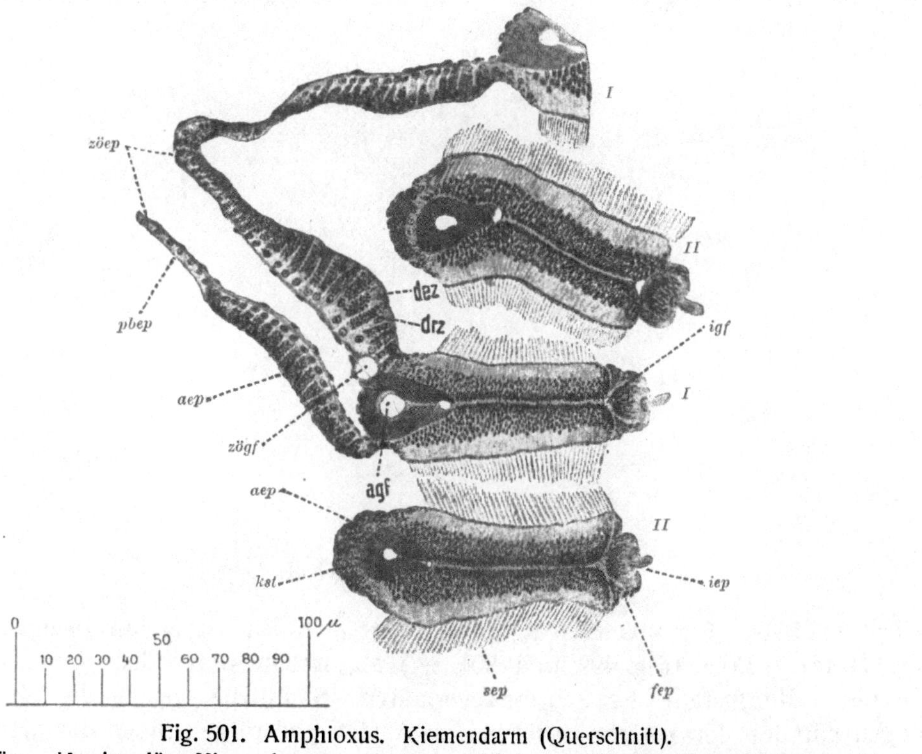


Fig. 501. Amphioxus. Kiemendarm (Querschnitt).
*I* primäre, *II* sekundäre Kiemenbogen, *iep* Innenepithel, *fep* Flügelepithel, *sep* Seitenepithel, *kst* Kiemenstab, *aep* Außenepithel, *dez* Deckzellen, *drz* Drüsenzellen, *agf* Außengefäß, *igf* Innengefäß, *zögf* Zölomgefäß, *pbep* Peribranchialepithel, *zöep* Zölomepithel.

wie das schon früher dargestellt wurde, die Kiemendarmhöhle in das Zölom vorspringende Taschen oder Buchten, in denen je ein sekundärer Kiemenbogen gelegen ist (Fig. 477 und 501). Die Wand dieser Buchten hat die gleiche Zusammensetzung wie die des Kiemenbogenzöloms, besteht also von außen nach innen aus Zölomepithel (Fig. 501 *zöep*), homogener Grundmembran und Außenepithel. An der Umschlagstelle der Tasche geht das letzte allmählich in das indifferente kubische Epithel des Peribranchialraumes (Fig. 501 *pbep*) als Fortsetzung der Deckzellen über. Dem allmählichen dorsalen Vordringen der Peribranchialhöhle entsprechend finden sich diese Kiementaschen nur in den rostralen

Abschnitten des Kiemendarmes, um kaudalwärts immer mehr abzunehmen und in der Höhe des blinden Leberendes ganz zu verschwinden.

Innerhalb der Kiemenbogen verlaufen die Blutgefäße, in welchen das durchströmende Blut arterialisiert wird. Die Kiemenbogengefäße entstehen aus zwei an der Ventralfläche des Kiemenkorbes entlanglaufenden Gefäßen. Das stärkere derselben ist die Kiemenarterie oder das Subbranchialgefäß. Es entsteht aus der Pfortader, verläuft ventral von den Endostylplatten und speist durch kurze dorsale Äste das zweite, zwischen Endostylplatten und Hypobranchialrinne gelegene Längsgefäß, das Endostylgefäß (Fig. 498 *ka* und *egf*). Die Kiemenarterie gibt an jeden Kiemenbogen einen Ast ab, der sofort eine kleine bulbusartige Erweiterung erfährt. Aus diesen Bulbilli entspringen dann die innerhalb des Zöloms der primären Kiemenbogen verlaufenden Zölomgefäße (Fig. 499 und 501 *zögf*) und ferner die in den Kiemenstäben selbst verlaufenden

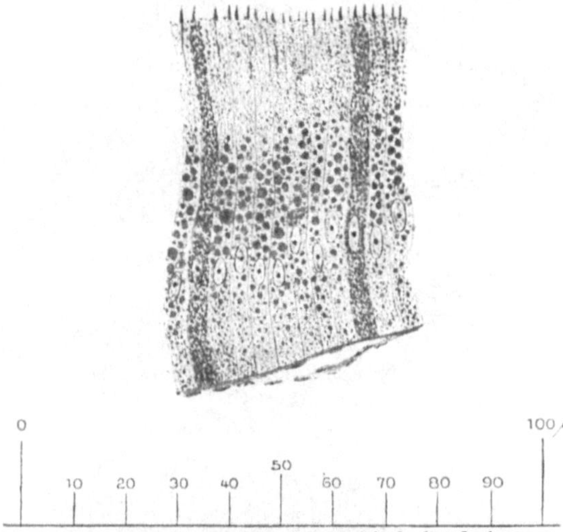


Fig. 502. Amphioxus. Epithel der Leber.

Außengefäße (Fig. 499 und 501 *agf*). Aus dem Endostylgefäß zweigen sich die Innengefäße (Fig. 499 und 501 *igf*) ab, welche unter dem Innenepithel an der Teilungsstelle des Septums verlaufen. Sämtliche Gefäße der Kiemenbogen münden dorsalwärts in die beiden Aorten und führen ihnen das arterialisierte Blut zu.

### c) Der Mitteldarm.

Der Mitteldarm besteht einmal aus der Leber und dann aus dem von dem Ende des Kiemendarmes bis zur Höhe des Abdominalporus reichenden Darmstück.

Die Leber ist ein blind geschlossener Kanal, der sich in der Höhe des 32.—35. Segmentes vom Mitteldarm ventralwärts abzweigt. Er wendet sich rostralwärts auf die rechte Seite des Tieres, kommt hier zwischen rechte Gonade und Kiemendarm zu liegen und steigt rostralwärts vordringend allmählich dorsalwärts in die Höhe, bis sein Endabschnitt schließlich dorsal von der rechten Gonade zu liegen kommt. Das blinde Ende findet sich in der Höhe des 15. bis 18. Segmentes. Der ganze Leberschlauch erreicht bei großen Exemplaren eine Länge von 15—20 mm.

In der Peribranchialhöhle gelegen, wird die Leber umgeben von dem Leberzölom, das kaudalwärts in das Darmzölom sich fortsetzt und in das, wie wir früher sahen, von dorsal her die aus dem Kiemenbogenzölom herkommenden Längskanäle einmünden (Fig. 500).

Das Epithel der Leber besteht aus bis zu 100 $\mu$ langen und bis zu 5 $\mu$ breiten Zellen (Fig. 502). Jede Zelle besitzt einen kleinen ovoiden, ungefähr an der Grenze des basalen Zelldrittels gelegenen Kern. Die Kerne sind sehr hell, sie enthalten wenig Chromatin, aber immer ein deutliches Kernkörperchen und treten nur sehr schwach aus dem Gesamtbild des Epithels hervor. Der ganze Zelleib ist erfüllt von Granulationen. Sie erreichen in der Kerngegend ihre größte Mächtigkeit und können hier manchmal dem Kern an Größe gleichkommen. Distal und proximal nehmen sie an Größe ab. Intra vitam von grünlicher Färbung, bestehen sie wohl aus einem eiweißartigen Körper enzymatöser Natur. Aus dem freien Zellende ragt eine auf einem Basalstück sitzende Geißel heraus. Während die Basalstücke immer außerordentlich deutlich hervortreten, sind die Geißeln vielfach gar nicht oder doch nur sehr schwer zu erkennen.

Im Lumen des Leberschlauches trifft man nie, wie im Darm, Nahrungspartikelchen an, dagegen immer körnige Massen und unter ihnen deutliche Granula mit allen Reaktionen der Leberzellgranula. Offenbar handelt es sich hier um von den Zellen ausgestoßene Enzymkörner, welche aus dem Leberschlauch durch Flimmerwirkung in den Darm gelangen und hier ihre verdauende Wirkung ausüben. Daraus scheint hervorzugehen, daß der Leber des Amphioxus nur eine sekretorische, keine resorbierende Tätigkeit zukommt.

Das Hauptgefäß der Leber ist die Pfortader (Fig. 480 und 499 *pfa*). Sie geht kaudalwärts aus der Subintestinalvene des Darmes hervor (Fig. 482 *siv*) und läuft innerhalb des Leberzöloms an der dorsomedialen Seite des Organs. Die Vene erreicht eine ganz bedeutende Mächtigkeit und stellt einen unvollständig durch Septen gekammerten Blutraum dar, den man auch als das Herz des Amphioxus aufgefaßt hat. Ihre Wand entbehrt jedoch der Muskulatur. Die Pfortader umspinnt den ganzen Leberschlauch mit ihren Ästen, eine größere Vene verläuft an der ventralen Kante des Organs. Außerdem aber erhält die Leber auch noch Zufluß von den Kiemenbogengefäßen her und zwar von den auch die Niere versorgenden Zölomgefäßen, deren Zweige innerhalb der Quer- und Längskanäle zur Leberoberfläche gelangen.

Der Mitteldarm ist eine direkte Fortsetzung der Epibranchialrinne des Kiemendarms nnd entsteht durch Vereinigung derselben mit der infolge der Reduktion der Kiemenbogen immer weiter dorsal rückenden Hypobranchialrinne, die sich dabei immer mehr vertieft und immer mehr ihre typische Struktur einbüßt (Fig. 480). Er zeigt zunächst ganz den Bau der Epibranchialrinne und unterscheidet sich durch seine mächtige Kernschicht, durch seine gleichmäßig strukturierten Zellen und seine immer deutlichen Geißeln nicht unerheblich von der ihn an Masse beträchtlich übertreffenden Leber. Auch nach Vereinigung von Darm und Leber kann man noch längere Zeit den ventralen Leberteil von dem dorsalen Epibranchialteil unterscheiden. Dann aber gleichen sich diese Unterschiede aus und wir haben ein Epithel, welches dem der Epibranchialrinne in allen wesentlichen Stücken gleicht. Mit dem Verschwinden der Gonaden nimmt der Mitteldarm dann einen fast kreisrunden Querschnitt an. Das anfangs ziemlich dicke Epithel wird dünner und der Mitteldarm geht in den Enddarm über. Muskulatur besitzt der Mitteldarm nirgends.

### d) Der Enddarm.

Der Enddarm hat zunächst einen kreisrunden Querschnitt, das Lumen ist weit, das Epithel mäßig dick und vom Bau des Epibranchialepithels (Fig. 482). Dann entwickelt sich eine dorsalwärts gerichtete Rinne, die stetig an Tiefe zunimmt, bis schließlich der Darmquerschnitt die Form eines umgekehrten **T** annimmt mit dorsal gerichtetem Längs- und ventral gelegenem Querbalken. Die Epitheldicke nimmt dabei fortwährend ab, am stärksten in den ventralen Bezirken. Jetzt erscheinen in den letzteren zwischen den schmalen Geißelzellen helle, breite und niedrigere Zylinderzellen, die sich bald vermehren und die Geißelzellen verdrängen. Nun erfolgt der Durchbruch nach außen und zwar nach links von der schon vorher auf die rechte Körperseite herübergerückten Schwanzflosse. In dem so entstandenen After dringt also das Oberflächenepithel, das sich hier in längsverlaufende Falten legt, ein Stück weit in den Enddarm vor (Fig. 482).

Während der Enddarm ebenso wie der Mitteldarm muskelfrei ist, wird der After von einer ringförmigen Masse quergestreifter Muskulatur umgeben.

Das Hauptgefäß des Mittel- und Enddarms ist die Subintestinalvene. Sie verläuft auf der Ventralfläche des Darms und sendet starke Zweige dorsalwärts, welche den Darm allseitig und dicht umflechten. Andererseits erhält der Darm arterielle Äste von der an seiner Dorsalfläche entlangziehenden unpaaren Aorta.

## 6. Die Exkretionsorgane.

Die als Exkretionsorgane funktionierenden Nierenkanälchen des Amphioxus stellen wohl die am schwierigsten zu demonstrierenden Organe des Tieres dar, wenigstens dann, wenn man, wie in unserem Falle, auf die Untersuchung konservierten Materials angewiesen ist. Das liegt einmal an der Schwierigkeit einer tadellosen Konservierung, ist aber ferner auch in der Lage der Organe begründet, da gerade in das abgeschlossene Zölom unsere Einbettungsmasse nur schwer eindringt und deshalb die Schnitte hier leicht Verschiebungen und Zerreißungen erleiden. Die besten Resultate gibt auch hier wieder die Formalinseewasserfixation mit Nachbehandlung der Objekte in MÜLLERscher Flüssigkeit. Wenn auch Querschnitte schon manche Einzelheiten zeigen, so sind doch nicht allzu dünne Sagittalschnitte für das volle Verständnis unerläßlich.

Auf Querschnitten durch das Tier finden wir innerhalb des Zöloms, lateral von den beiden Aorten und dem Kiemendarm äußerlich aufgelagert Kanälchen, die zum Teil längs-, zum Teil quergetroffen erscheinen und mit niedrigem kubischen Geißelepithel ausgekleidet sind (Fig. 478 und 499 *ni*). Sie sind äußerlich von Zölomepithel überzogen und in eine geringe Menge Bindegewebe eingebettet. Dicht neben ihnen verlaufen immer zahlreiche Blutgefäße.

Über Beginn und Endigung dieser Kanälchen geben uns Querschnitte nur ungenügende Auskunft, wir wenden uns deshalb zur Betrachtung von Sagittalschnitten (Fig. 503). Hier sehen wir zunächst, daß zu jedem primären Kiemenbogen ein Nierenkanälchen gehört. Wir können an ihm einen vertikal oder schräg verlaufenden Anfangsschenkel und ein winklig von ihm abbiegendes Endstück unterscheiden. Der erstere liegt immer einem primären Kiemenbogen an, das letztere läuft bogenförmig mehr oder weniger weit über die Kiemendarmnische und den benachbarten sekundären Kiemenbogen herüber. Der Anfangsschenkel beginnt mit dem dicht neben dem primären Kiemenbogen gelegenen und sich in die Kiemendarmnische öffnenden Nephroporus (*np*). An dem Endstück sitzen als ganz kurze Äste mehrere Nephrostomata (*nst*), die sich in das Zölom öffnen. Das Endstück selbst läuft ebenfalls in ein Nephrostoma aus. Wir haben also in diesen Nierenkanälchen Verbindungswege zwischen der Kiemendarmhöhle und der Zölomhöhle zu sehen.

Die Kanälchen sind ausgekleidet mit niedrigkubischen Zellen, deren Schlußleistennetze bei Eisenhämatoxylin- oder Biondifärbung sehr gut hervortreten. Der Zellkern ist klein, kuglig oder ovoid. Aus der freien Fläche einer jeden Zelle sieht eine lange, kräftige Geißel hervor. Sie legt sich der Epitheloberfläche so

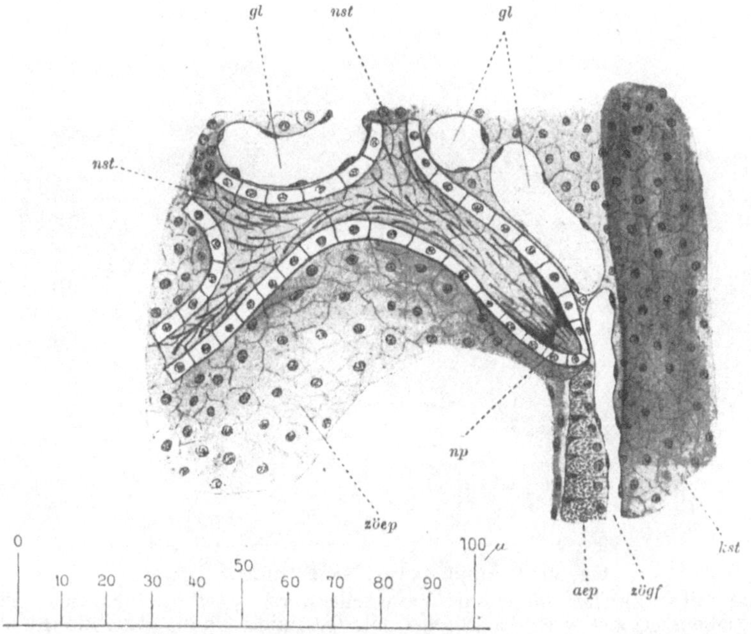


Fig. 503. Amphioxus. Nierenkanälchen (Sagittalschnitt).
*np* Nephroporus, *nst* Nephrostomata, *zöep* Zölomepithel, *aep* Außenepithel der Peribranchialhöhle, *zögf* Zölomgefäß, *gl* Nierengefäße, *kst* Kiemenstab.

an, daß ihr freies Ende nach dem Nephroporus sieht. An den Nephrostomen geht das Kanälchenepithel in das Zölomepithel über, dessen Zellen hier zu den sog. Kragenzellen umgebildet sind, von denen aber unsere konservierten Präparate keine genügende Anschauung geben. Es sind das kleine Zellen mit je einer langen von einem Protoplasmakragen umgebenen Geißel, die in die Nephrostomata hineinragt.

Jedes Kanälchen wird umsponnen von einem Gefäßnetz (*gl*), das sich aus je einem Zölomgefäß (*zögf*) entwickelt. Aus diesem als Glomerulus bezeichneten Gefäßnetz führt ein abführendes Gefäß zu den Aorten hin. Man kann deshalb in Anlehnung an die Verhältnisse bei den Wirbeltieren das Zölomgefäß als das Vas afferens, das abführende Gefäß als das Vas efferens des Glomerulus bezeichnen.

An dieser Stelle soll dann noch der sog. Nierenwülste gedacht werden. Wir finden dieselben innerhalb der Peribranchialhöhle auf dem Pterygialmuskel zu beiden Seiten seiner Raphe. Rostralwärts erstrecken sie sich bis in die Höhe des blinden Leberendes. Hier trifft man dicht an der Raphe des Pterygialmuskels in die Peribranchialhöhle vorspringend jederseits einen kleinen Zellwulst (Fig. 480 *niw*). Kaudalwärts fortschreitend nehmen die Wülste an Zahl zu (Fig. 481 *niw*) bis zu 5—6 jederseits, um schließlich kurz vor dem Abdominalporus zu einer einheitlichen, den Pterygialmuskel dorsal bedeckenden Zellmasse zu verschmelzen (Fig. 482 *niw*).

Untersuchen wir diese Nierenwülste mit stärkerer Vergrößerung (Fig. 504), so können wir konstatieren, daß sie in ihrem Bau vollkommen dem Außenepithel der Kiemenbogen gleichen. An den Stellen, wo sie sitzen, fehlt das

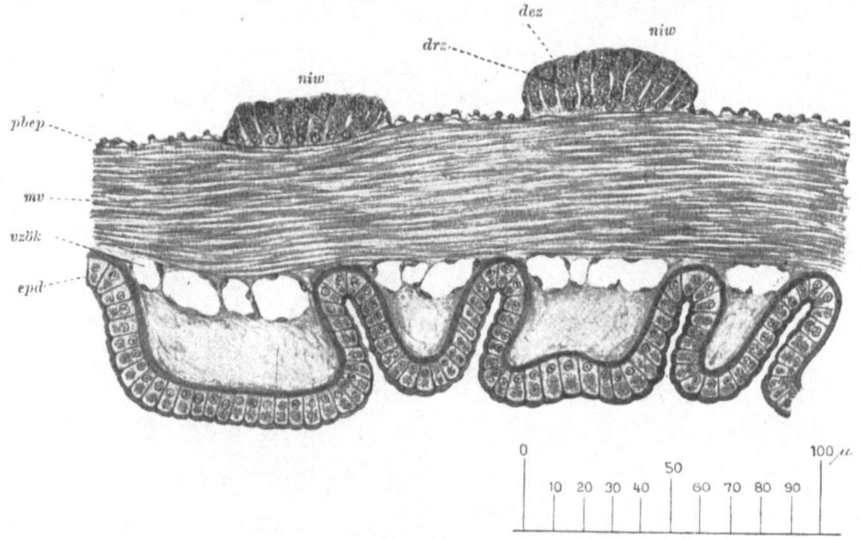


Fig. 504. Amphioxus. Nierenwülste.
*niw* Nierenwülste mit Deckzellen (*dez*) und Drüsenzellen (*drz*), *pbep* Peribranchialepithel, *mv* Pterygialmuskel, *vzök* ventraler Zölomkanal, *epd* Epidermis der Bauchrinne.

niedrige Epithel der Peribranchialhöhle, d. h. es schlägt sich als Deckepithel auf das Drüsenepithel der Wülste über.

Ventralwärts wird der Pterygialmuskel bedeckt von der Haut der Bauchrinne, die sich hier in starke Längsfalten legt. Innerhalb der letzteren verlaufen die ventralen Zölomkanäle (*vzök*). Sie stehen mit den Seitenkanälen in offener Verbindung.

## 7. Die Geschlechtsorgane.

Die Geschlechtsorgane, die Gonaden bilden, wie wir früher sahen, 25 hintereinandergelegene, in Zölomsäcke eingeschlossene und in die Peribranchialhöhle hineinragende Zellmassen, die sich schon bei Lupenvergrößerung als weibliche oder männliche erkennen lassen.

### a) Die männlichen Gonaden.

Zum Studium der männlichen Gonaden eignen sich vorzüglich Querschnitte von Tieren, die in den Frühjahrsmonaten konserviert wurden, also zu einer Zeit, zu der die

Samenfäden ihre Reife erlangen. Das Laichgeschäft fällt beim Amphioxus in Neapel in die Monate Mai, Juni und Juli. Formalinkonservierung mit nachfolgender MÜLLER-Behandlung gibt auch hier durchaus brauchbare Präparate. Färbung der Schnitte mit Kresylviolett oder Eisenhämatoxylin. Noch mehr leistet die sonst für den Amphioxus wenig empfehlenswerte Fixation mit dem CARNOYschen Alkohol-Chloroform-Essigsäure-Gemisch. Man färbt die Schnitte dann mit dem Biondigemisch.

Wir wählen zur Betrachtung einen Schnitt durch die Mitte einer Gonade, wie ihn Fig. 505 darstellt. Die Gesamtform ist ungefähr die einer Bohne, die

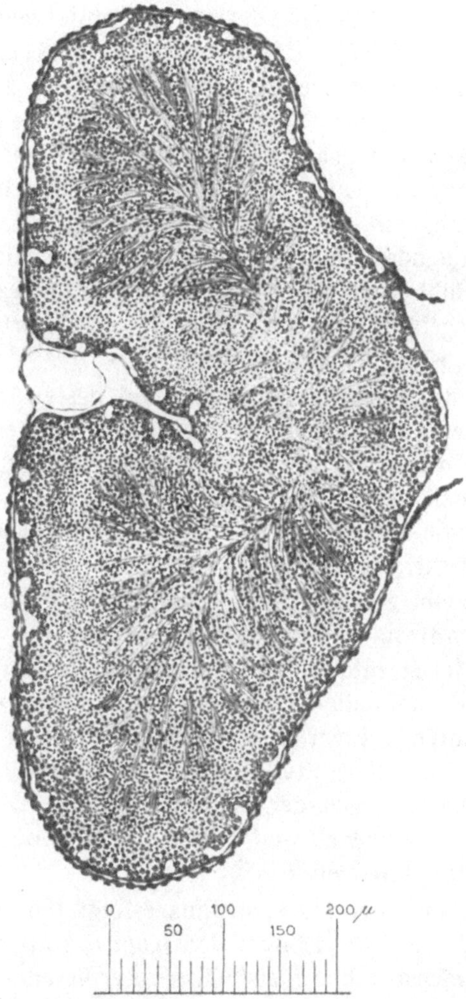


Fig. 505. Amphioxus. Männliche Gonade (Querschnitt).

konvexe Fläche sieht lateral, die konkave medial. In der Mitte der letzteren ist die Oberfläche hilusartig eingezogen. Gehen wir in unserer Serie rostral oder kaudal vorwärts, so sehen wir, daß der Hilus hier immer tiefer einschneidet, bis schließlich die Gonade in eine dorsale und eine ventrale Hälfte zerfällt. In dem Hilus liegt ein großer Gefäßquerschnitt.

Äußerlich ist die Gonade überzogen von der **Zölomwand**, die außen mit dem Peribranchial-, innen mit dem Zölomepithel bekleidet erscheint. Lateralwärts geht sie in die parietale Zölomwand über. Zwischen Gonade und Zölomwand klafft überall ein feiner Spaltraum.

Die Gonade selbst erscheint von einer dünnen, strukturlosen Membrana propria bedeckt, unter der ein außerordentlich reiches Netz von Blutgefäßen entwickelt ist, wie man besonders schön an solchen Schnitten erkennen kann, die nur die oberflächlichste Lage des Organs enthalten. Die Gefäße dringen nur in die oberflächlichsten Schichten ein, das ganze Innere des Organs ist gefäßfrei.

An dem Parenchym der Gonade lassen sich ohne weiteres zwei Schichten erkennen, eine dünne gleichförmige Rindenschicht und eine mächtige Marksubstanz. In Biondipräparaten treten die Unterschiede zwischen den beiden Substanzen schon bei schwacher Vergrößerung außerordentlich prägnant hervor. Die Rindensubstanz setzt sich aus dichtgedrängt liegenden, lebhaft grün gefärbten Kernen zusammen. Diese Kernmassen ziehen sich nun in Form netzartig verbundener Stränge in die Marksubstanz hinein und umschließen hier nach der Mitte hinstrahlende längliche Maschen. In der Mitte selbst bildet sich ein langer schmaler Hohlraum. Sämtliche Maschenräume sind ebenso wie der zentrale Hohlraum ausgefüllt von einer intensiv rot gefärbten, fädigen Masse, die mit dem Grün der Kerne lebhaft kontrastiert.

Bei Anwendung starker Vergrößerungen, am besten mit einer homogenen Immersion, erkennen wir dann, daß die Kerne der Rindensubstanz zu Zellen gehören, die wir als Hodenepithelzellen bezeichnen und denen die Aufgabe zukommt, die männlichen Geschlechtszellen, die Spermien, zu liefern. Auf den Prozeß der Spermiogenese kann hier nicht näher eingegangen werden. In Kürze sei nur folgendes bemerkt. Dicht unter der Membrana propria bzw. auf den Blutgefäßen finden wir eine einfache Lage von Zellen, das sind die Samenmutterzellen oder Spermiogonien. Auf sie folgen nach innen 1—2 weitere Zellagen, die durch Teilung aus jenen entstanden sind, die Samentochterzellen oder Spermiozyten. Durch die zweimalige Teilung dieser Spermiozyten entstehen nun die folgenden Zellschichten, die wir in unserem Präparat in lebhaftester Teilung finden, so daß an den meisten Stellen 4—5 Lagen mitotischer Kernteilungsfiguren übereinander liegen. Aus der ersten Teilung entstehen die Präspermiden. An der Grenze von Mark und Rinde liegen dann die Spermiden als kleine Zellen mit kleinem kugligen Kern.

Innerhalb der Stränge der Marksubstanz erfolgt die Umbildung der Spermiden zu den Spermien. Der Kern bildet den Kopf des Spermiums und aus dem Zentralkörperapparat wächst in hier nicht näher zu eruierender Weise der Schwanz des Spermiums hervor. Die Schwänze nun färben sich in Biondilösung intensiv rot. Sie legen sich dicht aneinander und bilden den roten faserigen Inhalt der Markmaschen, während die chromatinreichen, lebhaft grün sich färbenden Köpfe in ihrer Gesamtheit das Balkenwerk ausmachen.

Während der Laichzeit werden die Spermien durch Platzen der die Gonaden umhüllenden Zölomwand in die Peribranchialhöhle entleert und verlassen dieselbe durch den Abdominalporus.

Wenn man nun auch schon in dünnen Schnitten die Gestalt der Spermien erkennen kann, so empfiehlt es sich doch, sie isoliert darzustellen. Man schneidet an einem männlichen Exemplar (die weiblichen sind unter der Lupe leicht an den Eiern zu erkennen) mit dem Rasiermesser 2—3 mm dicke Querscheiben aus der Gonadengegend, mazeriert sie 15—30 Minuten lang in einigen Tropfen 33,5%iger Natronlauge und überträgt sie in mehrfach gewechseltes Wasser. Ein stecknadelkopfgroßes Stückchen der Gonade wird in einem Tröpfchen Wasser auf dem Objektträger zerzupft, in Deckglasgröße ausgebreitet und eintrocknen gelassen. Nachdem man den Objektträger zwei- bis dreimal durch die Flamme gezogen hat, kann man in Hämatoxylin und Eosin färben, trocknen und in Balsam einschließen.

Die so isolierten Spermien des Amphioxus sind die kleinsten aller Wirbeltierspermien. Der kuglige Kopf mißt ungefähr 1 $\mu$ im Durchmesser, der Schwanz ist 15—20 $\mu$ lang. Strukturdetails lassen sich nicht erkennen.

### b) Die weiblichen Gonaden.

Bezüglich der Technik gilt für die weiblichen Gonaden das gleiche wie für die männlichen. Lagerung, Form und Umhüllung sind ebenfalls die gleichen (Fig. 478—481). Den Inhalt der weiblichen Gonaden bilden die Eier, die man bei Tieren aus den Frühjahrsmonaten in allen Stadien der Entwicklung antrifft und zwar immer die jüngeren im Innern, die ältesten am weitesten nach außen. Zwischen den jüngeren Eiern finden sich zahlreiche kleine Follikelzellen, um die älteren herum bilden sie die Follikelmembran.

Die Eier der verschiedenen Entwicklungsstadien unterscheiden sich einmal durch ihre Größe. Während die kleinsten Eier ungefähr 5—10 $\mu$ groß sind, wächst der Durchmesser der reifen Eier auf das 10—12fache. Bei diesem Wachstum erleidet auch die Struktur des Eikörpers wesentliche Veränderungen. Ganz junge Eier besitzen ein lichtes, schwach körniges Protoplasma. Dasselbe färbt sich in Biondilösung ganz hellrot, in Kresylviolett dagegen tiefdunkelblau. Bei dem weiteren Wachstum werden im Eikörper Dotterkörner gebildet. Sie färben sich in Biondilösung dunkelbraunrot, in Kresylviolett dagegen lichtblau, so daß bei ersterer Färbung die reifen Eier weit dunkler erscheinen als die unreifen, während bei letzterer Färbung das umgekehrte Verhalten statthat. Die Dotterkörner nehmen an Zahl und Größe fortwährend zu und erreichen im reifen Ei einen Durchmesser von 1—2 $\mu$. Sie sind kuglig oder ovoid. Bei Färbung mit Kresylviolett zeigen sie im reifen Ei eine interessante Metachromasie. Während sich die große Masse derselben blau färbt, nehmen die äußersten, das sind die größten und reifsten, eine rote Farbe an.

Aber nicht allein der Eikörper, sondern auch der Eikern macht bei der Eireifung wichtige Veränderungen durch. Einmal wächst auch er. Bei den kleinsten Eiern hat er einen Durchmesser von 3—5 $\mu$ und füllt den Eikörper fast aus, dann aber wächst der letztere beträchtlich rascher als der Kern. In dem reifsten Ei beträgt sein größter Durchmesser 20—30 $\mu$. Während zunächst seine Form ganz regelmäßig kuglig ist, erscheint er in den großen Eiern von ganz unregelmäßiger Gestalt und in mehrere Zipfel ausgezogen. Ebenso markant ist auch die Veränderung des immer in der Einzahl vorhandenen Nukleolus. Er wächst von Bruchteilen eines Mikrons bis zu 10—12 $\mu$ heran, so daß er in den reifsten Eiern die Hälfte der Kernmasse ausmacht. Zunächst erscheint er homogen, später läßt er eine immer dünner werdende Rinde und einen hellen, anscheinend flüssigen Inhalt erkennen. Beide verhalten sich auch färberisch verschieden. Der Kern des jungen Eies zeigt ein gut entwickeltes Kerngerüst und eine feine Kernmembran. Später verschwindet das Gerüst allmählich, während die Membran an Dicke stark zunimmt. Sämtliche Bestandteile des Kerns erscheinen in verschiedenem Grade azidophil.

Die jüngsten Eier sind membranlos, später umgeben sie sich mit einer dünnen, einfachen Lage von Follikelzellen, deren Kerne immer schwerer nachweisbar werden, je reifer das Ei wird.

Innerhalb der weiblichen Gonaden sind ganz geringe Mengen eines faserigen Bindegewebes nachzuweisen, dagegen scheinen die Blutgefäße nicht in ihr Inneres vorzudringen. Sie sind erheblich schwächer entwickelt als in den männlichen Gonaden. Das Freiwerden der Eier erfolgt ebenfalls durch Platzen der Zölomhülle.

Die reifsten Eier, wie wir sie hier beobachtet haben, haben aber noch nicht ihre völlige Reife erlangt. Diese erlangen sie erst in der Laichzeit selbst durch Ausstoßung der beiden Richtungskörper.

Die Gefäßversorgung ist bei weiblichen und männlichen Gonaden die gleiche. Die Arterien stammen von den aus den Aorten kommenden Aa. episomales ab, treten von außen her mit der Zölomwand auf die Gonaden über und sammeln sich in jenem großen auf der medialen Fläche entlangziehenden Venenstamm (Fig. 505).

# Alphabetisches Inhaltsverzeichnis.

(Die Seitenzahlen hinter T beziehen sich auf die Teleostier, hinter P auf die Plagiostomen, hinter Z auf die Zyklostomen und hinter L auf die Leptokardier.)

## A.


Abdominalporus L 870.
Abdominalwarze L 870.
Abduzenskern T 634.
Achsenzylinder P 724; Z 815.
Adrenalorgane T 675; P 745, 753; Z 858.
Adventitia der Blutgefäße T 679; P 760; Z 857.
After T 659; P 730; Z 825, 838; L 871, 892.
Afterpfropf Z 825, 838, 839.
Afterspalte Z 838.
Akkommodation T 617.
Akustikusbahn, sekundäre T 638.
Akustikusganglien T 638; P 716; Z 802.
Akustikuskerne T 633; P 716; Z 802.
Akustikuswurzeln T 633; P 716; Z 802.
Alisphenoid Z 804, 806, 830.
Amakrine Zellen T 618; P 692.
Amphizyten Z 815.
Ampullen T 620; P 694; Z 776, 802.
Anisotrope Substanz Z 824; L 882.
Aorta Z 853.
— ventralis P 759.
Appendix (Apex labyrinthi) T 619, 630.
Aquaeductus cerebri P 718.
Arachnoidea P 723; Z 812.
Arachnoidealzellen Z 779, 814.
Argentea T 615, 616; P 690.
Arteria axillaris P 753.
— carotis interna Z 829, 830.
— coeliaca T 670.
— hepatica P 738.
Arteriae episomales L 882.
Arterien T 680; P 760; Z 857.
Asteriskus T 620, 623.
Astrozyten P 706.
Atmungsorgane T 664; P 741; Z 839; L 882.
Atrioventrikularklappen T 680; P 760; Z 852 855.
Auge T 614; P 688; Z 769.
Augenmuskeln T 649; P 775.
Ausflußröhren des Hoden P 754.
— der Niere T 672, 673; P 751, 753.
Außenepithel des Kiemenstabes L 888.
Außengefäß des Kiemenbogens L 890.
Axillarherz P 753.


## B.


Basalmembran des Darmepithels P 735.
— der Epidermis P 686; L 871.
— des Kiemenblättchens T 667.
— des Magenepithels T 656.
Basalmembran des Pseudobranchialepithels T 668.
— des Riechepithels T 625.
— des Seitenkanalepithels P 697.
Bauchniere T 670.
Bauchrinne L 863.
Bauchspeicheldrüse T 662; P 730, 738; Z 832.
Bauchspeichelgang T 662.
Becheraugen L 864, 876.
Becherzellen T 612, 660, 667; P 684, 730, 735, 738; Z 832.
Bindearm P 718.
Blut T 678; Z 852.
Blutgefäße T 679; P 760; Z 857.
Blutkörperchen, rote T 678, 680; P 761; Z 852.
—, weiße T 678; P 761; Z 852.
Bogenfasern P 709, 761; Z 800.
Bogengänge T 619; P 694; Z 776.
Bogengangskommissur Z 776.
Bowmansche Membran T 615; P 689.
Bracchium conjunctivum P 718.
Bulbillus L 868.
Bulbus arteriosus T 679; Z 854, 855.
— olfactorius T 646; P 694.
Bürstensaum T 673; P 753; Z 846.


## C.


Campanula Halleri T 617.
Canalis utriculosaccularis T 620.
Chiasma nervorum opticorum T 644; P 722; Z 809.
Chorda T 650; P 729, 745; Z 790, 797, 812, 818, 830; L 860, 878.
Chordaepithel T 651; Z 819; L 880.
Chordafibrillen L 879.
Chordaplatten L 878.
Chordascheiden T 651; P 745; Z 812, 819; L 860, 879.
Chordastrang T 652; Z 818.
Chordazähne L 880.
Chordazellen T 651; Z 818; L 880.
Chorioidea T 615; P 690; Z 771.
Chorioidealdrüse T 615.
Choriokapillaris T 616; P 690.
Chromophile Zellen P 753.
Chromosomen P 758.
Commissura ansulata T 641; Z 806.
— anterior T 646; Z 810.
— Fritsch T 643.
— habenularis T 644; P 719.
— posterior T 641; P 719; Z 806, 807.

Conus arteriosus T 680; P 759.
Corpus chorioideale T 615.
— epistriatum T 646.
— geniculatum laterale T 643; P 721.
— interpedunculare T 636, 639, 641; P 718.
— restiforme T 632.
— striatum T 646; Z 809.
Cristae acusticae T 621, 622; P 694; Z 778.
Cupula terminalis T 621, 623; P 701.
Cyclochaeta T 667.

## D.

Dachraum Z 790, 819; L 864.
Darmdrüsen P 733.
Darmepithel T 660; P 733, 735, 736; Z 832, 833, 838; L 891, 892.
Darmmuskulatur T 661; P 734, 735, 736; Z 834, 838.
Darmnerven T 661; Z 834, 839.
Darmschleimhaut T 660; P 733; Z 832, 839.
Darmzölom L 870.
Deckplatten der Mundhöhle Z 826, 828.
Deckzellen des Außenepithels der Kiemenstäbe L 888.
— der Epidermis Z 766.
— des Epithels der Nierenwülste L 894.
Decussatio transversa P 721.
Dentale T 652.
Dentin T 653; P 688.
Dermalblatt, Epithel L 872.
Descemetsche Membran T 615; P 689; Z 771.
Dienzephalon T 641; P 719; Z 806.
Dornfortsatz T 651.
Dorsaler Gang des Labyrinths Z 777, 802.
Dorsales Grau P 707, 709, 710, 718.
Dorsalhorn T 627; P 702, 704.
Dorsalkommissur P 703.
Dorsalseptum T 627; P 702; Z 791, 795.
Dorsalstrang T 628; P 702, 706, 707, 709; Z 792.
Dorsalwurzel T 628, 647; P 702, 704, 724; Z 793, 794; L 865, 877.
Dorsalzellen Z 792, 799.
Dotterkörner T 677; P 757; Z 850; L 897.
Dottermembran P 757.
Drüsenzellen des Außenepithels des Kiemenstabes L 888.
— des Epithels der Nierenwülste L 894.
Ductus canalis posterioris P 694.
— choledochus T 661, 663; P 736, 738.
— cysticus T 661; P 736.
— deferens T 675, 676.
— efferens P 754.
— endolymphaticus T 620; P 693.
— hepaticus T 662; P 736, 738.
— pancreaticus T 662; P 738, 746.
— pneumaticus T 669.
— utriculosaccularis T 619.
Dura mater T 647; P 723; Z 812, 819.

## E.

Ei T 677; P 756; Z 850; L 897.
Eierstock T 676; P 749, 756; Z 825, 850.
Eileiter T 676, 678; P 750.
Elektrische Lappen P 709, 710.
— Nerven P 710.
— Platten P 725.
— Prismen P 725.
Elektrische Stäbchen P 728.
Elektrisches Organ P 725.
Enddarm T 659; P 730, 736, 748; Z 825, 836; L 892.
Endkelche der Haarzellen Z 784.
Endokard T 679; P 759; Z 857.
Endoneuralscheide P 724; Z 816.
Endoneurium P 724; Z 816.
Endostylgefäß L 887, 890.
Endostylplatten L 887.
Endostylzölom L 887.
Endplatten, motorische T 650.
Ependym der Hirnventrikel T 639.
— des Zentralkanals P 706; Z 791.
Ependymkeil, dorsaler Z 794.
—, ventraler Z 794.
Ependymzellen T 627; Z 794; L 874.
Epibranchialrinne L 864, 884.
Epidermis T 611; P 684; Z 765; L 871.
Epihyale Z 831.
Epikard T 679; P 759; Z 857.
Epikardialepithel T 679; P 759; Z 857.
Epineurium P 724; Z 816.
Epiphyse T 641, 645; P 720; Z 811.
Epiphysenpolster T 641, 644.
Epithelfasern T 612; P 684; Z 766.
Erythrozyten T 678, 680; P 761; Z 852.

## F.

Fasciculus retroflexus P 720.
Fazialisganglion T 633; Z 802.
Fazialiskern T 633, 634; P 718; Z 802.
Fett T 647, 659, 662, 664, 675; P 729, 738; Z 769, 812, 819, 833.
Fibrae arciformes P 709.
Fibrillenscheide Z 816.
Flimmertrichter der Vorniere Z 847.
Flimmerwülste L 883.
Flossensaum L 871.
Flossenstrahlen Z 821; L 864, 871.
Flügelepithel der Kiemenstäbe L 888.
Follikelepithel T 677; P 757; Z 850; L 897.
Follikelmembran L 897.
Formatio bulbaris T 646; Z 810.
— reticularis P 708, 709, 718.

## G.

Gallenblase T 661; P 730, 736, 738, 745.
Gallenblasengang T 661; P 736, 738, 745.
Gallengang T 661; P 736, 738, 745, 746.
Gallenkapillaren T 662; P 737.
Ganglien, periphere P 724.
—, sympathische P 724, 753; T 647.
Ganglienzellen der Netzhaut T 618; P 692; Z 774.
Ganglion acusticum Z 802.
— habenulae T 644; P 719, 720; Z 807, 811.
— maxillomandibulare T 635.
— ophthalmicum T 635.
Gehirn T 629; P 706; Z 796; L 861, 874.
Gehörorgan T 619; P 693; Z 775.
Geißelepithel der Harnkanälchen Z 845.
— der Kiemenstäbe L 888.
— des Labyrinths Z 781.
— der Nierenkanälchen L 893.
Geruchsorgan T 623; P 694; Z 784; L 861, 875.
Geschlechtsorgane, männliche T 675; P 754; Z 849; L 894.

Geschlechtsorgane, weibliche T 676; P 756; Z 850; L 897.
Geschlechtsporus T 676, 678.
Gitterfasern P 738.
Glashaut der Chorioidea T 616; Z 771.
Glaskörper T 617; P 693; Z 774.
Gliafasern P 705; Z 795; L 877.
Gliahülle P 706; Z 796.
Gliamasse, zentrale Z 795.
Gliazellen P 705; Z 795.
Glomeruli der Niere T 673; P 751; Z 847.
— der Vorniere Z 848; L 893.
— olfactorii T 646; Z 810, 811.
Glomus der Niere Z 843, 846.
Gonaden, männliche L 894.
—, weibliche L 897.
Graue Substanz des Rückenmarks T 628; P 702; Z 790.
Grenzmembran des Glaskörpers Z 774.
—, elastische, der Kutis P 686.
Grenzstrang T 647, 651; P 724.
Guaninkalk T 611.

## H.

Haarzellen T 623; Z 781.
Halbzirkelförmige Kanäle T 619; P 694; Z 776.
Hämalbogen T 651; P 729.
Harnblase T 670, 672, 674.
Harnkanälchen T 672, 673; P 751, 753; Z 844.
Harnleiter T 670, 672, 673; P 744, 749, 750, 751, 753; Z 838, 843.
Harnorgane T 670; P 744; Z 843; L 892.
Harnröhre T 670.
Haut T 610; P 684; Z 765; L 871.
Hautnerven T 614; Z 816; L 878.
Hautsinnesorgane T 625; P 696; Z 787; L 872.
Hautskelet T 650.
Heidenhainsche Stäbchen T 673.
Henlesche Scheide Z 816.
Herz T 678; P 759; Z 825, 852; L 891.
Herzbeutel Z 853, 854.
Herzkammer T 678; P 759; Z 852, 853.
Herzmuskelfasern T 679; P 759; Z 856.
Herzvorkammer T 678; P 759; Z 852, 853.
Hirnfurche, dorsale T 636.
Hirnstiel P 721.
Hirnventrikel L 861, 874.
Hode T 675; P 745, 754; Z 825, 849.
Hodenfollikel Z 849.
Hörhaare Z 781.
—, Wurzeln der Z 783.
Horizontalseptum T 650.
Horizontalzellen T 618; P 691; Z 773.
Hornhaut T 615; P 689; Z 770.
Hornhautepithel, hinteres T 615; P 689; Z 771.
—, vorderes T 615; P 689; Z 770.
Hornhautgrundsubstanz T 615; P 689; Z 770.
Hornhautkörperchen T 615; P 689; Z 771.
Hypobranchialrinne L 865, 885.
Hypophyse T 641, 642, 643; P 719, 720; Z 807, 809.
Hypophysensack P 720.

## I.

Idiozom T 675.
Infundibularorgan L 874.
Infundibulum T 641, 642; P 719; Z 806.
Injektion T 610; P 681; Z 765.
Innengefäße der Kiemenbogen L 890.
Interkalare P 729.
Interrenalorgane T 674; P 753; Z 858.
Interspatium L 864.
Interzellularlücken T 612; Z 766.
Intima der Blutgefäße T 680; P 760; Z 857.
Intravelarplatte Z 830, 831.
Iris T 616; P 691; Z 771.
Irisepithel, vorderes T 617; P 691; Z 771.
Irisnerven T 616; Z 772.
Irisstroma T 616; P 691; Z 771.
Isotrope Substanz Z 824; L 882.

## K.

Kalkplatten der Epidermis P 686.
Kammer, hintere P 691; Z 775.
—, vordere T 615; P 691; Z 775.
Kapillarhülse T 680.
Kapillarraum des Kiemenblättchens T 667.
Kardinalvene T 651; Z 853.
Kavernöse Körper der Kiemenblätter P 743.
Keimbläschen T 678; P 757; Z 851; L 897.
Keimepithel T 677; P 756.
Keratohyalknorpel Z 829, 830, 831.
Kiemen T 664.
Kiemenarterie P 743, 759; Z 842, 853; L 868, 870, 890.
Kiemenblattarterie T 666; P 743.
Kiemenblättchen T 666; P 742; Z 840, 842.
Kiemenblätter T 666; P 742; Z 839, 842.
Kiemenblattmuskel T 666; P 743, 744.
Kiemenbogen T 652, 666; P 741, 742; Z 840.
—, primäre L 865.
—, sekundäre L 865.
Kiemenbogengefäße L 890.
Kiemenbogenvene T 666.
Kiemenbogenzölom L 889.
Kiemendarm L 864, 883.
Kiemendeckel T 664.
Kiemenkorb Z 840; L 884.
Kiemenlöcher, äußere P 741, 742; Z 839.
—, innere P 741; Z 839.
Kiemensäcke P 741, 742; Z 825, 839, 841, 853.
Kiemensackmuskeln Z 841.
Kiemenstäbe L 883.
Kiemenstrahlen T 666; P 742.
Kiementaschen L 889.
Kiemenvene P 743.
Kiemenvorraum T 664; P 742.
Kleinhirn T 632, 634, 638; P 712; Z 812.
Kleinhirnkommissur, hintere P 715.
Kleinhirnventrikel T 632, 634, 638; P 712.
Kloake P 730, 736, 748, 749.
Knochen T 650.
Knorpel T 650; Z 820.
Knorpelgrundsubstanz Z 820.
Knorpelkapsel Z 820.
Knorpelknochen T 650.
Knorpelzellen Z 820.
Kolbenzellen der Epidermis Z 767, 817.
Kollateralen P 703, 704.
Kolloid T 681; P 763.
Kolossalfasern L 865, 876.
Kolossalzellen L 865, 876.
Kommissurenzellen T 628; P 704.
Konjunktiva T 615.
Konjunktivalepithel T 615.
Konvolut der Niere T 672, 673.
Kopfniere T 670, 674.

Kopula des Zungenbeins T 652.
Körnerschicht, äußere T 617; P 691; Z 773.
—, innere T 618; P 691; Z 773.
Körnersubstanz des Kleinhirns T 632, 635; P 715.
Körnerzellen des Darmepithels Z 833.
— der Epidermis Z 767, 817.
Kragenzellen L 893.
Kutikularsaum des Darmepithels Z 833.
— des Ductus choledochus T 662; P 738.
— des Ductus cysticus T 662; P 738.
— des Ductus pancreaticus T 662.
— der Epidermis Z 766; L 871.
— der Gallenblase T 662; P 738.
— des Kiemensackepithels Z 842.
— des Mundhöhlenepithels Z 827.
— des Nasengaumengangs Z 787.
— des Schlundepithels Z 832.
Kutis Z 768; L 872.
—, lockere T 612; P 686.
—, straffe T 612; P 686.

## L.

Labyrinth, häutiges T 619.
Lagena P 694.
Lamina cerebellaris P 710, 715.
— cribrosa T 619.
Langerhanssche Inseln T 663; Z 833.
Längsbündel, hinteres T 633, 638; P 716, 718; Z 800, 804, 805.
Längsseptum, dorsales T 627.
Lapillus T 620, 623.
Lateralfurche des Gehirns T 630, 631; Z 801.
— des Labyrinths Z 776.
Lateralhorn T 627.
Lateralisganglien T 632; P 710; Z 799, 803.
Lateralstrang T 628; P 702, 706; Z 792.
Lateralvene L 869.
Leber T 661; P 730, 736, 745; Z 825, 832, 833; L 867, 890.
Leberbalken (-schläuche) T 662; P 736, 737; Z 835.
Leberbindegewebe T 662; P 738.
Lebergänge T 662; P 736, 737, 745.
Lebergefäße P 738; Z 836.
Leberkapsel T 662; P 737; Z 836.
Leberzelle T 662; P 738; Z 835.
Leberzölom L 867, 891.
Leukozyten T 678; P 761; Z 852.
Ligamentum anulare P 691.
— denticulatum L 865, 889.
— pectinatum iridis T 616.
Limitans externa T 617; P 691; Z 773.
— interna T 618; P 692; Z 774.
Linse T 617; P 692; Z 772.
Linsenepithel Z 772.
Linsenfasern Z 772.
Linsenkapsel Z 772.
Linsenmuskel T 617; P 693.
Lipoid P 754.
Lippenfransen Z 827.
Lippenknorpel Z 826, 828.
Lobus cerebelli anterior P 714.
— — inferior P 713.
— — — lateralis P 713.
— — posterior P 712.
— — superior P 712.
— electricus P 709, 710.
— impar T 641, 642.
Lobus inferior T 638, 639, 641, 642.
— lateralis T 642; P 712.
— olfactorius T 646; Z 809, 810.
— opticus Z 804, 812.
— staticus Z 802.
— vagi T 631.
Lorenzinische Ampullen P 698.
Lymphfollikel des Schlundes P 732, 745.
Lymphoides Gewebe der Kiemenblätter Z 842.
— — der Niere P 673, 674.
Lymphozyten T 678, 680, 682; Z 819, 852.
Lymphsinus Z 853.

## M.

Macula acustica neglecta T 621; P 694.
— — sacculi T 621, 631.
— — utriculi T 621.
Maculae acusticae Z 778.
Magen T 655; P 730, 732, 746, 748, 750.
Magendrüsen T 656; P 732.
Magenepithel T 656; P 732.
Magengruben T 656; P 732.
Magenmuskulatur T 658; P 733.
Magenschleim P 733.
Magenschleimhaut T 655; P 732.
Malpighische Körperchen der Niere T 672, 673; P 751.
Mantelbündel P 721, 722.
Markscheide P 724.
Mastzellen T 657, 660, 662.
Mauthnersche Fasern T 628, 630, 633.
Media der Blutgefäße T 680; P 760; Z 857.
Medianfurche des Gehirns Z 802.
Medianseptum, dorsales Z 820.
—, ventrales Z 820.
Medulla oblongata T 631; P 707.
Membrana compacta T 661.
— propria des häutigen Labyrinths T 621; Z 780.
Mesenterium T 659.
Mesenzephalon T 636; P 718; Z 804.
Mesorchium T 675; Z 849.
Metapleuralfalten L 863.
Metenzephalon T 632, 634, 638; P 712; Z 804, 812.
Mikropyle T 677.
Milz T 680; P 746, 748, 760.
Milzgefäße T 680; P 760.
Milzpulpa T 680; P 761.
Milzsinus T 680; P 761.
Mitralzellen T 646; Z 810.
Mitteldarm T 658; P 730, 733, 746, 748; Z 825, 832; L 869, 890, 891.
Mittelhirn T 641; P 718; Z 804.
Molekularsubstanz des Kleinhirns T 632, 635; P 715; Z 812.
Müllersche Fasern des Gehirns Z 791, 792, 794, 796, 797, 804, 805, 812.
— — der Netzhaut T 618; P 692; Z 773.
— Zellen Z 800, 803, 804, 805, 812.
Müllerscher Gang P 756, 758.
Müllersches Gewebe L 880.
Mundbucht L 861.
Mundhöhle T 652; P 729, 730; Z 825, 826; L 863, 882.
Mundhöhlenepithel T 654; P 730; Z 827; L 883.
Mundhöhlenschleimhaut T 654; P 730; Z 827.
Muscularis mucosae T 660; P 733, 735.
Musculus adductor operculi T 664.

Musculus basilaris Z 828, 829, 830, 831.
— constrictor P 742.
— — superficialis dorsalis P 742.
— — — ventralis P 742.
— copuloglossus Z 829.
— dilatator operculi T 664.
— hyohyoideus inferior Z 830.
— — superior Z 829.
— hyomandibulariglossus Z 829.
— hyomandibularisemianularis Z 829.
— levator operculi T 664.
— longitudinalis linguae Z 829, 831.
— pharyngeus Z 829.
— sphincter iridis T 619; P 692.
— trapezius P 761.
— velohyoideus Z 831.
Muskelblätter L 881.
Muskelfächer L 882.
Muskelfasern T 647; P 725; Z 822.
Muskelgefäße P 725; Z 857.
Muskelkästchen Z 821.
Muskelnerven T 649; P 725.
Muskelsäulchen L 882.
Muskulatur T 647; P 725; Z 821; L 881.
Myofibrillen T 647; P 725; Z 823, 856; L 882.
Myoide Zellen des Thymus T 682.
Myokard T 679.
Myokommata L 863.
Myolemma L 882.
Myomeren Z 821; T 647; L 861, 863, 881.
Myosepten T 612, 647, 650; P 729; Z 769; L 863, 880, 881.
Myxosporidien T 667.

## N.

Narkose T 610; P 683; Z 764.
Nasendrüse Z 785, 787.
Naseneingangskanal Z 785.
Nasengaumengang Z 785, 787, 829, 831.
Nasengrube T 623; P 694.
Nasenkapsel P 694; Z 787.
Nasennebendrüse Z 785, 787.
Nasenöffnung, äußere Z 784.
Nasensack Z 785.
Nebenhode P 745, 746, 756.
Nephroporus L 893.
Nephrostoma L 893.
Nerven, periphere P 724; Z 815; L 877.
Nervenbündel, primäre P 724.
Nervenendigung im elektrischen Organ P 727.
— in der Haut T 614; Z 817; L 878.
— im Labyrinth Z 784.
— in der Mundschleimhaut P 731.
— in den Muskeln T 649; Z 817; L 878.
Nervenfaser P 724; Z 815.
Nervenfaserschicht der Netzhaut T 618; P 692; Z 774.
Nervensystem, peripheres T 647; P 724; Z 814; L 877.
—, sympathisches T 647, 664; P 724; Z 818.
—, zentrales T 627; P 701; Z 790; L 873.
Nervenzelle P 706; Z 796.
Nervus abducens T 634.
— acusticus T 620, 633; P 694, 716; Z 784, 802.
— electricus P 710.
— facialis T 633; P 717.
— glossopharyngeus T 632; Z 800.
— lateralis T 632; P 710; Z 797, 799, 802, 815.
— mandibularis T 635.
Nervus maxillaris T 625; Z 806; 831.
— oculomotorius T 636, 638; P 718; Z 805.
— olfactorius T 625, 646; P 695; Z 786, 787, 810, 811.
— ophthalmicus Z 806.
— — profundus T 635.
— — superficialis T 635.
— opticus T 619; P 692, 719; Z 806, 811.
— trigeminus T 634; P 717; Z 804, 829.
— trochlearis T 638; Z 804, 812.
— vagus T 631; Z 800.
Netzhaut T 617; P 691; Z 772.
Neuralbogen T 651; P 729; Z 797.
Neuroepithel des Gehörorgans T 623; P 694; Z 781.
— der Netzhaut T 617; P 691; Z 772.
Neurofibrillen P 706, 712; Z 792, 815.
Neuroglia des Rückenmarks P 705; Z 795; L 877.
Neuroplasma Z 815.
Neuroporus, vorderer L 861.
Nidamentaldrüse P 758.
Niere T 670; P 744, 746, 748, 751; Z 843.
Nierengefäße T 670; Z 847.
Nierenkanälchen L 866, 892.
Nierenwülste L 869, 894.
Nucleus anterior thalami T 643.
— — hypothalami T 644.
— dorsalis thalami T 644.
— lateralis hypothalami T 643.
— — rhombencephali P 710.
— medialis rhombencephali P 710.
— raphes P 709.
— ventralis thalami T 644.

## O.

Oberlippenknorpel Z 828, 829.
Odontoblasten T 654; P 688.
Ohrkapsel T 619; Z 775.
Okulomotoriuskern, dorsaler T 638; P 718.
—, lateraler T 638; P 718; Z 805.
—, medianer Z 805.
—, ventraler T 638; P 718.
Olive, obere P 717.
Operculum pupillare P 691.
Ora serrata T 619; P 692; Z 772, 774.
Oscula Z 839.
Ostium abdominale P 758.
— arteriosum Z 853.
— atrioventriculare T 678; P 759; Z 852, 855.
— venosum Z 853.
Otokonien Z 784.
Otolithen T 620, 623; Z 784.
Ovarium T 676; P 749.
Ovidukt T 676, 678; P 750.
Ozellen P 684.

## P.

Palatinum T 652.
Pankreas T 662; P 730, 738, 746; Z 825 832, 834.
—, dorsales Z 832, 834.
—, ventrales Z 832, 834.
Pankreasalveolen T 662; P 740; Z 834.
Papilla acustica Z 779.
— — lagenae T 621.
— nervi optici T 618; P 692.
Parachordalknorpel Z 797, 812, 830.

Paraphyse P 719; Z 811.
Parapinealorgan Z 811.
Parietalmuskulatur Z 821; L 881.
Parietalorgane Z 811.
Pars ciliaris retinae P 692; Z 771, 772, 774.
— iridica retinae T 616, 619; P 691, 692; Z 772, 774.
Pedunculus cerebri P 721.
Penis P 749.
Perforatorium P 755.
Periaxiales Bindegewebe T 650; P 729; Z 819.
Peribranchialraum L 865, 889.
Perichordalscheide L 880.
Perifibrillärsubstanz Z 792.
Perihyposomales Gewebe L 880.
Perilymphatisches Gewebe Z 780.
Perimedulläres Gewebe L 880.
Perineuralscheide Z 815.
Periost T 650.
Peritonealkanäle Z 838.
Pharynx T 654; Z 825, 826, 828, 829.
Physoklisten T 669.
Physostomen T 669.
Pia mater T 646; P 723; Z 814.
Pigmentepithel P 691, 692; Z 772.
Pigmentfleck L 861, 874.
Pigmentzellen T 612, 613, 625, 647, 674, 680; P 685, 686; Z 769, 770, 771, 776.
Pinealorgan Z 811.
Plakoidschuppen P 687, 731.
Planum semilunatum T 621, 622.
Plexiforme Schicht, äußere T 618; P 691; Z 773.
— —, innere T 618; P 691; Z 774.
Plexus chorioideus anterior P 722.
— myentericus T 661.
— perimedullaris P 704.
Plica cerebelli lateralis P 712.
Polplasma Z 851.
Polstelle P 711.
Praemaxillare T 652.
Präspermiden L 896.
Praethalamus Z 807, 809.
Processus falciformis T 617.
Pseudobranchialblättchen T 668.
Pseudobranchialblätter T 668.
Pseudobranchialepithel T 668.
Pseudobranchie T 668.
Pterygialmuskel L 865, 881.
Pterygoidknorpel Z 829, 830, 831.
Pulpa T 654; P 688.
Pulpahöhle T 654; P 688.
Pupille T 616.
Purkinjesche Zellen des Kleinhirns T 632, 635; P 715; Z 812.

## Q.

Querkanäle des Zöloms L 889.

## R.

Ramuli ampullares T 620.
Ramulus lagenaris T 621.
— neglectus T 621.
— saccularis T 621.
— utricularis T 621.
Ramus visceralis P 724.
Randfasern der Muskelkästchen Z 823.
Randgeflecht Z 793.
Randzellen des Rückenmarks Z 792, 793.
Raphe der Bogengänge T 622.
— des Gehirns T 631; P 709, 718; Z 798.
— des Pterygialmuskels L 865, 881.
— des Rückenmarks L 863, 875.
Rautenohr P 713, 715.
Recessus infundibularis P 719; Z 807, 809.
— utriculi T 619.
— vestibuli P 694.
Reissnerscher Faden T 627; Z 794; L 875.
Rektaldrüse P 730, 740.
Respiratorisches Epithel der Kiemen T 667; P 744; Z 843.
Reusenapparat Z 829, 830.
Rhombenzephalon T 631; P 708; Z 798.
Riechepithel T 625; P 695.
Riechgrube T 623; P 694; L 861, 875.
Riechhärchen Z 786.
Riechlappen Z 785.
Riechnerv T 625, 646; P 695; Z 786, 787, 810, 811.
Riechstiftchen T 625.
Riechzellen T 625; P 695; Z 786, 810.
Rindenknoten T 633.
Rippen P 729.
Rostrum L 860.
Rückenmark T 627; P 701, 745; Z 790; L 875.

## S.

Saccus dorsalis T 641, 644, 645.
— endolymphaticus P 693.
— inferior P 719, 720.
— vasculosus T 641, 642; P 719; Z 807.
Sackförmiger Anhang des Labyrinthes Z 776, 802.
Sagitta T 620, 623, 631.
Sakkulus T 620, 631; Z 779.
Samenampullen P 754.
Samenfäden T 675; P 755; Z 849.
Samenkanälchen P 754.
Samenmutterzellen T 675; P 755; Z 849.
Sammelröhren der Niere T 672, 673; P 751.
Sarkolemma T 648; P 725; Z 824, 856.
Sarkoplasma P 725; Z 823, 856.
Saugscheibe Z 825.
Savische Bläschen P 700.
Schaltstücke der Niere T 672, 673; P 751.
— des Pankreas P 740.
Scheitelorgane Z 811.
Schilddrüse T 681; P 763; Z 858.
Schilddrüsenfollikel T 681; P 763; Z 858.
Schleimkanäle P 698.
Schleimzellen der Haut P 684; Z 766.
— des Thymus T 682; P 762.
Schlund T 654; P 730, 745; Z 825, 831.
Schlundepithel T 655; P 731; Z 832.
Schlundmuskulatur T 655; P 732.
Schlundschleimhaut T 654; P 731; Z 832.
Schlußleisten T 660.
Schmelz T 653; P 688.
Schuppen T 610, 612, 650.
Schwannsche Scheide P 724; Z 815.
— Zellen Z 815.
Schwanzaorta L 870.
Schwanzflosse L 871.
Schwanzniere T 670, 673.
Schwimmblase T 669.
Schwimmblasenepithel T 669.
Schwimmblasengang T 669.
Schwimmblasengefäße T 670.

Sehnenfaser L 882.
Sehnerv T 619, 640, 641; P 692, 719, 721; Z 774, 806.
Sehnervenkreuzung T 644; P 722; Z 809.
Seitenepithel der Kiemenstäbe L 888.
Seitenfalten L 863.
Seitenkanäle P 696; L 863.
Seitenlinie T 625, 626; Z 787.
Seitenventrikel Z 809, 810.
Sekretkapillaren P 740.
Sharpeysche Fasern T 651.
Sinnesgruben T 625; Z 788.
Sinnesknospen der Haut T 625, 627; Z 787.
— der Seitenkanäle P 697.
Sinneszellen der Haut Z 817.
—, zentrale Z 795; L 876.
Sinus posterior T 619.
— venosus P 759; Z 852, 855.
Skeletstab L 882.
Sklera, bindegewebige T 615; Z 770.
—, knorplige T 615; P 688.
Speicheldrüse Z 829.
Speichelgang Z 827, 828, 829.
Speichelpapille Z 827.
Spermiden L 897.
Spermien T 675; P 755; Z 849; L 897.
Spermiogonien L 896.
Spermiozyten L 896.
Spinalganglien T 647; P 724; Z 812.
Spinalnerven T 647; P 724.
Spinookzipitalnerven T 629, 630; P 707, 708; Z 799.
Spiraldarm P 730, 734, 746, 748, 750; Z 825, 832, 833.
Spiralfalte P 734; Z 825, 832, 833.
Spritzloch P 730.
Stäbchen T 617; P 691; Z 772.
Stäbchenaußenglied T 617; P 691; Z 773.
Stäbchenbipolaren T 618; P 691; Z 773.
Stäbchenellipsoid Z 773.
Stäbchenfaser T 617; P 691; Z 773.
Stäbcheninnenglied T 617; P 691; Z 773.
Stäbchenmyoid Z 773.
Stäbchensaum des Darmepithels T 660; P 735.
Stäbchensehzelle Z 773.
Stanniussche Körperchen T 674.
Strangzellen T 628; P 704, 707.
Stratum laterale P 710, 712, 715, 718.
Stützorgane T 650; P 729; Z 818; L 878.
Subbranchialgefäß L 890.
Subhyaloideale Zellen P 693.
Subintestinalvene L 870.
Subkutanes Gewebe T 612; P 687; Z 769, 819; L 872.
Substantia reticularis P 703.
Sulcus intercephalicus T 636, 646.
— transversus T 621; P 694.
Suprachorioidea T 615; P 690.
Synaptikel L 884.

## T.

Taenia thalami T 644; P 720; Z 807, 811.
Tectum mesencephali P 718.
— opticum T 636, 639; P 718, 719; Z 805, 806, 812.
Tela chorioidea Z 800, 805, 809, 811, 812.
Telenzephalon T 645; P 722; Z 809.
Terminalzellen P 699.
Thalamus T 641, 644; P 721; Z 806, 808.
Thymus T 681; P 761.
Thymusinvolution T 682; P 762.
Thymuslymphozyten T 682; P 762.
Thymusretikulum T 682; P 762.
Tigroidsubstanz P 706, 711.
Totalfixation T 610; P 683; Z 765.
Tötung T 610.
Torus longitudinalis T 636; P 712, 715.
— semicircularis T 638.
Trabekulardentin T 653.
Trabekularknorpel Z 829.
Tractus bulbocorticalis Z 810.
— bulbotectalis T 641; Z 806.
— bulbothalamicus T 644; Z 806, 808.
— cerebellohypothalamicus T 642, 643.
— cerebellotectalis T 641; Z 812.
— cerebellothalamicus T 644.
— habenulopeduncularis T 639; Z 808, 811.
— isthmohypothalamicus T 643.
— olfactohabenularis T 646; Z 807, 809.
— spinocerebellaris Z 812.
— spinotectalis T 641.
— spinothalamicus T 644; Z 798, 806, 808.
— striohypothalamicus T 646.
— strioinfundibularis Z 808.
— striothalamicus T 643; Z 808, 809.
— tectobulbaris T 641; Z 806.
— tectospinalis T 641.
— tectothalamicus T 641.
— tuberothalamicus T 643.
— vestibulospinalis T 628, 633; P 716.
Trigeminusganglion, kaudales T 635.
—, rostrales T 635; Z 804.
Trigeminuskern, dorsaler T 635; Z 804.
—, ventraler T 635; Z 804.
Trigeminuswurzel, dorsale Z 804.
—, kaudale T 635.
—, rostrale T 635.
—, spinale T 635; P 702, 708, 717; Z 797, 800, 804.
—, ventrale Z 804.
—, zerebrale P 718.
Trochleariskern T 638; Z 804.
Trochleariskreuzung T 638; Z 804.
Truncus arteriosus T 679; P 759.
Trypsin P 740.
Tuberculum acusticum T 633.

## U.

Übergangsgebiet zwischen Gehirn und Rückenmark T 629; P 706; Z 797.
Ureter T 670, 672, 673; P 744, 749, 751, 753; Z 843.
Urogenitalsinus Z 838.
Utriculus proprius T 619.
Utrikulus T 619, 631.

## V.

Vagusganglien P 709; Z 800.
Vaguskern, dorsaler T 632.
—, mittlerer T 632.
—, ventraler T 632.
Vaguskerne P 709; Z 800.
Vaguswurzel, dorsale P 709.
—, motorische P 702, 706, 709.
—, sensible P 709.
—, ventrale P 709.
Valvula cerebelli T 638.

Vas afferens P 751; Z 846; L 893.
— efferens P 751; Z 847; L 893.
Vaskulosa T 616; P 690.
Velum Z 831; L 863, 883.
— transversum P 722.
Vena cardinalis T 670.
— caudalis T 670.
— hepatica P 738.
— jugularis Z 854, 855.
— portae T 664; P 738, 745; L 868, 870, 891.
Venen T 680; P 760; Z 857.
Ventraler Gang des Labyrinthes Z 778.
Ventralfissur T 627.
Ventralhorn T 627; P 702, 707.
Ventralkommissur T 627; P 703.
Ventralseptum P 702, 706; Z 791.
Ventralstrang T 628; P 702, 706, 708; Z 792.
Ventralwurzel T 628, 647; P 702; Z 791, 793, 794; Z 865, 877, 878.
Ventrikel des Dienzephalons T 644; P 719; Z 806, 811.
— des Mesenzephalons T 636; Z 811.
— des Metenzephalons T 632, 634, 638; P 712.
— des Rhombenzephalons T 631; P 708; Z 797, 800, 801, 803, 811.
— des Telenzephalons T 645; Z 809, 810.
Ventrikelflüssigkeit Z 812.
Verdauungsorgane T 652; P 729; Z 825; L 882.
Vestibulum des Gehörorgans P 693; Z 776, 781.
Viszeralmuskulatur Z 821, 824; L 881.
Vitrodentin T 653.
Vomer T 652.
Vorderhirn T 645; P 722; Z 809.
Vorniere Z 847.
Vornierenglomerulus Z 848.
Vornierenkanälchen Z 848.

## W.

Wagnersches Bukett P 729.
Wassergang Z 825, 831, 839, 840.
Weiße Substanz des Rückenmarks T 628; P 702; Z 790, 792.
Wirbelligament T 651.
Wirbelsäule T 650; P 729, 744.
Wolffscher Gang T 670; P 744, 746, 749, 754, 756.
Wurzelzellen T 628; P 704; Z 794; L 875.

## Z.

Zahn T 652; P 729, 731; Z 825, 826, 827.
Zahnbein T 653.
Zahnbeinfasern T 654.
Zahnbeinröhrchen T 653.
Zahnsockel T 653.
Zapfen T 617; Z 772.
Zapfenaußenglied T 617; Z 773.
Zapfenbipolaren T 618; Z 773.
Zapfenellipsoid Z 773.
Zapfenfaser T 617; Z 773.
Zapfeninnenglied T 617; Z 773.
Zapfenmyoid Z 773.
Zapfensehzelle Z 773.
Zellterritorium Z 820.
Zentrales Grau P 709, 718.
Zentralfasern der Muskelkästchen Z 823.
Zentralkanal des Rückenmarks T 627, 630, 631; P 702, 706, 708; Z 791, 797; L 864, 875.
Zentroazinäre Zellen T 662; P 740.
Zerebellarleiste T 631.
Zerebralganglien P 724; Z 815.
Ziliarfortsätze P 691.
Ziliarkörper P 690; Z 771.
Ziliarmuskel Z 771.
Ziliarnerven Z 771.
Zirkulationsorgane T 678; P 759; Z 852.
Zirren, äußere L 863, 872, 882.
—, innere L 883.
Zölom L 865.
Zölomgefäße L 890.
Zölomkanäle, ventrale L 894.
Zona pellucida Z 850.
— radiata T 677; P 757.
Zonula ciliaris P 693; Z 775.
Zunge T 654.
Zungenknorpel Z 826, 828.
Zungenstempel Z 825, 826, 828.
Zwischenhirn T 641; P 719; Z 806.
Zwischenwirbelbänder T 652; P 729.
Zykloidschuppen T 611.

Kolibri 360 GmbH
Ferdinand-Jühlke-Straße 7
99095 Erfurt, Deutschland
produktsicherheit@kolibri360.de